"十二五"普通高等教育本科国家级规划教材
北京市高等教育精品教材立项项目
高校土木工程专业指导委员会规划推荐教材
(经典精品系列教材)

混凝土结构及砌体结构(上册)

(第二版)

滕智明　朱金铨　编著

中国建筑工业出版社

图书在版编目(CIP)数据

混凝土结构及砌体结构. 上册/滕智明,朱金铨编著. 2版. —北京:中国建筑工业出版社,2003
"十二五"普通高等教育本科国家级规划教材
北京市高等教育精品教材立项项目.
高校土木工程专业指导委员会规划推荐教材(经典精品系列教材)
ISBN 978-7-112-05765-8

Ⅰ. 混… Ⅱ. ①滕…②朱… Ⅲ. ①混凝土结构-高等学校-教材 ②砌块结构-高等学校-教材 Ⅳ. TU37

中国版本图书馆 CIP 数据核字(2003)第 025258 号

"十二五"普通高等教育本科国家级规划教材
北京市高等教育精品教材立项项目
高校土木工程专业指导委员会规划推荐教材
(经典精品系列教材)
混凝土结构及砌体结构(上册)
(第二版)
滕智明 朱金铨 编著
*
中国建筑工业出版社出版、发行(北京西郊百万庄)
各地新华书店、建筑书店经销
北京建筑工业印刷厂印刷
*
开本:787×1092毫米 1/16 印张:27 字数:581千字
2003年6月第二版 2017年11月第二十三次印刷
定价:**42.00**元
ISBN 978-7-112-05765-8
(11404)

本书是在第一版的基础上，根据我国新修订的《混凝土结构设计规范》（GB 50010—2002）和《砌体结构设计规范》（GB 50003—2001）经全面修订后改写的。全书包括：钢筋混凝土结构构件、预应力混凝土结构构件、钢筋混凝土楼盖结构、单层工业厂房结构设计、多层及高层建筑结构设计及砌体结构共6篇，分上下两册，每册各3篇。

本书可作为高等学校土木工程专业及相关专业教材，也可供从事混凝土结构及砌体结构的工程技术人员、科学研究工作者参考。

* * *

责任编辑：王跃

出 版 说 明

1998年教育部颁布普通高等学校本科专业目录，将原建筑工程、交通土建工程等多个专业合并为土木工程专业。为适应大土木的教学需要，高等学校土木工程学科专业指导委员会编制出版了《高等学校土木工程专业本科教育培养目标和培养方案及课程教学大纲》，并组织我国土木工程专业教育领域的优秀专家编写了《高校土木工程专业指导委员会规划推荐教材》。该系列教材2002年起陆续出版，共40余册，十余年来多次修订，在土木工程专业教学中起到了积极的指导作用。

本系列教材从宽口径、大土木的概念出发，根据教育部有关高等教育土木工程专业课程设置的教学要求编写，经过多年的建设和发展，逐步形成了自己的特色。本系列教材投入使用之后，学生、教师以及教育和行业行政主管部门对教材给予了很高评价。本系列教材曾被教育部评为面向21世纪课程教材，其中大多数曾被评为普通高等教育“十一五”国家级规划教材和普通高等教育土建学科专业“十五”、“十一五”、“十二五”规划教材，并有11种入选教育部普通高等教育精品教材。2012年，本系列教材全部入选第一批“十二五”普通高等教育本科国家级规划教材。

2011年，高等学校土木工程学科专业指导委员会根据国家教育行政主管部门的要求以及新时期我国土木工程专业教学现状，编制了《高等学校土木工程本科指导性专业规范》。在此基础上，高等学校土木工程学科专业指导委员会及时规划出版了高等学校土木工程本科指导性专业规范配套教材。为区分两套教材，特在原系列教材丛书名《高校土木工程专业指导委员会规划推荐教材》后加上经典精品系列教材。各位主编将根据教育部《关于印发第一批“十二五”普通高等教育本科国家级规划教材书目的通知》要求，及时对教材进行修订完善，补充反映土木工程学科及行业发展的最新知识和技术内容，与时俱进。

高等学校土木工程学科专业指导委员会
中国建筑工业出版社
2013年2月

第二版前言

本书的第一版是根据高等工科院校工业与民用建筑专业和建筑结构工程专业的教学大纲编写的，出版后受到了广大读者的欢迎。1993年经全国高等学校建筑工程专业指导委员会评审为高等学校推荐教材。

这次再版是在保持原书体系、特点的基础上，按照我国新修订的国家标准《混凝土结构设计规范》（GB 50010—2002）、《建筑抗震设计规范》（GB 50011—2001）及《砌体结构设计规范》（GB 50003—2001）经过全面修订后改写的，是前版内容的更新和扩充。书中对各种常用类型结构及其构件的设计方法做了详细的说明，并给出了设计例题，可作为工程技术人员熟悉、掌握新规范，进行混凝土结构及砌体结构设计的参考。

全书共6篇，分上下两册，除绪论外，上下册各3篇。上册中第1篇为钢筋混凝土结构构件，包括材料的力学性能，梁的受弯性能的试验研究、分析，结构设计原理和设计方法，受弯、受扭、受压及受拉构件的承载力计算，粘结、锚固及钢筋布置，钢筋混凝土结构的适用性和耐久性等10章。第2篇为预应力混凝土结构构件，包括：预应力混凝土结构原理及计算规定，预应力混凝土轴心受拉构件及预应力混凝土受弯构件共3章。第3篇为钢筋混凝土楼盖结构，包括单向板肋形楼盖和双向板肋形楼盖。下册中第4篇为单层工业厂房结构设计，包括：单层工业厂房的结构体系、结构布置和主要结构构件，排架结构的内力分析，钢筋混凝土柱和基础设计，单层工业厂房结构的其他主要结构构件设计要点以及单层工业厂房结构抗震设计。第5篇为多层及高层建筑结构设计，包括：多层和高层建筑结构体系与布置，荷载及设计要求，框架结构、剪力墙结构、框架-剪力墙结构及框筒、筒中筒与空间结构。第6篇为砌体结构，包括：概述，块材、砂浆、砌体的物理力学性能，砌体结构设计方法，砌体构件及墙体的设计计算，过梁、墙梁、挑梁设计及砌体结构房屋抗震设计。全书包括了基本理论和结构设计两部分的内容。

本书的部分章节较前一版增添了一些新的内容：考虑到高强混凝土的应用日趋增多，第2章中说明了反映高强混凝土应力应变关系特性的等效矩形应力图形系数的取值。第8章受压构件承载力计算中补充了可用于计算钢骨混凝土柱的沿截面腹部均匀配筋截面的承载力计算，和环形截面构件的配筋计算图表。第10章改名为“钢筋混凝土结构的适用性和耐久性”，较前版做了较大的变更，除了挠度控制以外，裂缝控制一节详细论述了混凝土结构中各种裂缝出现的原因、裂缝的形态及其影响因素。我国长期以来对混凝土结构的耐久性问题重视不够，当前大规模的基本建设更迫切需要提高工程设计人员对耐久性重要性的认识和加深对耐久性设计的了解。为此，本书增加了耐久性这一节，对混凝土结构耐久性的意义、钢筋腐蚀的机理及其影响因素、裂缝与腐蚀的关系、钢筋腐蚀对结构功能的影响、耐久性设计的基本概念以及规范有关耐久性设计的规定等，做了较为详细的论述。第 11 章补充了有关预应力混凝土结构耐久性的特殊问题——应力腐蚀和氢脆的论述。

我们认为作为混凝土结构及砌体结构的教材，不仅要使学生能够掌握规范的设计方法，更重要的是要对材料的基本特性、构件的受力性能有透彻的了解。因为，只有这样才能更好地理解规范条文的实质，正确地运用它进行设计；同时也能适应今后结构设计理论和设计规范的发展（各国混凝土结构设计规范一般每 7～10 年全面修订一次）。

从事物的认识规律来看，性能是从试验现象中概括出来的反映结构构件受力特点的客观规律，分析是在受力性能基础上抽象出来的计算模型和计算方法，是对结构和构件性能的更深刻的认识。总的来说二者均属于认识和掌握客观规律的问题，而设计则是如何运用这些规律使所设计的结构满足功能和技术经济要求的问题。因此，本书力图按照"性能—分析—设计"的过程来阐述，我们体会这样比较符合教学规律。

为了适应高等院校师生的教学需要和便于工程技术人员参考，本书在编写时力求内容充实精练、概念清楚，便于自学。为了使读者对计算方法的掌握更加系统化、形象化，本书各主要章节均给出了计算流程。目的是用以说明计算步骤、各种情况之间的判别以及适用条件的应用。

为了引导学生对基本概念、基本内容的深入思考、巩固提高，本书每章末均附有一定数量的思考题和习题。思考题中有一部分是是非判断题和多项选择题，这是历届学生容易混淆，似是而非的一些概念性问题，用意是启发学生积极思考，更准确地掌握基本概念。

本书的某些章节可作为选学内容，读者可根据不同专业、不同学制、不同教学要求加以取舍。

参加本书编著工作的人员为：上册滕智明（绪论、第 1、2 篇）、朱金铨（第 3 篇），下册罗福午（第 4 篇）、方鄂华（第 5 篇）和叶知满（第 6 篇）。上册由滕智明修改定稿，下册由罗福午修改定稿。

本书存在的缺点和不足之处，恳请读者批评指正，以便改进。

编著者

2003 年 1 月

目　录

第2篇 预应力混凝土结构构件

第3篇 钢筋混凝土楼盖结构

绪　论[1]

0.1　混凝土结构的一般概念

混凝土结构包括**钢筋混凝土结构**、**预应力混凝土结构**及**素混凝土结构**。

混凝土是土木、建筑工程中应用极为广泛的一种建筑材料。它的抗压强度较高，而抗拉强度很低。因此，素混凝土构件的应用范围很有限，主要用于受压构件，如柱墩、基础墙等。如果将它用作受弯构件，如图 0-1（*a*）所示素混凝土梁，在相对较低的荷载下，

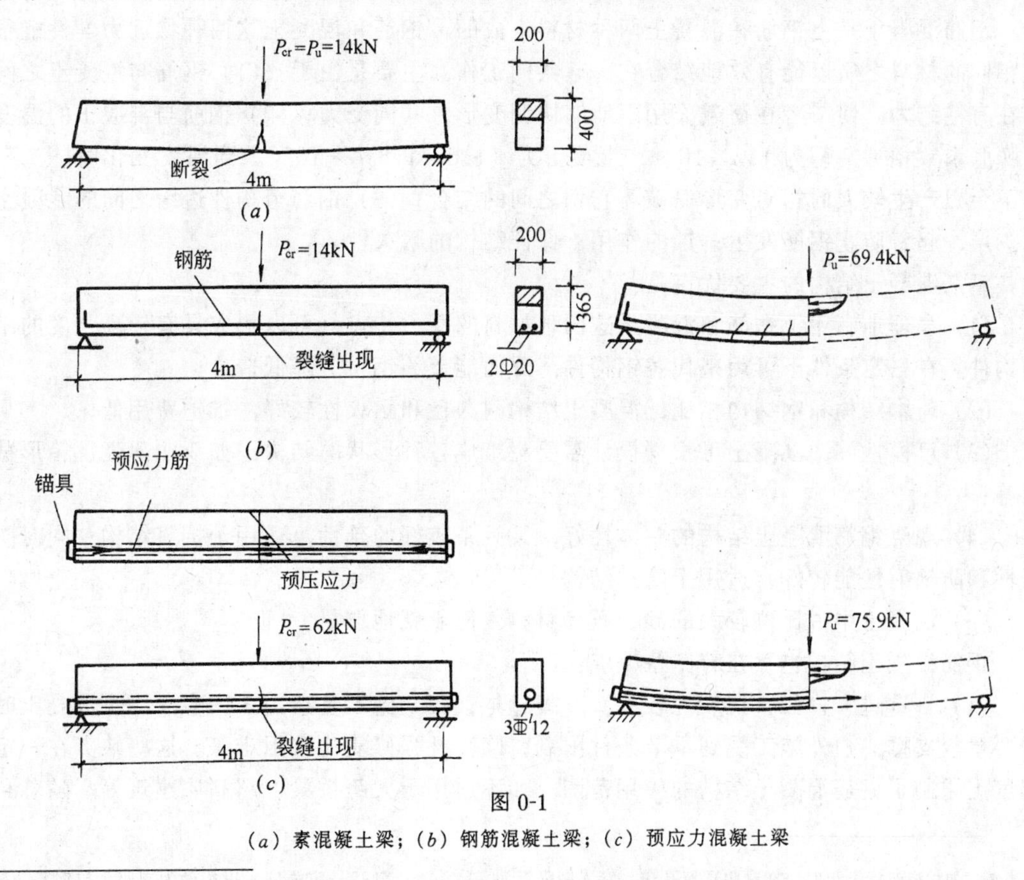

图 0-1

（*a*）素混凝土梁；（*b*）钢筋混凝土梁；（*c*）预应力混凝土梁

---

❶ 关于砌体结构的类型、特点、应用及发展简况将在第 6 篇第 28 章中阐述。

梁将由于受拉区断裂而破坏，梁的开裂荷载即为其破坏荷载 $P_{cr}=P_u=14kN$，这时受压区混凝土的抗压强度还远远没有充分利用。如果在梁的受拉区配置一定数量的缸筋，形成**钢筋混凝土梁**，虽然当荷载 $P_{cr}\approx14kN$ 时，受拉区混凝土还会开裂，但钢筋可以替代开裂的混凝土承受拉力，因而可继续加载，直到钢筋屈服后，梁才到达破坏荷载 $P_u=69.4kN$。可见，钢筋混凝土梁的承载力比素混凝土梁有很大提高。破坏时，钢筋的抗拉强度和混凝土的抗压强度均得到了充分利用，但梁过早开裂的问题并没有解决。如果在混凝土梁受荷以前，先使梁中建立起预压应力[1]，即形成**预应力混凝土梁**。由于外荷先要抵消预压应力，才能使梁中产生拉应力，因此预应力混凝土梁的开裂荷载（$P_{cr}=62kN$）比钢筋混凝土梁有较大提高，从而防止了梁的过早开裂。破坏时（$P_u=75.9kN$），与钢筋混凝土梁相似，钢筋和混凝土这两种材料的强度均得以充分利用。

0.2 钢筋混凝土的特点

钢筋混凝土是由钢筋和混凝土两种材料组成的。钢筋和混凝土这两种物理力学性能很不相同的材料之所以能有效地结合在一起共同工作，主要是由于：(1) 钢筋与混凝土之间存在有**粘结力**，使二者在荷载作用下能够协调变形，共同受力；(2) 钢筋与混凝土的温度线膨胀系数相近，钢为 1.2×10^{-5}，混凝土为 $(1.0\sim1.5)\times10^{-5}$。当温度变化时，二者间不会因产生较大的相对变形而破坏它们之间的结合；(3) 钢筋至构件边缘之间的**混凝土保护层**，起着防止钢筋发生锈蚀的作用，保证结构的耐久性。

钢筋混凝土结构的主要优点是：

(1) 合理地利用了钢筋和混凝土这两种材料的受力特点，可以形成具有较高强度的结构构件。在一定条件下可用来代替钢构件，因而能节约钢材，降低造价；

(2) 与木结构和钢结构相比，混凝土结构耐久性和耐火性较好，维护费用低；

(3) 可模性好，混凝土可根据设计需要浇筑成各种形状的结构，如双曲薄壳、箱形截面等；

(4) 现浇钢筋混凝土结构的整体性好，又具备较好的延性，适用于抗震结构；同时防振性和防辐射性能较好，适用于防护结构；

(5) 混凝土中占比例较大的砂、石等材料，便于就地取材。

钢筋混凝土结构也存在着一些缺点：

(1) 自重过大；(2) 抗裂性较差，开裂过早；(3) 施工复杂，工序多，浇筑混凝土时需要模板支撑，户外施工受到季节条件限制；(4) 补强修复比较困难等。这些缺点在一定程度上限制了钢筋混凝土结构的应用范围，如不适用于大跨桥梁、超高层建筑等。随着科

---

[1] 如在浇筑混凝土时，在梁中预留孔道，穿入高强钢筋，待混凝土到达一定强度后以构件为支座张拉钢筋，挤压混凝土。张拉至所需应力后，将钢筋锚固在构件上，利用钢筋的回弹使混凝土保持一定的预压应力。

学技术的发展，这些缺点正在得到克服和改善，例如采用能利用高强材料的预应力混凝土结构可以提高构件的抗裂性，扩大应用范围；采用预制装配式构件可以节约模板和支撑，加快施工速度，保证质量，使工程不受季节气候条件的影响；发展轻质高强混凝土可以有效地减轻结构自重等。

由于钢筋混凝土结构具有很多优点，且其缺点正在不断地被克服，所以在房屋建筑、地下结构、桥梁隧道、水工海港等土木工程中得到了广泛应用。

0.3 混凝土结构发展简况

混凝土结构自19世纪中期出现，至今只有约150年的历史，与砖石砌体结构、钢木结构相比，历史并不长，但发展却很快。早期主要是采用钢筋混凝土板、梁、柱、拱、基础等构件，所用的混凝土强度和钢筋强度都较低。钢筋混凝土结构构件的计算方法尚未成熟，内力和截面计算均沿用基于弹性理论的**容许应力设计方法**。20世纪20年代以后，陆续出现了预应力混凝土结构，装配式钢筋混凝土结构，和钢筋混凝土薄壳结构，混凝土结构有了很大发展。同时在计算理论方面开始采用考虑混凝土塑性性能的**破损阶段设计法**，20世纪50年代又采用了更为合理的**极限状态设计法**。此后，混凝土结构无论在材料、结构应用、施工制造和计算理论等方面都获得了迅速的发展，目前已成为工程建设中应用最广泛的一种结构。以下就材料、结构和计算理论三个方面简要地叙述混凝土结构的发展现状。

1. **材料方面** 目前钢筋混凝土结构中常用的混凝土抗压强度为20～40N/mm^2(MPa)；预应力混凝土结构中采用的混凝土抗压强度可达60～80N/mm^2。近年来国内外采用在混凝土中掺加减水剂的方法已生产出强度为100N/mm^{2}以上的混凝土。

采用**高强混凝土**是混凝土结构的发展方向。高强混凝土由于密实性好，可提高混凝土的抗渗透性和抗冻性，因而提高了结构的耐久性。为混凝土结构在海洋工程、防护工程及原子能发电站、压力容器等方面的应用创造了条件，如挪威在海洋平台中采用了抗压强度60N/mm^{2}以上的混凝土。高强混凝土由于强度高，可有效地减少构件的截面（如柱、预应力混凝土梁），减轻自重，提高空间的利用率。因此在大跨度预应力混凝土桥梁和高层建筑中得到了应用。如美国西雅图太平洋第一中心的柱采用了抗压强度达124N/mm^{2}的高强混凝土。为了适应高强混凝土的发展及应用，我国2002年发布的《混凝土结构设计规范》(GB 50010—2002）将混凝土强度等级提高到C80（80N/mm^2）。

目前，钢筋混凝土结构中采用的钢筋的屈服强度已达420N/mm^2；用于预应力混凝土的钢丝、钢绞线的极限抗拉强度达到1860N/mm^2。这种高强度、高性能钢筋在我国已经可以充分供应，今后将作为主力钢筋优先推广采用。

为了减轻结构自重（钢筋混凝土结构自重为25kN/m^3)，国内外都在大力发展各种**轻质混凝土**，如陶粒混凝土、浮石混凝土等，其自重一般为14～18kN/m^3，强度可达50N/mm^2。轻质混凝土的结构自重可较普通混凝土减少30%。此外纤维混凝土等聚合物混凝土也正在研究发展中，有的已在实际工程中开始应用。

2. 结构方面 钢筋混凝土和预应力混凝土结构，除在一般工业与民用建筑中得到了极为广泛的应用外，当前令人瞩目的是它在高层建筑、大跨桥梁和高耸结构物中的应用有着突飞猛进、日新月异的发展。

目前世界上已建成的**最高的**钢筋混凝土超高层建筑，是马来西亚吉隆坡的双塔大厦。它由两个并排的圆形建筑所组成，每个塔的内筒为边长23m的方形，外围为16个圆柱（直径2.4～1.2m）。地上88层高390m，连同桅杆总高450m，底层至84层均为钢筋混凝土及钢骨混凝土结构。我国已建成的最高建筑是上海浦东金茂大厦，为钢筋混凝土结构，其中部分柱配置了钢骨，88层，高度为420.5m。其次是广州的中天广场大厦，为钢筋混凝土结构，共80层，高为322m。

预应力混凝土箱形截面斜拉桥或钢与混凝土组合梁斜拉桥是当前大跨桥梁的主要结构形式之一。我国在1993年10月建成通车的上海杨浦大桥，主跨602m，是当今世界**最大跨径**的钢与混凝土结合梁**斜拉桥**，桥全长1172m，“A”字型桥塔高220m，采用了256根斜拉索。1995年建成的重庆长江二桥主跨444m，是我国目前最大跨径的预应力混凝土梁斜拉桥。同年建成的铜陵长江预应力混凝土梁斜拉桥，主跨也达到了432m。

我国1997年建成的万县长江箱形截面拱桥，主跨420m，是当今世界**最大跨度**的钢筋混凝土**拱桥**。此前，最大跨度钢筋混凝土拱桥为克罗地亚的克尔克Ⅱ号桥，主跨390m。

混凝土电视塔由于其造型上及施工（采用滑模施工）上的特点，已逐渐取代过去常用的钢结构电视塔。目前世界**最高**的预应力混凝土**电视塔**为加拿大多伦多电视塔，高553m，其次是莫斯科电视塔。我国上海浦东的“东方明珠”电视塔高度居世界第三位，塔高454m。上海电视塔造型独特，采用三根预应力混凝土管柱贯穿着上下三个球形，小球直径7m，标高337m；两个大球直径各50m、标高分别为265m及80m。此外，如已建成的北京中央电视塔、天津电视塔都是预应力混凝土结构，高度均达到了400m。

3. **计算理论方面** 目前在建筑结构中已采用以概率理论为基础的**可靠度理论**，使极限状态设计方法更趋完善。考虑混凝土非弹性变形的计算理论也有很大进展，在连续板、梁及框架结构的设计中考虑塑性内力重分布的分析方法已得到较为广泛的应用。随着对混凝土强度和变形理论的深入研究，现代化测试技术的发展及有限元分析方法的应用，对混凝土结构，尤其是体形复杂或受力状况特殊的二维、三维结构，已能进行非线性的全过程分析。并开始从个别构件的计算过渡到考虑结构整体空间工作、结构与地基相互作用的分析方法，使得混凝土结构的计算理论和设计方法日趋完善，向着更高的阶段发展。

0.4 本课程的任务和内容

本课程的基本任务是使学生通过课程的学习，能初步掌握混凝土结构及砌体结构的设计，如工业与民用建筑中最常用的三种典型结构：单层厂房结构、多层及高层建筑结构和混合结构的结构布置、受力体系、构件选型和计算方法等。

总的来看，房屋建筑或构筑物都是由各种构件或部件（构件的组合体如平面楼盖）所组成的，如图 0-2（*a*）所示框架结构，框架梁及楼盖中的板、次梁均为承受弯矩和剪力共同作用的**受弯构件**（图 0-2*b*）；柱是以承受轴向压力为主，并同时受到弯矩及剪力作用的**受压构件**，屋架的上弦压杆及高层建筑中的剪力墙也属受压构件；屋架的下弦拉杆为承受轴向拉力或同时受弯矩作用的**受拉构件**；框架边梁、挑檐梁为承受弯矩、剪力和扭矩共同作用的**受扭构件**。这些构件的截面尺寸、配筋通常是由起控制作用的截面（如跨中及支座截面）的内力（轴向力 N、弯矩 M、剪力 V 及扭矩 T）所决定的（图 0-2*c*）。钢筋混凝土和预应力混凝土构件是由两种材料组成的，在截面上钢筋受拉或受压，混凝土受压或同时受剪。因此截面的应力应变分布，强度和变形（曲率）规律，及构件的受力性能等均与钢筋和混凝土两种材料的力学性能及其相互作用（钢筋与混凝土的粘结）密切相关（图 0-2*d*）。

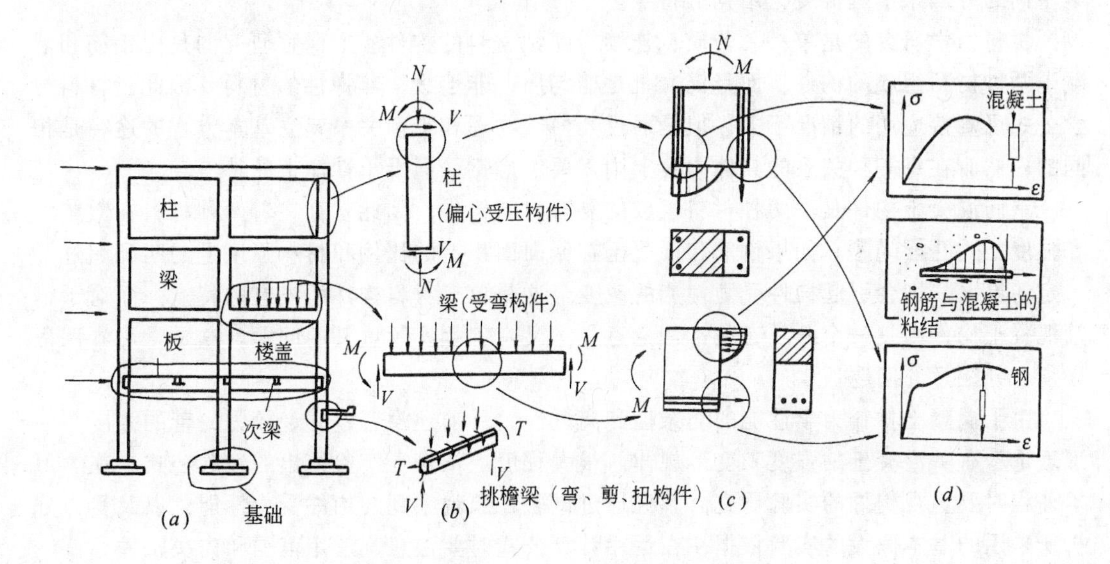

图 0-2

（*a*）结构；（*b*）构件；（*c*）控制截面；（*d*）材料

为了便于阐明基本概念，更好地掌握混凝土结构构件的性能，分析及设计，本课程的讲述次序恰好是图 0-2 的逆过程。首先讨论钢筋和混凝土材料的力学性能（强度和变形的变化规律）；其次讨论各种类型构件的受力性能、截面承载力和配筋计算，以及钢筋布置；然后是钢筋混凝土楼盖的设计计算和配筋构造；最后将逐次讨论单层厂房结构、多层及高层建筑结构和砌体结构的设计。

0.5 本课程的特点

本课程在内容、研究方法上以及考虑问题的方面，都和力学课程（材料力学、结构力学）有很大的不同，并有其自身的特点。这些特点概括起来有两方面：(1) 材料性能的特殊性；(2) 设计的综合性。

1. 材料性能的特殊性

本书包括两部分内容：上册讨论钢筋混凝土构件、预应力混凝土构件及钢筋混凝土部件——楼盖的受力性能、设计方法、配筋计算及构造；下册讨论单层工业厂房结构、多层高层建筑结构及砌体结构的设计。上册内容属于混凝土结构的基本构件、基本理论，是学习下册结构设计的基础知识，在性质上相当于钢筋混凝土的“材料力学”。它与材料力学有某些共性，但又有很多来源于材料性能的特殊性，在学习本课程时应着重从它与材料力学不同的方面来掌握混凝土结构的特点。

材料力学研究的是单一、匀质、连续、弹性材料的构件。本课程研究的是由钢筋和混凝土**两种材料组成**的构件，而且混凝土是**非匀质**、**非连续**、**非弹性**的材料。因此，材料力学公式可直接应用的情况不多；但是通过几何、物理和平衡关系建立基本方程的途径是相同的；然而在每一种关系的具体内容上则需要考虑钢筋混凝土性能上的特点。

钢筋混凝土构件是由两种材料组成的复合材料构件，因此就存在着两种材料在**数量上和强度上的匹配问题**。如果钢筋和混凝土在截面面积上的比例和材料强度上的匹配超过了一定的界限，则会引起构件受力性能的改变。这是单一材料构件所没有的特点，而对于钢筋混凝土构件则是一个既具有基本理论意义，又有工程实际意义的问题。这是学习本课程必须十分注意的问题。

由于混凝土材料力学性能的复杂性和离散性，目前还没有建立起较为完善的强度和变形理论。有关混凝土的强度和变形规律，很大程度上依赖于实验给出的经验公式。在学习本课程时要重视构件的实验研究，掌握通过试验现象观察到的构件受力性能，以及受力分析所采用的基本假设的实验依据，在运用计算公式时要注意其适用范围和先决条件。

2. 设计的综合性

本课程与力学课程不同，材料力学、结构力学侧重于构件的应力（或内力）和变形的计算，它们的习题答案往往是惟一的。而混凝土结构和砌体结构所要解决的不仅是强度和变形计算问题，更主要是构件和结构的设计，包括材料选用、结构方案、构件类型的确定和配筋构造等。结构设计是一个**综合性**的问题，在进行结构布置、处理构造问题时，不仅要考虑结构受力的合理性，同时还要考虑使用要求、材料、造价、施工制造等方面的问题。亦即，要根据**安全适用**、**经济合理**、**技术先进**的原则，对各项指标进行全面地综合分析比较。因此，在学习本课程时，要注意培养对多种因素进行综合分析的能力。

为了贯彻国家的技术经济政策，保证设计的质量，达到设计方法上的必要的统一。国家颁布了《混凝土结构设计规范》(GB 50010)，(以下简称《规范》和《砌体结构设计规范》(GB 50003)，(以下简称《砌体规范》)。规范是国家制定的有关结构设计计算和构造要求的技术规定和标准，是具有约束性和立法性的文件，是设计、校核、审批结构工程设计的依据。因此，设计规范是工程技术人员进行设计必须遵守的规定。在学习本课程的过程中要学会运用规范，这是在力学课中不曾遇到的新问题。在熟悉、运用规范时，注意力应不仅限于规范所列具体条文、公式、表格，更主要的是要对规范条文的概念和实质有正确的理解，只有这样才能确切地运用规范，充分发挥设计者的主动性和创造性。

第1篇　钢筋混凝土结构构件

第1章　钢筋和混凝土材料的力学性能

钢筋混凝土结构是由钢筋和混凝土这两种性能迥然不同的材料所组成的。为了正确合理地进行钢筋混凝土结构设计，需要深入了解钢筋混凝土结构及其构件的受力性能。而对于钢筋和混凝土两种材料的力学性能（强度和变形的变化规律）及其相互作用的了解，则是掌握钢筋混凝土构件性能、分析、设计的基础。总之，有关钢筋混凝土结构的一切计算、构造和设计问题，归根结底都来源于两种材料性能上的特点。

本章将分别讨论钢筋和混凝土的强度和变形性能，以及二者的相互作用。最后以简单的轴心受力构件的应力分析为例，说明材料的力学性能对钢筋与混凝土共同工作的影响。

1.1　钢　筋

混凝土结构所用的钢筋有两类：一类是有物理屈服点的钢筋，如**热轧钢筋**；一类是无物理屈服点的钢筋，如**钢丝**、**钢绞线**及**热处理钢筋**。钢筋混凝土结构中主要采用有屈服点的热轧钢筋，其力学性能在本章中讨论。无物理屈服点的钢筋主要用作预应力混凝土结构中的预应力钢筋，关于这种钢筋的力学性能将在第11章中论述。

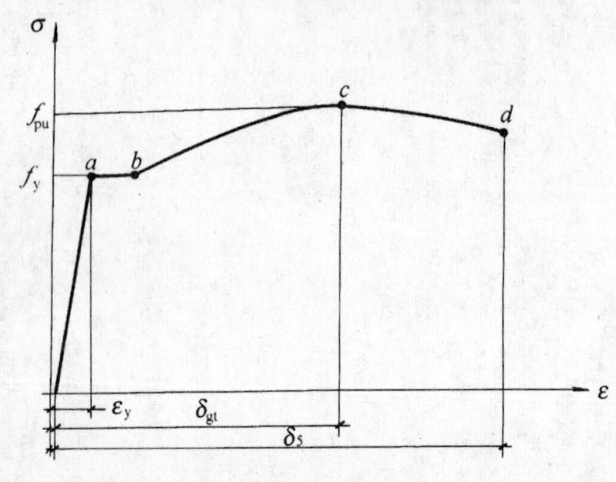

图1-1　热轧钢筋的应力应变曲线

1.1.1　热轧钢筋的强度和变形

有物理屈服点钢筋的典型应力应变曲线如图1-1所示。其中 a 点以前，钢筋处于**弹性阶段**，应力与应变成正比，直线 oa 的斜率为钢筋的**弹性模量** E_s。到达 a 点后钢筋进入**屈服阶段**，应力保持不变，应变急剧增长形成屈服台阶或**流幅**（ab），a 点的应力称为钢筋的**屈服强度**f_y[1]。过 b 点以后，进入强化阶段，应力应变关系表现为上升的曲线。到达应力峰值 c 点后，钢筋产生颈缩现象，应力开始下降，但应变仍能增长，到 d 点钢筋被拉断。c 点称为极限**抗拉强度**。对应于 d 点的应变称为**延伸率** δ_5（即变形量测标距为 5 倍钢筋直径测得的极限拉应变）。

在钢筋混凝土结构设计计算中，对有屈服点的热轧钢筋取屈服强度作为钢筋强度的设计依据，这是因为钢筋应力达到屈服以后，将产生塑性变形，在卸荷时这部分变形是不可恢复的，这将使构件产生很大的变形和不可闭合的裂缝，以致不能使用。

由于屈服后钢筋应变的急剧增大，因此在构件的计算分析中，对热轧钢筋的应力-应变关系采用理想的弹塑性关系：

$$\begin{cases}\sigma_s = E_s\varepsilon_s & \varepsilon_s \leqslant \varepsilon_y \\ \sigma_s = f_y & \varepsilon_s > \varepsilon_y\end{cases} \tag{1-1}$$

式中　$\varepsilon_y = f_y/E_s$ 钢筋的**屈服应变**。

延伸率反映了钢筋拉断前的变形能力，它是衡量钢筋塑性性能的一个指标，含碳量越低的钢筋，屈服台阶越长，延伸率也越大，塑性性能越好。延伸率大的钢筋在拉断前有足够的预兆，属于延性破坏；延伸率小塑性差的钢筋，拉断前缺乏必要的预兆，破坏是突然的，具有脆性的特征。因此，对用于混凝土结构中的钢筋品种的选择，不仅有强度方面的要求，而且有一定延伸率的要求。由于延伸率 δ_5 为包含了颈缩区断口变形的极限拉应变，不能正确地反映钢筋的变形能力。近年来国际上采用对应于最大应力（极限抗拉强度 f_{pu}）的应变 δ_{gt}，称为**均匀延伸率**来反映钢筋的变形能力（图 1-1），要求 $\delta_{gt} \geqslant 0.025$。

为了使钢筋在加工成型时不发生断裂，要求钢筋具有一定的**冷弯性能**。冷弯试验就是检验钢筋绕一钢辊能弯转多大的角度而不断裂，钢辊的直径越小，弯转角度越大，钢筋的冷弯性能就越好，冷弯是反映钢筋塑性性能的另一项指标，它与延伸率对钢筋塑性的标志是一致的。

对于抗震结构，钢筋应力在地震作用下可考虑进入强化段，为了保证结构在强震下“裂而不倒”，对钢筋的极限抗拉强度与屈服强度的比值有一定的要求，一般不小于 1.25。

1.1.2　热轧钢筋的等级、品种

目前我国在钢筋混凝土结构中常用的热轧钢筋等级、品种和主要力学性能见表 1-1。HPB[2] 235 级钢筋（通称Ⅰ级钢筋）属低碳钢，强度较低，外形为**光面钢筋**，它与混凝土的粘结强度也较低，因此主要用作板的受力钢筋、箍筋以及构造钢筋。HRB335 级钢筋和 HRB400 级钢筋（通称Ⅱ级和新Ⅲ级钢筋）为低合金钢，RRB400 级钢筋为余热处理钢筋，

---

[1] 钢的拉伸试验表明，超过比例极限以后，应力应变曲线存在有屈服上限和下限，由于屈服上限是不稳定的，故工程中以屈服下限做为钢筋的屈服强度。

[2] 第一个字母 H 代表热轧（Hot rolled），R 代表余热处理（Remained heat treatment）；第二个字母表示表面形状，P 代表光面（Plain）、R 代表带肋（Ribbed）；第三个字母 B 代表钢筋（Bar）。

这三种钢筋强度较高，外形为月牙纹**带肋钢筋**，或称**变形钢筋**（图 1-2）。变形钢筋由于钢筋表面凸出的肋与混凝土的机械咬合作用，具有较高的粘结强度（详见第六章）。HRB400 级钢筋及 HRB335 级钢筋一般用作钢筋混凝土结构中的主要受力钢筋，和预应力混凝土结构中的非预应力钢筋。

热轧钢筋的等级、品种及主要力学性能 **表 1-1**

钢筋种类	国家标准代号	符号	f_{yk} (N/mm^2)	延伸率 δ_5 (%)	冷弯试验	
					角 度	直 径
HPB235（Q235）	GB 13013	Φ	235	25	180°	$1d$
HRB335（20MnSi）①	GB 1499	Φ	335	18	180°	$3d$
HRB400 (20MnSiV / 20MnSiNb / 20MnTi)	GB 1499	Φ	400	14	90°	$3d$
RRB400（K20MnSi）	GB 13014	$Φ^R$	400	14	90°	$3d$

①钢筋名称中前面的数字代表平均含碳量（以万分之一计）。

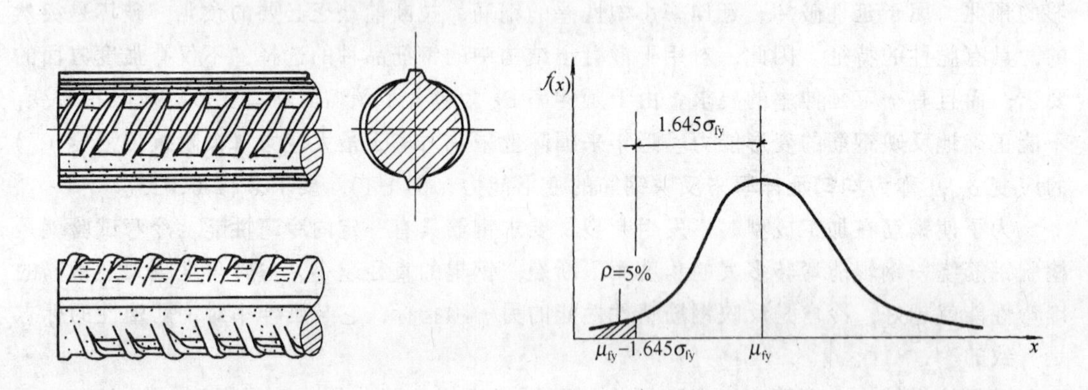

图 1-2　月牙纹变形钢筋　　图 1-3　热轧钢筋 f_y 的概率分布曲线

1.1.3　钢筋强度标准值　弹性模量

实测钢筋强度表明，即使符合规定质量标准的，用同一炉钢材轧制出的钢筋的强度也存在着离散性。图 1-3 为热轧钢筋屈服强度的概率分布曲线，它符合**正态分布**。我国《建筑结构可靠度设计统一标准》（GB 50068）规定，材料强度的**标准值**可取其概率分布的 0.05 分位值确定，即材料强度标准值应具有不小于 95% 的保证率。热轧钢筋的强度标准值根据屈服强度确定，用符号 f_{yk} 表示，亦即 $f_{yk}=\mu_{fy}-1.645\sigma_{fy}$。此处，$\mu_{fy}$、$\sigma_{fy}$ 分别为钢筋屈服强度的**平均值**和**标准差**。

按照我国冶金生产钢材质量的控制标准，钢材产品出厂时的废品限值约为 $\mu_{fy}-2\sigma_{fy}$，它的保证率为 97.75%，符合《规范》规定的材料强度标准值应具有不小于 95% 保证率的要求。故《规范》钢筋的强度标准值（f_{yk}）即采用钢材质量控制标准的废品限值，见表1-1。

钢筋的弹性模量 E_s 取其概率分布的 0.5 分位值确定，即 E_s 的平均值。《规范》给出的各种钢筋的弹性模量见附表 5。

1.2 混凝土的强度

1.2.1 混凝土的抗压强度

混凝土的抗压强度是混凝土各项力学性能的基础。就混凝土的组成而言，混凝土的抗压强度与水泥、骨料的品种、配比、硬化条件，龄期等很多因素有关，这些是《建筑材料》教材中着重讨论的内容。在这些条件相同的情况下，从钢筋混凝土构件的受力分析和结构设计的角度来看，一般情况下影响混凝土抗压强度的主要因素是：(1) 混凝土受压时的**横向变形条件**；(2) **加荷速度**。

1. 立方体抗压强度 f_{cu}

我国采用边长为150mm 的立方体作为确定混凝土抗压强度的标准尺寸试件，并以立方体抗压强度 f_{cu}作为混凝土各种力学指标的代表值。立方体试件的抗压强度高于同样截面（150mm×150mm）的棱柱体试件（高宽比 $h/b=3\sim4$）的抗压强度 f_c，二者的破坏形态也是不同的。

如图 1-4（*a*）所示，立方体试件在压力机上受压时，由于混凝土与承压钢板的弹性模量和横向变形系数的不同，二者间将有较大的横向变形差异。当试件的承压面上不涂滑润剂时，混凝土的横向变形受到摩擦力的约束，形成"箍"的作用。立方体试件由于其高宽比 $h/b=1.0$，试件的横向变形在很大范围内受到"箍"的约束，使试件两端处于竖向压力和两个方向的水平摩擦力作用下的三向受压应力状态，最后导致试件形成两个对顶的角锥形破坏面（图 1-4*b*）。

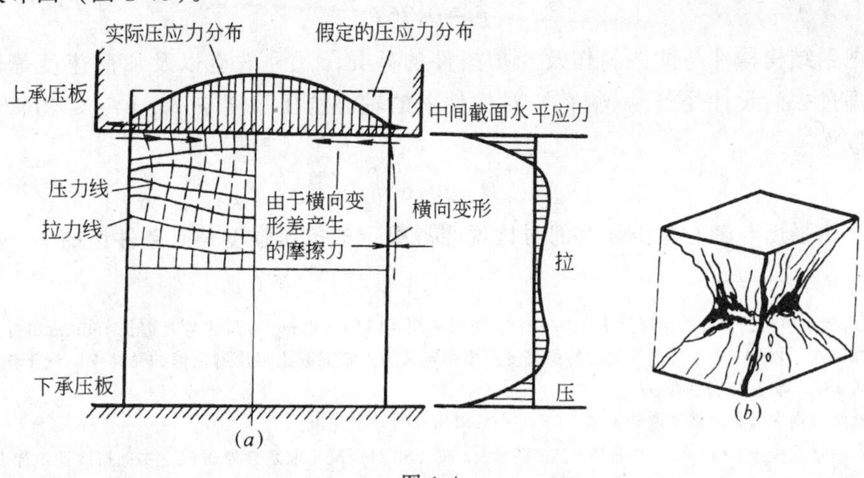

图 1-4

（*a*）立方体试件的受力状态；（*b*）破坏形态

在 $h/b=3\sim4$ 的柱体试件中（图 1-5），虽然“箍”的作用依然存在，但是摩擦力对横向变形的约束作用将仅限于试件两端的局部范围内。试件中间区段的横向变形不受约束，基本上处于全截面单向均匀受压状态，试件破坏是由于中间区段混凝土的压酥。因而其抗压强度低于立方体强度。

显然，立方体试件的受力状态不能代表结构构件中的混凝土受力情况，它只是作为一种在统一试验方法下衡量混凝土强度的基本指标。因为这种试件的制作和试验均比较简便。我国《规范》参照国际标准化组织的《混凝土按抗压强度的分级标准》❶，以边长 150mm 的立方体试件，在标准条件下养护 28 天，用标准试验方法测得的具有 95%保证率的抗压强度（以 N/mm^2 计）确定混凝土的强度等级。有些国家如美国、日本和欧洲混凝土协会均采用直径 150mm，高度为 300mm 的**圆柱体抗压强度**作为混凝土强度的标准，符号为 f_c'。f_c' 与我国边长为 150mm 的立方体强度的换算关系❷ 为：

$$f_c'=0.80f_{cu}' \tag{1-2}$$

目前，我国很多生产科研单位大多采用边长为 100mm 的立方体试块。不同边长的立方体抗压强度的对比试验表明，由于尺寸效应，立方体边长越小，得出的抗压强度越高。根据试验资料的分析，对于普通强度混凝土 100mm 边长立方体抗压强度 $f_{cu(100)}$ 与边长为 150mm 的立方体抗压强度 $f_{cu(150)}$ 的换算关系为：

$$f_{cu(150)}=0.95f_{cu(100)} \tag{1-3}$$

2. **柱体抗压强度** f_c

$h/b=3\sim4$ 的柱体试件，其横向变形不受端部摩擦力的影响，代表了混凝土处于单向全截面均匀受压的受力状态。试验证实，轴心受压钢筋混凝土短柱中的混凝土抗压强度基本上和柱体抗压强度相同。因此，取柱体试件的抗压强度为**轴心抗压强度**，符号为 f_c。试验资料得出的普通强度混凝土柱体试件抗压强度 f_c 与立方体强度 f_{cu} 平均值的关系为❸

$$f_c=0.76f_{cu} \tag{1-4a}$$

考虑到结构构件与试件制作及养护条件的差异，尺寸效应以及加荷速度等因素的影响，根据过去的设计经验，《规范》对构件中的轴心抗压强度与 f_{cu}（$f_{cu}\leqslant 40N/mm^2$）的关系，取❹

$$f_c=0.67f_{cu} \tag{1-4b}$$

立方体强度与轴心抗压强度的对比说明混凝土的抗压强度是有条件性的——取决于**横**

---

❶ 《混凝土按抗压强度的分级标准》ISO 3893 建议采用 $\phi150\times300$mm 的圆柱体或边长 150mm 的立方体作为标准试件，划分混凝土强度等级的特征强度的概率定义为：在混凝土强度测定值的总体中，低于该强度的概率为 5%，即 0.05 分位值。

❷ 这是根据大量普通强度混凝土试件的 f_c'/f_{cu}' 得出的统计平均值。

❸ 对高强混凝土式（1-4*a*）中系数 0.76 将增大，对 C80 级混凝土取系数为 0.82，中间按线性规律变化。

❹ 当 $f_{cu}>40N/mm^2$ 时，尚需考虑脆性折减系数，对 C80 级取式（1-4*b*）中系数为 0.58，中间按线性变化。

向变形的约束条件。因此，在进行钢筋混凝土构件的受力分析及承载力计算时，应按照不同的受力状态：如受弯构件、偏心受压构件的非均匀受压情况及局部受压时的非全截面受压情况，采用不同的抗压强度。

以上讨论的是横向变形约束条件对抗压强度的影响，**加荷速度**同样对混凝土的抗压强度有影响。通常试验采用的加荷速度约为每秒 0.15～0.3N/mm^2，前面讨论的 f_{cu}及 f_c 均是指在这种加荷速度下的试验结果。当加荷速度提高为每秒 10N/mm^2 时，强度提高约10%。在快速加荷的冲击荷载下，如每秒 10^{5}N/mm^2，混凝土强度的提高可达 60%。相反，如加荷速度减缓，强度将降低。在极端情况下，如加荷速度减少至零，在荷载长期作用下，混凝土柱体抗压强度将降低为 $0.8f_c$。通常设计中按 28 天龄期强度计算，故龄期增长对强度提高的影响将部分地为荷载长期作用下强度的降低所抵消。

1.2.2 破坏机理

为什么限制混凝土的横向变形可以提高其纵向抗压强度？为了分析这个问题，需要考察混凝土中微裂缝的形成和发展。由水泥、水、骨料组成的混凝土，在结硬过程中水泥和水形成水泥石（水泥凝胶体和水泥结晶体）把骨料粘结在一起。在凝结初期由于水泥石收缩、骨料下沉等原因，在骨料和水泥石的接触面上将形成**微裂缝**。骨料与水泥石接触面的微裂缝称为**粘结裂缝**（图 1-6），它是混凝土中最薄弱环节。加荷前已存在的这种微裂缝，在荷载作用下将有一个发展过程。这个过程可以通过不同受力阶段的试件切片用电子显微镜直接观测到。

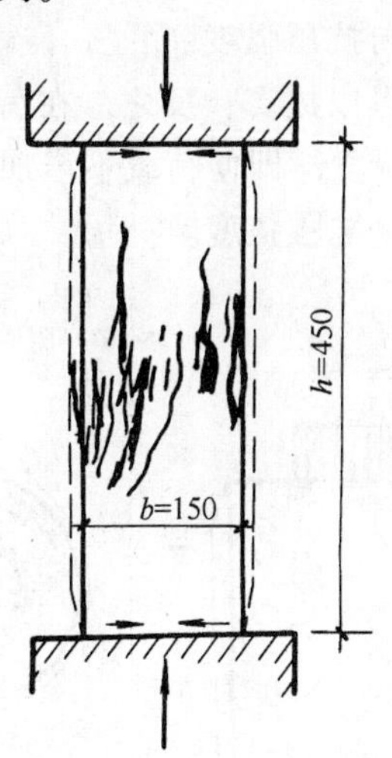

图 1-5 柱体受压试件

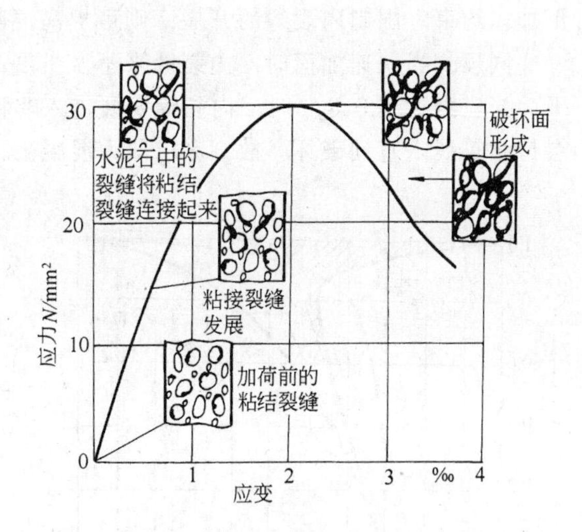

图 1-6 混凝土中微裂缝的发展过程

当应力较小时 $\sigma \leqslant f_c/3$，粘结裂缝没有明显的发展，混凝土的变形主要为弹性变形，应力应变为直线关系。随着应力的增大，由于微裂缝处的应力集中，使原有裂缝有所延伸发展；同时水泥石中由于气泡、水分逸出形成的孔洞，也将产生应力集中，形成新的微裂缝。这种微裂缝的形成和发展以及水泥胶体的粘性流动增大，使应变有较快的增长，应力应变曲线逐渐偏离直线。但总的来看，这个阶段的裂缝仍然是个别的、分散的细微裂缝，处于稳定状态。应力不增大裂缝就不再延伸发展，也不再出现新的裂缝。

当应力增大到临界值（$\sigma\approx0.8f_c$）时，水泥石中的裂缝与骨料处的粘结裂缝已连接成通缝（图 1-6）。这时，内裂缝的发展已进入非稳定状态，即荷载不增大裂缝也会持续开展。当应力到达 f_c 后，内裂缝形成了破坏面，将混凝土分割成若干小柱体，但混凝土的强度并没有完全丧失。沿破坏面上的剪切滑移和裂缝的不断延伸扩大，使应变急剧增长，承载力下降，试件表面出现不连续的纵向裂缝，应力-应变曲线进入下降段。最后骨料与水泥石的粘结基本丧失，滑移面上的摩擦咬合力耗尽，试件压酥破坏。

上述微裂缝的发展导致混凝土受压破坏的过程，在试件的横向应变和体积应变的变化中也得到了明确的反映。图 1-7 为纵向应变 ε_1、横向应变 ε_2、体积应变 $\Delta V/V$ 的变化图形。当 $\sigma/f_c<1/3$ 时应力与应变（纵向、横向及体积应变）均为直线关系。在 $\sigma/f_c>1/3$ 以后，由于微裂缝的发展横向应变曲线已偏离直线，横向应变的增大使体积应变（压缩）的增长减小。当 $\sigma/f_c\approx0.8$ 时，微裂缝已发展成连通的内裂缝，横向应变显著增大，ε_2 曲线出现明显的转折，使体积应变曲线的斜率变号（ΔV 的增量由压缩变为膨胀）。$\sigma/f_c>0.8$ 以后，ε_2 急剧增大，体积膨胀（ΔV 本身变号）。这些变化反映了内裂缝已进入持续开展的非稳定状态。

以上破坏机理的分析说明混凝土受压破坏是由于**内裂缝**的扩展。因此，如果对横向变形加以约束，限制内裂缝的开展，则可提高混凝土的纵向抗压强度。

同理，当快速加荷时，内裂缝来不及扩展，故强度得以提高；反之，在荷载长期作用下，当应力达到 $0.8f_c$ 时，内裂缝发展进入非稳定增长阶段，即便荷载不增加，内裂缝也会持续扩展，直到破坏。故 $0.8f_c$ 即为混凝土柱体的**长期抗压强度**。

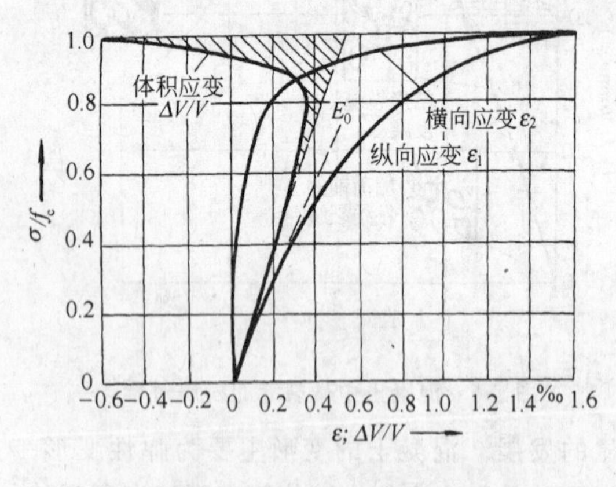

图 1-7 纵向应变 ε_1，横向应变 ε_2 及体积应变 $\Delta V/V$ 的变化曲线

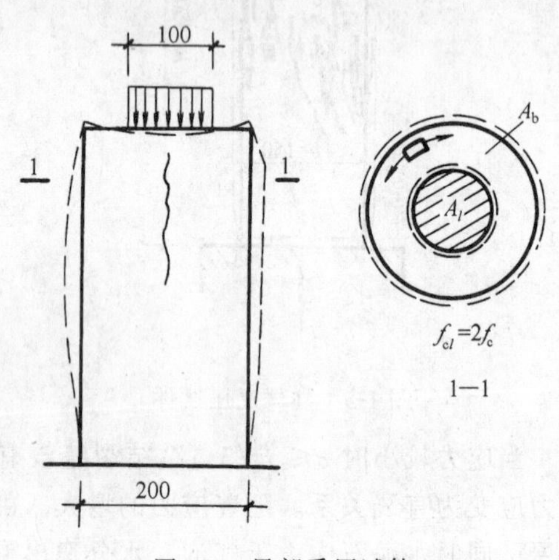

图 1-8 局部受压试件

1.2.3 约束混凝土

“约束了混凝土的横向变形可以提高其抗压强度”，了解这一原理不仅具有理论意义，而且具有实践意义。这一原理可以用来说明为什么局部受压试件（图 1-8）的混凝土抗压强度 $f_{c,l}$ 比 f_c 和 f_{cu} 大很多，这是因为垫板下直接受压的混凝土的横向变形，受到外围混凝土的约束，使外围混凝土受拉，其反作用力使中间混凝土侧向受压，限制了内裂缝的开展，因而其强度——极限荷载除以局部受压面积——比 f_c 提高得多。试件截面面积 A_b 与局部受压面积 A_l 的比值 A_b/A_l 越高，$f_{c,l}$ 也越大。《规范》称 A_b 为计算底面积，可根据“同心、对称、有限”的原则确定（详见本书第 12 章图 12-8）。试验给出，局部受压强度 $f_{c,l}$ 与轴心抗压强度 f_c 的经验关系为：

$$f_{c,l}=\beta f_c \qquad \beta=\sqrt{\frac{A_b}{A_l}} \tag{1-5}$$

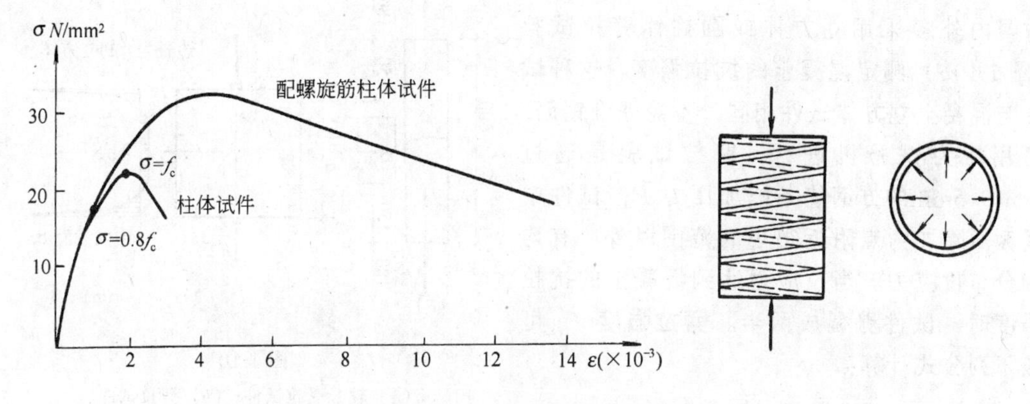

图 1-9 配螺旋筋柱体试件的应力应变曲线

同样原理，如果用间距较密的螺旋钢筋或焊接环代替图 1-8 中外围不直接受压的混凝土，即形成所谓的**约束混凝土**。图 1-9 为配螺旋筋的柱体混凝土试件的应力应变曲线，由图可见，当应力较小时，横向变形很小螺旋筋的作用并不明显；只有当应力超过 $0.8f_c$ 时，约束混凝土的应力应变曲线才反映出与无约束混凝土的明显差别。这是因为当应力达到临界应力后，混凝土横向变形显著增大，侧向膨胀使螺旋筋产生环向拉应力，其反作用力使被螺旋筋约束的混凝土受到均匀的侧向压应力，形成三向受压应力状态。

工程中应用约束混凝土的实例是很多的，如螺旋钢箍柱、钢筋混凝土铰和装配式柱的接头处采用螺旋筋或横向钢筋网提高混凝土的局部受压强度，以及近年来采用的**钢管混凝土**柱均为生产实践中应用约束混凝土的横向变形提高其抗压强度的典型例子。虽然，采用约束混凝土可以提高混凝土的抗拉强度，但更值得注意的是它可以使混凝土耐受变形的能力得到很大提高，这一点对于抗震结构是非常重要的，关于约束混凝土的变形性能将在 1.3.1 节中详述。

1.2.4 混凝土的抗拉强度

混凝土的抗拉强度（f_t）比抗压强度小很多，一般只有抗压强度的5%～10%，而且不与立方体强度f_{cu}成线性关系，f_{cu}越大，比值f_t/f_{cu}越小，混凝土的抗拉强度取决于水泥石的强度和水泥石与骨料间的粘结强度。增加水泥用量、减少水灰比、采用表面粗糙的骨料（碎石）及良好的养护条件可提高混凝土的抗拉强度。

轴心受拉试件如图1-10（*a*）所示，试件为100mm×100mm×500mm的柱体，两端设有埋长为150mm的变形钢筋。试验机夹紧两端伸出的钢筋，使试件受拉，破坏时试件中部产生横向裂缝，其平均拉应力即为混凝土的**轴心抗拉强度**f_t。我国试验给出的f_t与f_{cu}的平均值的经验关系为

$$f_t=0.395f_{cu}^{0.55} \tag{1-6}$$

由于轴心受拉试件试验时对中比较困难，故国内外多采用立方体或圆柱体劈拉试验（图1-10*b*）测定混凝土的抗拉强度。这种试件与混凝土立方体试件相同，不需埋设钢筋，可用压力试验机进行。劈拉试验是通过5mm×5mm的方钢垫条施加压力F，试件中间截面除加力点附近很小的范围以外，有均匀分布拉应力。当拉应力达到混凝土的抗拉强度时，试件劈裂成两半。**劈拉强度**$f_{t,s}$可按下列公式计算：

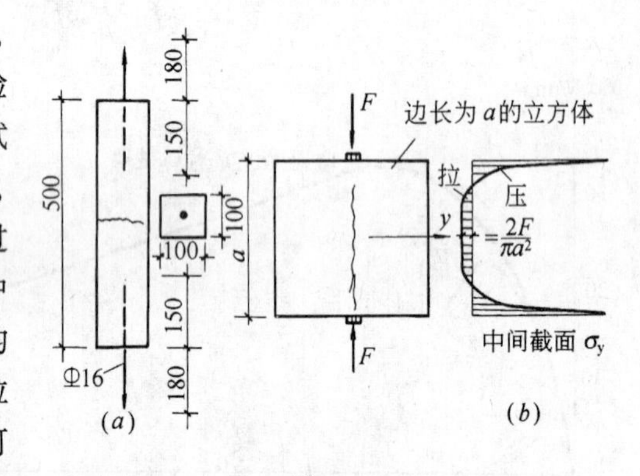

图1-10

（*a*）轴心受拉试件；（*b*）劈拉试件

$$f_{t,s}=\frac{2F}{\pi a^2} \tag{1-7}$$

当采用$a=100$mm的立方体劈拉试件时，$f_{t,s}$与f_{cu}的试验关系为：

$$f_{t,s}=0.19f_{cu}^{3/4} \tag{1-8}$$

劈拉强度$f_{t,s}$与圆柱体抗压强度f_c'的试验关系为：

$$f_{t,s}=0.29\,(f_c')^{0.64} \tag{1-9}$$

1.2.5 混凝土强度的标准值

如前所述，《规范》规定材料强度的标准值应具有不小于95%的保证率。立方体抗压强度的标准值$f_{cu,k}$，即为**混凝土强度等级**。强度等级用符号C表示，如C30级即表示$f_{cu,k}=30\text{N/mm}^2$。《规范》将混凝土强度等级从C15到C80共划分为14个等级。C50级及以下为**普通强度混凝土**，C50级以上为**高强混凝土**。

《规范》在确定混凝土轴心抗压强度标准值f_{ck}和轴心抗拉强度标准值f_{tk}时，考虑它们与立方体强度具有相同的变异系数。利用式（1-4*a*）及（1-6）建立的与立方体强度平均值的关系，并考虑到试件与结构构件的差别，以及高强混凝土的脆性折减系数。《规范》

给出的各级混凝土的轴心抗压强度标准值 f_{ck} 和轴心抗拉强度标准值 f_{tk} 见附表 6。

1.2.6 混凝土的复合受力强度

在钢筋混凝土结构中，构件通常受到轴向力、弯矩、剪力及扭矩的不同组合作用，因此混凝土很少处于理想的单向受力状态，而更多的是处于双向或三向受力状态。前述约束混凝土为三向受压的例子。

1. 混凝土的**双向受力强度**

图 1-11 为混凝土方形薄板试件的双向受力试验结果。试件在板平面内受到法向应力 σ_1 及 σ_2 的作用，另一方向的法向应力 $\sigma_3=0$。图中第三象限为双向受压情况，最大受压强度发生在 σ_1/σ_2 等于 2 或 0.5 时，而不是在 $\sigma_1=\sigma_2$ 的情况下。双向受压强度比单向受压强度虽有提高，但提高的程度有限，约为 27%。第二、四象限为一向受压、一向受拉情况，在这种情况下，混凝土强度均低于单向受力（压或拉）的强度，这一现象与混凝土的破坏机理是符合的。第一象限为双向受拉情况，无论应力比值 σ_1/σ_2 如何，双向受拉强度均接近于单向抗拉强度 f_t。

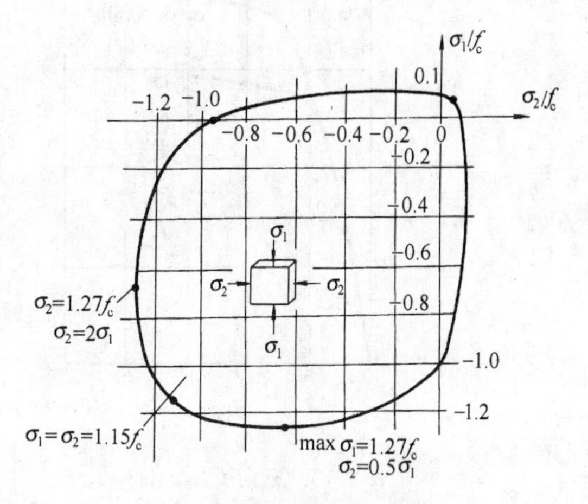

图 1-11 混凝土双向受力强度

2. 混凝土在法向应力和剪应力作用下的**复合受力强度**

当混凝土同时受到剪力或扭矩引起的剪应力 τ，和轴力引起的法向应力 σ 作用时，形成所谓的“剪压”或“剪拉”复合应力状态。理论上这类问题可通过换算为主应力，按双向拉压应力状态来处理。但由于混凝土材料本身组成结构的特点，实际上仍然采用在截面上同时施加法向应力和剪应力的直接试验方法来测定其破坏强度。图 1-12 为混凝土在 σ 及 τ 作用下的复合强度曲线。图中抗剪强度随拉应力的增大而减小，随压应力的增大而增大，但当压应力超过 $0.5f_c$ 时，由于内裂缝的明显发展抗剪强度反而随压应力的增大而减小。

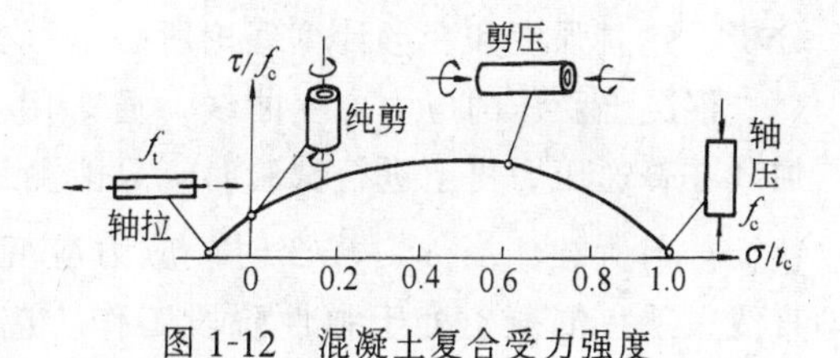

图 1-12 混凝土复合受力强度

3. 混凝土的**三向受压强度**

如前所述，就混凝土的受力状态而言，立方体、柱体试件都存在三向受压情况，只不过是侧向压应力的大小和作用范围的不同。至于约束混凝土中的三向受压是一种被动的侧压力作用，即侧压力的大小取决于混凝土的横向变形。当混凝土圆柱体受压试件受到侧向液压作用时（图 1-13），其纵向抗压强度 σ_1 和变形 ε_1，随侧向液压 $\sigma_2=\sigma_3$ 的增大而显著增大，这说明从开始加荷就限制微裂缝的发展（施加主动的侧压力），可以极大的提高混凝土的抗压强度，并使混凝土的变形性能接近于理想的塑性状态。试验给出 σ_1 与 σ_2 的经验公式（图 1-14）为：

$$\sigma_1 = f_c + 4\sigma_2 \tag{1-10}$$

上式是第八章中螺旋钢箍柱的计算基础。

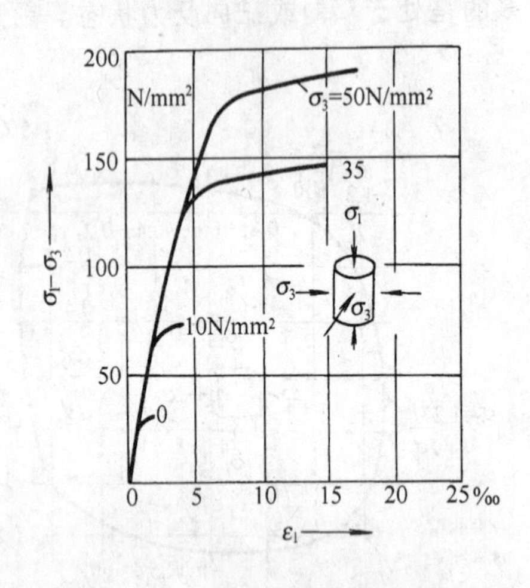

图 1-13　三向受压试件

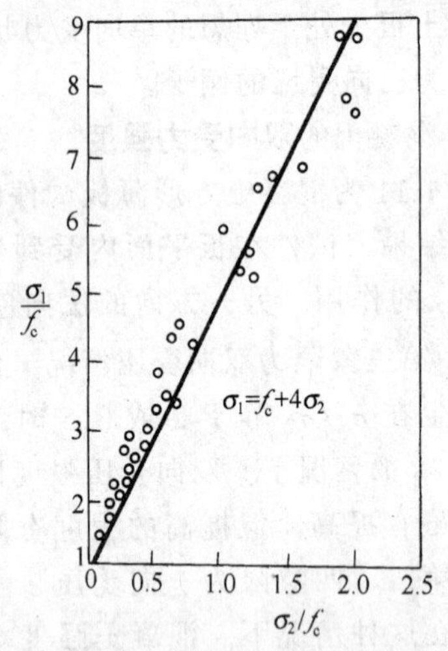

图 1-14　σ_1 与 σ_2 的试验关系

1.3 混凝土在荷载短期作用下的变形

1.3.1 混凝土的应力应变曲线

混凝土的应力应变关系是混凝土力学性能的一个重要方面，它是钢筋混凝土构件应力分析、建立强度和变形计算理论所必不可少的依据。

混凝土受压的应力应变曲线，通常用 $h/b=3\sim4$ 的柱体试件来测定。当采用等应力加载在普通压力机上进行试验时，只能测得应力应变曲线的**上升段**（图 1-15）。上升段的特征如前所述，当 $\sigma\leqslant f_c/3$ 时，应力应变为直线关系，混凝土处于弹性阶段工作。应力 $\sigma>f_c/3$ 后，随应力的增大，应力应变曲线越来越偏离直线。应变 ε 可分为**弹性应变** ε_{el} 和**塑性应变** ε_{pl} 两部分：

$$\varepsilon=\varepsilon_{el}+\varepsilon_{pl}$$

应力越大，塑性应变 ε_{p1} 在总应变 ε 中所占比例就越大。当应力达到 $0.8f_c$ 后，塑性变形显著增大，应力应变曲线的斜率急剧减小。当应力达到峰值应力 f_c 时，σ-ε 曲线的

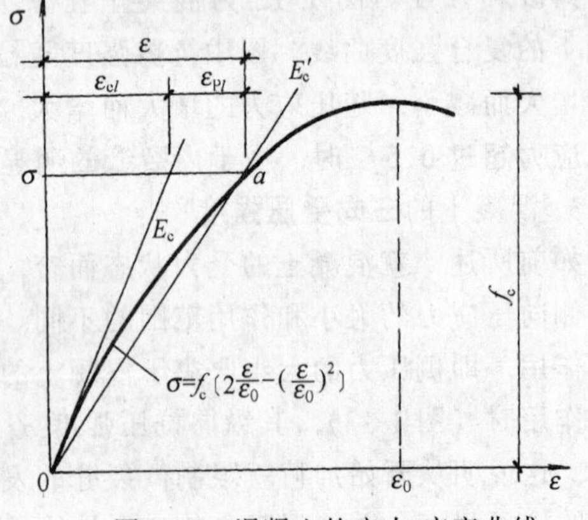

图 1-15　混凝土的应力-应变曲线

斜率已接近水平，相应的应变 ε_0 随混凝土强度的不同可在（1.5～2.5）$\times 10^{-3}$间波动（图 1-16），通常取平均值 $\varepsilon_0 = 2\times 10^{-3}$。关于混凝土受压的应力应变曲线表达式曾给出过各种不同形式的拟合公式，对普通强度混凝土目前国内外在构件应力分析中应用最多的是二次抛物线形式：

$$\sigma = f_c[2(\varepsilon/\varepsilon_0) - (\varepsilon/\varepsilon_0)^2] \tag{1-11}$$

采用等应变加载，可以量测到图 1-16 所示有下降段的**应力应变全曲线**。到达峰值应力 f_c 以后，随应变 ε 的增长，应力 σ 逐渐下降。当应变 $\varepsilon =$（4～6）$\times 10^{-3}$时，应力下降减缓，最后趋于稳定的残余应力。σ-ε 曲线的下降段反映了混凝土沿内裂缝面上的剪切滑移，和骨料处粘结裂缝的不断扩大。

随着混凝土强度的提高，混凝土应力应变曲线将逐渐变化，图 1-16 为不同强度混凝土的 σ-ε 全曲线。由图可见，混凝土强度越高，应力应变曲线的上升段越趋向于线性变化，且对应于峰值应力的应变 ε_0 稍有提高；下降段趋于变陡，残余应力相对较低。这是由于高强混凝土中砂浆与骨料的粘结较强，粘结裂缝较少，破坏往往是骨料的劈裂，具有脆性破坏的特征，说明高强混凝土的变形性能较差。

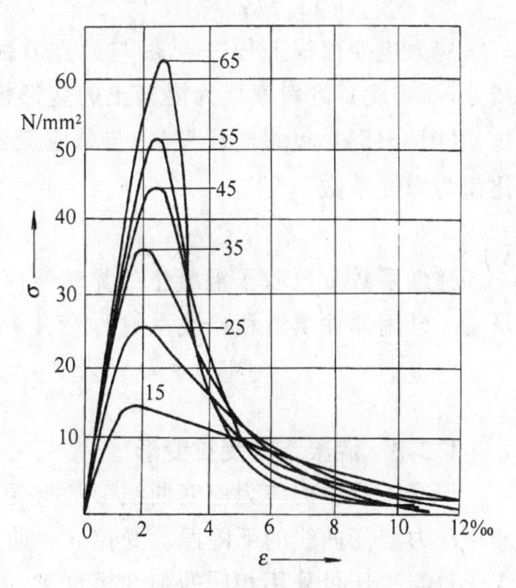

图 1-16　不同混凝土强度的 σ-ε 全曲线

横向钢筋的约束作用对混凝土的应力应变曲线的下降段有明显的影响（图 1-9）。当应力超过临界应力（$\sigma = 0.8f_c$）以后，随横向钢筋配筋量的增加和间距的减小，约束混凝土应力应变曲线的峰值应力提高，峰值应变有明显的增长。而以下降段的变化最为显著。这是因为箍筋的存在约束了内裂缝的持续扩展，提高了裂缝面上的摩擦咬合力，使应力下降减缓，改善了混凝土的后期变形能力。因此，抗震结构的梁、柱和节点区，采用间距较密的箍筋约束混凝土可以有效地提高构件的延性。

1.3.2　混凝土的弹性模量、变形模量

在计算钢筋混凝土构件的截面应力、变形、预应力混凝土构件的预压应力，以及由于温度变化、支座沉降产生的内力时，需要利用混凝土的一个材料常数——**弹性模量**。混凝土的应变只有在快速加荷下才是可恢复的弹性变形。一般加荷速度下应力应变为曲线关系，存在着不可恢复的非弹性变形。因此联系应力与应变关系的材料常数不是常数，而是变数。这就产生了怎样恰当地给定“模量”取值的问题。图 1-17 中通过原点 0 的 σ-ε 曲线切线的斜率为混凝土的初始弹性模量 E_0，但是它的稳定数值不易从试验中测定。目前我国《规范》中给出的弹性模量（E_c）值是用下述方法确定的：采用柱体试件，取应力

上限为$0.5f_c$重复加荷5～10次。由于混凝土的非弹性性质，每次卸荷至零时，存在有残余变形。但随荷载重复次数的增加，残余变形逐渐减小，重复5～10次以后，变形已基本趋于稳定，σ-ε曲线接近于直线（图1-17），该直线的斜率即为混凝土的弹性模量取值。根据不同等级混凝土弹性模量试验值的统计分析，E_c与$f_{cu,k}$的经验关系为：

$$E_c=\frac{10^5}{2.2+34.7/f_{cu,k}}\ (\mathrm{N/mm^2}) \qquad (1\text{-}12)$$

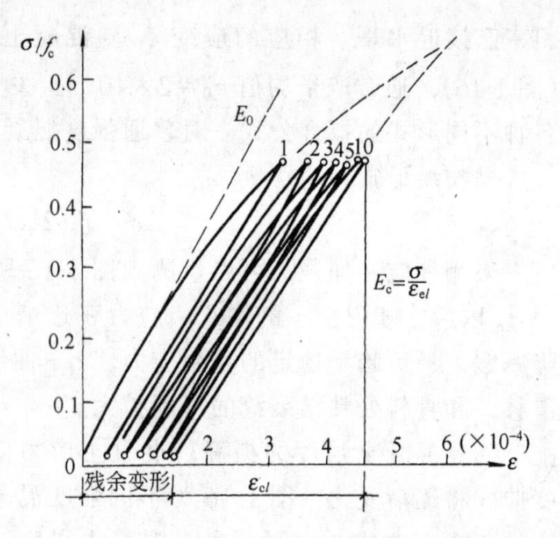

图1-17　混凝土弹性模量E_c的测定方法

应力应变曲线上任一点a与原点0的联线$0a$（割线）的斜率称为混凝土的**变形模量**E'_c（图1-15）。设弹性应变ε_{el}与总应变ε的比值为**弹性系数**ν。

$$\nu=\varepsilon_{el}/\varepsilon \qquad (1\text{-}13)$$

弹性系数ν反映了混凝土的弹塑性性质，随着应力σ增大ν减小。则任一点的变形模量E'_c可用弹性模量和弹性系数的乘积来表示：

$$E'_c=\frac{\sigma}{\varepsilon}=\nu\frac{\sigma}{\varepsilon_{el}}=\nu E_c \qquad (1\text{-}14)$$

1.3.3　混凝土的受拉变形

混凝土受拉的应力应变曲线形状与受压是相似的，当采用等应变速度加载时，同样可测得应力应变曲线的下降段。受拉σ-ε曲线的原点切线斜率与受压时基本一致，因此混凝土受拉与受压可采用相同的弹性模量E_c。应力等于混凝土的轴心抗拉强度f_t时的弹性系数$\nu\approx0.5$，故相应于f_t的变形模量$E'_c=f_t/\varepsilon_t=\nu f_t/\varepsilon_{el}=0.5E_c$（图1-18）。

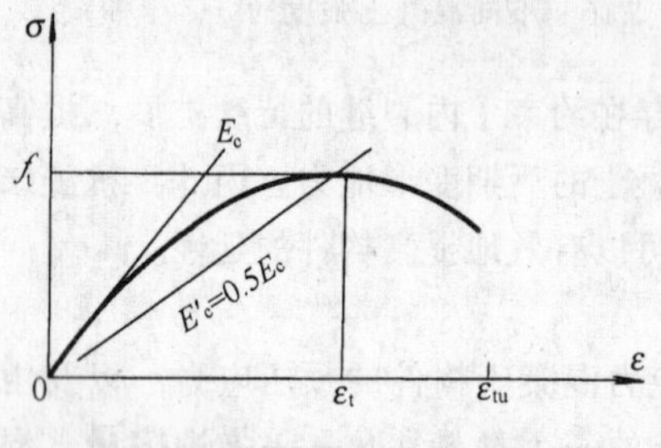

图1-18　混凝土受拉应力应变曲线

混凝土的极限拉应变ε_{tu}与混凝土的强度、配比、养护条件有很大关系，其值可在$(0.5\sim2.7)\times10^{-4}$的范围内波动。强度越高，极限拉应变也越大。在构件计算中，对一般混凝土强度，可取$\varepsilon_{tu}=(1\sim1.5)\times10^{-4}$。

1.4　钢筋与混凝土的粘结

以上分别讨论了钢筋和混凝土的强度和变形性能，但是钢筋与混凝土这两种材料为什么能组合成钢筋混凝土构件共同受力，这是钢筋混凝土结构中的一个根本的问题。

钢筋与混凝土之所以能够共同工作，其基本前提是在钢筋与混凝土之间具有足够的**粘结强度**，能够承受由于二者的相对变形（**滑移**）在界面上产生的相互作用力。通常把单位界面面积上的这种作用力沿钢筋轴线方向的分力（钢筋与混凝土接触面上的剪应力）称为**粘结应力** τ。通过粘结应力来传递钢筋与混凝土之间的力，使二者共同工作。图1-19所示为钢筋混凝土轴心受拉构件，轴向拉力 N 通过钢筋施加在构件端部截面（或裂缝截面，构件长度 l 相当于裂缝间距）。在端部截面轴力 N 由钢筋负担，故钢筋应力 $\sigma_s = N/As$，混凝土应力 $\sigma_s = 0$。进入构件以后，由于钢筋与混凝土间具有粘结强度，限制了钢筋的自由拉伸，在界面上产生粘结应力 τ，将部分拉力传给混凝土，使混凝土受拉。粘结应力 τ 的大小取决于钢筋与混凝土之间的应变差 $\varepsilon_s - \varepsilon_c$（图1-19$e$）。随着距端截面距离的增大，钢筋应力 σ_s（相应的应变 ε_s）减小，混凝土的拉应力 σ_c（相应的应变 ε_c）增大，二者的应变差逐渐减小。直到距端部 l_t 处钢筋与混凝土应变相同，相对变形（滑移）消失，粘结应力 $\tau = 0$。图1-19（f）为自构件端部 $x < l_t$ 处取出的长度为 $\mathrm{d}x$ 的微段的平衡图。设钢筋直径为 d，截面面积 $A_s = \pi d^2/4$，则

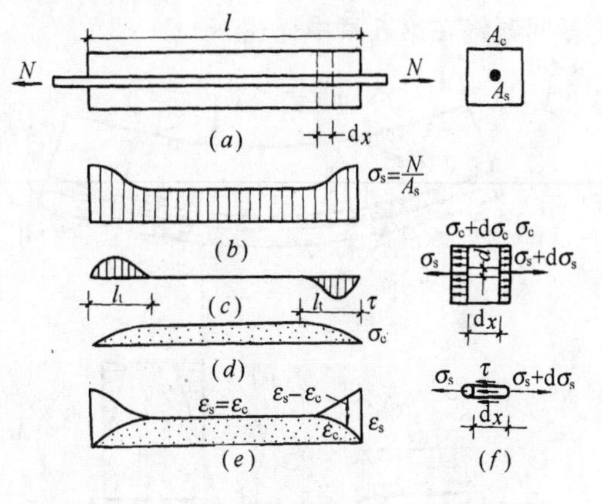

图1-19　轴心受拉构件裂缝出现前的应力分布

$$\pi d \cdot \tau \cdot \mathrm{d}x = \mathrm{d}\sigma_s \cdot \pi d^2/4$$

或

$$\tau = \frac{d}{4}\frac{\mathrm{d}\sigma_s}{\mathrm{d}x} \tag{1-15}$$

上式表明，粘结应力使钢筋发生应力变化，或者说没有 τ 就不会产生钢筋应力的增量 $\mathrm{d}\sigma_s$；反之，没有钢筋应力的变化就不存在粘结应力 τ。因此，在构件中间距端部超过 l_t 的各截面上 $\tau = 0$，钢筋应力 σ_s 及混凝土应力 σ_c 均不再改变，保持常值。

对于图1-20所示钢筋混凝土梁，受荷后梁下部混凝土受拉，通过粘结应力 τ 将部分拉力传给钢筋，使钢筋参与受拉。显然钢筋中拉力的大小，取决于沿钢筋长度上粘结应力的积累。如自梁中取出长度为 $\mathrm{d}x$ 的微段，则由平衡关系同样可写出 τ 与 $\mathrm{d}\sigma_s$ 的关系式(1-15)。

除了上述裂缝间的**局部粘结应力**以外，对于构件承载力至关重要的是钢筋在支座及节点处的**锚固粘结应力**。图1-21所示为梁柱及屋架的支座，受拉钢筋在支座中须有足够的"**锚固长度**"（l_a），通过这段长度上粘结应力 τ 的积累，才能使钢筋中建立起所需发挥的应力。局部粘结应力的丧失只影响到构件的刚度和裂缝开展，而锚固粘结应力的丧失将使

构件提前破坏，降低承载力。关于粘结的机理、影响粘结强度的因素以及钢筋的锚固长度等问题将在第 6 章中详述。

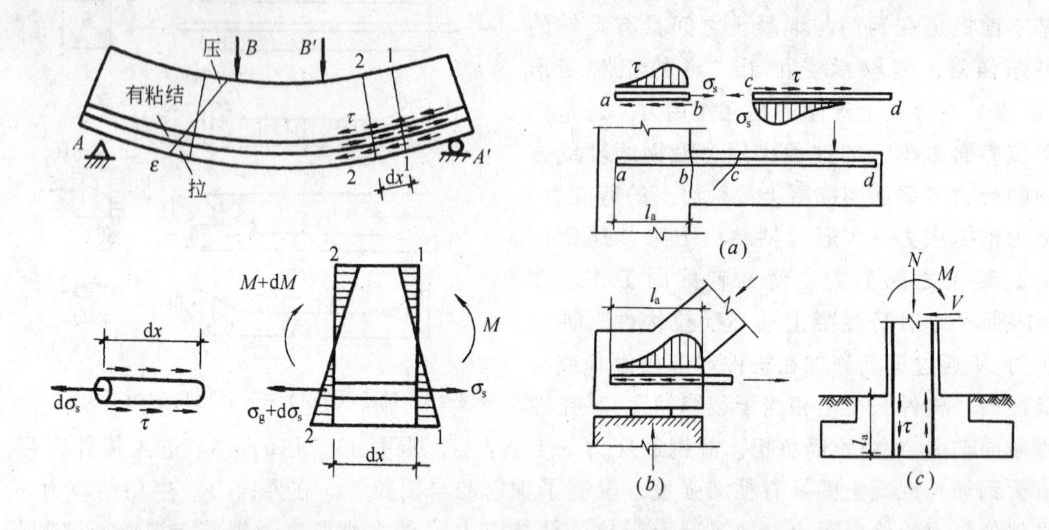

图 1-20　梁中粘结应力　　　　图 1-21　钢筋在支座中的锚固

1.5　轴心受力构件的应力分析

本节以简单的对称配筋截面的轴心受力构件为例，说明钢筋及混凝土的力学性能对截面应力的影响。

1.5.1　轴心受拉构件的应力分析

1. 开裂前应力分析

钢筋混凝土轴心受拉构件，截面配筋如图 1-22 所示。在距构件两端大于 l_t 的区段内，裂缝出现前钢筋与混凝土共同受拉，二者应变相等 $\varepsilon_s=\varepsilon_c$。设沿截面均匀分布的混凝土拉应力为 σ_c，钢筋拉应力为 σ_s，E_s 及 E_c 各为混凝土及钢筋的弹性模量。由式 (1-14)，可写出应力应变的**物理关系**：

$$\sigma_c=E'_c\varepsilon_c=\nu E_c\varepsilon_c$$

$$\sigma_s=E_s\varepsilon_s$$

根据 $\varepsilon_s=\varepsilon_c$ 的**变形协调条件**，可知 σ_c 与 σ_s 存在下列关系：

$$\varepsilon_s=\frac{\sigma_s}{E_s}=\varepsilon_c=\frac{\sigma_c}{\nu E_c}$$

或

$$\sigma_s=\frac{E_s}{\nu E_c}\sigma_c=\frac{\alpha_E}{\nu}\sigma_c \tag{1-16}$$

式中　$\alpha_E=E_s/E_c$ 为钢筋与混凝土的弹性模量比。

由**平衡关系**可得：

$$N=\sigma_{c}A_{c}+\sigma_{s}A_{s}=\sigma_{c}\left(A_{c}+\frac{\alpha_{E}}{\nu}A_{s}\right) \tag{1-17}$$

这里 A_c 及 A_s 各为混凝土及钢筋的截面面积，通常 A_s 比 A_c 小很多，因此 A_c 可近似取为构件的截面面积。式（1-16）的应力关系说明，钢筋应力为混凝土应力的 α_E/ν 倍，因此可将钢筋面积 A_s 视为 α_E/ν 倍的混凝土面积，其形心位置不变（图1-22*a*）。通过这样换算，在概念上相当于将两种材料的组合截面，看做是单一材料（混凝土）的截面。设 $A_0=A_c+\alpha_E A_s/\nu=A_c\,(1+\alpha_E\rho/\nu)$，称为构件的**换算截面面积**。其中 $\rho=A_s/A_c$ 称为**配筋率**。

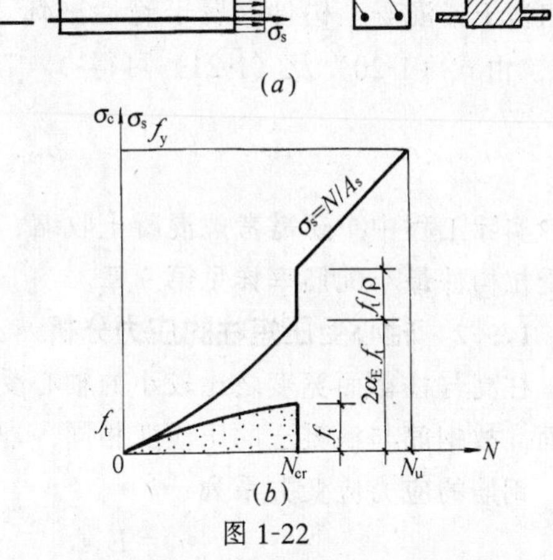

图1-22

（*a*）对称配筋轴心受拉构件；（*b*）混凝土应力 σ_c、钢筋应力 σ_s 与轴力 N 的关系

故

$$\sigma_{c}=\frac{N}{A_{0}}=\frac{N}{A_{c}\,(1+\alpha_{E}\rho/\nu)} \tag{1-18}$$

$$\sigma_{s}=\frac{\alpha_{E}N}{A_{c}\,(\nu+\alpha_{E}\rho)} \tag{1-19}$$

如前所述，混凝土的变形模量 $E'_c=\nu E_c$，随应力的增大而减小，即 ν 是个变数，因此 σ_s 与 σ_c 的比值也是变化的（图1-22*b* 中 σ_c、σ_s 与 N 的关系是非线性的）。当 $\sigma_c<0.3f_t$ 时，混凝土处于弹性工作阶段，弹性系数 $\nu\approx1.0$，$\sigma_s=\alpha_E\sigma_c$；当 $\sigma_c=f_t$ 时，$\nu=0.5$，$\sigma_s=2\alpha_E\sigma_c$。这时钢筋的应力 σ_s 通常只有 20～40N/mm^2，说明在一般配筋率情况下，钢筋对开裂的影响很小。应该指出的是，换算截面的概念对于受弯构件、受压构件也是适用的。

2．**开裂荷载**及**开裂后钢筋应力**

随荷载增大，当混凝土到达其极限拉应变，相应的 $\sigma_c=f_t$ 时，构件即将开裂。故轴心受拉构件裂缝出现时的轴力 N_{cr} 为：

$$N_{cr}=f_tA_c\,(1+2\alpha_E\rho) \tag{1-20}$$

开裂后瞬间，开裂截面 $\sigma_c=0$，$\sigma_s=N_{cr}/A_s$，钢筋应力发生突变，由于开裂后瞬间轴力 N_{cr} 保持不变，原来由混凝土承担的拉力 f_tA_c 将转移给钢筋，使钢筋应力产生应力增量 $\Delta\sigma_s=f_tA_c/A_s=f_t/\rho$。配筋率 ρ 越小，一旦开裂，开裂后钢筋应力的增量 $\Delta\sigma_s$ 就越大。混凝土开裂后全部轴力由钢筋承担

$$\sigma_s=N/A_s$$

当 $\sigma_s=f_y$ 时，到达极限轴力 N_u：

$$N_u=f_yA_s \tag{1-21}$$

如配筋率 ρ 很小，小到混凝土一开裂，钢筋应力 σ_s 即达屈服强度，即 $N_u = N_{cr}$。如配筋率再减小，N_u 将小于 N_{cr}，亦即钢筋不足以承担原来由混凝土承受的拉力，破坏特征相当于素混凝土构件，属于脆性破坏。$N_u = N_{cr}$时的配筋率称为理论上的**最小配筋率** ρ_{min}。由式（1-20）及（1-21）可得：

$$\rho_{min} = \frac{f_t}{f_y - 2\alpha_E f_t}$$

实际工程中，还需考虑混凝土收缩、温度影响及工程经验等因素。《规范》规定的轴心受拉构件最小配筋率详见第 9 章。

1.5.2 轴心受压短柱的应力分析

柱高与柱截面宽度之比较小的轴心受压构件如图 1-23 所示，轴向压力 N 作用在整个截面，故钢筋与混凝土的压应变相同，即 $\varepsilon_c = \varepsilon_s$。

钢筋的应力应变关系为：

$$\begin{cases} \sigma_s = E_s\varepsilon_s & (\varepsilon_s \leqslant \varepsilon_y \quad \varepsilon_y = f_y/E_s) \quad (1\text{-}22a) \\ \sigma_s = f_y & (\varepsilon_s > \varepsilon_y) \quad (1\text{-}22b) \end{cases}$$

普通强度混凝土的应力应变关系为：

$$\sigma_c = f_c\left[2\left(\varepsilon_c/\varepsilon_0\right) - \left(\varepsilon_c/\varepsilon_0\right)^2\right] \quad (1\text{-}23)$$

轴心受压构件的破坏准则为混凝土的极限压应变 ε_{cu}等于单轴受压时对应于峰值应力的应变 ε_0，即 $\varepsilon_{cu} = \varepsilon_0 = 0.002$。

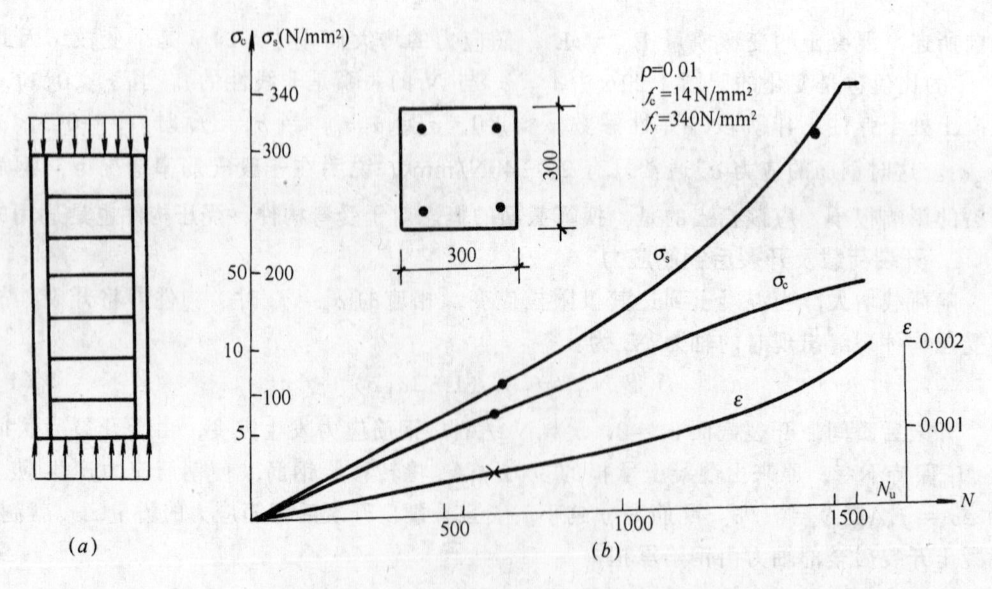

图 1-23

（a）轴心受压短柱；（b）$N \sim \sigma_s$、σ_c、ε 关系曲线

由截面内力与外力的平衡关系，可写出：

$$N=\sigma_c A_c+\sigma_s A_s=A_c\ (\sigma_c+\sigma_s\rho) \tag{1-24}$$

将钢筋及混凝土的应力-应变关系代入平衡方程（1-24），并利用 $\varepsilon_c=\varepsilon_s=\varepsilon$ 的关系，便可按下式进行轴心受压短柱从加荷直到极限荷载的各阶段应力分析：

$$N/A_c=f_c\ [2\ (\varepsilon/\varepsilon_0)\ -\ (\varepsilon/\varepsilon_0)^2]\ +E_s\varepsilon\rho \tag{1-25}$$

取 $\varepsilon=\varepsilon_{cu}=0.002$，极限轴力 N_u 的计算公式为：

当 $\varepsilon_y\leqslant0.002$ 时，$N_u=f_cA_c+f_yA_s$ (1-26*a*)

当 $\varepsilon_y>0.002$ 时，$N_u=f_cA_c+0.002E_sA_s$ (1-26*b*)

【例 1-1】 已知轴心受压短柱试件 $A_c=300\text{mm}\times300\text{mm}$，配筋率 $\rho=A_s/A_c=0.01$。实测混凝土柱体抗压强度 $f_c=14\text{N/mm}^2$，设 $\varepsilon_{cu}=\varepsilon_0=0.002$。钢筋屈服强度 $f_y=340\ \text{N/mm}^2$，弹性模量 $E_s=2\times10^5\text{N/mm}^2$。要求计算：（1）当构件压应变 $\varepsilon=0.001$ 时的混凝土应力 σ_c、钢筋应力 σ_s 及轴力 N；（2）钢筋到达屈服强度时的 σ_c 及 N；（3）极限轴力 N_u。

【解】

（1）钢筋屈服应变 $\varepsilon_y=f_y/E_s=340/2\times10^5=0.0017$

$\varepsilon=0.001<\varepsilon_y$，令 $\varepsilon_c=\varepsilon$ 代入式（1-23）

$$\sigma_c=f_c[2\times(\varepsilon_c/\varepsilon_0)-(\varepsilon_c/\varepsilon_0)^2]=14\left[2\times\frac{0.001}{0.002}-\left(\frac{0.001}{0.002}\right)^2\right]$$

$$=10.5\text{N/mm}^2$$

$$\sigma_s=E_s\varepsilon_s=2\times10^5\times0.001=200\text{N/mm}^2$$

$$N=A_c(\sigma_c+\rho\,\sigma_s)=90000(10.5+0.01\times200)=1125\text{kN}$$

（2）钢筋屈服时，$\varepsilon_y=\varepsilon_c=0.0017$

$$\sigma_c=14\left[2\,\frac{0.0017}{0.002}-\left(\frac{0.0017}{0.002}\right)^2\right]=13.69\text{N/mm}^2$$

$$N=13.69\times90000+340\times900=1538\text{kN}$$

（3）极限轴力 N_u $\qquad\varepsilon_y<\varepsilon_{cu}=0.002$

$$N_u=f_cA_c+f_yA_s=14\times90000+340\times900=1566\text{kN}$$

1.6 混凝土的时随变形——收缩和徐变

1.6.1 混凝土的收缩

混凝土在空气中结硬时体积减小的现象称为**收缩**。当混凝土的这种自发变形，受到外部（支座）或内部（钢筋）的约束时，将使混凝土中产生拉应力，甚至使混凝土开裂。如有些养护不良的钢筋混凝土构件在受荷前，即出现由于混凝土收缩所产生的裂缝。此外，混凝土收缩使预应力混凝土构件产生应力损失，并使某些对跨度变化比较敏感的超静定结构（如拱）产生不利的内力，在导致钢筋混凝土结构出现过大裂缝的各项因素中，温度及收缩往往起着相当重要的作用。因此需要了解混凝土收缩的性质及其主要影响因素。

混凝土的收缩是一种随时间而增长的变形（图 1-24），结硬初期收缩变形发展较快，二周可完成全部收缩的 1/4，一个月约可完成1/2，三个月后增长缓慢，一般两年后趋于稳定，最终收缩应变 ε_{sh} 约为（2～5）×10^{-4}。

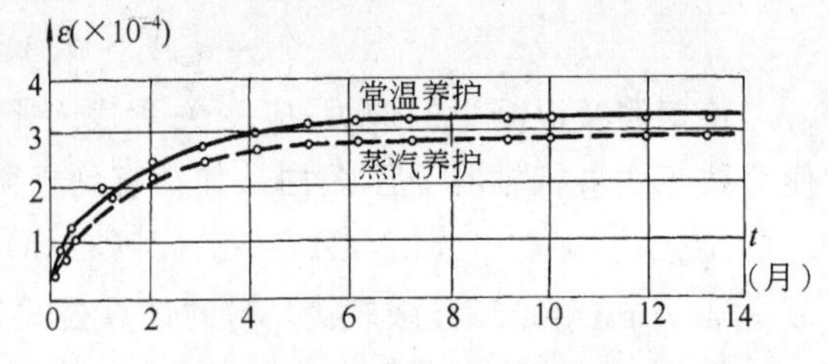

图 1-24　混凝土收缩变形与时间的关系

$f_{cu}=40\text{N/mm}^2$　试件尺寸 100mm×100mm×40mm

标距 200mm　$\dfrac{W}{C}=0.45$　500 号硅酸盐水泥

恒温 20±1℃，恒湿 65±5%

组成、配比是影响混凝土收缩的重要因素。水泥用量越多、水灰比越大，收缩就越大。骨料的级配好、弹性模量高，可减小混凝土的收缩。这是因为骨料对水泥石的收缩有制约作用，粗骨料所占体积比越大，强度越高，对收缩的制约作用就越大。

干燥失水是引起收缩的重要原因，所以构件的养护条件，使用环境的温湿度，以及凡是影响混凝土中水分保持的因素，都对混凝土的收缩有影响。高温蒸养可加快水化作用，减少混凝土中的自由水分，因而可使收缩减少。使用环境的温度越高，相对湿度越低，收缩就越大。如混凝土处于饱和湿度情况下，不仅不会收缩，反而会产生体积膨胀。

1.6.2　钢筋混凝土构件中的收缩应力

混凝土具有收缩的性质，而钢筋并没有这种变形性能。因此，钢筋混凝土构件中钢筋的存在限制了混凝土的自由收缩。如图 1-25 所示构件，若设想钢筋与混凝土之间无粘结，则构件混凝土可自由收缩，收缩后的变形如图 1-25（*a*）所示。由于混凝土能自由地收缩，其应力为零（构件缩短了 $\varepsilon_{sh}\cdot l$，ε_{sh}为混凝土自由收缩应变，l 为构件长度）；此时钢筋保持其原长度不变，应力也为零。但实际上钢筋与混凝土之间存在有粘结强度，混凝土的收缩受到钢筋的约束（图 1-25*b*）。粘结应力将迫使钢筋随着混凝土的收缩而缩短，产生压应力，其作用相当于将自由收缩的混凝土拉长。而这时并无外荷作用，因此钢筋内力与混凝土的截面应力处于平衡状态（图 1-25*c*）。

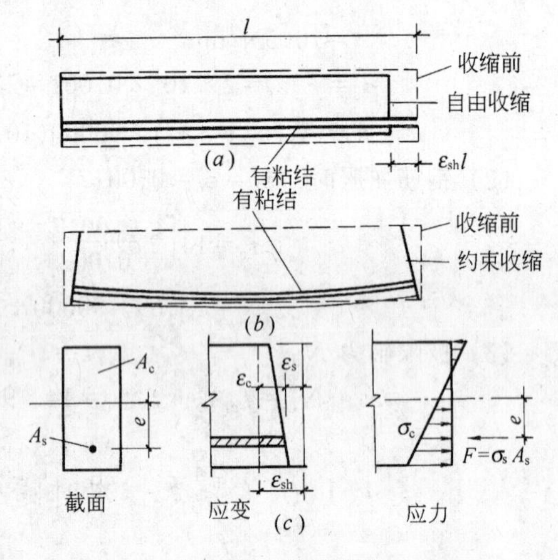

图 1-25　收缩应力

设构件收缩后截面应变为直线分布，钢筋的压应变为 ε_s，故钢筋应力 $\sigma_s=E_s\varepsilon_s$。钢筋高度处的混凝土应变为 ε_c，它相当于在自由收缩后产生了拉应变 $\varepsilon_c=\varepsilon_{sh}-\varepsilon_s$。相应的混凝土应力 $\sigma_c=\nu E_c\varepsilon_c=\nu E_c$（$\varepsilon_{sh}-\varepsilon_s$）。

此时构件上无外力作用，钢筋中总压力 $F=\sigma_s A_s$，压力 F 对 A_c 截面形心的偏心距为 e，由平衡关系可写出 σ_c 的表达式为：

$$\sigma_c=\frac{F}{A_c}\left(1+\frac{e^2}{r_c^2}\right)=\frac{\sigma_s A_s}{A_c}\left(1+\frac{e^2}{r_c^2}\right)$$

式中　$r_c=\sqrt{I_c/A_c}$为混凝土截面的回转半径。将 σ_c 及 σ_s 代入上式，并引用 $\rho=A_s/A_c$，$\alpha_E=E_s/E_c$，可解得：

$$\varepsilon_s=\frac{\varepsilon_{sh}}{1+\frac{\alpha_E\rho}{\nu}\left(1+\frac{e^2}{r_c^2}\right)} \tag{1-27}$$

当混凝土的收缩应变 ε_{sh}为已知时，σ_s 及 σ_c 可按下列公式计算：

$$\sigma_s=\frac{\varepsilon_{sh}E_s}{1+\frac{\alpha_E\rho}{\nu}\left(1+\frac{e^2}{r_c^2}\right)} \tag{1-28}$$

$$\sigma_c=\frac{\varepsilon_{sh}E_c}{\frac{(1+e^2/r_c^2)}{\alpha_E\rho}+\frac{1}{\nu}} \tag{1-29}$$

由上式可知，混凝土的收缩应变 ε_{sh}越大，收缩引起的钢筋应力 σ_s 及混凝土应力 σ_c 就越大。配筋率 ρ 越大，压应力 σ_s 越小，而拉应力 σ_c 越大。当其他条件相同时，对称配筋构件（$e=0$）的收缩应力最大。当 ε_{sh}和 ρ 增大到一定限度时，混凝土的拉应力可达到其抗拉强度 f_t，这也就是为什么有些构件在浇筑后一段时间内，在未受外荷情况下，由于收缩会出现裂缝的原因。

1.6.3　混凝土的徐变

混凝土在荷载的长期作用下，随时间而增长的变形称为**徐变**。早在 20 世纪初，人们第一次发现钢筋混凝土桥的挠度几年以后仍在继续增长。这提醒人们有必要研究混凝土在荷载长期作用下的变形。

混凝土受力后水泥胶体的粘性流动要持续一个很长的时间，这是产生徐变的主要原因。由于收缩与外荷无关，因此在徐变试验中测得的变形也包含了收缩所产生的变形。故在进行徐变试验的同时，需用同批浇筑、同样尺寸的不受荷试件，在同样环境下进行收缩试验。从量测的徐变试件的变形中扣除对比的收缩试件的变形，便可得到徐变变形。

图 1-26 为混凝土柱体试件，加荷至 $\sigma=0.5f_c$ 后使应力保持不变，变形与时间增长的关系。图中 ε_{el}为加荷时立即出现的弹性变形，ε_{sh}为随时间增长的收缩变形，ε_{cr}为徐变。前 4 个月徐变增长较快，6 个月可达最终徐变（70～80）%，以后增长逐渐缓慢，2 年的徐变约为弹性变形的（2～4）倍。如图所示，在 B 点卸荷时瞬时恢复的变形为ε'_{el}，经过一段时间（约 20 天），由于水泥胶体粘性流动又逐渐恢复的变形 ε''_{el}称为弹性后效，最后剩下的不可恢复变形为 ε'_{cr}。

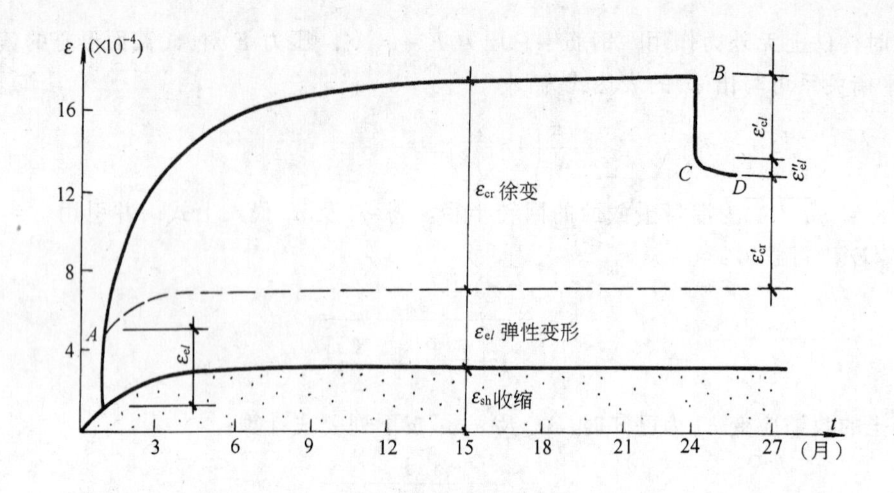

图 1-26 混凝土的收缩和徐变

影响混凝土徐变的因素可分为：(1) 内在因素；(2) 环境影响；(3) 应力条件。

混凝土的组成配比是影响徐变的内在因素。骨料的刚度（弹性模量）越大，骨料的体积比越大，徐变就越小。水灰比越小，徐变也越小。

养护及使用条件下的温湿度是影响徐变的环境因素。受荷前养护的温湿度越高，水泥水化作用越充分，徐变就越小，采用蒸汽养护可使徐变减少约20%～35%。试件受荷后所处环境的温度越高，徐变就越大，如环境温度为70℃的试件受荷一年后的徐变，要比温度为20℃者大一倍以上。环境的相对湿度越低，徐变也越大。因此，高温干燥环境将使徐变显著增大。

应力条件——施加初应力的水平（初应力 σ 与 f_c 的比值）和加荷时混凝土的龄期，是影响徐变的一项非常重要的因素。图1-27为不同应力水平下的徐变变形增长曲线。由图可见，当 $\sigma \leqslant 0.5 f_c$ 时，曲线接近等间距分布，说明徐变与初应力 σ 成正比。定义徐变变形 ε_{cr} 与弹性变形 ε_{el} 的比值为**徐变系数** φ，即

$$\varphi = \varepsilon_{cr}/\varepsilon_{el} \tag{1-30}$$

而弹性变形 $\varepsilon_{el} = \sigma/E_c$，当 $\sigma \leqslant 0.5 f_c$ 时，徐变系数 $\varphi = \varepsilon_{cr}/\varepsilon_{el} = E_c\varepsilon_{cr}/\sigma =$ 常数

徐变系数 φ 等于常数的情况称为**线性徐变**。线性徐变在2年以后趋于稳定，其渐近线与横轴（时间 t）平行。通常最终徐变系数 $\varphi = 2 \sim 4$。

当初应力 σ 介于 $(0.5 \sim 0.8)\ f_c$ 之间时，徐变与 σ 不成比例，徐变比 σ 增长更快（图1-27），徐变系数 φ 随 σ 增大而增大，这种情况称为**非线性徐变**。如前所述，当应力 $\sigma > 0.5 f_c$ 时，塑性变形主要是由于微裂缝在荷载长期作用下的持续扩展；水泥胶体的粘性流动的增长速度已比较稳定，而应力集中引起的微裂缝开展则随应力的增大而显著发展。

当应力 $\sigma > 0.8 f_c$ 时，徐变的发展是非收敛性的，最终将导致混凝土的破坏，实际上 $\sigma = 0.8 f_c$ 即为混凝土的长期抗压强度。图1-28为不同加荷时间的应变增长曲线与徐变极

限（$t=\infty$）和强度破坏时的应变极限的关系。

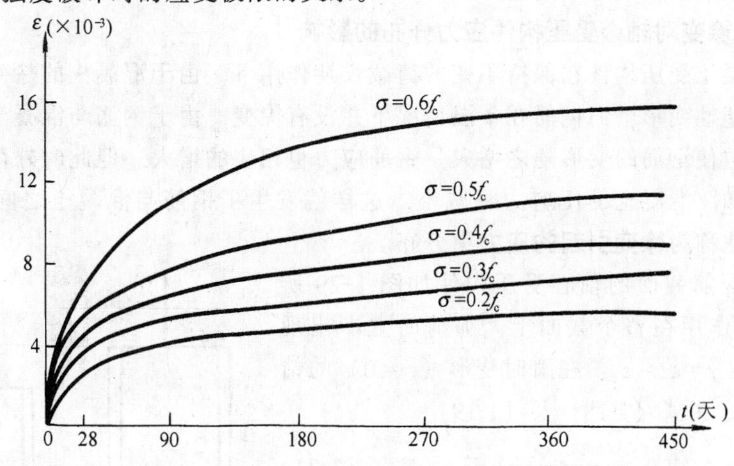

图 1-27 初应力对徐变的影响

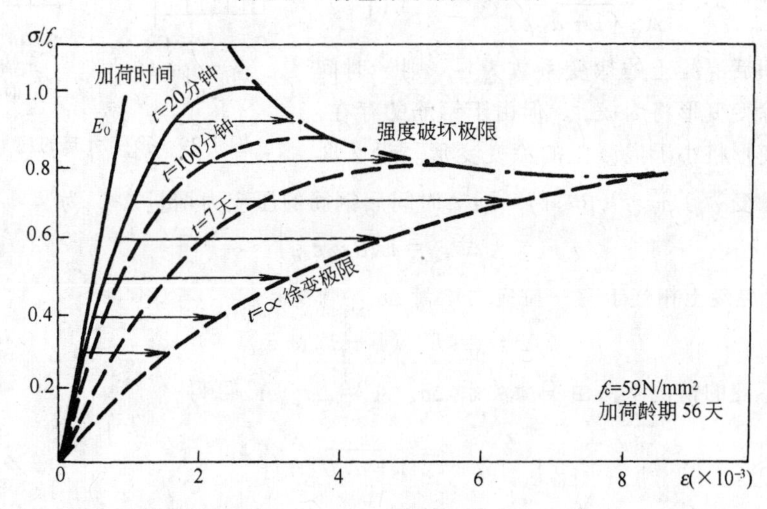

图 1-28 加荷时间与徐变极限及强度破坏极限的关系

加荷时试件的龄期越长，混凝土水泥石中结晶体所占的比例就越大，胶体的粘性流动相对就越小，徐变也越小。

混凝土的徐变对钢筋混凝土构件的受力性能有重要影响。如受弯构件在荷载长期作用下由于压区混凝土的徐变，可使挠度增大 2～3 倍或更多，长细比较大的偏心受压构件，由于徐变引起的附加偏心距增大，使构件的承载力降低；在预应力混凝土构件中混凝土徐变产生的预应力损失，是应力损失中的主要部分等。这些问题将在以后有关章节中讨论。应该指出的是，徐变对结构受力的有利一面是可减少由于支座不均匀沉降产生的应力，而受拉徐变可延缓收缩裂缝的出现。

1.6.4 徐变对轴心受压构件应力分布的影响

钢筋混凝土受压构件在保持不变的荷载长期作用下，由于混凝土的徐变，将产生随时间而增长的塑性变形。而钢筋在常温情况下并没有徐变，由于钢筋与混凝土共同变形，混凝土的徐变迫使钢筋的变形随之增大，钢筋应力也相应的增大。但此时外荷并不增大，由平衡条件可知，混凝土的压应力将减小，这样就发生了钢筋与混凝土之间内力分配的变化，这种变化称为**徐变引起的应力重分布**。

设对称配筋截面的轴心受压构件如图 1-29 所示，轴力 N 作用在整个截面上，加荷时立即出现的弹性应变 $\varepsilon_{el}=\varepsilon_s=\varepsilon_c$。在瞬时变形（$t=0$）的情况下 $\nu=1.0$，由式（1-18）及（1-19）

$$\sigma_{c,0}=\frac{N}{A_c\ (1+\alpha_E\rho)} \tag{1-31}$$

$$\sigma_{s,0}=\frac{\alpha_E N}{A_c\ (1+\alpha_E\rho)} \tag{1-32}$$

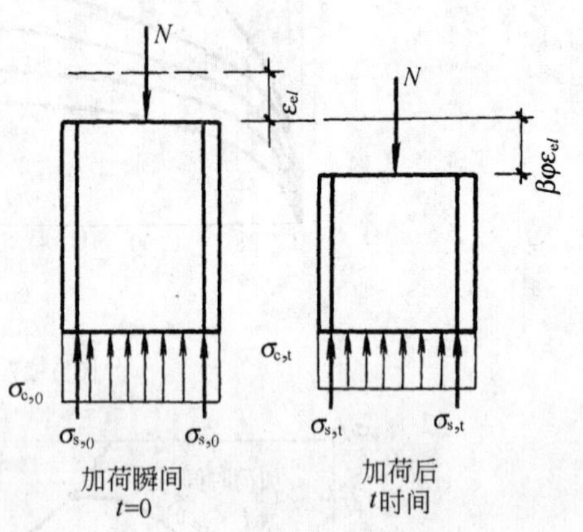

图 1-29 徐变引起的应力重分布

设 t 时间后混凝土的徐变系数为 φ，则 t 时间后混凝土的徐变变形将为 $\varphi\varepsilon_{el}$。但由于钢筋的存在，构件的徐变变形将小于混凝土的徐变变形。设 t 时间后构件的徐变为 $\beta\varphi\varepsilon_{el}$（$\beta\leqslant1$），则 t 时间后钢筋的压应力增量 $\Delta\sigma_{s,t}$ 为

$$\Delta\sigma_{s,t}=E_s\beta\varphi\varepsilon_{el} \tag{1-33}$$

t 时间后混凝土相当于有一拉应力增量 $\Delta\sigma_{c,t}$

$$\Delta\sigma_{c,t}=E_c\ (1-\beta)\ \varphi\varepsilon_{el}$$

在轴力不变的情况下，由平衡关系 $\Delta\sigma_{s,t}A_s=\Delta\sigma_{c,t}A_c$ 可得

$$\beta=\frac{1}{1+\alpha_E\rho} \tag{1-34}$$

由上式可知，ρ 越大，构件的徐变变形就越小。t 时间后钢筋应力 $\sigma_s=\sigma_{s,0}+\Delta\sigma_{s,t}$，即

$$\sigma_{s,t}=\sigma_{s,0}+\beta\varphi E_s\varepsilon_{el}=\sigma_{s,0}\left(1+\frac{\varphi}{1+\alpha_E\rho}\right) \tag{1-35}$$

混凝土应力 $\sigma_{c,t}$ 为

$$\sigma_{c,t}=\sigma_{c,0}-\Delta\sigma_{c,t}=\sigma_{c,0}[1-(1-\beta)\varphi]=\sigma_{c,0}\left(1-\frac{\alpha_E\rho\varphi}{1+\alpha_E\rho}\right) \tag{1-36}$$

由式（1-35）及（1-36）可知，随时间的增长，徐变系数增大，钢筋中压应力 $\sigma_{s,t}$ 增大；混凝土压应力 $\sigma_{c,t}$ 减小。即徐变对混凝土起着卸荷的作用。ρ 越大，$\sigma_{s,t}$ 增长越少，$\sigma_{c,t}$ 减小越多。

思 考 题

1-1 在图中连线上写出下列试件混凝土强度间的关系；如边长 150mm 的立方体强度 $f_{cu}=20N/mm^2$，试在方框中写出各试件的强度值。

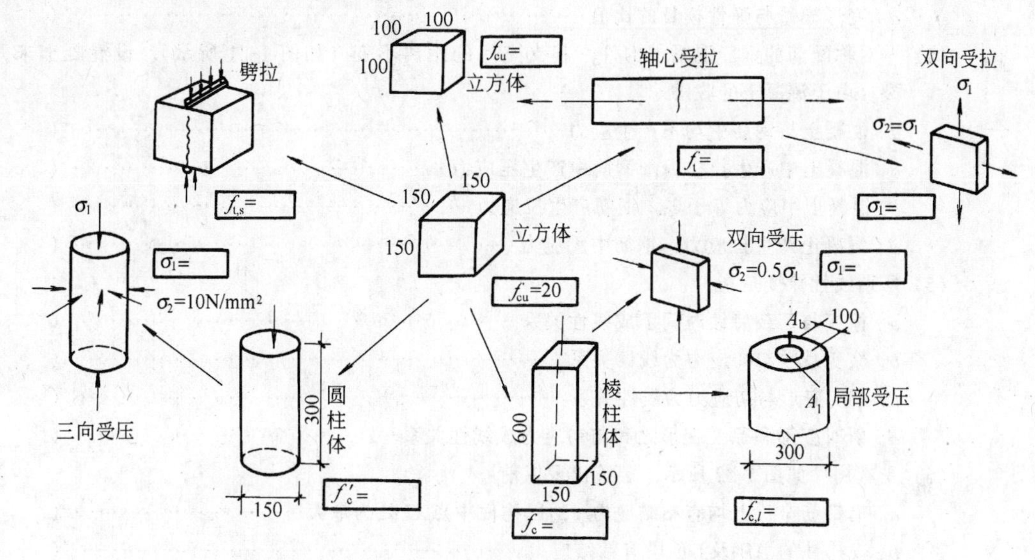

图 1-30 思考题 1-1

1-2 为什么混凝土柱体试件（单向）受压破坏时体积会膨胀？

1-3 为什么混凝土的局部受压强度高于柱体抗压强度 f_c？

1-4 如某方形截面钢筋混凝土短柱浇筑后发现混凝土强度不足，试根据约束混凝土原理提出对该柱的加固方案。

1-5 同时浇筑的 A、B 两个柱体试件（150mm×150mm×600mm）。A 柱体不受荷载；B 柱体承受均布压应力 $\sigma=5N/mm^2$ 的作用，自加荷开始同时量测两柱体的变形（量距 600mm）。设经 t 时间后，A 柱体的变形为 0.18mm；B 柱体的变形为 0.415mm。设加荷时混凝土的弹性模量 $E_0=2.6\times10^4N/mm^2$。试求混凝土在 t 时间的徐变系数 φ。

1-6 判别下列答案的正确与错误：

(1) 只配螺旋筋的混凝土柱体，其抗压强度高于 f_c 是因为：

a. 螺旋筋参与受压 …………………………………………………… (　　)

b. 螺旋筋使混凝土密实 ……………………………………………… (　　)

c. 螺旋筋约束了混凝土的横向变形 ………………………………… (　　)

d. 螺旋筋使混凝土中不出现微裂缝 ………………………………… (　　)

(2) 混凝土的变形模量是指：

a. 应力与塑性应变的比值 …………………………………………… (　　)

b. 应力-应变曲线切线的斜率 $d\sigma/d\varepsilon$ ……………………………… (　　)

c. 应力-应变曲线原点切线的斜率 ………………………………… (　　)

d. 应力与总应变的比值 ……………………………………………… (　　)

(3) 混凝土的弹性系数是：

a. 应力与应变的比值…………………………………………………………………………（　）

b. 弹性应变与塑性应变的比值………………………………………………………………（　）

c. 弹性应变与总应变的比值…………………………………………………………………（　）

d. 变形模量与弹性模量的比值………………………………………………………………（　）

(4) 一对称配筋的钢筋混凝土构件，其支座间的距离不变（如图 1-31 所示），设混凝土未开裂，由于混凝土的收缩

a. 混凝土与钢筋中均不产生应力……………………………………………………………（　）

b. 混凝土中产生拉应力，钢筋中产生压应力………………………………………………（　）

c. 混凝土中应力等于零，钢筋产生拉应力…………………………………………………（　）

d. 混凝土产生拉应力，钢筋中无应力………………………………………………………（　）

(5) 所谓线性徐变是指：

a. 徐变与荷载持续时间 t 成线性关系………………………………………………………（　）

b. 徐变系数与初应力为线性关系……………………………………………………………（　）

c. 徐变变形与初应力为线性关系……………………………………………………………（　）

d. 瞬时变形和徐变变形之和与初应力成线性关系…………………………………………（　）

(6) 受弯构件如图 1-32 所示，裂缝出现以前：

a. 沿钢筋全长上均有粘结应力 τ，以构件中点 C 处为最大………………………………（　）

b. 仅构件的 AB 及 DE 段有粘结应力 τ ……………………………………………………（　）

BD 段出现裂缝以后：

c. 沿钢筋全长上，除开裂截面以外，均存在有 τ ………………………………………（　）

d. 沿钢筋全长上粘结应力已破坏……………………………………………………………（　）

(7) 钢筋混凝土轴心受拉构件（不考虑混凝土的收缩）当混凝土及钢筋的强度给定时

a. 裂缝出现前瞬间的 σ_s 与配筋率无关 ……………………………………………………（　）

b. 配筋率越大，裂缝出现前瞬间 σ_s 越小 ……………………………………………………（　）

c. 开裂后，裂缝截面处 σ_s 与配筋率无关 ……………………………………………………（　）

d. 配筋率越大，开裂后裂缝截面 σ_s 越大 ……………………………………………………（　）

(8) 混凝土收缩使钢筋混凝土轴心受拉构件

a. 开裂前混凝土及钢筋的应力均减小………………………………………………………（　）

b. 开裂轴力 $N_{c,r}$ 减小…………………………………………………………………………（　）

c. 开裂后裂缝处 σ_s 减小 ………………………………………………………………………（　）

d. 极限轴力 N_u 增大……………………………………………………………………………（　）

(9) 在短期加荷的钢筋混凝土轴心受压构件中（受压钢筋不发生压屈）

a. 各级钢筋均能发挥其抗压屈服强度………………………………………………………（　）

b. 各级钢筋的压应力均能达到 $\sigma_s = 0.002E_s$ ………………………………………………（　）

c. 混凝土强度越高，受压钢筋应力发挥得越高……………………………………………（　）

d. 与混凝土强度无关，受压钢筋应力只能达到屈服强度 f_y 与 $\sigma_s = 0.002E_s$ 二者中的较小值………………………………………………………………………………………………（　）

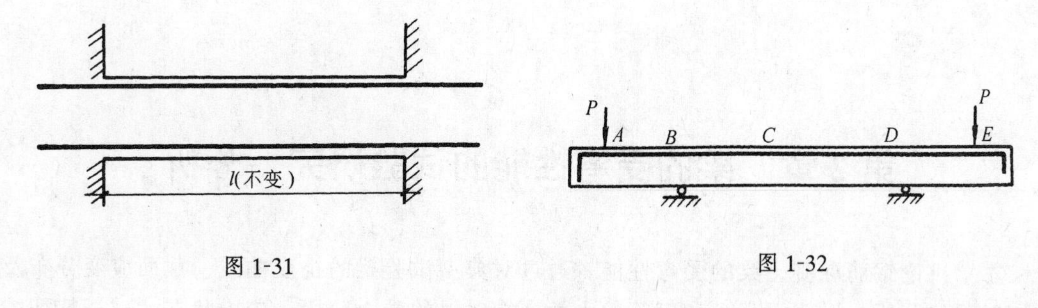

图 1-31　　　　图 1-32

习　题

1-1　已知钢筋混凝土轴心受拉试件，截面尺寸为250mm×200mm，对称配置4 Φ 20纵向受拉钢筋。实测混凝土的 $f_{cu}=30\text{N/mm}^2$，$E_c=3.0\times10^4\text{N/mm}^2$，$f_t$ 按式（1-6）计算，钢筋屈服强度 $f_y=345\text{N/mm}^2$，$E_s=2\times10^5\text{N/mm}^2$。要求计算

（1）试件裂缝出现时的轴力 N_{cr}；

（2）开裂后瞬间钢筋应力的增量；

（3）$N=150\text{kN}$ 时的钢筋应力 σ_s；

（4）试件的极限轴力 N_u。

1-2　轴心受拉试件截面尺寸、配筋及材料性能同上题。设施加轴力 N 以前，试件已产生收缩，混凝土的收缩应变 $\varepsilon_{sh}=0.00015$，要求：

（1）计算收缩引起的钢筋及混凝土中应力（设 $\nu=1.0$）；

（2）在已有的收缩应变下，施加外荷 N，计算试件出现裂缝时的轴力 N_{cr} 及钢筋应力 σ_s；

（3）极限轴力 N_u。

1-3　轴心受拉试件截面尺寸、配筋及材料性能同题1-1，设试件在轴心拉力 $N=60\text{kN}$ 的长期作用下，经 t 时间后混凝土的受拉徐变系数 $\varphi=2.0$。试计算加荷 t 时间后的钢筋应力 $\sigma_{s,t}$ 及混凝土应力 $\sigma_{c,t}$。

1-4　已知轴心受压试件截面尺寸400mm×400mm，对称配置4 Φ 25纵向受压钢筋，实测混凝土的 $f_c=20\text{N/mm}^2$，$E_c=3\times10^4\text{N/mm}^2$，应力应变曲线按式（1-11）采用，$\varepsilon_0=0.002$；钢筋的屈服强度 $f_y=340\text{N/mm}^2$，$E_s=2\times10^5\text{N/mm}^2$，要求计算：

（1）当轴心压力 $N=7.5\text{kN}$ 时的 σ_c 及 σ_s；

（2）钢筋应力 $\sigma_s=f_y$ 时的轴力 N 及 σ_c；

（3）构件的极限轴力 N_u；

（4）如钢筋改用屈服强度 $f_y=600\text{N/mm}^2$ 的钢筋，求 N_u。

第2章　梁的受弯性能的试验研究、分析

本章讨论钢筋混凝土梁的受弯性能。通过对典型试验梁的挠度曲线、截面应变分布及破坏过程的分析，说明混凝土和钢筋的力学性能对梁的受力阶段、应力状态、破坏特征的影响，以及如何在试验研究的基础上建立起钢筋混凝土梁的应力分析方法和极限弯矩的计算公式。

2.1　受弯性能的试验研究

2.1.1　梁的受力阶段

图2-1（a）为一中等配筋量的钢筋混凝土试验梁，梁宽为 b，梁高为 h，受拉钢筋的截面面积为 A_s。钢筋截面中心至梁顶受压边缘的距离为 h_0，h_0 称为截面的**有效高度**。钢筋截面面积（A_s）与混凝土有效截面面积（$b \times h_0$）的比值 $\rho = A_s / bh_0$ 称为受拉钢筋的**配筋率**，它是影响梁的受力性能、破坏特征的一个重要参数。图2-1（a）中梁的配筋率为0.01。

图2-1（b）为从加荷开始直到破坏梁的挠度 f 的变化曲线。为了便于分析，图中竖轴采用相对弯矩 M/M_u，即弯矩 M 与极限弯矩 M_u 的比值，图2-1（c）为钢筋应变 ε_s 的

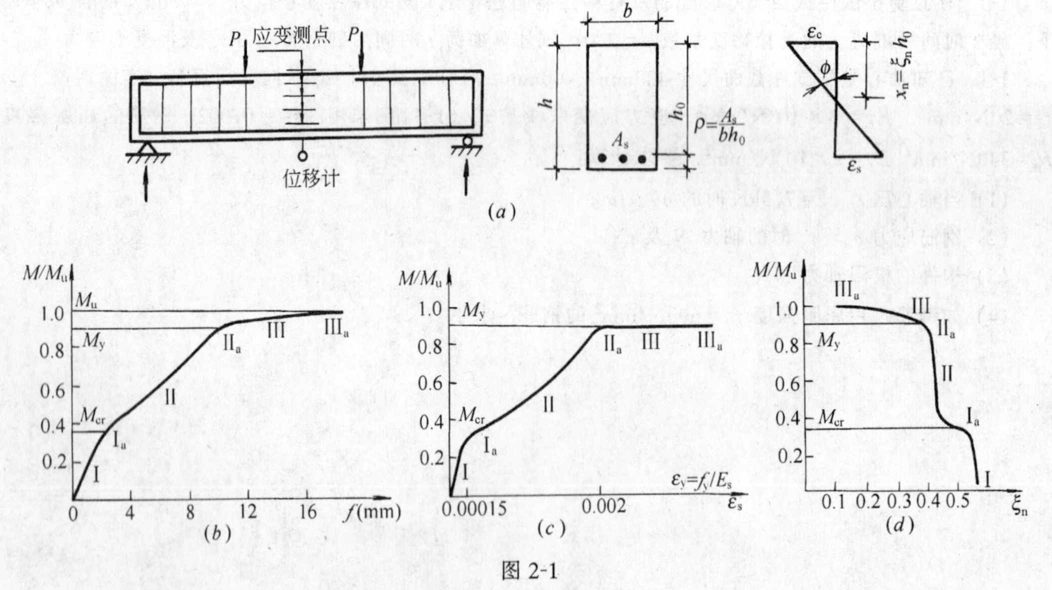

图2-1

（a）试验梁；（b）梁的挠度曲线；（c）钢筋应变 ε_s 的变化曲线；（d）相对中和轴高度 ξ_n 的变化曲线

变化曲线，图 2-1（d）为根据截面应变分布得出的**相对中和轴高度** ξ_n 的变化曲线，$\xi_n = x_n/h_0$ 为中和轴高度 x_n 与有效高度 h_0 的比值。

从这些曲线的变化可以看出梁的受力存在着三个阶段：

1. 第Ⅰ阶段——弹性工作阶段

从加荷开始到拉区混凝土开裂以前，梁的受拉区边缘的纵向应变尚小于混凝土的极限拉应变 ε_{tu}，混凝土未开裂，整个截面参与受力。混凝土的应力应变关系处于弹性阶段，梁有如一弹性匀质材料梁，截面抗弯刚度较大，挠度 f 很小，钢筋应变 ε_s 也很小，且 f 及 ε_s 与 M 成正比。这个阶段的特点是整个梁处于弹性工作阶段。

当受拉边缘的混凝土应变达到 ε_{tu}时，拉区混凝土将开裂，裂缝出现弯矩称为**开裂弯矩 M_{cr}**，在图 2-1 中用 I_a 表示。

2. 第Ⅱ阶段——带裂缝工作阶段

截面开裂以后，刚度降低，挠度 f 比开裂前有较快的增长，$M/M_u—f$ 曲线出现转折（图 2-1b）。由于开裂截面拉区混凝土的退出工作，它所负担的拉力将由钢筋承担，使开裂截面钢筋应变 ε_s 有明显的增大，ε_s 曲线的斜率发生改变，ε_s 较开裂以前增长为快。开裂后中和轴上移（图 2-1d）。拉区混凝土的开裂标志着梁的受力进入第Ⅱ阶段，即**带裂缝工作阶段**，一般钢筋混凝土梁在使用状态下即处于这个阶段。

进入第Ⅱ阶段以后，随 M 增大，开裂处钢筋应力增大，裂缝宽度也相应增大。但中和轴位置在这个阶段并没有显著的变化（图 2-1d）。当钢筋应力到达屈服时 $M = M_y$（图 2-1 中以符号 II_a 表示），梁的受力性能将发生质的变化。这时，f、ε_s 及 ξ_n 的曲线均出现明显的转折，梁的受力将进入第Ⅲ阶段。

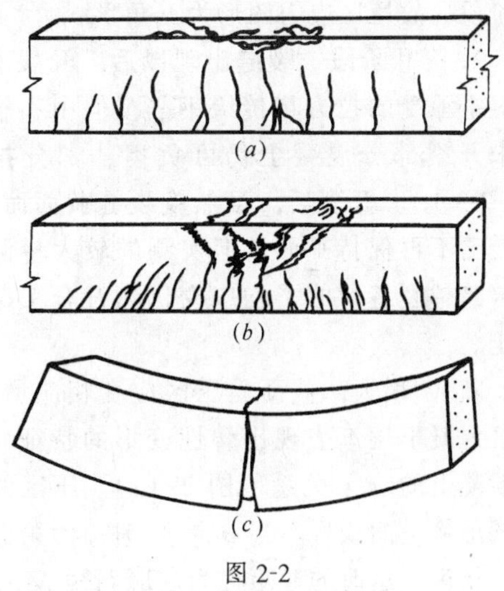

图 2-2

（a）适筋梁；（b）超筋梁；（c）少筋梁

3. 第Ⅲ阶段——屈服阶段

在中等配筋率情况下，钢筋应力到达屈服时，压区混凝土尚未压坏，弯矩仍可有所增大。但钢筋应力将保持为屈服强度 f_y，而应变 ε_s 则继续增长，进入流幅。在钢筋应变急剧发展过程中，裂缝显著开展，中和轴迅速上移，变形（挠度及曲率）急剧增大，f 曲线的斜率变得非常平缓。表明截面已经进入**屈服状态**（M 增大不多，曲率 ϕ 显著增大），但仍保持一定的变形能力。最后破坏时，压区混凝土压酥，梁到达其极限弯矩 M_u（图 2-1 中 III_a）。

实测的实验梁的变形及应变的上述变化，反映了适量配筋的钢筋混凝土梁受力性能中的某些基本性质。表明从加荷至破坏，梁的受力存在着三个阶段：弹性阶段、带裂缝工作阶段及屈服阶段。拉区混凝土的开裂（M_{cr}）和钢筋应力的到达屈服（M_y）是划分三个受力阶段的界限状态。

2.1.2 截面应力分布

根据截面的应变分布和混凝土及钢筋的应力应变关系，可以推断出梁在各阶段的应力分布：

1. **第Ⅰ阶段** 截面的应变很小，混凝土处于弹性阶段，应力与应变成正比。截面应变符合平截面假定，故梁的应力分布为直线变化。钢筋与外围混凝土应变相同，共同受拉（图 2-3Ⅰ）。

随 M 增大，截面拉区应变增大。由于拉区混凝土塑性变形的发展，应力增长缓慢，拉区混凝土的应力图形逐渐呈曲线形。当 $M=M_{cr}$时，受拉边缘应变到达混凝土的极限拉应变 ε_{tu}，此为裂缝出现的临界状态，如再增大 M，拉区混凝土将开裂。这时的截面应力分布如图 2-3Ⅰ$_a$ 所示，受拉边混凝土应力到达其抗拉强度 f_t，压区混凝土仍处于弹性阶段，故压区应力图形为三角形。

2. **第Ⅱ阶段** 裂缝出现以后，开裂部分混凝土承受的拉力将传给钢筋，但中和轴以下未开裂部分混凝土仍可负担一部分拉力（图 2-3Ⅱ）。开裂后，虽然就裂缝截面而言，应变已不再保持平面，但实测的较大量测标距（跨越裂缝）的平均应变仍然符合平截面假定。

随 M 增大，截面受压区应变相应增大，压区混凝土逐渐表现出塑性变形的特征，按照混凝土的 σ-ε 关系（图 2-4a），压区的应力图形将呈曲线形。当 $\sigma_s=f_y$ 时，为第Ⅱ阶段的结束，这时的弯矩称为**屈服弯矩** M_y。

3. **第Ⅲ阶段** 钢筋屈服后应力不再增加，σ_s 保持为 f_y（图 2-4b），而应变急剧增长，裂缝迅速向梁顶发展形成一条临界裂缝。这时中和轴急剧上升，压区高度减小，内力臂 z 增大，这也就是为什么拉力 $T=f_yA_s$ 不增加，而截面承受的弯矩 $M=T\cdot z$ 仍能有所

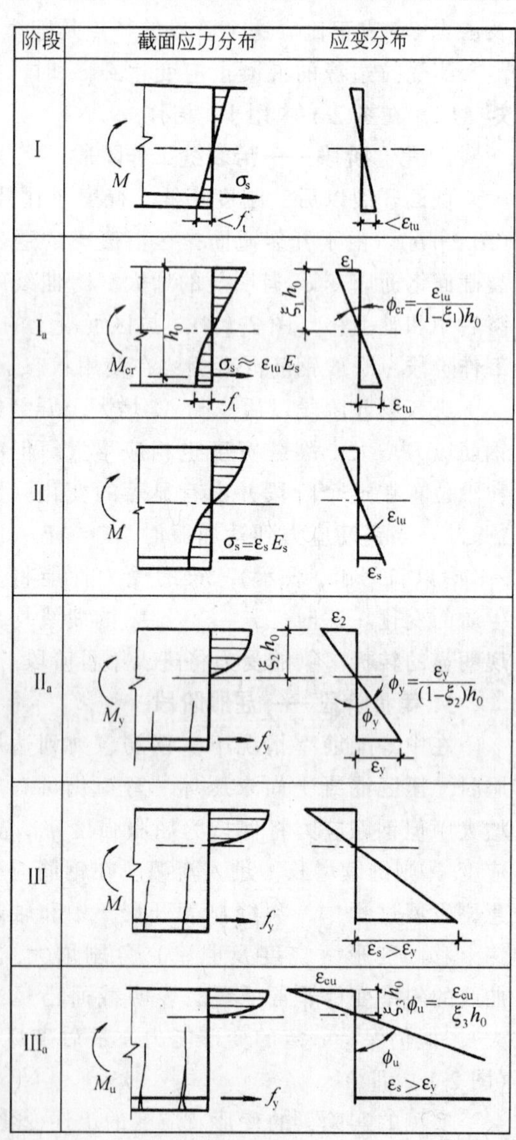

图 2-3 梁的截面应力分布、应变分布

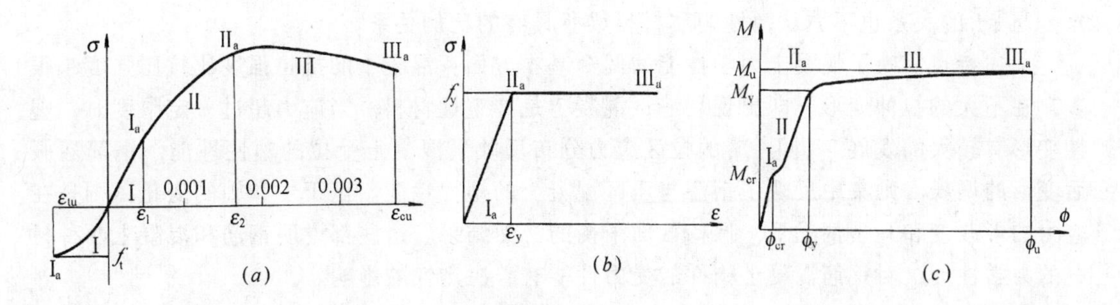

图 2-4

(*a*) 混凝土 σ-ε 曲线；(*b*) 钢筋 σ-ε 曲线；(*c*) *M*-ϕ 曲线

增长的原因。随压区高度减小，受压边缘压应变迅速增大，ε_u 可达 0.003～0.004，截面曲率 ϕ 显著增大。由混凝土的 σ-ε 曲线可知，压应力图形为带有下降段的曲线，应力图形的峰值下移。受拉钢筋屈服后，钢筋与混凝土间已有较大的相对滑移。严格说来，在局部范围内钢筋应变已偏离应变分布的直线关系。但构件的破坏总是发生在一定区段范围以内的。试验表明，从加荷开始直到到达最大荷载，破坏区段的混凝土及钢筋的平均应变基本上符合平截面假定。

当混凝土的抗压强度耗尽时，在临界裂缝两侧的一定区段内，压区混凝土出现纵向裂缝（图 2-2*a*），混凝土压酥，梁到达极限承载力 M_{ua}破坏时的截面应力分布如图 2-3Ⅲ$_a$。

2.1.3 适筋梁的破坏特征

上述由于受拉钢筋首先到达屈服，然后混凝土受压破坏的梁，称为**适筋梁**。这种梁的破坏特征是钢筋屈服处的临界裂缝显著开展，顶部压区混凝土产生很大局部变形，形成集中的塑性变形区域。在这个区域内截面转角急剧增大（相应地梁的挠度激增），预示着梁的破坏即将到来，其破坏形态具有“**塑性破坏**”的特征，即破坏前有明显的预兆——裂缝和变形的急剧发展。钢筋屈服后，梁破坏前变形的增大表明构件具有较好的耐受变形的能力——延性。延性是承受地震作用及冲击荷载作用构件的一项重要受力性能。

2.1.4 钢筋混凝土梁的受力特点

上面将适量配筋的钢筋混凝土梁，从加荷开始直到破坏的全过程做了详细说明。总体来看，由钢筋和混凝土两种材料组成的梁，具有由其材料力学性能所决定的，不同于弹性匀质材料梁的受力特点：

1. 钢筋混凝土梁的截面应力状态随 M 的增大不仅有数量上的变化，而且有性质上的改变（应力分布图形的改变）。中和轴高度 x_n 和内力臂 z 是变化的，因此混凝土应力和钢筋应力，都不像弹性匀质材料梁那样与 M 成正比。

2. 钢筋混凝土梁的大部分工作阶段，受拉区已开裂。虽然，在使用荷载下裂缝宽度可控制在一定限值以内，并不影响构件的正常使用。但裂缝的开展，压区混凝土塑性变形的发展，以及粘结力的逐渐破坏，均使构件的刚度不断降低。因此，梁的变形（挠度与转角）与 M 的关系也不服从弹性匀质材料梁所具有的比例关系。

上述特点反映了混凝土力学性能的两个基本方面：混凝土的抗拉强度比抗压强度小很多，在不大的拉伸变形下即出现裂缝；混凝土是弹塑性材料，当应力超过一定限度时，塑性变形有较大的发展。如 I_a 时的拉区应力分布反映了混凝土受拉的塑性性能，钢筋屈服后变形的增长，则集中反映了钢筋与压区混凝土的塑性性能。至于中和轴的变化，则是在应力图形改变和开裂情况下，保持截面平衡的必然结果。这些都说明钢筋和混凝土两种材料的力学性能，对钢筋混凝土构件的受力性能有着决定性的影响。

2.2 配筋率对梁的破坏特征的影响

上述适筋梁的**破坏特征——受拉钢筋首先到达屈服，然后混凝土受压破坏**，是有条件的，即梁的配筋率 ρ 需在一定的范围以内。对于给定截面尺寸和材料强度的钢筋混凝土梁，增大或减小受拉钢筋面积 A_s，改变梁的配筋率（$\rho = A_s/bh_0$），不仅会使极限弯矩（M_u）发生数量上的变化，而且将影响梁的受力阶段的发展，极端情况下（ρ 过大或过小），甚至会改变梁的破坏特征和破坏性质。

2.2.1 超筋梁、界限配筋率

拉区混凝土开裂以后（第Ⅱ阶段），随配筋率 ρ 的增大（当 $b \cdot h_0$ 一定时，受拉钢筋截面面积 A_s 增大），钢筋应力增长缓慢，相对地压区混凝土应力增长较快。故 ρ 越大，钢筋到达屈服的弯矩 M_y 越接近于极限弯矩 M_u，即比值 M_y/M_u 增大，这意味着第Ⅲ阶段的缩短，钢筋到达屈服后不久混凝土就压坏了。

当配筋率 ρ 增大到使比值 $M_y/M_u=1.0$ 时，钢筋的屈服与混凝土受压破坏同时发生，这种梁称为**平衡配筋梁**。如再增大配筋率，则将发生另一种破坏形式：钢筋应力未达屈服，混凝土即发生受压破坏，这种梁称为**超筋梁**。平衡配筋梁是两种破坏形式的界限情况，其相应的配筋率称为**界限配筋率**，它是保证钢筋到达屈服的**最大配筋率** $\boldsymbol{\rho}_{\max}$。

如上所述，随配筋率 ρ 的增大，M_y 趋近于 M_u，相应的 ϕ_y 也趋近于 ϕ_u，构件在破坏前所能承受的非弹性变形（$\phi_u - \phi_y$）越来越小（图 2-5*a*）。图 2-5（*b*）为一组不同配筋率梁的实测的 $M/M_u \sim \xi_n$ 曲线，可见随 ρ 增大中和轴下降的趋势。

超筋梁的破坏特征与适筋梁有本质的不同。超筋梁的挠度曲线或曲率曲线没有明显的转折点（图 2-5）。由于钢筋应力未达屈服，因此没有形成一条集中的临界裂缝，裂缝分布比较细密（图 2-2*b*）。超筋梁的破坏是突然的，缺乏足够的预兆，具有**脆性破坏**的性质。梁的破坏是由于压区混凝土抗压强度的耗尽，钢材强度没有得到充分利用，因此超筋梁的极限弯矩 M_u 与钢材强度无关，仅取决于混凝土的抗压强度。

2.2.2 少筋梁、最小配筋率

当配筋率 ρ 减小时（在给定截面情况下减小 A_s），钢筋的拉力 $T=f_yA_s$ 减小，而内力臂 z 的变化不大，故梁的极限弯矩 M_u 与 ρ 接近成比例的减小。而开裂弯矩 M_{cr} 主要取

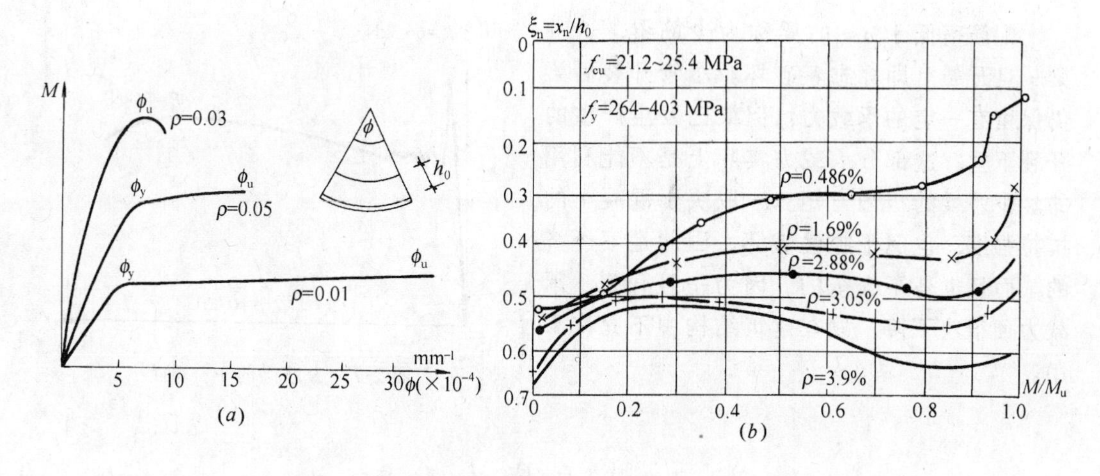

图 2-5

（a）不同配筋率梁的 M-ϕ 曲线；（b）不同配筋率梁的 M-ξ_n 曲线

决于混凝土的抗拉强度 f_t，这时的钢筋应力还很小（约 20～40N/mm^2），故 ρ 的减少并不使 M_{cr} 有相应程度的降低。因此，随 ρ 的减小，比值 M_{cr}/M_u 增大。图 2-6 为一组不同配筋率梁的 $M/M_u-\sigma_s$ 曲线，图中曲线 a、b 段的长度反映了开裂后钢筋应力的增量。由图可知，ρ 越小开裂后钢筋的应力增量（ab）越大，亦即钢筋应力 σ_s 越接近于屈服强度 f_y，梁的第Ⅱ阶段受力过程缩短。但这时混凝土的压应力还很小，钢筋要经历很长一段变形，才能使压区高度减小到使混凝土受压破坏。因此，梁破坏时，钢筋可能已进入强化阶段。当 ρ 减小到使 M_{cr} 与 M_u 重合时，即裂缝一出现钢筋应力即达屈服。这时的配筋率称为**最小配筋率 $\boldsymbol{\rho}_{\min}$**，因为当 ρ 更小时，开裂后钢筋将经过流幅进入强化阶段，在极端情况下，钢筋甚至可能被拉断（如采用无物理屈服点的冷拔钢丝配筋的梁）。图 2-7 所示为采用 35 硅 2 钛配筋的，配筋率 $\rho=0.1\%$ 的梁的挠度曲线，它是用自动记录仪表量测的。开裂荷载 $P_{cr}=66.3$kN 大于梁破坏时的荷载 $P_u=56.0$kN。破坏时梁仅出现一条很宽的集中裂缝（图 2-2c），沿梁高延伸得很高。如图 2-7 所示，开裂后荷载立即下降，图中曲线在 P_{cr} 以后的波动是由于梁突然开裂引起的颤动，其后荷载虽然回升，但钢筋已进入强化阶段，裂缝宽度和挠度均可达数毫米。

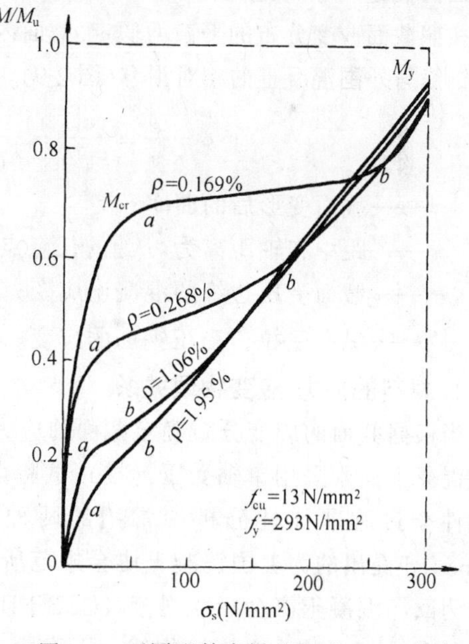

图 2-6　不同配筋率梁的 M/M_u-σ_s 曲线

配筋率低于ρ_{min}的梁称为**少筋梁**，这种梁一旦开裂，即标志着破坏。尽管开裂后梁仍保留有一定的承载力，但梁已发生严重的开裂下垂，这部分承载力实际上是不能利用的。少筋梁的极限弯矩 M_u 取决于混凝土的抗拉强度，也属于**脆性破坏**。因此是不经济的，而且也是不安全的，因为一旦开裂，承载力便很快下降，故在建筑结构中不允许采用。

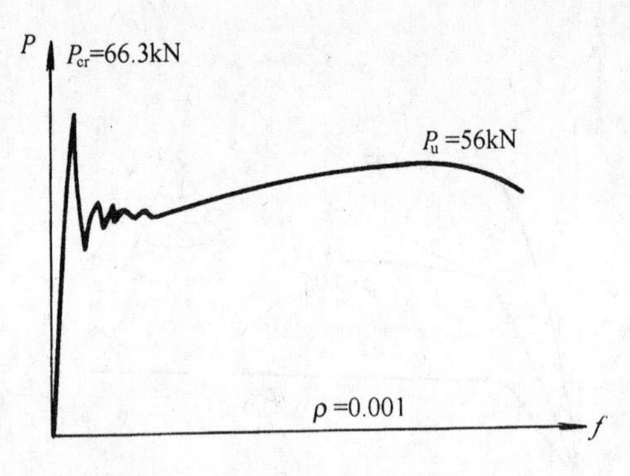

图 2-7 少筋梁的 P-f 曲线

2.3 截面应力分析

2.3.1 基本假定

1. 变形协调的几何关系——平截面假定

如前所述，国内外的大量试验，其中包括以各种钢材配筋的各种形状截面（矩形、工形及环形截面）的受弯、单向偏心受力及双向偏心受力构件的试验均表明，混凝土及钢筋的平均应变基本上符合平截面假定。图 2-8 为实测的偏心受压构件的截面应变分布。应该指出的是，对于以剪切变形为主的构件，如跨度与梁高的比值小于 2 的深梁，截面应变保持平面的假定将不再适用。

按照截面应变分布的平截面假定，截面内任意点的应变与该点到中和轴的距离成正比，不考虑钢筋与外围混凝土的相对滑移(图 2-9)。故截面曲率与应变之间存在下列几何关系：

$$\phi=\frac{\varepsilon}{y}=\frac{\varepsilon_c}{\xi_n h_0}=\frac{\varepsilon_s}{h_0\ (1-\xi_n)}=\frac{\varepsilon'_s}{\xi_n h_0-a'} \tag{2-1}$$

式中 ϕ——截面变形后的曲率；

ε——距中和轴距离为 y 处的任意点的应变；

ε_c——截面受压边缘的混凝土应变；

ε_s、ε'_s——纵向受拉、受压钢筋的应变。

2. 材料的应力-应变物理关系

当根据截面的应变分布确定截面的应力分布时，需要知道材料的应力应变物理关系。对于混凝土通常采用单轴受压（拉）试验得出的应力应变曲线，图 2-10 为钢筋混凝土压弯构件全过程非线性分析中常用的两种混凝土受压应力应变曲线。图 2-10（*a*）为 Hognested 提出的为美国混凝土协会规范所采用的 σ-ε 曲线；图 2-10（*b*）为 Rüsch 建议的，为欧洲混凝土协会标准规范（CEB-FIP Moder Code）采用的 σ-ε 曲线。图 2-10 中曲线的上升段 OA 均为二次抛物线，下降段或水平段 AB 均为直线，其表达式为：

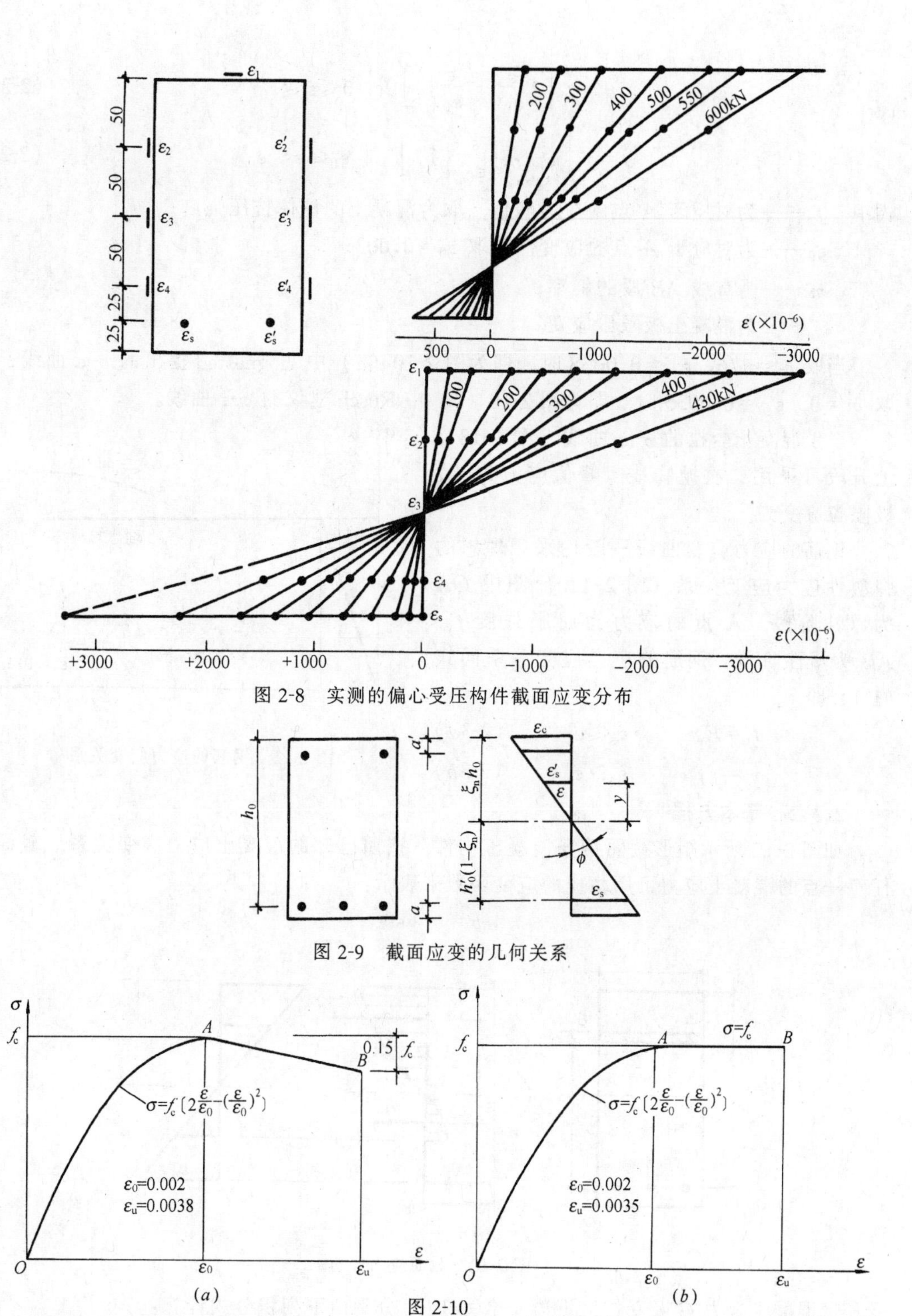

图 2-8 实测的偏心受压构件截面应变分布

图 2-9 截面应变的几何关系

(a)　　　　(b)

图 2-10

(a) Hognested 提出的应力应变曲线；(b) Rüsch 建议的应力应变曲线

$$\sigma = f_c\left[2\frac{\varepsilon}{\varepsilon_0} - \left(\frac{\varepsilon}{\varepsilon_0}\right)^2\right] \qquad 0 \leqslant \varepsilon \leqslant \varepsilon_0 \tag{2-2a}$$

$$\sigma = f_c\left[1 - m\left(\frac{\varepsilon}{\varepsilon_0} - 1\right)\right] \qquad \varepsilon_0 \leqslant \varepsilon \leqslant \varepsilon_{cu} \tag{2-2b}$$

式中 f_c——为对应于 A 点的应力峰值，取为混凝土的柱体抗压强度；

ε_0——为对应于 A 点的应变，均取 $\varepsilon_0 = 0.002$；

m——为直线 AB 段的斜率；

ε_{cu}——为混凝土极限压应变。

当取 $m = 1/6$，$\varepsilon_{cu} = 0.0038$ 时，即为图 2-10（a）中 Hognested 提出的 σ-ε 曲线；当取 $m = 0$，$\varepsilon_{cu} = 0.0035$ 时，即为图 2-10（b）中 Rüsch 建议的 σ-ε 曲线。

至于混凝土受拉的 σ-ε 曲线（图 1-18），上升段可采用二次抛物线，峰值应力为 f_t，极限拉应变为 ε_{tu}。

钢筋的应力应变曲线一般均采用理想的弹塑性应力应变关系（图 2-11）。图中 OA 为弹性阶段，A 点的应力为屈服强度 f_y，AB 为塑性阶段。钢筋的应力应变关系同式 (1-1)，即

$$\sigma_s = E_s\varepsilon_s \qquad \varepsilon_s \leqslant \varepsilon_y \tag{2-3a}$$

$$\sigma_s = f_y \qquad \varepsilon_s > \varepsilon_y \tag{2-3b}$$

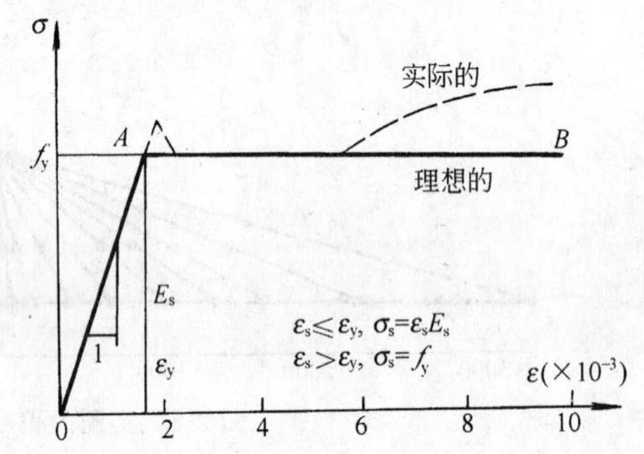

图 2-11 钢筋的应力应变关系

2.3.2 基本方程

如图 2-12 所示矩形截面钢筋混凝土构件，按照已知的混凝土应力应变关系，截面上任意一点的混凝土应力可用相应的应变函数来表示：

$$\sigma = \sigma\ (\varepsilon)$$

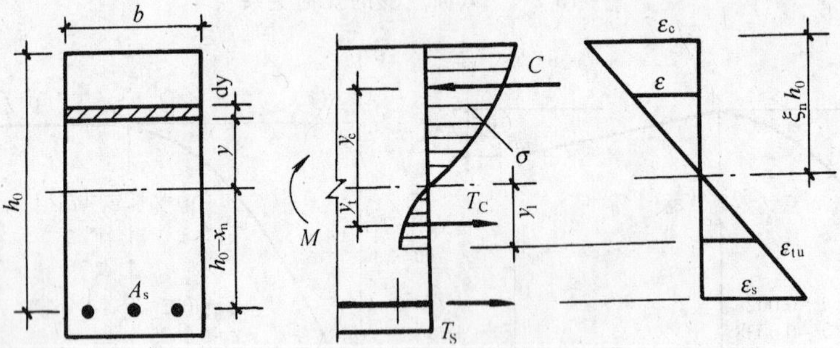

图 2-12 截面应力分析

受压区混凝土合力 C 及受拉区混凝土合力 T_c 可分别由下列积分式计算：

$$C = \int_0^{\xi_n h_0} \sigma_c(\varepsilon) b \mathrm{d}y \tag{2-4}$$

$$T_c = \int_0^{y_1} \sigma_t(\varepsilon) b \mathrm{d}y \tag{2-5}$$

式中　$\xi_n h_0$ 为中和轴高度，y_1 为中和轴至混凝土应变等于极限拉应变处的距离（图 2-12）。

受拉钢筋的内力
$$T_s = \sigma_s A_s \tag{2-6}$$

式中　当 $\varepsilon_s < \varepsilon_y$ 时，$\sigma_s = E_s \varepsilon_s = E_s \varepsilon_c \dfrac{1-\xi_n}{\xi_n}$；当 $\varepsilon_s \geqslant \varepsilon_y$ 时，$\sigma_s = f_y$。

截面的中和轴高度 $\xi_n h_0$，可由力的平衡关系确定，对于受弯构件（图 2-12）

$$C = T_c + T_s \tag{2-7}$$

混凝土压力合力 C 及拉力合力 T_c 的作用点至中和轴的距离 y_c 及 y_t，可分别由下列公式计算：

$$y_c = \frac{\int_0^{\xi_n h_0} \sigma_c(\varepsilon) b y \mathrm{d}y}{C}; \quad y_t = \frac{\int_0^{y_1} \sigma_t(\varepsilon) b y \mathrm{d}y}{T_c} \tag{2-8}$$

由对中和轴取矩的平衡，可写出弯矩的计算公式为：

$$M = C \cdot y_c + T_c \cdot y_t + T_s\ (h_0 - \xi_n h_0) \tag{2-9}$$

式（2-7）及（2-9）为仅配置纵向受拉钢筋的钢筋混凝土受弯构件内力分析的基本方程。当取 $y_1 = h - \xi_n h_0$ 时，可用于计算裂缝出现前的截面应力分布及开裂弯矩 M_{cr}。当不考虑拉区混凝土受力时（$T_c = 0$），可用于计算开裂后直到破坏的各阶段的截面应力及弯矩[1]。

【例 2-1】　钢筋混凝土试验梁，$b \times h = 250\text{mm} \times 500\text{mm}$，纵向受拉钢筋为 4 Φ 20，$A_s = 1256\text{mm}^2$（图 2-13）。实测混凝土柱体抗压强度 $f_c = 18.5\text{N/mm}^2$，采用图 2-10（*a*）应力-应变曲线。钢筋屈服强度 $f_y = 365\text{N/mm}^2$，$E_s = 2 \times 10^5 \text{N/mm}^2$。要求计算梁的极限弯矩 M_u。

【解】　不考虑混凝土抗拉，取 $T_c = 0$。

（1）求压区混凝土的合力 C

将图 2-10（*a*）中的应变函数代入式（2-4），分段积分：

$$C = \int_0^{y_0} f_c \left[\frac{2\varepsilon}{\varepsilon_0} - \left(\frac{\varepsilon}{\varepsilon_0} \right)^2 \right] b \mathrm{d}y + \int_{y_0}^{\xi_n h_0} f_c [1 - (\varepsilon - \varepsilon_0)/6\varepsilon_0] b \mathrm{d}y$$

式中　$y_0 = \varepsilon_0 \xi_n h_0 / \varepsilon_{cu}$，为截面上应变等于 ε_0 点距中和轴的距离。按平截面假定将 $\varepsilon =$

---

[1] 参见滕智明主编．《钢筋混凝土基本构件》（第二版）。北京：清华大学出版社，1987

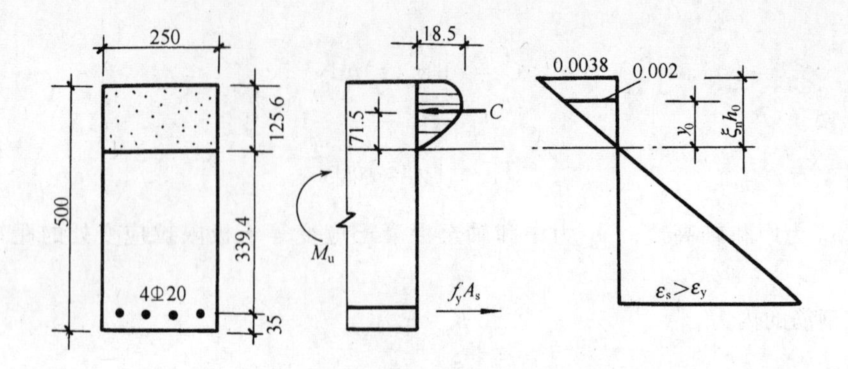

图 2-13 【例 2-1】

$\varepsilon_{cu} y / \xi_n h_0$代入式中积分后，取 $\varepsilon_0 = 0.002$；$\varepsilon_{cu} = 0.0038$，可得：$C = 0.789 f_c \xi_n b h_0 = 1697 \xi_n$ kN

(2) 求相对中和轴高度 ξ_n，设 $\sigma_s = f_y$

$$T_s = f_y A_s = 1256 \times 365 = 458.44\text{kN}$$

令 $C = T_s$，解得 $\xi_n = 0.27$

$$\varepsilon_s = \varepsilon_{cu} \frac{1-\xi_n}{\xi_n} = 0.0038 \frac{1-0.27}{0.27} = 0.0103 > \varepsilon_y = \frac{365}{2 \times 10^5} = 0.00185$$

与初步假设 $\sigma_s = f_y = 365\text{N/mm}^2$ 符合。

(3) 求极限弯矩 M_u

合力 C 至中和轴的距离 y_c，按式 (2-8) 计算

$$y_c = \frac{\int_0^{y_0} f_c \left[\frac{2\varepsilon}{\varepsilon_0} - \left(\frac{\varepsilon}{\varepsilon_0}\right)^2\right] b y \mathrm{d}y + \int_{y_0}^{\xi_n h_0} f_c [1 - (\varepsilon - \varepsilon_0)/6\varepsilon_0] b y \mathrm{d}y}{C}$$

同样代入 $\varepsilon = \varepsilon_{cu} y / \xi_n h_0$ 积分后，取 $\varepsilon_0 = 0.002$；$\varepsilon_{cu} = 0.0038$ 及 $C = 0.789 f_c \xi_n b h_0$，求得 $y_c = 71.5\text{mm}$，由式 (2-9)

$$\begin{aligned} M_u &= C \cdot y_c + T_s h_0 \ (1 - \xi_n) \\ &= 458.4 \times 71.5 + 458.44 \times 465 \ (1 - 0.27) = 188.4\text{kN}\cdot\text{m} \end{aligned}$$

2.4 《规范》采用的极限弯矩计算方法

基本方程 (2-7) 及 (2-9) 仅适用于进行截面受力的全过程分析，直接用来进行截面设计是很复杂的。设计中最主要的是确定截面的极限弯矩，因此，为了简化设计很多国家的规范均采用将压区混凝土应力图形化为等效矩形应力图块的实用计算方法，以下介绍的是我国《规范》采用的截面极限弯矩计算方法。

2.4.1 等效矩形应力图

正截面承载力计算采用下列基本假定：

1. 截面应变保持平面；
2. 不考虑混凝土的抗拉强度；
3. 混凝土受压的应力应变关系曲线按下列公式取用：

当 $\varepsilon_c \leqslant \varepsilon_0$ 时 $$\sigma_c = f_c\left[1-\left(1-\frac{\varepsilon_c}{\varepsilon_0}\right)^n\right] \tag{2-10a}$$

当 $\varepsilon_0 < \varepsilon_c \leqslant \varepsilon_{cu}$ 时 $$\sigma_c = f_c \tag{2-10b}$$

$$n = 2-(f_{cu,k}-50)/60 \tag{2-10c}$$

$$\varepsilon_0 = 0.002+0.5(f_{cu,k}-50)\times 10^{-5} \tag{2-10d}$$

$$\varepsilon_{cu} = 0.0033-(f_{cu,k}-50)\times 10^{-5} \tag{2-10e}$$

式（2-10）综合考虑了高强混凝土应力应变关系的特性，如前面 1.3.1 节所述，随混凝土强度提高，σ-ε 曲线上升段趋向线性变化；ε_0 稍有增大，极限压应变 ε_{cu} 有所减少。

式中系数 n，当按式（2-10c）计算的 n 值大于 2 时，取 $n=2$；对应于 f_c 的应变 ε_0，当按式（2-10d）计算的 ε_0 值小于 0.002 时，取为 0.002；ε_{cu} 为混凝土极限压应变，对于非均匀受压构件，ε_{cu} 按式（2-10e）计算，当计算的 ε_{cu} 值大于 0.0033 时，取为 0.0033；对于轴心受压构件，取 $\varepsilon_{cu}=\varepsilon_0$。

对于 C50 级及以下普通强度混凝土（$f_{cu,k} \leqslant 50\text{N/mm}^2$），$n=2$，式（2-10$a$）即转化为式（2-2$a$），且 $\varepsilon_0=0.002$，$\varepsilon_{cu}=0.0033$，如图 2-14 所示。

4. 钢筋应力 $\sigma_s = E_s\varepsilon_s \leqslant f_y$，受拉钢筋的极限拉应变取为 0.01[1]

按照上述基本假定，确定钢筋混凝土构件正截面承载力的准则是受压边缘混凝土最大压应变到达其极限压应变 ε_{cu}。这时压区混凝土的应力分布图形与图 2-14 的混凝土 σ-ε 曲线是相似的。由【例 2-1】可知，在正截面承载力计算中，实际上并不需要精确地知道压区混凝土的应力分布图形，只要能确定 $\varepsilon_c=\varepsilon_{cu}$ 时混凝土的压应力合力 C 及其作用位置 y_c，就已经足够了。因此，可以设想在保持 C 及 y_c 不变的条件下，用**等效矩形应力图**来代换实际的混凝土压应力图形。

设等效矩形应力图的应力值取等于 f_c 乘以系数 α_1，矩形应力图的受压区高度 x 取等于中和轴高度 x_n 乘以系数 β_1，即 $\beta_1 = x/x_n$（图 2-15）。系数 α_1、β_1 又称为等效矩形应力图的**特征值**。根据混凝土压应力合力 C 的作用位置 y_c 不变的条件，可有 $x_n - y_c = x/2 = \beta_1 x_n/2$，或

$$\beta_1 = 2(1-y_c/\xi_n h_0) \tag{2-11}$$

根据混凝土压应力合力 C 不变的条件，可有

[1] 受拉钢筋极限拉应变取 0.01 的规定用于控制沿截面或沿周边均匀配筋构件的受拉钢筋最大拉应变。

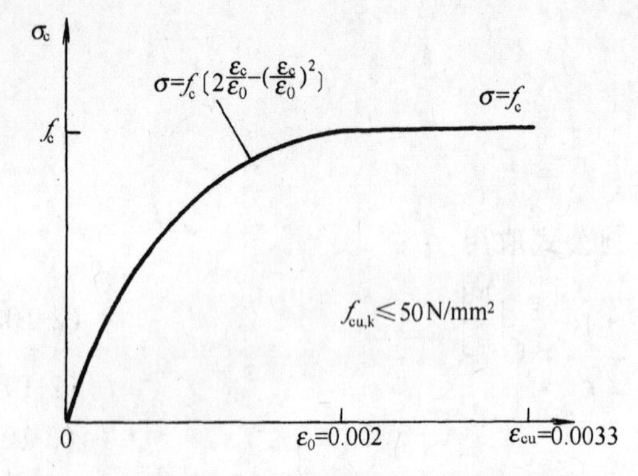

图 2-14 《规范》采用的混凝土应力应变曲线

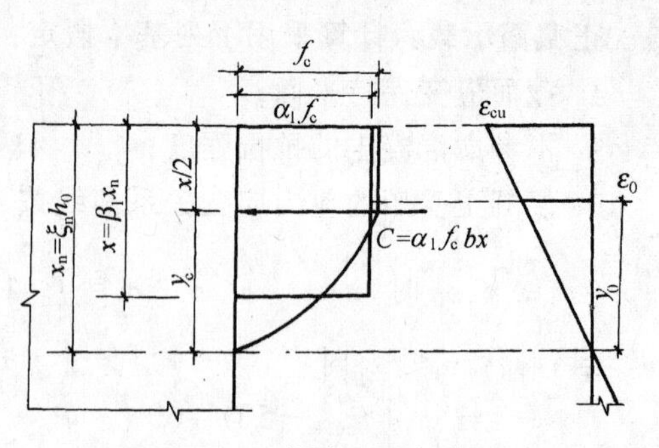

图 2-15 等效矩形应力图

$$C = \alpha_1 f_c bx = \alpha_1 \beta_1 f_c \xi_n bh_0 \tag{2-12}$$

将混凝土应力应变关系式（2-10a）及（2-10b）代入式（2-4），分段积分：

$$C = \int_0^{y_0} f_c\left[1 - \left(1 - \frac{\varepsilon_c}{\varepsilon_0}\right)^n\right] b\mathrm{d}y + \int_{y_0}^{\xi_n h_0} f_c b\mathrm{d}y$$

根据平截面假定式中$\frac{\varepsilon_c}{\varepsilon_0} = \frac{y}{y_0}$，$y_0 = \xi_n h_0 \frac{\varepsilon_0}{\varepsilon_{cu}}$，积分后可得：

$$C = \left[1 - \frac{1}{(n+1)} \frac{\varepsilon_0}{\varepsilon_{cu}}\right] f_c \xi_n bh_0$$

由式（2-12）可得：
$$\alpha_1 \beta_1 = 1 - \frac{1}{(n+1)} \frac{\varepsilon_0}{\varepsilon_{cu}} \tag{2-13}$$

同样，将式（2-10a）及（2-10b）代入式（2-8）。

$$y_c = \frac{\int_0^{y_0} f_c\left[1 - \left(1 - \frac{\varepsilon_c}{\varepsilon_0}\right)^n\right] by\mathrm{d}y + \int_{y_0}^{\xi_n h_0} f_c by\mathrm{d}y}{C}$$

积分后可得：

$$y_c = \frac{\left[\frac{1}{2} - \frac{1}{(n+1)\ (n+2)}\left(\frac{\varepsilon_0}{\varepsilon_{cu}}\right)^2\right] \xi_n h_0}{\left[1 - \frac{1}{(n+1)} \frac{\varepsilon_0}{\varepsilon_{cu}}\right]}$$

代入式（2-11）

$$\beta_1 = \frac{1 - \frac{2}{(n+1)} \frac{\varepsilon_0}{\varepsilon_{cu}} + \frac{2}{(n+1)\ (n+2)}\left(\frac{\varepsilon_0}{\varepsilon_{cu}}\right)^2}{1 - \frac{1}{(n+1)} \frac{\varepsilon_0}{\varepsilon_{cu}}} \tag{2-14}$$

对于 C50 级及以下普通强度混凝土，取 $n = 2$，$\varepsilon_0 = 0.002$ 及 $\varepsilon_{cu} = 0.0033$，由式

(2-14)及（2-13），可得

$$\beta_1 = 0.8236 \qquad \alpha_1 = 0.9689$$

当中和轴位于截面以外时，如 $\xi_n = 1.25$，同样可求得 $\beta_1 = 0.79$；$\alpha_1 \approx 1.0$。为了简化计算，《规范》统一取

$$\beta_1 = 0.8; \ \alpha_1 = 1.0 \tag{2-15a}$$

对于 C80 级混凝土，（$f_{cu,k} = 80\text{N/mm}^2$），由式（2-10$c$）、(2-10$d$）及（2-10$e$）得出：$n = 1.5$，$\varepsilon_0 = 0.00215$ 及 $\varepsilon_{cu} = 0.003$，代入式（2-14）及（2-13）可解得：

$$\beta_1 = 0.7626; \ \alpha_1 = 0.9354$$

考虑到当中和轴位于截面以外时，如 $\xi_n = 1.25$，同样可求得 $\beta_1 = 0.7343$；$\alpha_1 = 0.9526$。为了简化计算，《规范》对 C80 级混凝土统一取

$$\beta_1 = 0.74; \ \alpha_1 = 0.94 \tag{2-15b}$$

当混凝土强度等级界于 C50 和 C80 之间时，β_1 及 α_1 可按式（2-15a）及（2-15b）按线性内插法确定（表 2-1）。

矩形应力图系数 α_1、β_1 　　表 2-1

$f_{cu,k}$（N/mm²）	≤50	55	60	65	70	75	80
ε_0	0.002	0.00203	0.00205	0.00208	0.0021	0.00213	0.00215
ε_{cu}	0.0033	0.00325	0.0032	0.00315	0.00310	0.00305	0.0030
α_1	1.00	0.99	0.98	0.97	0.96	0.95	0.94
β_1	0.80	0.79	0.78	0.77	0.76	0.75	0.74

2.4.2 相对界限受压区高度

根据给定的混凝土极限压应变 ε_{cu} 和平截面假定可知，**界限破坏**，即受拉钢筋到达屈服（$\varepsilon_s = \varepsilon_y = f_y/E_s$）同时混凝土发生受压破坏（$\varepsilon_c = \varepsilon_{cu}$）时的相对中和轴高度 ξ_{nb} 为（图 2-16）

$$\xi_{nb} = x_{nb}/h_0 = \varepsilon_{cu}/(\varepsilon_{cu} + \varepsilon_y)$$

引用 $x = \beta_1 x_n$ 的关系，则相对界限受压区高度 ξ_b 为：

$$\xi_b = \frac{x_b}{h_0} = \beta_1 \xi_{nb} = \frac{\beta_1 \varepsilon_{cu}}{\varepsilon_{cu} + \varepsilon_y} = \frac{\beta_1}{1 + \dfrac{f_y}{\varepsilon_{cu} E_s}} \tag{2-16}$$

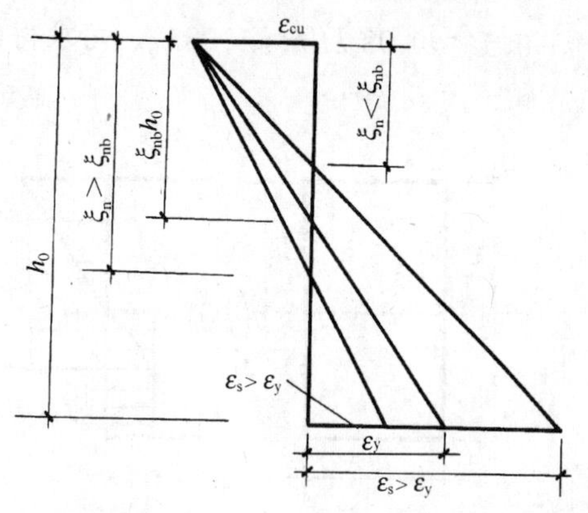

图 2-16　相对界限中和轴高度 ξ_{nb}

当相对受压区高度 $\xi \leqslant \xi_b$ 时，为受拉钢筋首先到达屈服，然后混凝土受压破坏的**适筋梁**情况；当 $\xi > \xi_b$ 时，为受拉钢筋应力未

达到屈服，受压区混凝土先发生破坏的**超筋梁**情况。

2.4.3 极限弯矩 M_u 及钢筋应力计算公式

等效矩形应力图确定以后，根据截面的平衡条件，可写出单筋矩形截面**极限弯矩** M_u 的一般公式为

$$M_u = \alpha_1 f_c b_x\ (h_0 - x/2)\ = \sigma_s A_s\ (h_0 - x/2) \tag{2-17}$$

式中

$$x = \frac{\sigma_s A_s}{\alpha_1 f_c b} \tag{2-18}$$

1. $\xi \leqslant \xi_b$，为适筋梁。取 $\sigma_s = f_y$，则

$$\xi = \frac{x}{h_0} = \frac{A_s}{bh_0} \cdot \frac{f_y}{\alpha_1 f_c} = \rho \frac{f_y}{\alpha_1 f_c} \tag{2-19}$$

由上式可知，相对受压区高度 ξ 不仅与配筋率 ρ 有关，而且反映了钢筋与混凝土两种材料强度的比值，故 ξ 又称为**含钢特征**，它是比 ρ 更具有一般性的参数。引用式（2-19），适筋梁极限弯矩的计算公式可写成

$$M_u = \rho f_y bh_0^2\ (1 - 0.5\xi)\ = \alpha_1 f_c bh_0^2 \xi\ (1 - 0.5\xi) \tag{2-20}$$

当 $\xi = \xi_b$ 时，相应的配筋率为保证钢筋到达屈服的**最大配筋率** $\boldsymbol{\rho_{max}}$

$$\rho_{max} = \xi_b \frac{\alpha_1 f_c}{f_y} \tag{2-21}$$

最小配筋率 ρ_{min}，理论上为少筋梁与适筋梁的界限。如前所述，ρ_{min} 可根据钢筋混凝土梁的极限弯矩 M_u，等于同样截面、同样混凝土强度的素混凝土梁的极限弯矩（即混凝土截面的开裂弯矩）的条件确定（图 2-17）。这时钢筋混凝土梁的配筋率即为最小配筋率 ρ_{min}。

矩形截面素混凝土梁的开裂弯矩可按图 2-17 所示截面应力分布计算，拉区混凝土的应力图形可简化为矩形，强度为 f_t。根据平截面假定及 $f_t = 0.5E_c\varepsilon_{tu}$ 与 $\sigma_c = E_c\varepsilon_c$ 的关系，可得中和轴高度 $x_{cr} = h/2$，故 $M_{cr} = f_t b \dfrac{h}{2}\left(\dfrac{h}{4} + \dfrac{h}{3}\right) = \dfrac{7}{24} f_t bh^2$。令 M_{cr} 与 M_u 相等，并取 $1 - 0.5\xi \approx 0.98$ 及 $h \approx 1.08h_0$，可求得最小配筋率 ρ_{min}：

$$\rho_{min} = 0.35 f_t / f_y$$

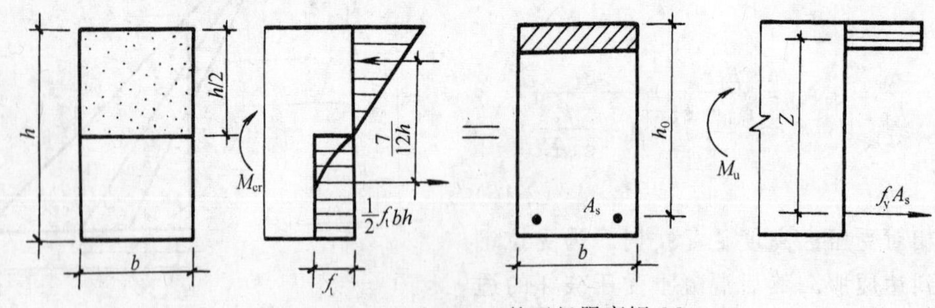

图 2-17 开裂弯矩 M_{cr} 等于极限弯矩 M_u

可知，ρ_{min}与混凝土的抗拉强度及钢筋屈服强度有关。

2. $\xi > \xi_b$，为超筋梁。在设计中是不允许出现这种情况的，但在截面分析时是可能遇到的。这时式（2-17）及（2-18）中钢筋应力 σ_s 可根据平截面假定写出：

$$\sigma_s = \varepsilon_{cu} E_s \left(\frac{\beta_1 h_0}{x} - 1 \right) \tag{2-22}$$

为了简化计算，避免在正截面承载力计算中出现 x 的三次方程。根据试验资料（图 2-18），考虑到 $\xi = \xi_b$ 及 $\xi = \beta_1$ 的边界条件，σ_s 与 ξ 可采用近似的线性关系：

$$\sigma_s = f_y \frac{\xi - \beta_1}{\xi_b - \beta_1} \tag{2-23}$$

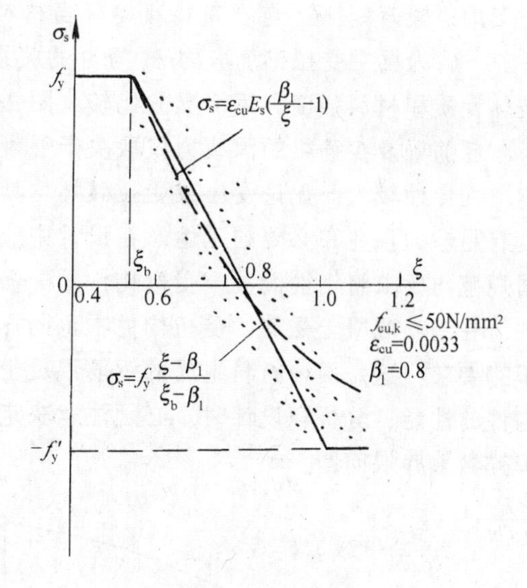

图 2-18　σ_s 计算公式

由式（2-22）可知，当受压区高度 x 一定时，钢筋应力 σ_s 与该钢筋中心到受压边缘的距离（h_0）为线性关系。因此，可将式(2-22)用于计算截面任意位置处的钢筋应力 σ_{si}。设距受压边缘为 h_{0i} 处的第 i 排钢筋（A_{si}）的应力为 σ_{si}，则计算钢筋应力 σ_{si}的通式为：

$$\sigma_{si} = \varepsilon_{cu} E_s \left(\frac{\beta_1 h_{0i}}{x} - 1 \right) \tag{2-24}$$

或用近似公式：

$$\sigma_{si} = f_y \frac{\frac{x}{h_{0i}} - \beta_1}{\xi_b - \beta_1} \tag{2-25}$$

按式（2-24）或（2-25）计算的 σ_{si}，正号代表拉应力，负号代表压应力。显然，钢筋应力 σ_{si}必须符合下列条件：

$$-f'_y \leqslant \sigma_{si} \leqslant f_y \tag{2-26}$$

2.5　小　结

由钢筋和混凝土这两种材料组成的钢筋混凝土梁，其受力性能与**含钢特征** $\xi = \rho f_y / \alpha_1 f_c$ 有关。ξ 反映了两种材料在面积和强度上的匹配关系，当 ξ 值超出了一定范围时，将改变梁的破坏性质。当 $\xi > \xi_b$ 时，为钢筋应力未达屈服（$\sigma_s < f_y$），混凝土先压坏的**超筋梁**；当 $\xi < \rho_{min} f_y / \alpha_1 f_c$ 时，为 $M_u \leqslant M_{cr}$拉区混凝土开裂后，$\sigma_s \geqslant f_y$ 的少筋梁；ξ 界于其间的为受拉钢筋先到达屈服，然后混凝土受压破坏的适筋梁。图 2-19（a）为钢筋混凝

土梁的极限弯矩 M_u 与含钢特征 ξ（当材料强度给定时，即配筋率 ρ）的变化关系，图 2-19（b）为梁中受拉钢筋应力 σ_s 与 ξ 的关系，以及超筋梁、适筋梁、少筋梁的破坏原因，破坏性质和材料强度利用情况的比较（图 2-19c）。

超筋梁及少筋梁的承载力仅取决于混凝土的强度。而混凝土的强度受到很多因素的影响，变异性较大，无论受压或受拉破坏均具有一定的**突然性**。因此，为了使构件在破坏前具有足够的预兆和必要的延性，在设计中应不允许出现超筋梁和少筋梁的情况。所以，各国规范均要求将钢筋混凝土受弯构件的配筋率控制在 ρ_{max} 和 ρ_{min} 的界限以内。不仅受弯构件，在钢筋混凝土受剪、受扭构件中也同样存在**承载力的上限**（由 ρ_{max} 控制）和**最小配筋率的要求**。这是两种材料组成的钢筋混凝土构件所特有的问题。因此，在掌握钢筋混凝土构件的性能、分析和设计时，必须注意**决定构件破坏特征**及计算公式适用范围的某些**配筋率的数量界限**问题。

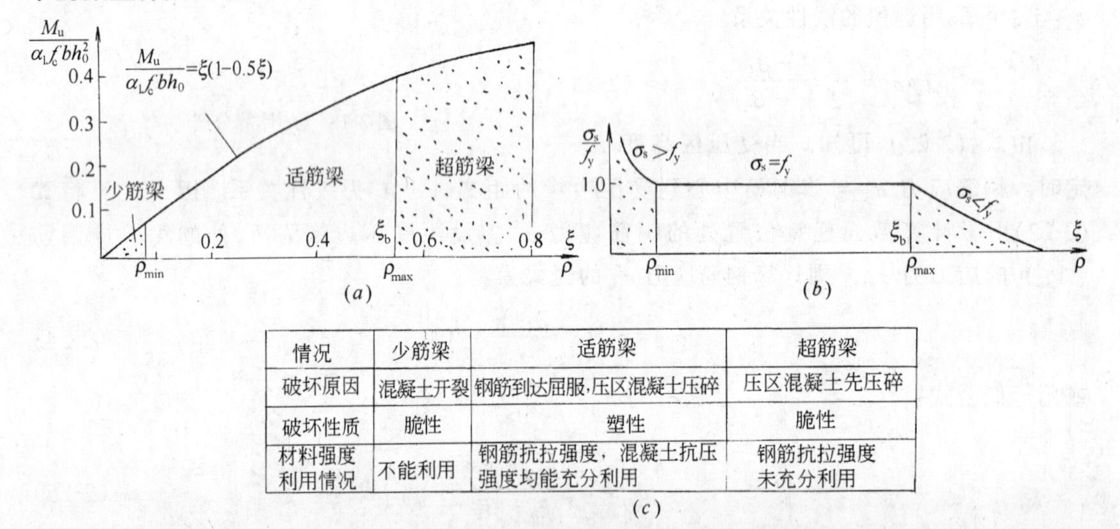

情况	少筋梁	适筋梁	超筋梁
破坏原因	混凝土开裂	钢筋到达屈服，压区混凝土压碎	压区混凝土先压碎
破坏性质	脆性	塑性	脆性
材料强度利用情况	不能利用	钢筋抗拉强度，混凝土抗压强度均能充分利用	钢筋抗拉强度未充分利用

（c）

图 2-19

（a）M_u 与 ξ 的关系曲线；（b）σ_s 与 ξ 的关系曲线；（c）三种破坏梁的比较

思 考 题

2-1 根据实测的梁的 M-f 曲线和钢筋应变曲线，如何确定梁的开裂弯矩 M_{cr}？

2-2 为什么把梁的第Ⅲ受力阶段称为屈服阶段？它的含意是什么？

2-3 试说明超筋梁与适筋梁、少筋梁与适筋梁破坏特征的区别。

2-4 最大配筋率（ρ_{max}）与最小配筋率（ρ_{min}）是什么含意？它们是怎样确定的？

2-5 等效矩形应力图是根据什么条件确定的？特征值 α_1，β_1 的物理意义是什么？

2-6 为什么可将钢筋应力计算公式：

$$\sigma_s = \varepsilon_{cu} E_s\left(\frac{\beta_1 h_0}{x} - 1\right)$$

推广应用于计算截面任意点 i 处钢筋应力 σ_{si}？为什么按上式计算的 σ_s 必须符合 $-f'_y \leqslant \sigma_s \leqslant f_y$ 的条件？

2-7　判别下列论断的正确与错误：

(1) 裂缝出现时的受拉钢筋应力 σ_s 与配筋率 ρ 无关 …………………………………………（　）

(2) 当梁的截面尺寸、混凝土强度及配筋面积给定时，钢筋的屈服强度 f_y 越高，M_{cr} 也越大 ……………………………………………………………………………………………（　）

(3) 当混凝土强度及 f_y 一定时，ρ 越大，截面的屈服曲率 ϕ_y 也越大 ……………………（　）

(4) 适筋梁的 $M_u > M_y$ 是因为钢筋应力已进入强化段 ……………………………………（　）

(5) 配置了受拉钢筋的钢筋混凝土梁的极限承载力不可能小于同样截面、相同混凝土强度的素混凝土梁的承载力 ……………………………………………………………………（　）

(6) 等效矩形应力图的特征值 β_1 及 α_1 与选定的混凝土应力应变曲线的峰值应力无关 ……（　）

(7) 适筋梁的极限弯矩 M_u 与 $\alpha_1 f_c$ 近似成正比 ………………………………………………（　）

(8) 适筋梁的 M_u 与 f_y 近似成正比 ………………………………………………………………（　）

(9) 公式 $M_u = \alpha_1 f_c b h_0^2 \xi\ (1-0.5\xi)$ 同样可用来计算超筋梁的极限弯矩 ……………………（　）

(10) 多排配筋截面，到达 M_u 时，各排钢筋的应力均与该钢筋中心到受压边缘的距离成线性关系 ……………………………………………………………………………………（　）

(11) 超筋梁的 M_u 与钢筋的 f_y 无关 ……………………………………………………（　）

习　题

2-1　已知钢筋混凝土梁的截面尺寸及配筋如图 2-20 所示。设实测混凝土柱体抗压强度 $f_c = 13.4\text{N/mm}^2$，钢筋的屈服强度 $f_y = 340\text{N/mm}^2$，$E_s = 2\times10^5\text{N/mm}^2$。试按等效矩形应力图方法计算此梁的极限弯矩 M_u 及极限曲率 ϕ_u。

2-2　其他条件同题 2-1。设 $f_c = 20\text{N/mm}^2$，按等效矩形应力图方法计算 M_u 及 ϕ_u。

2-3　材料强度及配筋同题 2-1，设截面尺寸改为 $b = 200\text{mm}$，$h = 400\text{mm}$，$h_0 = 360\text{mm}$，按等效矩形应力图方法计算梁的 M_u 及 ϕ_u。

2-4　截面尺寸、配筋及材料强度同题 2-1，试采用图 2-10（a）中混凝土应力应变曲线，求 M_u 及 ϕ_u。

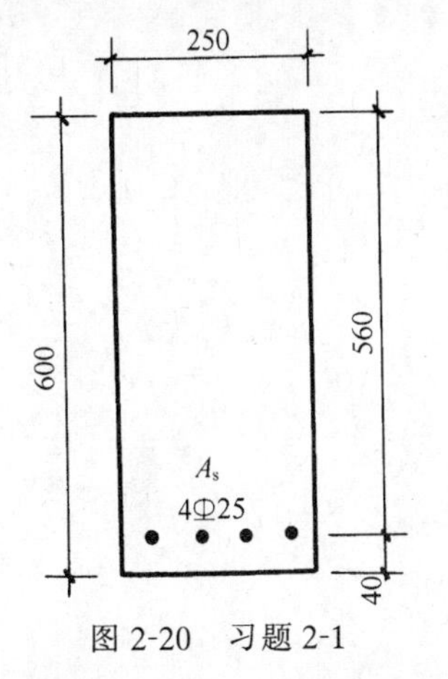

图 2-20　习题 2-1

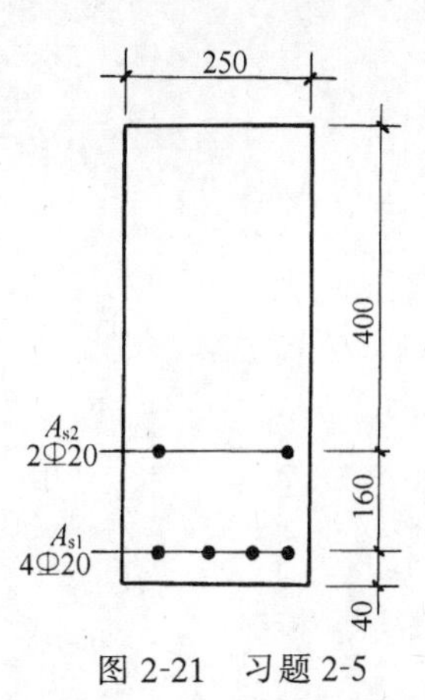

图 2-21　习题 2-5

2-5　已知梁的截面尺寸及配筋如图 2-21 所示，设混凝土 $f_c = 13.4\text{N/mm}^2$，钢筋 $f_y = 340\text{N/mm}^2$，$E_s = 2\times10^5\text{N/mm}^2$，试按等效矩形应力图方法计算梁的极限弯矩 M_u、曲率 ϕ_u 及 A_{s2}中钢筋应力 σ_{s2}。

2-6　已知条件同题 2-1，试采用图 2-14 混凝土应力应变曲线，计算钢筋应力到达屈服（$\sigma_s = f_y$）时的弯矩 M_y 及曲率 ϕ_y。

第3章　结构设计原理、设计方法

前面，我们讨论了钢筋混凝土轴心受力构件、受弯构件的受力性能，受力分析及极限内力的计算。本章将讨论混凝土结构的基本设计原理及设计方法。“**设计**”与“**分析**”是两个不同角度的问题，“分析”是在构件截面尺寸、配筋和材料强度均为**已知**的情况下，研究构件在**给定**支承条件和荷载下的受力性能，进行截面的应力和变形分析，确定构件的极限内力（如 N_u、M_u）。而“设计”所面临的问题是要根据**预计**的荷载和材料性能，采用经**理想化**和**简化假定**的计算方法，确定结构构件的截面尺寸及配筋，在经济合理的条件下满足结构的功能要求。但由于施工条件及质量控制等因素的影响，实际的结构尺寸、配筋及材料强度均可能与预计值有不同程度的变异。所采用的计算简图和计算理论与实际情况会有一定的偏离。而建成后结构承受的荷载及所处的环境都带有一定的随机性是设计时无法确切预知的。因此“设计”处理的是**非确定性**问题。而“分析”研究的是“**定值**”问题。结构构件的受力性能、受力分析是设计的基础，但设计考虑的问题的方面比分析要综合得多、广泛得多。由于设计中的主要变量的非确定性和随机性，显然，关于结构安全适用的任何合理可靠的定量表达必然是基于统计和概率分析基础上的。

3.1　结构设计的要求

3.1.1　结构的功能要求

结构设计的目的是要使所设计的结构能够完成由其用途所决定的全部功能要求。结构的功能要求包括：

1. **安全性**　结构在预定的使用期限内，应能承受正常施工、正常使用时可能出现的各种荷载、强迫变形（如超静定结构的支座不均匀沉降）、约束变形（如由于温度及收缩引起的构件变形受到约束时产生的变形）等的作用。在偶然荷载（如地震、强风）作用下或偶然事件（如火灾、爆炸）发生时和发生后，构件仅产生局部损坏，不发生连续倒塌。

2. **适用性**　结构在正常使用荷载作用下具有良好的工作性能，如不发生影响正常使用的过大挠度、永久变形和动力效应（过大的振幅和振动），或产生使用者感到不安的裂缝宽度。

3. **耐久性**　结构在正常使用和正常维护条件下，在规定的环境中在预定的使用期限内应有足够的耐久性。如不发生由于混凝土保护层碳化或氯离子的侵入而导致的钢筋锈蚀，以致影响结构的使用寿命。

这些功能要求概括起来可以称为结构的**可靠性**。即结构在规定的时间内（如设计使用年限为50年），在规定的条件下（正常设计、正常施工、正常使用和维修不考虑人为过失）完成预定功能的能力。显然，加大结构设计的余量，如提高设计荷载，加大截面尺寸及配筋，或提高对材料性能的要求等，总是能够增加或改善结构的安全性、适用性和耐久性的，但这将使结构的造价升高，不符合经济的要求。结构的可靠性和经济性是对立的两个方面，科学的设计方法就是要在结构的可靠与经济之间选择一种最佳的平衡，把二者统一起来，达到以比较经济合理的方法，保证结构设计所要求的可靠性。

3.1.2 结构的极限状态

结构能够满足功能要求而良好地工作，称为结构“**可靠**”或“有效”。反之则结构“不可靠”或“**失效**”。区分结构工作状态的可靠与失效的标志是“**极限状态**”。极限状态是结构或构件能够满足设计规定的某一功能要求的临界状态，有明确的标志及限值。超过这一界限，结构或构件就不再能满足设计规定的该项功能要求，而进入失效状态。

结构的极限状态分为两类：

1. **承载能力极限状态** 结构或构件达到最大承载力或达到不适于继续承载的变形的极限状态。当结构或构件出现下列状态之一时，即认为超过了承载能力极限状态：

（1）整个结构或其中的一部分作为刚体失去平衡（如倾覆、过大的滑移）；

（2）结构构件或连接部位因材料强度被超过而破坏，包括承受多次重复荷载构件产生的疲劳破坏（如钢筋混凝土梁受压区混凝土到达其抗压强度）；

（3）结构构件或连接因产生过度的塑性变形而不适于继续承载(如受弯构件中的少筋梁)；

（4）结构转变为机动体系（如超静定结构由于某些截面的屈服，形成塑性铰使结构成为几何可变体系）；

（5）结构或构件丧失稳定（如细长柱达到临界荷载发生压屈）；

（6）地基丧失承载力而破坏。

2. **正常使用极限状态** 结构或构件达到正常使用或耐久性的某项规定限值的极限状态。当结构或构件出现下列状态之一时，应认为超过了正常使用极限状态：

（1）影响正常使用或外观的变形（如梁产生超过了挠度限值的过大的挠度）；

（2）影响正常使用或耐久性的局部损坏（如不允许出现裂缝的构件开裂；或允许出现裂缝的构件，其裂缝宽度超过了允许限值）；

（3）影响正常使用的振动；

（4）影响正常使用的其他特定状态（如由于钢筋锈蚀产生的沿钢筋的纵向裂缝）。

《规范》关于钢筋混凝土受弯构件的允许挠度限值详见第10章，钢筋混凝土和预应力混凝土结构构件的裂缝控制要求及最大裂缝宽度允许限值分别见第10章及第11章。

通常按承载能力极限状态进行结构构件的设计，再按正常使用极限状态进行验算。

3.1.3 作用效应 S 和结构抗力 R

作用是指施加在结构或构件上的力，以及引起结构强迫变形或约束变形的原因，如地面运动、地基不均匀沉降、温度变化、混凝土收缩、焊接变形等。**作用效应**“S”是上述作用引起的结构或构件的内力（如轴向力、剪力、弯矩、扭矩等）和变形（如挠度、侧移、裂缝等）。当作用为集中力或分布力时，其效应可称为**荷载效应**。

由于结构上的作用是不确定的随机变量，所以作用效应 S 一般说来也是一个随机变量。以下主要讨论荷载效应，荷载 Q 与荷载效应 S 之间，一般可近似按线性关系考虑，即

$$S = CQ \tag{3-1}$$

式中，常数 C 为荷载效应系数。故荷载效应 S 的统计规律与荷载 Q 的统计规律是一致的。以下讨论仅限于此种情况。

结构抗力 R 是指结构或构件承受作用效应的能力，如构件的强度、刚度、抗裂度等。影响结构抗力的主要因素是材料性能（强度、变形模量等物理力学性能）、几何参数以及计算模式的精确性等。考虑到材料性能的变异性、几何参数及计算模式精确性的不确定性，所以由这些因素综合而成的结构抗力也是**随机变量**。

3.1.4 结构功能函数

结构构件完成预定功能的工作状况可以用作用效应 S 和结构抗力 R 的关系式来描述，称为**结构功能函数**，用 Z 来表示：

$$Z = R - S = g(R, S) \tag{3-2}$$

它可以用来表示结构的三种工作状态（图 3-1）：

当 $Z>0$ 时，结构能够完成预定的功能，处于可靠状态；

当 $Z<0$ 时，结构不能完成预定的功能，处于失效状态；

当 $Z=0$ 时，即 $R=S$ 结构处于临界的极限状态，$Z=g(R, S)=R-S=0$，称为“**极限状态方程**”。

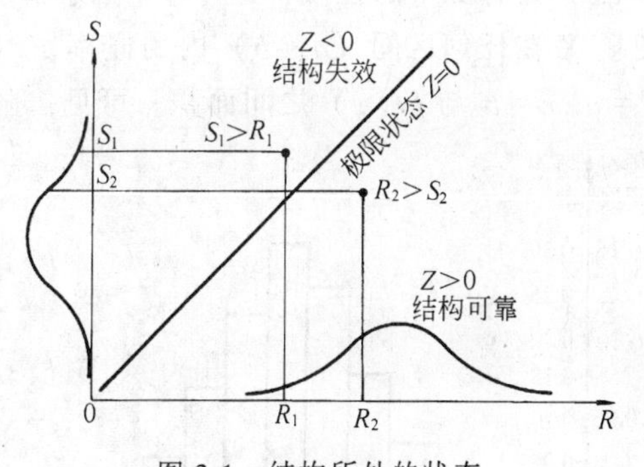

图 3-1　结构所处的状态

结构功能函数的一般表达式为 $Z=g(X_1, X_2 \cdots\cdots X_n)=0$，其中 X_i（$i=1, 2, \cdots\cdots n$）为影响作用效应 S 和结构抗力 R 的基本变量，如荷载、材料性能、几何参数等。由于 R 和 S 都是非确定性的随机变量，故 $Z>0$ 也是非确定性问题，为了便于以后的讨论，先简要介绍一下有关概率统计的一些基本知识。

3.2 概率统计的一些基本概念

3.2.1 随机变量、概率分布函数

对于具有多种可能发生的结果，而究竟发生那一种结果事先不能确定的现象，称为随

机现象。表示随机现象各种结果的变量称为**随机变量**，随机变量就个体而言取值具有不确定性；但从总体来看取值位于某范围的概率是确定的。例如某预制构件厂生产的C30级混凝土，如果任意取某次浇筑的某一立方体试块进行压力试验。试验前我们不能准确预知该试块的立方体强度是多少，但是根据过去大量立方体试块试验数据的统计分析，我们可以判断出试块强度出现于某范围（如 $f_{cu}=25\sim30\text{N/mm}^2$ 之间）内的概率。则我们称混凝土试块的强度为随机变量。

如果我们把 n 次试验的立方体试块强度值，按一定的组距（如 2N/mm^2）排列分组。根据试块强度出现在每一组距内的个数 m（频数）或频率（$f=m/n$），可画出立方体试块强度的频率直方图（图3-2）。为了消除组距大小的影响，可将竖轴用频率密度（频率 f/组距）来表示。由于各组频率之和为1，故图中各矩形面积之和等于1。如果试验值的数目 n 很大，而组距分得很小，则每组的频率趋于一个稳定值。这时直方图的形状趋近于一条曲线，这就是频率密度分布曲线 $f(x)$（图3-3），图中阴影面积代表随机变量 X（试块立方体强度）$\leqslant x$（作为自变量的任意立方体强度）的概率，显然，概率（$X\leqslant x$）是 x 的一个函数，称为 X 的分布函数，用 $F(x)$ 表示，即

$$F(x) = \int_{-\infty}^{x} f(x)\mathrm{d}x \tag{3-3}$$

$f(x)$ 具有如下的性质：$F(-\infty)=0$；$F(+\infty)=1.0$；$F(x)$ 为连续函数；随机变量 X 在任何区间（a，b）内的概率 $F(a\leqslant X\leqslant b)=F(b)-F(a)$，即图中直线 $x=a$，$x=b$ 与 $f(x)$ 之间面积。可见，随机变量可以用分布函数来完整地描述。

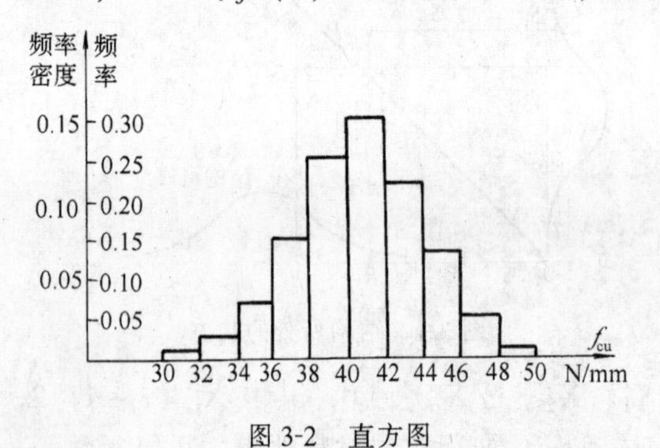

图3-2 直方图

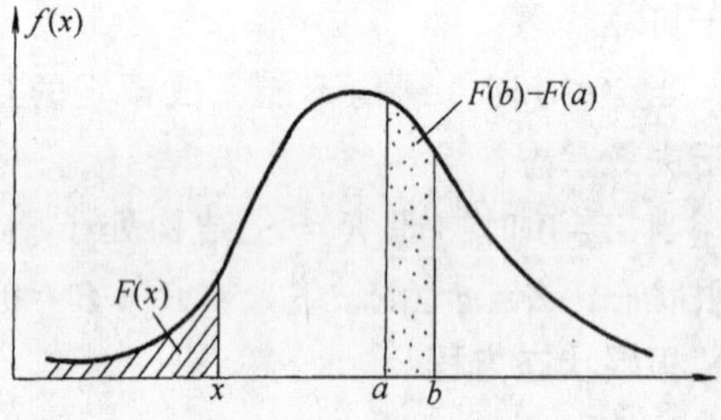

图3-3 频率密度分布曲线

3.2.2 平均值、标准差、变异系数

算术**平均值** μ、**标准差** σ 和**变异系数** δ 是离散型随机变量的三个主要统计参数。

平均值 μ 表示随机变量的波动中心，也即代表随机变量值 X_i 平均水平的特征值，即

$$\mu = \sum_{i=1}^{n} X_i / n \tag{3-4}$$

标准差是表示随机变量 X 取值离散程度的一个特征值，定义为随机变量 X_i 与平均值 μ 的偏差的平方和除以 n 的开方，即

$$\sigma = \sqrt{\frac{\sum_{i=1}^{n}(X_i - \mu)^2}{n}} \tag{3-5}$$

采用偏差的平方目的是避免正负偏差的互相抵消。标准差 σ 数值的大小表示随机变量离散程度的大小。例如两个构件厂生产的 C30 级混凝土，平均值 μ 相同均为 34.5N/mm^2，但标准差 σ 不同，则反映了两个厂生产的混凝土质量控制水平的不同。如两个厂混凝土试块强度的平均值 μ 不同，则不能由标准差 σ 来判断其离散程度。因此，在数理统计上还要引进一个反映随机变量相对离散程度的特征值，称为**变异系数** δ，即

$$\delta = \sigma/\mu \tag{3-6}$$

3.2.3 正态分布

随机变量的密度函数为：

$$f(x) = \frac{1}{\sigma\sqrt{2\pi}}\exp\left[-\frac{(x-\mu)^2}{2\sigma^2}\right] \tag{3-7}$$

的分布，称为**正态分布**。式中 μ 为平均值，σ 为标准差。正态分布曲线的特点是一条单峰曲线，与峰值对应的横坐标为平均值 μ（图 3-4）。曲线以峰值为中心，对称地向两边单调下降，在峰值两侧各一倍标准差处曲线上有一个拐点，然后各以横轴为渐近线趋向于正负无穷大。

曲线 $f(x)$ 与横轴之间的总面积为 1，同样随机变量位于任意区间（a，b）内的概率 P（$a \leqslant x \leqslant b$），可用 $x=a$ 和 $x=b$ 的直线和正态分布曲线 $f(x)$ 所包围的面积来确定。因此 P（$-\infty < x \leqslant \mu$）为 50% 亦即 $x > \mu$ 的保证率为 50%，又称 x 的分位数为 0.5。同理由概率积分表可计算出：

随机变量位于区间（$-\infty$，$\mu-\sigma$）的概率 P 为 15.87%，即 $x > \mu - \sigma$ 的保证率为 84.13%，其分位数为 0.16。

随机变量位于区间（$-\infty$，$\mu - 1.645\sigma$）的概率 P 为 5%，即 $x > \mu - 1.645\sigma$ 的保证率为 95%（图 3-5），其分位数为 0.05；

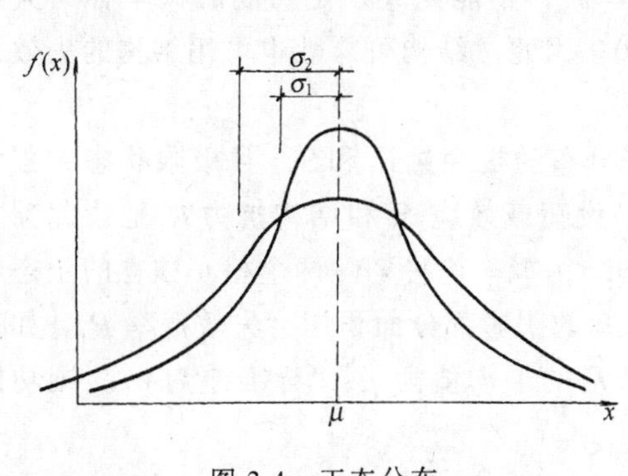

图 3-4 正态分布

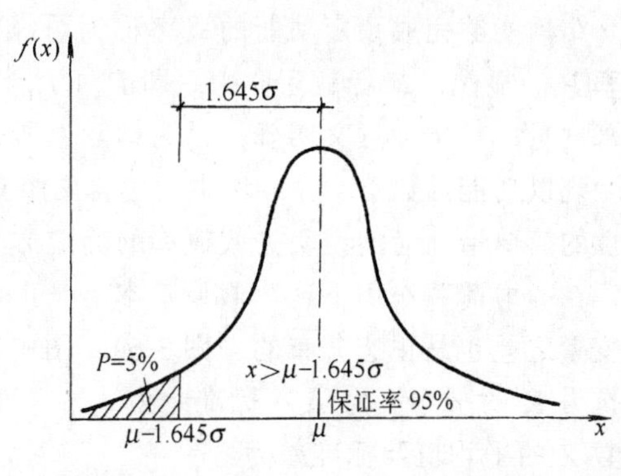

图 3-5 $\mu - 1.645\sigma$ 的保证率

随机变量位于区间（$-\infty$，$\mu-2\sigma$）的概率 P 为2.28%，即 $x>\mu-2\sigma$ 的保证率为97.72%，其分位数为0.0228。

在结构功能函数的基本变量中，混凝土强度、钢材强度是服从正态分布的。但荷载和结构抗力一般不服从正态分布。如楼面活荷载、风荷载等均服从极值Ⅰ型分布，而结构抗力则服从于对数正态分布。对于非正态随机变量，可化为正量正态分布来处理。为了便于说明方法的思路和概念，本书仅以正态分布为例进行论述。

3.2.4 随机变量函数的运算法则

结构抗力是材料强度，截面几何参数的函数，故结构抗力是这些随机变量的函数。当各随机变量的统计参数（μ，σ）为已知时，则函数的统计参数可按下列基本运算法则计算。

设随机变量 X_1，X_2，X_3 相互独立

1. 如 $$Z=X_1+X_2+X_3$$
 则 $$\mu_Z=\mu_{x1}+\mu_{x2}+\mu_{x3}$$
 $$\sigma_Z=\sqrt{\sigma_{x1}^2+\sigma_{x2}^2+\sigma_{x3}^2}$$

2. 如 $$Z=X_1\cdot X_2/X_3$$
 则 $$\mu_Z=\mu_{x1}\cdot\mu_{x2}/\mu_{x3}$$
 $$\delta_Z=\sqrt{\delta_{x1}^2+\delta_{x2}^2+\delta_{x3}^2}$$

3.3 概率极限状态设计法

3.3.1 失效概率、可靠指标

概率极限状态设计法又称近似概率法。这个设计方法的基本概念是用概率分析方法来研究结构的可靠性。把结构在规定时间内，在规定的条件下，完成预定功能的概率称为结构的**可靠度**。它是结构可靠性的一种定量描述，即**概率度量**。

结构能够完成预定功能的概率称为**可靠概率** P_s；不能完成预定功能的概率称为**失效概率** P_f。显然，二者是互补的，即 $P_s+P_f=1.0$。因此，结构可靠性也可用结构的失效概率来度量，且物理意义明确，已为国际上所公认。

现以功能函数 $Z=R-S$ 中仅包含两个正态分布随机变量 R 和 S，且极限状态方程为线性的简单情况为例说明失效概率的确定方法。设荷载效应 S 和结构抗力 R 是彼此独立的，在静力荷载作用下这个假设基本上是正确的。由概率论可知，两个相互独立的正态随机变量之差也是正态分布的（图3-6），图中 $Z<0$ 的阴影部分面积即为失效概率 P_f。如结构抗力 R 的平均值为 μ_R，标准差为 σ_R；荷载效应的平均值为 μ_S，标准差为 σ_S。则功能函数 Z 的平均值及标准差为：

$$\mu_Z=\mu_R-\mu_S \tag{3-8}$$

$$\sigma_Z = \sqrt{\sigma_R^2 + \sigma_S^2} \tag{3-9}$$

结构失效概率 P_f 的大小与功能函数平均值 μ_Z 到坐标原点的距离有关，取 $\mu_Z = \beta\sigma_Z$。由图 3-6 可见 β 与 P_f 之间存在着对应关系，β 值越大，失效概率 P_f 就越小；β 值越小，P_f 就越大。因此 β 和 P_f 一样，可作为度量结构可靠度的一个指标，故称 β 为结构的**可靠指标**。β 值可按下列公式计算

$$\beta = \frac{\mu_Z}{\sigma_Z} = \frac{\mu_R - \mu_S}{\sqrt{\sigma_R^2 + \sigma_S^2}} \tag{3-10}$$

可靠指标 β 与结构失效概率 P_f 的对应关系如图 3-7 所示。由图中可以看出，β 值相差 0.5，失效概率 P_f 大致差一个数量级。

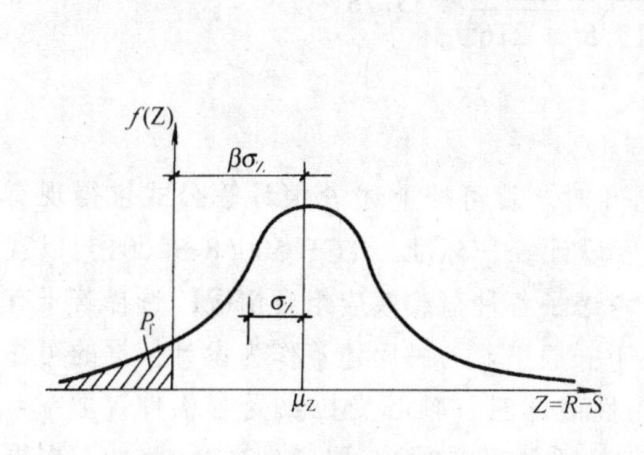

图 3-6　$Z = R - S$ 的分布曲线

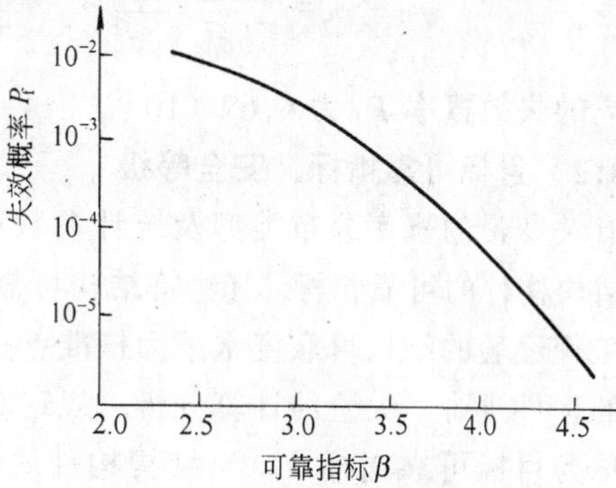

图 3-7　P_f 与 β 的关系

由图 3-6 可知，失效概率 P_f 尽管很小，但总是存在的。因此，要使结构设计做到绝对的可靠（$R > S$）是不可能的，合理的解答应该是使所设计的结构的失效概率降低到人们可以接受的程度。

【例 3-1】　以承受恒载为主的轴心受压短柱，截面尺寸 $A_c = b \times h = 300\text{mm} \times 500\text{mm}$，配置 4 Φ 28 纵向受压钢筋，$A_s = 2463\text{mm}^2$。设荷载为正态分布，轴向力 N 的平均值 $\mu_Z = 1800\text{kN}$，变异系数 $\delta_N = 0.12$。钢筋屈服强度 f_y 为正态分布，其平均值 $\mu_{fy} = 374\text{N/mm}^2$，变异系数 $\delta_{fy} = 0.08$。混凝土轴心抗压强度 f_c 也是正态分布，平均值 $\mu_{fc} = 24.68\text{N/mm}^2$，变异系数 $\delta_{fc} = 0.19$。不考虑结构尺寸的变异和计算模式的不准确性，试计算此构件的可靠指标 β。

【解】　荷载效应 S 的统计参数

$$\mu_S = \mu_N = 1800\text{kN}, \sigma_S = \sigma_N = \mu_N \delta_N = 1800 \times 0.12 = 216\text{kN}$$

构件的抗力 R 由混凝土抗力 $R_c = f_c A_c$ 和钢筋抗力 $R_s = f_y A_s$ 两部分组成：

$$R = R_c + R_s = f_c A_c + f_y A_s$$

混凝土抗力 R_c 的统计参数：

$$\mu_{Rc} = A_c \mu_c = 500 \times 300 \times 24.68 = 3702\text{kN}$$

$$\sigma_{Rc} = \mu_{Rc}\delta_{fc} = 3702 \times 0.19 = 703.4\text{kN}$$

钢筋抗力 R_s 的统计参数:

$$\mu_{Rs} = A_s\mu_{fy} = 2463 \times 374 = 921.2\text{kN}$$

$$\sigma_{Rs} = \mu_{Rs} \cdot \delta_{fy} = 921.2 \times 0.08 = 73.7\text{kN}$$

构件抗力 R 的统计参数:

$$\mu_R = \mu_{Rc} + \mu_{Rs} = 3702 + 921.2 = 4623.2\text{kN}$$

$$\sigma_R = \sqrt{\sigma_{Rc}^2 + \sigma_{Rs}^2} = \sqrt{703.4^2 + 73.7^2} = 715.5\text{kN}$$

代入式（3-10）

$$\beta = \frac{\mu_R - \mu_S}{\sqrt{\sigma_R^2 + \sigma_S^2}} = \frac{4623.2 - 1800}{\sqrt{715.5^2 + 216^2}} = 3.78$$

相应的失效概率 P_f 为 6.67×10^{-5}

3.3.2 目标可靠指标、安全等级

当有关变量的概率分布类型及统计参数已知时，就可按上述 β 值计算公式求得现有的各种结构构件的可靠指标。《建筑结构可靠度设计统一标准》（GB 50068—2001）以我国长期工程经验的结构可靠度水平为校准点，考虑了各种荷载效应组合情况，选择若干有代表性的构件进行了大量的计算分析，规定对于一般工业与民用建筑作为设计依据的可靠指标，称为**目标可靠指标** β。当结构构件属延性破坏时（轴心受拉及受弯构件）取 $\beta=3.2$；当结构构件属脆性破坏时（轴心受压、偏心受压及受剪），取 $\beta=3.7$。此外，根据建筑物的重要性不同，即一旦结构发生破坏时对生命财产的危害程度及社会影响的不同，将建筑结构分为三个安全等级，并对其可靠指标作适当调整。这三个安全等级是：(1) 破坏后果很严重的重要建筑物为一级；(2) 破坏后果严重的一般工业与民用建筑物为二级；(3) 破坏后果不严重的次要建筑物为三级。对于承载能力极限状态，其相应的目标可靠指标见表 3-1。

表 3-1

破 坏 类 型	安 全 等 级		
	一 级	二 级	三 级
延性破坏	3.7	3.2	2.7
脆性破坏	4.2	3.7	3.2

当荷载、材料性能及几何尺寸等变量的概率分布及统计参数为已知时，理论上可直接按目标可靠指标进行设计。应该指出的是当随机变量为非正态分布，且极限状态方程为非线性时，虽然基本概念是相同的但在计算上要复杂得多。对于一般结构，直接按目标可靠指标用概率分析进行设计是过于繁琐和没有必要的。目前很多国家规范均采用实用的分项系数设计表达式。

3.4 概率极限状态设计法的实用设计表达式

长期以来，工程设计人员习惯于采用基本变量的**标准值**（如荷载的标准值、材料强度的标准值等）和**分项系数**（如荷载系数、材料强度系数等）进行结构构件设计。考虑到这一情况，并为了应用上的简便，需要将极限状态方程转化为以基本变量标准值和分项系数形式表达的极限状态设计表达式。而其中各项系数的取值是根据目标可靠指标及基本变量的统计参数用概率方法确定的。这样，结构构件的设计可以按照传统的方式进行，设计人员不需要进行概率方面的运算。

3.4.1 基本变量的标准值

1. 荷载标准值

荷载标准值是《建筑结构荷载规范》（GB 50009—2001）规定的荷载的基本代表值。荷载标准值是指在结构的使用期间，在正常情况下出现的最大荷载值。由于最大荷载值是随机变量，因此，原则上应由设计基准期内最大荷载概率分布的某一分位数来确定。但是，有些荷载并不具备充分的统计参数，只能根据已有的工程经验确定。故实际上荷载标准值取值的分位数并不统一。

永久荷载标准值，对于结构或非承重构件的自重，可由设计尺寸与材料单位体积的自重计算确定。《荷载规范》给出的自重大体上相当于统计平均值，其分位数为0.5。对于自重变异性较大的材料（如屋面保温材料、防水材料、找平层等），在设计中应根据该荷载对结构有利或不利，分别取《荷载规范》中给出的自重上限和下限值。

可变荷载，如楼面和屋面活荷载、雪荷载、风荷载等，《荷载规范》均给出了其荷载标准值的取值，设计时可直接查用。例如住宅及办公楼的均布活荷载标准值均为 $2kN/m^2$。

2. 材料强度标准值

材料强度标准值的取值原则是在符合规定质量的材料强度实测值的总体中，标准强度应具有不小于95%的保证率，即按概率分布的0.05分位数确定。

关于混凝土强度标准值和钢筋强度标准值的取值方法，已分别在前面第1.2.5节和1.1.3节中论述。各种混凝土强度等级的轴心抗压强度标准值 f_{ck} 和轴心抗拉强度标准值 f_{tk} 列于附表6中，设计时可直接查用。各种钢筋强度的标准值列于附表1、2中，设计时可直接查用。

3.4.2 分项系数

可靠指标 β 的计算公式可改写成：

$$\mu_R - \mu_S = \beta \sqrt{\sigma_R^2 + \sigma_S^2} \tag{3-11}$$

引用分离系数方法将结构抗力项与荷载效应项分开[1]，并将 μ_R 及 μ_S 分别表达为结构抗力标准值 R_k 及荷载效应标准值 S_k，则极限状态方程可写为：

$$\gamma_S S_k = R_k / \gamma_R \tag{3-12}$$

式中 γ_S、γ_R 各为**荷载效应和结构抗力的分项系数**。对于仅有永久荷载 G 和一种可变荷载 Q 的简单情况，S_k 由二部分组成，即 $S_k = S_{Gk} + S_{Qk}$。将 γ_S 进行二次分离，则极限状态设计表达式为：

$$\gamma_G S_{Gk} + \gamma_Q S_{Qk} = R_k / \gamma_R \tag{3-13}$$

式中　$S_{Gk} = C_G G_k$，$S_{Qk} = C_Q Q_k$，各为永久荷载标准值和可变荷载标准值的效应，其中 G_k、Q_k 各为永久荷载和可变荷载的标准值，C 为相应的荷载效应系数。γ_G，γ_Q 各为**永久荷载和可变荷载的分项系数**。

由式（3-11）及（3-13）可知，分项系数 γ_G、γ_Q、γ_R 不仅与目标可靠指标 β 有关，而且与结构极限状态方程中所包含的全部基本变量的统计参数有关。因此，当可变荷载与永久荷载的比值改变时，各项系数的取值也必然随之改变。显然，这是不符合实用要求的。《建筑结构可靠度设计统一标准》，在各项荷载标准值已给定的条件下，根据使按式（3-13）设计的各种结构构件所具有的可靠指标，与目标可靠指标之间在总体上误差为最小的原则，在大量计算分析的基础上规定，在一般情况下（可变荷载效应起控制作用）荷载分项系数统一取：

$$\gamma_G = 1.2, \gamma_Q = 1.4 \tag{3-14}$$

对于大于 $4kN/m^2$ 的楼面均布可变荷载，取 $\gamma_Q = 1.3$。当永久荷载起有利作用时，取 $\gamma_G = 1.0$[2]。对永久荷载效应控制的组合取 $\gamma_G = 1.35$。

钢筋混凝土构件是由混凝土和钢筋二种材料组成的，所以抗力设计值可分解成下列的抗力函数：

$$\frac{R_k}{\gamma_R} = R\left(\frac{f_{ck}}{\gamma_c}, \frac{f_{yk}}{\gamma_s}, A, h_0\right) \tag{3-15}$$

式中　f_{ck}，f_{yk}——混凝土强度和钢筋强度的标准值；

γ_c，γ_s——混凝土和钢筋的材料分项系数；

A，h_0——截面的几何参数。

钢筋的材料分项系数是通过对轴心受拉构件进行可靠度分析求得的。因为轴心受拉构件的承载力与混凝土无关，只取决于钢筋的强度及其截面面积。根据钢筋屈服属延性破坏，取目标可靠指标 $\beta = 3.2$，及给定的钢筋强度标准值，可求得钢筋的材料分项系数 γ_s。例如对 HPB 235、HRB 335 及 HRB 400）级钢筋，取 $\gamma_s = 1.10$。

---

[1] 分离系数方法见滕智明主编《钢筋混凝土基本构件》（第二版），清华大学出版社，73 页。

[2] 验算倾覆和滑移时，永久荷载对抗倾覆和滑移是有利的，其分项系数 γ_G 可取 0.9。

钢筋强度标准值除以钢筋材料分项系数，称为钢筋**强度设计值**，即 $f_y = f_{yk}/\gamma_s$。附表3、4 给出了各种钢筋的钢筋强度设计值，设计时可直接查用。

混凝土的材料分项系数是通过对轴心受压构件作可靠度分析求得的。轴心受压构件的承载力由钢筋和混凝土二部分共同负担，由于钢筋的设计强度已经确定，所以钢筋的承载力为已知。根据混凝土受压破坏属脆性破坏，取目标可靠指标 $\beta = 3.7$，及轴心受压构件试验给出的构件抗力统计参数，即可求得混凝土的材料分项系数 γ_c。当配筋率 ρ 变化时，显然得出的 γ_c 也有所改变。按不同配筋率的分析结果所给出的不同混凝土强度等级的材料分项系数统一取 $\gamma_c = 1.4$。

混凝土强度标准值除以混凝土材料分项系数，称为**混凝土强度设计值**。为了应用方便附表 7 中列出了混凝土轴心抗压强度设计值 f_c 及抗拉强度设计值 f_t，设计时可直接查用。

3.4.3 结构重要性系数

如表 3-1 所列，当建筑结构的安全等级为一级和三级时，目标可靠指标较二级时增大和减小各 0.5。为了反映这种变化，在实用设计表达式（3-13）的荷载效应项上引入了系数 γ_0，称为结构重要性系数。即

$$\gamma_0(\gamma_G S_{Gk} + \gamma_Q S_{Qk}) = R_k/\gamma_R$$

概率设计方法分析表明，γ_0 可相应地按下列取值：

安全等级为一级或设计使用年限为 100 年及以上的结构构件，$\gamma_0 = 1.1$；

安全等级为二级或设计使用年限为 50 年的结构构件，$\gamma_0 = 1.0$；

安全等级为三级或设计使用年限为 5 年的结构构件，$\gamma_0 = 0.9$。

总的来说，建筑物中各类结构构件使用阶段的安全等级，宜与整个结构的安全等级相同。对其中部分结构构件的安全等级，可根据其重要程度适当调整。

3.4.4 只有一种可变荷载的结构构件的承载力极限状态设计表达式

对于只有一种可变荷载的简单情况的结构构件，其承载力极限状态设计表达式可归结为：

$$\gamma_0 S \leqslant R \quad \text{或} \quad \gamma_0(\gamma_G C_G G_k + \gamma_Q C_Q Q_k) \leqslant R\left(\frac{f_{ck}}{\gamma_c}, \frac{f_{sk}}{\gamma_s} a_k \cdots\cdots\right) \tag{3-16}$$

【例 3-2】 某混合结构教学楼的底层轴心受压短柱，截面尺寸 $b \times h = 300\text{mm} \times 300\text{mm}$，配置 4 Φ 22 纵向受压钢筋。混凝土强度等级为 C30 级，钢筋为 HRB 335 级钢筋。柱承受的恒载轴向力标准值 $N_G = 900\text{kN}$，活载轴向力标准值 $N_Q = 252\text{kN}$，试验算此柱是否安全。

【解】 教学楼属一般建筑物，安全等级为二级。恒载产生的轴向力标准值 $N_G = 900\text{kN}$，起控制作用，永久荷载分项系数 γ_G 应取 1.35。

荷载效应：轴向力设计值 $N = \gamma_G N_G + \gamma_Q N_Q$

$$N = 1.35 \times 900 + 1.4 \times 252 = 1568\text{kN}$$

结构抗力：查附表得 C30 级混凝土抗压强度设计值 $f_c = 14.3\text{N/mm}^2$，HRB 335 级钢

筋抗压强度设计值 $f'_y=300\text{N/mm}^2$，4 Φ 22 钢筋截面面积　$A'_s=1520\text{mm}^2$

柱的极限轴向压力设计值

$$N_u = f_c A + f'_y A'_s = 14.3 \times 300 \times 300 + 300 \times 1520 = 1743\text{kN}$$

$$N_u > N \quad \text{安全}$$

【例 3-3】　某书库楼层梁为 6m 跨度简支梁，梁的间距为 3.2m，楼板、地面做法及梁自重等恒载折合楼面均布荷载标准值 3.7kN/m^2；书库楼面活荷载标准值为 5kN/m^2，梁截面 $b \times h=250\text{mm} \times 500\text{mm}$，配置 4 Φ 20 纵向受拉钢筋设混凝土为 C35 级，钢筋为 HRB 335 级钢筋，试验算此梁是否满足承载力要求。

【解】　书库属一般建筑物安全等级为二级，楼层梁 $\gamma_0=1.0$。楼面活荷载标准值大于 4kN/m^2，故 $\gamma_Q=1.3$。梁上线均布恒载标准值 $q_G=3.7\times3.2=11.84\text{kN/m}$；线均布活荷载标准值 $q_Q=5\times3.2=16\text{kN/m}$。

荷载效应：弯矩设计值 $M=\frac{1}{8}\left(1.2\times q_G+1.3\times q_Q\right)l^2$

$$=\frac{1}{8}\left(1.2\times11.84+1.3\times16\right)\times6^2=157.5\text{kN/m}$$

结构抗力：由附表查得，混凝土抗压强度设计值 $f_c=16.7\text{N/mm}^2$，钢筋抗拉强度设计值 $f_y=300\text{N/mm}^2$，$\alpha_1=1.0$。已知 $A_s=1256\text{mm}^2$，$h_0=500-35=465\text{mm}$ 代入式（2-20）计算极限弯矩 M_u

$$M_u = f_y A_s\left(h_0-\frac{f_y A_s}{2b\alpha_1 f_c}\right) = 300\times1256\left(465-\frac{300\times1256}{2\times250\times16.7}\right)$$

$$=158.2\text{kN}\cdot\text{m}$$

$$M < M_u \quad \text{梁的承载力满足要求。}$$

3.4.5　荷载组合系数，荷载效应的一般组合式

当结构上同时作用有多种可变荷载时，如框架结构除了楼（屋）面活荷载外，一般还同时作用有风荷载；而排架结构上作用的可变荷载还可能有吊车荷载、风荷载、雪荷载等。各种可变荷载同时以最大值出现的概率是很小的。为了使结构在两种或两种以上可变荷载参与组合的情况下，与仅有一种可变荷载的情况具有大体相同的可靠指标，须引入可变荷载的**组合值系数** ψ，对荷载标准值进行折减。

对承载能力极限状态，应考虑荷载效应的基本组合，这时极限状态设计表达式 $\gamma_0 S\leqslant R$ 中的荷载效应组合的设计值 S 应按下列表达式中最不利值确定：

1. 由可变荷载效应控制的组合：

$$S = \gamma_0\left(\gamma_G S_{Gk} + \gamma_{Q1} S_{Q1k} + \sum_{i=2}^{n} \gamma_{Qi}\psi_{ci} S_{Qik}\right) \tag{3-17a}$$

2. 由永久荷载效应控制的组合：

$$S = \gamma_0\left(\gamma_G S_{Gk} + \sum_{i=1}^{n} \gamma_{Qi}\psi_{ci} S_{Qik}\right) \tag{3-17b}$$

式中　γ_{Q1}，γ_{Qi}——第1个和第 i 个可变荷载分项系数；

S_{Gk}——永久荷载标准值的效应；

S_{Q1k}——在基本组合中起控制作用的一个可变荷载标准值的效应；

S_{Qik}——第 i 个可变荷载标准值的效应；

ψ_{ci}——第 i 个可变荷载的组合值系数，风荷载取 $\psi_c=0.6$，其他可变荷载均取 $\psi_c=0.7$。

对于一般排架、框架结构，可采用下列简化组合式：

$$S = \gamma_0(\gamma_G S_{Gk} + 0.9\sum_{i=1}^{n}\gamma_{Qi}S_{Qik}) \tag{3-18}$$

式（3-18）的简便之处在于不需要区分引起最大荷载效应的第一个可变荷载，而是对所有可变荷载（$i>1$）乘以荷载组合系数0.9。

【例3-4】　单层单跨框架结构如图3-8（a）所示。图3-8（b）为框架在竖向均布恒载标准值作用下的弯矩图；图3-8（c）为框架在屋面活荷载标准值、集中力 $P_v=54$kN 作用下的弯矩图；图3-8（d）为框架在风荷载标准值 $P_H=12$kN 作用下的弯矩图。试按承载力极限状态进行弯矩组合，要求确定框架柱柱顶和柱底截面的最大弯矩设计值。

【解】　1.**柱顶截面**　最大负弯矩可能有两种组合情况（1）恒载+活载；（2）恒载+活载+风载。

（1）恒载+活载，按式（3-16）组合　恒载起控制作用，取 $\gamma_G=1.35$

$$-M = \gamma_G M_G + \gamma_{Q1}M_{Q1} = 1.35\times 81 + 1.4\times 54 = 185\text{kN}\cdot\text{m}$$

（2）恒载+活载+风载　按式（3-17a）

$$-M = \gamma_G M_G + \gamma_{Q1}M_{Q1} + \gamma_{Q2}\psi_{c2}M_{Q2}$$
$$= 1.2\times 81 + 1.4\times 54 + 1.4\times 0.6\times 12 = 182.9\text{kN}\cdot\text{m}$$

如按简化式（3-18）　$-M = 1.2\times 81 + 0.9(1.4\times 54 + 1.4\times 12) = 180.4\text{kN}\cdot\text{m}$

故柱顶截面负弯矩设计值 $-M_{max}=185\text{kN}\cdot\text{m}$

2.**柱底截面**　同样有两种组合情况：

（1）恒载+活载　按式（3-16）组合，$\gamma_G=1.35$

$$+M = \gamma_G M_G + \gamma_{Q1}M_{Q1} = 1.35\times 40.5 + 1.4\times 27 = 92.5\text{kN}\cdot\text{m}$$

（2）恒载+活载+风载　按式（3-17a）

$$+M = \gamma_G M_G + \gamma_{Q1}M_{Q1} + \gamma_{Q2}\psi_{c2}M_{Q2}$$
$$= 1.2\times 40.5 + 1.4\times 27 + 0.6\times 1.4\times 18 = 101.5\text{kN}\cdot\text{m}$$

柱底截面弯矩设计值 $+M_{max}=101.5\text{kN}\cdot\text{m}$

3.4.6　正常使用极限状态

正常使用极限状态的验算包括构件的变形、抗裂度及裂缝宽度验算。与承载能力极限状态相比到达正常使用极限状态的危害性要小的多，因此正常使用极限状态的目标可靠指

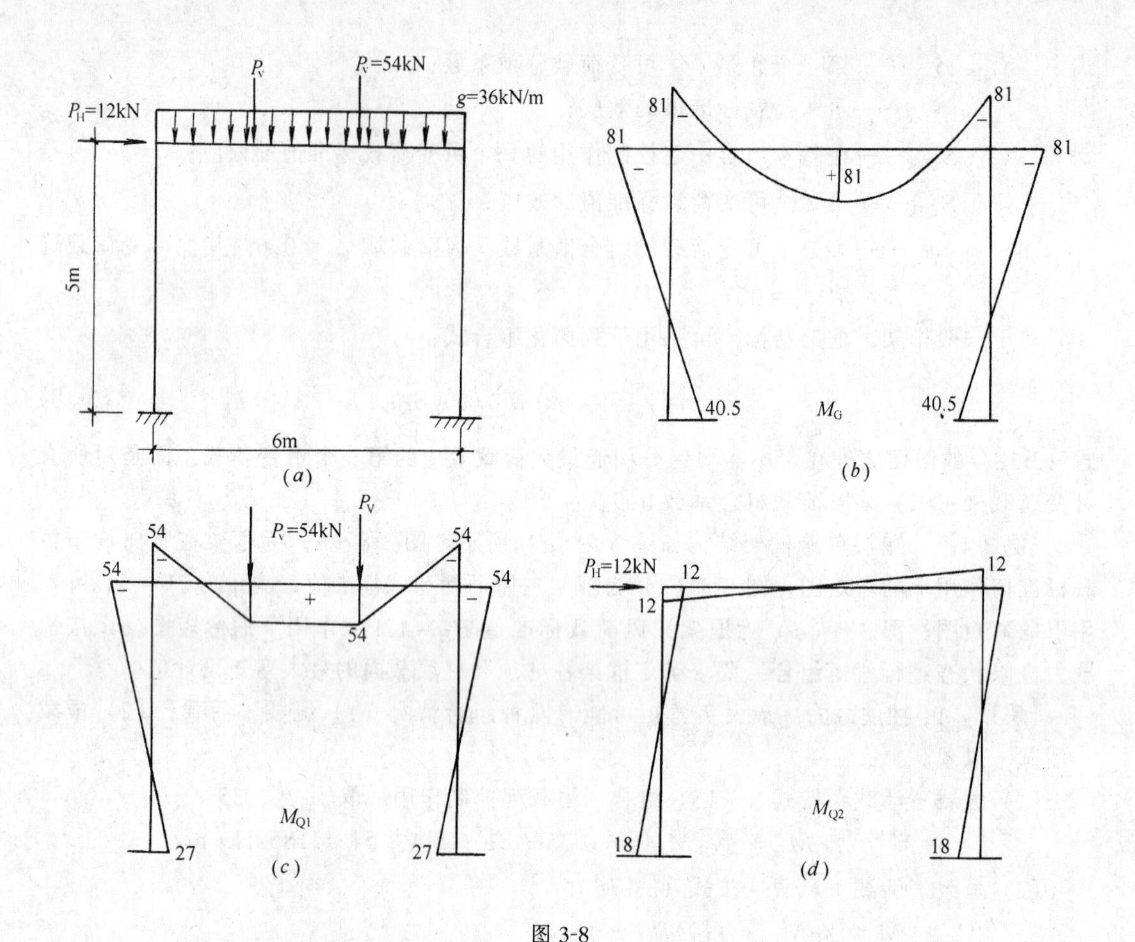

图 3-8

（*a*）框架结构图；（*b*）恒载 *M* 图；（*c*）屋面活载 *M* 图；（*d*）风荷载 *M* 图

标要低一些。但是与承载能力极限状态不同的是，由于混凝土具有徐变、收缩等时随变形的性质，在正常使用极限状态计算中，按照荷载作用时间的持久性需考虑两种荷载效应组合：荷载的**标准组合**和**准永久组合**。在标准组合或称短期效应组合中，包括了在整个使用期内出现时间很短的荷载，即包括永久荷载和所有作用在构件上的可变荷载。在准永久组合或称长期效应组合中，只包括在整个使用期内出现时间很长的荷载效应，即包括永久荷载和可变荷载的准永久值。所谓可变荷载的准永久值是指在设计基准期内具有较长总持续期的荷载值。对于楼面活荷载及风、雪荷载取持续时间超过 25 年的荷载值作为荷载准永久值。可变荷载的准永久值取等于可变荷载标准值乘以准永久值系数 ψ_q。各种荷载的准永久值系数 ψ_q 取值详见《荷载规范》。

在正常使用极限状态下，荷载效应的标准组合设计值表达式为：

$$S = S_{Gk} + S_{Q1k} + \sum_{i=2}^{n} \psi_{ci} S_{Qik} \tag{3-19}$$

荷载效应的准永久组合设计值表达式为：

$$S = S_{\mathrm{Gk}} + \sum_{i=1}^{n} \psi_{\mathrm{q}i} S_{\mathrm{Q}i\mathrm{k}} \tag{3-20}$$

式中　$\psi_{\mathrm{q}i}$——第 i 个可变荷载的准永久值系数。

由式（3-19）与式（3-17）的对比可知，式（3-19）中为不考虑荷载的分项系数，即按荷载的标准值计算得的荷载效应（如轴向力，弯矩等）。

关于正常使用极限状态的设计表达式的应用、验算方法及有关的限值，将在第十章中详述。本章只给出了进行正常使用极限状态验算时，需用到的按荷载效应标准组合式（3-19）计算的设计值，如 N_{s}、M_{s} 等）和按荷载效应准永久组合式（3-20）计算的设计值，如 N_l、M_l 等）。

【例 3-5】　受均布荷载作用的矩形截面简支梁，跨长 $l=5.2\mathrm{m}$。荷载的标准值：永久荷载（包括梁自重）$g_{\mathrm{k}}=5\mathrm{kN/m}$；可变荷载 $p_{\mathrm{k}}=10\mathrm{kN/m}$，准永久值系数 $\psi_{\mathrm{q}}=0.5$。试计算当进行梁的变形及裂缝宽度验算时采用的、按荷载效应标准组合和准永久组合计算的弯矩设计值。

【解】　按荷载效应标准组合计算的弯矩设计值

$$M_{\mathrm{k}} = \frac{1}{8}(g_{\mathrm{k}} + p_{\mathrm{k}})l^2 = \frac{1}{8}(5+10)\cdot 5.2^2 = 50.7\mathrm{kN\cdot m}$$

按荷载效应准永久组合计算的弯矩设计值

$$M_{\mathrm{q}} = \frac{1}{8}(g_{\mathrm{k}} + \psi_{\mathrm{q}} p_{\mathrm{k}})l^2 = \frac{1}{8}(5+0.5\times 10)5.2^2 = 33.8\mathrm{kN\cdot m}$$

思　考　题

3-1　什么叫结构的可靠性？它包含哪些功能要求？

3-2　“作用”与“荷载”有什么区别？“荷载效应”与“荷载作用产生的内力”有什么区别？

3-3　结构构件的抗力与哪些因素有关？为什么说它是一个随机变量？

3-4　什么叫结构的可靠度和可靠指标？

3-5　试说明钢筋强度和混凝土强度的标准值、平均值及设计值之间的关系。

3-6　判别下列论述的正确与错误：

（*a*）当结构构件的计算可靠指标大于《统一规定》所规定的目标可靠指标时，该结构构件就是绝对安全的 ……………………………………（　）

（*b*）当荷载效应的统计参数一定时，加大结构抗力的平均值，或减小其变异系数，均可使结构的失效概率减小 ……………………………………（　）

（*c*）荷载准永久值是将永久荷载的设计值乘以一个折减系数 ……………………（　）

（*d*）荷载效应标准组合是指短期作用的可变荷载效应的组合 ……………………（　）

（*e*）只要有风荷载参与组合，荷载组合系数就取 0.90 ……………………（　）

习　　题

3-1　受恒载 q 作用的钢筋混凝土拉杆拱（图 3-9）。已知跨度 $l=15\mathrm{m}$，矢高 $f=3\mathrm{m}$，钢筋混凝土拉

杆 $b\times h=250\text{mm}\times200\text{mm}$，配有 2 Φ 18 钢筋，钢筋截面面积的平均值 $\mu_{\text{As}}=509\text{mm}^2$，变异系数 $\delta_{\text{As}}=0.035$。钢材屈服强度平均值 $\mu_{\text{fy}}=374\text{N/mm}^2$，变异系数 $\delta_{\text{fy}}=0.08$。设恒载为正态分布平均值 $\mu_0=14\text{kN/m}$，变异系数 $\delta_{\text{q}}=0.07$，不考虑结构尺寸（l，f）的变异和计算公式精度的不确定性。求此拉杆的可靠指标 β。

3-2　某多层工业房屋楼层梁如图 3-10，恒载标准值为 12kN/m，楼面活荷载标准值为 16kN/m，准永久值系数 $\psi_{\text{q}}=0.7$，悬挂吊车荷载集中力标准值 $P=20\text{kN}$，准永久值系数 0.5。要求计算：(1) 跨中最大弯矩设计值；(2) 跨中弯矩的荷载效应标准组合；(3) 跨中弯矩的荷载效应准永久组合。

3-3　某单层工业厂房属一般工业建筑，采用 18m 预应力混凝土屋架，恒载标准值产生的下弦拉杆轴向力 $N=250\text{kN}$，屋面活荷载产生的轴向力 $N=97\text{kN}$，准永久值系数为 0.6。要求计算：(1) 进行承载力计算时的轴向力设计值；(2) 进行裂缝宽度验算时按荷载效应标准组合计算的轴向力，及按效应准永久组合计算的轴向力。

3-4　某单层厂房排架柱，由荷载标准值产生的柱底截面内力汇总如图 3-11 所示，要求计算下列各项荷载效应设计值：(1) 最大负弯矩；(2) 最大正弯矩；(3) 最大轴向力；(4) 最大剪力。

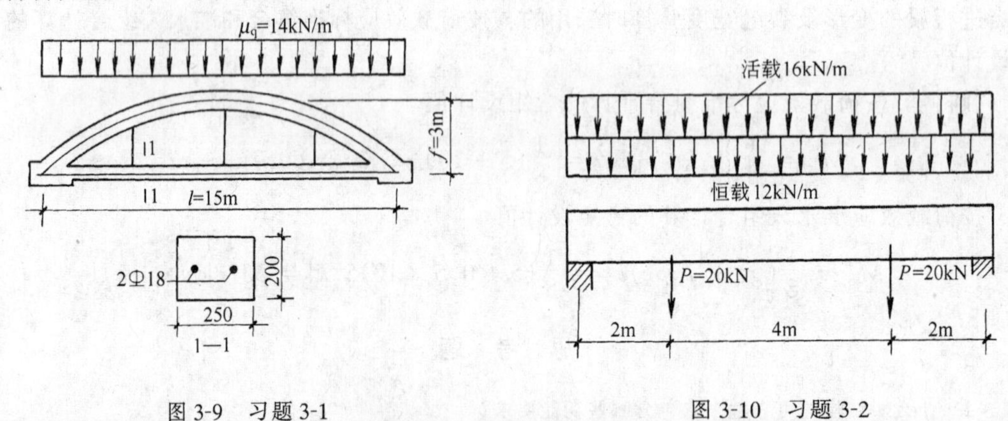

图 3-9　习题 3-1　　　　图 3-10　习题 3-2

恒　载	屋 面 活 载	风　载→	风　载←
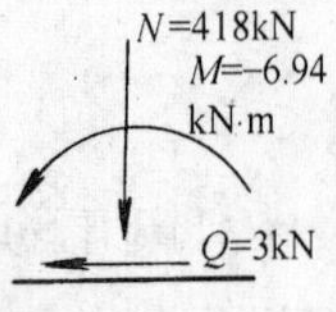 N=418kN M=−6.94 kN·m Q=3kN	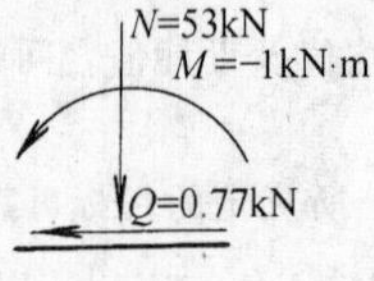 N=53kN M=−1kN·m Q=0.77kN	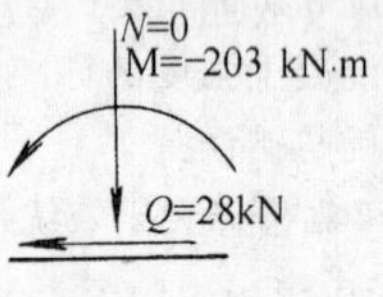 N=0 M=−203 kN·m Q=28kN	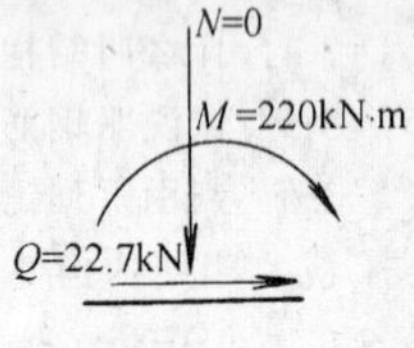 N=0 M=220kN·m Q=22.7kN

图 3-11　习题 3-4

第4章　受弯构件正截面承载力计算

4.1　概　　说

梁、板是典型的受弯构件。现浇钢筋混凝土梁的截面型式多采用矩形、T形或倒L形截面，现浇板可按高度等于板厚 h；宽度为单位宽度（取1m）的矩形截面计算（图4-1)。预制钢筋混凝土板、梁可采用较复杂的截面形状，如图4-1中所示的圆孔空心板、槽形板、工字形截面梁以及由预制T形截面与后浇混凝土组成的十字形叠合梁。

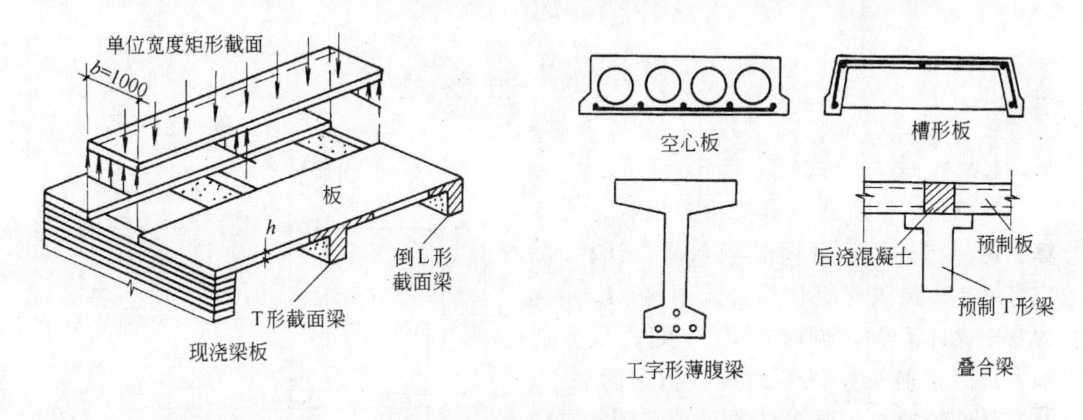

图4-1　受弯构件的截面型式

在荷载作用下，受弯构件一般同时承受弯矩（M）和剪力（V）的作用。故钢筋混凝土梁的设计通常需进行：(1) **正截面受弯承载力计算**——按控制截面（跨中或支座截面）的弯矩确定截面尺寸及纵向受力钢筋的数量；(2) **斜截面受剪承载力计算**——按剪力复核截面尺寸，并确定抗剪所需的箍筋及弯起钢筋的数量；(3) **钢筋布置**——按 M 图、V 图及粘结锚固等要求确定配筋构造。本章讨论第（1）项计算，第（2）及第（3）项内容将分别在第5章及第6章中论述。

在进行截面受弯配筋计算时，首先需要了解有关截面配筋的一些构造要求。梁的纵向受力钢筋直径通常采用10～25mm。由于纵筋伸入支座及绑扎箍筋的要求，梁中纵筋的根数至少为2根，一般取3～4根；仅当梁宽小于150mm时，可用1根。为了使混凝土浇注密实，以保证结构的耐久性及钢筋与混凝土的良好粘结性能。在进行截面钢筋布置时，必须留有足够的混凝土保护层厚度和钢筋净间距。《规范》关于混凝土保护层最小厚度的规定见表 10-6。对处于室内正常环境的梁板构件，其最小保护层厚度及钢筋净间距的要求如图 4-2 所示。板中受力钢筋直径一般为 6～12mm。为了使板受力均匀，板的受力钢筋间距不应大于 200mm，一般也不宜小于 70mm。

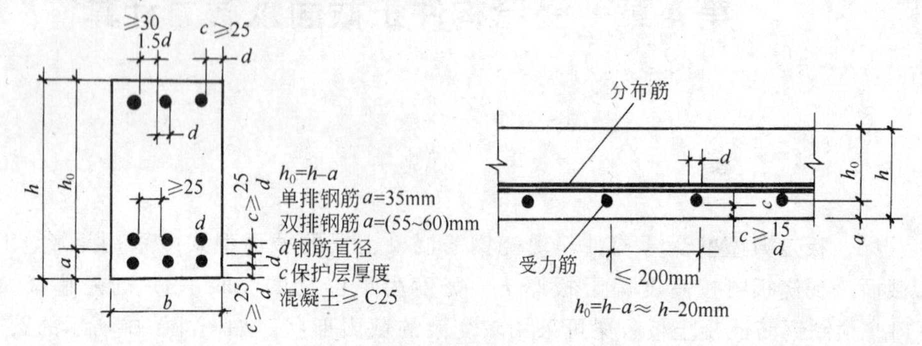

图 4-2　截面配筋构造

(a) 梁；(b) 板

4.2　单筋矩形截面

4.2.1　基本公式

按照第 3 章所述承载能力极限状态的计算规定，在进行正截面受弯承载力计算时，应将第 2 章极限弯矩计算公式中的 M_u 代换为弯矩设计值 M，同时式中 f_y 及 f_c 应分别取为纵向钢筋抗拉强度的设计值（附表 3）及混凝土轴心抗压强度的设计值（附表 7）。因此，单筋矩形截面的基本公式可写出为（图 4-3）：

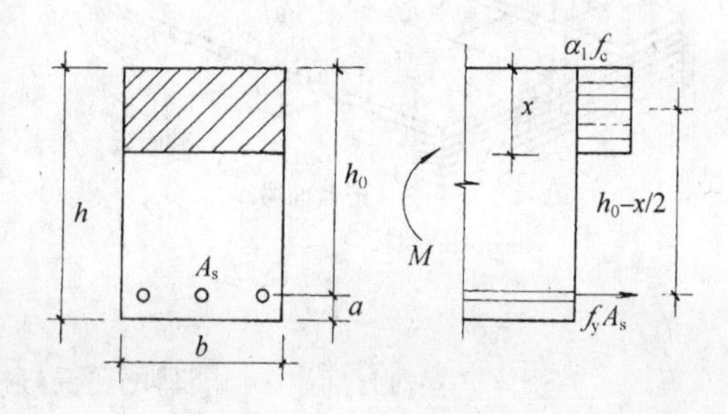

图 4-3　单筋矩形截面

$$\alpha_1 f_c bx = f_y A_s \tag{4-1}$$

$$M = \alpha_1 f_c bx\left(h_0 - \frac{x}{2}\right) = f_y A_s\left(h_0 - \frac{x}{2}\right) \tag{4-2}$$

为了符合适筋梁的情况，基本公式（4-1）及（4-2）必须满足下列条件：

1，

$$x \leqslant \xi_b h_0 \tag{4-3a}$$

$$A_s \leqslant \rho_{max} bh_0 \tag{4-3b}$$

$$M \leqslant \alpha_{s,max}\alpha_1 f_c bh_0^2 \tag{4-3c}$$

式中　$\rho_{msx} = \xi_b \alpha_1 f_c / f_y$；$\alpha_{s,max} = \xi_b\ (1 - 0.5\xi_b)$，$\xi_b$ 为相对界限受压区高度，按式（2-16）计算，其中 f_y 应取为纵向钢筋抗拉强度的设计值。式（4-3）的三个公式是同一意

义，目的都是防止纵筋过多形成超筋梁，只是为了便于应用写成了三种表达形式，满足其中之一，其余两个必然得到满足。对于常用的钢材，ξ_b 及 $\alpha_{s,max}$ 的数值如表 4-1 所列：

相对界限受压区高度 ξ_b 及 $\alpha_{s,max}$ 　　**表 4-1**

混凝土强度等级	HRB 335 级钢筋		HRB 400 级钢筋	
	ξ_b	$\alpha_{s,max}$	ξ_b	$\alpha_{s,max}$
≤C50	0.55	0.399	0.518	0.384
C55	0.541	0.394	0.508	0.379
C60	0.531	0.390	0.499	0.375
C65	0.522	0.386	0.490	0.370
C70	0.512	0.381	0.481	0.365
C75	0.503	0.376	0.472	0.360
C80	0.493	0.372	0.463	0.356

2. 受弯构件的受拉钢筋应满足下列**最小配筋率** ρ_{min}的要求：

$$A_s \geqslant \rho_{min}bh \tag{4-4a}$$

式中 ρ_{min}应取：

$$\begin{cases}\rho_{min} = 0.002 & (4\text{-}4b)\\ \rho_{min} = 0.45f_t/f_y\text{❶} & (4\text{-}4c)\end{cases}$$

二者中的较大值，式（4-4c）反映了 ρ_{min}随混凝土强度等级的提高而相应增大，随钢筋受拉强度的提高而降低。计算表明，对于 HRB 335 级钢筋，当混凝土强度等级≥C30 时；或对于 HRB 400 级钢筋，当混凝土强度等级≥C40 时，按式（4-4c）计算的 ρ_{min}均大于 0.002，起控制作用。

4.2.2 基本公式的应用

在设计中，基本公式的应用有两种不同的情况：截面复核和截面设计。

一、**截面复核**　或称截面承载力验算。即在截面尺寸 b、h（h_0）、纵向受力钢筋截面面积 A_s 及材料强度的设计值 $\alpha_1 f_c$、f_y 均为给定的情况下，要求确定此截面所能承受的弯矩设计值 M。这时，基本公式中只有两个未知数；受压区高度 x 及M，故可以得到惟一的解。

【例 4-1】　已知单筋矩形截梁，截面尺寸 $b\times h = 250\text{mm}\times 500\text{mm}$，混凝土为 C30 级，纵向受拉钢筋为 4 根 $d = 16\text{mm}$（$A_s = 804\text{mm}^2$）HRB 335 级钢筋（图 4-4）。求此截面所能承受的弯矩设计值 M。

【解】

（1）验算最小配筋率 ρ_{min}

C30 级混凝土　$f_t = 1.43\text{N/mm}^2$

HRB 335 级钢筋　$f_y = 300\text{N/mm}^2$

---

❶ 式(4-4c)是根据第 2 章中 2.4.3 节按 $M_{cr} = M_u$ 导出的公式换算成强度设计值得出的。

按式（4-4c） $\rho_{\min} = 0.45f_t/f_y = 0.45 \times 1.43/300 = 0.00215$

$A_s/bh = 804/250 \times 500 = 0.00643 > 0.00215$，可以

(2) 求受压区高度 x

截面有效高度 $h_0 = h - a = 500 - (25 + 8) = 467\text{mm}$

C30 级混凝土 $\alpha_1 = 1.0$，$f_c = 14.3\text{N/mm}^2$

由式（4-1） $x = \dfrac{f_y A_s}{f_c b} = \dfrac{300 \times 804}{14.3 \times 250} = 67.5$

验算适用条件（4-3a），由表 4-1 查得 $\xi_b = 0.55$

$\xi_b h_0 = 0.55 \times 467 = 256.9\text{mm} \quad x = 67.5 < \xi_b h_0$，可以。

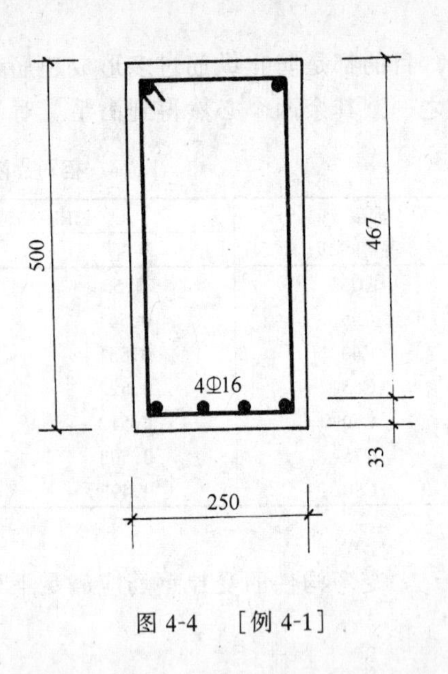

图 4-4 ［例 4-1］

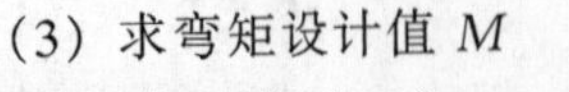

(3) 求弯矩设计值 M

将 x 代入式（4-2）

$$M = f_y A_s(h_0 - 0.5x) = 300 \times 804(467 - 0.5 \times 67.5) = 104.5\text{kN} \cdot \text{m}$$

【例 4-2】 单筋矩形截面梁，截面尺寸 $b \times h$ 及材料强度同例 4-1。设纵向受拉钢筋为 8 根 $d = 22\text{mm}$（$A_s = 3041\text{mm}^2$），HRB 335 级钢筋，截面配筋构造见图 4-5。求此截面所能承受的弯矩设计值 M。

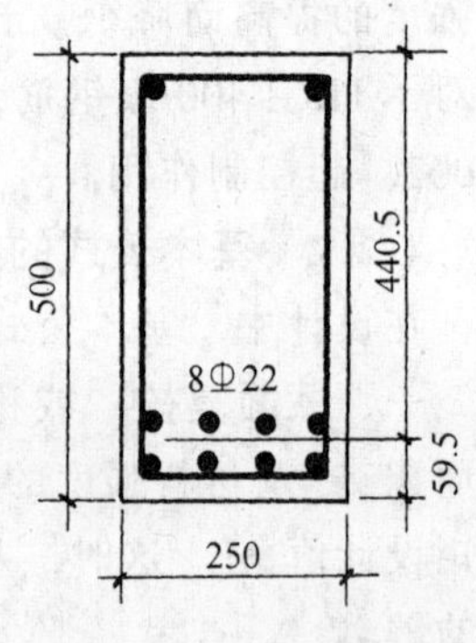

图 4-5 ［例 4-2］

【解】

(1) 验算配筋率

由例 4-1 和截面配筋满足最小配筋率 $\rho_{\min}$ 的条件。由图 4-5 知，$h_0 = 440.5\text{mm}$

求最大配筋率 $\rho_{\max}$

$\rho_{\max} = \xi_b f_c/f_y = 0.55 \times 14.3/300 = 0.0262$

$$A_s = 3041\text{mm}^2 > \rho_{\max} b h_0 = 0.0262 \times 250 \times 440.5 = 2885\text{mm}^2$$

不满足条件（4-3b），属超筋梁情况。

(2) 求弯矩设计值 M

按式（4-3c）确定此截面的最大受弯承载力。

由表 4-1 查得，$\alpha_{s,\max} = 0.399$

$$M = \alpha_{s,\max} f_c b h_0^2 = 0.399 \times 14.3 \times 250 \times 440.5^2 = 276.8\text{kN} \cdot \text{m}$$

二、**截面设计** 截面设计与截面复核的情况恰好相反，荷载作用产生的截面承受的弯

矩设计值 M 为已知，而材料强度等级及截面尺寸可由设计者选用，要求确定截面需配置的纵向受拉钢筋。由于 b、h_0、α_1、f_c 及 f_y 可由设计者选定，因此就可能出现各种不同的组合，所以截面设计问题没有惟一的解答。但由于受到材料、施工、使用要求及经济等因素的制约，其中的一些变量将在不大的范围内变动。现分别说明如下：

1. **材料的选用**　一般现浇梁板常用的钢筋为 HPB 235 级、HRB 335 级钢筋。对受弯承载力起决定作用的是钢筋强度，为了节约钢材，在有条件情况下，跨度较大的梁应尽可能采用 HRB 400 级钢筋。预制梁板可采用焊接骨架或焊接网。现浇梁板常用的混凝土强度等级为 C20～C30，预制梁板为了减轻自重可采用较高的强度等级。混凝土强度等级的选用须注意与钢筋强度的匹配，当采用 HRB 335 及 HRB 400 级钢筋时，为了保证必要的粘结力，混凝土强度等级不应低于 C20。

2. **截面尺寸的确定**　构件的截面高度可按常用的高跨比（h/l）来估计，如简支梁可取梁高 h 为跨度 l 的 $\left(\frac{1}{10}\sim\frac{1}{16}\right)$，简支板可取板厚 h 为 $\left(\frac{1}{30}\sim\frac{1}{35}\right)l$。或初步假定配筋率 $\left(\rho=\frac{A_s}{bh_0}\right)$ 及梁宽 b，按式（4-2）试算 h_0，根据计算结果，进行调整，确定梁高 h。矩形截面梁的高宽比 h/b 一般取 2～3。为了便于施工，梁宽 b 通常取 150、180、200mm，200mm 以上以 50mm 为模数；梁高 h 在 200mm 以上也取 50mm 为模数，现浇板厚度取 10mm 为模数，最小厚度为 60mm。从满足适筋梁的适用条件来看，截面尺寸只要符合条件（4-3）和（4-4）即可。但是在满足这两个条件的情况下，仍可能有各种不同的截面选择。当给定 M 时，截面选得大一些，所需 A_s 要小一些，钢材用量要少一些，但会使混凝土及模板费用增加，并减小房屋的使用净高；反之，截面选得偏小，用钢量要增大，如构件的高跨比（h/l）较小，有可能使变形超过允许的限值。显然合理的选择应该是在满足承载力及使用要求的前提下，使包括材料及施工费用在内的总造价为最省。因此，在 ρ_{min} 和 ρ_{max} 之间还存在着一个比较符合上述要求的**经济配筋率**的范围。根据我国的设计经验，梁的经济配筋率一般为 0.6%～1.5%，板的经济配筋率一般为 0.4%～0.8%。

当材料强度 $\alpha_1 f_c$、f_y 及截面尺寸 b、h_0 已经确定时，应用基本公式进行配筋计算时需解一个 x 的二次方程，为了简化计算可引用一些参数编制成表格。式（4-2）可改写成：

$$M = \alpha_s\alpha_1 f_c bh_0^2 = f_y A_s \gamma_s h_0 \tag{4-5}$$

式中

$$\alpha_s = \xi(1-0.5\xi) \tag{4-6}$$

$$\gamma_s = 1-0.5\xi \tag{4-7}$$

根据式（4-6）及（4-7）可编制对应于 ξ 值的 α_s 及 γ_s 的表格（附表 11）。在进行配筋计算时先由下式求 α_s：

$$\alpha_s = \frac{M}{\alpha_1 f_c bh_0^2} \tag{4-8}$$

查附表 11 可求得相应的 ξ 及 γ_s，再按下列公式之一计算 A_s：

$$A_s = \frac{M}{f_y \gamma_s h_0} \tag{4-9}$$

或

$$A_s = \xi b h_0 \alpha_1 f_c / f_y \tag{4-10}$$

ξ 及 γ_s 也可直接由下列公式计算：

$$\xi = 1 - \sqrt{1 - 2\alpha_s} \tag{4-11}$$

$$\gamma_s = 0.5(1 + \sqrt{1 - 2\alpha_s}) \tag{4-12}$$

单筋矩形截面受弯构件配筋面积计算流程见图 4-6。

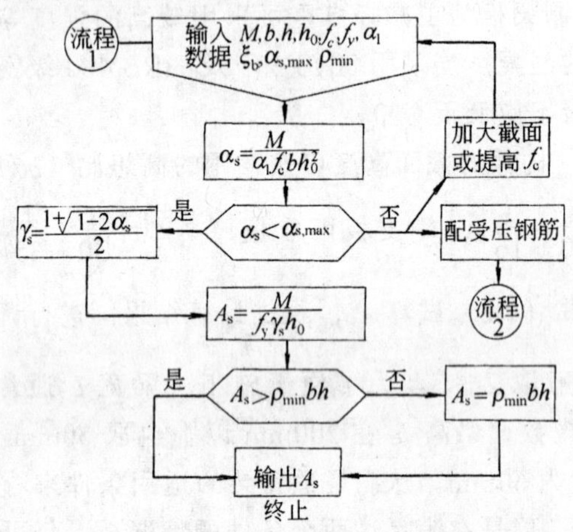

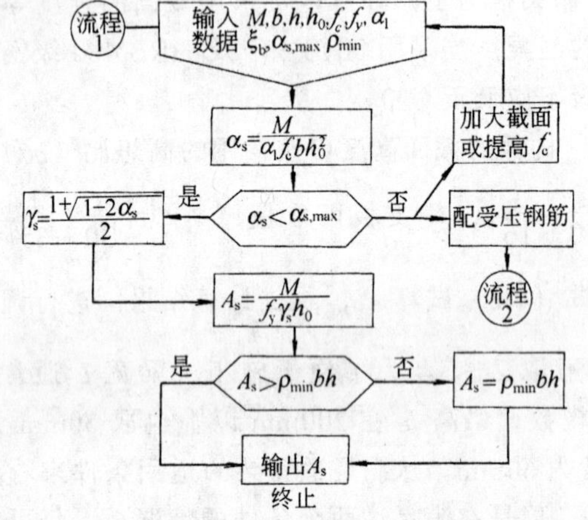

图 4-6 流程 1——单筋矩形截面受弯构件的配筋面积计算流程

【例 4-3】 挑檐板剖面构造如图 4-7 所示。板面永久荷载标准值：防水层0.35kN/m^2，80mm 厚钢筋混凝土板（自重 25kN/m^3），25mm 厚水泥抹灰（容重 20kN/m^2），板面可变荷载标准值：雪荷载 0.4kN/m^2。混凝土为 C25 级，采用 HPB 235 级钢筋。求板的配筋。

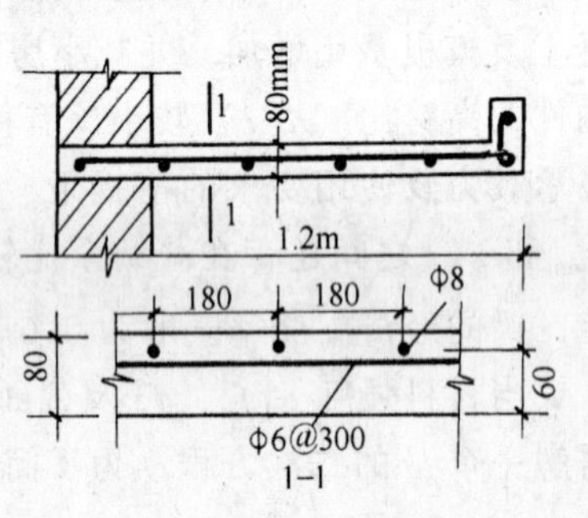

图 4-7 【例 4-3】

【解】

(1) 荷载标准值计算

永久荷载：

防水层 0.35kN/m^2

钢筋混凝土板 $25 \times 0.08 = 2.00\text{kN/m}^2$

水泥抹灰 $\underline{20 \times 0.025 = 0.50\text{kN/m}^2}$

$g = 2.85\text{kN/m}^2$

可变荷载：

雪荷载 $p = 0.40\text{kN/m}^2$

(2) 支座截面弯矩设计值

挑檐板永久荷载效应起控制作用，其分项系数 $\gamma_G=1.35$

$$M=\frac{1}{2}(1.35g+1.4p)l^2=\frac{1}{2}(1.35\times2.85+1.4\times0.4)\times1.2^2$$
$$=3.173\text{kN}\cdot\text{m}$$

(3) 配筋计算

C25 级混凝土 $\alpha_1=1.0$，$f_c=11.9\text{N/mm}^2$，$b=1000\text{mm}$，设 $h_0=h-a=80-20=60\text{mm}$。

C25 级混凝土，HPB 235 级钢筋，$\xi_b=0.614$

$$\alpha_{s,\max}=0.426 \quad f_y=210\text{N/mm}^2$$

$$\alpha_s=\frac{M}{f_cbh_0^2}=\frac{3.173\times10^6}{11.9\times1000\times60^2}=0.0741<\alpha_{s,\max}，可以$$

$$\gamma_s=0.5\ (1+\sqrt{1-2\alpha_s})\ =0.961$$

$$A_s=\frac{M}{f_y\gamma_sh_0}=\frac{3.173\times10^6}{210\times0.961\times60}=262\text{mm}^2/\text{m}$$

(4) 选用 $\phi8$ 钢筋，间距 180mm（$A_s=279\text{mm}^2/\text{m}$）

验算 $\rho_{\min}$

$$\rho_{\min}=0.45f_t/f_y=0.45\times1.27/210=0.00272>0.002$$

$$\frac{A_s}{bh}=\frac{279}{1000\times80}=0.00349>\rho_{\min}，可以$$

【例 4-4】 受均布荷载作用的矩形截面简支梁（图 4-8），跨长 $l=5.2\text{m}$。永久荷载（包括梁自重）标准值 $g=5\text{kN/m}$；可变荷载标准值 $p=12\text{kN/m}$，荷载分项系数分别为 1.2 及 1.4。试按正截面受弯承载设计此梁的截面并计算配筋。

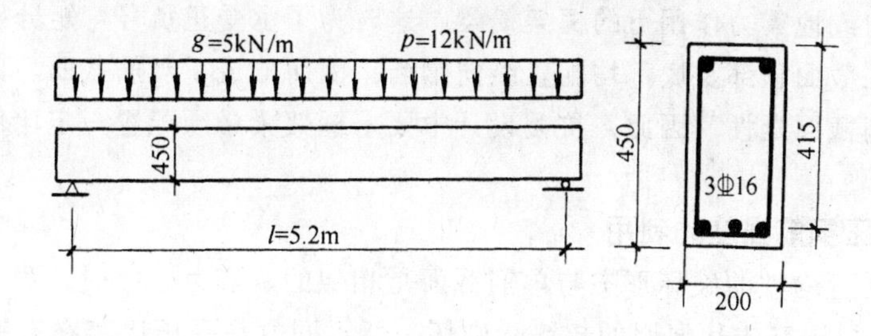

图 4-8 【例 4-4】

【解】

(1) 求跨中截面的最大弯矩设计值

$$M=\frac{1}{8}(1.2g+1.4p)l^2=\frac{1}{8}(1.2\times5+1.4\times12)5.2^2$$
$$=77\text{kN}\cdot\text{m}$$

(2) 选用材料及确定截面尺寸

选用C30级混凝土，$\alpha_1 f_c = 14.3\text{N/mm}^2$，HRB 400级钢筋 $f_y = 360\text{N/mm}^2$。设 $h = l/12 = 5200/12 = 430\text{mm}$，取 $h = 450\text{mm}$。按 $b = \left(\frac{1}{2} \sim \frac{1}{3}\right) h$，取 $b = 200\text{mm}$，初步估计纵向受拉钢筋为单排布置，$h_0 = 450 - 35 = 415\text{mm}$。

(3) 配筋计算　由表4-1查得 $\alpha_{s,\max} = 0.384$

$$\alpha_s = \frac{M}{f_c b h_0^2} = \frac{77 \times 10^6}{14.3 \times 200 \times 415^2} = 0.156 < \alpha_{s,\max}\text{，可以}$$

$$\gamma_s = 0.5\ (1 + \sqrt{1 - 2\alpha_s}) = 0.915$$

$$A_s = \frac{M}{f_y \gamma_s h_0} = \frac{77 \times 10^6}{360 \times 0.915 \times 415} = 563\text{mm}^2$$

(4) 选用3⌀16钢筋，$A_s = 603\text{mm}^2$

验算 $\rho_{\min}$　$\rho = \frac{A_s}{bh} = \frac{603}{200 \times 450} = 0.0067 > \rho_{\min} = 0.002$，可以

钢筋净间距 $= \frac{200 - 3 \times 16 - 2 \times 25}{2} = 51\text{mm} > \begin{matrix} 25\text{mm} \\ d = 16\text{mm} \end{matrix}$

4.3 双筋矩形截面

当单筋矩形截面不符合条件（4-3），而截面高度受到使用要求的限制不能增大，同时混凝土强度等级又受到施工条件所限不便提高时，可采用**双筋截面**。即在截面的受压区配置纵向受压钢筋以补充混凝土受压能力的不足。在一般情况下采用双筋截面是不经济的，应该避免采用。

双筋截面也可能在另一种情况下出现，即受弯构件在不同的荷载组合情况下产生变号弯矩，如在风力或地震力作用下的框架横梁。这时为了承受正负号弯矩分别作用时截面出现的拉力，需在截面顶部及底部均配置纵向钢筋，因而形成了双筋截面。此外，受压钢筋的存在可以提高截面延性，因此，抗震设计中要求框架梁必须配置一定比例的纵向受压钢筋。

4.3.1 受压钢筋强度的利用

双筋截面受弯构件的破坏形态与单筋截面是相似的。当 $\xi \leqslant \xi_b$ 时，为适筋梁破坏；当 $\xi > \xi_b$ 时，为受拉钢筋未达屈服的超筋梁破坏。所不同的是受压区存在有钢筋参与混凝土受压。问题在于受压钢筋对压区混凝土受力有什么影响？受压钢筋的强度能发挥多少？

纵向钢筋受压将产生侧向弯曲，如箍筋的间距过大或刚度不足（采用开口箍筋）时，受压钢筋在纵向压力作用下将发生压屈而侧向凸出，使混凝土保护层崩裂导致构件的提前破坏。因此，《规范》要求，当计算上考虑受压钢筋的受力时，应采用封闭箍筋，且箍筋的间距不大于15倍受压钢筋的最小直径，或400mm；同时箍筋的直径不应小于受压钢筋

最大直径的 1/4（图 4-9）。当一排内的纵向受压钢筋多于 3 根时，尚应设置复合箍筋（详见《规范》第 7.2.7 条）。这是保证钢筋混凝土构件中受压钢筋强度得到利用的必要条件。但是使受压钢筋强度得到利用的充分条件是构件到达承载能力极限状态时，受压钢筋应具有足够的应变，使受压钢筋的应力能到达其抗压强度设计值。

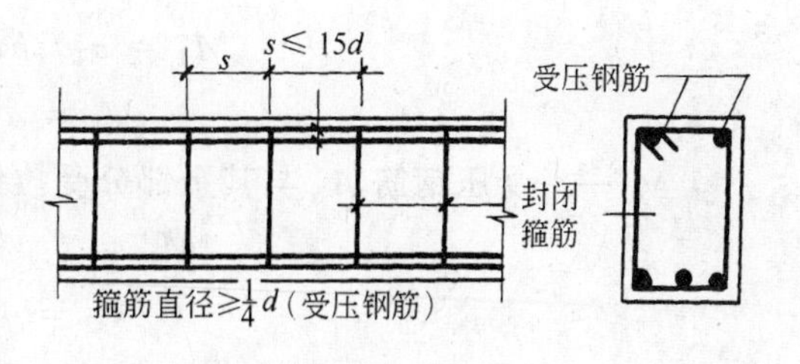

图 4-9

如图 4-10 所示，设 a'为受压钢筋 A'_s的中心至截面受压边缘的距离，x 为受压区高度，则由式（2-1）可知，当 $\varepsilon_c=\varepsilon_{cu}$时，受压钢筋的应变 ε'_s为：

$$\varepsilon'_s = \varepsilon_{cu}\left(\frac{\beta_1 a'}{x} - 1\right)$$

《规范》钢筋抗压强度设计值 $f'_y \leqslant 0.002E_s$（附表 3），故取 $\varepsilon'_s \geqslant 0.002$，代入上式取 $\varepsilon_{cu}=0.0033$，$\beta_1=0.8$，可得 a'应不大于 $0.5x$。为了充分利用受压钢筋的强度，《规范》规定在计算中考虑受压钢筋，并取 $\sigma'_s=f'_y$时，必须符合下列条件：

$$x \geqslant 2a' \tag{4-13}$$

亦即，受压钢筋的位置不得低于矩形应力图中混凝土压力合力的作用点。

4.3.2 基本公式

双筋矩形截面受弯构件到达承载能力极限状态时的截面应力如图 4-10 所示。由平衡条件可写出其基本公式为：

$$\alpha_1 f_c bx + f'_y A'_s = f_y A_s \tag{4-14}$$

$$M = \alpha_1 f_c bx(h_0 - 0.5x) + f'_y A'_s(h_0 - a') \tag{4-15}$$

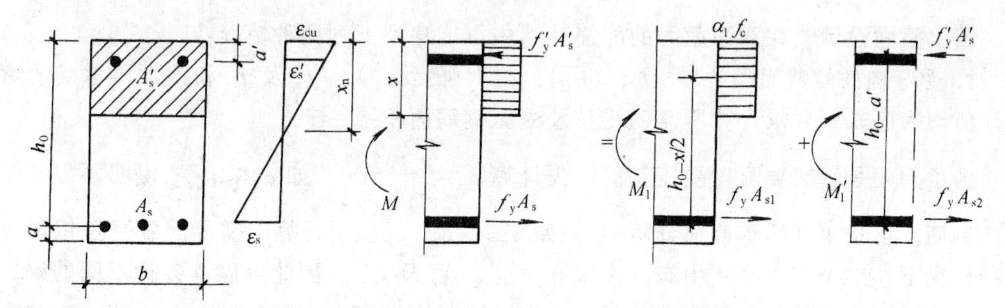

图 4-10　双筋矩形截面

双筋截面的受弯承载力可视为二项之和：

$$M = M_1 + M' \tag{4-16}$$

式中　M_1——压区混凝土与部分受拉钢筋截面 A_{s1}所提供的相当于单筋矩形截面的受弯承载力；

$$M_1 = \alpha_1 f_c bx(h_0 - 0.5x) \tag{4-17}$$

$$A_{s1} = \alpha_1 f_c bx / f_y \tag{4-18}$$

M'——受压钢筋 A'_s 与其余部分受拉钢筋 A_{s2} 所提供的受弯承载力：

$$M' = f'_y A'_s(h_0 - a') \tag{4-19}$$

$$A_{s2} = f'_y A'_s / f_y \tag{4-20}$$

基本公式（4-14）及（4-15）必须符合下列条件：

1. $$x \leqslant \xi_b h_0 \tag{4-21a}$$

或 $$A_{s1} \leqslant \rho_{max} bh_0 \tag{4-21b}$$

或 $$M_1 \leqslant \alpha_{s,max}\alpha_1 f_c bh_0^2 \tag{4-21c}$$

式（4-21）与单筋矩形截面的适用条件（4-3）是完全相同的，目的是保证受拉钢筋到达其抗拉强度设计值 f_y。

2. $$x \geqslant 2a' \tag{4-22a}$$

或 $$\gamma_s h_0 \leqslant h_0 - a' \tag{4-22b}$$

在双筋截面情况下，一般不需要验算最小配筋率。

4.3.3 基本公式的应用

一、**截面复核** 截面尺寸 b、h、a 及 a'，材料强度设计值 $\alpha_1 f_c$、f_y 及 f'_y 和纵向受拉与受压钢筋截面面积 A_s 与 A'_s 均已给定，要求计算此截面所能承受的弯矩设计值 M。这时，可初步假定 A_s 及 A'_s 均到达其强度设计值 f_y 及 f'_y，将已知数据代入基本公式(4-14)，求解受压区高度 x。如 x 符合条件（4-21a）及（4-22a），可代入式（4-15）求得 M；如 $x > \xi_b h_0$，则应取 $M_1 = \alpha_{s,max}\alpha_1 f_c bh_0^2$，按式（4-19）及（4-16）求 M；如 $x < 2a'$，为了简化计算，《规范》规定可近似取 $x = 2a'$，截面受弯承载力按下列公式计算：

$$M = f_y A_s(h_0 - a') \tag{4-23}$$

二、**截面设计** 在双筋截面的配筋计算中可能遇到下列两种情况：

1. 受弯构件的截面尺寸 b、h、(h_0)，材料强度 $\alpha_1 f_c$，f_y 及 f'_y 和截面所承受的弯矩设计值均为已知，要求计算所需的受拉及受压钢筋面积 A_s 与 A'_s。

为了判明是否需要配置受压钢筋，先计算 $\alpha_s = \dfrac{M}{\alpha_1 f_c bh_0^2}$，如 $\alpha_s \leqslant \alpha_{s,max}$ 说明不需要配置受压钢筋，可按单筋矩形截面计算 A_s；如 $\alpha_s > \alpha_{s,max}$，说明计算上需要配置受压钢筋。在这种情况下，二个基本公式中有三个未知数 x、A_s 及 A'_s，因此可以有各种不同的解。这时理论上应根据使总的钢筋面积（$A_s + A'_s$）为最小的原则来进行。设 $f_y = f'_y$，由基本公式可写出：

$$A_s + A'_s = \frac{\alpha_1 f_c}{f_y} bh_0\xi + 2\frac{M - \alpha_1 f_c bh_0^2\xi(1 - 0.5\xi)}{f_y(h_0 - a')}$$

将上式对 ξ 求导，令 d（$A_s + A'_s$）/d$\xi = 0$，可得：

$$\xi = 0.5(1 + a'/h_0)$$

显然，上式必须符合 $\xi \leqslant \xi_b$ 的条件，当按上式得出的 $\xi > \xi_b$ 时，应取 $\xi = \xi_b$。对于常用的 HRB 335 级钢筋和一般的 a'/h_0 比值情况下，0.5（$1 + a'/h_0$）$\geqslant \xi_b$ 故实用上为了便于记忆并简化计算，可直接取 $\xi = \xi_b$，即取 $M_1 = \alpha_{s,max}\alpha_1 f_c b h_0^2$，相应的 $A_{s1} = \alpha_1 f_c \xi_b h_0 / f_y$。

M_1 确定后，则 $M' = M - M_1$，由式（4-19）得：

$$A'_s = \frac{M'}{f'_y(h_0 - a')}$$

总的受拉钢筋面积 $A_s = A_{s1} + \dfrac{f'_y}{f_y}A'_s$

2. 截面尺寸，材料强度及弯矩设计值均为已知，且受压钢筋面积 A'_s 由于计算（如在另一组变号弯矩下求得的受拉钢筋）或构造要求已经给定，要求计算所需的受拉钢筋面积 A_s。

在这种情况下，为了使总的用钢量为最小，应首先利用给定的、已经设置在截面内的受压钢筋 A'_s，A'_s 所提供的承载力为：

$$M' = f'_y A'_s(h_0 - a')$$

弯矩设计值中的其余部分应由单筋矩形截面提供，故

$$M_1 = M - M'$$

计算

$$\alpha_s = \frac{M_1}{\alpha_1 f_c b h_0^2}$$

如 $\alpha_s > \alpha_{s,max}$，说明给定的 A'_s 尚不足，需按 A'_s 为未知的第 1 种情况计算 A'_s 及 A_s；如 $\alpha_s \leqslant \alpha_{s,max}$，由 α_s 利用式（4-12）可求得 γ_s，这时应验算条件（4-22b），如 $\gamma_s h_0 \leqslant h_0 - a'$。

$$A_{s1} = \frac{M_1}{f_y \gamma_s h_0} \tag{4-24}$$

全部受拉钢筋面积

$$A_s = A_{s1} + \frac{f'_y}{f_y}A_s \tag{4-25}$$

如 $\gamma_s h_0 > h_0 - a'$，可近似取 $\gamma_s h_0 = h_0 - a'$，按式（4-23）计算 A_s：

$$A_s = \frac{M}{f_y(h_0 - a')} \tag{4-26}$$

双筋矩形截面受弯构件的配筋计算流程见图 4-11。

【例 4-5】 已知梁的截面尺寸 $b \times h = 250\text{mm} \times 450\text{mm}$，弯矩设计值 $M = 270\text{kN}/\cdot\text{m}$，混凝土为 C30 级，采用 HRB 400 级钢筋。求此截面所需配置的纵向受力钢筋。

【解】 初步假设纵向受拉钢筋为双排，取 $h_0 = 450 - 60 = 390\text{mm}$。C30 级混凝土 $\alpha_1 = 1.0, f_c = 14.3\text{N/mm}^2$

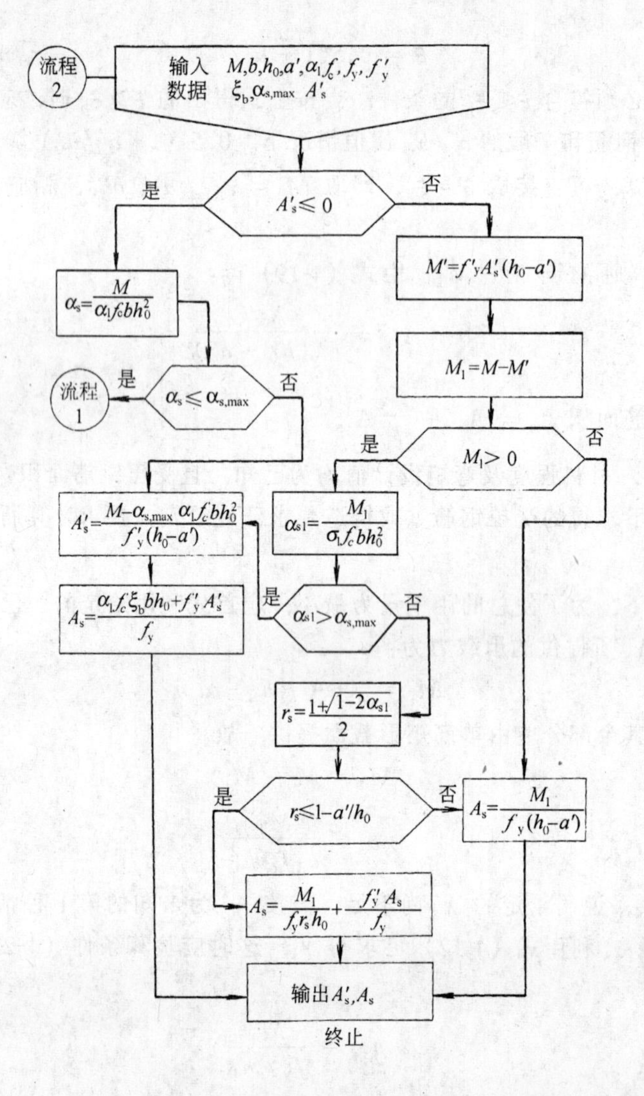

图 4-11　流程 2——双筋矩形截面受弯构件配筋计算流程

$$\alpha_s = \frac{M}{f_c b h_0^2} = \frac{270 \times 10^6}{14.3 \times 250 \times 390^2} = 0.497$$

HRB 400 级钢筋 $\alpha_{s,max} = 0.384$，$\alpha_s > \alpha_{s,max}$ 需配置受压钢筋 A'_s。$f'_y = 360\text{N/mm}^2$

设 $a' = 35\text{mm}$，

$$A'_s = \frac{M - \alpha_{s,max} f_c b h_0^2}{f'_y (h_0 - a')} = \frac{270 \times 10^6 - 0.384 \times 14.3 \times 250 \times (390)^2}{360(390 - 35)}$$
$$= 478.8\text{mm}^2$$

求总的受拉钢筋截面面积 A_s，HRB 400 级钢筋 $\xi_b = 0.518$

$$A_s = \xi_b \frac{f_c}{f_y} b h_0 + A'_s = 0.518 \times \frac{14.3}{360} \times 250 \times 390 + 478.8$$

$$= 2485\text{mm}^2$$

受压钢筋 A'_s 选用 2 Φ 18，$A'_s = 509\text{mm}^2$

受拉钢筋 A_s 选用 8 Φ 20，$A_s = 2513\text{mm}^2$。

混凝土保护层厚度及钢筋净间距均满足要求（图 4-12）。

【例 4-6】 已知梁的截面尺寸 $b \times h = 250\text{mm} \times 500\text{mm}$，承受的弯矩设计值 $M = 148\text{kN·m}$，梁受压区配置有 2 Φ 20 HRB 335 级钢筋，$A'_s = 628\text{mm}^2$，混凝土为 C25 级，求此梁所需配置的受拉钢筋 A_s。

【解】

设 $a = a' = 35\text{mm}$，HRB 335 级钢筋 $f_y = f'_y = 300\text{N/mm}^2$

$$M' = f'_y A'_s (h_0 - a') = 300 \times 628 \times (465 - 35) = 81\text{kN} \cdot \text{m}$$

$$M_1 = M - M' = 148 - 81 = 67\text{kN} \cdot \text{m}$$

$$\alpha_s = \frac{M_1}{f_c b h_0^2} = \frac{67 \times 10^6}{14.3 \times 250 \times 465^2} = 0.104$$

$$\gamma_s = 0.5(1 + \sqrt{1 - 2\alpha_s}) = 0.945$$

$$\gamma_s h_0 = 0.945 \times 465 = 439 > h_0 - a' = 430$$

应取 $\gamma_s h_0 = h_0 - a' = 430$ 计算 A_s

$$A_s = \frac{M}{f_y(h_0 - a')} = \frac{148 \times 10}{300 \times (465 - 35)} = 1147.3\text{mm}^2$$

选用 3 Φ 22，$A_s = 1140\text{mm}^2$，截面构造如图 4-13。

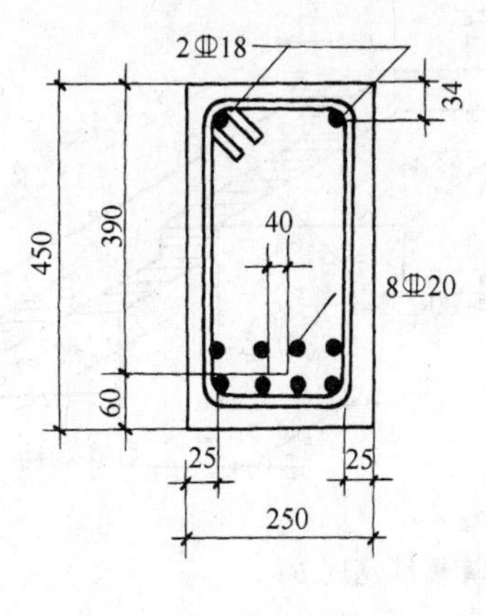

图 4-12 【例 4-5】

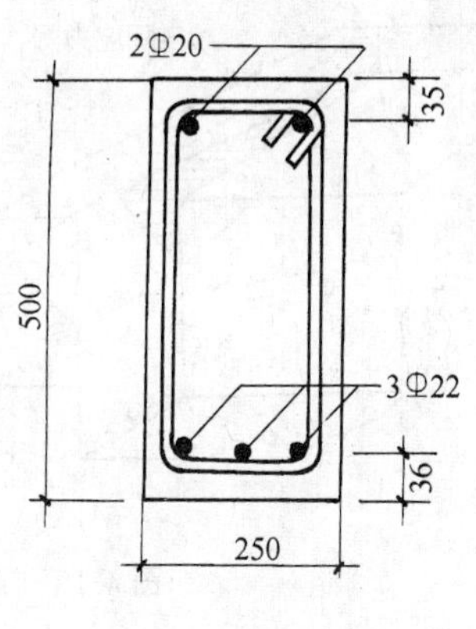

图 4-13 【例 4-6】

4.4 T 形 截 面

4.4.1 概说

将矩形截面的拉区混凝土挖去一部分，并将受拉钢筋集中放置，即形成图 4-14 所示**T 形截面**。它和原来的矩形截面所能承受的弯矩是一样的，挖掉的拉区混凝土并不影响截面的受弯承载力，而且可节省混凝土，减轻构件自重。如图 4-1 所示肋形楼盖中的主、次梁，槽形板、薄腹梁等均为 T 形截面受弯构件。

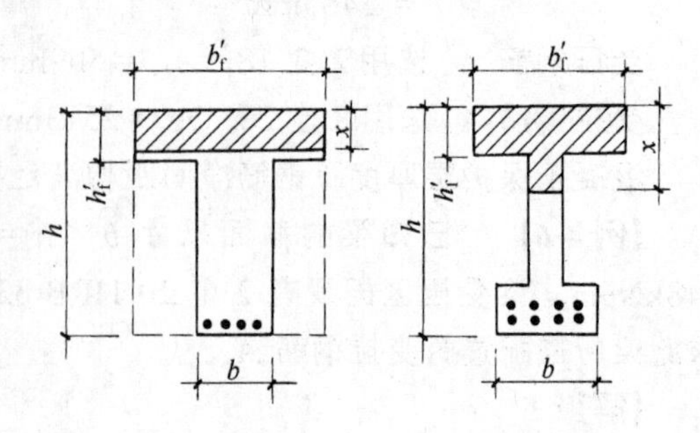

图 4-14　T 形截面

T 形截面伸出部分称为**翼缘**，中间部分称为**肋**，或**梁腹**。肋的宽度为 b，受压区的翼缘宽度为 b'_f，厚度为 h'_f，截面全高为 h。工字形截面的受拉区翼缘不参与受力，因此也按 T 形截面计算。显然，T 形截面的受压区翼缘宽度越大，截面的受弯承载力也越高。因为 b'_f 增大可使受压区高度 x 减小，内力臂 $z=\gamma_s h_0$ 增大。但试验及理论分析表明，与肋部共同工作的翼缘宽度是有限度的。沿翼缘宽度上的压应力分布如图 4-15 所示，距肋部越远翼缘参与受力的程度越小。计算上为了简化假定距肋部一定范围以内的翼缘全部参与工作，而在这个范围以外的部分，则不考虑它参与受力。这个范围称为翼缘的**计算宽度** b'_f。翼缘计算宽度 b'_f 与翼缘传递剪力的能力——翼缘厚度 h'_f、梁的计算跨度 l_0，受力情况（单独梁、肋形楼盖中的 T 形梁）等很多因素有关。《规范》对翼缘计算宽度 b'_f 的规定如附表 9 所列，计算时 b'_f 应取三项中的最小值。

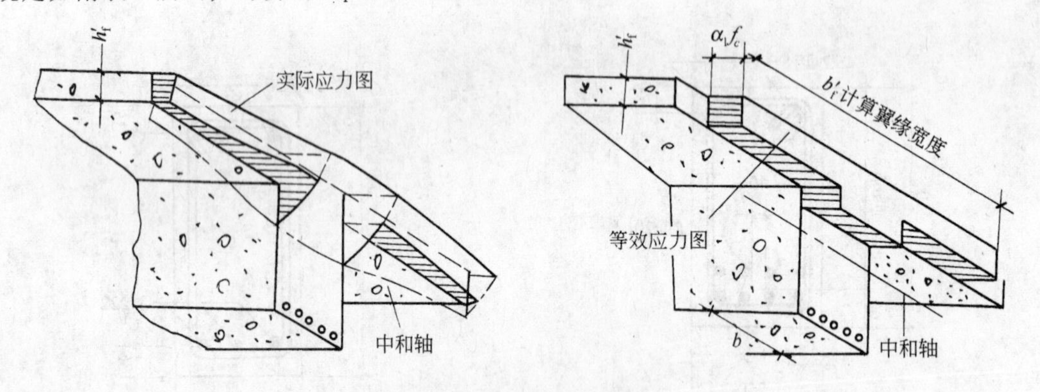

图 4-15　T 形截面应力分布和计算翼缘宽度 b'_f

4.4.2 基本公式

T 形截面按受压区高度的不同分为两类：(1) **第 1 类 T 形截面**，受压区高度在翼缘内

($x \leqslant h'_f$)，受压区面积为矩形（图 4-16a）；(2) **第 2 类 T 形截面**，受压区进入肋部（$x > h'_f$），受压区面积为 T 形（图 4-16c）。

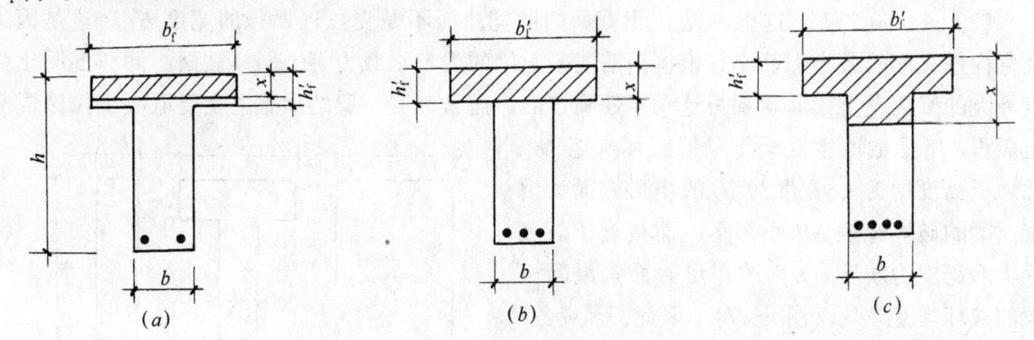

图 4-16　两类 T 形截面

(a) $x < h'_f$；(b) $x = h'_f$；(c) $x > h'_f$

1. 两类 T 形截面的判别

当受压区高度 x 等于翼缘厚度 h'_f 时，为两类 T 形截面的界限情况（图 4-16b）。由平衡条件可知，此时，

$$\alpha_1 f_c b'_f h'_f = f_y A_s$$

$$M = \alpha_1 f_c b'_f h'_f (h_0 - 0.5 h'_f)$$

如
$$\alpha_1 f_c b'_f h'_f \geqslant f_y A_s \tag{4-27a}$$

或
$$M \leqslant \alpha_1 f_c b'_f h'_f (h_0 - 0.5 h'_f) \tag{4-27b}$$

式（4-27a）说明不需要全部翼缘混凝土受压即可与钢筋中的总拉力 $f_y A_s$ 相平衡，受压区高度必在翼缘内（$x \leqslant h'_f$），故属于第 1 类 T 形截面。同理式（4-27b）表明，不需要全部翼缘参与受力，即足以与荷载产生的弯矩设计值相平衡，则 $x \leqslant h'_f$ 为第 1 类 T 形截面。

反之，如
$$\alpha_1 f_c b'_f h'_f < f_y A_s \tag{4-28a}$$

或
$$M > \alpha_1 f_c b'_f h'_f (h_0 - 0.5 h'_f) \tag{4-28b}$$

说明仅仅翼缘高度内的混凝土受压尚不足以与钢筋的总拉力 $f_y A_s$ 或弯矩设计值 M 相平衡，受压区高度将下移，$x > h'_f$ 属第 2 类 T 形截面。

式（4-27a）及（4-28a）用于纵向受拉钢筋面积 A_s 为已知时的截面复核情况；式（4-27b）或（4-28b）用于弯矩设计值 M 为给定时的截面设计情况。

2. 第 1 类 T 形截面

受压区高度在翼缘内 $x \leqslant h'_f$，受压区面积为 b'_f 宽的矩形面积，因此，第 1 类 T 形截面的受弯承载力计算相当于宽度为 b'_f 的矩形截面计算。将单筋矩形截面基本公式中的梁宽 b 代换为翼缘宽度 b'_f：

$$\alpha_1 f_c b'_f x = f_y A_s \tag{4-29}$$

$$M = \alpha_1 f_c b'_f x \left(h_0 - \frac{x}{2} \right) \tag{4-30}$$

受压区高度 x 必须符号下列条件：

(1) $x \leqslant \xi_b h_0$，一般情况下第1类T形截面均能符合这个条件。

(2) $A_s \geqslant \rho_{min} bh$，这里 b 是T形截面的肋宽，而不是受压区面积的宽度 b'_f。这是因为受弯构件纵筋的最小配筋率是根据钢筋混凝土梁的受弯承载力等于同样截面，同样混凝土强度等级的素混凝土梁的承载力这一条件确定的。而素混凝土梁的承载力主要取决于拉区混凝土面积。T形截面素混凝土梁的破坏弯矩 M_{cr}^2 比之于高度同为 h，宽度为 b'_f 的矩形截面素混凝土梁的破坏弯矩 M_{cr}^1 小很多，而接近于高度为 h，宽度为肋宽 (b) 的矩形截面素混凝土梁的破坏弯矩 M_{cr}^3（图4-17）。因此，《规范》规定对于T及工形截面的受拉钢筋最小配筋率，应按全截面面积扣除受压区翼缘 $(b'_f - b) h'_f$ 后的面积计算。

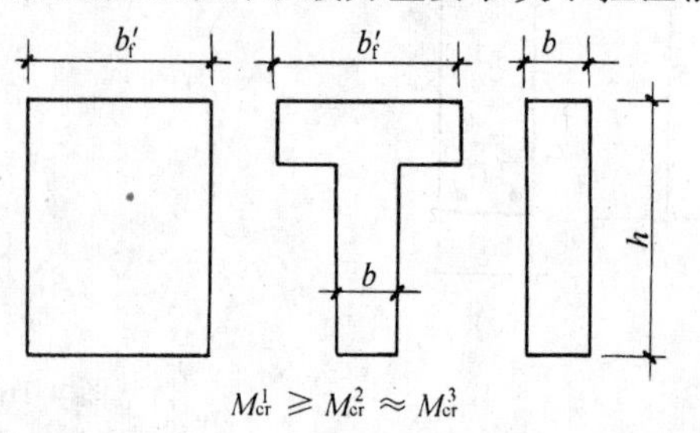

图4-17 素混凝土截面 M_{cr} 的比较

3. **第2类T形截面**

受压区进入肋部 $x > h'_f$，由图4-18的截面平衡关系可写出：

$$\alpha_1 f_c[(b'_f - b)h'_f + bx] = f_y A_s \tag{4-31}$$

$$M = M'_f + M_1 \tag{4-32}$$

式中 M'_f——翼缘伸出部分承受的弯矩。

$$M'_f = \alpha_1 f_c (b'_f - b) h'_f (h_0 - h'_f/2) \tag{4-33}$$

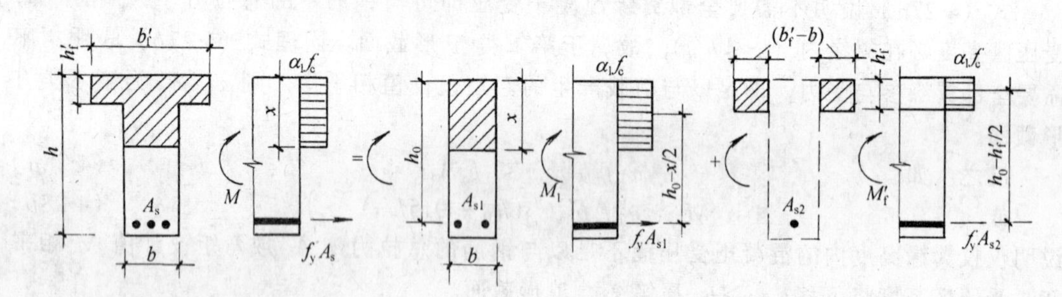

图4-18 第2类T形截面

相应的受拉钢筋截面面积

$$A_{s2} = \frac{\alpha_1 f_c (b'_f - b) h'_f}{f_y} \tag{4-34}$$

M_1——肋部矩形截面承受的弯矩

$$M_1 = \alpha_1 f_c bx(h_0 - x/2) \tag{4-35}$$

相应的受拉钢筋截面面积

$$A_{s1} = \frac{\alpha_1 f_c bx}{f_y} \tag{4-36}$$

以上各式必须符合下列条件：

(1) $x \leqslant \xi_b h_0$ 或 $A_{s1} \leqslant \dfrac{\xi_b \alpha_1 f_c b h_0}{f_y}$；

(2) $A_s = A_{s1} + A_{s2} \geqslant \rho_{min} bh$

4.4.3 基本公式的应用

T 形截面受弯构件配筋计算流程见图 4-19。

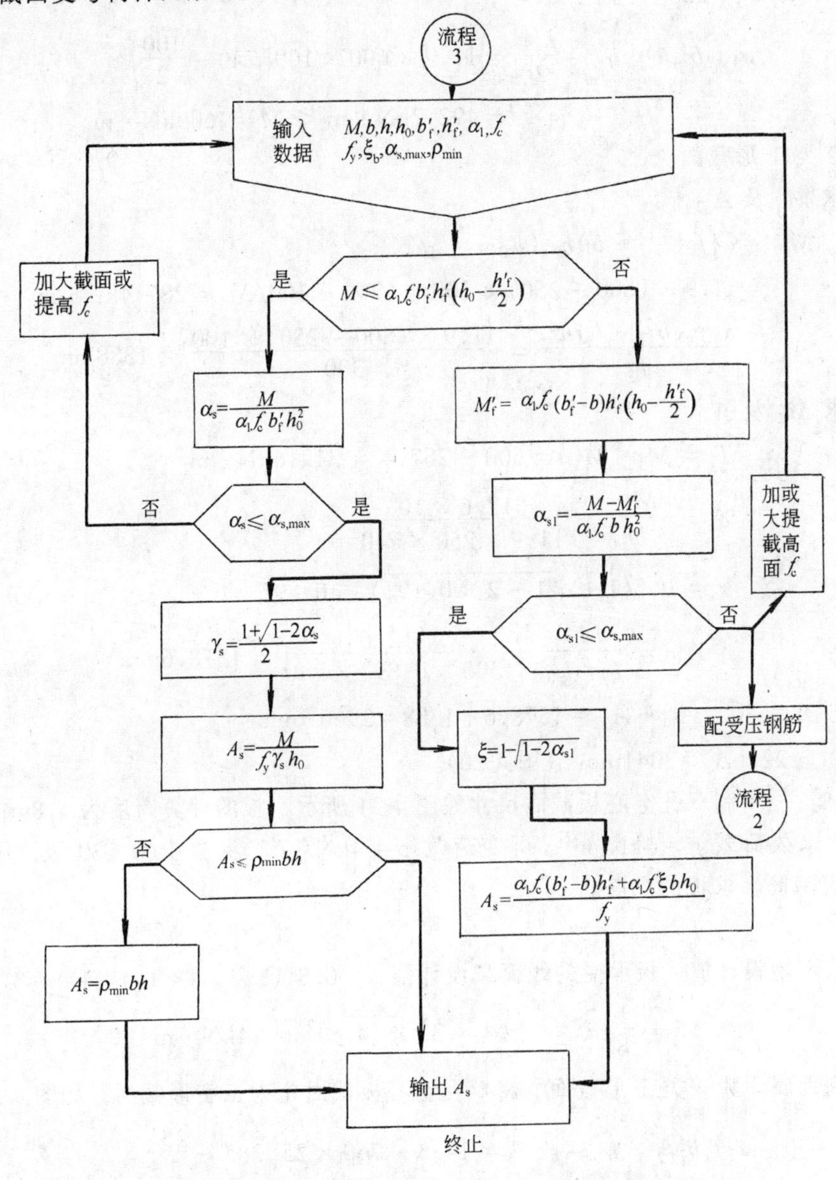

图 4-19 流程 3——T 形截面受弯构件配筋计算流程

【例 4-7】 已知 T 形截面 $b=250\text{mm}$，$h=800\text{mm}$，$b'_f=600\text{mm}$，$h'_f=100\text{mm}$。弯矩设计值 $M=600\text{kN·m}$。混凝土为 C25 级，纵筋为 HRB 335 级钢筋。求此截面所需配置的纵向受拉钢筋 A_s。

【解】

(1) 判别属于哪一类 T 形截面 设 $h_0=800-60=740\text{mm}$，$\alpha_1=1.0$，$f_c=11.9\text{N/mm}^2$，代入式（4-28b）

$$\alpha_1 f_c b'_f h'_f\left(h_0-\frac{h'_f}{2}\right)=11.9\times600\times100\left(740-\frac{100}{2}\right)$$

$$=492.7\text{kN}\cdot\text{m}<M=600\text{kN}\cdot\text{m}$$

为第 2 类 T 形截面。

(2) 求 M'_f 及 A_{s2}

$$M'_f=\alpha_1 f_c(b'_f-b)h'_f(h_0-h'_f/2)$$

$$=11.9\times(600-250)\times100\times(740-100/2)=287.4\text{kN}\cdot\text{m}$$

$$A_{s2}=\frac{\alpha_1 f_c(b'_f-b)h'_f}{f_y}=\frac{11.9\times(600-250)\times100}{300}=1388\text{mm}^2$$

(3) 求 M_1 及 A_{s1}

$$M_1=M-M'_f=600-287.4=312.6\text{kN}\cdot\text{m}$$

$$\alpha_s=\frac{M_1}{f_c b h_0}=\frac{312.6\times10^6}{11.9\times250\times740^2}=0.192$$

$$\gamma_s=0.5(1+\sqrt{1-2\times0.192})=0.892$$

$$A_{s1}=\frac{M_1}{f_y\gamma_s h_0}=\frac{312.6}{300\times0.892\times740}=1578.6\text{mm}^2$$

(4) 求 A_s，$A_s=A_{s1}+A_{s2}=1578.6+1388=2966.6\text{mm}^2$

选用 8 Φ 22，$A_s=3041\text{mm}^2$（图 4-20）。

【例 4-8】 预制双孔空心板截面尺寸如图 4-21 所示。板的计算跨度为 4.8m，楼面荷载标准值：永久荷载 $g=4\text{kN/m}^2$；可变荷载 $p=4\text{kN/m}^2$。混凝土为 C30 级，纵筋采用 HRB 335 级钢筋。求板的配筋。

【解】

(1) 求弯矩设计值 板承受的线荷载设计值 $q=0.8\ (1.2\times4+1.4\times4)\ =8.32\text{kN/m}$

$$M=\frac{1}{8}ql^2=\frac{1}{8}\times8.32\times(4.8)^2=24\text{kN}\cdot\text{m}$$

(2) 判别属于哪一类 T 形截面 将双孔空心板截面化为工字形截面，如图 4-21 所示。

$$\alpha_1 f_c b'_f h'_f\left(h_0-\frac{h'_f}{2}\right)=14.3\times760\times25\left(285-\frac{25}{2}\right)$$

$$=74\text{kN}\cdot\text{m}>M=24\text{kN}\cdot\text{m}\quad 属于第 1 类 T 形截面$$

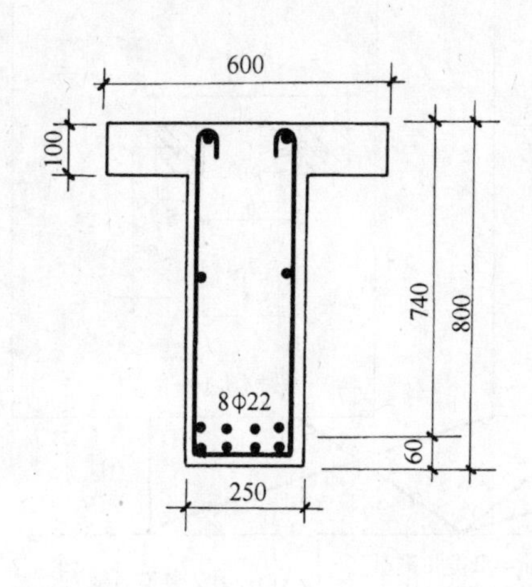

图 4-20 【例 4-7】

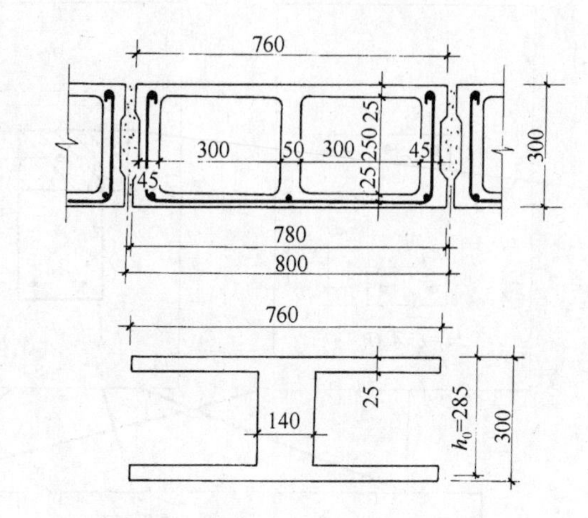

图 4-21 【例 4-8】

(3) 求 A_s

$$\alpha_s = \frac{M}{f_c b'_f h_0^2} = \frac{24 \times 10^6}{14.3 \times 760 \times 285^2} = 0.0272$$

$$\gamma_s = 0.5(1 + \sqrt{1 - 2 \times 0.0272}) = 0.986$$

$$A_s = \frac{M}{f_y \gamma_s h_0} = \frac{24 \times 10^3}{300 \times 0.986 \times 285} = 284.7\text{mm}^2$$

验算最小配筋 $\rho_{min}[bh + (b_f - b)h_f] = 0.00214[140 \times 300 + (780 - 140) \times 25]$

$$= 124\text{mm}^2 < A_s, \text{可以}$$

选用 2 Φ 12 + 1 Φ 10，$A_s = 339\text{mm}^2$。

4.5 小 结

短形截面及翼缘位于受压区的 T 形、工字形截面受弯构件，其正截面受弯承载力计算可概括为图 4-22 中三种弯矩 M_1、M' 及 M'_f 的组合。其中单筋矩形截面的承载力 M_1 是基本的部分，M_1 与受压钢筋 A'_s 所提供的承载力 M' 组合成双筋矩形截面；M_1 与 T 形截面伸出翼缘部分的承载力 M'_f 组合成第 2 类 T 形截面。而第 1 类 T 形截面相当于取混凝土受压区宽度为 b'_f 的单筋矩形截面。配置有受压钢筋的第 2 类 T 形截面的承载力则是 M_1、M' 及 M'_f 三者的组合。对于伸出翼缘进入受压区的十字形截面（图 4-1 中叠合梁），同样可视为 M_1 与 M'_f 的组合，只不过计算 M'_f 时内力臂应根据伸出翼缘的实际位置进行计算。显然，在各种组合情况下均应符合图 4-22 中的适用条件。

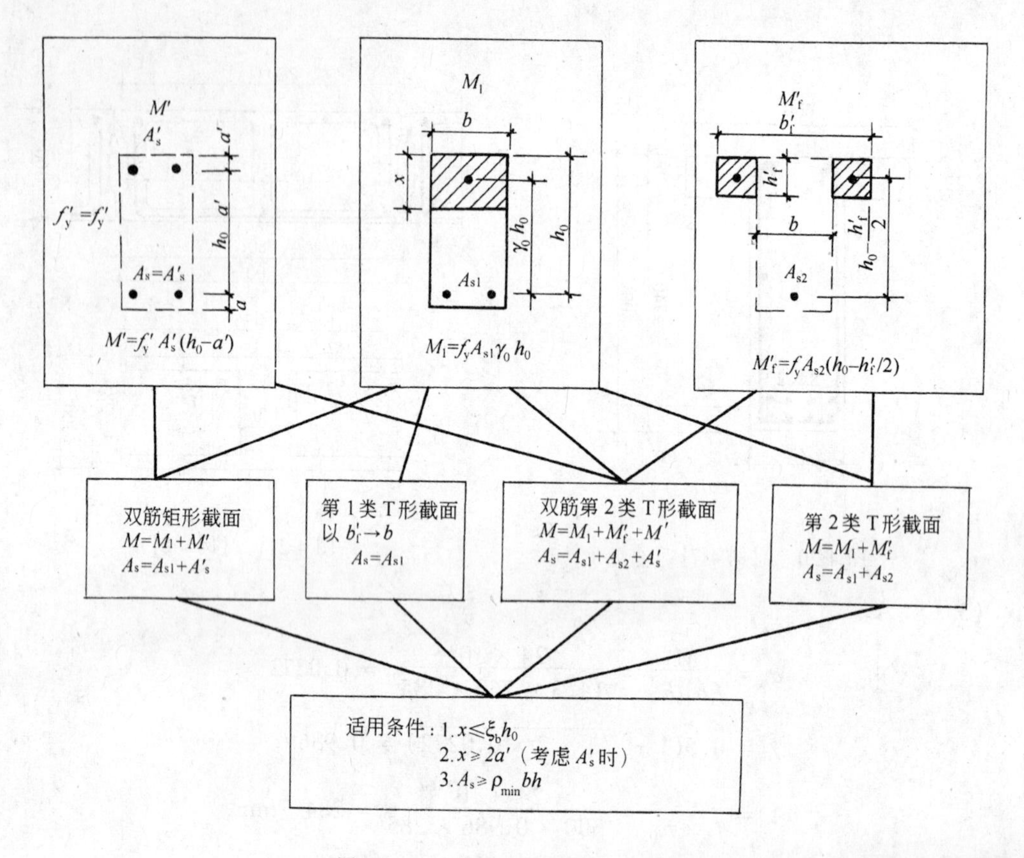

图 4-22　正截面受弯承载力的组合

思　考　题

4-1　$M\leqslant\alpha_{s,\max}f_{cm}bh_0^2$ 这个条件说明了什么？

4-2　受压钢筋 A'_s 的抗压设计强度 f'_y 得到充分利用的条件是什么？

4-3　为什么双筋矩形截面当 A'_s 为未知时，要充分利用混凝土的抗压强度取 $\xi=\xi_b$；当 A'_s 为已知时，要充分利用已有的受压钢筋 A'_s？

4-4　试写出双筋矩形截面截面复核的计算流程。

4-5　给定受压钢筋面积 A'_s 的 T 形截面，怎样判别它属于哪一类 T 形截面？

4-6　怎样计算对称配筋（$A_s=A'_s$）矩形截面受弯构件的承载力？

习　题

4-1　已知矩形截面梁，$b=250$mm，$h=500$mm，纵向受拉钢筋为 4 Φ 20 的 HRB 335 级钢筋（图 4-23)。试按下列条件计算此梁所能承受的弯矩设计值 M：

（a）混凝土强度等级为 C20；

（b）混凝土强度等级提高为 C40。

4-2　已知矩形截面梁，$b=250\text{mm}$，$h=500\text{mm}$（$h_0=465\text{mm}$），梁承受的弯矩设计值 $M=180\text{kN·m}$，试按下列条件计算梁的纵向受拉钢筋 A_s：

（a）混凝土为 C25 级，纵筋为 HPB 235 级钢筋；

（b）混凝土为 C25 级，纵筋为 HRB 400 级钢筋；

（c）混凝土为 C40 级，纵筋为 HRB 400 级钢筋。

4-3　已知矩形截面梁，$b=200\text{mm}$，$h=600\text{mm}$（$h_0=540\text{mm}$），纵筋为 6 Φ 22 的 HRB 335 级钢筋（图 4-24），试按下列条件计算此梁所能承受的弯矩设计值 M：

（a）混凝土为 C25 级；

（b）若由于施工质量原因，混凝土强度等级仅达到 C15 级。

通过以上三题的计算结果，试分析混凝土强度及钢材强度对钢筋混凝土受弯构件正截面承载力（M）或纵向受拉钢筋（A_s）的影响。

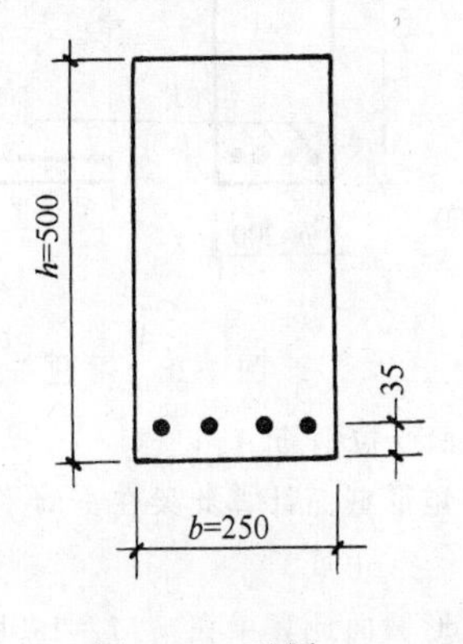

图 4-23　习题 4-1

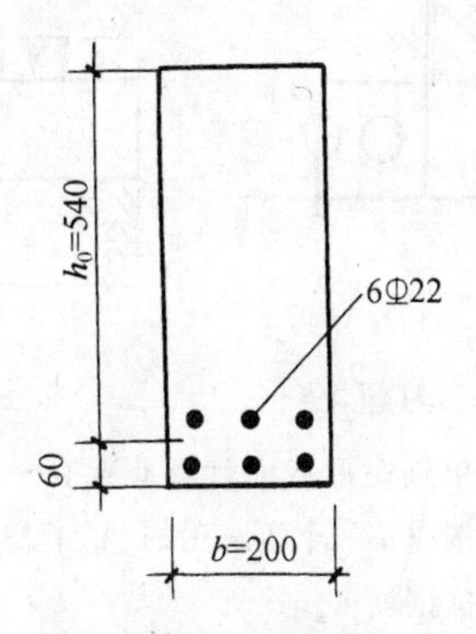

图 4-24　习题 4-3

4-4　预制暖气管沟盖板的支承情况如图 4-25 所示。板的计算跨度 $l=1.4\text{m}$，板上有 100mm 厚焦渣层（自重 14kN/m^3），30mm 厚水泥砂浆面层（自重 20kN/m^3）。板宽为 500mm，板厚 80mm（钢筋混凝土自重 25kN/m^3）。地面均布可变荷载的标准值为 4kN/m^2。设混凝土为 C30 级，纵筋采用 HRB 335 级钢筋。试计算板的纵向受拉钢筋（A_s）并画出板的截面配筋图。

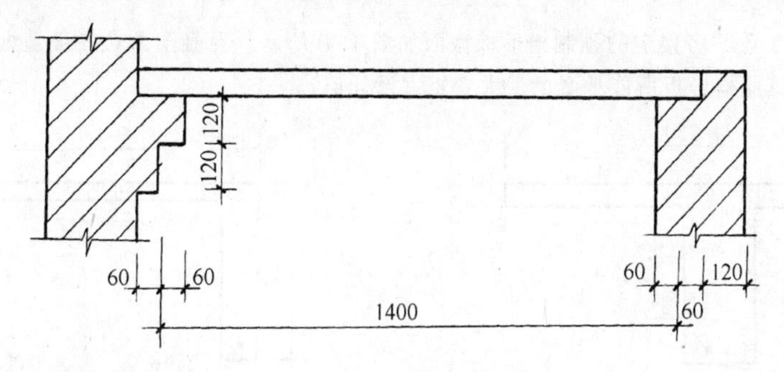

图 4-25　习题 4-4

4-5　某宿舍楼为预制楼板，在 120mm 隔断墙下设现浇板带，剖面如图 4-26 所示。板带的计算跨度 $l=3.08\text{m}$，板带上砖墙高 2.6m（砖墙自重 19kN/m^3），墙两面各有 20mm 厚白灰砂浆抹灰层（自重

$18kN/m^3$)。现浇板带混凝土为C25级，纵筋采用HRB 335级钢筋，计算此板带所需配置的纵向受拉钢筋。

4-6　钢筋混凝土矩形截面简支梁（图4-27）计算跨度 $l=6m$，梁承受的均布（永久及可变）荷载设计值 $q=24kN/m$（包括梁的自重）。试选择此梁的截面尺寸，材料等级，并计算梁的纵向受拉钢筋。

4-7　已知矩形截面梁 $b=200mm$，$h=400mm$，此梁承受的弯矩设计值 $M=150kN·m$，采用C30级混凝土，HRB 400级钢筋。求梁的纵向受力钢筋，并画出截面配筋图。

4-8　已知矩形截面梁 $b=200mm$，$h=500mm$，$a=a'=35mm$。此梁受到变号弯矩的作用，其设计值 $-M=80kN·m$；$+M=140kN·m$（图4-28）。采用C30级混凝土，HRB 335级钢筋。要求：

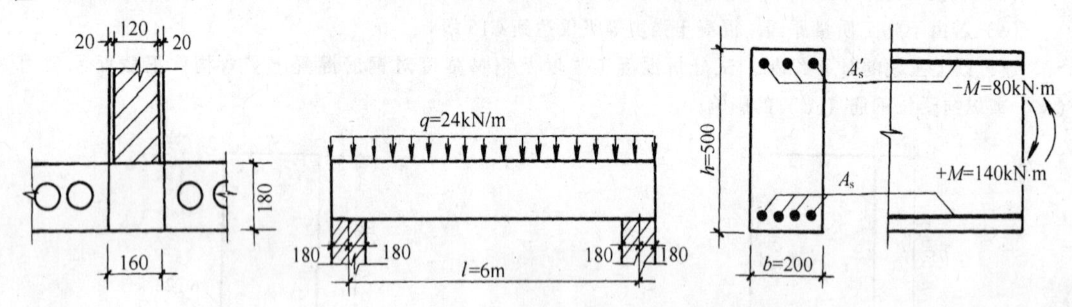

图4-26　习题4-5　　图4-27　习题4-6　　图4-28　习题4-8

（a）按单筋矩形截面计算此梁在 $-M$ 作用下，需配置的梁顶面受拉钢筋 A'_s；

（b）将按（a）计算选用的 A'_s 作为已知的受压钢筋，按双筋矩形截面计算此梁在 $+M$ 作用下需配置的底面受拉钢筋 A_s；

（c）不考虑把（a）中计算出的 A'_s 作为受压钢筋，按单筋矩形截面计算梁在 $+M=140kN·m$ 作用下所需的受拉钢筋 A_s。

试将（b）及（c）两种计算方法求得的梁所需配置的全部纵向受力钢筋用量进行分析比较。

4-9　已知T形截面梁，$b=300mm$，$h=700mm$，压区翼缘厚度 $h'_f=70mm$，宽度为2500mm（图4-29）。截面承受的弯矩设计值 $M=450kN·m$，采用C30级混凝土，HRB 335级钢筋，求梁的纵向受拉钢筋 A_s。

4-10　某多层工业厂房楼盖的预制槽形板截面如图4-30所示。混凝土为C35级，纵筋为2Φ16HRB 335级钢筋。试计算此槽形板所能承受的最大弯矩（设计值）。

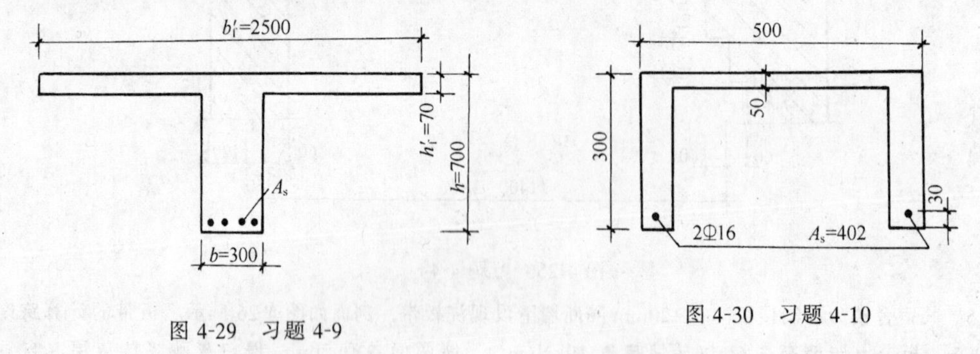

图4-29　习题4-9　　图4-30　习题4-10

4-11　某楼层大梁截面尺寸如图 4-31 所示。梁承受的弯矩设计值 $M=600\mathrm{kN\cdot m}$，混凝土为 C30 级，纵筋采用 HRB 400 级钢筋。求此梁需配置的受拉钢筋 A_s。

4-12　T 形截面尺寸如图 4-32 所示，配有 2 Φ 20 的受压钢筋 A_s'，6 Φ 25 的受拉钢筋 A_s，截面有效高度 $h_0=540\mathrm{mm}$。混凝土为 C30 级，纵筋均为 HRB 400 级钢筋，求此梁所能承受的最大弯矩设计值。

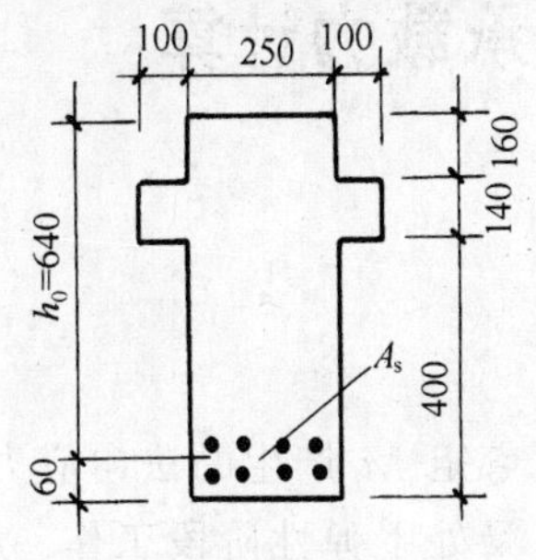

图 4-31　习题 4-11

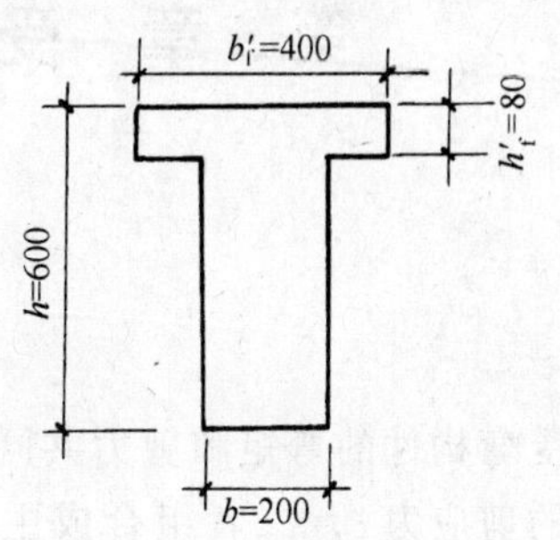

图 4-32　习题 4-12

第5章 受弯构件斜截面承载力计算

5.1 概　　说

在受弯构件的弯矩和剪力共同作用区段，存在着由弯矩 M 产生的法向应力 σ 和剪力 V 产生的剪应力 τ，二者组合成主应力。裂缝出现前，梁处于弹性阶段工作，σ、τ 及主应力均可用换算截面按材料力学公式计算。图 5-1 为受两个对称集中荷载作用的简支梁的主应力轨迹图。在中和轴处（点 1），σ 等于零，主应力方向与梁轴线成 45°角；在受压区（点 2），σ 为压应力，主压应力 σ_{cp} 的方向与梁轴线的夹角小于 45°；在受拉区（点 3），σ 为拉应力，主压应力 σ_{cp} 的方向与梁轴的夹角大于 45°，在受拉边缘处（$\tau=0$），主压应力线与构件边缘垂直。

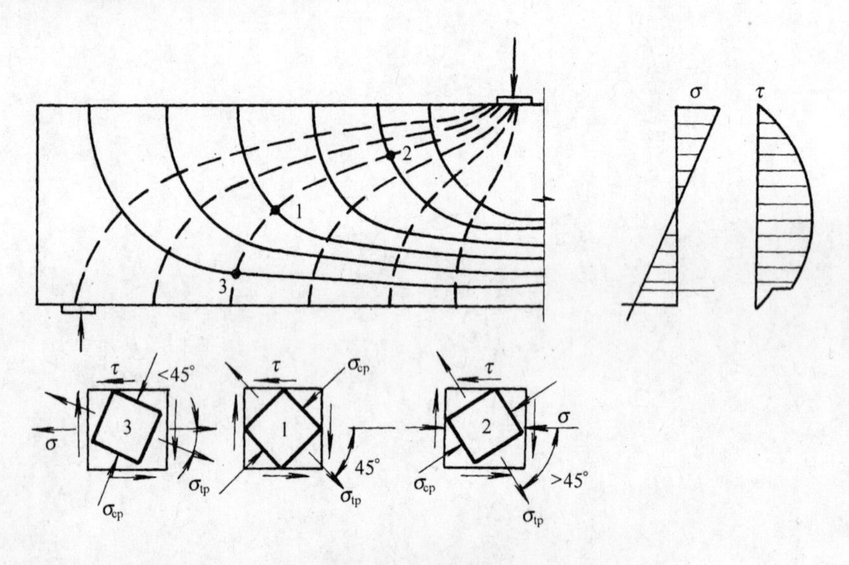

图 5-1　主应力轨迹图

随荷载增大，当主拉应力 σ_{tp} 超过混凝土的抗拉强度时，混凝土在垂直于 σ_{tp} 方向将开裂，在纯弯段表现为竖向弯曲裂缝，近支座处将出现沿主压应力轨迹发展的**斜裂缝**，斜裂缝向上发展指向荷载作用点，下端将跨越纵筋直至梁底。当梁的正截面受弯承载力得到保证时，梁还可能由于斜裂缝截面受剪承载力和受弯承载力不足而发生破坏。

为了防止沿斜裂缝截面的强度破坏，梁中需设置与梁轴垂直的**箍筋**，必要时还可采用由纵筋弯起而成的**弯起钢筋**。弯起钢筋的弯起角度一般为45°或60°，纵筋、箍筋、弯起钢筋以及绑扎箍筋所需要的**架立钢筋**（一般不考虑它参与受力）构成受弯构件的**钢筋骨架**，如图5-2。

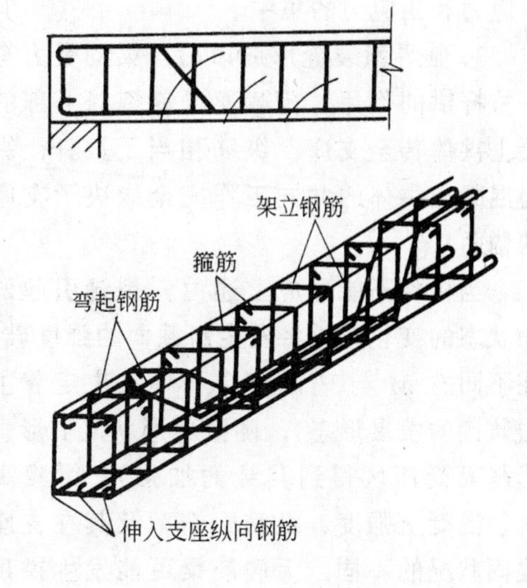

图5-2　钢筋骨架

有箍筋、弯筋、纵筋的梁称为**有腹筋梁**；无箍筋及弯筋，仅设置纵筋的梁称为**无腹筋梁**。实际工程中，除了板和截面高度很小的梁以外，一般均设计成有腹筋梁。但是，为了便于说明钢筋混凝土梁的受剪性能、破坏特征以及箍筋的作用，本章将首先讨论无腹筋梁的受剪性能及承载力计算，然后再讨论有腹筋梁的受剪性能、承载力及箍筋和弯箍的计算。

5.2　无腹筋梁的受剪性能

5.2.1　斜裂缝出现后梁中受力状态的变化

图5-3（*a*）所示为集中荷载作用下的简支梁，斜裂缝出现后拉区混凝土被分割成齿状体，部分荷载通过齿状体间斜裂缝面上的**骨料咬合力** V_a 及穿越裂缝间的纵筋的**销栓力** V_d 向支座传递。随荷载增大，近支座处的一条斜裂缝发展较快，成为导致构件破坏的**临界斜裂缝**。图5-3（*b*）为以临界斜裂缝取出的梁端隔离体的平衡，与外剪力 V 平衡的力有压区混凝土承受的剪力 V_c、斜裂缝间的骨料咬合力 V_a、纵筋的销栓力 V_d，和弯矩 M_b 平衡的为由纵筋中拉力 T 及混凝土压力 C 组成的力偶。临界斜裂缝的出现使梁的受力状态与斜裂缝出现前有很大的不同，这种受力状态的变化表现在：

1. 临界斜裂缝出现前，与斜裂缝相交的 a 处的纵筋应力 σ_s 取决于 M_a，即钢筋应力与 M 图基本成比例；形成临界斜裂缝后，该点纵筋应力取决于斜裂缝顶端 b 处的弯距 M_b。而 $M_b > M_a$，因此斜裂缝引起纵筋应力 σ_s 的增大。斜裂缝进入受压区的走向（主应压力轨迹的斜率）越平缓，M_b 与 M_a 的差值越大，σ_s 增大的就越多。斜裂缝处的 σ_s 将和跨中最大弯矩截面的纵筋应力相近。

2. 斜裂缝处纵筋应力 σ_s 的突然增大，使斜裂缝延伸开展，压区残留混凝土面积减小，裂缝宽度增大。随斜裂缝的开展，骨料咬合力 V_s 减小，以致消失；同时沿钢筋长度上应力梯度的增大，使粘结应力遭到破坏，沿纵筋出现**劈裂裂缝**（图5-3*b*），这种裂缝的出现使纵筋的销栓力急剧减小。斜裂缝出现前由整个截面承受的剪力 V，在斜裂缝开展、V_a 及 V_d 消失后，将由残留的压区面积承受，因而在斜裂缝上端混凝土截面上形成很大的剪应力和压应力的集中。

3．临界斜裂缝形成以后，梁的受力有如一**拉杆拱**的作用。荷载通过斜裂缝上部的混凝土拱体传至支座，纵筋相当于拉杆，纵筋与混凝土拱体的共同工作完全取决于支座处的锚固。

当构件不能适应上述由斜裂缝引起的受力状态的变化时，将发生斜截面的强度破坏。在不同的 M 与 V 的组合下（它决定着主应力轨迹的发展形态），随截面形状（T形、工形截面受压区得到翼缘的加强）、梁腹高宽比、混凝土强度、纵筋配筋率及其在支座处锚固状况的不同，无腹筋梁可能发生拱顶压区混凝土在复合受力下的破坏，纵筋（拉杆）屈服或锚固破坏，以及梁腹（T形、工形截面）混凝土的受压破坏。

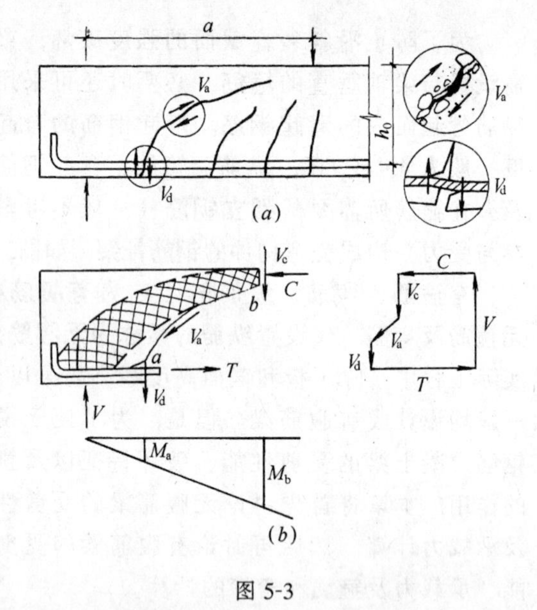

图 5-3

（a）斜裂缝处的骨料咬合力及纵筋销栓力；（b）隔离体的平衡

5.2.2 无腹筋梁的剪切破坏形态

无腹筋梁的剪切破坏形态及承载力，与梁中弯矩和剪力的组合情况有关。它可用一个无量纲参数**剪跨比** $\lambda = M/Vh_0$ 来表示，此处 M、V 各为剪切破坏截面的弯矩和剪力，h_0 为截面有效高度。对于图 5-3（a）所示集中荷载作用下的简支梁，剪切破坏截面一般在集中荷载处，故 $\lambda = M/Vh_0 = a/h_0$，a 为集中荷载至支座的距离，称为**剪跨**，故剪跨 a 与 h_0 的比值称为剪跨比。

1．**斜拉破坏** 集中荷载作用下的简支梁，当剪跨比 $\lambda > 3$ 时发生这种破坏。其特点是斜裂缝一出现就很快向梁顶发展，形成临界裂缝，将残余混凝土截面斜劈成二半，同时沿纵筋产生劈裂裂缝。破坏是突然的脆性破坏，临界斜裂缝的出现与最大荷载的到达几乎是同时的。斜拉破坏是由于受压区混凝土截面急剧减小，在压应力 σ 和剪应力 τ 高度集中情况下发生的主拉应力破坏，梁顶劈裂面上整齐无压碎痕迹（图5-4a），称为**斜拉破坏**。这种梁的强度取决于混凝土在复合受力下的抗拉强度，故其承载力很低。

2．**剪压破坏** 当剪跨比 $1 \leqslant \lambda \leqslant 3$ 时，发生这种破坏。斜裂缝出现后，荷载仍有较大增长，并陆续出现其他斜裂缝。随荷载的增大，其中一条发展成临界斜裂缝，向梁顶发展，到达破坏荷载时，斜裂缝上端混凝土被压碎。这种破坏是由于残余截面上的混凝土在 σ、τ 及荷载产生的局部竖向压应力的共同作用下，发生的主压应力破坏，故称为**剪压破坏**（图5-4b）。其承载力高于斜拉破坏的情况。

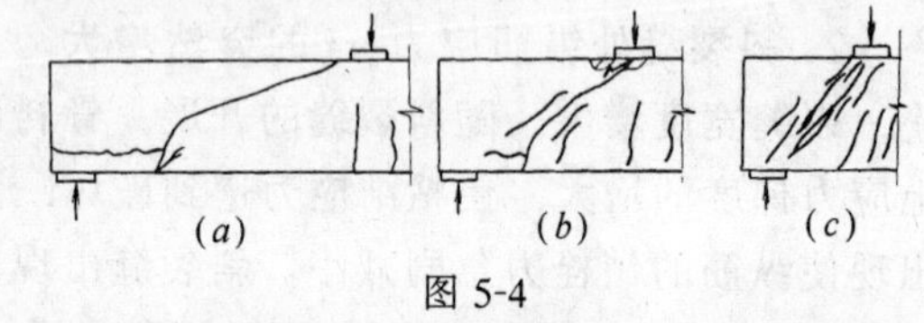

图 5-4

（a）斜拉破坏；（b）剪压破坏；（c）斜压破坏

3. **斜压破坏** 当剪跨比 $\lambda<1$ 时，发生这种破坏。由于剪跨比很小，集中荷载与支座反力之间的混凝土有如一斜向受压短柱。破坏时斜裂缝多而密（图 5-4c），梁腹发生类似于柱体受压的侧向膨出，故称为斜压破坏。这种破坏取决于混凝土的抗压强度，其承载力高于剪压破坏的情况。

总的来看，不同剪跨比无腹筋梁的破坏形态和承载力虽有不同，但到达承载力时梁的挠度均不大，且破坏后荷载均急剧下降，这与适筋梁的弯曲破坏特征是完全不同的。无腹筋梁的剪切破坏均为脆性破坏的性质，其中斜拉破坏更为明显。

5.2.3 影响无腹筋梁受剪承载力的因素

无腹筋梁斜截面的受剪承载力受到很多因素的影响，如剪跨比、混凝土强度、荷载形式（集中荷载、分布荷载）、加载方式（直接加载、间接加载）、结构类型（简支梁、连续梁）、尺寸效应及截面形状等。

1. **剪跨比** 在荷载作用于梁顶面的直接加载情况下，剪跨比是影响集中荷载作用下无腹筋梁抗剪强度的主要因素。图 5-5 中实线为一组直接加载试验梁的相对抗剪强度 V/f_cbh_0 与剪跨比 λ 的关系。由图可见，随 λ 的增大抗剪强度降低；在 $\lambda>3$ 后，抗剪强度趋于稳定，λ 的影响逐渐消失。当荷载不是作用在梁顶，而是通过横梁施加在梁腹部的间接加载情况时，剪跨比对抗剪强度的影响明显减小（图 5-5 中虚线）。由于间接加载使梁中产生的竖向拉应力 σ_y 的影响，即使在小剪跨比情况下，斜裂缝也可跨越荷载作用点而直通梁顶，形成斜拉破坏。剪跨比越小，间接加载比直接加载的承载力降低的就越多。

在均布荷载情况下，剪跨比 $\lambda=M/Vh_0$ 可代换为跨高比 l/h_0，图 5-6 为斜裂缝出现时和剪切破坏时梁支座截面剪力的相对值 V/f_cbh_0 与跨度比 l/h_0 的关系。随 l/h_0 的减小，破坏剪力显著提高，而开裂剪力提高不多。

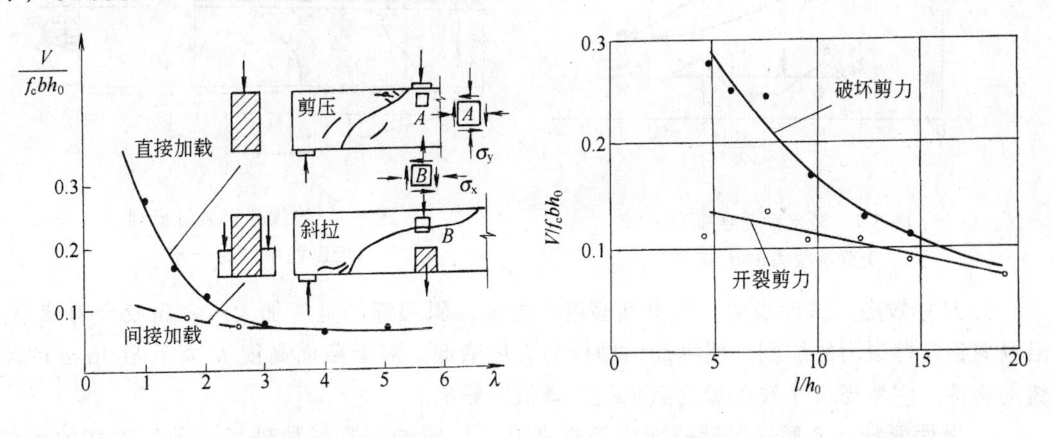

图 5-5 加载方式对 V/f_cbh_0-λ 关系的影响

图 5-6 均布荷载作用下跨高比对开裂剪力及破坏剪力的影响

2. **混凝土强度** 剪切破坏是由于混凝土到达极限强度而发生的，故混凝土强度对破坏剪力有直接的影响。试验表明，无腹筋梁的承载力均随混凝土强度的提高而增大。但在不同剪跨比情况下，增长率却不同。当 $\lambda \leqslant 1$ 时为斜压破坏，剪切强度取决于混凝土的抗压强度 f_c，与 f_c 近乎线性关系。$\lambda \geqslant 3$ 时，为斜拉破坏，剪切强度取决于混凝土的抗拉强度 f_t，与 f_t 近似成正比。而界于其间的剪压破坏情况，也基本上取决于混凝土的抗拉强度。

3. **纵筋配筋率** 增大纵筋面积可延缓斜裂缝的开展，相应地增大压区混凝土面积，并提高骨料咬合力及纵筋销栓力，因此间接提高了梁的斜截面受剪承载力。

4. 弯矩、剪力共同作用区段存在有反弯点的**连续梁或伸臂梁**，其破坏剪力低于同样广义剪跨比 $\lambda = M/Vh_0 = a/h_0$ 的简支梁（图 5-7）。这是因为在这种梁中反弯点两侧将各出现一条临界斜裂缝，斜裂缝处纵筋应力的突然增大导致了沿纵筋的粘结裂缝的发展（详见第 6 章 6.3.2 节）。这种粘结裂缝的发展使顶部及底部纵筋在斜裂缝间均处于受拉状态，形成了图 5-8 所示的截面应力分布。其受压区高度比简支梁斜裂缝截面的压区高度要减小，压应力和剪应力相应地增大。因此，其受剪承载力低于简支梁情况。

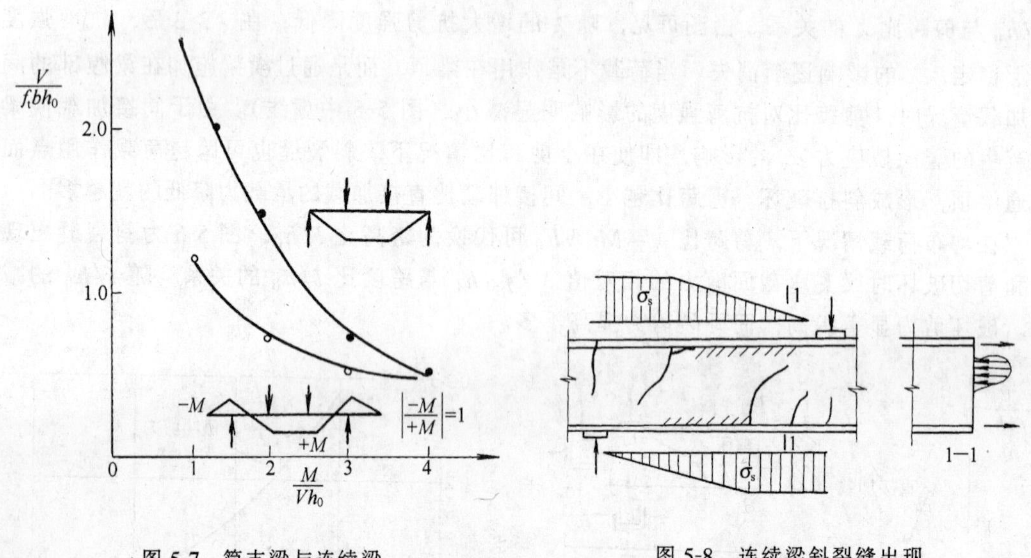

图 5-7 简支梁与连续梁受剪承载力的比较

图 5-8 连续梁斜裂缝出现后纵筋中应力分布

5. **尺寸效应** 试验表明，随截面高度的增加，斜裂缝的宽度加大，骨料咬合力减小，沿纵向钢筋劈裂力的加剧，使纵筋的销栓力大大降低，对于截面高度 h 大于 800mm 的无腹筋构件，应考虑尺寸效应对受剪承载力降低的影响。

6. **截面形状** T形、工形截面由于存在有压区翼缘，其斜拉破坏及剪压破坏的承载力比梁宽度相同的矩形截面有所提高。但对于梁腹混凝土被压碎的斜压破坏情况，则翼缘的存在并不能提高其受剪承载力。

5.2.4 无腹筋梁受剪承载力计算公式

《规范》根据国内所进行的大量不同荷载形式和加载方式的各种跨高比的无腹筋简支梁、连续梁的试验结果，并考虑到可靠指标的要求和公式的便于设计应用，对无腹筋梁的受剪承载力采用下列公式计算：

1. 对一般受弯构件

$$V_c \leqslant 0.7\beta_h f_t b h_0 \tag{5-1a}$$

$$\beta_h = \left(\frac{800}{h_0}\right)^{1/4} \tag{5-1b}$$

式中 β_h——截面高度影响系数：当 $h_0 < 800$mm 时，取 $\beta_h = 1.0$；当 $h_0 > 2000$mm 时，取 $\beta_h = 0.8$。

式（5-1）取值相当于受均布荷载作用的不同 l/h_0 的简支梁、连续梁试验结果的偏下值（图 5-9）。当梁支座处剪力设计值小于此值时，梁基本上不会发生剪切破坏。试验表明当使用阶段的剪力值小于式（5-1）的取值时，梁在该阶段一般不会出现斜裂缝。

2. 对集中荷载作用下的独立梁（包括作用有多种荷载，其中集中荷载对支座边缘截面所产生的剪力值大于总剪力值的 75% 情况）

$$V_c \leqslant \frac{1.75}{\lambda + 1}\beta_h f_t b h_0 \tag{5-2}$$

式中 λ——计算截面的剪跨比，$\lambda = a/h_0$，a 为集中荷载至支座的距离；当 $\lambda < 1.5$ 时，取 $\lambda = 1.5$，当 $\lambda > 3$ 时，取 $\lambda = 3$。

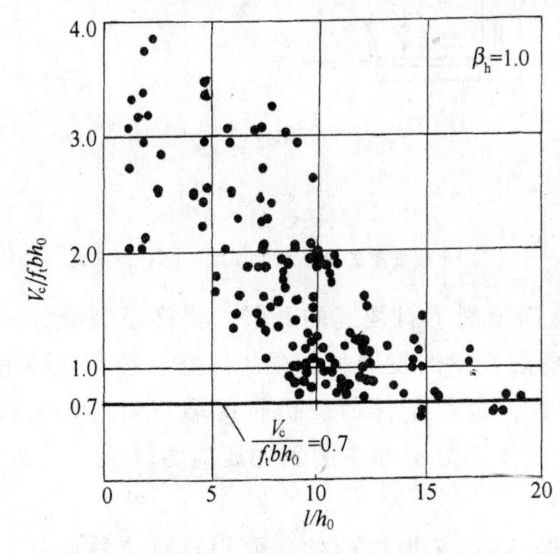

图 5-9 均布荷载作用下无腹筋简支梁 V_c 实测值与式（5-1）计算值比较

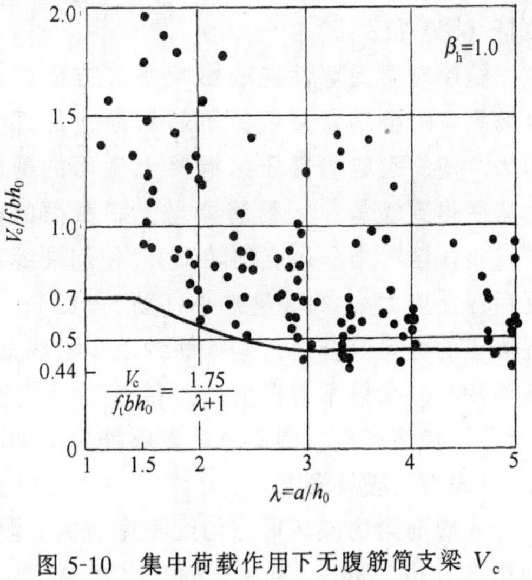

图 5-10 集中荷载作用下无腹筋简支梁 V_c 实测值与式（5-2）计算值的比较

矩形截面独立梁是指不与楼板整体浇筑的梁，包括简支梁和连续梁。为了简化，在本书中以下称式（5-1）为均布荷载情况；式（5-2）为集中荷载情况。

必须指出的是，无腹筋梁的剪切破坏是脆性破坏，仅靠混凝土承受剪力是不安全的，需严格控制其应用范围。《规范》规定式（5-1）只限于不配置腹筋的一般板类受弯构件；至于无腹筋梁只能用于梁高 $h<150\mathrm{mm}$ 的梁，如过梁、现浇板带。对 $h\geqslant150\mathrm{mm}$ 的梁，即使 V/V_c 也应在支座 $1/4l$ 范围内按构造要求配箍；当 $h>300\mathrm{mm}$ 时，应在全跨范围内配置箍筋。

5.3 有腹筋梁的受剪性能

5.3.1 箍筋的作用

如前所述，无腹筋梁在临界斜裂缝出现后，其受力有如一**拉杆拱**，临界斜裂缝以下的齿状体混凝土传递的剪力很少，受压区混凝土（拱顶）承受绝大部分荷载，形成梁的薄弱环节。配置箍筋以后，箍筋的存在改变了梁的受力体系，斜裂缝间齿状体混凝土有如斜压杆，箍筋起到竖向拉杆的作用，把齿状体传来的荷载悬吊到临界斜裂缝以上的混凝土（受压弦杆）上去，整个有腹筋梁的受力有如一**拱形桁架**，纵筋相当于桁架的下弦拉杆（图5-11a）。

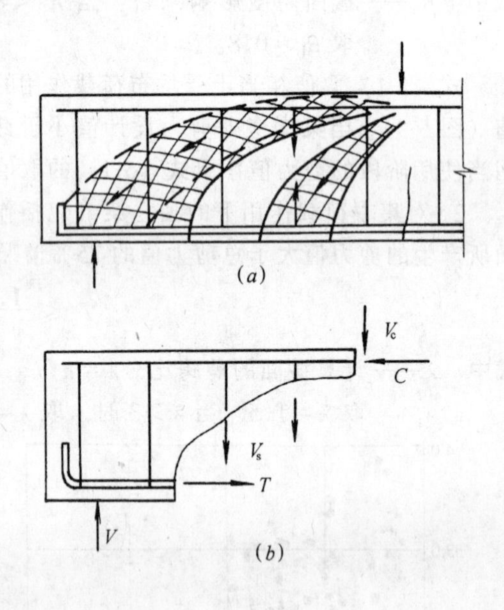

图 5-11

（a）有腹筋梁的拱形桁架模型；（b）隔离体

箍筋对梁受剪性能的影响是多方面的综合效果：①箍筋直接负担了斜截面上的部分剪力，使斜裂缝上端压区混凝土截面的剪应力集中得到缓解；②箍筋参与了斜截面的抗弯（绕压区合力作用点的转动），使斜裂缝出现后纵筋应力 σ_s 的增量减小（图 5-11b）；③箍筋限制了斜裂缝的开展，提高了裂缝面上混凝土的骨料咬合力；④箍筋约束了沿纵筋的劈裂裂缝的发展，加强了纵筋在裂缝处的销栓作用；⑤箍筋不能把剪力直接传递到支座截面，最后全部荷载仍将由端节间的斜压杆（梁腹）传至支座。因此，配置箍筋并不能减小近支座处梁腹中的斜向压应力。

5.3.2 破坏形态

有腹筋梁的破坏形态与配箍率有关。**配箍率** ρ_{sv} 定义为箍筋截面面积与对应的混凝土面积的比值。即 $\rho_{sv}=A_{sv}/bs$，此处 A_{sv} 为配置在同一截面内箍筋各肢的截面面积总和，$A_{sv}=nA_{sv1}$，这里 n 为同一截面内箍筋的肢数；A_{sv1} 为单肢箍筋截面面积，s 为箍筋的间距，b 为梁宽（图 5-12）。

当**配箍率适当**时，斜裂缝出现后，由于箍筋应力增大限制了裂缝开展，使荷载可有较大的增长。当箍筋到达屈服后，其限制裂缝开展的作用消失。最后压区混凝土在剪压作用下到达极限强度，梁丧失其承载能力属**剪压破坏**。这种梁的受剪承载力主要取决于混凝土强度及配箍率，剪跨比及纵筋配筋率的影响较小。

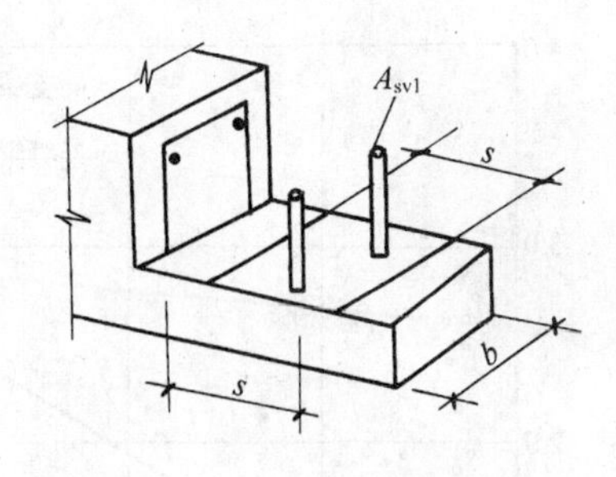

图 5-12　配箍率

当**配箍率过大**时，箍筋应力增长缓慢，在箍筋未达屈服时，梁腹斜裂缝间混凝土即到达抗压强度发生**斜压破坏**，其承载力取决于混凝土强度及截面尺寸，再增加配箍对承载力的提高已不起作用。

当**配箍率过低**时，正如正截面受弯的少筋梁一样，斜裂缝一出现，箍筋应力即达屈服，箍筋对斜裂缝开展的约束作用已不存在，相当于无腹筋梁。当剪跨比较大时，同样会产生**斜拉破坏**。

5.3.3　仅配箍筋梁的受剪承载力计算

如上所述，箍筋对梁的受剪性能的影响是综合的效果。为了便于设计应用，《规范》对仅配有箍筋的受弯构件，其斜截面受剪承载力的计算公式采用二项相加的形式

$$V_{cs} = V_c + V_s = \alpha_c f_t b h_0 + \alpha_{sv} f_{yv} \frac{A_{sv}}{s} h_0 \tag{5-3}$$

式中第一项为混凝土项，即无腹筋梁的受剪承载力，其中系数 α_c 按式（5-1）或（5-2）取值，由于箍筋的配置，混凝土受剪承载力受截面高度的影响降低，取 $\beta_h = 1.0$；第二项为配置箍筋后，构件受剪承载力提高的部分。f_{yv}为箍筋抗拉强度设计值；α_{sv}为根据试验结果给出的系数。引用配箍率 ρ_{sv}的定义，式（5-3）可改写成：

$$\frac{V_{cs}}{f_t b h_0} = \alpha_c + \alpha_{sv} \frac{\rho_{sv} f_{yv}}{f_t}$$

式中 $\rho_{sv} f_{yv} / f_t$，与受弯构件正截面承载力计算中的含钢特征 $\xi = \rho f_y / \alpha_1 f_c$ 相似，称为**含箍特征**。

《规范》根据试验资料的分析（图 5-13），对矩形、T 形及工形截面等一般受弯构件，取 $\alpha_{sv} = 1.25$，即

$$V_{cs} = 0.7 f_t b h_0 + 1.25 f_{yv} \frac{A_{sv}}{s} h_0 \tag{5-4}$$

对集中荷载作用下的矩形截面独立梁，取 $\alpha_{sv} = 1.0$（图 5-14），即

$$V_{vs} = \frac{1.75}{\lambda + 1} f_t b h_0 + f_{yv} \frac{A_{sv}}{s} h_0 \tag{5-5}$$

式（5-4）及（5-5）需符合下列条件：

1. **截面限制条件**　为了防止由于配箍率过高而发生梁腹的斜压破坏，并控制使用荷载下的斜裂缝宽度，《规范》规定受弯构件的受剪截面需符合下列截面限制条件：

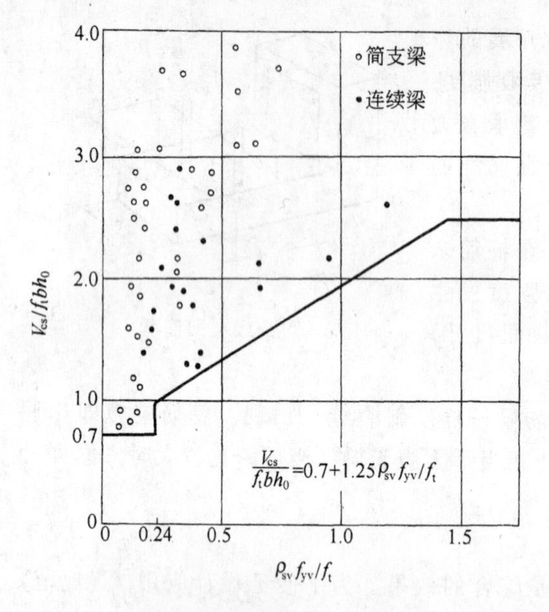

图 5-13　均布荷载作用下有腹筋梁 V_{cs} 实测值与式（5-4）计算值比较

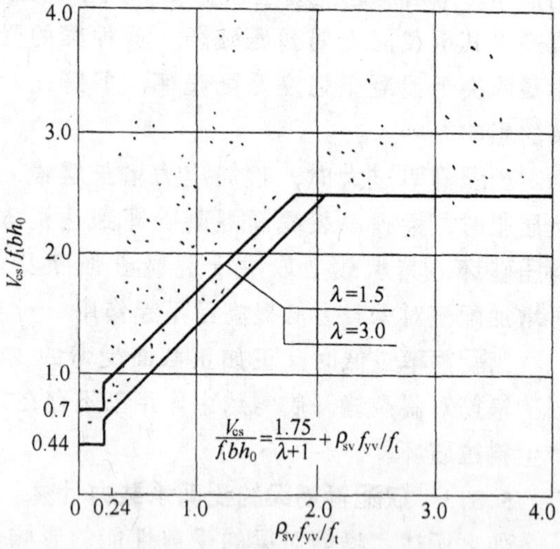

图 5-14　集中荷载作用下有腹筋梁 V_{cs} 实测值与式（5-5）计算值比较

当 $h_w/b \leqslant 4$ 时，$V \leqslant 0.25\beta_c f_c bh_0$　　(5-6a)

当 $h_w/b \geqslant 6$ 时，$V \leqslant 0.2\beta_c f_c bh_0$　　(5-6b)

当 $4 < h_w/b < 6$ 时，按线性内插法确定。

式中　β_c——考虑高强混凝土特点的混凝土强度影响系数：当混凝土强度等级不超过 C50 时，取 $\beta_c=1.0$；当混凝土强度等级为 C80 时，取 $\beta_c=0.8$；其间按线性内插法确定。

h_w——截面腹板高度：矩形截面取有效高度；T 形截面取有效高度减去翼缘高度；工形截面取腹板净高。

当截面尺寸及混凝土强度给定时，式（5-6）是仅配箍筋梁的受剪承载力上限，因而也是控制最大配箍率的条件。对一般受弯构件由式（5-4）及式（5-6a）可写出最大配箍率 $\rho_{sv,max}$的表达式为：

$$\rho_{sv,max} = \frac{0.25\beta_c f_c - 0.7f_t}{1.25f_{yv}} \quad (5\text{-}7a)$$

当混凝土强度等级不超过 C50 时，近似取 $f_t \approx 0.10f_c$

则
$$\rho_{sv,max} = 1.44f_t/f_{yv} \quad (5\text{-}7b)$$

2. 最小配箍率 $\rho_{sv,min}$

为了防止含箍特征 $\rho_{sv}f_{yv}/f_t$ 过低，发生斜拉破坏。《规范》规定当 $V > 0.7f_t bh_0$ 时，梁中配箍率 ρ_{sv}应不小于下列最小配箍率：

$$\rho_{sv,min} = 0.24 f_t / f_{yv} \tag{5-8a}$$

当取 $\rho_{sv} = \rho_{sv,min} = 0.24 f_t / f_{yv}$时，对一般受弯构件：

$$\begin{aligned} V_{cs} &= 0.7 f_t b h_0 + 1.25 \times f_{yv} \times 0.24 f_t / f_{yv} \times b h_0 \\ &= f_t b h_0 \end{aligned} \tag{5-8b}$$

集中荷载作用下的独立梁：

$$\begin{aligned} V_{cs} &= \frac{1.75}{\lambda + 1} f_t b h_0 + f_{yv} \times 0.24 f_t / f_{yv} b h_0 \\ &= \left(\frac{1.75}{\lambda + 1} + 0.24 \right) f_c b h_0 \end{aligned} \tag{5-8c}$$

3. 按构造要求配箍

对一般受弯构件，当符合下列公式的要求时：

$$V \leqslant 0.7 f_t b h_0 \tag{5-9a}$$

集中荷载作用下的独立梁，当符合下列公式的要求时：

$$V \leqslant \frac{1.75}{\lambda + 1} f_t b h_0 \tag{5-9b}$$

均可不进行斜截面受剪承载力计算，按构造要求配箍。

为了控制使用荷载下的斜裂缝宽度，并保证必要数量的箍筋穿越每一条斜裂缝。《规范》规定了构造要求的箍筋最大间距 s_{max}（表 5-1）及箍筋的最小直径（表 5-2）。显然，当梁中配置有计算的受压钢筋时，箍筋的直径及间距尚应满足 4.3.1 节的要求。

梁中箍筋的最大间距 s_{max}（mm）[1]　表 5-1

梁高 h（mm）	$V > 0.7 f_t b h_0 + 0.05 N_{p0}$	$V \leqslant 0.7 f_t b h_0 + 0.05 N_{p0}$
$150 < h \leqslant 300$	150	200
$300 < h \leqslant 500$	200	300
$500 < h \leqslant 800$	250	350
$h > 800$	300	400

梁中箍筋最小直径（mm）　表 5-2

梁高 h（mm）	箍筋直径
$h \leqslant 800$	6
$h > 800$	8

5.3.4 仅配箍筋梁的计算截面

在进行斜截面受剪承载力计算时，通常构件的截面尺寸，材料的强度等级在正截面承载力计算中均已初步确定。当梁中仅配置箍筋时，在计算配箍量时，其剪力设计值 V 应按下列计算位置采用：

一、支座边缘处截面，考虑到在内力分析时是将支座反力简化为集中力计算的，而实际上支座反力是作用于支座承压面上的分布力（图 5-15），进入支座以后构件承受的剪力将逐渐减小，因此应按支座边缘处截面的最大剪力计算（图 5-15 中 V_1）；

二、腹板宽度 b 改变处的截面（图 5-15 中 V_2）；

[1] 表 5-1 中 N_{p0}项适用于预应力混凝土受弯构件，详见第 13 章 13.2.1 节。

三、箍筋直径或间距改变处的截面（图5-15中 V_3）

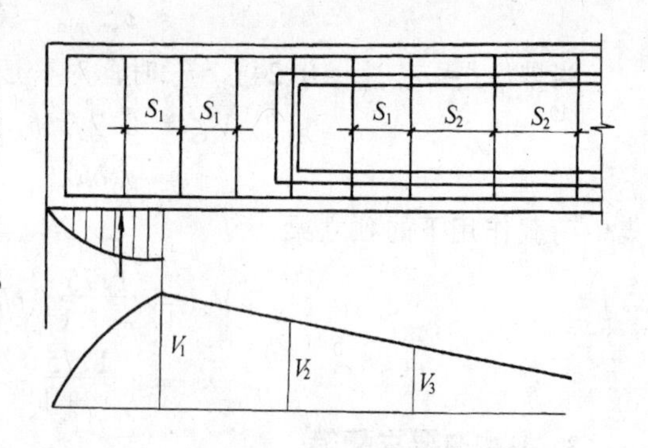

图 5-15　剪力计算位置

【例 5-1】　承受均布荷载作用的矩形截面简支梁，支座及荷载情况如图5-16所示，均布荷载设计值 $q=80\text{kN/m}$（包括梁自重）。梁的混凝土强度等级为C25级，箍筋为HPB 235级钢，纵筋为HRB 335级钢筋。设梁中仅配置箍筋，求所需箍筋的直径及间距。

【解】

（1）计算支座边最大剪力设计值

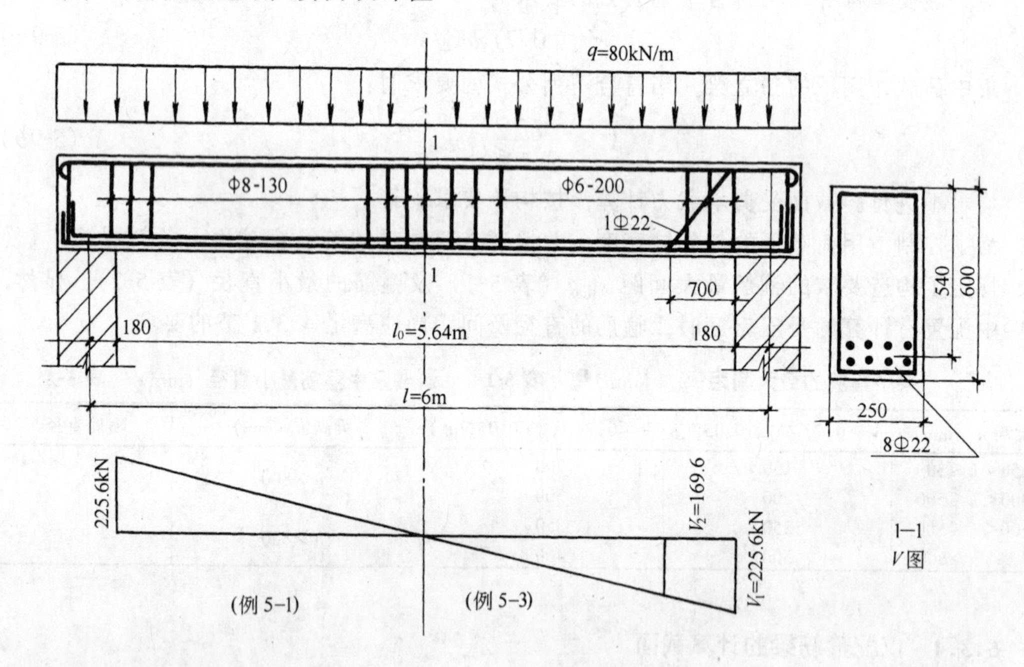

图 5-16　【例 5-1】及【例 5-3】

净跨 $l_0=5.64\text{m}$

$$V=\frac{1}{2}ql_0=\frac{1}{2}\times80\times5.64=225.6\text{kN}$$

（2）验算截面尺寸

$$b=250\text{mm},h_0=540\text{mm}$$

$$f_t=1.27\text{N/mm}^2,\beta_c=1.0,f_c=11.9\text{N/mm}^2,f_{yv}=210\text{N/mm}^2$$

$$0.25\beta_cf_cbh_0=0.25\times11.9\times250\times540=401.6\text{kN}>V$$

$$f_t bh_0 = 1.27 \times 250 \times 540 = 171.5\text{kN} < V$$

说明截面尺寸可用，需计算配箍。

(3) 计算配箍量

按式 (5-4)

$$\frac{A_{sv}}{s} = \frac{V - 0.7 f_t bh_0}{1.25 f_{yv} h_0} = \frac{225.6 \times 10^3 - 0.7 \times 171.5 \times 10^3}{1.25 \times 210 \times 540} = 0.745$$

选用双肢 ($n=2$)，ϕ 8 箍筋 ($A_{sv1} = 50.3\text{mm}^2$)

$$s = \frac{nA_{sv1}}{0.745} = \frac{2 \times 50.3}{0.745} = 135\text{mm}, 取\ s = 130\text{mm}$$

【例 5-2】 矩形截面简支梁 ($b \times h = 200\text{mm} \times 500\text{mm}$) 荷载及支承情况如图 5-17 所示。混凝土强度等级采用 C25 级，箍筋用 HPB 235 级钢，$h_0 = 465\text{mm}$。求此梁所需配置的箍筋数量。

【解】

(1) 计算支座边剪力设计值　净跨 $l_0 = 3.76\text{m}$。

$$V_A = \frac{1}{4}P + \frac{1}{2}ql_0 = \frac{1}{4} \times 160 + \frac{1}{2} \times 5 \times 3.76 = 49.4\text{kN}$$

$$V_B = \frac{3}{4}P + \frac{1}{2}ql_0 = \frac{3}{4} \times 160 + \frac{1}{2} \times 5 \times 3.76 = 129.4\text{kN}$$

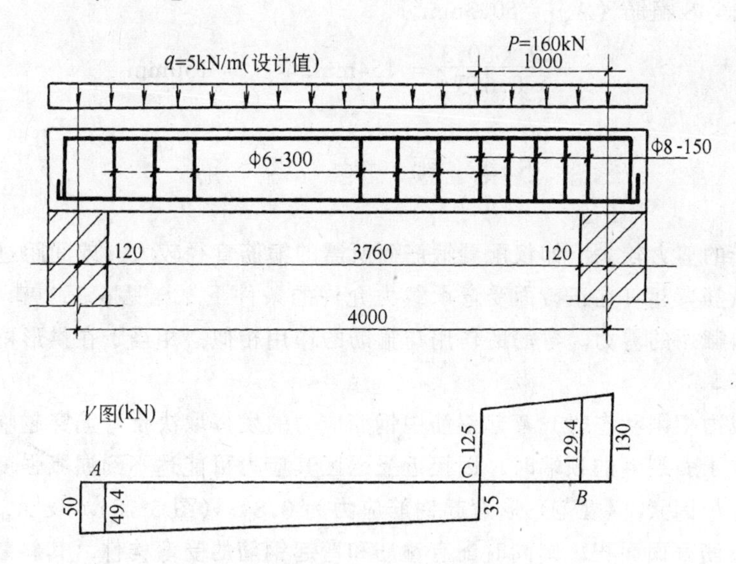

图 5-17　【例 5-2】

(2) 验算截面尺寸　$b = 200\text{mm}$，$h_0 = 465\text{mm}$，$f_t = 1.27\text{N/mm}^2$，$\beta_c = 1.0$，$f_c = 11.9\text{N/mm}^2$，$f_{yc} = 210\text{N/mm}^2$

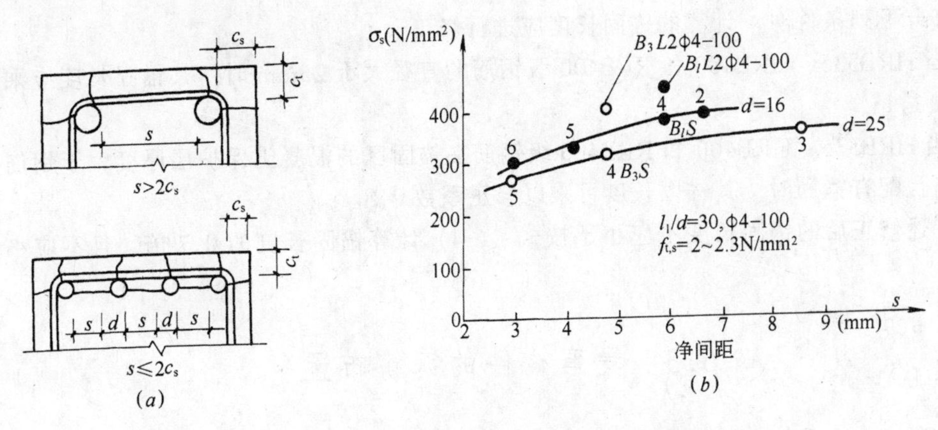

图 6-9

(a) 梁中劈裂裂缝；(b) σ_s 与净间距 s 的关系

其混凝土强度、截面尺寸及锚固长度均相同，B_1S 为双肢钢箍ϕ 4-100，其 $\sigma_s=370\text{N/mm}^2$，纵向裂缝严重；而 B_1L 的箍筋为四肢ϕ 4-100，其 $\sigma_s=425\text{N/mm}^2$，纵向裂缝很少。又如同样配置 4 Φ 25 钢筋的两个试件 B_3S 及 B_3L，配双肢箍筋的 B_3S 试件的 $\sigma_s=322\text{N/mm}^2$，而配四肢箍筋的 B_3L 试件的 $\sigma_s=402\text{N/mm}^2$，已达屈服强度。

6.2.3 拔出试件的受拉钢筋锚固长度 l_a

大量不同相对保护层厚度 c/d、不同相对埋长 l/d 的无横向配筋拔出试件的试验资料分析给出，带肋变形钢筋相对粘结强度 $\tau_u/f_{t,k}$ 的经验公式为：

$$\frac{\tau_u}{f_{t,k}}=\left(1.14+1.81\frac{d}{l}\right)c/d \tag{6-2}$$

引用平衡关系 $\sigma_s=\dfrac{4l}{d}\tau_u$，取 $\sigma_s=f_y$，由式（6-2）可得出钢筋到达强度设计值 f_y 时，所需的最小**锚固长度** l_a。

$$l_a/d\geqslant 0.218\frac{d}{c}\frac{f_y}{f_{t,k}}-1.59\approx 0.20\frac{d}{c}\frac{f_y}{f_{t,k}} \tag{6-3}$$

取 $f_{t,k}=1.4f_t$，1.4 为混凝土材料分项系数。《规范》要求保护层混凝土厚度不应小于钢筋直径，偏安全取 $c/d=1.0$，由式（6-3）可得出受拉钢筋锚固长度 l_a 的计算公式：

$$l_a=\alpha\frac{f_y}{f_t}d \tag{6-4}$$

式中 α——钢筋的外形系数，按表 6-1 取用。

表 6-1

钢筋的外形系数

钢筋类型	光面钢筋	带肋钢筋	刻痕钢丝	螺旋肋钢丝	三股钢绞线	七股钢绞线
α	0.16	0.14	0.19	0.13	0.16	0.17

当符合下列条件时，计算的锚固长度应进行修正：

1. 当 HRB335、HRB400 和 RRB400 级钢筋的直径大于 25mm 时，其锚固长度应乘以修正系数 1.1；

2. 当 HRB335、HRB400 和 RRB400 级钢筋在锚固区的混凝土保护层厚度大于钢筋直径的 3 倍且配有箍筋时，其锚固长度可乘以修正系数 0.8。

经上述修正后的锚固长度不应小于按式（6-4）计算锚固长度的 0.7 倍，且不应小于 250mm。

6.3 受弯构件的钢筋布置

如前所述，在进行受弯构件的钢筋布置时，要遇到纵向钢筋的截断，弯起及伸入支座等一系列构造问题。这时，首先要解决的是如何保证正截面和斜截面的受弯承载力要求，其次是满足相应的锚固构造要求。为此，需要引进抵抗弯矩图的概念。

6.3.1 抵抗弯矩图（M_R 图）

1. 抵抗弯矩图，即按实际的纵向钢筋布置画出的受弯构件正截面所能抵抗的弯矩图。如图 6-10 所示钢筋混凝土梁在荷载作用下的跨中最大弯矩为 M_{max}，配置 4 Φ 25 纵向受拉钢筋，按照正截面受弯承载力计算的跨中截面的极限弯矩为 M_1（$M_1 \geqslant M_{max}$）。当纵向钢筋沿梁长既不截断，也不弯起，全部伸入支座，且在支座处有足够的锚固长度时，则不仅梁的任一正截面受弯承载力得到保证，任一斜截面的受弯承载力也必然得到保证。因为斜截面弯矩 $M_t \leqslant M_{max}$。图中竖距为 M_1 的矩形图 $abcd$，即为该梁的抵抗弯矩图 M_R。

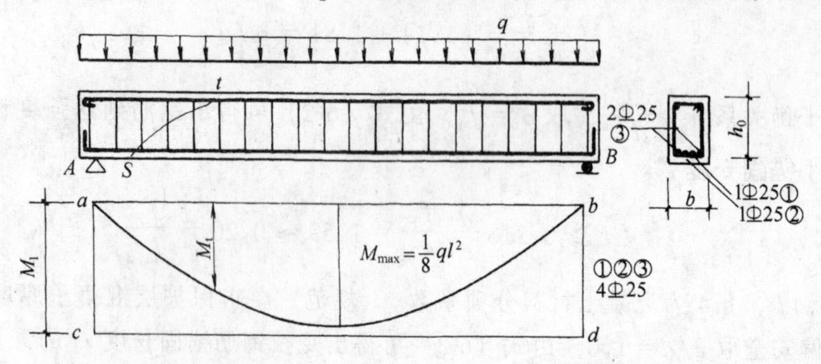

图 6-10 纵筋全部伸入支座的抵抗弯矩图

纵筋沿梁的全长直通，构造虽然简单，但钢筋强度没有得到充分利用，除跨中截面外，其余截面纵筋的应力均未达到其设计强度 f_y。这种配筋方式只适用于跨度较小的构件。为了节约钢材可将一部分纵筋在受弯承载力不需要截面处截断或弯起（用作受剪的弯筋）。但这时需要考虑的问题是：(1) 如何保证正截面受弯承载力的要求（截断和弯起纵筋的数量和位置）？(2) 如何保证斜截面受弯承载力要求？(3) 如何保证钢筋的粘结锚固

$$0.25f_{c}bh_{0}=0.25\times11.9\times200\times465=277\text{kN}$$

$$V_{B}=129.4\text{kN}<0.25f_{c}bh_{0}\text{,截面可用。}$$

（3）计算配箍量

***AC* 段** 集中荷载产生的支座边剪力占总剪力的比值为 40/49.8=0.8，大于 75%需考虑剪跨比 $\lambda=3000/465=6.45>3$，取 $\lambda=3$。

$$V_{A}=49.4\text{kN}<0.7f_{t}bh_{0}=0.7\times1.27\times200\times465=82.7\text{kN}$$

故不需要按计算配箍和验算 $\rho_{sv,min}$，可直接按表 5-1 及表 5-2 构造要求配箍，选用双肢Φ 6 箍筋，间距 s 取等于 $s_{max}=300\text{mm}$。

***CB* 段** 集中荷载产生的支座边剪力占总剪力的比值为 120/129.4=0.927>75%，需考虑剪跨比 λ，$\lambda=1000/465=2.15$。

$$V_{B}=129.4\text{kN}>\left(\frac{1.75}{\lambda+1}+0.24\right)f_{t}bh_{0}=0.796\times1.27\times200\times465=94\text{kN}$$

需按计算配箍

$$\frac{A_{sv}}{s}=\frac{V_{B}-\dfrac{1.75}{\lambda+1}f_{t}bh_{0}}{f_{yv}h_{0}}=\frac{129.4\times10^{3}-\dfrac{1.75}{2.15+1}1.27\times200\times465}{210\times465}$$

$$=0.653$$

选用双肢Φ 8 箍筋（$A_{sv1}=50.3\text{mm}^{2}$）

$$s=\frac{2\times50.3}{0.653}=154\text{mm}\text{，取 }s=150\text{mm}$$

5.4 弯 起 钢 筋

当梁承受的剪力较大，如仅配置箍筋而所需的箍筋直径较大（或间距过小）时，可以考虑将部分纵筋弯起（在正截面受弯承载力允许的条件下，详见 6.3.1 节），形成**弯起钢筋**用以承受斜截面的剪力。弯筋的作用与箍筋的作用相似，相当于在拱形桁架的节间设置了受拉斜腹杆。

到达承载力根限状态时，弯起钢筋中钢筋应力的发挥取决于弯筋穿越临界斜裂缝的部位。当弯筋位于斜裂缝的顶端时，因接近受压区其应力可能达不到屈服强度，所以在计算中心须考虑这个因素，《规范》取弯起钢筋应力为 $0.8f_{y}$（图 5-18）。设 A_{sb}为同一弯起平面内的弯起钢筋截面面积，则同时配有箍筋和弯起钢筋的受弯构件，其斜截面受剪承载力按下列公式计算：

$$V=V_{cs}+0.8f_{y}A_{sb}\sin\alpha_{s}\tag{5-10}$$

式中 V——配置弯起钢筋处的剪力设计值；

α_{s}——弯起钢筋与构件纵向轴线的夹角（图 5-18）。

按式（5-10）计算弯起钢筋时，其剪力设计值按下列规定采用：

1. 计算近支座处第一排弯起钢筋截面面积 A_{sb1}时，取支座边缘处的剪力 V_1，即

$$A_{sb1}=\frac{V_1-V_{cs}}{0.8f_y\sin\alpha_s} \tag{5-11}$$

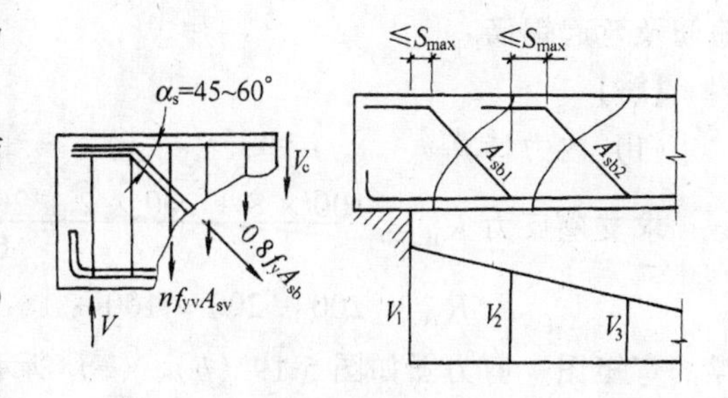

图 5-18　弯起钢筋

2. 第一排弯起钢筋（A_{sb1}）只能承受由支座边缘至第一排弯起钢筋弯起点之间的剪力，当第一排弯筋弯起点处的剪力 V_2 大于 V_{cs}时，还需设置第二排弯起钢筋。计算第二排弯起钢筋的截面面积 A_{sb2}时，式（5-10）中的剪力设计值取第一排弯筋弯起点处的剪力 V_2（图 5-18），即

$$A_{sb2}=\frac{V_2-V_{cs}}{0.8f_y\sin\alpha_s} \tag{5-12}$$

为了防止前后二排弯起钢筋之间的净间距过大，以致出现不与弯筋相交的斜裂缝，《规范》规定当按计算需要设置弯筋时，前一排弯筋的弯起点至后一排弯筋的弯起终点的距离不应大于表 5-1 中 $V>0.7f_tbh_0$ 栏的 s_{max}规定。

【例 5-3】　例 5-1 中的梁，采用配置箍筋和弯起钢筋的配筋构造。设已选定双肢Φ 6 箍筋，间距 $s=200$mm，求所需配置的弯起钢筋。

【解】

（1）计算 V_{cs}　已知 $n=2$，$A_{sv1}=28.3\text{mm}^2$ 及 $s=160$mm

$$V_{cs}=0.7f_tbh_0+1.25f_{yv}\frac{nA_{sv1}}{s}h_0$$

$$=0.7\times1.27\times250\times540+1.25\times210\frac{2\times28.3}{160}540$$

$$=170\text{kN}$$

（2）计算第一排弯起的钢筋截面面积 A_{sb1}

支座边缘处剪力设计值 $V_1=225.6$kN，取 $\alpha_s=45°$

$$A_{sb1}=\frac{V_1-V_{cs}}{0.8f_y\sin\alpha_s}=\frac{(225.6-170)\times10^3}{0.8\times300\times0.707}=327.7\text{mm}^2$$

弯起一根Φ 22 纵向钢筋 $A_s=380.4\text{mm}^2$，可以。

（3）验算是否需要设置第二排弯起钢筋

设第一排弯起钢筋弯起点距支座边缘的距离为 700mm（图 5-16），该处剪力设计值 $V_2=169.6$kN 小于 V_{cs}，故不需再弯起第二排弯筋。

【例 5-4】　T 形截面伸臂梁，截面尺寸、荷载及支承情况如图 5-19a 所示。混凝土强度等级为 C25，纵筋采用 HRB 400 级钢筋，箍筋用 HPB 235 级钢筋。求此梁所需配置的

箍筋及弯起钢筋。

【解】

(1) 内力计算

求支座反力 $R_B = \dfrac{100\times 8 + 200\times 2 + 200\times 4 + 16.25\times 8\times 4}{6} = 420\text{kN}$

$$R_A = 200 + 200 + 100 + 16.25\times 8 - 420 = 210\text{kN}$$

梁的弯矩图、剪力图如图 5-19 (b)、(c) 所示，图中内力均为设计值。

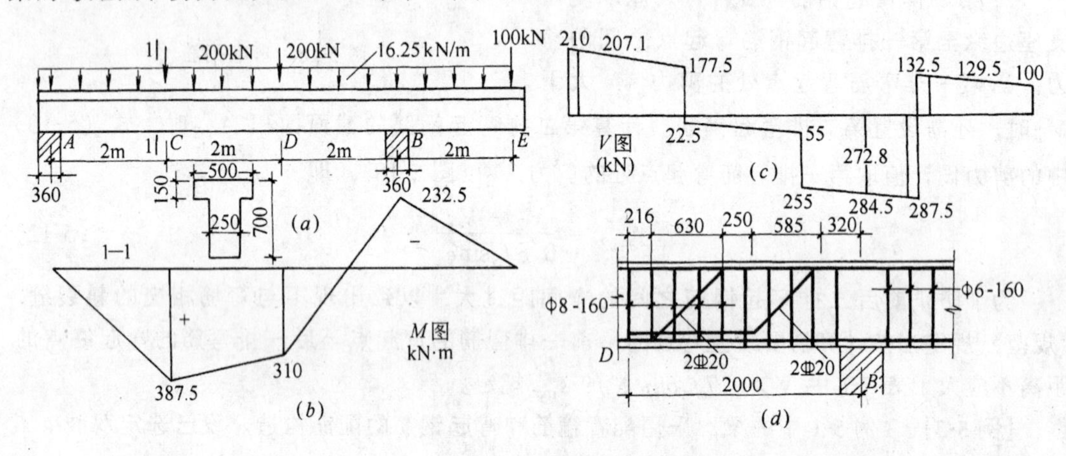

图 5-19 【例 5-4】

(a) 荷载及支承情况；(b) 弯矩图；(c) 剪力图；(d) BD 段弯起钢筋布置

根据正截面受弯承载力计算，跨中及支座截面分别配置 7 Φ 20 及 5 Φ 20 纵筋（计算从略）。

(2) 验算截面尺寸

最大剪力设计值位于 B 支座左侧 $V = 284.5\text{kN}$，$f_c = 11.9\text{N/mm}^2$，$f_t = 1.27\text{N/mm}^2$，$b = 250\text{mm}$，设 $h_0 = 640\text{mm}$

$0.25fcbh_0 = 0.25\times 11.9\times 250\times 640 = 476\text{kN} > V = 284.5\text{kN}$

截面尺寸可用。

(3) 腹筋计算

1. BD 段　集中荷载产生的支座边剪力为 233.3kN，它占总剪力的比值 233.3/284.5 = 0.82 > 75%，需考虑剪跨比 $\lambda = 2000/640 = 3.125$，取 $\lambda = 3$。考虑设置弯起钢筋，选用双肢Φ 8 箍筋，$s = 160\text{mm}$。

$$V_{cs} = \frac{1.75}{\lambda + 1}f_t bh_0 + f_y\frac{nA_{sv1}}{s}h_0$$

$$= \frac{1.75}{3+1}\times 1.27\times 250\times 640 + 210\times\frac{2\times 50.3}{160}\times 640 = 173.4\text{kN}$$

近 B 支座处第一排弯起钢筋的截面面积 A_{sb1}：

$$A_{sb1} = \frac{V - V_{cs}}{0.8 \times f_y \sin 45^\circ} = \frac{(284.5 - 173.4) \times 10^3}{0.8 \times 360 \times 0.707} = 545.6\text{mm}^2$$

采用 2 Φ 20，$A_s = 628\text{mm}^2$

由表 5-1 查得 $s_{max} = 250\text{mm}$，弯起上一排纵筋，弯起段的水平投影长度为 585mm；设弯终点距 B 支座中线的距离为 320，则第一排弯筋弯起点距 B 支座中线的距离为 $320 + 585 = 905\text{mm}$（图 5-19d）。该处 $V = 287.5 - 16.25 \times 0.905 = 272.8\text{kN}$

$$A_{sb2} = \frac{(272.8 - 173.4) \times 10^3}{0.8 \times 360 \times 0.707} = 488.2\text{mm}^2 \quad \text{用 2 Φ 20}$$

第二排弯筋由下排纵筋弯起，弯起段水平投影长度为 630mm，设第一排弯筋弯起点至第二排弯筋的弯终点距离为 $s_{max} = 250\text{mm}$，则第二排弯筋弯起点距集中荷载（D 点）的距离为 $216\text{mm} < s_{max}$，不需要第三排弯筋。

2．AC 段　集中荷载产生的支座边剪力为 166.7kN，它占总剪力的比值 $166.7/207.1 = 0.8 > 75\%$，需考虑剪跨比，取 $\lambda = 3$，$V = 207.1\text{kN} > V_{cs}$ 需设置弯起钢筋，计算与 BD 段相似，从略。

3．BE 段　集中荷载产生的支座边剪力占总剪力的比值为 $100/129.5 = 0.77 > 75\%$，需考虑剪跨比，取 $\lambda = 3$，设 BD 段仅配箍筋

$$\frac{A_{sv}}{s} = \frac{V - \frac{1.75}{\lambda + 1} f_t b h_0}{f_{yv} h_0} = \frac{129.5 \times 10^3 - \frac{1.75}{3 + 1} \times 1.27 \times 250 \times 640}{210 \times 640}$$

$$= 0.302$$

选用双肢 Φ 6 箍筋（$A_{sv1} = 28.3\text{mm}^2$）

$$s = \frac{2 \times 28.3}{0.302} = 187\text{mm} \quad \text{取 } s = 160\text{mm}$$

思　考　题

判断下列论述的正确与错误：

5-1　集中荷载作用下的无腹筋梁，其斜裂缝出现剪力 V_{cr} 与极限剪力 V_u 的比值 V_{cr}/V_u

（a）与剪跨比 λ 无关，是个常数 ……………………………………（　）

（b）随剪跨比 λ 增大而减小 ……………………………………（　）

（c）随剪跨比 λ 增大而增大 ……………………………………（　）

5-2　当 $V > 0.25\beta_h f_c b h_0$ 时，应采取的措施是

（a）提高箍筋的抗拉强度设计值 ……………………………………（　）

（b）增加压区翼缘，形成 T 形截面 ……………………………………（　）

（c）加用弯起钢筋 ……………………………………（　）

5-3　均布荷载作用下的梁，当 $1.0 \geq \frac{V}{f_t b h_0} > 0.7$ 时

（a）可直接按 $\rho_{sv,min}$ 配箍 ………………………………………………………………（　　）

（b）可直接按 s_{max} 及最小箍筋直接配箍 ……………………………………………………（　　）

（c）按 s_{max} 及最小箍筋直径配箍并验算 $\rho_{sv,min}$ …………………………………………（　　）

习　题

5-1　矩形截面试验梁，截面尺寸，荷载位置及支承情况如图 5-20 所示。已知混凝土为 C25 级，纵筋为 HRB 335 级钢：

（a）当不配置箍筋时，试按斜截面受剪承载力验算此梁所能承受的最大荷载 $P=$？

（b）如沿梁全长配置双肢ϕ6 箍筋，间距 200mm（$f_{yv}=210\text{N/mm}^2$），试按斜截面受剪承载力验算此梁所能承受的最大荷载 $P=$？

5-2　矩形截面悬臂梁，截面尺寸 $b\times h=200\text{mm}\times 250\text{mm}$，$h_0=465\text{mm}$。在距支座边缘截面 1.5m 处，作用有集中荷载 $P=50\text{kN}$（设计值），混凝土为 C25 级，箍筋采用 HPB 235 级钢筋，求此梁所需配置的箍筋。

5-3　矩形截面简支梁，净跨 4m，承受均布荷载设计值 35kN/m。梁截面尺寸 $b\times h=200\text{mm}\times 400\text{mm}$，$h_0=365\text{mm}$。混凝土为 C25 级，箍筋用 HPB 235 级钢筋，求此梁所需配置的箍筋。

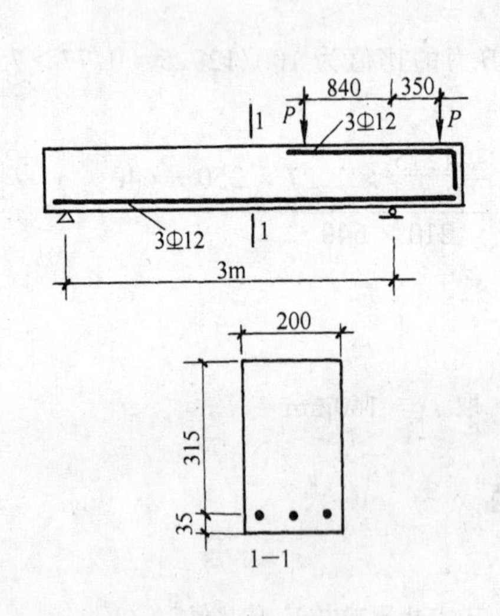

图 5-20　习题 5-1

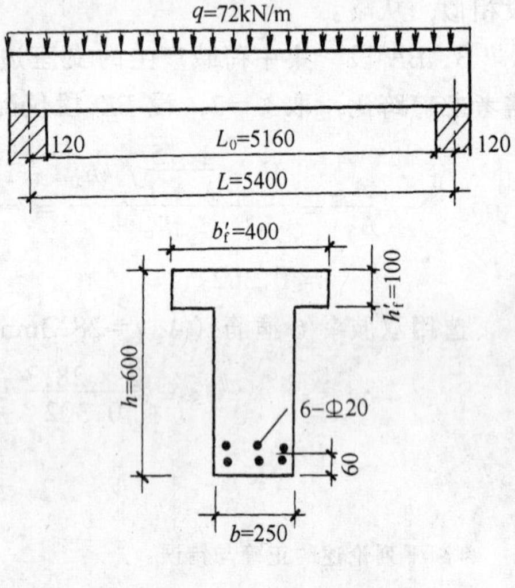

图 5-21　习题 5-4

5-4　T 形截面简支梁支承情况及截面尺寸如图 5-21 所示，均布荷载设计值 $q=72\text{kN/m}$。采用 C30 级混凝土，纵筋为 HRB 335 级钢筋，箍筋为 HPB 235 级钢筋，分别按下列两种情况进行梁的腹筋计算：

（a）仅配箍筋；

（b）采用双肢ϕ6 间距 200mm 的箍筋，求所需配置的弯起钢筋。

5-5　矩形截面简支梁，截面尺寸及荷载见图 5-22。集中荷载设计值 $P=360\text{kN}$。混凝土为 C30 级，按正截面受弯承载力计算纵向钢筋采用 6 Φ 18HRB 335 级钢筋，箍筋用 HPB 235 级钢筋。要求：

（a）仅配箍筋，计算箍筋直径及间距；

（b）如采用双肢ϕ6 间距 150mm 箍筋，求所需配置的弯起钢筋。

5-6　工字形截面简支梁，截面尺寸、构造及支承情况如图 5-23 所示。梁上均布荷载设计值 $q=47.5\text{kN/m}$，集中荷载设计值 $P=100\text{kN}$。设混凝土为 C30 级。箍筋为 HPB 235 级钢筋。梁仅配置箍筋，求沿梁长上所需箍筋的直径及间距。

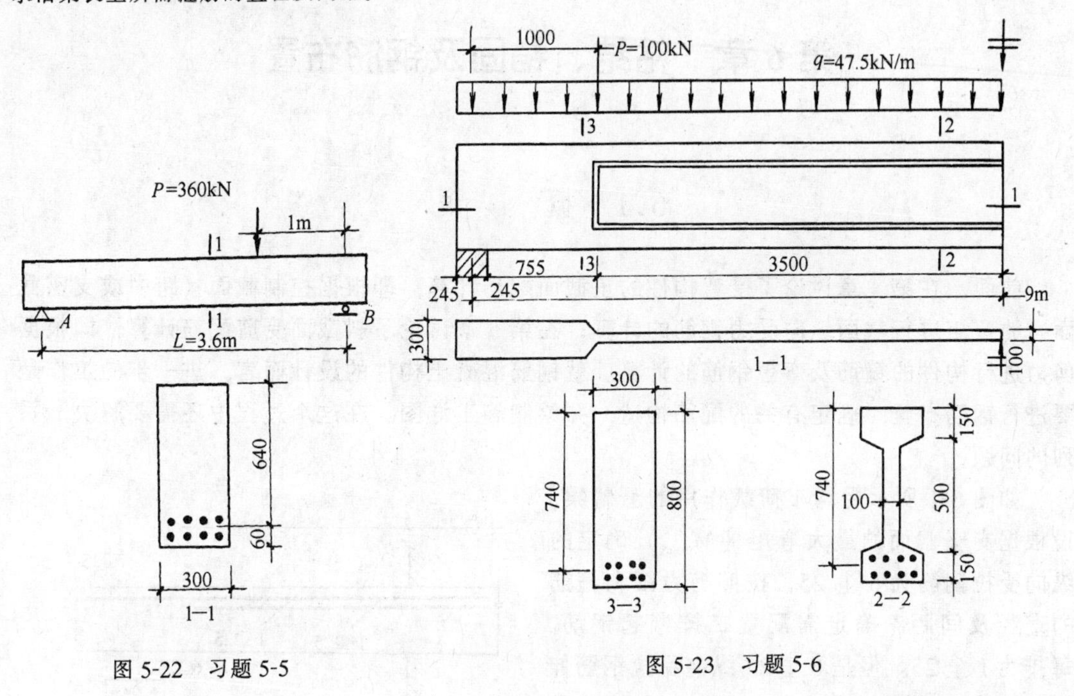

图 5-22　习题 5-5　　　　图 5-23　习题 5-6

第6章 粘结、锚固及钢筋布置

6.1 概 说

前面，在第4章讨论了受弯构件的正截面配筋计算，即根据控制截面（跨中或支座截面）的弯矩进行截面纵向受力钢筋的计算；在第5章讨论了斜截面受剪配筋计算，即根据剪力进行构件的箍筋及弯想钢筋的计算。就钢筋混凝土构件的设计而言，进一步的工作是要进行钢筋布置，确定有关的配筋构造，并绘制施工详图。在这个过程中还需要解决一系列的问题。

如图6-1所示受均布荷载作用的悬臂梁，设根据支座截面的最大弯矩（M_{max}）确定的纵向受拉钢筋为6 Φ 25；按照剪力图和箍筋的直径及间距，确定需配置二排弯起钢筋，每排为1 Φ 25。但是6 Φ 25纵向受拉钢筋伸入支座的"**锚固长度** l_a"应该有多长，才足以使纵筋在支座截面发挥其全部设计强度？根据受剪要求确定的弯起钢筋位置及数量，是否会影响正截面的受弯承载能力？如果6根纵向钢筋中的两根弯下作为受剪的弯起钢筋，其余4根纵筋在跨间应如何处理？为了节约配筋，可否将其中两根在正截面受弯计算不需要处截断，钢筋的实际截断点距该钢筋强度充分利用的截面的"**延伸长度** l_d"应如何取值，才能保证钢筋中建立起所需发挥的拉力？为了处理好这些问题，正确地进行钢筋布置，需要了解钢筋与混凝土之间的粘结、锚固性能。

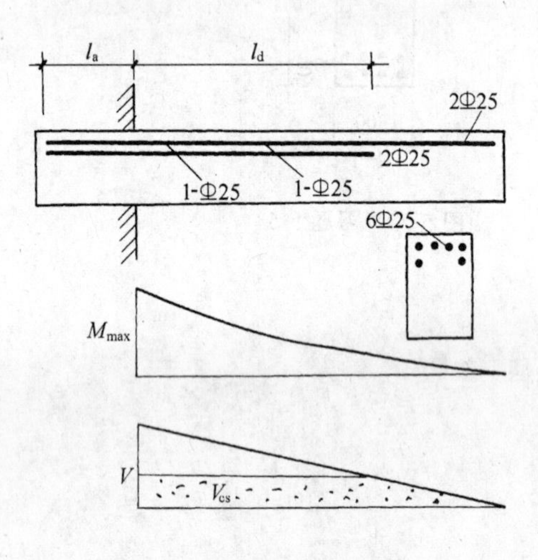

图6-1 悬臂梁的配筋构造问题

本章将首先讨论钢筋与混凝土的粘结机理，影响粘结强度的因素。再进一步说明如何根据构件的抵抗弯矩图确定截断钢筋和弯起钢筋的位置，及其所需的锚固长度。最后将讨论怎样综合考虑受弯、受剪及粘结锚固的要求，进行钢筋布置，以及《规范》中的有关构造要求。

6.2 钢筋与混凝土的粘结

6.2.1 粘结的机理

光面钢筋和变形钢筋具有不同的粘结机理。

光面钢筋与混凝土的粘结作用由三部分组成：(1) 混凝土中水泥胶体与钢筋表面的化学胶着力；(2) 钢筋与混凝土接触面上的摩擦力；(3) 钢筋表面粗糙产生的机械咬合作用。钢筋与混凝土的胶着力很小，发生相对滑动后，粘结力主要由摩擦力和咬合力所提供。

钢筋与混凝土的粘结强度通常采用图 6-2 所示标准拔出试件来测定，试件截面尺寸为 100mm×100mm，钢筋在混凝土中的粘结埋长 l 为 5 倍钢筋直径 ($5d$)，为了防止加荷端局部锥形破坏，在加荷端设置长度为 (2～3) d 的塑料套管。设拔出力为 F，即钢筋中的总拉力 $F=\sigma_s A_s$，则钢筋与混凝土界面上的平均粘结应力可按下式计算：

$$\tau = \frac{F}{\pi d l} \tag{6-1}$$

试验中可同时量测加荷端滑移及自由端滑移，由于相对埋长 $l/d=5$ 较短，可认为到达最大荷载时，粘结应力沿埋长近乎均匀分布。因此，以粘结破坏（钢筋拔出或混凝土劈裂）时的最大平均粘结应力代表钢筋与混凝土的**粘结强度** τ_u。

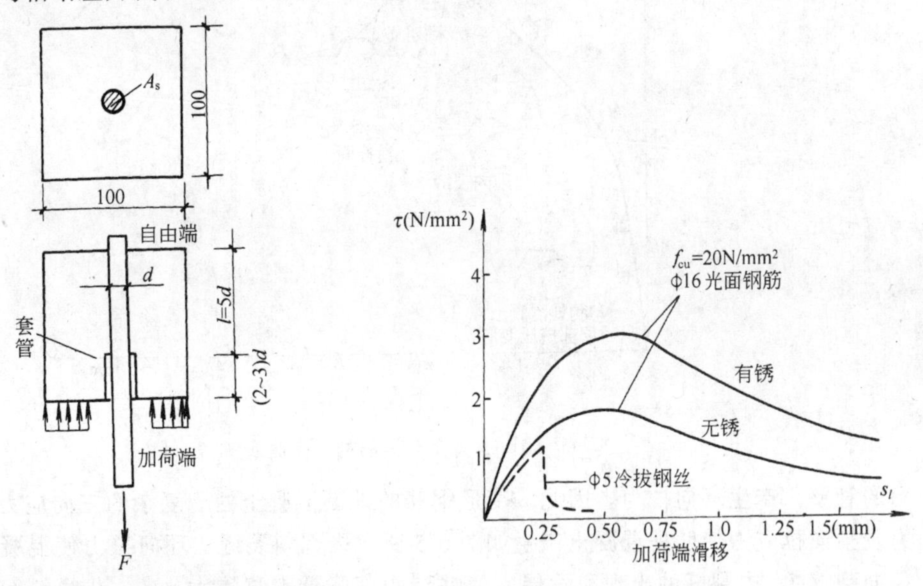

图 6-2 拔出试件

图 6-3 光面钢筋的 τ-s 曲线

图 6-3 为光面钢筋拔出试验的典型粘结应力-滑移曲线（τ-s 曲线）。光面钢筋的粘结强度较低，$\tau_u \approx (0.4 \sim 1.4) f_t$，到达最大粘结应力后，加荷端滑移 s_l 急剧增大，τ-s 曲线出现下降段，这是因为接触面上混凝土细颗粒磨平，摩擦力减小。光面钢筋拔出试件的

破坏形态是钢筋被徐徐拔出的**剪切破坏**，滑移可达数毫米。光面钢筋的粘结强度很大程度上取决于钢筋的表面状况。实测表明，锈蚀钢筋的表面凸凹可达0.1mm，其粘结强度较高约$1.4f_t$；而未经锈蚀的新轧制的钢筋的粘结强度仅为$0.4f_t$。表面光滑的冷拔钢丝，一旦胶着力丧失，钢丝全长发生滑动摩擦阻力很小，已达极限粘结强度。光面钢筋粘结的主要问题是强度低，滑移大，因此，很多国家采用给定滑移量（如$s_l=0.25$mm）下的粘结应力作为允许粘结应力，且限定光面钢筋只有用在焊接骨架或焊接钢筋网中才能作为受力钢筋。

变形钢筋改变了钢筋与混凝土间相互作用的方式，显著改善了粘结效用。虽然胶着力和摩擦力仍然存在，但变形钢筋的粘结强度主要为钢筋表面轧制的肋与混凝土的咬合作用。图6-4为变形钢筋拔出试验的粘结应力τ与加荷端滑移的关系曲线。加荷初期（$\tau<\tau_A$），肋对混凝土的斜向挤压力形成了滑动阻力，滑动的产生主要为肋根部混凝土的局部挤压变形，粘结刚度较大，τ与s接近直线关系（τ-s曲线的斜率较陡)。斜向挤压力沿钢筋轴向的分力使混凝土轴向受拉、受剪；斜向挤压力的径向分力使外围混凝土有如受内压

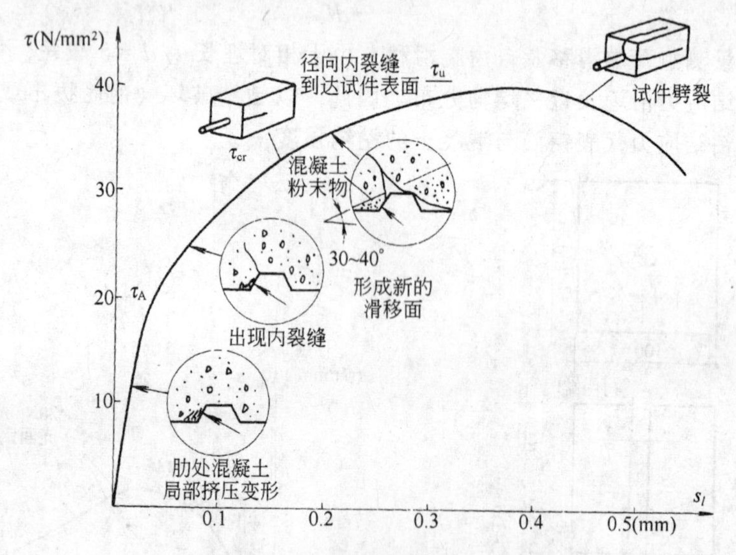

图6-4　变形钢筋的τ-s曲线

力的管壁，产生环向拉力。因此，变形钢筋的外围混凝土处于复杂的三向应力状态，剪应力及轴向拉应力使肋处混凝土产生如图6-5所示内部斜裂缝；环向拉力使混凝土产生内部径向裂缝❶，内裂缝的出现和发展，使粘结刚度降低滑移增大，τ-s曲线斜率改变。随荷载增大，斜向挤压力增大，混凝土被挤碎后的粉末物堆积在肋处形成新的滑移面，产生较

❶ 后藤（Goto）曾采用在试件中预留孔道，加荷前在孔道中用压力注入红墨水的方法，利用内裂缝出现后产生的负压，使墨水浸入缝隙。卸荷后将试件剖开，观察到墨水显示出的内裂缝分布。

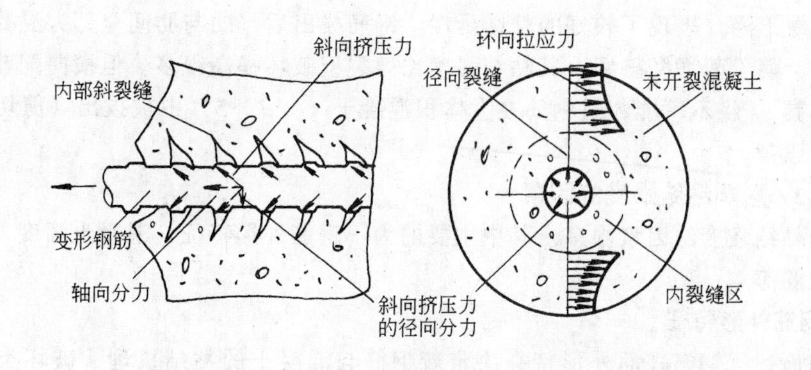

图 6-5　变形钢筋外围混凝土的内裂缝

大的相对滑动。当径向内裂缝到达试件表面时，相应的粘结应力称为**劈裂粘结应力** $\tau_{cr} \approx (0.8 \sim 0.85)\ \tau_u$。这时，$\tau$-$s$ 曲线发生明显的转折，表明粘结应力已达临界状态。此后，虽然荷载仍能有所增长，但滑移急剧增大，随劈裂裂缝沿试件长度的发展，τ-s 曲线很快到达峰值应力 τ_u。相应于 τ_u 的滑移 s 随混凝土强度的不同约在 0.35～0.45mm 之间波动。对于一般保护层厚度的无横向配筋试件，到达 τ_u 后，在 s 增长不大的情况下，均为粘结强度很快丧失的脆性**劈裂破坏**（图 6-4）。

当混凝土保护层厚度 c 与钢筋直径 d 的比值较大（$c/d \geqslant 5$）时，或试件中配置有较强的横向钢筋时，粘结破坏将是另一种形式。图 6-6 为配置螺旋钢筋的变形钢筋拔出试件的 τ-s 曲线，图中竖轴为粘结应力 τ 与混凝土劈拉强度 $f_{t,s}$ 的比值 $\tau/f_{t,s}$。由图中曲线的对比可知，内裂缝出现前 $\tau \leqslant \tau_A$，横向配筋对 τ-s 曲线并无影响。$\tau > \tau_A$ 以后，由于横向钢筋约束了内裂缝的发展，粘结刚度增大，τ-s 曲线的斜率比无横向配筋试件的要大。有横向配筋试件的劈裂粘结应力 τ_{cr}，比无横向配筋者有较大的提高。纵向劈裂裂缝出现后，横向钢筋中应力显著增大，控制了裂缝的开展，使荷载能继续增长。极限粘结强度 τ_u 的到达是由于肋与肋间的混凝土被完全挤碎，发生沿肋外径圆柱面上剪切滑移，钢筋被徐徐拔出，产生所谓**"刮犁式"**的破坏（图 6-7）。这时滑移可达 1～2mm，但由于滑移面上存在有骨料咬合力及摩擦力，粘结强度降低不多，τ-s 曲线接近水平，直到 s>3mm 后，τ

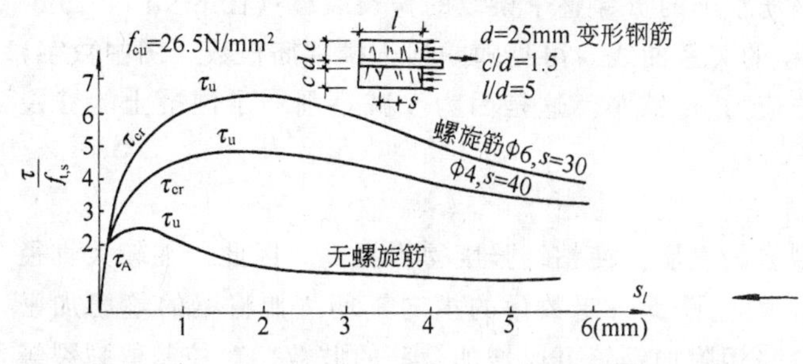

图 6-6　配螺旋筋拔出试件的 τ-s 曲线

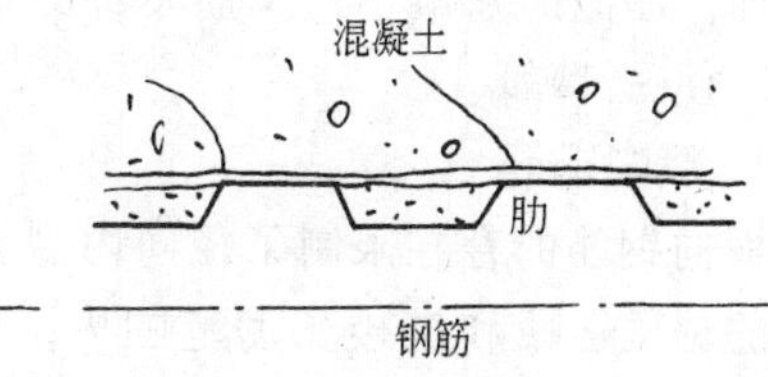

图 6-7　剪切型粘结破坏

才开始缓缓下降，表现了较好的粘结延性。钢筋拔出后，肋与肋间全部为混凝土粉末物紧密地填实，属于**剪切型破坏**，其粘结强度比劈裂型破坏提高很多。但横向配筋的作用是有限度的，其 τ_u 将不可能超过钢筋在大体积混凝土（$c/d>5$）中被拔出（剪切型破坏）的极限粘结强度。

6.2.2 影响粘结强度的因素

影响粘结强度的因素很多，其中主要的为：钢筋外形特征、混凝土强度、保护层厚度及横向配筋等。

1. 钢筋外形特征

如前所述，钢筋表面外形特征决定着钢筋与混凝土的粘结机理、破坏类型和粘结强度，当其他条件相同时，光面钢筋的粘结强度约比带肋的变形钢筋粘结强度低20%。

2. 混凝土强度

光面钢筋及变形钢筋的粘结强度均随混凝土强度的提高而提高，但并不与立方体强度成正比。试验表明，当其他条件基本相同时，粘结强度 τ_u 与混凝土轴心抗拉强度 f_t 近似成正比。

3. 保护层厚度及钢筋净间距

变形钢筋具有较高的粘结强度，但其主要危险是可能产生劈裂裂缝。钢筋混凝土构件出现沿钢筋的纵向裂缝对结构的耐久性是非常不利的。增大保护层厚度和保持必要的钢筋净间距，可以提高外围混凝土的劈裂抗力，保证粘结强度的发挥。试验表明，当相对保护层 $c/d\leqslant 2.5$ 时，相对粘结强度 $\tau_u/f_{t,s}$与 c/d 成正比（图6-8），当 $c/d>5$ 时，$\tau_u/f_{t,s}$将不再增长，发生沿钢筋外径圆柱面上的剪切破坏，到达 $\tau_u/f_{t,s}$的上限。

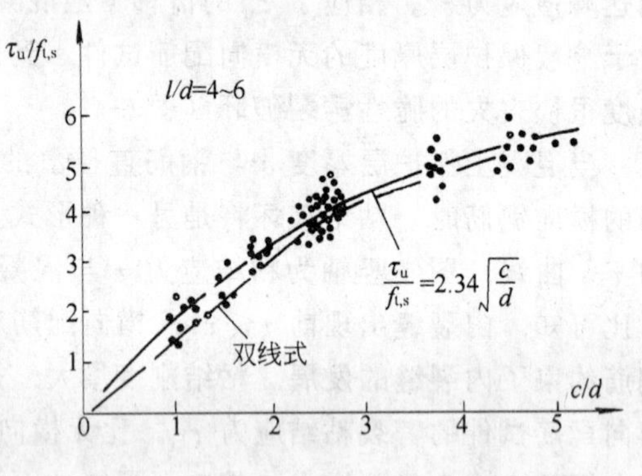

图6-8 $\tau_u/f_{t,s}$与 c/d 的关系

钢筋混凝土构件的截面配筋中，当有多根钢筋并列一排时，钢筋的净间距对粘结强度有很大影响，净间距不足将发生沿钢筋水平的贯穿整个梁宽的劈裂裂缝（图6-9a）。图6-9（b）为钢筋应力 σ_s 与钢筋净间距 s 的关系曲线，可见随并列一排钢筋根数（图中数字）的增加，净间距 s 减小，钢筋发挥的应力 σ_s 减小，这是因为 s 减小削弱了混凝土的劈裂抗力，使 τ_u 降低。

4. 横向钢筋

横向钢筋的存在限制了径向内裂缝的发展，使粘结强度得到提高。因此，在较大直径钢筋的锚固区段和搭接长度范围内，均应设置一定数量的横向钢筋，如将梁的箍筋加密等。当一排并列钢筋的根数较多时，采用附加钢箍可以增加箍筋的肢数，对控制劈裂裂缝提高粘结强度是很有效的。如图6-9（b），同样配置4 Φ 16 钢筋的两个试件 B_1S 及B_1L，

要求？这些问题要通过画抵抗弯矩图来解决。

2. **截断钢筋**在 M_R 图上的表示方法。如图 6-11，将跨中截面纵筋的极限弯矩 nr，按钢筋截面面积的比例划分出每根钢筋所提供的弯矩值，如图中 m，p，q 各点（这时可忽略内力臂 γh_0 的不大的变化）。如竖距 nm、mp、pr 各代表①号、②号及③号钢筋所抵抗的弯矩。过点 m 画水平线与 M 图的交点为 i，j，对应的正截面为 I，J，即在 I 和 J 截面处①号钢筋可退出工作，剩下的②号及③号钢筋已足以抵抗荷载产生的弯矩。i、j 称为①号钢筋在抵抗弯矩图上的“**理论断点**”；同时 i，j 也是余下的②号，③号钢筋的“**充分利用点**”，因为在 i，j 处这些钢筋需发挥其全部设计强度，才能满足正截面受弯承载力的要求。如果在 i，j 处考虑将①号钢筋按截断钢筋处理，反映在 M_R 图上则为台阶 ki 及 lj，表明该处抵抗弯矩图发生突变。

3. **弯起钢筋**在 M_R 图上的表示方法。如图 6-11，如果将②号钢筋在 G 和 H 截面开始弯起，则弯起后由于力臂减小该钢筋的抵抗弯矩值将减少。由于弯起过程中，力臂是逐渐减小的，所以在 M_R 图上不是台阶形的突变，而是线性减小。直到弯起钢筋与梁轴线的交点 E 和 F 截面处，认为弯筋已进入受压区，它所提供的抵抗弯矩消失。因此，在 M_R 图上对应于 E、F 截面的点 e，f，M_R 图的竖距为 pr，即考虑②号钢筋已不参与正截面的受弯。斜线 ge 及 hf 反映了②号钢筋的抵抗弯矩值的变化。

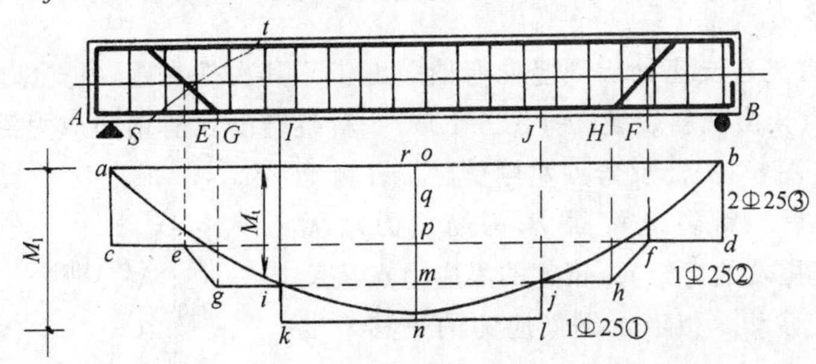

图 6-11　纵筋截断及弯起的 M_R 图

4. M_R 图与荷载作用下的弯矩图的关系。为了保证正截面受弯承载力的要求，任一截面的 M_R 应不小于 M，即 M_R 图必须将 M 图包纳在内。M_R 图越贴近 M 图，说明钢筋的利用越充分。但是应考虑到便于施工，不宜使配筋构造过于复杂。

6.3.2　截断钢筋的锚固——延伸长度

当将纵向受拉钢筋在跨间截断时，由于钢筋面积的骤减，使混凝土中产生应力集中，在纵筋截断处将提前出现裂缝。如截断钢筋的锚固长度不足，将导致粘结破坏，降低构件的承载力。因此，对于梁底部承受正弯矩的纵向受拉钢筋，一般不宜在跨中受拉区截断，而是将计算上不需要的钢筋弯起作为受剪的弯起钢筋，或作为支座截面承受负弯矩的钢筋，除非在剪力较小（$V \leqslant 0.7 f_t b h_0$）或配置有较强的箍筋区段。但是对于连续梁（板）、框架梁等构件，为了合理配筋，通常需将支座处负弯矩钢筋，按弯矩图形的变化，在跨中分批截断。为了保证钢筋强度的充分利用，截断的钢筋必须在跨中有足够的锚固长度，即所谓的**延伸长度**。与钢筋在支座或节点区锚固不同的是，这是钢筋在存在有斜裂缝的、弯剪共同作用区段，无支座压应力影响下的粘结锚固问题。

1. **试验研究**

为了研究钢筋在弯剪共同作用区段截断时的粘结性能，试验梁如图 6-12（*a*）所示。试验钢筋设在支座顶部负弯矩区段，*A* 点为试验钢筋强度的充分利用点。*C* 为钢筋截断点（自由端），自钢筋强度充分利用点至截断点的距离 *AC* 定义为该钢筋的**延伸长度** l_d。

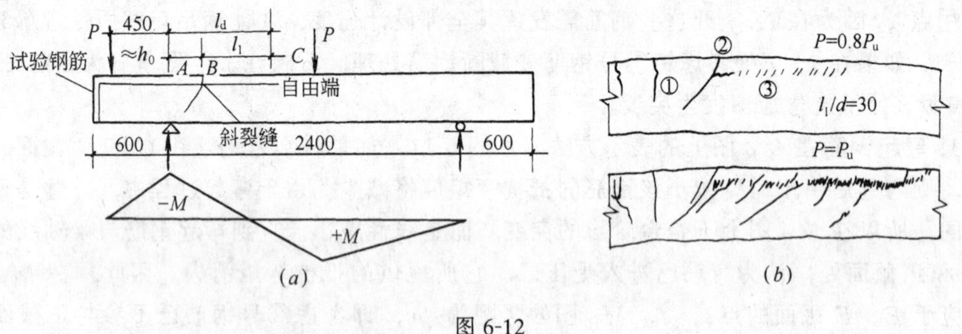

图 6-12

（*a*）试验梁；（*b*）破坏形态

梁受荷后，首先在支座处出现竖向弯曲裂缝①，其次是在距 *A* 支座两侧约（0.75～1.0）h_0 处（*B* 点）出现斜裂缝②（图 6-12*b*）。斜裂缝出现前钢筋应力沿 l_1 上的分布基本与 *M* 形相符（图 6-13），反弯点左侧受拉，右侧受压。斜裂缝出现后，斜裂缝截面 *B* 钢筋应力增大（它取决于斜裂缝尾端的弯矩），钢筋的零应力点从反弯点向截断点 *C* 移动。相当于钢筋应力的平移。当荷载 $P=(0.7\sim0.8)P_u$ 时（P_u 为极限荷载），梁侧面纵筋位置处出现一条条短的斜向粘结裂缝③，即所谓的"**针脚状裂缝**"。随针脚状裂缝向自由端 *C* 发展，相对滑移 s_1 及 s_2 明显增大（图 6-14）。当 $P\approx0.9P_u$ 时，已达临界荷载，沿 l_1 上 σ_s 均为拉应力，且在 *BC* 之间接近直线变化（图 6-13），说明粘结应力沿 l_1 上接近均匀分布。到达极限荷载时，针脚状裂缝已联通形成纵向劈裂，保护层混凝土剥落，构件发生劈裂粘结破坏（图 6-12*b*）。当钢筋具有足够的延伸长度 l_d，或配有较强的横向钢筋时，虽然针脚状裂缝仍然出现，但未形成贯通的纵向劈裂，而是支座截面钢筋应力到达屈服的受弯破坏。针脚状粘结裂缝

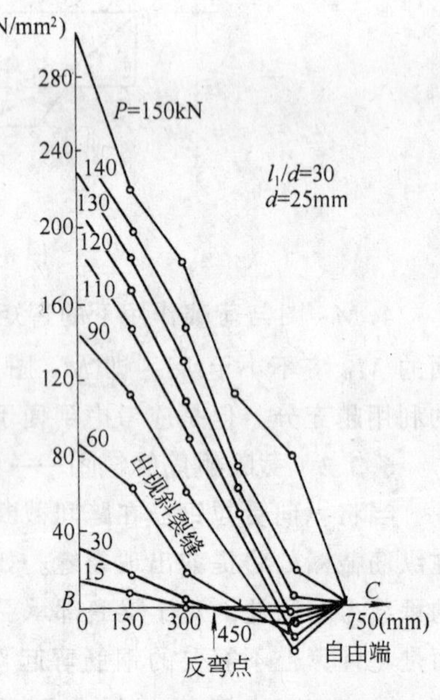

图 6-13　钢筋应力的分布图形

的发生是由于外侧保护层混凝土受到钢筋传来的纵向拉应力 σ_x，剪应力 τ_{xy}（剪力作用），及图 6-5 所示肋的斜向挤压力的径向分力产生的横向拉应力 σ_y 的复合受力结果（图 6-15）。由于 σ_y 在超出钢筋直径范围后很快衰减，因此这种裂缝只在钢筋侧面一定高度内发展，且接近平行，形成了针脚状的粘结裂缝③。

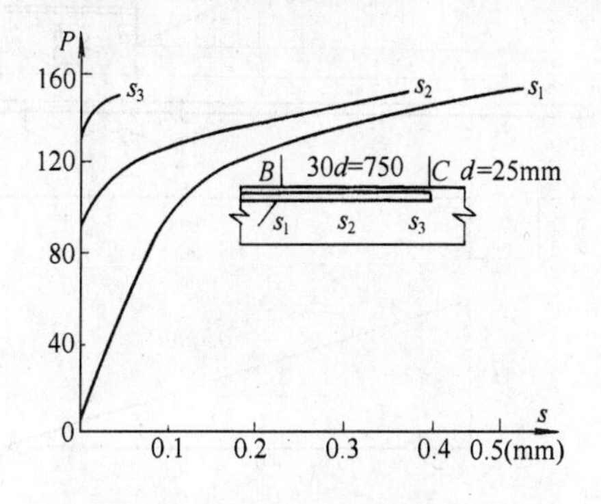

图 6-14　荷载滑移曲线

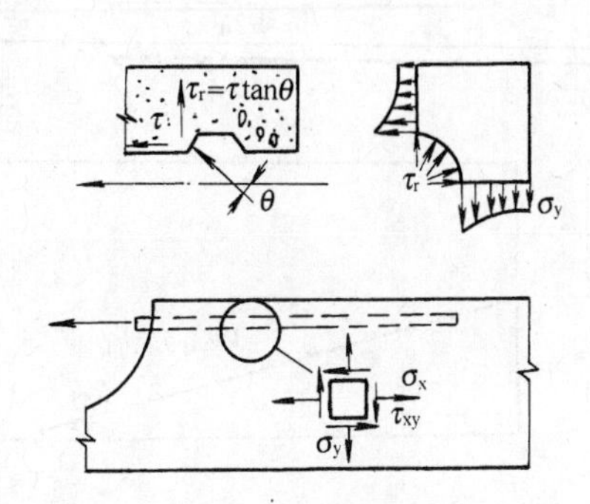

图 6-15　针脚状裂缝

2.《规范》关于截断钢筋的规定

《规范》在试验研究的基础上，以过去工程经验为校准点，根据可靠度分析，将截断钢筋的延伸长度采用拔出试件得出的锚固长度 l_a 的形式来表达，规定：

(1) 当 $V \leqslant 0.7f_tbh_0$ 时，截断点到该钢筋充分利用截面的延伸长度 l_d 不应小于 $1.2l_a$，且距该钢筋理论断点（按正截面受弯承载力计算不需要该钢筋的截面）的距离不小于 $20d$（图 6-16）；

(2) 当 $V > 0.7f_tbh_0$ 时，截断点到该钢筋充分利用截面的延伸长度 l_d 不应小于 $1.2l_a + h_0$，且距该钢筋理论断点的距离不小于 h_0 和 $20d$ 中的较大值（图 6-17）；

(3) 若按情况 (2) 规定确定的截断点仍位于负弯矩受拉区内（即图 6-17 中反弯点 d 到支座边截面的距离 l_m 范围内），则截断点到该钢筋充分利用截面的延伸长度 l_d 不应小于 $1.2l_a + 1.7h_0$，且距该钢筋理论断点的距离不小于 $1.3h_0$ 和 $20d$ 中的较大值。

情况 (1) 是指在 $V \leqslant 0.7f_tbh_0$ 不出现斜裂缝情况下，取延伸长度 $l_d = 1.2l_a$；同时考虑到实际弯矩图与计算弯矩图的差别，以及施工误差等因素，要求钢筋截断点延伸过理论断点的距离不应小于 20 倍钢筋直径。图 6-16 中 a 为〈1〉号钢筋充分利用截面，b 为〈1〉号钢筋的理论断点，也是〈2〉号钢筋的充分利用截面，c 是〈2〉号钢筋的理论断点。

情况 (2) 是考虑到 $V > 0.7f_tbh_0$ 时存在有斜裂缝情况下，钢筋应力充分利用截面将向跨中平移一段距离（斜裂缝水平投影长度 h_0），故延伸长度应增加 h_0，取 $l_d = 1.2l_a + h_0$；同理，钢筋截断点延伸过理论断点的距离不应小于 h_0 和 $20d$ 中的较大值。如图 6-17 中 b 为〈2〉号钢筋的充分利用截面，c 为其理论断点，也是〈3〉号钢筋的充分利用截面，d 为〈3〉号钢筋的理论断点。

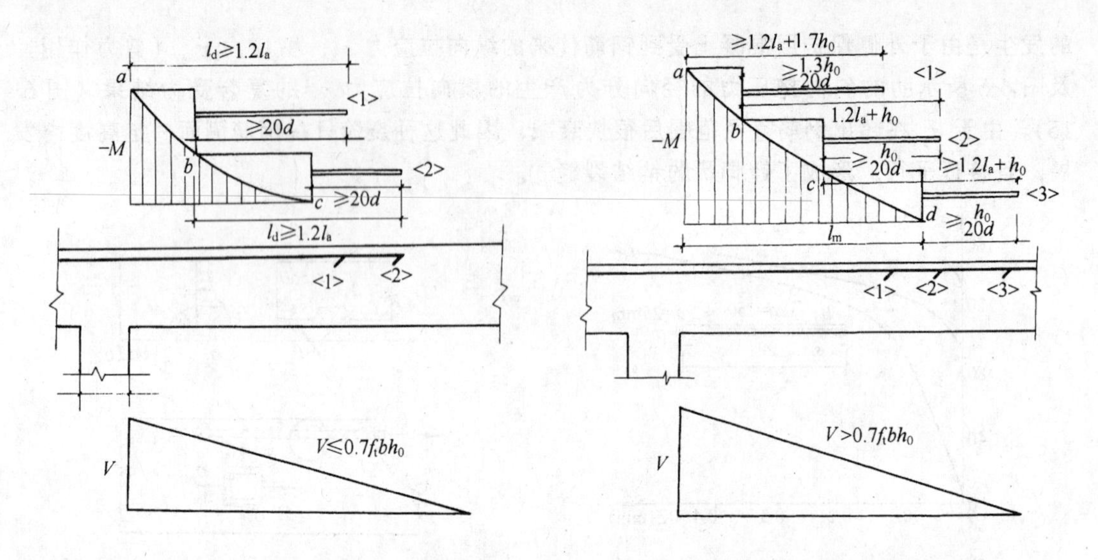

图 6-16　$V \leqslant 0.7f_t bh_0$ 时截断钢筋的规定　　　　图 6-17　$V > 0.7f_t bh_0$ 时截断钢筋的规定

情况（3）是考虑到当负弯矩区段长度（图 6-17 中 l_m）相对较大时，斜裂缝的充分发展使钢筋应力平移距离增大，需进一步增加延伸长度。如图 6-17 中〈1〉号钢筋，其 $l_d \geqslant 1.2l_a + 1.7h_0$，且截断点伸过理论断点 b 的距离不小于 $1.3h_0$ 和 $20d$ 中的较大值。对于悬臂梁（全跨长均处于负弯矩区段），除截面角部两根上部钢筋伸至梁端，并向下弯折不小于 $12d$ 外；其余钢筋不应在梁的上部截断，而应向下弯折按下节弯起钢筋规定在梁下边锚固。

6.3.3　弯起钢筋

如前所述，为了保证正截面受弯承载力的要求，弯起钢筋的抵抗弯矩图应位于荷载作用产生的弯矩图以外（图 6-11 中 ige 或 jhf）。但是在出现斜裂缝后，还存在着如何满足斜截面受弯承载力要求的问题。如图 6-18 所示，i 为弯起钢筋的充分利用点，在距 i 点距离为 a 处将〈2〉号钢筋弯起。设出现斜裂缝 st，其顶点 t 位于〈2〉号钢筋的强度充分利用截面 i 处。〈2〉号钢筋在正截面 i 处的抵抗弯矩为：

$$M^{②} = f_y A_{sb} z$$

〈2〉号钢筋弯起后，在斜截面 st 的抵抗弯矩为：

$$M^{②}_{st} = f_y A_{sb} z_b$$

这里 A_{sb} 为弯起钢筋的截面面积，z 及 z_b 分别为弯起钢筋在正截面及斜截面的力臂（图 6-18），为了保证钢筋弯起后斜截面的受弯承载力不低于正截面的承载力，要求 $M^{②}_{st} \geqslant M^{②}$，即

$$z_b \geqslant z$$

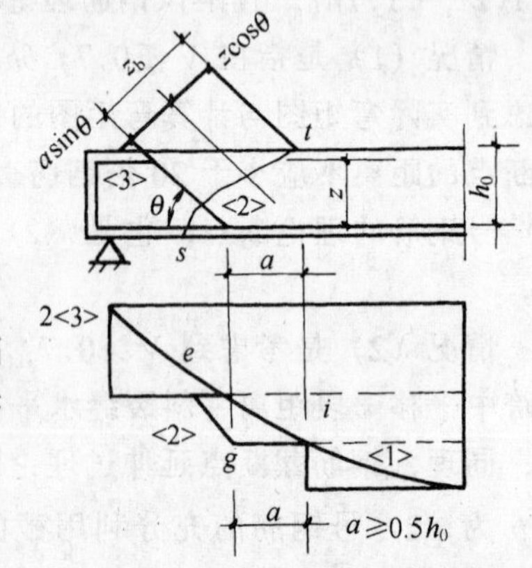

图 6-18　弯起钢筋构造要求

由图 6-18 中的几何关系 $z_b = a\sin\theta + z\cos\theta$，故 $a\sin\theta + z\cos\theta \geqslant z$

或
$$a \geqslant \frac{z\ (1-\cos\theta)}{\sin\theta}$$

弯起钢筋的弯起角度 θ 一般为 45°或 60°，近似取 $z = 0.9h_0$，则$a \geqslant (0.37 \sim 0.52)h_0$，《规范》取

$$a \geqslant 0.5h_0 \tag{6-5}$$

故在确定弯起钢筋的弯起位置时，为了满足斜截面受弯承载力的要求，弯起点必须延伸过该钢筋的充分利用点至少有 $0.5h_0$ 的距离。

当弯起钢筋仅作为受剪钢筋，而不是伸过支座用于承受弯矩时，弯起钢筋在弯折终点外应有一直线段的锚固长度（图 6-19），才能保证在斜截面处发挥其强度。由于弯筋在弯折处受到混凝土斜向压应力的有利作用，《规范》规定当直线段位于受拉区时，其长度应不小于 $20d$；当直线段位于受压区时，其长度应不小于 $10d$。为了防止弯折处混凝土挤压力的过于集中，弯折半径应不小于 $10d$（图 6-19）。

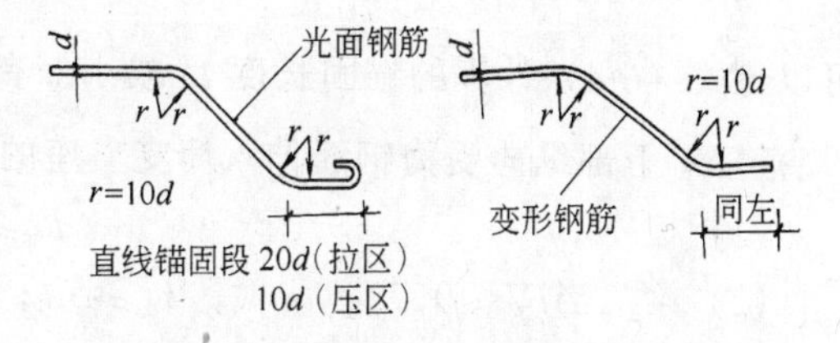

图 6-19　弯筋直线段锚固要求

当纵筋的弯起不能满足正截面和斜截面的受弯承载力要求时，可设置单独的仅作为受剪的弯起钢筋。这时弯筋应采用图 6-20 所示“鸭筋”的型式，而不能采用仅在受拉区有不大的水平段的“浮筋”，以防止由于弯筋发生较大滑移使斜裂缝有过大的开展。

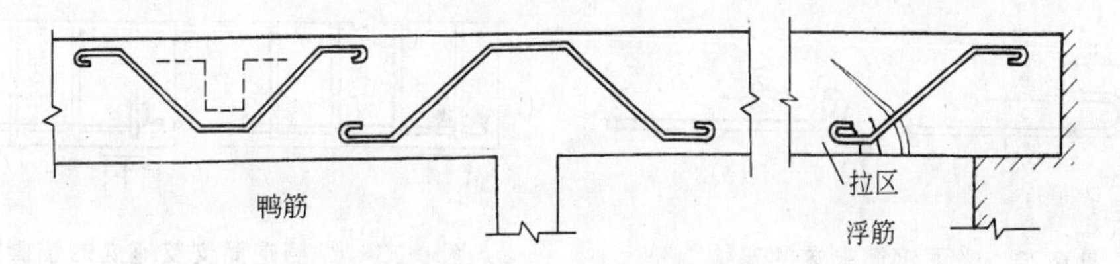

图 6-20　单独弯筋的设置型式

6.3.4　纵向钢筋在支座处的锚固

1. 简支支座

简支梁近支座处出现斜裂缝时，斜裂缝处钢筋应力 σ_s 将增大，σ_s 的大小（图 6-21）与伸入支座的纵向钢筋数量及受剪钢筋（箍筋及弯起钢筋）的配置有关。这时，梁的受弯承载力取决于纵筋在支座中的锚固，如锚固长度不足，钢筋与混凝土的相对滑移将使

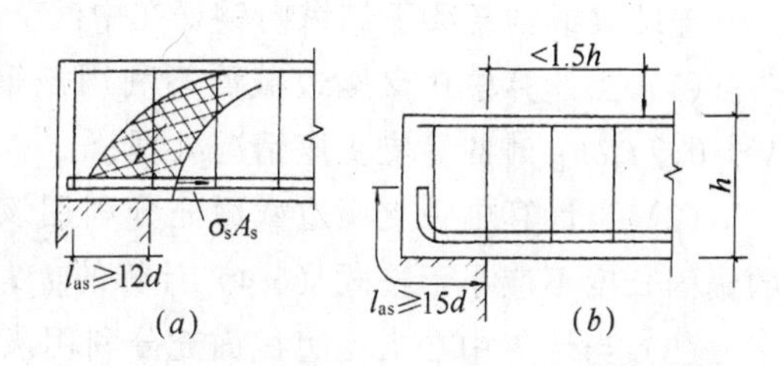

图 6-21　纵向钢筋在简支支座处的锚固长度 l_{as}

斜裂缝宽度显著增大，甚至会发生粘结锚固破坏。尤其是近支座处有较大集中荷载的构件。对于梁宽 $b \geqslant 150$mm 的设置双肢箍筋的梁，为了绑扎箍筋至少位于梁底角部的两根纵筋应伸入支座。一般情况下，伸入支座的纵筋截面面积不宜小于跨中受力钢筋截面面积的$\frac{1}{3}$。板的剪力比较小，通常能满足 $V \leqslant 0.7 f_t bh_0$ 的条件，故不需设置受剪钢筋。板中伸入支座的纵向钢筋数量，其间距不应大于 400mm，其截面面积也不应小于跨中受力钢筋截面面积的$\frac{1}{3}$。

支座处由于存在有横向压应力的有利影响，使粘结作用得到改善。因此，其锚固长度可以比式（6-4）计算的锚固长度 l_a 减小，有些国家的规范取为基本锚固长度的$\frac{2}{3}$。我国《规范》对下部纵向受力钢筋伸入简支支座的锚固长度 l_{as}规定如下：

（1）板　　$l_{as} \geqslant 5d$

（2）梁　当 $V \leqslant 0.7 f_t bh_0$ 时，$l_{as} \geqslant 5d$；

当 $V > 0.7 f_t bh_0$ 时，

带肋钢筋 $l_{as} \geqslant 12d$；

光面钢筋 $l_{as} \geqslant 15d$

光面钢筋锚固长度的末端（包括跨中截断钢筋及弯起钢筋）均应设置标准弯钩，标准弯钩的构造要求见图 6-22。

当纵向钢筋伸入支座的长度不满足上述 l_{as}的要求时，可在纵筋端部加焊锚固横向钢筋或角钢（图 6-23），加强纵筋在支座处的锚固。

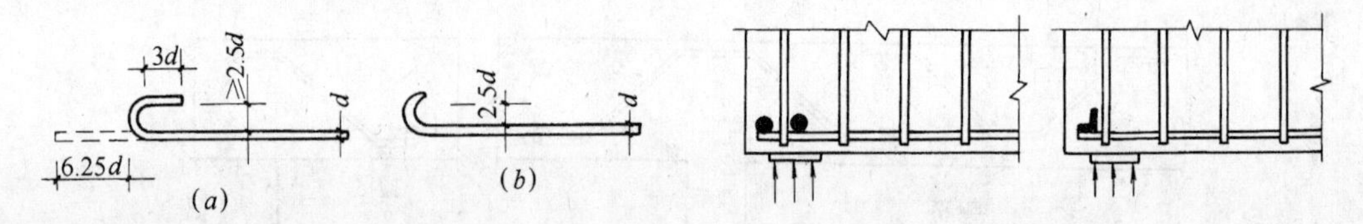

图 6-22　光面钢筋末端的弯钩

（a）手工弯标准钩；（b）机器弯标准钩

图 6-23　纵筋在简支支座处的锚固措施

2. **中间支座**

连续梁或框架梁的上部纵向钢筋应贯穿中间支座或节点（图 6-24a）。

连续梁或框架梁下部纵向钢筋在中间支座或节点处应满足下列锚固要求：

（1）当计算中在支座边截面不利用该钢筋的强度时，其伸入支座的锚固长度，可按 $V > 0.7 f_t bh_0$ 时的简支支座情况处理；

（2）当计算中在支座边截面充分利用该钢筋的抗拉强度时（图 6-24a），其伸入支座的锚固长度不应小于按式（6-4）计算的 l_a；

（3）当计算中在支座边截面充分利用该钢筋的抗压强度时，其伸入支座的锚固长度不应小于 $0.7 l_a$。

连续板的下部纵向受力钢筋，一般伸至支座中线，但伸入支座的锚固长度不小于 $5d$。

3. 边支座

当边支座为悬臂梁的固定端支座时，梁中承受负弯矩的上部纵向钢筋，其伸入支座的锚固长度不应小于按式（6-4）计算的 l_a。如梁的下部纵向钢筋在计算上作为受压钢筋，其伸入支座的锚固长度不应小于 $0.7l_a$。

框架梁上部纵向受拉钢筋在中间层边柱内的锚固长度，当采用直线锚固形式时，不应小于 l_a，且伸过柱中心线不小于 $5d$。当柱截面尺寸不足时，可采用向下弯折锚固形式，其水平段长度不应小于 $0.4l_a$，竖直段长度应取为 $15d$（图 6-24b）。

框架梁下部纵向钢筋在边柱内的锚固要求与中间支座或节点的锚固要求相同。

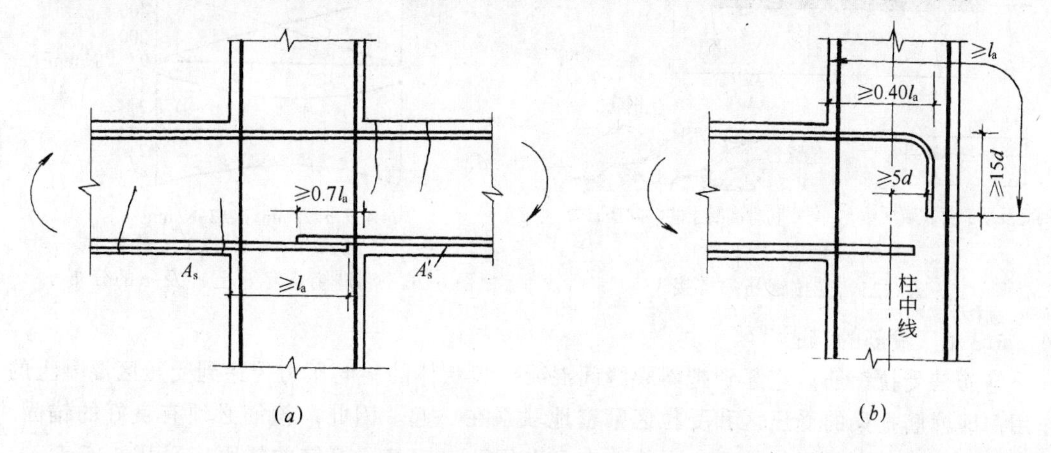

图 6-24　框架梁纵向受力钢筋在支座内的锚固

（a）中间支座；（b）边支座

板的边支座为梁，或嵌固在承重砖墙内时，板的上部钢筋伸入边梁或边支座的锚固长度应不小于 l_a，下部纵筋伸入支座的长度应不小于 l_{as}。

6.3.5　钢筋的搭接长度

由于钢筋长度不足或设置施工缝的要求经常需要将受力钢筋进行搭接。这种传力方式是通过搭接钢筋与混凝土之间的粘结力将一根钢筋的力传给另一根钢筋。这时，位于两根搭接钢筋之间的混凝土受到肋的斜向挤压力作用，有如一斜压杆（图 6-25）。肋对混凝土斜向挤压力的径向分力同样使外围混凝土产生横向拉力。由于搭接区段外围混凝土承受着由两根钢筋所产生的劈裂力，如果搭接长度不足，或缺乏必要的横向钢筋，将出现纵向劈裂破坏。图 6-26 为沿搭接长度 l_l 上钢筋应力σ_s，粘结应力 τ 的分布图形，由图可知 σ_s 近乎直线分布，粘结应力 τ 变化不大仅在受力端有所增加，这正是劈裂裂缝从受力端横向裂缝处开始的原因。

试验表明，搭接区段的粘结强度 τ_u 同样与混凝土的抗拉强度成正比，与相对搭接长度 l_l/d 为线性关系。相对保护层厚度 c/d 及钢筋净间距是影响粘结强度的重要因素，减少保护层厚度和钢筋净间距将导致纵向劈裂裂缝的较早出现，使钢筋应力不能得到充分发挥。《规范》规定当搭接接头面积百分率不大于25%时，受拉钢筋搭接长度 l_l 不应小于 $1.2l_a$ 且不应小于300mm[1]；受压钢筋的搭接长度 l_l 不应小于 $0.85l_a$，且不应小于200mm（图6-27）。并要求在受拉钢筋搭接长度范围内，箍筋间距不应大于 $5d$ 或100mm；当搭接钢筋为受压时，其箍筋间距不应大于 $10d$ 或200mm。d 为受力钢筋的最小直径。

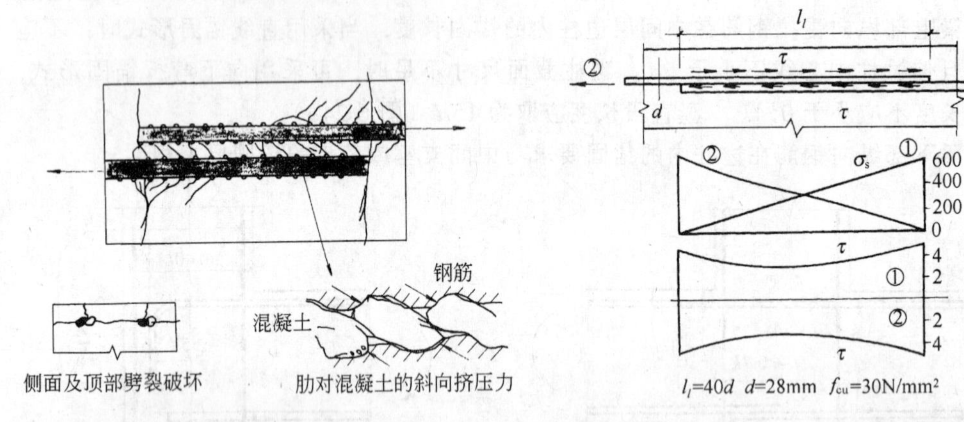

图6-25　受拉钢筋的搭接

图6-26　沿搭接长度 l_l 上 σ_s 及 τ 的分布

6.3.6　箍筋的锚固

箍筋是受拉钢筋，它起到把斜裂缝间混凝土齿状体的斜向压力传递到受压区混凝土的作用，即箍筋把梁的受压区和受拉区紧密地联系在一起。因此，箍筋必须有良好的锚固。矩形截面梁应采用封闭箍筋，T形截面也可采用开口钢箍、箍筋的锚固应采用135°弯钩，弯钩端头直段长度不小于50mm或 $5d$（图6-28）。

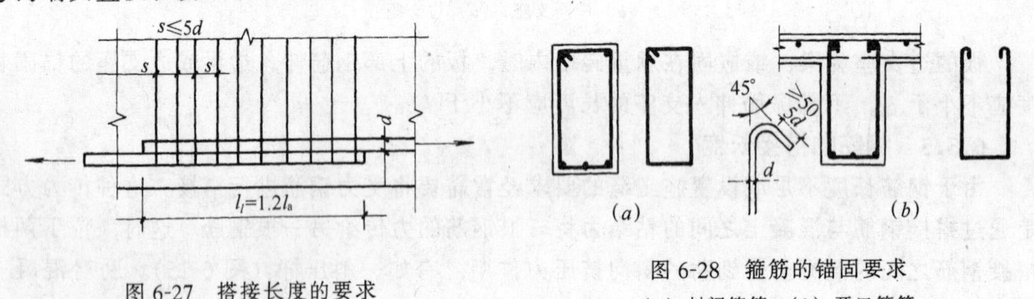

图6-27　搭接长度的要求

图6-28　箍筋的锚固要求

（a）封闭箍筋；（b）开口箍筋

6.3.7　梁腹钢筋、架立钢筋

梁高较大矩形、T形及工形截面梁，为了控制梁底受弯裂缝在梁腹部汇集成宽度较大的裂缝（参见第10章图10-21），可在梁腹两侧配置纵向钢筋。《规范》规定当梁的腹板高度 $h_w \geq 450$mm时，在梁的两个侧面应沿高度配置纵向构造钢筋（腹筋），每侧腹筋的截

[1] 当同一搭接范围内钢筋搭接接头面积百分率超过25%时，应增大搭接长度 l_l 详见《规范》9.4.3节。

面面积不应小于腹板截面面 bh_w 的 0.1%，且其间距不宜大于 200mm（图 6-29）。此处，腹板高度 h_w 按第 5 章 5.3.3 节规定采用。

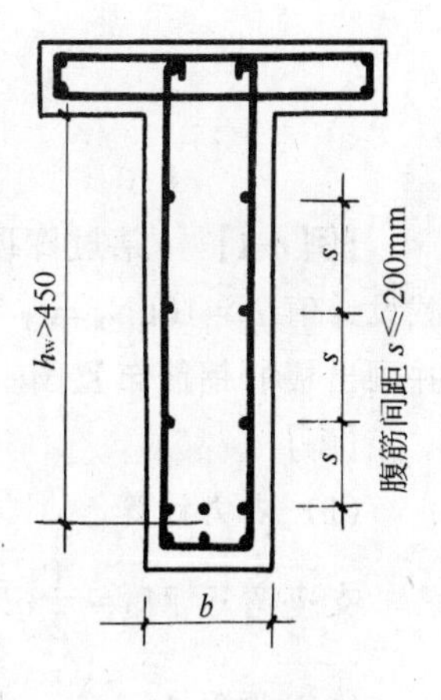

图 6-29　梁腹纵筋

为了使纵向受力钢筋与箍筋能绑扎成骨架，在箍筋四角必须沿构件全长配置纵向钢筋，没有纵向受力钢筋的区段，应设置架立钢筋。当梁的跨度小于 4m 时，架立钢筋直径 d 不宜小于 8mm；当梁的跨度为 4～6m 时，d 不宜小于 10mm；当梁的跨度大于 6m 时，d 不宜小于 12mm。

6.3.8　钢筋细部尺寸

为了钢筋加工成形及计算用钢量的需要，在构件施工图中应给出钢筋细部尺寸，或编制钢筋表。

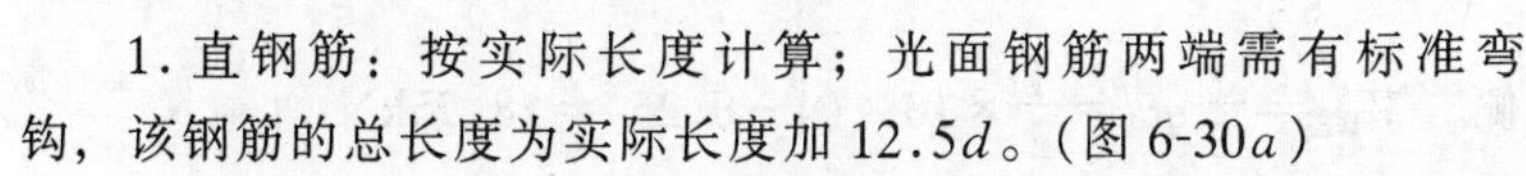

1. 直钢筋：按实际长度计算；光面钢筋两端需有标准弯钩，该钢筋的总长度为实际长度加 $12.5d$。（图 6-30a）

2. 弯起钢筋：图中弯起钢筋的高度以钢筋外皮至外皮的距离作为控制尺寸；水平段和弯折段的斜长按图 6-30（b）所示。

3. 箍筋：宽度和高度均按箍筋内皮至内皮距离计算（图 6-30c），以保证纵筋保护层厚度的要求，故箍筋的高度和宽度分别为构件截面高度 h 和宽度 b 减去 2 倍保护层厚度，一般情况下为 50mm。

4. 板的上部钢筋：为了保证截面的有效高度 h_0，板的上部钢筋（承受负弯矩钢筋）端部宜做成直钩，以便撑在模板上（图 6-30d），直钩的高度为板厚减去保护层厚度。

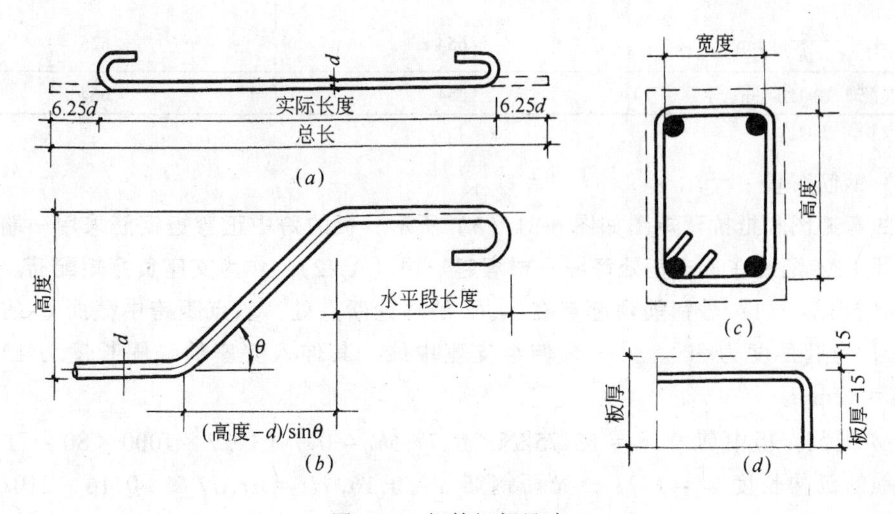

图 6-30　钢筋细部尺寸

（a）直钢筋；（b）弯起钢筋；（c）箍筋；（d）板的上部钢筋

6.4 设 计 例 题

【例 6-1】 某过廊顶板结构平面布置如图（6-31a）所示。板厚 100mm，板上均布荷载设计值 $q=10\mathrm{kN/m^2}$，混凝土为 C25 级，钢筋采用 HPB235 级钢。要求计算板的配筋，并画出板的钢筋布置图。

【解】

（1）内力计算

支座弯矩 $M_B=\dfrac{1}{2}ql_2^2=\dfrac{1}{2}\times10\times1.4^2=9.8\mathrm{kN\cdot m}$

跨中弯矩 $M_C=\dfrac{1}{8}ql_1^2-M_B=\dfrac{1}{8}\times10\times4^2-9.8=10.2\mathrm{kN\cdot m}$

最大剪力在 B 支座右侧 $V_{B右}=\dfrac{1}{2}ql_1=\dfrac{1}{2}\times10\times(4-0.25)=18.75\mathrm{kN}$

（2）配筋计算

C25 级混凝土 $f_c=11.9\mathrm{N/mm^2}$，$f_t=1.27\mathrm{N/mm^2}$。HPB235 级钢筋 $f_y=210\mathrm{N/mm^2}$，设 $h_0=80\mathrm{mm}$。

截 面	跨 中 截 面	支 座 截 面
弯矩设计值（kN·m）	10.2	9.8
$\alpha_s=\dfrac{M}{f_cbh_0{}^2}$	0.134	0.129
$\gamma_s=(1+\sqrt{1-2\alpha_s})/2$	0.928	0.931
$A_s=\dfrac{M}{f_y\gamma_sh_0}$（mm²）	654	626
实配Φ 10-120（mm²）	654	654

（3）钢筋布置

板的弯矩图和抵抗弯矩图如图 6-31（b）所示。板的跨中正弯矩钢筋采用一端弯起式构造，即 $+M$ 配筋在近支座处每隔一根弯起一根（$A_s/2$），作为支座负弯矩配筋。

$+M$ 配筋：〈1〉号钢筋弯起点在 $A_s/2$ 的理论断点处，该点距跨中截面 C 的距离为 1000mm，弯起角度为 30°。另一端伸至支座中线，其伸入支座的锚固长度为 125mm＞$l_{as}=5d=50\mathrm{mm}$。

$-M$ 配筋：板中剪力 $V=18.75\mathrm{kN}<0.7f_tbh_0=0.7\times1.27\times1000\times80=71.12\mathrm{kN}$，截断钢筋的延伸长度 $l_a=1.2l_a$，光面钢筋 $\alpha=0.16$，$l_a=\alpha f_yd/f_t=0.16\times210/1.27\times10=265\mathrm{mm}$，则 $l_d=1.2l_a=1.2\times265=318\mathrm{mm}$。

〈1〉号钢筋在 AB 段的理论断点（$A_s/2$）距支座 B 的距离为 410mm，〈1〉号钢筋截

断点应伸过支座 B 的距离应为 $410+20d=410+20\times10=610\text{mm}>l_{\mathrm{d}}$，可以。

〈2〉号钢筋在 BC 段的理论断点（$A_{\mathrm{s}}/2$）距支座 B 的距离为 262mm，实际截断点距支座 B 的距离应为 $262+20d=462\text{mm}>l_{\mathrm{d}}$，可以。

分布筋采用Φ6 间距 180mm，在受力筋弯折处必须设置一根，以便于固定受力钢筋位置。板的钢筋表见图 6-31（c）。

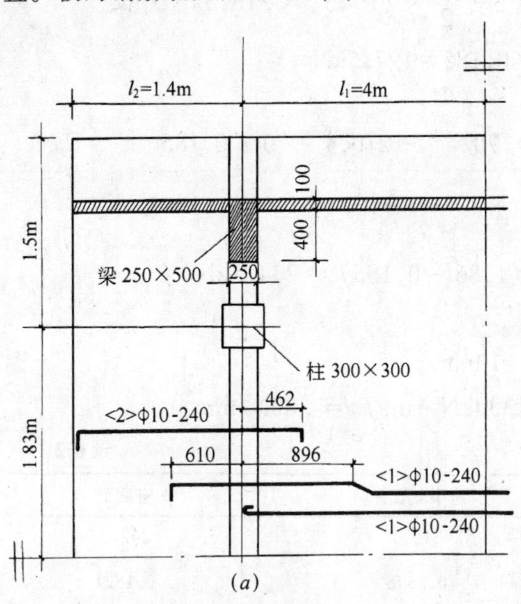

(a)

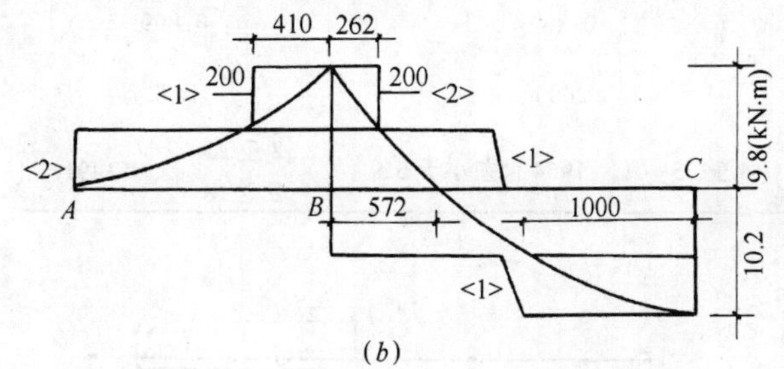

(b)

钢 筋 表

编号	直径(mm)	细部尺寸	长度(mm)	根数
<1>	10	85 1506 120 3000 63	4774	53
<2>	10	85 1842 85	2012	54
分布筋	6	6600	6600	45

(c)

图 6-31 【例 6-1】

【例 6-2】 受均布荷载作用的伸臂梁，简支跨 $l_1=7\text{m}$，均布荷载设计值 $q_1=70\text{kN/m}$，伸臂跨 $l_2=1.86\text{m}$，均布荷载设计值 $q_2=140\text{kN/m}$。梁的支承情况如图 6-32 所示。梁截面尺寸 $b=250\text{mm}$，$h=650\text{mm}$。混凝土强度等级为 C30，纵筋采用 HRB335 级钢筋，箍筋采用 HPB235 级钢筋。要求对梁进行配筋计算，并布置钢筋。

【解】

（1）内力计算（图 6-32）

B 支座弯矩设计值　$M_B=\frac{1}{2}q_2l_2^2=\frac{1}{2}\times140\times1.86^2=242.2\text{kN·m}$

A 支座反力　$R_A=\frac{1}{2}q_1l_1-M_B/l_1=\frac{1}{2}\times70\times7-242\cdot2/7=210.4\text{kN}$

跨中最大弯矩 M_C 距 A 支座的距离为 $R_A/q_1=210.4/70=3$m。跨中最大弯矩设计值 M_C：

$$M_C=R_A\cdot3-\frac{1}{2}q_1\times3^2=210.4\times3-\frac{1}{2}\times70\times3^2=316.3\text{kN}\cdot\text{m}$$

A 支座剪力设计值 V_A　$V_A=210.4-70\times0.185=197.5\text{kN}$

B 支座左侧剪力设计值

$$V_{B左}=q_1l_1-R_A-q_1\times0.185=70\times7-210.4-70\times0.185$$
$$=266.7\text{kN}$$

B 支座右侧剪力设计值

$$V_{B右}=q_2(l_2-0.185)=140(1.86-0.185)=234.5\text{kN}$$

（2）正截面受弯配筋计算

C30 级混凝土　$f_c=14.3\text{N/mm}^2$，设 $h_0=610$mm

$$f_cbh_0^2=14.3\times250\times610^2=1330\text{kN}\cdot\text{m},\ f_y=300\text{N/mm}^2$$

表 6-2

截　　面	跨中截面 C	支座截面 B
弯矩设计值 M（kN·m）	316.3	242.2
$\alpha_s=\frac{M}{f_cbh_0^2}$	0.2378	0.1821
$\gamma_s=(1+\sqrt{1-2\alpha_s})/2$	0.862	0.899
$A_s=\frac{M}{f_y\gamma_sh_0}$（mm²）	2005	1472
选用 A_s（mm²）	4 Φ 25　$A_s=1964$ 误差小于 5%	2 Φ 25 2 Φ 18　$A_s=1491$

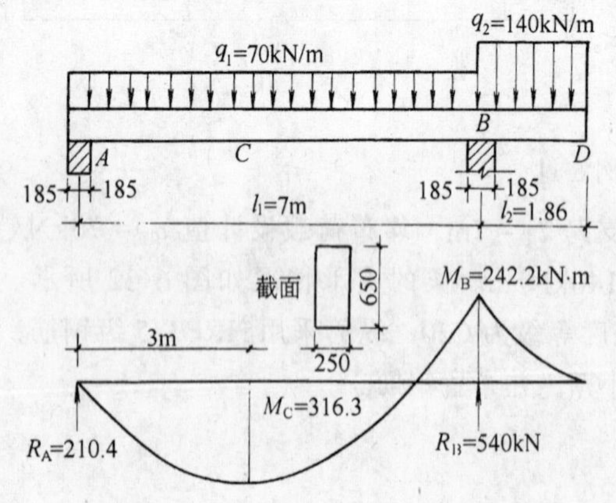

图 6-32　梁的荷载、支承情况及 M 图

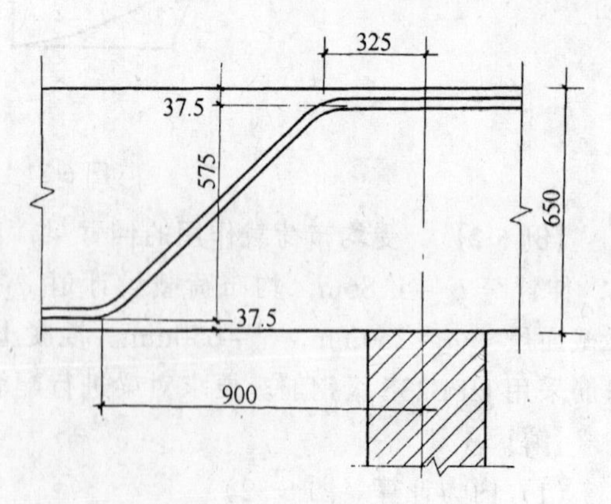

图 6-33　第一排弯起钢筋

(3) 斜截面受剪配筋计算

C30 级混凝土 $f_t = 1.43\text{N/mm}^2$，箍筋为 HPB235 级钢筋

$$f_{yv} = 210\text{N/mm}^2 \quad f_t bh_0 = 1.43 \times 250 \times 610 = 218\text{kN}$$

最大剪力设计值 $V_{B左} = 266.7 < 0.25 f_c bh_0 = 545\text{kN}$

说明截面尺寸可用。

表 6-3

计算截面	A 支座边	B 支座左侧	B 支座右侧
剪力设计值（kN）	197.5	266.7	234.5
双肢Φ 6 箍筋，$s = 200$ $V_{cs} = 0.7 f_t bh_0 + 1.25 \frac{A_{sv}}{s} f_y h_0$	197.9	197.9	197.9
第一排弯起钢筋 $A_{sb_1} = \frac{V - V_{cs}}{0.8 \times f_y \times 0.707}$ 实配（mm^2）	0 构造配 1 Φ 25，(491)	405 1 Φ 25 (491)	215.7 1 Φ 25 (491)
设第一排弯筋弯起点距支座中线 900mm（图 6-33），该点 V（kN） A_{sb2} 实配（mm^2）	147.4 0 0	216.6 110.2 1 Φ 25 (491)	134.4 0 0

(4) 钢筋布置及延伸长度计算

AC 段　跨中 4 Φ 25 钢筋不宜截断，将其中 1 Φ 25〈1〉号钢筋在距支座中线 900mm 处弯起，其余 1 根〈2〉号钢筋、2 根〈3〉号钢筋伸入 A 支座距构件边缘 25mm 处，锚固长度 $370 - 25 = 345\ \text{mm} > l_{as} = 12d = 12 \times 25 = 300\text{mm}$，可以。

BC 段：

$+M$ 配筋中〈1〉及〈2〉号钢筋为弯起钢筋，其弯起点至各自充分利用截面的距离均大于 $h_0/2 = 610/2 = 305\text{mm}$，符合要求，其余 2 根〈3〉号钢筋伸入 B 支座左边缘 $l_{as} = 12d = 12 \times 25 = 300\text{mm}$。

$-M$ 配筋〈2〉号钢筋向下弯折点至该钢筋充分利用截面 B 的距离为 325mm（图 6-34a）$> h_0/2$，且距支座边为 $140\text{mm} < S_{max} = 250\text{mm}$（表 5-1），可以。

〈4〉号 2 根 Φ 18 钢筋的理论断点 F 到其充分利用点 G 的距离为 340mm（图 6-34a）。由于 $V > 0.7 f_t bh_0$，其延伸长度 l_d（即截断点至 G 的距离）应为：

$$l_d = 1.2 l_a + h_0 = 1.2\alpha \frac{f_y}{f_t} d + h_0 = 1.2 \times 0.14 \times \frac{300}{1.43} \times 18 + 610$$

$$= 1244\text{mm}$$

则截断点至理论断点 F 的距离为 $1244 - 340 = 904 > h_0 = 610\text{mm}$。可以。

〈1〉号钢筋为第二排弯起钢筋，其向下弯折点距其充分利用截面 F 的距离为 476mm

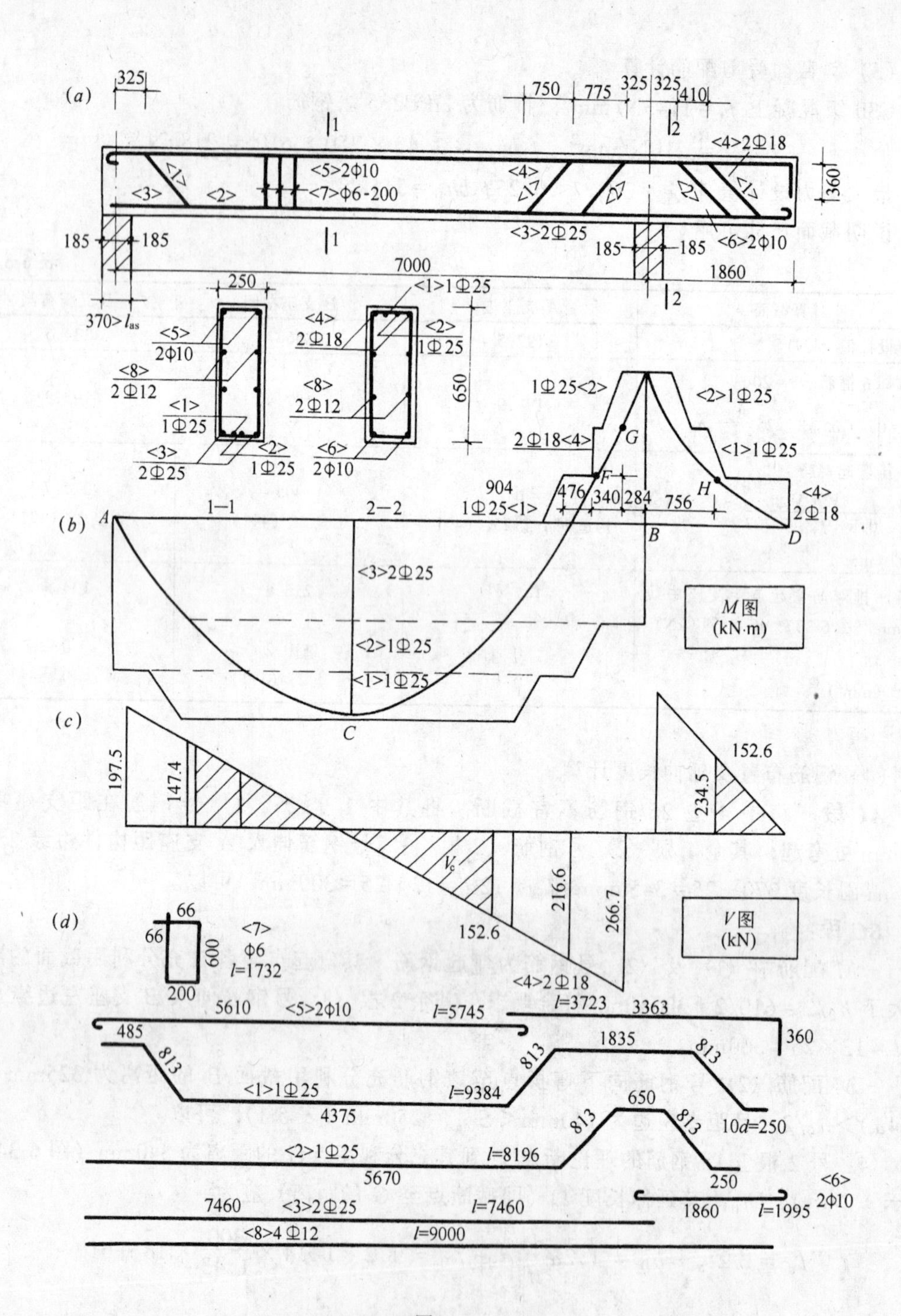

图 6-34

(a) 梁的配筋图；(b) M 图及抵抗 M 图；(c) 剪力图；(d) 钢筋细部尺寸

（图 6-34b）$>h_0/2=305\text{mm}$，可以。

BD 段

虽然受剪计算只需一根弯起钢筋，但由于 BD 段为悬臂段，纵筋不宜截断，故〈1〉号及〈2〉号钢筋均作为弯起钢筋处理。

〈4〉号钢筋位于截面角部不能截断，伸至构件端部向下弯折 $20d=360\text{mm}$。

梁的配筋构造图见图 6-34（a），〈5〉号及〈6〉号钢筋为 2 ϕ10 架立钢筋。由于 $h_w=h_0=610\text{mm}>450\text{mm}$。梁腹每侧需设置 2 Φ 12（8）号梁腹纵筋 $A_s=226\text{mm}^2>\frac{0.1}{100}bh_w=152\text{mm}^2$。图 6-34（$b$）为弯矩图及抵抗弯矩图，图 6-34（$c$）为剪力图，图 6-34（$d$）为钢筋细部尺寸图。

思　考　题

6-1　为什么变形钢筋与光面钢筋有不同的粘结破坏形态？

6-2　为什么提高混凝土强度、加大保护层厚度和增加横向配筋可以提高变形钢筋的粘结强度？后两个因素提高粘结强度的作用为什么有个上限？

6-3　《规范》关于受力钢筋的混凝土保护层厚度不应小于钢筋直径的规定是为什么？

6-4　有人认为“在钢筋截面面积给定情况下减小钢筋直径，增加根数总是对粘结有利”。这个概念对吗？

6-5　试说明为什么《规范》对于截断钢筋的延伸长度要采用对该钢筋强度充分利用截面和对该钢筋理论断点的双重控制？

6-6　试改正图 6-35 中抵抗弯矩图画法的错误。

6-7　图 6-36 所示为受水平力 P 作用的悬臂柱，试写出两侧纵向受力钢筋的锚固长度（±0.00 以下）及搭接长度（±0.00 以上），并标明搭接长度范围内的箍筋直径及间距（设混凝土为 C25 级）。

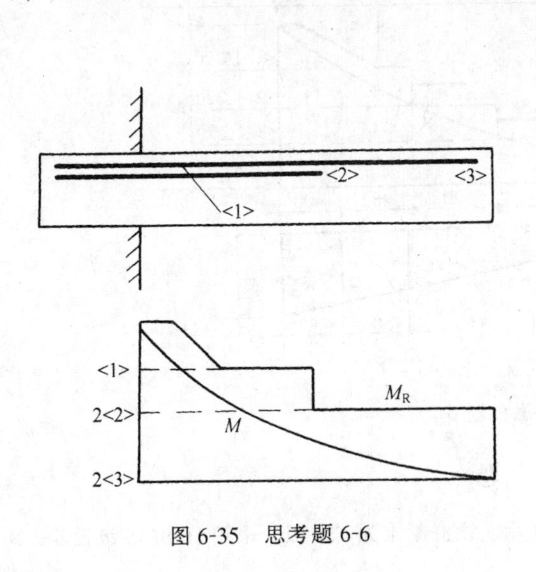

图 6-35　思考题 6-6

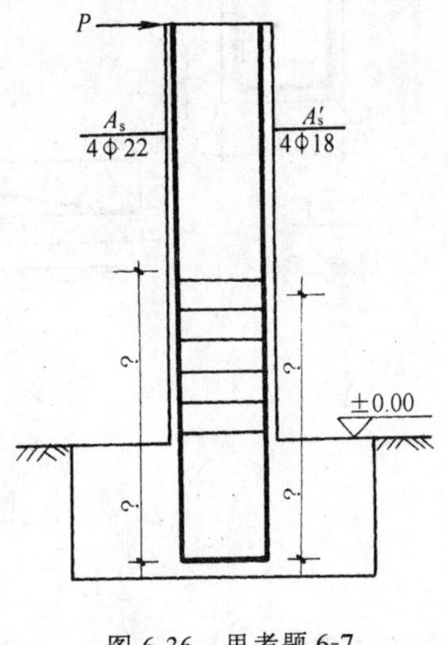

图 6-36　思考题 6-7

6-8 试改正图 6-37（a）及（b）中梁的纵向受力钢筋布置在粘结锚固上的错误（图中未画出箍筋及其他构造钢筋）。

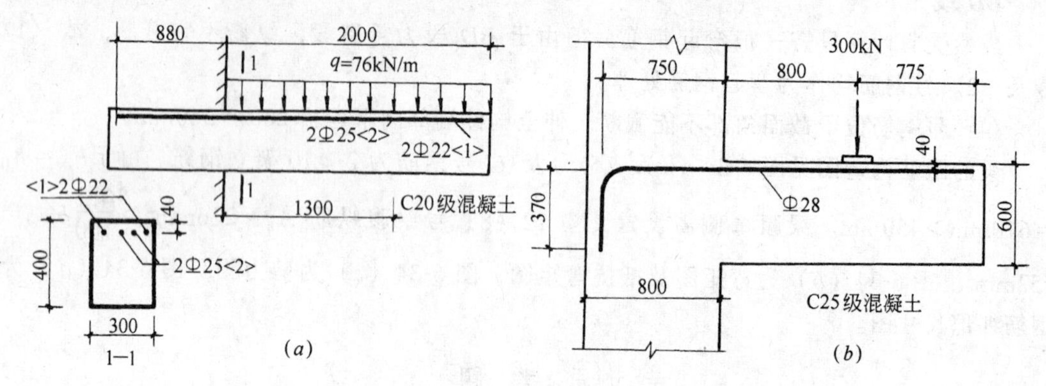

图 6-37 思考题 6-8

（a）悬臂梁；（b）柱上挑梁

6-9 试指出图 6-38 中悬臂梁在配筋构造上及抵抗弯矩图（M_R）中的错误，说明理由并改正。

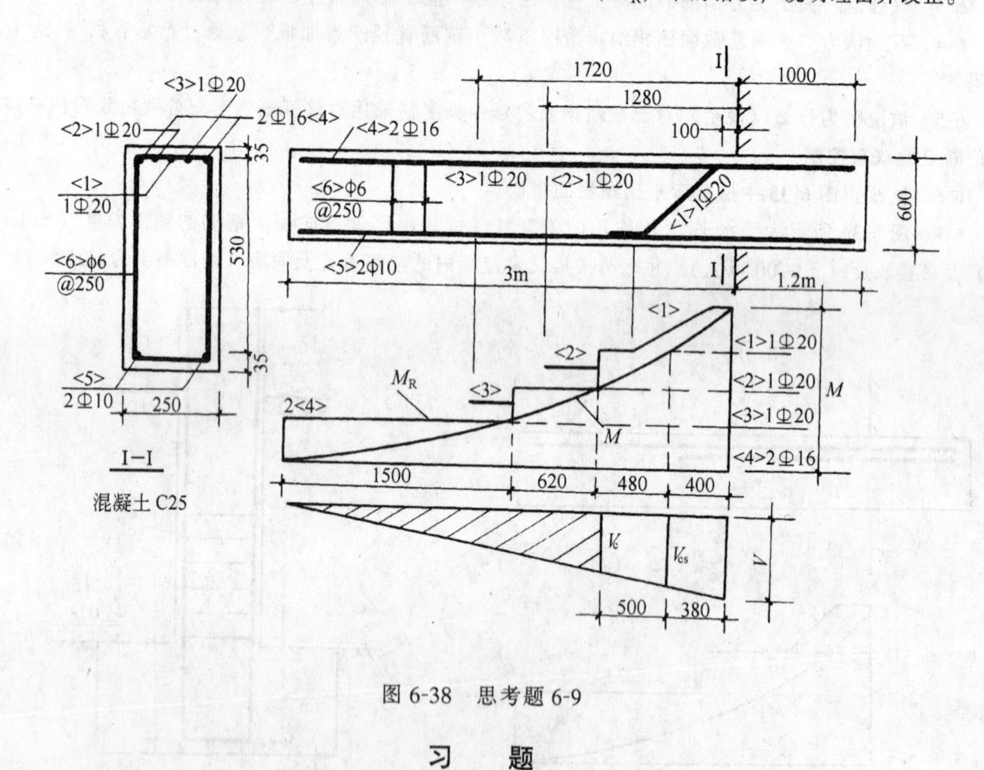

图 6-38 思考题 6-9

习 题

6-1 承受均布荷载作用的简支板，如图 6-39 所示。设混凝土为 C25 级，采用 HPB235 级钢筋，跨中最大弯矩截面的受弯配筋为Φ 8-100。如将跨中钢筋截断 1/2（或弯起 1/2），求 $A_s/2$ 的截断点（或弯起点）至支座中线的最大距离 a 应等于多少？（$V \leqslant 0.7 f_t b h_0$）

6-2　承受均布荷载设计值 $q = 6\text{kN/m}$ 作用的多跨连续板，其中间跨的弯矩图如图 6-40 所示。设板厚 70mm，混凝土为 C20 级，HPB235 级钢筋，采用图中所示分离式钢筋布置。试计算：(1) 跨中及支座截面配筋；(2) 图示钢筋截断点至梁边的距离 a 及 b；(3) 钢筋的细部尺寸。

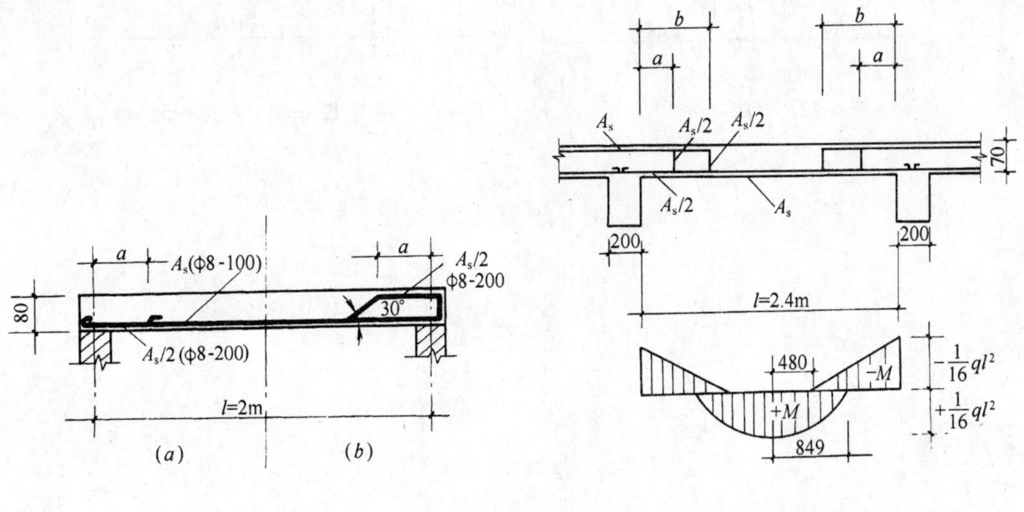

图 6-39　习题 6-1

（a）截断 $A_s/2$；（b）弯起 $A_s/2$

图 6-40　习题 6-2

6-3　矩形截面简支架，截面尺寸，荷载及支承情况如图 6-41 所示。集中荷载设计值 $P = 120\text{kN}$（其中已包括梁自重等恒载），混凝土为 C30 级，纵筋为 HRB335 级钢筋，箍筋采用 HPB235 级钢筋。根据跨中最大弯矩计算，纵筋采用 6 Φ 22。斜截面受剪承载力按两种方案计算：(1) 仅配箍筋；(2) 配箍筋及弯起钢筋。要求画出两种方案的抵抗弯矩图、钢筋布置图，钢筋尺寸详图，并计算用钢量。

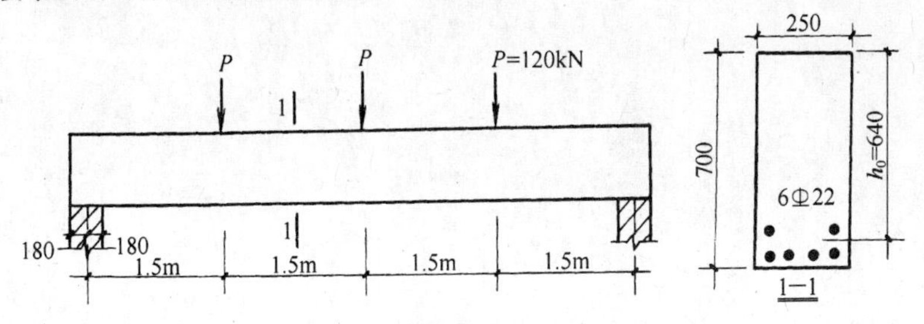

图 6-41　习题 6-3

6-4　伸臂梁截面尺寸 $b \times h = 250\text{mm} \times 700\text{mm}$，承受均布荷载设计值 $q = 80\text{kN/m}$（包括自重），支承构造如图 6-42 所示。混凝土为 C25 级，纵筋为 HRB335 级钢，箍筋用 HPB235 级钢。按设置弯起钢筋设计此梁，并画出抵抗弯矩图，钢筋布置及钢筋尺寸详图。

6-5　柱上挑出悬臂梁，截面 $b \times h = 300\text{mm} \times 400\text{mm}$（图 6-43），梁上作用有集中荷载 $P = 150\text{kN}$（设计值，挑梁自重可忽略不计）。混凝土为 C30 级，纵筋为 HRB400 级钢，箍筋用 HPB235 级钢，试设

计此梁，并画出钢筋布置图及纵筋在柱内的构造图。

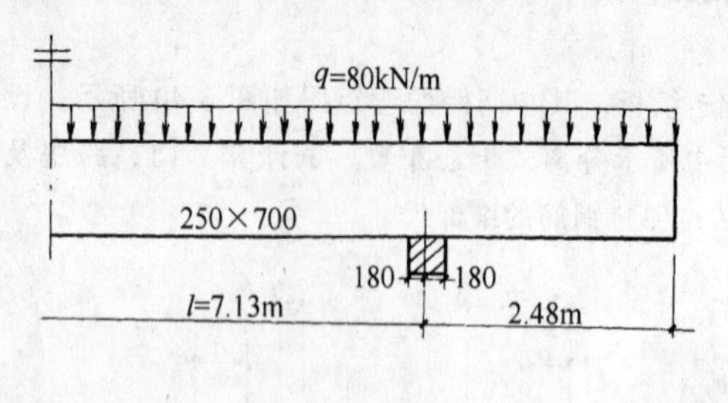

图 6-42　习题 6-4

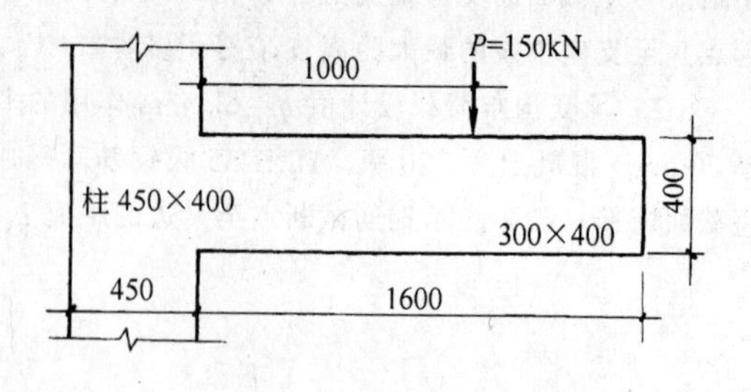

图 6-43　习题 6-5

第7章 受扭构件承载力计算

7.1 概 说

工程中的钢筋混凝土受扭构件有两类：一类是由于荷载的直接作用所产生的扭矩，这种构件所承受的扭矩可由静力平衡条件求得，与构件的抗扭刚度无关，一般称为**平衡扭转**。如图7-1（*a*），（*b*）所示受檐口竖向荷载作用的挑檐梁，及受水平制动力作用的吊车梁等。另一类是超静定结构中由于变形协调条件使截面产生的扭转，构件所承受的扭矩与其抗扭刚度有关，称为**协调扭转**。如图7-1（*c*）所示现浇框架的边梁，由于次梁在支座（边梁）处的转角产生的扭转，边梁开裂后其抗扭刚度降低，对次梁转角的约束作用减小，相应地边梁的扭矩也减小。本章只讨论平衡扭转情况下的受扭构件承载力计算。

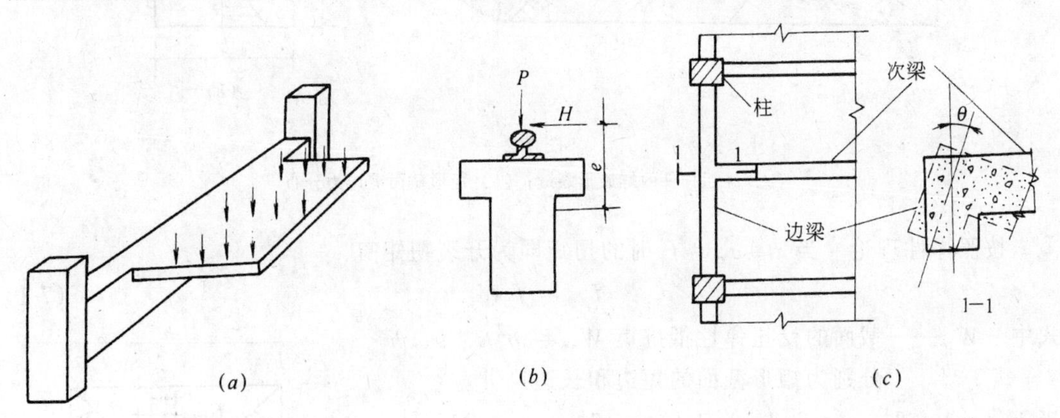

图7-1

（*a*）挑檐梁；（*b*）吊车梁；（*c*）现浇框架的边梁

在实际工程中**纯扭构件**是很少的，一般是在弯矩、剪力、扭矩共同作用下的**复合受扭构件**。但纯扭构件的受力性能，是复合受扭构件承载力计算的基础，也是目前研究得比较充分的受扭构件。钢筋混凝土纯扭构件的承载力，与受剪构件相似，由混凝土和钢筋（纵筋和箍筋）两部分所组成，而混凝土部分的承载力与截面的**开裂扭矩**有关。故本章先讨论纯扭构件截面的开裂扭矩，其次讨论钢筋混凝土纯扭构件的承载力计算，最后介绍复合受扭构件的承载力计算方法和配筋构造。

7.2 开 裂 扭 矩

7.2.1 矩形截面纯扭构件的开裂扭矩

钢筋混凝土纯扭构件裂缝出现前处于弹性阶段工作，构件的变形很小，钢筋的应力也很小。因此可忽略钢筋对开裂扭矩的影响，按素混凝土构件计算。图 7-2（*a*）所示为矩形截面受扭构件，在扭矩 T 作用下产生的剪应力 τ 及相应的主应力 σ_{cp} 及 σ_{tp}。根据平衡关系，主应力在数值上与剪应力相等，方向相差 45°。弹性材料矩形截面纯扭构件的截面剪力应分布如图 7-2（*b*），最大剪应力 τ_{max}，即最大主应力，发生在截面长边的中点。当主拉应力 σ_{tp} 超过混凝土的抗拉强度时，混凝土将沿主压应力方向开裂，并发展成图 7-2（*a*）所示螺旋形裂缝。

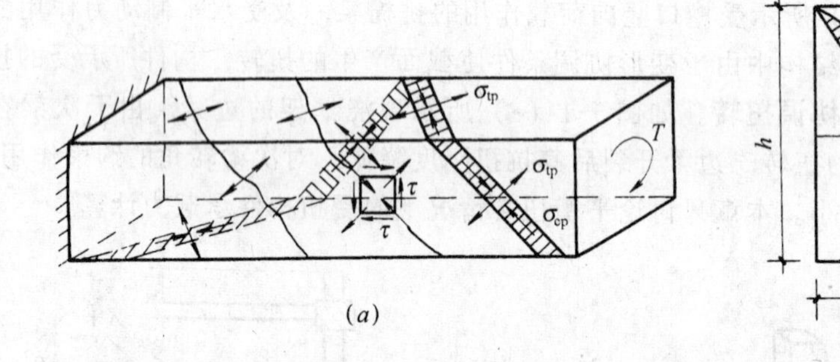

图 7-2
（*a*）纯扭构件的螺旋形裂缝；（*b*）矩形截面剪应力分布

按照弹性理论，当 $\tau=\sigma_{tp}=f_t$ 时的扭矩即为开裂扭矩 T_{cr}：

$$T_{cr} = f_t W_{te} \tag{7-1}$$

式中 W_{te}——截面的受扭弹性抵抗矩 $W_{te}=\alpha b^2 h$，b，h 分别为矩形截面的短边和长边尺寸。

当 $h/b=1.0$ 时，$\alpha=0.2$；当 $h/b\approx\infty$ 时，$\alpha=0.33$。

按照塑性理论，当截面某一点的应力到达极限强度时，构件进入塑性状态。该点应力保持在极限应力，而应变可继续增长，荷载仍可增加，直到截面上的应力全部到达材料的极限强度，构件才到达极限承载力。图 7-3 为矩形截面纯扭构件在全塑性状态时的剪应力分布。截面上的剪应力分为四个区域，分别计算其合力及所组成的力偶，取 $\tau=f_t$，可求得总扭矩 T 为：

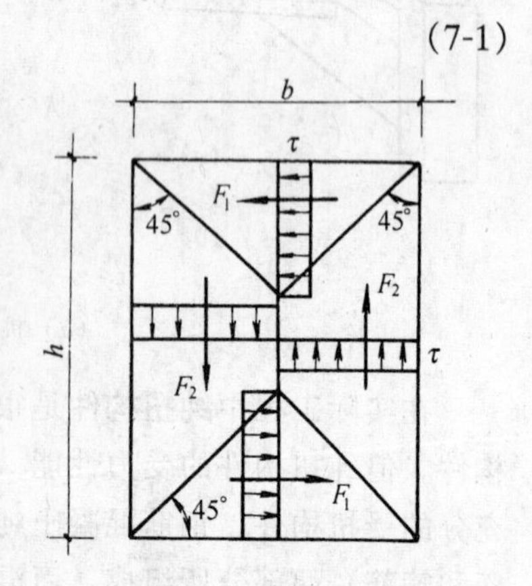

图 7-3 矩形截面全塑性状态的剪应力分布

$$T=f_t\frac{b^2}{6}(3h-b) \tag{7-2}$$

定义 $W_t=\dfrac{T}{f_t}$为截面**受扭塑性抵抗矩**，

则
$$W_t=\frac{b^2}{6}(3h-b) \tag{7-3}$$

由于混凝土既非弹性材料，又非理想塑性材料，而是介于二者之间的弹塑性材料，为了实用，可按全塑性状态的截面应力分布计算，而将材料强度适当降低。根据试验资料，《规范》取混凝土抗拉强度降低系数为0.7，故开裂扭矩的计算公式为：

$$T_{cr}=0.7f_tW_t \tag{7-4}$$

7.2.2 带翼缘截面的受扭塑性抵抗矩

钢筋混凝土受扭构件多数为带有伸出翼缘的截面，如T形、工形及L形截面。试验表明充分参与腹板受力的伸出翼缘宽度一般不超过翼缘厚度的3倍。故《规范》规定计算受扭构件承载力时截面的有效翼缘宽度应符合 $b'_f\leqslant b+6h'_f$ 及 $b_f\leqslant b+6h_f$ 的条件（图7-4*a*），且 $h_w/b\leqslant 6$。

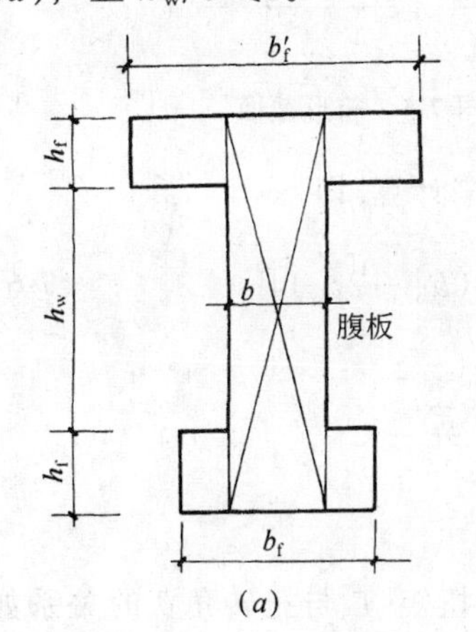

(*a*)

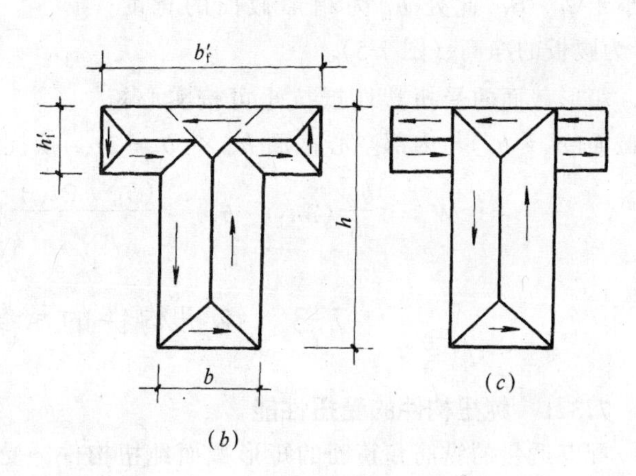

(*b*) (*c*)

图7-4

(*a*) 工形截面；(*b*) 全塑性状态剪应力分布；(*c*) 受扭塑性抵抗矩的近似计算

对于有受压翼缘的T形截面，其受扭塑性抵抗矩 W_t 同样可按处于全塑性状态时的截面剪应力分布（图7-4*b*），用分块计算其合力和力偶的方法求得如下：

$$W_t=\frac{b^2}{6}(3h-b)+\frac{h_f'^2}{2}(b'_f-b)$$

为了简化计算，可将T形截面视为腹板及受压翼缘的组合，并近似取（图7-4*c*）

$$W_t\approx W_{tw}+W'_{tf} \tag{7-5a}$$

式中　W_{tw}为腹板部分的矩形截面受扭塑性抵抗矩，按式（7-3）计算，W'_{tf}为伸出的受压翼缘的截面受扭塑性抵抗矩，按下式计算：

$$W'_{tf} = \frac{h'^2_f}{2}(b'_f - b) \tag{7-5b}$$

同理，对工形截面的受拉翼缘

$$W_{tf} = \frac{h_f^2}{2}(b_f - b) \tag{7-5c}$$

7.2.3 箱形截面的受扭塑性抵抗矩

在扭矩作用下，沿截面周边的剪应力较大，截面中心部分的剪应力较小。因此，箱形截面的抗扭能力与同样外形尺寸的实心矩形截面基本相同。在实际工程中，对承受较大扭矩的构件，多采用箱形截面以减轻自重，如桥梁中常用的箱形截面梁。为了避免由于钢筋混凝土箱形截面壁厚过薄产生的不利影响，《规范》规定壁厚 t_w 不应小于 $b_h/7$，且不小于 $h_w/6$，此处 b_h 为箱形截面的宽度；h_w 为腹板的净高（图 7-5）。

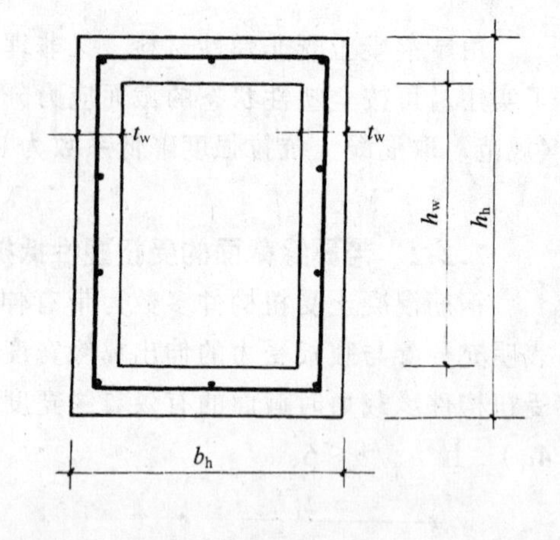

图 7-5 箱形截面

箱形截面的受扭塑性抵抗矩可按实心矩形截面($b_h \times h_h$)与内部空心截面 $h_w \times (b_h - 2t_w)$抵抗矩之差来计算，即

$$W_t = \frac{b_h^2}{6}(3h_h - b_h) - \frac{(b_h - 2t_w)^2}{6}[3h_w - (b_h - 2t_w)] \tag{7-6}$$

7.3 纯扭构件的承载力计算

7.3.1 纯扭构件的受扭性能

配有适量的纵筋和箍筋的矩形截面纯扭构件，受荷以后扭矩 T 与扭转角 θ 的关系如图 7-6 所示。裂缝出现前，截面扭转角很小，T 与 θ 为直线关系，其斜率接近于弹性抗扭刚度。到达开裂扭矩 T_{cr}后，部分混凝土退出工作，刚度明显降低，在 T-θ 曲线上出现不大的水平段。继续加载时，T-θ 关系沿斜线上升。当接近极限扭矩时，在构件长边上有一条斜裂缝发展为临界斜裂缝，并向短边延伸。与这条空间斜缝相交的纵筋及箍筋相继屈服，这时 T-θ 曲线趋于水平，表现出延性破坏的特征。最后在另一长边上混凝土受压破坏，构件到达极限扭矩。

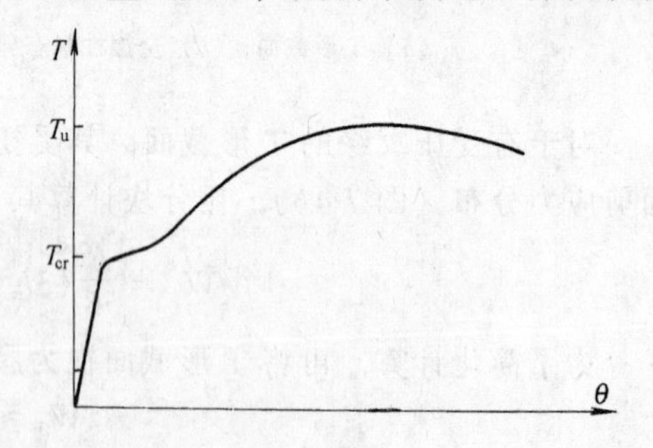

图 7-6 钢筋混凝土纯扭构件 T-θ 曲线

由图 7-7 可知，开裂后的扭转刚度（T-θ 曲线的斜率）和极限扭矩与总的配筋率有关。如果纵筋与箍筋均配置过量，则会出现纵筋及箍筋都达不到屈服，而斜裂缝间混凝土被压碎的脆性破坏情况，这种构件称为完全超配筋构件。如配筋量过低，配筋将不足以负担开裂扭矩，一旦开裂扭转角即不断增大而导致破坏，其破坏特征类似于受弯构件中的少筋梁。由于抗扭钢筋是由纵筋和箍筋两部分组成的，当二者的配筋量或强度相差较大时，还会出现混凝土压碎前其中之一（纵筋或箍筋）达不到屈服的部分超配筋构件。这种破坏仍具有一定的延性。

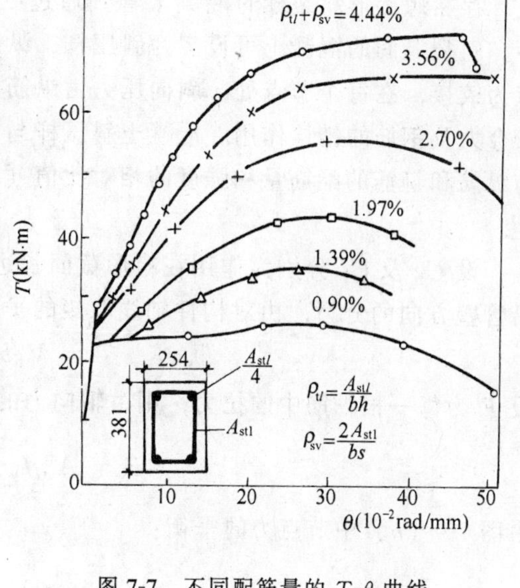

图 7-7　不同配筋量的 T-θ 曲线

为了表达受扭构件的纵筋和箍筋在数量上和强度上的相对关系，定义 ζ 为纵筋和箍筋的**配筋强度比**，即纵筋与箍筋的体积比和强度比的乘积（图 7-8）：

$$\zeta=\frac{f_{y}A_{stl}s}{f_{yv}A_{st1}u_{cor}}\tag{7-7}$$

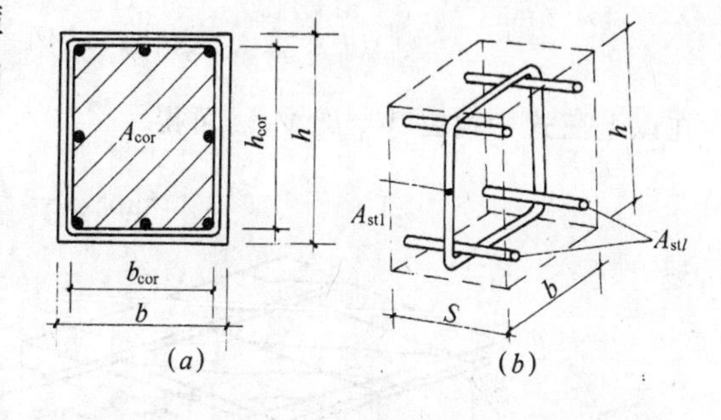

图 7-8
（a）截面核心；（b）纵筋与箍筋体积比

式中　f_{y}、f_{yv}——纵筋、箍筋的抗拉强度设计值；

A_{stl}——对称布置的全部纵筋截面面积；

A_{st1}——箍筋的单肢截面面积；

s——箍筋的间距；

u_{cor}——截面核心部分的周长，$u_{cor}=2(b_{cor}+h_{cor})$，$b_{cor}$及 h_{cor}各为从箍筋内表面计算的截面核心的短边及长边尺寸（图 7-8a）。

试验表明，只有当 ζ 值在一定范围（0.5～2.0）内时，才能保证构件破坏时纵筋和箍筋的强度都得到充分利用。《规范》要求 ζ 值应符合：$0.6\leqslant\zeta\leqslant1.7$ 的条件。当 $\zeta>1.7$ 时，取 $\zeta=1.7$。设计中通常取 $\zeta=1\sim1.2$。

7.3.2　极限扭矩的分析——变角空间桁架模型

对比试验表明，钢筋混凝土矩形截面纯扭构件的极限扭矩，与挖去部分核心混凝土的空心截面的极限扭矩基本相同，因此可忽略中间部分混凝土的受扭作用，按箱形截面构件来分析。

存在螺旋形斜裂缝的混凝土管壁通过纵筋和箍筋的联系形成空间桁架作用抵抗外扭矩。斜裂缝间的混凝土可设想为斜压杆，纵筋为受拉弦杆，箍筋为受拉腹杆。假定桁架节点为铰接，在每个节点处，斜向压力由纵筋及箍筋的拉力所平衡。不考虑裂缝面上的骨料咬合力及钢筋的销栓作用。混凝土斜压杆与构件轴线的倾斜角 φ，不一定等于 45°，而是与纵筋和箍筋的配筋量和强度的相对比值（即配筋强度比 ζ）有关。故称**变角空间桁架模型**。

设 C_h 及 C_b 分别为作用在箱形截面长边及短边上的斜压杆的总压力；V_h 及 V_b 为其沿管壁方向的分力，由对构件轴线取矩的平衡，可得：

$$T = V_h b_{cor} + V_b h_{cor} \tag{7-8}$$

设 F 为每一根纵筋中的拉力，则由轴向力的平衡：

$$4F = A_{stl} f_y = \frac{2(V_h + V_b)}{\tan\varphi} \tag{7-9}$$

由图 7-9（b）中节点力的平衡：

$$C_h \sin\varphi = V_h = \frac{A_{st1}}{s} \frac{h_{cor}}{\tan\varphi} f_{yv} \tag{7-10a}$$

$$C_b \sin\varphi = V_b = \frac{A_{st1}}{s} \frac{b_{cor}}{\tan\varphi} f_{yv} \tag{7-10b}$$

在以上三式中消去 V_h 及 V_b，可得

$$\tan^2\varphi = \frac{f_{yv} A_{sv1} u_{cor}}{f_y A_{stl} s}$$

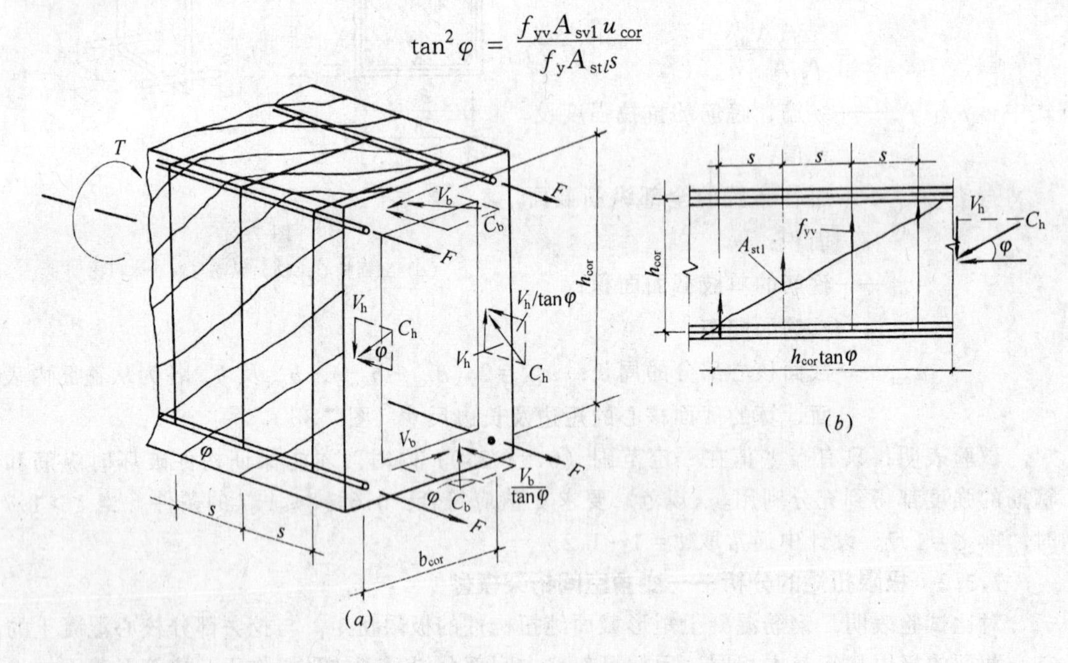

图 7-9 变角空间桁架模型

或
$$\tan\varphi = \sqrt{\frac{1}{\zeta}} \tag{7-11}$$

将式（7-10a）及（7-10b）中的 V_h 及 V_b 代入式（7-8），并利用式（7-11），则按变角空间桁架模型得出的极限扭矩表达式为：

$$T = 2\sqrt{\zeta}\frac{f_{yv}A_{svl}A_{cor}}{s} \tag{7-12}$$

这里 $A_{cor} = b_{cor}h_{cor}$ 为截面核心部分的面积（图 7-8a）。

7.3.3 《规范》的受扭承载力计算公式

我国《规范》在变角空间桁架计算模式基础上，根据国内试验资料的统计分析（图 7-10），对矩形截面纯扭构件的受扭承载力采用下列计算公式：

$$T \leqslant 0.35f_tW_t + 1.2\sqrt{\zeta}\frac{f_{yv}A_{st1}A_{cor}}{s} \tag{7-13}$$

式中 T——扭矩设计值。

按照变角空间桁架模型，T 与参数 $\sqrt{\zeta}f_{yv}A_{st1}A_{cor}/s$ 的关系是一条通过原点的直线（图 7-10），但国内外的大量试验表明，这条直线在竖轴上有截距，而且其斜率也低于式（7-12）中的系数 2。截距的存在反映了开裂后的混凝土仍具有一定的受扭作用，这种作用主要来自斜裂缝面上的骨料咬合力。式（7-13）中的第一项代表开裂后混凝土的受扭作用，取等于截面开裂扭矩 T_{cr} 的一半。在导出式（7-12）时实际上是假定了与斜裂缝相交的所有箍筋均到达屈服。但截面角部的箍筋可能达不到屈服，故反映钢筋受扭作用的系数将低于 2。《规范》在试验资料分析基础上考虑了可靠指标的要求，取公式第二项的系数为 1.2。

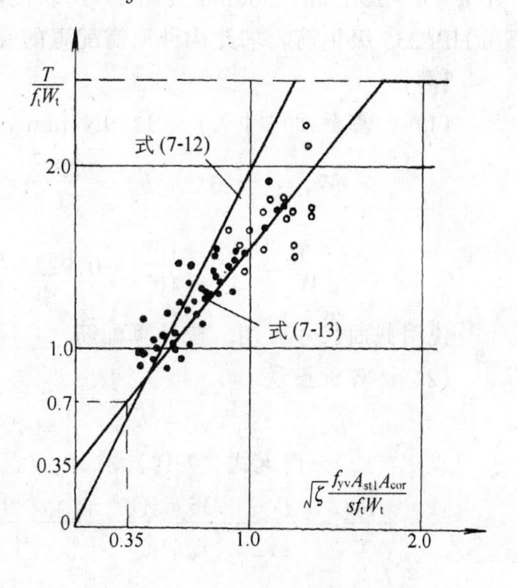

图 7-10 计算值与实验值的比较

与受弯、受剪构件相似，受扭承载力公式（7-13）的应用有其配筋率的上限和下限。为了防止出现混凝土先被压碎的超配筋构件的脆性破坏，配筋率的上限以截面限制条件的形式给出为

$$T \leqslant 0.2\beta_c f_c W_t \tag{7-14}$$

式中 β_c 为高强混凝土的强度折减系数，取值与受剪截面限制条件式（5-6）中相同。

当符合条件
$$T \leqslant 0.7f_tW_t \tag{7-15}$$
时，可按配筋率的下限及构造要求配筋。纯扭构件配筋率的下限原则上应根据 $T = T_{cr}$ 的条件得出。《规范》为了与受剪构件协调，取受扭箍筋的**配箍率** ρ_{sv}的表达式为：

$$\rho_{sv}=\frac{2A_{st1}}{bs}$$

要求 ρ_{sv}不应小于**最小配箍率** $\rho_{sv,min}$，对纯扭构件取

$$\rho_{sv,min}=0.28\frac{f_t}{f_{yv}} \tag{7-16}$$

受扭构件的**纵筋配筋率** $\rho_{tl}=A_{stl}/bh$ 不应小于受扭**纵筋最小配筋率** $\rho_{tl,min}$，对纯扭构件取

$$\rho_{tl,min}=0.85f_t/f_y \tag{7-17}$$

受扭纵向钢筋应沿截面周边均匀对称布置，其间距不应大于200mm和截面短边长度。

【例 7-1】 钢筋混凝土矩形截面纯扭构件，承受的扭矩设计值 $T=12\text{kN}\cdot\text{m}$，截面尺寸 $b\times h=250\text{mm}\times500\text{mm}$（图 7-11）。混凝土为C25级，纵筋用HRB335级钢筋，箍筋用HPB235级钢筋。求此构件所需配置的受扭纵筋和箍筋。

【解】

（1）验算截面尺寸　$f_c=11.9\text{N/mm}^2$，$f_t=1.27\text{N/mm}^2$

$$W_t=\frac{b^2}{6}(3h-b)=\frac{250^2}{6}\times(3\times500-250)=13\times10^6\text{mm}^3$$

$$\frac{T}{W_t}=\frac{12\times10^6}{13\times10^6}=0.923\text{N/mm}^2\begin{array}{l}<0.2f_c=2.38\text{N/mm}^2\\>0.7f_t=0.89\text{N/mm}^2\end{array}$$

说明截面尺寸可用，按计算配筋

（2）计算配箍量

$$A_{cor}=h_{cor}\times b_{cor}=450\times200=90000\text{mm}^2$$

设 $\zeta=1.2$，代入式（7-13）求 A_{st1}/s

$$\frac{A_{st1}}{s}=\frac{T-0.35f_tW_t}{1.2\sqrt{\zeta}f_{yv}A_{cor}}=\frac{12\times10^6-0.35\times1.27\times13\times10^6}{1.2\sqrt{1.2}\times210\times90000}=0.251$$

选用Φ 8箍筋　$A_{st1}=50.3\text{mm}^2$，$s=\frac{50.3}{0.251}=200\text{mm}$

验算配箍率　$\rho_{sv}=\frac{2A_{st1}}{bs}=\frac{2\times50.3}{250\times200}=0.002$

$$\rho_{sv,min}=0.28\frac{f_t}{f_{yv}}=0.28\times\frac{1.27}{210}=0.0017<\rho_{sv}\text{，可以。}$$

（3）计算纵筋

$$u_{cor}=2(b_{cor}+h_{cor})=2\times(200+450)=1300\text{mm}$$

按式（7-7）计算 A_{stl}

$$A_{stl}=\frac{\zeta f_{yv}A_{st1}u_{cor}}{f_y\cdot s}=\frac{1.2\times210\times50.3\times1300}{300\times200}=274.6\text{mm}^2$$

验算纵筋最小配筋率 $\rho_{tl,\min}=0.85f_t/f_y=0.85\times1.27/300=0.0036$　$A_{stl,\min}=\rho_{tl,\min}\times b\times h=0.0036\times250\times500=450\text{mm}^2>274.6\text{mm}^2$。应按 $A_{stl,\min}$配筋，选用 8 Φ 10。

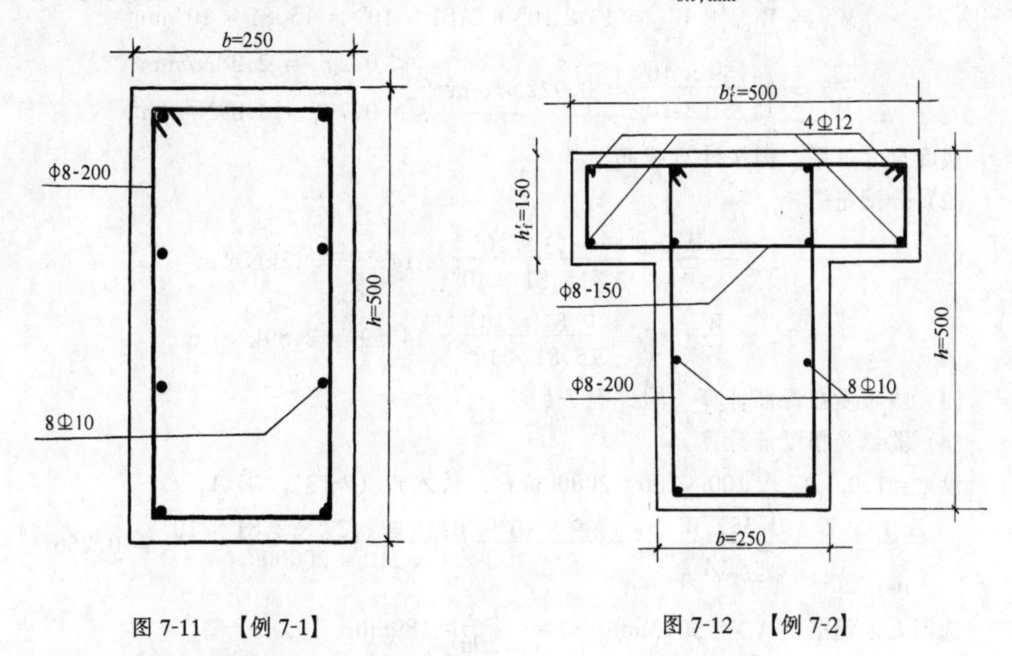

图 7-11　【例 7-1】　　图 7-12　【例 7-2】

7.3.4　带翼缘截面的受扭承载力计算方法

带翼缘的 T 形、工形和 L 形截面纯扭构件，可将其截面划分为几个矩形截面，划分的原则是先按截面总高度确定腹板截面，然后再划分受压翼缘或受拉翼缘（图 7-4)。为了简化计算，《规范》采用按各矩形截面的受扭塑性抵抗矩的比例来分配截面总扭矩的方法，确定各矩形截面所承受的扭矩，即

$$T_w=\frac{W_{tw}}{W_t}T;T'_f=\frac{W'_{tf}}{W_t}T;T_f=\frac{W_{tf}}{W_t}T \tag{7-18}$$

式中　T——带翼缘截面所承受的扭矩设计值；

T_w——腹板所承受的扭矩设计值；

T'_f，T_f——受压翼缘、受拉翼缘所承受的扭矩设计值；

$W_t=W_{tw}+W'_{tf}+W_{tf}$，$W_{tw}$、$W'_{tf}$及 W_{tf}可分别按式（7-3)、（7-5a）及（7-5b）计算。

【例 7-2】　T 形截面纯扭构件，截面尺寸如图 7-12 所示。此构件承受的扭矩设计值 $T=14.59\text{kN·m}$ 所用材料等级同例 7-1。求此构件的受扭纵筋及箍筋。

【解】

(1) 验算截面尺寸　将截面划分为腹板 $b\times h=250\times500$ 及受压翼缘$h'_f(b'_f-b)=150\times(500-250)$两块矩形截面，由例 7-1 知，$W_{tw}=13\times10^6$

$$W'_{tf}=\frac{h'^2_f}{2}(b_f-b)=\frac{150^2}{2}\times(500-250)=2.81\times10^6\text{mm}^3$$

$$W_t=W_{tw}+W'_{tf}=13\times10^6+2.81\times10^6=15.81\times10^6\text{mm}^3$$

$$\frac{T}{W_t}=\frac{14.59\times10^6}{15.81\times10^6}=0.922\text{N/mm}^2\quad\begin{matrix}<0.2f_c=2.38\text{N/mm}^2\\>0.7f_t=0.89\text{N/mm}^2\end{matrix}$$

截面尺寸可用，需按计算配筋。

(2) 分配扭矩

$$T_w=\frac{W_{tw}}{W_t}T=\frac{13\times10^6}{15.81\times10^6}\times14.59=12\text{kN}\cdot\text{m}$$

$$T'_f=\frac{W'_{tf}}{W_t}T=\frac{2.81\times10^6}{15.81\times10^6}\times14.59=2.59\text{kN}\cdot\text{m}$$

(3) 腹板受扭配筋计算　同［例 7-1］

(4) 翼缘受扭配筋计算

设 $\zeta=1.0$，$A_{cor}=100\times200=20000\text{mm}^2$，代入式（7-13），求 A_{st1}/s

$$\frac{A_{st1}}{s}=\frac{T-0.35f_tW_t}{1.2\sqrt{\zeta}f_{yv}A_{cor}}=\frac{2.59\times10^6-0.35\times1.27\times2.81\times10^6}{1.2\times1\times210\times20000}=0.266$$

选用Φ 8 箍筋，$A_{st1}=50.3\text{mm}^2$，$s=\frac{50.3}{0.266}=189\text{mm}$

取 $s=150\text{mm}$，$\rho_{sv}=\frac{2\times50.3}{150\times150}=0.0045>\rho_{sv,\min}=0.0017$

按式（7-7）计算纵筋　$u_{cor}=2\times(100+200)=600\text{mm}$

$$A_{stl}=\frac{\zeta f_{yv}A_{st1}u_{cor}}{f_ys}=\frac{1\times210\times50.3\times600}{300\times150}=140.8\text{mm}^2$$

选用 4 Φ 12，$A_{stl1}=452\quad>\rho_{tl,\min}bh=0.0036\times150\times250=135\text{mm}^2$

7.3.5　箱形截面的受扭承载力计算

如前所述，矩形截面的受扭承载力，与挖去部分核心混凝土的箱形截面基本相同。但考虑到实际壁厚 t_w 小于实心截面等效壁厚的情况，《规范》对式（7-13）中第一项混凝土开裂扭矩部分进行了适当折减，即

$$T\leqslant0.35\alpha_hf_tW_t+1.2\sqrt{\zeta}\frac{A_{st1}A_{cor}}{s}\tag{7-19}$$

式中　α_h——箱形截面壁厚影响系数：$\alpha_h=2.5t_w/b_h$，当 $\alpha_h>1.0$ 时，取 $\alpha_h=1.0$

此处，ζ 值同样按式（7-7）计算，且应符合 $0.6\leqslant\zeta\leqslant1.7$ 的要求，当 $\zeta>1.7$ 时，取 $\zeta=1.7$。

7.4 受弯矩、剪力和扭矩共同作用的构件

7.4.1 弯扭构件

受弯构件同时受到扭矩的作用时，扭矩的存在总是使构件的受弯承载力降低。

在纵向钢筋非对称配置情况下，当构件承受的弯矩 M 较大，扭矩 T 较小时，二者的叠加效果是截面上部纵筋中的压应力减小，但仍处于受压；下部纵筋中拉应力增大，它对截面承载力起控制作用，加速了下部纵筋的屈服，使受弯承载力降低。T 越大，M 降低就越多。弯扭相关关系如图 7-13 中 BC 曲线所示。构件的破坏是由于下部纵筋先到达屈服，然后上部混凝土压碎，这种破坏称为弯型破坏。当构件承受的扭矩 T 较大，弯矩 M 较小时，扭矩引起的上部纵筋拉应力很大，而弯矩引起的压应力很小，由于下部纵筋的数量多于上部纵筋，因而下部纵筋由 T 和 M 引起的拉应力将低于上部纵筋，截面承载力由上部纵筋拉应力所控制。构件的破坏是由于上部纵筋先到达屈服，然后截面下部混凝土压碎，这种破坏称为扭型破坏。M 越大，上部纵筋拉应力的增长越慢，截面受扭承载力也越大。其相关关系如图 7-13 中 AB 曲线所示。显然，在纵筋为对称配筋（图 7-13 中 $\gamma=1.0$）情况下，将不可能出现扭型破坏，总是下部纵筋先到达屈服的弯型破坏。

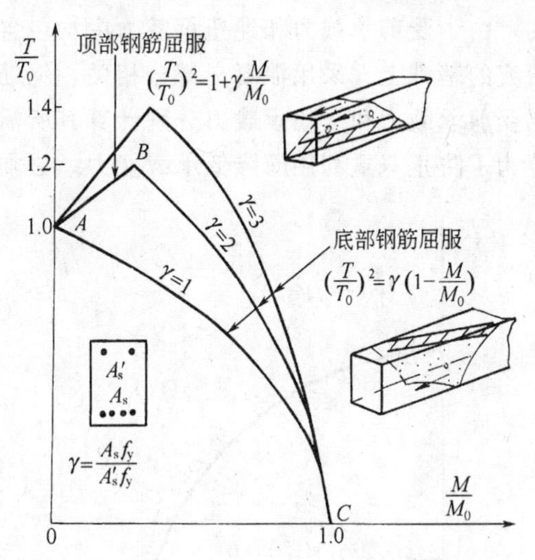

图 7-13　弯扭构件的$\frac{T}{T_0}-\frac{M}{M_0}$相关曲线

如截面高宽比较大，而侧面纵筋或箍筋配筋较少时，可能出现侧面纵筋或箍筋先到达屈服的破坏状态。在这种情况下，受扭承载力与弯矩的大小无关。

如上所述，弯扭构件的承载力受到很多因素的影响，如弯扭比（M/T），上部纵筋与下部纵筋的承载力比值（$\gamma=A_s f_y/A'_s f'_y$）、截面高宽比、纵筋与箍筋配筋强度比 ζ 以及混凝土强度等级等。精确计算是比较复杂的，一种简化而偏于安全的处理办法是将受弯所需纵筋与受扭所需纵筋进行叠加。分析表明，按这种叠加方法配筋的构件，其受弯承载力与受扭承载力之间仍具有一定程度的相关性。

7.4.2 剪扭构件

同时受到剪力和扭矩作用的构件，其承载力总是低于剪力或扭矩单独作用时的承载力。这是因为二者的剪应力在梁的一个侧面上总是叠加的。试验表明，矩形截面无腹筋构件的剪扭相关曲线基本上符合 1/4 圆的规律，如图 7-14 所示。图中是以无量纲坐标 $T_c/$

T_{c0}和 V_c/V_{c0}表示的，这里 V_{c0}、T_{c0}分别为剪力、扭矩单独作用时的无腹筋构件承载力，V_c、T_c 为剪扭共同作用时的无腹筋构件的受剪、受扭承载力。试验还表明，有腹筋构件的剪扭相关曲线也近似于 1/4 圆（图 7-14）。图中 V_0、T_0 为剪力、扭矩单独作用时的有腹筋构件承载力；V、T 为剪扭共同作用时有腹筋构件的受剪、受扭承载力。

剪扭构件的受力性能是比较复杂的，完全按照其相关关系进行承载力计算是很困难的。由于受剪承载力和纯扭承载力中均包含混凝土部分和钢筋部分两项。《规范》在试验研究的基础上，采用混凝土部分相关、钢筋部分不相关的近似计算方法。箍筋按剪扭构件的受剪承载力和受扭承载力分别计算其所需箍筋用量，采用叠加配筋方法。至于混凝土部分为了防止双重利用而降低承载能力，必须考虑其相关关系。

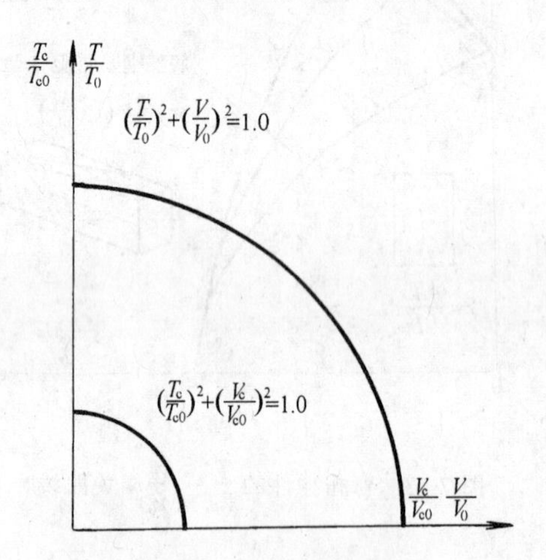

图 7-14 T-V 相关曲线

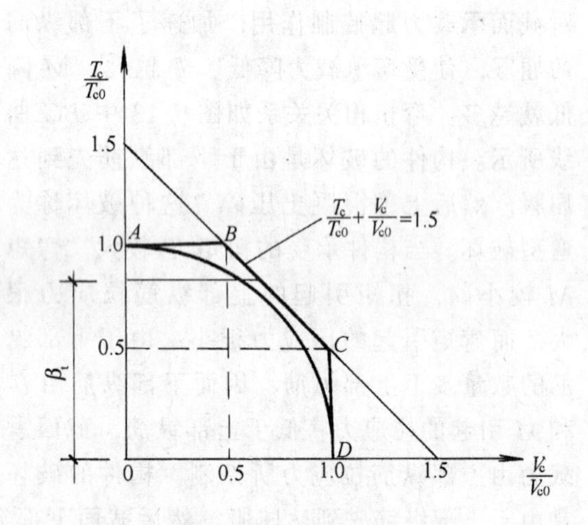

图 7-15 β_T 的近似计算

根据图 7-14 所示相关关系，可以假设有腹筋构件中混凝土部分所贡献的剪扭承载力与无腹筋梁一样，也可取 1/4 圆的规律。为了简化计算，图 7-15 中的 1/4 圆可近似用三折线 AB、BC 及 CD 代替。当 $V_c/V_{c0} \leqslant 0.5$ 时，取 $T_c/T_{c0}=1.0$（AB 段），当 $T_c/T_{c0} \leqslant 0.5$ 时，取 $V_c/V_{c0}=1.0$（CD 段），当位于 BC 斜线上时：

$$\frac{T_c}{T_{c0}}+\frac{V_c}{V_{c0}}=1.5$$

或

$$\frac{T_c}{T_{c0}}\left(1+\frac{V_c T_{c0}}{V_{c0} T_c}\right)=1.5$$

设 $T_c=\beta_t T_{c0}$，近似取$\frac{V_c}{V}\approx\frac{T_c}{T}$（此处 V、T 为剪力、扭矩设计值）并代入 $V_{c0}=0.7f_t bh_0$；$T_{c0}=0.35f_t W_t$，则

$$\beta_t=\frac{1.5}{1+0.5\frac{V}{T}\frac{W_t}{bh_0}} \tag{7-20a}$$

$$T_c = 0.35\beta_t f_t W_t \tag{7-21}$$

$$V_c = 0.7(1.5 - \beta_t) f_t b h_0 \tag{7-22a}$$

对于集中荷载作用下的剪扭构件，应考虑剪跨比 λ 的影响，式（7-20a）及（7-22）应改为：

$$\beta_t = \frac{1.5}{1 + 0.2(\lambda + 1.0)\dfrac{V}{T}\cdot\dfrac{W_t}{bh_0}} \tag{7-20b}$$

$$V_c = \frac{1.75}{\lambda + 1.0}(1.5 - \beta_t) f_t b h_0 \tag{7-22b}$$

β_t 称为剪扭构件混凝土强度降低系数，它是根据 BC 段导出的，因此，β_t 的计算值应符合下列要求：当 $\beta_t < 0.5$ 时，取 $\beta_t = 0.5$；当 $\beta_t > 1$ 时，取 $\beta_t = 1$。

对于箱形截面的一般剪扭构件，

$$T_c = 0.35\alpha_h \beta_t f_t W_t \tag{7-23}$$

式中 β_t 按式（7-20a）计算，但式中的 W_t 应以 $\alpha_h W_t$ 代替。集中荷载作用下的箱形截面独立剪扭构件，T_c 仍按式（7-23）计算，但式中 β_t 值应按式（7-20b）计算，且式(7-20b)中的 W_t 应以 $\alpha_h W_t$ 代替。

7.4.3 弯剪扭构件的配筋计算及构造要求

承受弯矩、剪力和扭矩共同作用的矩形、T形、工形和箱形截面钢筋混凝土构件，为了防止在剪扭作用下发生梁腹混凝土先被压碎的脆性破坏，其截面应符合下列条件：

当 h_w/b 或 $h_w/t_w \leqslant 4$ 时

$$\frac{V}{bh_0} + \frac{T}{0.8W_t} \leqslant 0.25\beta_c f_c \tag{7-24}$$

当 h_w/b 或 $h_w/t_w = 6$ 时

$$\frac{V}{bh_0} + \frac{T}{0.8W_t} \leqslant 0.2\beta_c f_c \tag{7-25}$$

当 $4 < h_w/b$（或 h_w/t_w）< 6 时，按线性内插确定。

式中　h_w——截面的腹板高度：对矩形截面取有效高度 h_0；对T形截面，取 h_0 减 h'_f；对工形和箱形截面，取腹板净高。

弯剪扭构件按下列规定进行配筋计算：

1. 当 $T \leqslant 0.175 f_t W_t$（对箱形截面应以 $\alpha_h W_t$ 代替 W_t）时，可忽略扭矩的影响，仅按正截面受弯承载力和斜截面受剪承载力分别进行纵筋和箍筋的配筋计算；

2. 当 $V \leqslant 0.35 f_t b h_0$ 或 $V \leqslant 0.875 f_t b h_0/(\lambda + 1)$ 时，可忽略剪力的影响，仅按正截面受弯承载力和纯扭构件的受扭承载力分别进行纵筋和箍筋的配筋计算；

3. 当 $V > 0.35 f_t b h_0$ [或 $V > 0.875 f_t b h_0/(\lambda + 1)$]，且 $T > 0.175 f_t W_t$ 时，其纵筋应按正截面受弯承载力和剪扭构件的受扭承载力进行计算，箍筋应分别按下列剪扭构件的受剪承载力和受扭承载力公式计算：

一般剪扭构件

$$V \leqslant 0.7(1.5-\beta_t)f_t bh_0 + 1.25 f_{yv}\frac{A_{sv}}{s}h_0 \tag{7-26a}$$

$$T \leqslant 0.35\beta_t f_t W_t + 1.2\sqrt{\zeta} f_{yv}\frac{A_{st1}}{s}A_{cor} \tag{7-27}$$

此处，β_t 值按式（7-20a）计算，且 $0.5 \leqslant \beta_t \leqslant 1.0$；$\zeta$ 值按式（7-7）计算，对箱形截面应取 $\alpha_h W_t$ 代替 W_t。

集中荷载作用下的独立剪扭构件，受剪承载力按下式计算：

$$V \leqslant (1.5-\beta_t)\frac{1.75}{\lambda+1}f_t bh_0 + f_{yv}\frac{A_{sv}}{s}h_0 \tag{7-26b}$$

式中 β_t 值按式（7-20b）计算。

按剪扭构件受剪承载力计算的纵向钢筋应沿截面周边均匀对称布置，按受弯承载力计算的纵筋截面面积可与相应位置的受扭纵筋截面面积合并考虑配筋。

箍筋应按剪扭构件的受剪承载力和受扭承载力所需箍筋截面面积总和进行配置。

4. 当符合下列条件时：

$$\frac{V}{bh_0} + \frac{T}{W_t} \leqslant 0.7 f_t \tag{7-28}$$

可不进行构件受剪扭承载力计算，按构造要求配筋。

5. 带翼缘截面弯剪扭构件的承载力计算仍按上述规定进行，但在剪扭承载力计算时，应按 7.3.4 节所述划分为几个矩形截面分别计算。腹板按剪扭构件计算，计算时应将 T 及 W_t 各代换为 T_w 及 W_{tw}；翼缘按纯扭构件计算，计算时应将 T 及 W_t 做相应的代换。

6. 弯剪扭构件中箍筋和纵筋的配筋率及构造要求，应符合下列规定：

（1）剪扭构件中，箍筋的配筋率 ρ_{sv}（$\rho_{sv}=A_{sv}/bs$）不应小于 $0.28f_t/f_{yv}$。箍筋间距应符合表 5-1 的规定，箍筋应做成封闭式。箍筋末端应做成 135°弯钩，其平直段长度不应小于 5 倍箍筋直径或 50mm（图 7-16）。当采用多肢箍筋时，受扭所需箍筋应采用沿截面周边布置的封闭箍筋，受剪箍筋可采用复合箍筋。

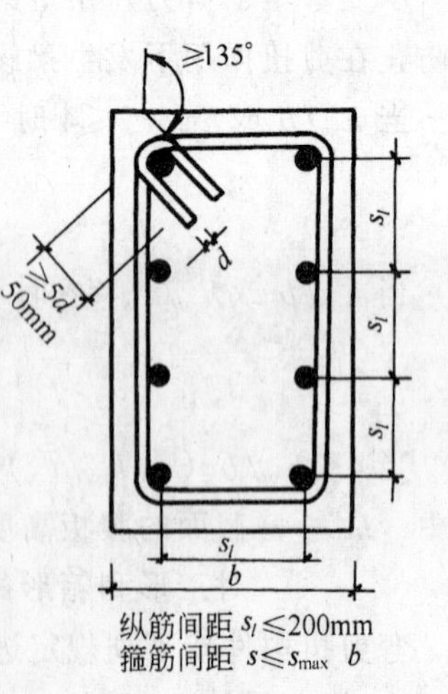

图 7-16　受扭配筋构造要求

（2）纵向钢筋的配筋率，不应小于受弯构件纵向受拉钢筋的最小配筋率（见附表 10），与受扭纵向钢筋的最小配筋率 $\rho_{tl,\min}$ 之和。$\rho_{tl,\min}$ 按下列公式确定：

$$\rho_{tl,\min} = 0.6\sqrt{\frac{T}{Vb}}\frac{f_t}{f_y} \tag{7-29}$$

与 $T/Vb>2.0$ 时，取 $T/Vb=2.0$。对纯扭构件取 $T/Vb=2.0$，即为式（7-17）给出的 $\rho_{tl,\min}=0.85f_t/f_y$。如前所述，受扭纵筋应沿截面周边对称布置，且其间距应不大于200mm 和梁截面宽度 b，受扭纵筋应按受拉钢筋锚固长度 l_a 锚固在支座内。

7.4.4 计算流程及例题

矩形截面一般弯剪扭构件的配筋计算流程见图 7-17。

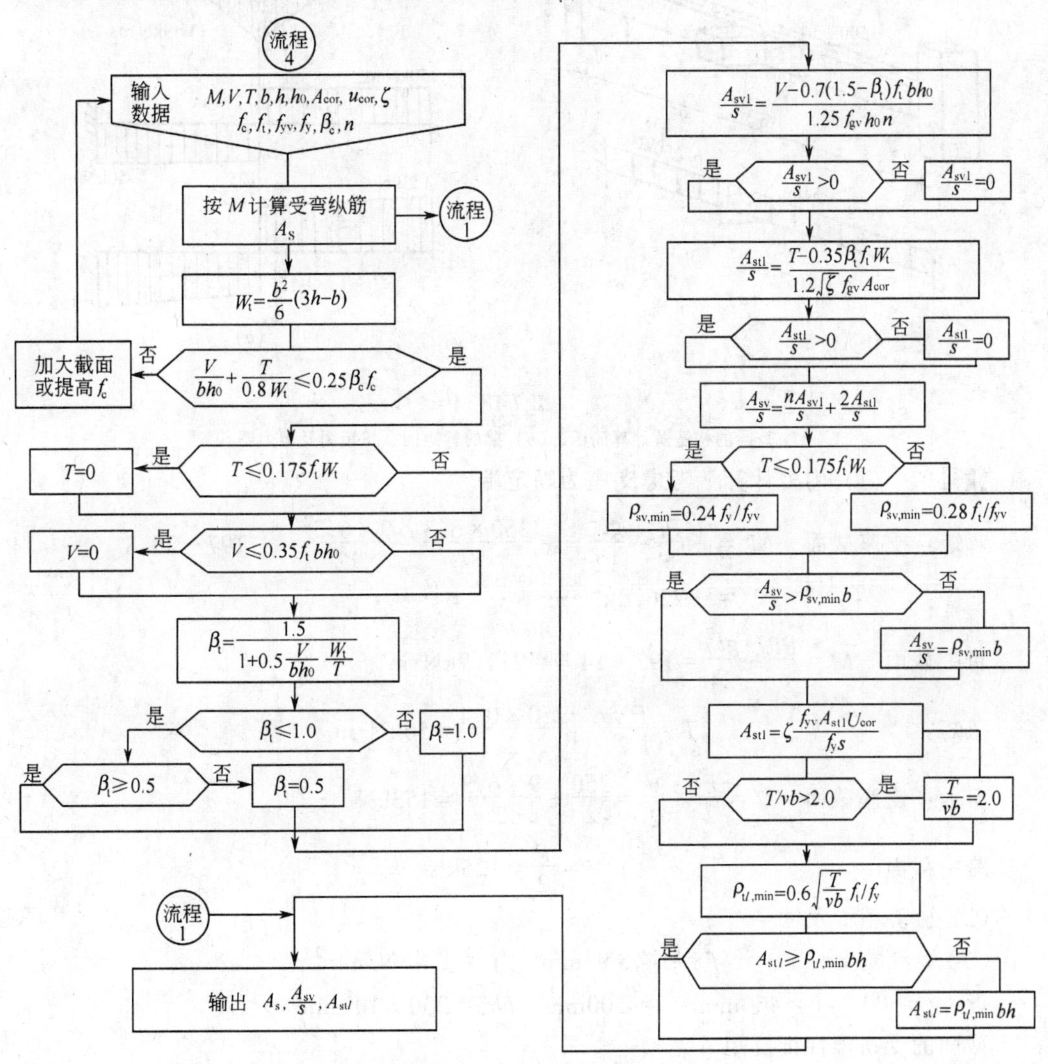

图 7-17 矩形截面一般弯剪扭构件配筋计算流程

【例 7-3】 钢筋混凝土框架梁（图 7-18a），截面 500mm×500mm，净跨 6.3m，跨中

有一短挑梁，挑梁上作用有距梁轴线400mm的集中荷载 P。梁上均布荷载（包括自重）设计值 g 为9kN/m，集中荷载 P 设计值为250kN，混凝土为C30级，纵筋采用HRB400级钢 $f_y=360\text{N/mm}^2$，箍筋为HPB235级钢 $f_{yv}=210\text{N/mm}^2$，要求计算梁的配筋。

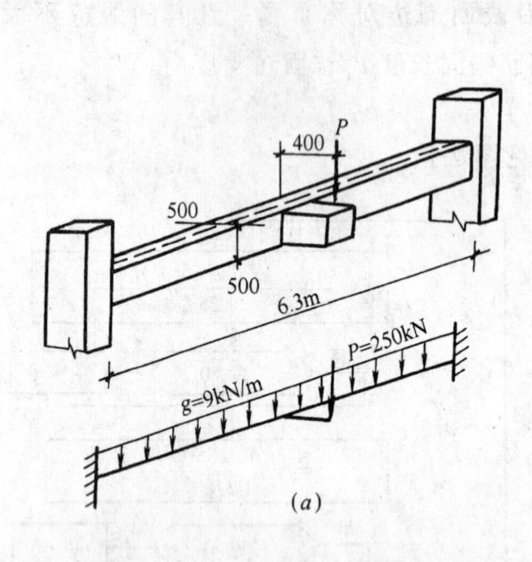

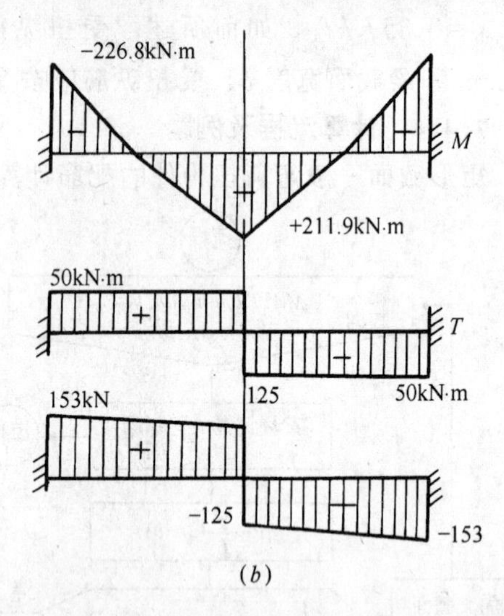

图7-18

（a）梁的构造及计算简图；（b）梁的弯矩图、扭矩图及剪力图

【解】 （1）内力计算　考虑支座为固定端

弯矩：支座截面 $M=-\frac{Pl}{8}-\frac{gl^2}{12}=-\frac{250\times6.3}{8}-\frac{9\times6.3^2}{12}=-197-29.8$

$=-226.8\text{kN}\cdot\text{m}$

跨中截面 $M=\frac{Pl}{8}+\frac{gl^2}{24}=197+14.9=211.9\text{kN}\cdot\text{m}$

扭矩： $T=\frac{P\cdot a}{2}=\frac{250\times0.4}{2}=50\text{kN}\cdot\text{m}$

剪力：支座截面 $V=\frac{P}{2}+\frac{gl}{2}=\frac{250}{2}+\frac{9\times6.3}{2}=153\text{kN}$

跨中截面 $V=\frac{P}{2}=125\text{kN}$

（2）验算截面尺寸

C30级混凝土 $f_c=14.3\text{N/mm}^2$，$f_t=1.43\text{N/mm}^2$

设 $h_0=500-40=460\text{mm}$，$b=500\text{mm}$，$bh_0=230\times10^3\text{mm}^2$

截面的受扭塑性抵抗矩

$$W_t=\frac{b^2}{6}(3h-b)=\frac{500^2}{6}\times(3\times500-500)=41.7\times10^6\text{mm}^3$$

$$h_w=h_0=460, h_w/b=460/500=0.92<4$$

$$\frac{V}{bh_0}+\frac{T}{0.8W_t}=\frac{153\times10^3}{230\times10^3}+\frac{50\times10^6}{0.8\times41.7\times10^6}=2.164\quad\begin{matrix}<0.25f_c=3.575\\>0.7f_t=1.0\end{matrix}$$

说明截面尺寸可用，但需按计算配置钢筋。

(3) 受弯承载力计算

支座截面：$-M=226.8\text{kN}\cdot\text{m}$

$$\alpha_s=\frac{M}{f_cbh_0^2}=\frac{226.8\times10^6}{14.3\times500\times460^2}=0.15\quad\gamma_s=0.918$$

$$A_s=\frac{M}{f_y\gamma_sh_0}=\frac{226.8\times10^6}{360\times0.918\times460}=1492\text{mm}^2$$

跨中截面：$M=211.9\text{kN}\cdot\text{m}$

$$\alpha_s=\frac{M}{f_cbh_0^2}=\frac{211.9\times10^6}{14.3\times500\times460^2}=0.14,\gamma_s=0.924$$

$$A_s=\frac{M}{f_y\gamma_sh_0}=\frac{211.9\times10^6}{360\times0.924\times460}=1385\text{mm}^2$$

(4) 确定剪扭构件计算方法

集中荷载产生的支座剪力与支座截面总剪力的比值为 $125/153=0.817>75\%$，故需考虑剪跨比 $\lambda=\frac{3150}{460}=6.85>3$，取 $\lambda=3$。

$$V=153\text{kN}>\frac{0.875}{\lambda+1}f_tbh_0=\frac{0.875}{3+1}\times1.43\times230\times10^3=71.95\text{kN}$$

$$T=50\text{kN}\cdot\text{m}>0.175f_tW_t=0.175\times1.43\times41.7\times10^6=10.4\text{kN}\cdot\text{m}$$

应按剪扭共同作用构件计算受剪及受扭承载力。

(5) 受剪承载力计算

$$\beta_t=\frac{1.5}{1+0.2(\lambda+1)\frac{V}{T}\cdot\frac{W_t}{bh_0}}$$

$$=\frac{1.5}{1+0.2(3+1)\frac{153}{50}\times\frac{41.7}{230}}=1.04>1.0\quad\text{取 }\beta_t=1.0$$

计算受剪箍筋

设 $n=2$

$$\frac{A_{sv1}}{s}=\frac{V-\frac{1.75}{\lambda+1}(1.5-\beta_t)f_tbh_0}{n\cdot f_{yv}\cdot h_0}$$

$$=\frac{153\times10^3-\frac{1.75}{3+1}\times(1.5-1.0)\times1.43\times500\times460}{2\times210\times460}=0.42$$

(6) 受扭承载力计算

$A_{cor} = 450 \times 450 = 202.5 \times 10^3 mm^2$；$u_{cor} = 2 \times (450 + 450) = 1800mm$

计算受扭箍筋，设 $\zeta = 1.0$

$$\frac{A_{st1}}{s} = \frac{T - 0.35\beta_t f_t W_t}{1.2\sqrt{\zeta} f_{yv} A_{cor}}$$

$$= \frac{50 \times 10^6 - 0.35 \times 1 \times 1.43 \times 41.7 \times 10^6}{1.2 \times 1 \times 210 \times 202.5 \times 10^3} = 0.571$$

计算受扭纵筋

$$A_{stl} = \zeta \frac{f_{yv} A_{st1} u_{cor}}{f_y s} = 1 \times \frac{210 \times 0.571 \times 1800}{360} = 600mm^2$$

(7) 验算最小配筋率

按面积计的受剪箍筋和受扭箍筋的配筋率之和为

$$\rho_{sv} = \frac{2\left(\frac{A_{sv1}}{s} + \frac{A_{st1}}{s}\right)}{b} = \frac{2(0.42 + 0.571)}{500} = 0.00396$$

剪扭构件箍筋最小配筋率 $\rho_{sv,min} = 0.28 f_t / f_{yv} = 0.28 \times \frac{1.43}{210} = 0.0019$

$$\rho_{sv} > \rho_{sv,min}，\text{可以}$$

受弯纵筋与受扭纵筋配筋率之和

$$\rho = \frac{A_s + A_{stl}}{bh} = \frac{1385 + 600}{500 \times 500} = 0.00794$$

受弯构件纵筋的最小配筋率 $0.45 f_t / f_y = 0.45 \times \frac{1.43}{360} = 0.00179 < 0.002$，取 $\rho_{s,min} = 0.002$

受扭纵筋的最小配筋率 $\rho_{tl,min} = 0.6\sqrt{\frac{T}{Vb}}\frac{f_t}{f_y} = 0.6 \times \sqrt{\frac{50 \times 10^6}{15.3 \times 10^3 \times 500}} \times \frac{1.43}{360} = 0.00193$

$$\rho_{s,min} + \rho_{tl,min} = 0.002 + 0.00193 = 0.00393 < \rho，\text{可以}$$

(8) 选用钢筋

箍筋采用双肢ф12 钢箍 $A_{sv1} = 113.1mm^2$

箍筋间距 $s = \frac{113.1}{(0.571 + 0.42)} = 114mm$，取 $s = 100mm$

为了保证受扭纵筋间距不大于 200mm，受扭纵筋分为 4 排，中间两排受扭纵筋截面面积为 $A_{stl}/4 = 600/4 = 150mm^2$，选用 2 ⌀ 10（$A_s = 157mm^2$）。

顶部一排受扭纵筋与支座负弯矩受弯纵筋一并考虑 $A_s + A_{stl}/4 = 1492 + 150 = 1642mm^2$，选用 5 ⌀ 22。同样底部一排受扭纵筋与跨中正弯矩受弯纵筋一并考虑 $A_s + A_{stl}/4 = 1385 + 150 = 1535mm^2$，选用 5 ⌀ 22。

思考题

7-1 试推导矩形截面受扭塑性抵抗矩 W_t 的计算公式（7-3）。

7-2 试说明受扭构件计算公式中 ζ 的物理意义。ζ 的合理取值范围是什么含义？

7-3 纯扭构件控制 $T \leqslant 0.2\beta_c f_c W_t$ 的目的是什么？

7-4 试说明 T 形截面纯扭构件的计算方法。

7-5 为什么受弯构件同时受到扭矩的作用时，构件的受弯承载力和受剪承载力均要降低？

7-6 在剪扭构件的计算公式中为什么要引用系数 β_t？其取值为什么必须在 0.5～1.0 之间？

习题

7-1 钢筋混凝土矩形截面纯扭构件，截面尺寸及配筋如图 7-19 所示。纵筋为 6 根Φ16 HRB400 级钢筋，箍筋为 HPB235 级钢筋，φ10 间距 $s=100$mm，混凝土采用 C30 级。要求计算此构件所能承受的最大扭矩设计值。

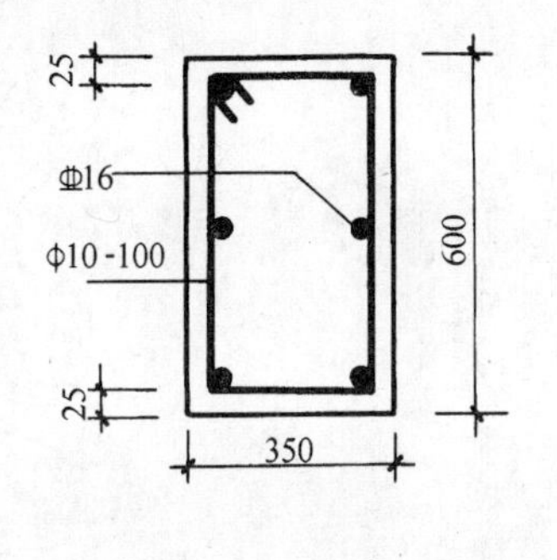

图 7-19 习题 7-1

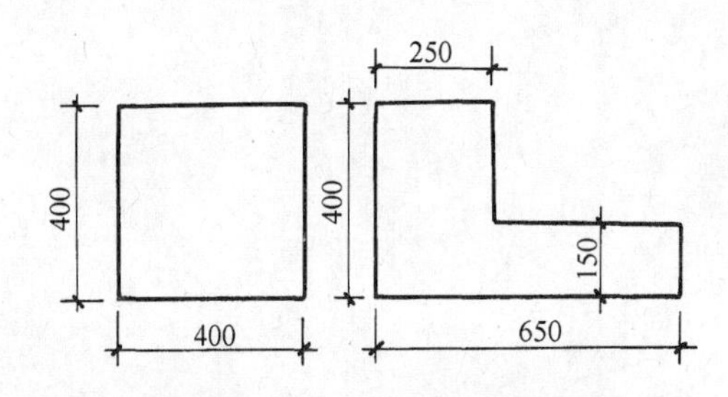

图 7-20 习题 7-2 及习题 7-3

7-2 方形截面纯扭构件（图 7-20），边长为 400mm，扭矩设计值 $T=28$kN·m，纵筋采用 HRB335 级钢筋，箍筋为 HPB235 级钢筋，混凝土强度等级为 C25，求此截面所需配置的受扭钢筋，并画出截面钢筋布置图。

7-3 材料等级及承受的扭矩 T 均同上题，仅构件截面尺寸由于建筑要求改为图 7-20 所示 L 形截面。求受扭配筋，画出截面钢筋布置图，并比较二种截面受扭钢筋的用钢量（按每米构件长度计）。

7-4 承受均布荷载作用的钢筋混凝土矩形截面弯剪扭构件，截面尺寸 $b \times h = 200\text{mm} \times 400\text{mm}$，纵筋为 HRB335 级钢筋，箍筋为 HPB235 级钢筋，采用 C25 级混凝土。要求按下列各组内力设计值，计算构件的配筋。

组　　别	弯矩设计值 M (kN·m)	剪力设计值 V (kN)	扭矩设计值 T (kN·m)
(1)	54	25	2.8
(2)	54	25	9.0
(3)	54	60	2.8

7-5 挑檐梁净跨 $l_0=5$m，顶部有 1.7m 的挑檐，截面尺寸及支承情况如图 7-21 所示。均布荷

载设计值（包括自重）$q=4\text{kN/m}^2$，纵筋采用HRB400级钢筋，箍筋为HPB235级钢，混凝土为C30级。要求计算挑檐梁的配筋，并画出支座及跨中截面的配筋构造图。

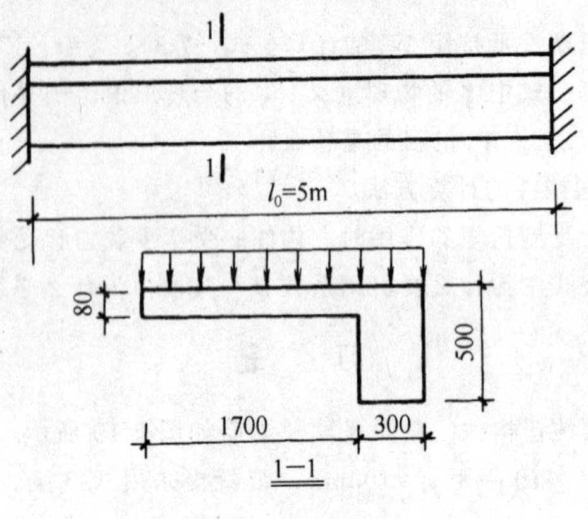

图7-21　习题7-5

第 8 章　受压构件承载力计算

8.1　概　　说

多层房屋和单层工业厂房中的柱是典型的受压构件，它把屋盖和楼层荷载传至基础，为建筑结构中的主要承重构件。此外，如高层建筑中的剪力墙、筒，桥梁结构中的桥墩、桩，桁架中的受压弦杆、腹杆，以及刚架、拱等，一般情况下也是受到轴向压力、弯矩及剪力共同作用的受压构件。

受压构件按照轴向力在截面上作用位置的不同可区分为：**轴心受压构件**，**单向偏心受压构件**及**双向偏心受压构件**（图 8-1）。当轴向力作用于截面的形心时，为轴心受压构件。在实际结构中，严格的轴心受压构件是没有的，通常由于施工的误差及计算的不准确性等原因，都或多或少存在有弯矩作用，形成偏心受压构件（$e_0=M/N$）。由于轴心受压构件的承载力是构件正截面受压承载力的上限，且计算简便。因此，在工程设计中对以恒载为主的等跨多层房屋的内柱、只承受节点荷载的桁架的受压弦杆及腹杆等构件，可近似地按轴心受压构件设计，或以轴心受压作为估算截面，复核构件承载力的手段。钢筋混凝土框架结构的角柱，在风荷载或地震作用下，常同时受到轴向力 N 及两个方向弯矩 $M_x=$

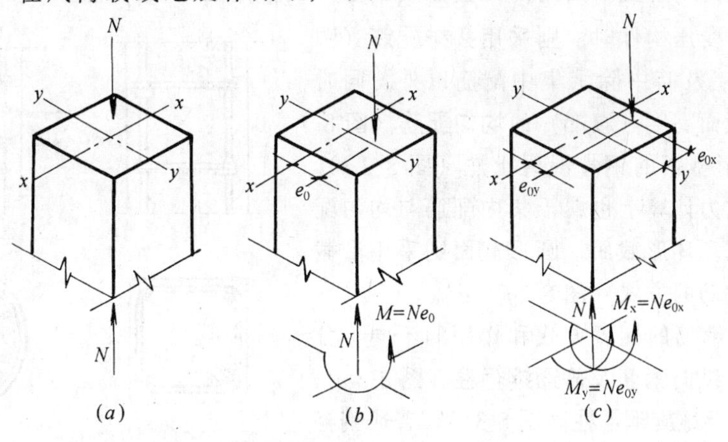

图 8-1

（a）轴心受压；（b）单向偏心受压；（c）双向偏心受压

Ne_{0x}，$M_y = Ne_{0y}$的作用，属于双向偏心受压构件（图 8-1*c*）。

钢筋混凝土柱多采用方形及矩形截面，单层工业厂房的预制柱可采用工字形截面。圆形截面主要用于桥墩、桩和公共建筑中的柱（图 8-2）。用离心方法制造的管柱、电杆、桩等为环形截面受压构件。高层房屋结构中的剪力墙多为 T 形或工形截面。

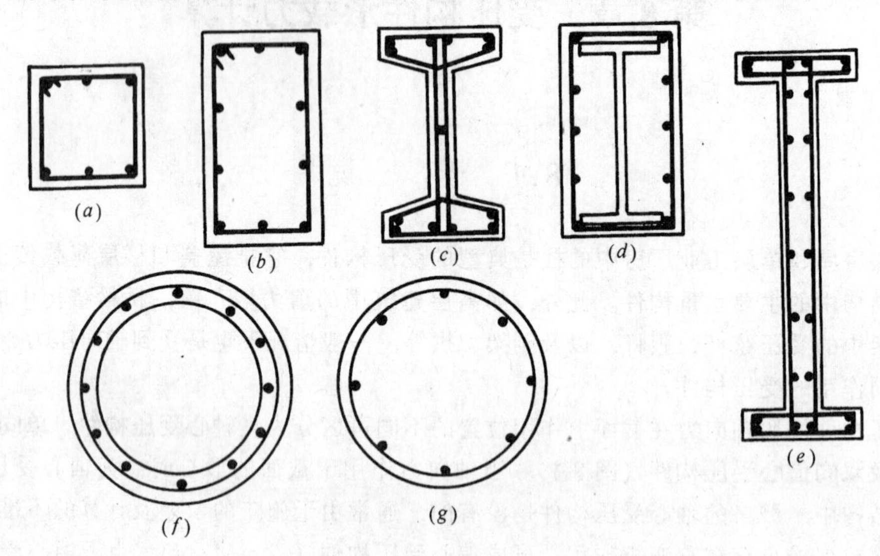

图 8-2 受压构件截面型式

（*a*）方形截面；（*b*）多排配筋的矩形截面；（*c*）工字形截面；（*d*）钢骨混凝土柱；（*e*）均匀配筋截面；（*f*）环形截面；（*g*）圆形截面

从纵向受力钢筋在截面内的配置方式来看，最常用的是**集中配筋**（图 8-2*a*、*c*），当柱为双向偏心受压构件时，则采用**多排配筋**（图 8-2*b*）。剪力墙及筒中除了集中配筋以外，同时还配置有沿截面高度（腹部）的**均匀配筋**（图 8-2*e*）。配置 I 形型钢的钢骨混凝土柱（图 8-2*d*），在正截面承载力计算上也属于集中配筋与均匀配筋的组合情况。环形截面、圆形截面则采用沿截面周边均匀配筋的方式（图 8-2*f*、*g*）。

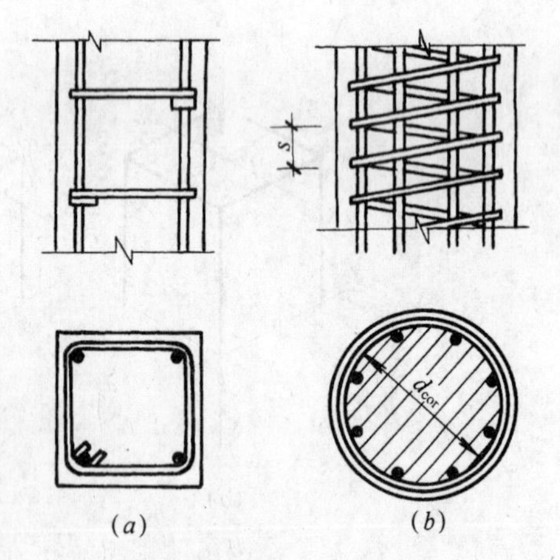

图 8-3

（*a*）普通钢箍柱；（*b*）螺旋钢箍柱

按照柱中箍筋的配置方式和作用的不同可分为两种：(1) 纵向钢筋及**普通钢箍柱**（图 8-3*a*）；(2) 纵向钢筋及**螺旋钢箍柱**（图 8-3*b*）。普通钢箍的主要作用是防止纵向钢筋的压屈，并沿柱高等间距布置与纵筋形成钢筋骨架，便于施工。螺旋钢箍是在纵筋外围配置连续环绕、间距较密的螺旋钢箍，或焊接钢环，其作用是使截面内力螺旋筋环绕的核心部分的混凝土形成约束混凝土，以提高构件的受压承载力和延性。

8.2 轴心受压柱的承载力计算

8.2.1 普通钢箍柱

钢筋混凝土轴心受压短柱受荷以后，截面应变为均匀分布，钢筋应变 ε_s 与混凝土应变 ε_c 相同。如前所述，由于混凝土塑性变形的发展及收缩徐变的影响，钢筋与混凝土之间发生压应力的重分布。试验表明，混凝土的收缩与徐变（在线性徐变范围以内）并不影响构件的极限承载力。对于配置普通热轧钢筋的构件，在混凝土到达最大应力 f_c 以前，钢筋已达到其屈服强度，这时构件尚未破坏，荷载仍可继续增长，钢筋应力则保持在 f'_y。当混凝土的压应变到达 0.003 时，构件表面出现纵向裂缝，保护层混凝土开始剥落，构件到达其极限承载力。破坏时箍筋之间的纵筋发生压屈向外凸出，中间部分混凝土压酥（图 8-4a），混凝土应力到达柱体抗压强度 f_c。当纵筋为高强度钢筋时，构件破坏时纵筋应力可能达不到其屈服强度。《规范》偏于安全地取最大压应变为 0.002，相应的钢筋抗压强度设计值 f'_y 取等于 $0.002E_s$ 除以分项系数 1.1。

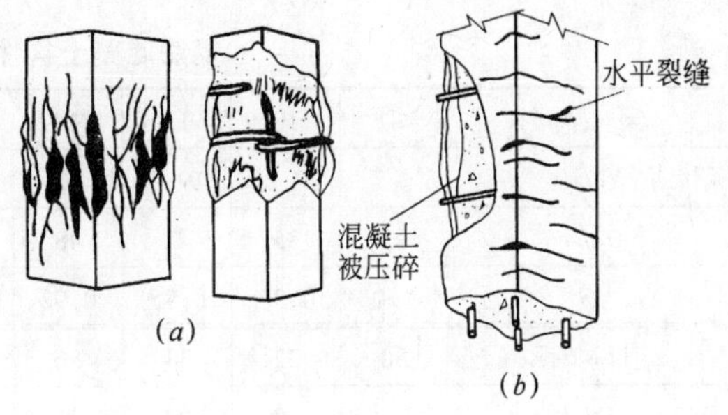

图 8-4

（a）短柱破坏形态；（b）长柱破坏区段

根据轴向力的平衡，轴心受压短柱的极限承载力公式可写出为：

$$N_u = f_c A_c + f'_y A'_s$$

当柱的长细比较大时，轴心受压柱在未达到上式计算的承载力以前，常由于侧向挠度增大，而发生失稳破坏。图 8-5 所示为长细比 $l_0/b = 30$ 的轴心受压长柱的实测挠度曲线。在 $N = 0.6 \times N_u$ 以前，挠度与荷载基本上成正比增长，当 $N = 0.7 \times N_u$ 时，挠度急剧增大。侧向挠度的增大导致了附加弯矩（偏心距）的增大，如此相互影响，最终使长柱在轴力和弯矩的作用下发生失稳破坏，破坏时的挠度达 17.6mm。破坏时先在凹边出现纵

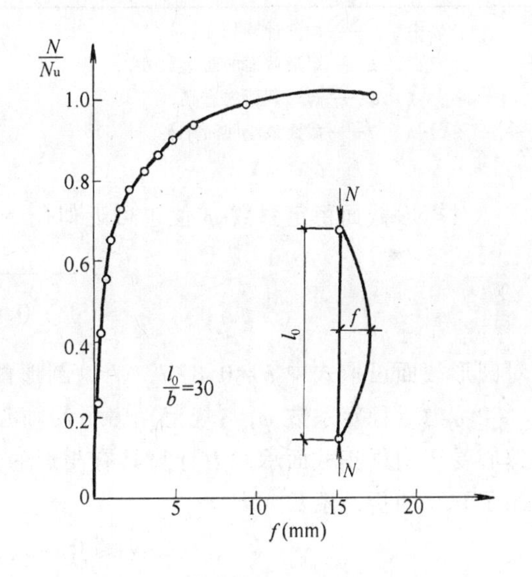

图 8-5 长柱的荷载-挠度曲线

向裂缝，随后混凝土被压碎，纵向钢筋压弯向外鼓出，凸边混凝土开裂（图 8-4*b*）。

设以 φ 代表长柱承载力 N_u^l 与短柱承载力 N_u^s 的比值，称为轴心受压构件的**稳定系数**：

$$\varphi = \frac{N_u^l}{N_u^s} \tag{8-1}$$

稳定系数 φ 主要与柱的长细比 l_0/b 有关，l_0 为柱的计算长度[1]，b 为矩形截面的短边边长。当 $l_0/b \leqslant 8$ 时，$\varphi \approx 1.0$，随 l_0/b 的增大 φ 值近乎线性减小，混凝土强度等级及配筋率对 φ 的影响较小。《规范》给出的 φ 值见表 8-1。

钢筋混凝土构件的纵向弯曲系数　　表 8-1

l_0/b	≤8	10	12	14	16	18	20	22	24	26	28
l_0/d	≤7	8.5	10.5	12	14	15.5	17	19	21	22.5	24
l_0/i	≤28	35	42	48	55	62	69	76	83	90	97
φ	1.0	0.98	0.95	0.92	0.87	0.81	0.75	0.70	0.65	0.60	0.56
l_0/b	30	32	34	36	38	40	42	44	46	48	50
l_0/d	26	28	29.5	31	33	34.5	36.5	38	40	41.5	43
l_0/i	104	111	118	125	132	139	146	153	160	167	174
φ	0.52	0.48	0.44	0.40	0.36	0.32	0.29	0.26	0.23	0.21	0.19

注：表中　l_0——构件计算长度；
　　　　b——矩形截面的短边尺寸；
　　　　d——圆形截面的直径；
　　　　i——截面最小回转半径。

对矩形截面稳定系数 φ 值也可近似用下式计算：

$$\varphi = \frac{1}{1 + 0.002\left(\frac{l_0}{b} - 8\right)^2} \tag{8-2}$$

对圆形截面可取式中 $b = 0.87d$（d 为圆形截面的直径）。

考虑了稳定系数 φ，《规范》为了使轴心受压构件的承载力与考虑初始偏心距影响的偏心受压构件正截面承载力计算具有相近的可靠度，对轴心受压构件承载力的计算公式引用了 0.9 的折减系数，即

$$N \leqslant 0.9\varphi(f_c A + f'_y A'_s) \tag{8-3}$$

式中　N——轴向压力设计值；

　　φ——稳定系数，按表 8-1 取用，或按式（8-2）计算；

　　A——构件截面面积；

[1] 柱的计算长度的取值规定详见本章 8.10.1 节。

A'_s——全部纵向钢筋的截面面积。

当纵向钢筋配筋率大于3%时，式（8-3）中的A应改用（$A-A'_s$）代替。

【例 8-1】　某现浇多层钢筋混凝土框架结构，底层中间柱按轴心受压构件设计。轴向压力设计值$N=2500\text{kN}$，基础顶面至首层楼板面的高度$H=6.5\text{m}$，柱计算长度$l_0=1.0H$。采用C30级混凝土，HRB335级钢筋。求柱的截面尺寸，并配置纵筋和箍筋(图8-6)。

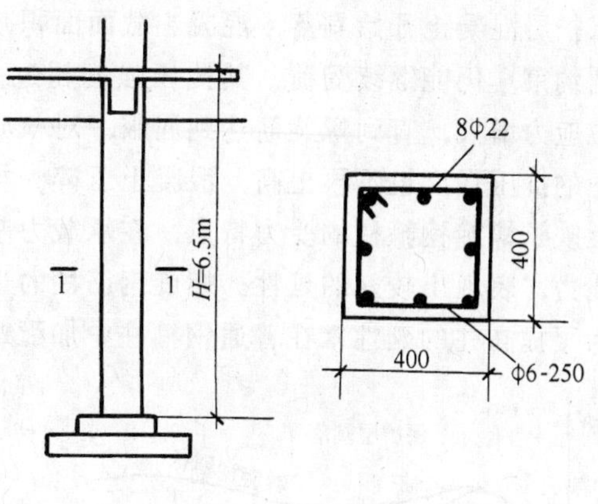

图 8-6　【例 8-1】

【解】

(1) 初步估算截面尺寸

设配筋率$\rho'=0.01$，即$A_s=0.01A$，$\varphi=1.0$，C30级混凝土$f_c=14.3\text{N/mm}^2$，HRB335级钢筋$f'_y=300\text{N/mm}^2$，由式（8-3）

$$A=\frac{N}{0.9\varphi(f_c+\rho' f'_y)}=\frac{2500\times10^3}{0.9\times1.0(14.3+0.01\times300)}$$

$$=160600\text{mm}^2$$

正方形截面边长$b=\sqrt{A}=\sqrt{160600}=400.7\text{mm}$

取$b=400\text{mm}$

(2) 配筋计算

$l_0=1.0H=6.5\text{m}$，$l_0/b=\frac{6.5}{0.4}=16.25$

由式(8-2)

$$\varphi=\frac{1}{1+0.002\left(\frac{l_0}{b}-8\right)^2}$$

$$=\frac{1}{1+0.002(16.25-8)^2}=0.88$$

代入式（8-3）

$$A'_s=\frac{\frac{N}{0.9\varphi}-f_cA}{f'_y}=\frac{\frac{2500\times10^3}{0.9\times0.88}-14.3\times400^2}{300}=2895\text{mm}^2$$

选用8 Φ 22（$A_s=3041\text{mm}^2$），箍筋Φ 6－250mm。

8.2.2　螺旋钢箍柱

螺旋钢箍柱由于沿柱高配置有间距较密的螺旋筋（或焊接钢环），对于螺旋筋所包围的核心面积（图8-3b中阴影部分）内混凝土，它相当于套筒作用，能有效地约束混凝土受压时的横向变形，使核心区混凝土处于三向受压状态，从而提高了其抗压强度。图8-7

为螺旋钢箍柱与普通钢箍柱荷载（N）与轴向应变（ε）曲线的比较。在混凝土应力到达其临界应力 $0.8f_c$ 以前，螺旋钢箍柱的变形曲线与普通钢箍柱并无区别。当 $\varepsilon=0.003$ 时，保护层混凝土开始剥落，混凝土截面面积减小，荷载有所下降。而核心部分混凝土由于受到约束，仍能继续受荷，其抗压强度超过了 f_c，曲线逐渐回升。随荷载增大，螺旋筋中拉应力增大，直到螺旋筋达到屈服，对核心混凝土的横向变形不再起约束作用，核心混凝土的抗压强度也不再提高，混凝土压碎，构件破坏。破坏时柱的变形可达 0.01 以上，这反映了螺旋钢箍柱的受力特点，在承载力基本不降低的情况下具有很大的耐受后期变形的能力，表现出较好的延性。螺旋钢筋柱的这种受力性能，使得近年来在抗震结构设计中，为了提高柱的延性常在普通钢箍柱中加配螺旋筋或焊接环，如图 8-8 所示。

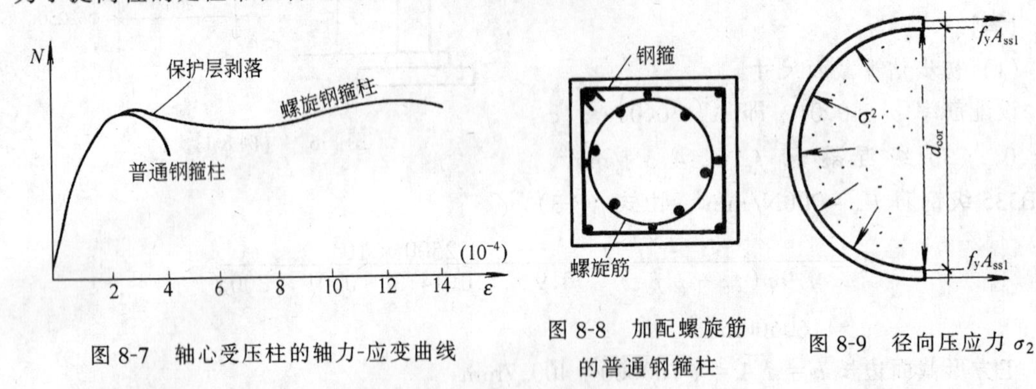

图 8-7 轴心受压柱的轴力-应变曲线

图 8-8 加配螺旋筋的普通钢箍柱

图 8-9 径向压应力 σ_2

根据圆柱体三向受压试验的结果，受到径向压应力 σ_2 作用的约束混凝土纵向抗压强度，可按下列公式计算：

$$\sigma_1 = f_c + 4\sigma_2$$

设螺旋钢箍的截面面积为 A_{ss1}，间距为 s，螺旋筋的内径为 d_{cor}（即核心直径）。当螺旋筋应力到达其抗拉强度设计值 f_y 时，由图 8-9 隔离体的平衡可得：

$$\sigma_2 s d_{cor} = 2 f_y A_{ss1}$$

或

$$\sigma_2 = \frac{2 f_y A_{ss1}}{s \cdot d_{cor}}$$

将上式代入 σ_1 的表达式中：

$$\sigma_1 = f_c + \frac{8 f_y A_{ss1}}{s \cdot d_{cor}}$$

设 A_{cor} 为核心截面面积，根据轴向力的平衡，可写出螺旋钢箍柱的承载力计算公式为：

$$N \leqslant \sigma_1 A_{cor} + f'_y A'_s$$

或

$$N \leqslant f_c A_{cor} + f'_y A'_s + 8\frac{f_y A_{ss1} A_{cor}}{s \cdot d_{cor}} \tag{8-4}$$

将螺旋筋按体积相等的条件，换算成相当的纵向钢筋面积 A_{ss0}，即

$$A_{ss0}=\frac{\pi d_{cor}A_{ss1}}{s} \tag{8-5}$$

则式（8-4）可写成下列形式

$$N\leqslant f_cA_{cor}+f'_yA'_s+2f_yA_{ss0} \tag{8-6}$$

式中右边第一项为核心混凝土在无侧向约束时所承担的轴力；第二项为纵向钢筋承担的轴力；第三项代表配置螺旋筋后，核心混凝土受到螺旋筋约束所提高的承载力。式(8-6)说明，同样体积的钢材，采用间接钢筋（螺旋筋或焊接环）要比直接用纵向受压钢筋更为有效。

对于高强混凝土，径向压应力 σ_2 对核心混凝土强度的约束作用有所降低，式（8-6）中第三项应适当折减。此外，与普通箍筋柱相似，对轴心受压构件承载力引用0.9折减系数，《规范》给出的螺旋箍筋柱轴心受压承载力的计算公式为

$$N\leqslant 0.9(f_cA_{cor}+f'_yA'_s+2\alpha f_yA_{ss0}) \tag{8-7}$$

式中　α——间接钢筋对混凝土约束的折减系数；当 $f_{cu,k}\leqslant 50\text{N/mm}^2$ 时，取 $\alpha=1.0$，当 $f_{cu,k}=80\text{N/mm}^2$ 时，取 $\alpha=0.85$，其间按线性内插法确定。

式（8-7）的应用需符合下列要求：

1. 为了防止由于间接钢筋配置过多，极限承载力提高过大，以致使得在使用荷载下混凝土保护层即发生剥落，影响到结构的耐久性和正常使用。《规范》要求按式（8-7）计算得出的承载力不应大于按式（8-3）算得的普通箍筋柱承载力的1.5倍。

2. 对于长细比 $l_0/d>12$ 的柱不应采用螺旋箍筋，因为这种柱的承载力将由于侧向挠度的增大而降低，使螺旋筋的约束作用得不到有效发挥。

3. 螺旋筋的约束效果与螺旋筋的截面面积 A_{ss1} 和间距 s 有关。《规范》要求螺旋筋的换算截面面积 A_{ss0} 不应小于全部纵向钢筋截面面积 A'_s 的25%。螺旋筋的间距不应大于 $d_{cor}/5$，且不大于80mm，为了便于施工也不小于40mm。

【例8-2】　某旅馆门厅现浇钢筋混凝土底层柱，采用圆形截面直径 $d=500\text{mm}$，轴向力设计值 $N=3100\text{kN}$。基础顶面至二层楼面高度 H 为8m，计算长度 $l_0=0.7H$。采用C30级混凝土，纵筋为HRB335级钢筋，螺旋筋为HPB235级钢筋。求柱的配筋。

【解】

(1) 设纵筋为6 Φ 20，$A'_s=1884\text{mm}^2$，混凝土保护层厚度取25mm，故

$$d_{cor}=500-2\times 25=450\text{mm}$$

核心混凝土面积　$A_{cor}=\dfrac{\pi d_{cor}^2}{4}=159000\text{mm}^2$

C30级混凝土 $f_c=14.3\text{N/mm}^2$，HRB335级钢筋 $f'_y=300\text{N/mm}^2$，HPB235级钢筋 $f_y=210\text{N/mm}^2$

由式（8-7）求螺旋筋的换算截面面积 A_{ss0}

$$A_{ss0} = \frac{N/0.9 - f_c A_{cor} - f'_y A'_s}{2f_y}$$

$$= \frac{3444 \times 10^3 - 14.3 \times 159000 - 300 \times 1884}{2 \times 210} = 1440\text{mm}^2$$

$0.25A'_s = 0.25 \times 1884 = 471\text{mm}^2$，故 $A_{ss0} > 0.25A'_s$，可以。

（2）设螺旋筋直径 $d = 8\text{mm}$，$A_{ss1} = 50.3\text{mm}^2$

由式（8-5） $s = \frac{\pi \cdot d_{cor} A_{ss1}}{A_{ss0}} = \frac{3.14 \times 450 \times 50.3}{1440} = 49.4\text{mm}$

取 $s = 50\text{mm}$，小于 $\frac{d_{cor}}{5} = 90\text{mm}$ 及 80mm 满足构造要求（图 8-10）。

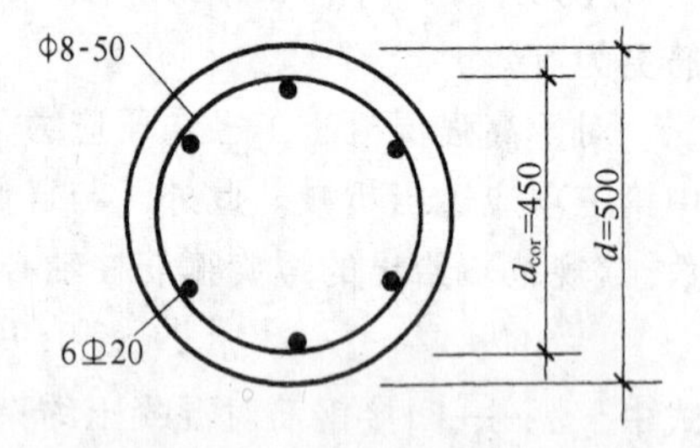

图 8-10 【例 8-2】图

（3）按式（8-3）计算普通钢箍柱的承载力

$\frac{l_0}{d} = 0.7 \times \frac{8000}{500} = 11.2 < 12$，查表 8-1，$\varphi = 0.962$

$$N = 0.9\varphi\ (f_c A + f'_y A'_s)$$

$$= 0.9 \times 0.962 \left(14.3 \times \frac{\pi \times 500^2}{4} + 300 \times 1884\right)$$

$$= 2920\text{kN}$$

螺旋钢箍柱的承载力 $N = 3100\text{kN}$ 小于 1.5 倍普通钢箍柱的承载力（$1.5 \times 2920 = 4380\text{kN}$），可以。

8.3 矩形截面偏心受压构件

构件同时受到轴向压力 N 及弯矩 M 的作用，等效于对截面形心的偏心距为 $e_0 = M/N$ 的偏心压力的作用（图 8-1*b*）。钢筋混凝土偏心受压构件的受力性能，破坏形态介于受弯构件与轴心受压构件之间。当 $N = 0$，$Ne_0 = M$ 时为受弯构件；当 $M = 0$，$e_0 = 0$ 时为轴心受压构件。故受弯构件和轴心受压构件相当于偏心受压构件的特殊情况。

8.3.1 偏心受压构件的破坏特征

现以工程中常用的截面两侧纵向受力钢筋为对称配置的（$A_s = A'_s$）偏心受压构件为例，说明其破坏形态和破坏特征。随轴向力 N 在截面上的偏心距 e_0 大小的不同和纵向钢筋配筋率（$\rho = A_s/bh_0$）的不同，偏心受压构件的破坏特征有两种：

一、受拉破坏——大偏心受压情况

轴向力 N 的偏心距较大，且纵筋的配筋率不高时，受荷后部分截面受压，部分受拉。拉区混凝土较早地出现横向裂缝，由于配筋率不高，受拉钢筋（A_s）应力增长较快，首先到达屈服。随着裂缝的开展，受压区高度减小，最后受压钢筋（A'_s）屈服混凝土压碎。其破坏形态与配有受压钢筋的适筋梁相似（图 8-11*a*）。

因为这种偏心受压构件的破坏是由于受拉钢筋首先到达屈服，而导致的压区混凝土压坏，其承载力主要取决于受拉钢筋，故称为受拉破坏。这种破坏有明显的预兆，横向裂缝显著开展，变形急剧增大，具有塑性破坏的性质。形成这种破坏的条件是：偏心距 e_0 较大，且纵筋配筋率不高，因此，通称为大偏心受压情况。

二、受压破坏——小偏心受压情况

1. 当偏心距 e_0 较大，纵筋的配筋率很高时，虽然同样是部分截面受拉，但拉区裂缝出现后，受拉钢筋应力增长缓慢（因为 ρ 很高）。破坏是由于受压区混凝土到达其抗压强度被压碎，破坏时受压钢筋 A'_s 到达屈服，而受拉一侧钢筋应力未达到其屈服强度，破坏形态与超筋梁相似（图 8-11b）。

2. 偏心距 e_0 较小，受荷后截面大部分受压，中和轴靠近受拉钢筋 A_s。因此，受拉钢筋应力很小，无论配筋率的大小，破坏总是由于受压钢筋 A'_s 屈服，混凝土到达抗压强度被压碎。临近破坏时，受拉区混凝土可能出现细微的横向裂缝（图 8-11c）。

3. 偏心距很小（$e_0<0.15h_0$），受荷后全截面受压。破坏是由于近轴力一侧的受压钢筋 A'_s 屈服，混凝土被压碎。距轴力较远一侧的受压钢筋 A_s 未达到屈服，当 e_0 趋近于零时，可能 A_s 及 A'_s 均达到屈服，整个截面混凝土受压破坏，其破坏形态相当于轴心受压构件（图 8-11d）。

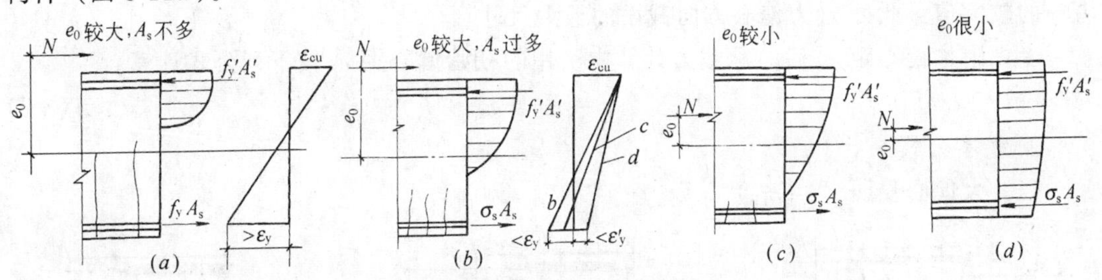

图 8-11 偏心受压构件破坏时截面应力状态

上述三种情形的共同特点是，构件的破坏是由于受压区混凝土到达其抗压强度，距轴力较远一侧的钢筋，无论受拉或受压，一般均未到达屈服，其承载力主要取决于压区混凝土及受压钢筋，故称为受压破坏。这种破坏缺乏明显的预兆，具有脆性破坏的性质。形成这种破坏的条件是：偏心距小；或偏心距较大但配筋率过高。在截面配筋计算时，一般应避免出现偏心距大而配筋率高的情况。上述情况通称为小偏心受压情况。

8.3.2 偏心受压短柱的基本公式

偏心受压构件正截面承载力计算的基本假定与受弯构件是相同的，即（1）截面应变保持平面；（2）不考虑混凝土的抗拉强度；（3）混凝土的极限压应变 ε_{cu} 按式（2-10e）计算；（4）受压区混凝土采用等效矩形应力图，其强度取 $\alpha_1 f_c$，矩形应力图的高度 x 取等于中和轴高度乘以系数 β_1。受拉钢筋与压区混凝土同时到达其强度设计值时的界限相对受压区高度 ξ_b，同样可按式（2-16）计算，即

$$\xi_b = \frac{\beta_1}{1+\frac{f_y}{\varepsilon_{cu}E_s}}$$

当 $\xi \leqslant \xi_b$ 时，为受拉钢筋到达屈服的大偏心受压情况；当 $\xi > \xi_b$ 时，为受拉钢筋未达屈服的小偏心受压情况（图 8-12）。

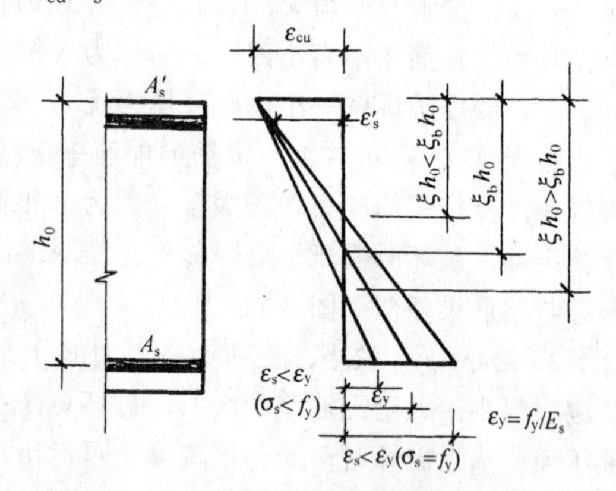

图 8-12 截面应变

1. **附加偏心距**

如前所述，由于荷载的不准确性、混凝土的非均匀性及施工偏差等原因，都可能产生附加偏心距。按 $e_0 = M/N$ 算得的偏心距，实际上有可能增大或减小，并不存在 $e_0 = 0$ 的轴心受压构件。因此，有必要考虑附加偏心距对受压构件承载力的影响。

参考各国规范，并考虑到我国的工程经验，《规范》规定在偏心受压构件的正截面承载力计算中，应计入轴向压力在偏心方向存在的附加偏心距 e_a，其值取 20mm 和 $h/30$ 两者中的较大值，此处 h 为偏心方向截面的最大尺寸。

考虑附加偏心距 e_a 后，承载力计算中引用的**初始偏心距** e_i 按下列公式计算：

$$e_i = e_0 + e_a \tag{8-8}$$

2. 基本公式

(1) **大偏心受压**（$\xi \leqslant \xi_b$）

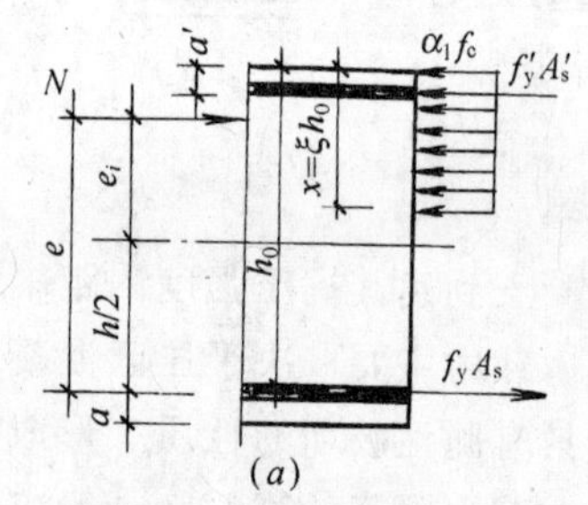

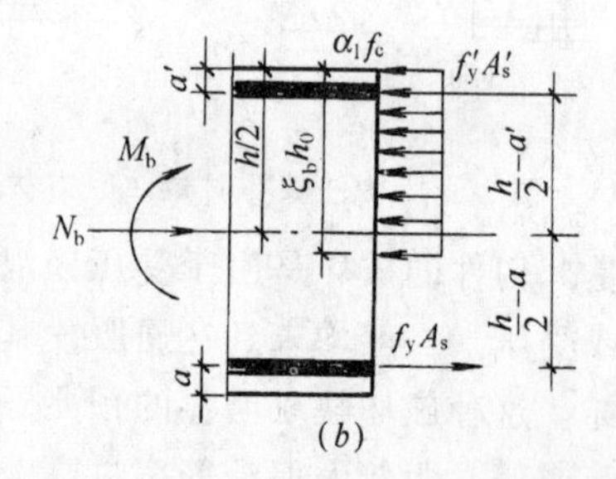

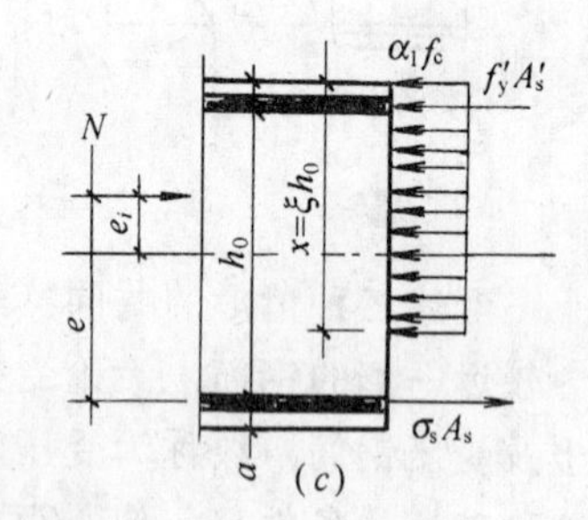

图 8-13

(*a*) 大偏心受压；(*b*) 界限偏心受压；(*c*) 小偏心受压

大偏心受压情况下受拉钢筋应力 $\sigma_s = f_y$，根据轴力和对受拉钢筋合力中心取矩的平衡（图 8-13*a*）：

$$N = \alpha_1 f_c bx + f'_y A'_s - f_y A_s \tag{8-9}$$

$$Ne = \alpha_1 f_c bx\left(h_0 - \frac{x}{2}\right) + f'_y A'_s(h_0 - a') \tag{8-10}$$

式中 e 为轴向力 N 至钢筋 A_s 合力中心的距离：

$$e = e_i + \frac{h}{2} - a$$

为了保证受压钢筋（A'_s）应力到达 f'_y 及受拉钢筋应力到达 f_y，上式需符合下列条件：

$$x \geqslant 2a'$$

$$x \leqslant \xi_b h_0$$

当取 $N=0$；$Ne=M$ 时，式（8-9）及（8-10）即转化为双筋矩形截面受弯构件的基本公式（4-14）及（4-15）。

当 $x=\xi_b h_0$ 时，为大小偏心受压的**界限情况**，在式（8-9）中取 $x=\xi_b h_0$ 可写出界限情况下的轴向力 N_b 的表达式：

$$N_b = \alpha_1 f_c \xi_b b h_0 + f'_y A'_s - f_y A_s \tag{8-11}$$

当截面尺寸、配筋面积及材料强度为已知时，N_b 为定值可按式（8-11）确定。如作用在该截面上的轴向力设计值 $N \leqslant N_b$ 为大偏心受压情况；$N > N_b$ 则为小偏心受压情况。

取 $x=\xi_b h_0$ 时，设 $a=a'$ 对截面形心取矩，可写出界限情况下的弯矩 M_b 的表达式（图 8-13b）：

$$M_b = \frac{1}{2}[\alpha_1 f_c \xi_b b h_0 (h - \xi_b h_0) + (f'_y A'_s + f_y A_s)(h_0 - a')] \tag{8-12}$$

由 $M_b = N_b e_{ib}$，可得：

$$\frac{e_{ib}}{h_0} = \frac{\alpha_1 f_c \xi_b b h_0 (h - \xi_b h_0) + (f'_y A'_s + f_y A_s)(h_0 - a')}{2(\alpha_1 f_c \xi_b b h_0 + f'_y A'_s - f_y A_s) h_0} \tag{8-13}$$

当截面尺寸及材料强度给定时，由上式可知**界限偏心距** e_{ib} 与截面配筋 A_s 及 A'_s 有关，如 A_s 及 A'_s 为已知，e_{ib} 也是定值。当计算的初始偏心距 $e_i \geqslant e_{ib}$ 时，为大偏心受压情况；当 $e_i < e_{ib}$ 时，为小偏心受压情况。

（2）**小偏心受压**（$\xi > \xi_b$）

距轴力较远一侧纵筋（A_s）中应力 $\sigma_s < f_y$（图 8-13c），这时

$$N = \alpha_1 f_c b x + f'_y A'_s - \sigma_s A_s \tag{8-14}$$

$$Ne = \alpha_1 f_c b x (h_0 - x/2) + f'_y A'_s (h_0 - a') \tag{8-15}$$

式中 σ_s 按式（2-23）计算，即

$$\sigma_s = f_y \frac{\xi - \beta_1}{\xi_b - \beta_1}$$

按上式算得的钢筋应力应符合下列条件：

$$-f'_y \leqslant \sigma_s \leqslant f_y$$

当 $\xi \geqslant 2\beta_1 - \xi_b$ 时，应取 $\sigma_s = -f'_y$

8.3.3 *N-M* 相关曲线

对于给定截面、配筋及材料强度的偏心受压构件，到达承载能力极限状态时，截面承

担的内力设计值 N、M 并不是独立的，而是相关的。下面以对称配筋截面（$A'_s=A_s$，$f'_y=f_y$，$a'=a$）为例说明轴向力 N 与弯矩 M 的对应关系。为了公式表达形式的简练和一般性，采用无量纲的轴力 $\widetilde{N}$ 及无量纲弯矩 $\widetilde{M}$。设

$$\widetilde{N}=\frac{N}{\alpha_1 f_c b h_0};\widetilde{M}=\frac{M}{\alpha_1 f_c b h_0^2} \tag{8-16}$$

与受弯构件相似定义含钢特征：

$$\alpha'=\frac{A'_s}{bh_0}\frac{f'_y}{\alpha_1 f_c}=\frac{\rho' f'_y}{\alpha_1 f_c} \tag{8-17}$$

$$\alpha=\frac{A_s}{bh_0}\frac{f_y}{\alpha_1 f_c}=\frac{\rho f_y}{\alpha_1 f_c} \tag{8-18}$$

在对称配筋情况下 $\alpha=\alpha'$。

1. **$\xi\leqslant\xi_b$ 大偏心受压情况**，由式（8-9）可得：

$$\widetilde{N}=\frac{x}{h_0}=\xi \tag{8-19}$$

由式（8-8）及 $e_0=M/N$ 可知，

$$e=e_0+e_a+\frac{h}{2}-a=\frac{M}{N}+e_a+\frac{h}{2}-a$$

将 e 的表达式代入式（8-10）中，移项后可写出 M 的表达式为：

$$M=\alpha_1 f_c bx\left(h_0-\frac{x}{2}\right)+f'_y A'_s(h_0-a')-N\left(\frac{h}{2}+e_a-a\right)$$

将式（8-19）代入上式，写成无量纲的形式，并取 $\delta=a/h_0$；$\delta'=a'/h_0$，$\delta''=e_a/h_0$，经整理后可得：

$$\widetilde{M}=\frac{\widetilde{N}}{2}(1+\delta-2\delta'')-\frac{(\widetilde{N})^2}{2}+(1-\delta')\alpha \tag{8-20}$$

由上式可知 $\widetilde{M}$ 与 $\widetilde{N}$ 为二次抛物线关系，随 $\widetilde{N}$ 增大，$\widetilde{M}$ 增大。当 $\widetilde{N}=\widetilde{N}_b=\xi_b$ 时为界限情况，$\widetilde{M}$ 达到其最大值 $\widetilde{M}_b$。$\widetilde{M}_b$ 与 $\widetilde{N}_b$ 的比值为界限偏心距 $e_{0b}=\dfrac{\widetilde{M}_b}{\widetilde{N}_b}$（图 8-14）。

2. **$\xi>\xi_b$ 小偏心受压情况**，将 σ_s 的表达式（2-23）代入式（8-14），写成无量纲形式，取 $\alpha'=\alpha$ 可得：

$$\xi=\frac{(\xi_b-\beta_1)\widetilde{N}-\alpha\xi_b}{\xi_b-\beta_1-\alpha} \tag{8-21}$$

小偏心受压情况下 $e=\dfrac{M}{N}+e_a+\dfrac{h}{2}-a$，代入式（8-15）写成无量纲形式可得：

$$\widetilde{M}=\xi-\frac{\xi^2}{2}+\alpha'(1-\delta')-\widetilde{N}\left(\delta''+\frac{1-\delta}{2}\right) \tag{8-22}$$

将式（8-21）代入上式可知，$\widetilde{N}$与$\widetilde{M}$也是二次函数的关系，但是与式（8-20）不同的是，随$\widetilde{N}$增大，$\widetilde{M}$减小：

图 8-14 为根据 $\alpha=\alpha'=0.2$，$\beta_1=0.8$，$\xi_b=0.55$，$\delta=\delta'=0.08$，$\delta''=0.04$ 画出的 $\widetilde{N}$-$\widetilde{M}$相关曲线。曲线与横轴$\widetilde{M}$的交点 A 代表对称配筋受弯构件的承载力，令$\widetilde{N}=0$ 由式（8-20）可知：

$$\widetilde{M} = \alpha(1-\delta') = 0.2(1-0.08) = 0.184$$

$\widetilde{M}=\alpha$（$1-\delta'$）即为第 4 章双筋矩形截面 $x \leqslant 2a'$时，截面受弯承载力公式（4-23）的无量纲形式。

图 8-14 中 B 点代表大小偏心受压的界限情况，该点$\widetilde{N}=\widetilde{N}_b=\xi_b=0.55$，将$\widetilde{N}$代入式（8-20）得

$$\widetilde{M}_b = \frac{0.55}{2}(1+0.08-2\times0.04) - \frac{(0.55)^2}{2} + (1-0.08)0.2 = 0.308$$

图中 C 点代表$\widetilde{M}=0$ 的名义轴心受压情况，但实际上是考虑附加偏心距后的偏心受压承载力的上限，将 α、ξ_b 值代入式（8-21）得

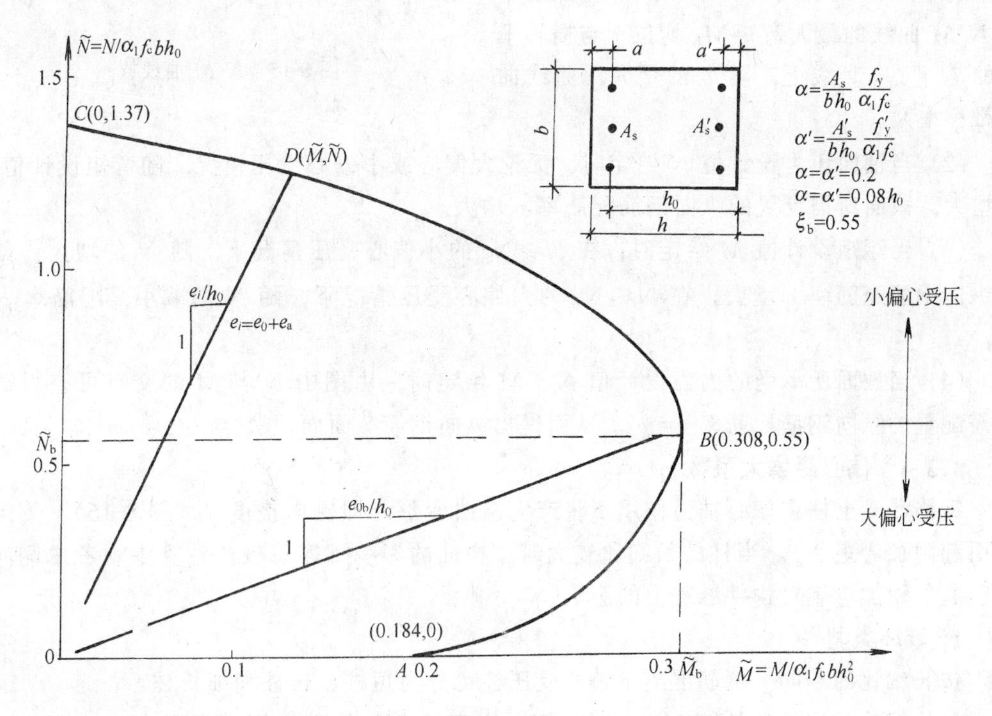

图 8-14 $\widetilde{N}$-$\widetilde{M}$相关曲线

$$\xi=\frac{0.25N+0.11}{0.45}$$

将上式代入式（8-22），取$\widetilde{M}=0$可解出$\widetilde{N}=1.37$。

图 8-14 中$\widetilde{N}$-$\widetilde{M}$相关曲线上任一点D的坐标（$\widetilde{M}$，$\widetilde{N}$）代表截面处于承载能力极限状态时的一种内力组合，及其对应的偏心距e_i。如任意点D位于图中曲线的内侧，说明截面在该点坐标给出的内力组合下未达到承载能力极限状态，是安全的；若D点位于图中曲线的外侧，则表明截面的承载能力不足。

3. ***N*-*M* 曲线族**

当对称配筋（$A_s=A'_s$）偏心受压构件的截面尺寸（b、h 及 $a=a'$）和材料强度的设计值（$\alpha_1 f_c$、$f'_y=f_y$）均已给定时，对不同的纵向钢筋配筋率 $\rho=A_s/bh_0$，可算得一族 N-M 相关曲线，如图 8-15 所示。利用这族曲线可以说明以下问题：

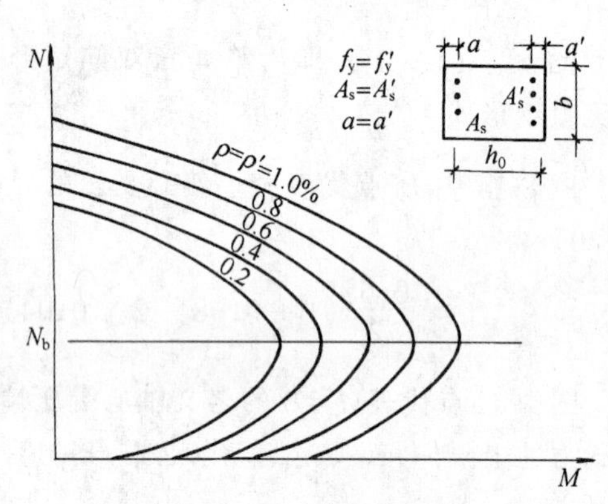

图 8-15　N-M 曲线族

（1）对于对称配筋截面，界限轴力 N_b 与配筋率 ρ 的大小无关。亦即，不同配筋率的 N-M 曲线的最大弯矩 M_b 均位于与横轴平行的 $N=N_b$ 直线上，随 ρ 的增大，曲线向外推移增大。

（2）当轴向压力设计值 N 给定时，无论大偏心或小偏心受压情况，随弯矩设计值 M 的增大，截面所需配置的纵向钢筋配筋率 ρ 增大。

（3）当弯矩设计值 M 给定时，在 $N>N_b$ 的小偏心受压情况下，随 N 的增大，截面的纵向钢筋配筋率 ρ 增大；在 $N\leqslant N_b$ 的大偏心受压情况下，随 N 的减小，配筋率 ρ 增大。

（4）当截面所承受的内力设计值 N、M 给定时，由图中 N 与 M 的交点可查得截面所需配置的纵向钢筋配筋率 $\rho=\rho'$，从而得出纵向钢筋截面面积 $A_s=A'_s=\rho bh_0$。

8.3.4　偏心距增大系数 η

钢筋混凝土柱在偏心轴力作用下将产生挠曲变形，即侧向挠度 f（图 8-16）。侧向挠度引起附加弯矩 Nf。当柱的长细比较大时，挠曲的影响不容忽视，计算中须考虑侧向挠度引起的附加弯矩对构件承载力的影响。

1. **破坏类型**

按长细比的不同，钢筋混凝土偏心受压柱可分为短柱、长柱和细长柱。

（1）**短柱**　当柱的长细比较小时，侧向挠度 f 与初始偏心距 e_i 相比很小，可略去不计，这种柱称为短柱。《规范》规定当构件长细比 $l_0/h\leqslant5$ 或 $l_0/d\leqslant5$ 时（l_0 为构件计算长度，h 为截面高度，d 为圆形截面直径），可不考虑挠度对偏心距的影响。短柱的 N 与 M 为线性关系（图 8-17 中直线 OC），随荷载增大直线与 N-M 相关曲线交于 C 点，到达承载能力极限状态，属于材料破坏。

(2) **长柱** 当柱的长细比较大时，侧向挠度 f 与初始偏心距 e_i 相比已不能忽略。长柱是在 f 引起的附加弯矩作用下发生的材料破坏。图 8-17 中 OA 为长柱的 N、M 增长曲线，由于 f 随 N 的增大而增大，故 $M=N\ (f+e_i)$ 较 N 增长更快。当构件的截面尺寸、配筋、材料强度及初始偏心距 e_i 相同时，柱的长细比 l_0/h 越大，长柱的承载力较短柱承载力降低的就越多，但仍然是材料破坏。当 $5<l_0/h\leqslant30$ 时，属于长柱的范围。

(3) **细长柱** 当柱的长细比很大时，在内力增长曲线 OB 与截面承载力 N-M 相关曲线相交以前，轴力已达到其最大值 N_B，这时混凝土及钢筋的应变均未达到其极限值，材料强度并未耗尽，但侧向挠度已出现不收敛的增长，这种破坏为失稳破坏。

如图 8-17 所示，在初始偏心距 e_i 相同的情况下，随柱长细比的增大，其承载力依次降低，$N_B<N_A<N_C$。

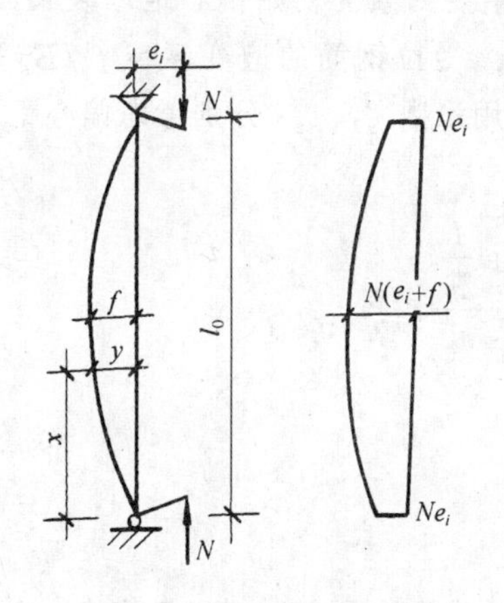

图 8-16 柱的挠曲变形

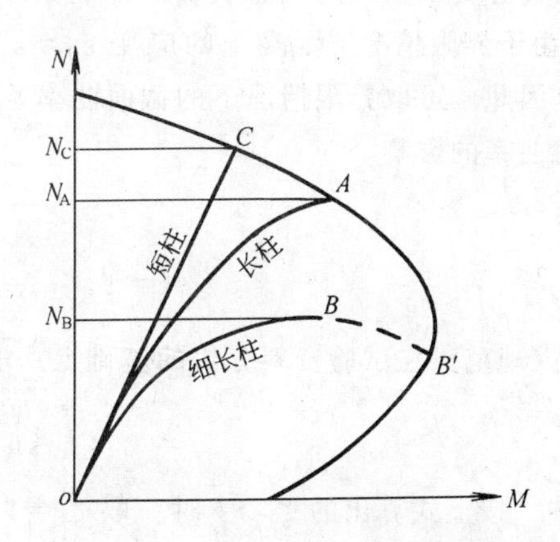

图 8-17 长细比对柱承载力的影响

2. 偏心距增大系数 η

设考虑侧向挠度后的偏心距（$f+e_i$）与初始偏心距 e_i 的比值为 η，称为**偏心距增大系数**

$$\eta=\frac{e_i+f}{e_i}=1+\frac{f}{e_i} \tag{8-23}$$

引用偏心距增大系数 η 的作用是将短柱承载力计算公式中的 e_i 代换为 ηe_i，即可用来进行长柱的承载力计算。

试验表明，偏心受压的二端铰接柱在弯矩平面内的挠度曲线，基本上符合正弦曲线，即

$$y = f\sin\frac{\pi x}{l_0} \tag{8-24}$$

采用近似的曲率表达式 $\phi = \frac{M}{EI} = \frac{\mathrm{d}^2 y}{\mathrm{d}x^2}$，可得柱高中点的最大曲率 ϕ：

$$\phi = f\frac{\pi^2}{l_0^2} \approx 10\frac{f}{l_0^2} \tag{8-25}$$

代入式（8-23）可写出 η 的曲率表达式：

$$\eta = 1 + \frac{\phi}{e_i}\frac{l_0^2}{10} \tag{8-26}$$

由上式可知，计算偏心距增大系数 η 需要确定到达最大承载力时的截面曲率 ϕ。

根据平截面假定，截面曲率的表达式为：

$$\phi = \frac{\varepsilon_c + \varepsilon_s}{h_0}$$

偏心受压长柱的试验表明，影响截面曲率 ϕ 的主要因素为初始偏心距 e_i 及长细比 l_0/h。由于界限情况下混凝土的应变 $\varepsilon_0 = \varepsilon_{cu} = 0.0033$，受拉钢筋的应变 $\varepsilon_s = f_y/E_s$ 是明确的。因此，可取界限情况下的截面曲率 ϕ_b 为基准，用系数 ζ_1、ζ_2 分别考虑偏心距及长细比对曲率的影响

即
$$\phi = \phi_b\zeta_1\zeta_2 = \frac{0.0033 + \frac{f_y}{E_s}}{h_0}\zeta_1\zeta_2 \tag{8-27}$$

《规范》在试验资料分析的基础上，取[1]

$$\zeta_1 = \frac{0.5 f_c A}{N} \tag{8-28}$$

式中　按上式算出的 $\zeta_1 > 1$ 时，取 $\zeta_1 = 1.0$。

A——构件的截面面积；并规定对T形、工形截面均取 $A = bh + 2(b'_f - b)h'_f$。

长细比对截面曲率的影响系数 ζ_2《规范》采用下列经验公式计算：

$$\zeta_2 = 1.15 - 0.01\frac{l_0}{h} \tag{8-29}$$

当 $\frac{l_0}{h} \leqslant 15$ 时，取 $\zeta_2 = 1.0$。

考虑到长期荷载作用下，混凝土徐变使截面曲率增大，取 $\varepsilon_{cu} = 0.0033 \times 1.25$，1.25为徐变系数。为了简化计算，近似取 $\frac{f_y}{E_s} = 0.0017$；$h = 1.1h_0$。代入式（8-27），再将式（8-27）代入式（8-26）。则偏心距增大系数 η 的计算公式为：

---

[1] 当 N 为未知时，可近似取 $\zeta_1 = 0.2 + 2.7e_i/h_0$　　(8-28b)

$$\eta = 1 + \frac{1}{1400\frac{e_i}{h_0}}\left(\frac{l_0}{h}\right)^2\zeta_1\zeta_2 \tag{8-30}$$

8.3.5 截面配筋计算

当构件的截面尺寸、计算长度、材料强度及荷载产生的内力设计值 N、M 均为已知，要求进行截面的配筋计算，即确定所需配置的纵向钢筋截面面积 A'_s 及 A_s 时，首先遇到的问题是如何判断属哪一种偏心受压情况。因为只有在明确了是哪一种偏心受压情况以后，才能采用相应的公式进行计算。

1. 两种偏心受压情况的判别

如前面 8.3.2 节所述，两种偏心受压情况的本质区别是：

$\xi \leqslant \xi_b$ 属大偏心受压情况；

$\xi > \xi_b$ 属小偏心受压情况。

但是在进行截面配筋计算时，A'_s 及 A_s 为未知，因此将无从利用基本公式来计算相对受压区高度 ξ，所以就不能根据 ξ 与 ξ_b 的比较来判别。为了简化计算，避免进行反复地试算，一种变通的方法是利用式（8-13）可以推算出一个**最小的界限偏心距**$(e_{ib})_{min}$（即界限偏心距的下限）。当 $\eta e_i \leqslant (e_{ib})_{min}$ 时，必为小偏心受压情况；当 $\eta e_i > (e_{ib})_{min}$ 时，视实际配置的受拉钢筋 A_s 的多少可能有两种情况：如实配的 A_s 比计算所需的截面面积不过大时，将是受拉钢筋到达 f_y 的大偏心受压情况；如实配的 A_s 比计算值大很多时，可能会出现受拉钢筋达不到 f_y 的小偏心受压情况。在截面配筋计算时，由于 A_s 为未知或未对 A_s 限定任何约束条件（如规定采用对称配筋 $A'_s = A_s$，详见后面 8.3.7 节），则一般不会出现 A_s 过大导致的 $\xi > \xi_b$ 的情况，故可按大偏心受压情况计算。

为了推算出设计中可能有的最小界线偏心距 $(e_{ib})_{min}$，我们来分析一下前面给出的式(8-13)：

$$\frac{e_{ib}}{h_0} = \frac{\alpha_1 f_c \xi_b b h_0 (h - \xi_b h_0) + (f'_y A'_s + f_y A_s)(h_0 - a')}{2(\alpha_1 f_c \xi_b b h_0 + f'_y A'_s - f_y A_s) h_0}$$

当截面尺寸（b、h、h_0 及 a'）和材料强度（$\alpha_1 f_c$、f_y、f'_y 及 ξ_b）为已知时，式中 e_{ib} 的大小与 A'_s 及 A_s 有关。显然，A_s 越小，e_{ib} 就越小。由图 8-18 可知，当 A'_s 减小时，N_b 将向构件轴线移动，即 e_{ib} 将减小。故当 A'_s 及 A_s 分别取设计允许的最小值，即按《规范》规定的最小配筋率确定的纵向钢筋截面面积时，式（8-13）得出的 e_{ib} 将为最小值。《规范》规定受压构件一侧纵向钢筋（A'_s 或 A_s），按构件全截面面积计算的最小配筋率为 0.002。故在计算 $(e_{ib})_{min}$ 时应取 $A_s = A'_s = 0.002bh$。代入式（8-13）：

$$\left(\frac{e_{ib}}{h_0}\right)_{min} = \frac{\xi_b\left(\frac{h}{h_0} - \xi_b\right) + 0.004\frac{h}{h_0}(1 - a'/h_0) f_y/\alpha_1 f_c}{2\xi_b}$$

上式表明，随 h/h_0、f_y 的增大，最小相对界限偏心距 $(e_{ib}/h_0)_{min}$ 增大；随混凝土强

度 $\alpha_1 f_c$ 的提高，$(e_{ib}/h_0)_{min}$ 减小。表 8-2 为取 $h/h_0=1.075$，$a'/h_0=0.075$ 算得的，HRB 335 级和 HRB 400 级钢筋，在不同混凝土强度等级情况下的最小相对界限偏心距值。

最小相对界限偏心距 $(e_{ib}/h_0)_{min}$ **表 8-2**

混凝土强度等级	C20	C30	C40	C50	C60	C70	C80
HRB 335 $f_y=300N/mm^2$	0.376	0.338	0.319	0.310	0.314	0.320	0.327
HRB 400 $f_y=360N/mm^2$	0.424	0.380	0.357	0.346	0.341	0.346	0.352

由表 8-2 可知，对于工程中常用的普通强度混凝土 C20～C40，过去习用的以 $(e_{ib})_{min}=0.3h_0$ 判别大小偏心受压的方法已不适用。对于 C50 以上的高强度混凝土，可近似取最小界限偏心距 $(e_{ib})_{min}=0.32h_0$（HRB 335 级钢筋）及 $(e_{ib})_{min}=0.345h_0$（HRB 400 级钢筋）。

因此，当进行截面配筋计算时，两种偏心受压情况的判别条件可归结为：

当 $\eta e_i \leqslant (e_{ib})_{min}$ 时，**必为小偏心受压情况；**

当 $\eta e_i > (e_{ib})_{min}$ 时，**可按大偏心受压情况计算。**

2. 大偏心受压构件的配筋计算

(1) 受压钢筋 A'_s 及受拉钢筋 A_s 均未知

两个基本公式（8-9）及（8-10）中有三个未知数：A'_s、A_s 及 x，故不能得出惟一的解。为了使总的配筋面积 (A'_s+A_s) 为最小，和双筋受弯构件一样，可取 $x=\xi_b h_0$，则由式（8-10）可得：

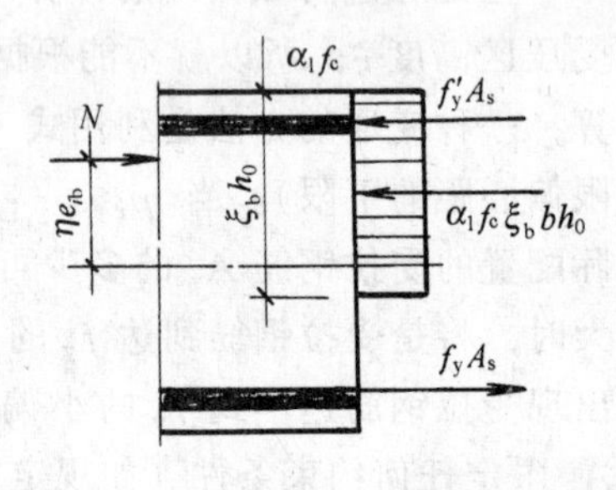

图 8-18

$$A'_s=\frac{Ne-\alpha_1 f_c b h_0^2 \xi_b(1-0.5\xi_b)}{f'_y(h_0-a')}$$

$$=\frac{Ne-\alpha_{s,max}\alpha_1 f_c b h_0^2}{f'_y(h_0-a')} \tag{8-31}$$

式中 $e=\eta e_i+\frac{h}{2}-a$。

按式（8-31）求得的 A'_s 应不小于 $0.002bh$，如小于则取 $A'_s=0.002bh$，按 A'_s 为已知的情况计算。

将式（8-31）算得的 A'_s 代入式（8-9），可有

$$A_s=\frac{\alpha_1 f_c \xi_b b h_0+f'_y A'_s-N}{f_y} \tag{8-32}$$

按上式算得的 A_s 应不小于 $0.002bh$，否则应取 $A_s=0.002bh$。

(2) 受压钢筋 A'_s 为已知，求 A_s

当 A'_s 为已知时，式 (8-9) 及 (8-10) 中有两个未知数 A_s 及 x，可求得惟一的解。由式 (8-10) 可知 Ne 由两部分组成：$M' = f'_y A'_s (h_0 - a')$ 及 $M_1 = Ne - M' = \alpha_1 f_c bx \times (h_0 - x/2)$。$M_1$ 为压区混凝土与对应的一部分受拉钢筋 A_{s1} 所组成的力矩。与单筋矩形截面受弯构件相似

$$\alpha_s = \frac{M_1}{\alpha_1 f_c b h_0^2}$$

由 α_s 按式 (4-6)、(4-7) 可求得 γ_s，则

$$A_{s1} = \frac{M_1}{f_y \gamma_s h_0}$$

将 A'_s 及 A_{s1} 代入式 (8-9) 可写出总的受拉钢筋面积 A_s 的计算公式：

$$A_s = \frac{\alpha_1 f_c bx + f'_y A'_s - N}{f_y} = A_{s1} + \frac{f'_c A'_s - N}{f_y} \tag{8-33}$$

应该指出的是，如 $\alpha_s = \frac{M_1}{\alpha_1 f_c b h_0^2} > \alpha_{s,\max}$，则说明已知的 A'_s 尚不足，需按 A'_s 为未知的情况重新计算。如 $\gamma_s h_0 > h_0 - a'$，即 $x < 2a'$。与双筋受弯构件相似，可近似取 $x = 2a'$，对 A'_s 合力中心取矩得出

$$A_s = \frac{N\left(\eta e_i - \frac{h}{2} + a'\right)}{f_y(h_0 - a')} \tag{8-34}$$

【例 8-3】 已知柱截面尺寸 $b \times h = 300\text{mm} \times 500\text{mm}$，柱的计算长度 $l_0 = 6\text{m}$，轴力设计值 $N = 1250\text{kN}$，弯矩设计值 $M = 250\text{kN·m}$。采用 C30 级混凝土，HRB 335 级钢筋。求此柱所需配置的纵向受力钢筋 A_s 及 A'_s（图 8-19）。

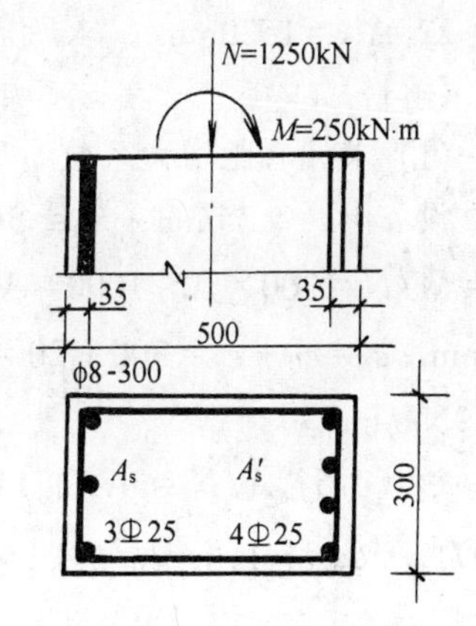

图 8-19 【例 8-3】图

【解】

(1) 求偏心距增大系数 η

设 $a = a' = 35\text{mm}$，$h_0 = 465\text{mm}$

$e_0 = M/N = 250 \times 10^3/1250 = 200\text{mm}$

$h/30 = 16.7\text{mm} < 20\text{mm}$，取 $e_a = 20\text{mm}$，则

$e_i = e_0 + e_a = 240\text{mm}$

C30 级混凝土 $f_c = 14.3\text{N/mm}^2$

$$\zeta_1 = \frac{0.5 f_c A}{N} = \frac{0.5 \times 14.3 \times 300 \times 500}{1250 \times 10^3} = 0.858$$

$l_0/h = 6000/500 = 12 < 15$ 故 $\zeta_2 = 1.0$，代入式 (8-30)

$$\eta = 1 + \frac{(12)^2}{1400 \times 240/465} \times 0.858 \times 1.0 = 1.17$$

$\eta e_i = 1.17 \times 240 = 280.8\text{mm}$　由表 8-2 $(e_{ib})_{\min} = 0.338h_0 = 157.2\text{mm}$

故可按大偏心受压计算

(2) 求 A'_s 及 A_s

$e = \eta e_i + h/2 - a = 280.8 + 250 - 35 = 495.8\text{mm}$。C30 级混凝土 $\alpha_1 = 1.0$，$f_c = 14.3\text{N/mm}^2$。

代入式 (8-31) 求 A'_s，HRB 335 级钢筋 $\alpha_{s,\max} = 0.399$

$$A'_s = \frac{Ne - \alpha_{s,\max}\alpha_1 f_c bh_0^2}{f_y(h_0 - a')} = \frac{1250 \times 10^3 \times 495.8 - 0.399 \times 14.3 \times 300 \times 465^2}{300(465 - 35)}$$

$= 1935\text{mm}^2 > 0.002bh = 0.002 \times 300 \times 500 = 300\text{mm}^2$, 可以

按式 (8-32) 求 A_s，$\xi_b = 0.55$

$$A_s = \frac{\alpha_1 f_c \xi_b bh_0 + f'_y A'_s - N}{f_y} = \frac{14.3 \times 0.55 \times 300 \times 465 + 300 \times 1935 - 1250 \times 10^3}{300}$$

$= 1425.6\text{mm}^2$

A'_s 选用 4 Φ 25 ($A'_s = 1964\text{mm}^2$)，A_s 选用 3 Φ 25 ($A_s = 1473\text{mm}^2$)

【例 8-4】　已知柱截面尺寸 $b \times h = 300\text{mm} \times 600\text{mm}$，$l_0 = 4.8\text{m}$。内力设计值 $N = 1000\text{kN}$；$M = 300\text{kN·m}$。混凝土为 C25 级，采用 HRB 335 级钢筋。设已知受压钢筋为 4 Φ 22, $A'_s = 1520\text{mm}^2$，求所需配置的 A_s。

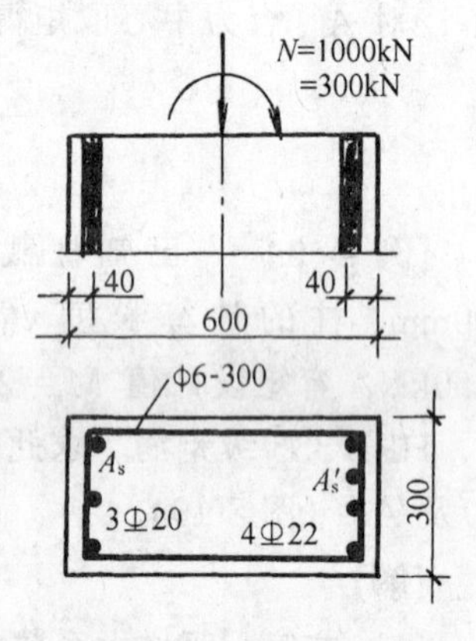

图 8-20　【例 8-4】

【解】

(1) 求偏心距增大系数 η

设 $a = a' = 35\text{mm}$，$h_0 = 565\text{mm}$，$l_0/h = 4800/600 = 8$，$e_0 = M/N = 300 \times 10^3/1000 = 300\text{mm}$，$e_a = h/30 = 600/30 = 20\text{mm}$，$e_i = e_0 + e_a = 300 + 20 = 320\text{mm}$，C25 级混凝土 $f_c = 11.9\text{N/mm}^2$

$\zeta_1 = 0.5 f_c A/N = 0.5 \times 11.9 \times 300 \times 600/1000 \times 10^3 = 1.071$，取 $\zeta_1 = 1.0$，$l_0/h < 15$，故 $\zeta_2 = 1.0$，代入式 (8-30)

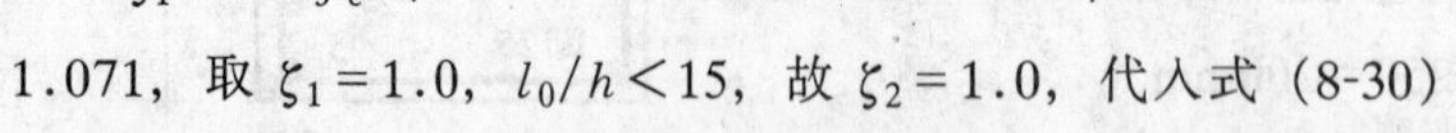

$$\eta = 1 + \frac{1}{1400 \times 320/565}(8)^2 \times 1.0 \times 1.0 = 1.08$$

$\eta e_i = 1.08 \times 320 = 345.6\text{mm}$，由表 8-2，内插求得 $(e_{ib})_{\min} = 0.357h_0 = 0.357 \times 565 = 201.7$，$\eta e_i > (e_{ib})_{\min}$ 属大偏心受压。

(2) 求 A_s

$$e = \eta e_i + h/2 - a = 345.6 + 300 - 35 = 610.6$$

求 M'　$M'=f_yA_s(h_0-a')=300\times1520\times(565-35)=241.68\text{kN}\cdot\text{m}$

求 M_1　$M_1=Ne-M'=1000\times10^3\times610.6-241.68\times10^6$

$=368.92\text{kN}\cdot\text{m}$

求 A_{s1}　$\alpha_s=M_1/\alpha_1f_cbh_0^2=368.92\times10^6/11.9\times300\times565^2=0.3237<\alpha_{s,\max}$

$\gamma_s=\frac{1}{2}(1+\sqrt{1-2\alpha_s})=\frac{1}{2}(1+\sqrt{1-2\times0.3237})=0.797$

$$\gamma_sh_0=0.797\times565=450.3\text{mm}<(h_0-a')=530\text{mm}$$

$$A_{s1}=\frac{M_1}{f_y\gamma_sh_0}=\frac{368.92\times10^6}{300\times450.3}=2730\text{mm}^2$$

求 A_s　$A_s=A_{s1}+A'_s-N/f_y=2730+1520-1000\times10^3/300$

$=917\text{mm}^2>0.002bh=0.002\times300\times600=360\text{mm}^2$

选用3 Φ 20（941mm^2），箍筋用φ 6间距300mm。

3.小偏心受压构件的配筋计算

将σ_s的公式（2-23）代入式（8-14）及（8-15），并将x代换为ξh_0，则小偏心受压的基本公式为：

$$N=\alpha_1f_c\xi bh_0+f'_yA'_s-f_y\frac{\xi-\beta_1}{\xi_b-\beta_1}A_s \tag{8-35}$$

$$Ne=\alpha_1f_cbh_0^2\xi(1-0.5\xi)+f'_yA'_s(h_0-a') \tag{8-36}$$

式中
$$e=\eta(e_0+e_a)+h/2-a$$

式（8-35）及（8-36）中有三个未知数ξ，A'_s及A_s，故不能得出惟一的解。但考虑到在N较大，而e_0较小的全截面受压情况下，如附加偏心距e_a与荷载偏心距e_0方向相反，即e_a使e_0减小，对距轴力较远一侧受压钢筋A_s将更不利（图8-21）。对A'_s合力中心取矩：

$$A_s=\frac{Ne'-\alpha_1f_cbh\left(h'_0-\frac{h}{2}\right)}{f'_y(h'_0-a)} \tag{8-37}$$

式中e'为轴向力N至A'_s合力中心的距离，这时取$\eta=1.0$对A_s最不利，故

$$e'=\frac{h}{2}-a'-(e_0-e_a)$$

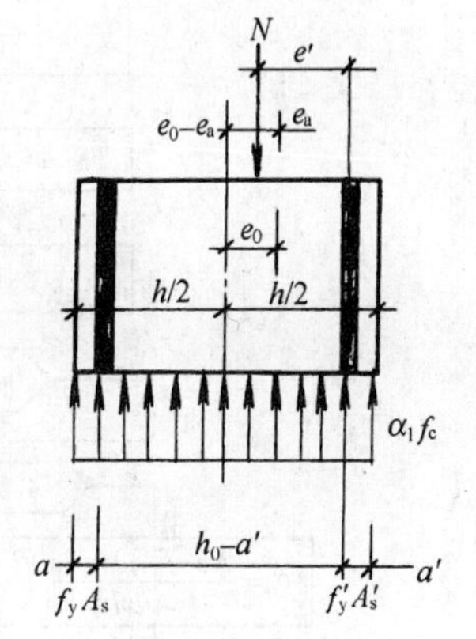

图8-21　全截面受压

按式（8-37）求得的A_s应不小于$0.002bh$，否则应取

$$A_s=0.002bh \tag{8-38}$$

为了说明式（8-37）的控制范围，令式（8-37）等于式（8-38），对常用的材料强度及a'/h_0比值进行数值分析的结果表明：当$N>\alpha_1f_cbh$时，按式（8-37）求得的A_s，才有可能大于$0.002bh$；当$N\leqslant\alpha_1f_cbh$时，按式（8-37）求得的A_s将小于$0.002bh$，应取

$A_s = 0.002bh$。

如上所述，在小偏心受压情况下，A_s 可直接由式（8-37）或（8-38）中的较大值确定，与 ξ 及 A_s'的大小无关，是独立的条件，因此，当 A_s 确定后，小偏心受压的基本公式

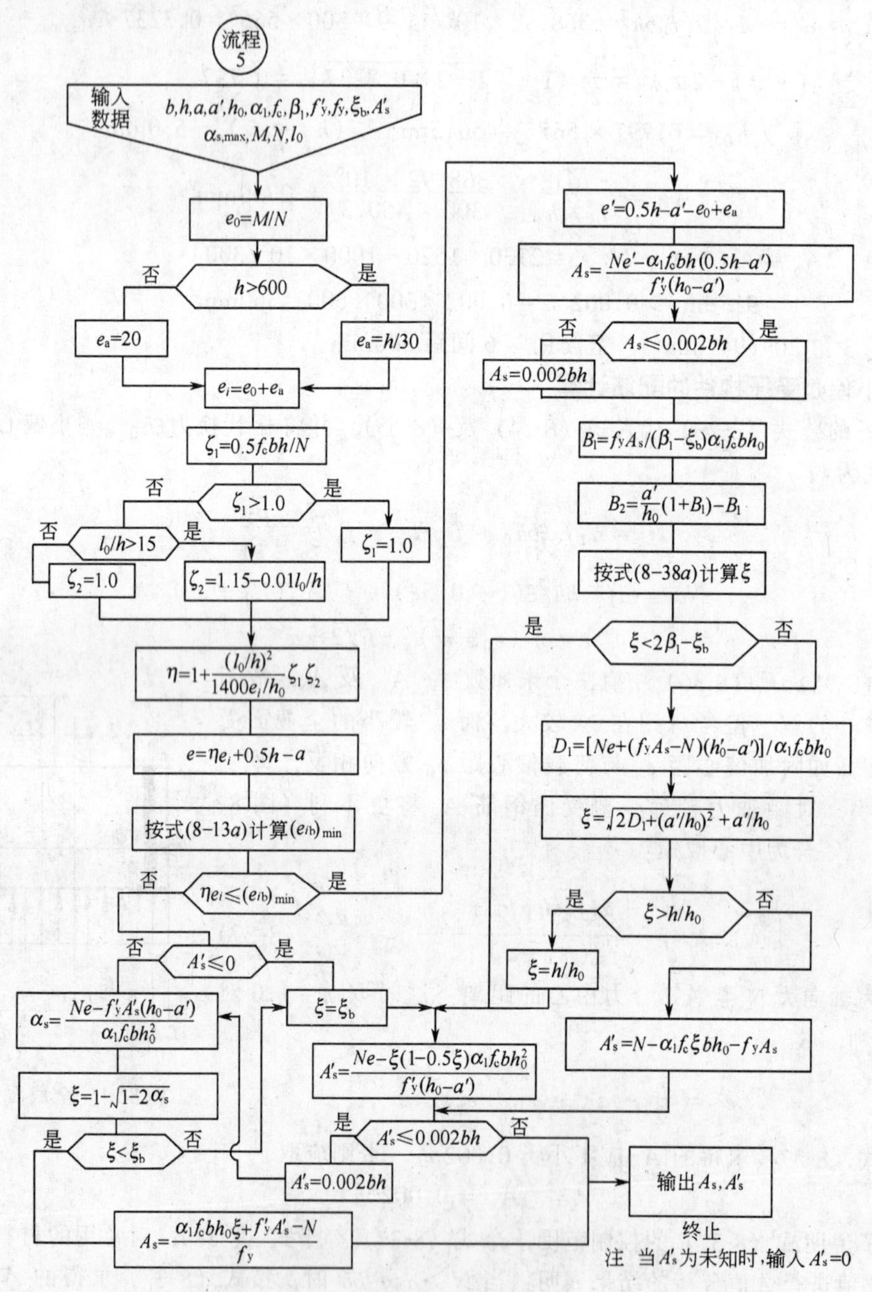

图 8-22 矩形截面偏心受压构件截面配筋计算流程

(8-35) 及 (8-36) 中只有两个未知数 ξ 及 A'_s，故可求得惟一的解[1]。

将式 (8-37) 或 (8-38) 算得的 A_s 较大值代入基本公式消去 A'_s 求解 ξ 时，可能出现两种情形：

(1) 如 $\xi < 2\beta_1 - \xi_b$，将 ξ 代入式 (8-35) 可求得 A'_s，显然 A'_s 应不小于 $0.002bh$，否则取 $A'_s = 0.002bh$；

(2) 如 $\xi \geqslant 2\beta_1 - \xi_b$，这时 $\sigma_s = -f'_y$，基本公式转化为：

$$N = \alpha_1 f_c \xi b h_0 + f'_y A'_s + f_y A_s$$

$$Ne = \alpha_1 f_c b h_0^2 \xi (1 - 0.5\xi) + f'_y A'_s (h_0 - a')$$

将 A_s 代入上式，需重新求解 ξ 及 A'_s。同样 A'_s 应不小于 $0.002bh$，否则取 $A'_s = 0.002bh$。

矩形截面偏心受压构件截面配筋计算流程见图 8-22。

【例 8-5】 已知柱截面尺寸 $b \times h = 300\text{mm} \times 500\text{mm}$，$l_0 = 5.63\text{m}$，内力设计值 $N = 1500\text{kN}$；$M = 150\text{kN·m}$。混凝土为 C30 级，采用 HRB 400 级钢筋。求 A_s 及 A'_s

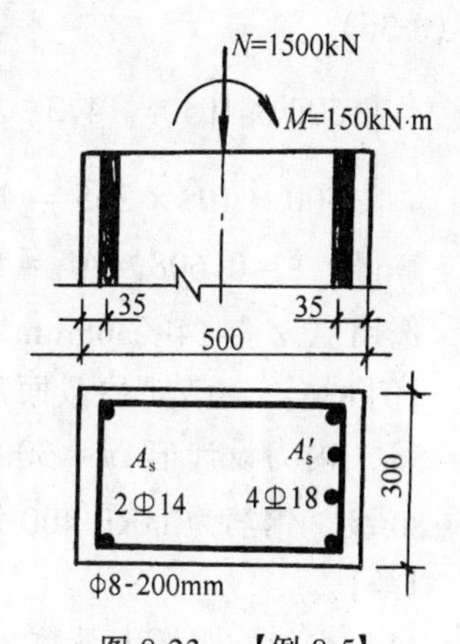

图 8-23 【例 8-5】

【解】

(1) 求偏心距增大系数 η

设 $a = a' = 35\text{mm}$，$h_0 = 465\text{mm}$，C30 级混凝土 $f_c = 14.3\text{N/mm}^2$，$e_0 = M/N = 150 \times 10^3/1500 = 100\text{mm}$，$e_a = 20\text{mm} > h/30$，$e_i = e_0 + e_a = 120\text{mm}$

$$\zeta_1 = 0.5 f_c A/N$$

$$= 0.5 \times 14.3 \times 300 \times 500/1500 \times 10^3 = 0.715$$

$l_0/h = 11.25 < 15$ $\zeta_2 = 1.0$，代入式 (8-30)

$$\eta = 1 + \frac{1}{1400 \times 120/465}(11.25)^2 \times 0.715 \times 1.0$$

$$= 1.25$$

(2) 求最小相对界限偏心距 $(e_{ib}/h_0)_{\min}$ C30 级混凝土 $\alpha_1 = 1.0$，$\alpha_1 f_c = 14.3\text{N/mm}^2$，HRB 400 级钢筋 $f'_y = f_y = 360\text{N/mm}^2$，$\xi_b = 0.518$，代入式 (8-13$a$)：

---

[1] 当将 A_s 代入 (8-35) 与 (8-36) 联立求解 ξ 及 A'_s 时，要出现一个二次方程。虽然并无困难，但计算较繁琐。可采下列公式求 ξ：

$$\xi = \sqrt{B_2^2 + 2\left(\frac{N}{\alpha_1 f_c b h_0} + \beta_1 B_1\right)\left(1 - \frac{a'}{h_0}\right) - \frac{2Ne}{\alpha_1 f_c b h_0^2}} + B_2 \quad (8\text{-}38a)$$

式中 $B_1 = f_y A_s / (\beta_1 - \xi_b)\alpha_1 f_c b h_0$；

$B_2 = \frac{a'}{h_0}(1 + B_1) - B_1$。

$$\left(\frac{e_{ib}}{h_0}\right)_{\min} = \frac{0.518 \times \left(\frac{500}{465} - 0.518\right) + 0.004 \times \frac{560}{465} \times \left(1 - \frac{35}{465}\right) \times 360/14.3}{2 \times 0.518} = 0.375$$

$$(e_{ib})_{\min} = 0.375 \times 465 = 174.5\text{mm}$$

$$\eta e_i = 1.25 \times 120 = 150\text{mm} < (e_{ib})_{\min}\text{,属小偏心受压情况。}$$

(3) 求 A_s 及 A'_s

$N = 1500 \times 10^3 > f_c bh = 14.3 \times 300 \times 500 = 2145 \times 10^3$N，取 $A_s = 0.002bh = 0.002 \times 300 \times 500 = 300\text{mm}^2$，$e = \eta e_i + h/2 - a = 150 + 250 - 35 = 365$，$\beta_1 = 0.8$。代入式（8-35）及（8-36）

$$\begin{cases} 1500 \times 10^3 = 14.3\xi \times 300 \times 465 + 360A'_s - 360 \times 300 \times \dfrac{(\xi - 0.8)}{(0.518 - 0.8)} \\ 1500 \times 10^3 \times 365 = 14.3 \times 300 \times 465^2\xi(1 - 0.5\xi) + 360A'_s \times (465 - 35) \end{cases}$$

解得　$\xi = 0.608$，$A'_s = 1002\text{mm}^2$

选用 A_s2 Φ 14（308mm^2），A'_s4 Φ 18（1017mm^2）。

【例 8-6】　已知柱截面尺寸 $b \times h = 300\text{mm} \times 500\text{mm}$，$l_0 = 5$m，内力设计值 $N = 3000$kN；$M = 330$kN·m。混凝土为 C80 级，钢筋为 HRB 400 级，求 A'_s 及 A_s。

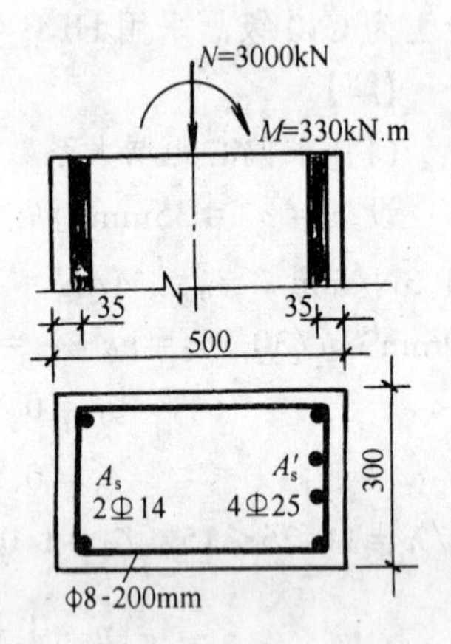

图 8-24　【例 8-6】

【解】

(1) 求偏心距增大系数 η

设 $a = a' = 35$mm，$h_0 = 465$mm，$h/30 < 20$mm，取 $e_a = 20$mm，$e_0 = M/N = 330 \times 10^3/3000 = 110$mm，$e_i = e_0 + e_a = 130$mm。C80 级混凝土 $\alpha_1 = 0.94$；$f_c = 35.9\text{N/mm}^2$，$\alpha_1 f_c = 33.75\text{N/mm}^2$。

$$\zeta_1 = 0.5f_c A/N$$
$$= 0.5 \times 35.9 \times 300 \times 500/3000 \times 10^3 = 0.898$$

$l_0/h = 5 \times 10^3/500 = 10 < 15$，$\zeta_2 = 1.0$，代入式（8-30）：

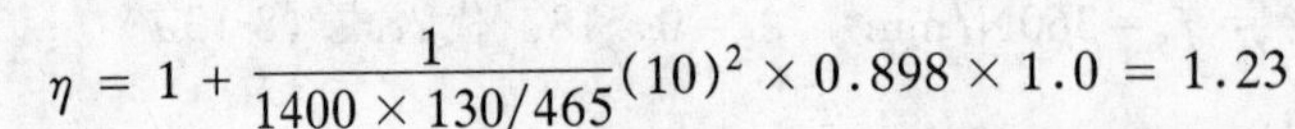

$$\eta = 1 + \frac{1}{1400 \times 130/465}(10)^2 \times 0.898 \times 1.0 = 1.23$$

(2) 判别偏心受压情况

$\eta e_i = 1.23 \times 130 = 160$mm　由表 8-2 查得（$e_{ib}/h_0)_{\min} = 0.352$，（$e_{ib})_{\min} = 0.352 \times 465 = 164$mm　$\eta e_i <$（$e_{ib})_{\min}$属小偏心受压情况。

(3) 求 A_s 及 A'_s

$$f_c bh = 35.9 \times 300 \times 500 = 5385\text{kN}$$

$N = 3000\text{kN} < f_c bh$，取 $A_s = 0.002 \times bh = 300\text{mm}^2$。C80 混凝土 $\beta_1 = 0.74$，HRB 400

级钢筋 $\xi_b = 0.463$，$e = \eta e_i + h/2 - a = 160 + 250 - 35 = 375$。代入式（8-35）及（8-36）：

$$\begin{cases} 3000 \times 10^3 = 33.75 \times 300 \times 465\xi + 360A'_s - 360 \times 300 \dfrac{\xi - 0.74}{0.463 - 0.74} \\ 3000 \times 10^3 \times 375 = 33.75 \times 300 \times 465^2 \xi(1 - 0.5\xi) + 360A'_s(465 - 35) \end{cases}$$

解得　$\xi = 0.5124$，$A'_s = 1878\text{mm}^2$

A'_s选用 4 ⌀ 25（1964mm^2），A_s 选用 2 ⌀ 14（308mm^2）。

【例 8-7】　已知柱截面尺寸 $b \times h = 300\text{mm} \times 600\text{mm}$，$l_0 = 4.8\text{m}$，内力设计值 $N = 3000\text{kN}$，$M = 168\text{kN·m}$。混凝土为 C25 级，采用 HRB 400 级钢筋。求 A_s 及 A'_s。

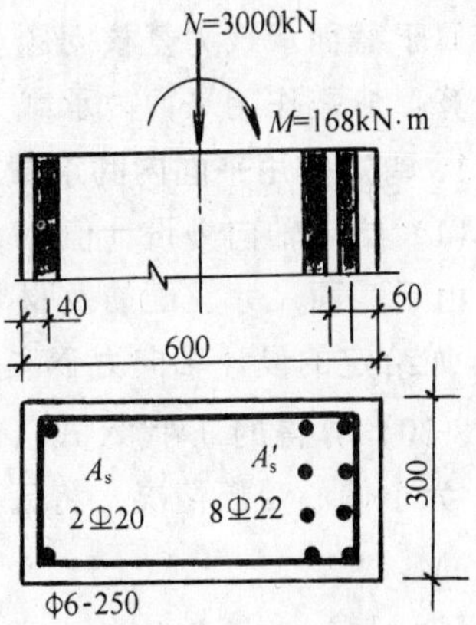

N=3000kN
M=168kN·m
40
60
600
A_s
2⌀20
A'_s
8⌀22
300
Φ6-250

图 8-25　【例 8-7】

【解】

（1）求偏心距增大系数 η

$e_0 = M/N = 168 \times 10^3/3000 = 56\text{mm}$，$h/30 = 600/30 = 20\text{mm}$，取 $e_a = 20\text{mm}$，$e_i = e_0 + e_a = 76\text{mm}$，$f_c = 11.9\text{N/mm}^2$，设 $a = 40$，$h_0 = 560\text{mm}$

$\zeta_1 = 0.5 f_c A/N$

$= 0.5 \times 11.9 \times 300 \times 600/3000 \times 10^3 = 0.357$

$l_0/h = 4800/600 = 8 < 15$，$\zeta_2 = 1.0$，代入式（8-30）

$$\eta = 1 + \frac{1}{1400 \times 76/560}(8)^2 \times 0.357 \times 1.0 = 1.12$$

（2）求 A_s

由表 8-2 内插求得 $(e_{ib})_{\min} = 0.357h_0 = 0.357 \times 560 = 200\text{mm}$，$\eta e_i = 1.12 \times 76 = 85\text{mm} < (e_{ib})_{\min}$，属小偏心受压情况。

$$N = 3000\text{kN} > f_c bh = 11.9 \times 300 \times 600 = 2142\text{kN}$$

应考虑 e_a 与 e_0 反向全截面受压情况计算 A_s，设 $a' = 60\text{mm}$，$h'_0 = 600 - 60 = 540\text{mm}$，$e' = \dfrac{h}{2} - a' - (e_0 - e_a) = 300 - 60 - (56 - 20) = 204\text{mm}$。代入式（8-37）求 A_s。

$$A_s = \frac{3000 \times 10^3 \times 204 - 11.9 \times 300 \times 600(540 - 300)}{360(540 - 40)} = 544\text{mm}^2$$

$$> 0.002bh = 0.002 \times 300 \times 600 = 360\text{mm}^2$$

选用 2 ⌀ 20（$A_s = 628\text{mm}^2$）。

(3) 求 A'_s

将 $e = 85 + 300 - 40 = 345$，$A_s = 628\text{mm}^2$ 及 $\xi_b = 0.518$ 代入式（8-35）及（8-36）。

$$3000 \times 10^3 = 11.9 \times 300 \times 560\xi + 360A'_s + 360 \times 628 \frac{\xi - 0.8}{0.518 - 0.8}$$

$$3000 \times 10^3 \times 345 = 11.9 \times 300 \times 560^2 \xi(1-0.5\xi) + 360A'_s(560-60)$$

解得　$\xi = 0.96$，$< 2\beta_1 - \xi_b = 2 \times 0.8 - 0.518 = 1.082$

$A'_s = 2643\text{mm}^2$，选用 8 ⌀ 22，箍筋 ϕ6－250mm。

8.3.6　截面承载力复核

当构件的截面尺寸、配筋面积 A'_s 及 A_s、材料强度及计算长度均为已知，要求根据给定的轴力设计值 N（或偏心距 e_0）确定构件所能承受的弯矩设计值 M（或轴向力 N）时，属于截面承载力复核问题。一般情况下，单向偏心受压构件应进行两个平面内的承载力计算：弯矩作用平面内承载力计算及垂直于弯矩作用平面的承载力计算。

1. 弯矩作用平面内的承载力计算

(1) 给定轴向力设计值 N，求弯矩设计值 M

由于截面尺寸、配筋及材料强度均为已知，故可首先按式（8-11）算得界限轴向力 N_b。如给定的设计轴向力 $N \leqslant N_b$ 为大偏心受压情况，可按式（8-9）求 x，再将 x 及由式（8-30）算得的 η 代入式（8-10）求 e_i，$e_0 = e_i - e_a$，弯矩设计值 $M = Ne_0$。如 $N > N_b$，为小偏心受压情况，将已知数据代入式（8-14）求 x，再将 x 及 η 代入式（8-15）求 e_0 及 M。

【例 8-8】　已知柱截面尺寸 $b \times h = 300\text{mm} \times 400\text{mm}$ 截面配筋如图 8-26 所示，4 ⌀ 18 $A'_s = 1018\text{mm}^2$；2 ⌀ 16 $A_s = 402\text{mm}^2$，设柱在截面长边方向的计算长度 $l_0 = 5\text{m}$，截面承受的轴力设计值 $N = 900\text{kN}$，混凝土为 C30 级，纵筋为 HRB335 级钢。求此柱所能承受的最大弯矩设计值 M（M 的作用方向如图 8-26 所示）。

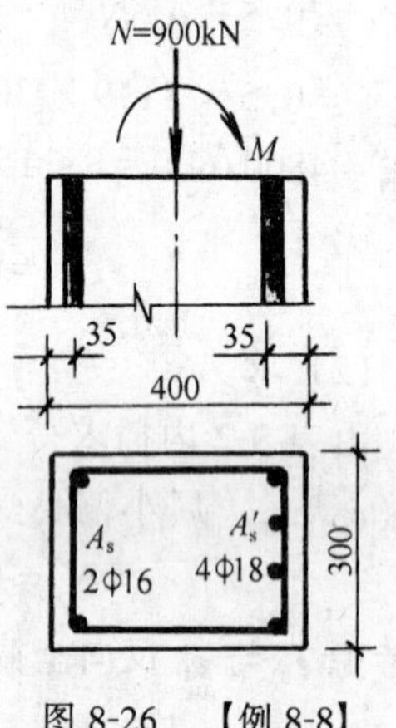

图 8-26　【例 8-8】

【解】

(1) 判别偏心受压情况

C30 级混凝土 $\alpha_1 f_c = 14.3\text{N/mm}^2$

HRB 335 级钢筋 $f'_y = f_y = 300\text{N/mm}^2$

$$\xi_b = 0.55$$

设 $a = a' = 35\text{mm}$，$h_0 = 365\text{mm}$，按式（8-11）计算界限轴力

$$N_b = 14.3 \times 300 \times 365 \times 0.55 + 300 \times 1018 - 300 \times 402 = 1046\text{kN}$$

$N = 900\text{kN} < N_b$ 属大偏心受压情况。

(2) 求受压区高度 x

将已知数据代入式（8-9）

$$900 \times 10^3 = 14.3 \times 300 \times x + 300 \times 1018 - 300 \times 402$$

得出　$x = 166.7\text{mm}$

(3) 求 ηe_i

由式（8-10）　$900\times10^3\cdot e=14.3\times300\times166.7\left(365-\frac{166.7}{2}\right)+300\times1018\times(365-35)$

得出　$e=335.8\text{mm}$，$\eta e_i=e-h/2+a=335.8-200+35=170.8$

（4）求 η

$$\zeta_1=0.5f_cA/N=0.5\times14.3\times300\times400/900\times10^3=0.953$$

$$l_0/h=5\times10^3/400=12.5<15,\ \zeta_2=1.0$$

$$\eta=1+\frac{1}{1400\times e_i/365}(12.5)^2\times0.953\times1.0=1+\frac{38.8}{e_i}$$

$$\eta e_i=170.8=e_i+38.8,\text{求得 } e_i=132\text{mm}$$

$$e_a=20\text{mm}>h/30,\text{故 } e_0=e_i+e_a=132-20=112\text{mm}$$

$$M=N\cdot e_0=900\times10^3\times112=100.8\text{kN}\cdot\text{m}$$

（2）给定荷载的偏心距 e_0，求轴向力设计值 N

由于截面尺寸、配筋及 e_0 为已知，故可由式（8-8）计算 e_i，并由式（8-3）求得界限偏心距 e_{ib}。当 $e_i\geqslant e_{ib}$时，可按大偏心受压情况，取 $\zeta_1=1.0$ 按已知的 l_0/h 由式（8-30）计算偏心距增大系数 η。将 $e=\eta e_i+h/2-a$ 及已知数据代入式（8-9）及（8-10），联立求解 x 及N。当 $e_i<e_{ib}$时，视 ηe_i 的不同可能为大偏心受压，或小偏心受压。由于承载力 N 为未知，故不能由式（8-28）求 ζ_1，为了简化计算，可按式（8-28b）求 ζ_1，再代入式（8-30）计算 η。如 $\eta e_i\geqslant e_{ib}$，需按大偏心受压计算；如 $\eta e_i<e_{ib}$，则确属小偏心受压，将已知数据代入式（8-14）及（8-15）联立求解 x 及N。当求得的 $N\leqslant\alpha_1f_cbh$ 时，所求得的 N 即为构件的承载力；当 $N>\alpha_1f_cbh$ 时，尚需按式（8-37）求轴向力 N，并与按式（8-14）、（8-15）求得的 N 相比较，其中的较小值即为构件的承载力。

2. 垂直于弯矩作用平面的承载力计算

当构件在垂直于弯矩作用平面内的长细比较大时，应按轴心受压构件验算垂直于弯矩作用平面的受压承载力。这时应考虑稳定系数 φ 的影响，按式（8-3）计算承载力 N。

矩形截面偏心受压构件当给定轴力偏心距 e_0 时，求承载力设计值 N 的计算流程见图8-27。

【例 8-9】　已知偏心受压柱的截面尺寸为 $bh=300\text{mm}\times400\text{mm}$，轴向力 N 在截面长边方向的偏心距 $e_0=200\text{mm}$（图 8-28）。截面配筋如图所示，距轴向力较近一侧配置 4 Φ 16 纵向钢筋 $A'_s=804\text{mm}^2$；另一侧配置 2 Φ 20 纵向钢筋 $A_s=628\text{mm}^2$。柱在两个方向的计算长度均为 5m。混凝土为 C25 级，纵筋为 HRB 335 级钢，求柱的承载力 N。

【解】

（1）求界限偏心距 e_{ib}

C25 级混凝土 $\alpha_1f_c=11.9\text{N/mm}^2$，HRB 335 级钢筋 $f_y=f'_y=300\text{N/mm}^2$，$\xi_b=0.55$。图中 $a=a'=35\text{mm}$，$h_0=365\text{mm}$。由于 A'_s及 A_s 已经给定，故相对界限偏心距 e_{ib}/h_0 为

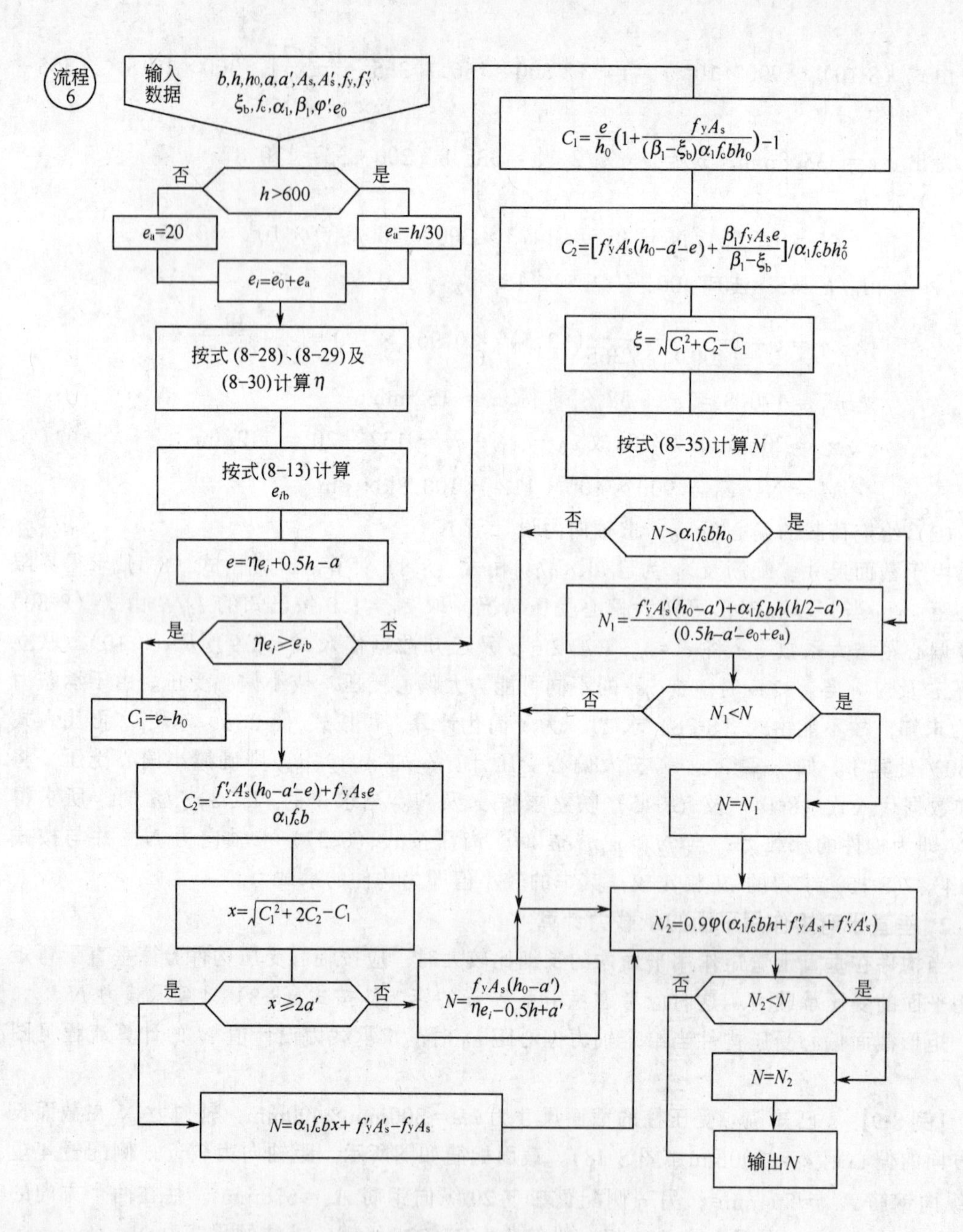

图 8-27 计算流程 6

定值，按式（8-13）：

$$\frac{e_{ib}}{h_0}=\frac{0.55\times 11.9\times 300\times 365\times(400-0.55\times 365)+300\times(804+628)\times 330}{2(0.55\times 11.9\times 300\times 365+300\times 804-300\times 628)\times 365}$$

$$=0.506$$

$e_{ib} = 0.506 \times 365 = 185\text{mm}$，$e_a = 20\text{mm}$，$e_i = 200 + 20 = 220\text{mm}$，$e_i > e_{ib}$ 属大偏心受压。

(2) 求偏心距增大系数 η

大偏心受压可取 $\zeta_1 = 1.0$，$l_0/h = 5\times10^3/400 = 12.5 < 15$，故 $\zeta_2 = 1.0$，由式（8-30）：

$$\eta = 1 + \frac{1}{1400\times 220/365}(12.5)^2\times 1.0\times 1.0 = 1.185$$

(3) 求受压区高度 x 及轴向力设计值 N

$$e = \eta e_i + h/2 - a = 1.185\times 220 + 200 - 35 = 402$$

代入式（8-9）及（8-10）：

$$\begin{cases} N = 11.9\times 300\cdot x + 300\times 804 - 300\times 628 \\ N\times 402 = 11.9\times 300\times x(365 - 0.5x) + 300\times 804(365 - 35) \end{cases}$$

解得　$x = 147.6\text{mm}$；$N = 580\text{kN}$

(4) 验算垂直于弯矩平面的承载力

$l_0/b = 5000/300 = 16.7$，查表 8.1，$\varphi = 0.85$

$N = 0.9\varphi(f_c A + f'_y A'_s)$

$= 0.9\times 0.85(11.9\times 300\times 400 + 300\times 804 + 300\times 628)$

$= 1421\text{kN} > 580\text{kN}$

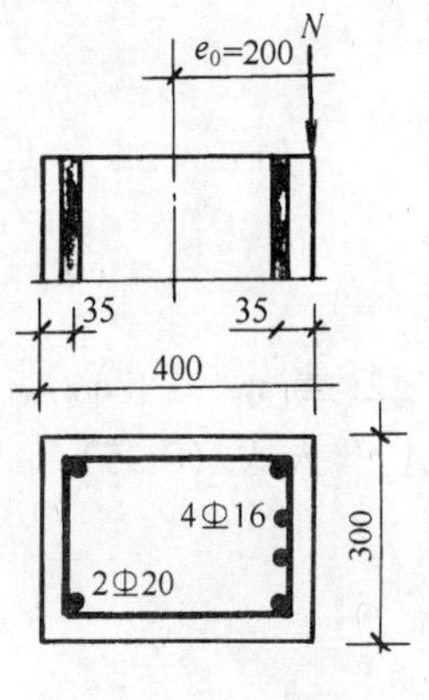

图 8-28　【例 8-9】

【例 8-10】　柱截面尺寸、纵向钢筋、材料强度等级及计算长度均同上例。设 $e_0 = 73\text{mm}$，求柱的承载力 N。

【解】

(1) 求偏心距增大系数 η

$h/30 = 400/30 = 13.3 < 20\text{mm}$，取 $e_a = 20\text{mm}$，$e_i = e_0 + e_a = 73 + 20 = 93\text{mm}$。由于 N 未知，故无法按式（8-28）计算 ζ_1，采用近似公式（8-28a）。

$$\zeta_1 = 0.2 + 2.7e_i/h_0 = 0.2 + 2.7\times 93/365 = 0.888$$

$$\zeta_2 = 1.0 \quad \eta = 1 + \frac{1}{1400\times 93/365}(12.5)^2 = 1.389$$

$\eta e_i = 1.389\times 93 = 129\text{mm} < e_{ib} = 185\text{mm}$，属小偏心受压。

(2) 求相对受压区高度 ξ 及轴力设计值 N

$e = \eta e_i + h/2 - a = 129 + 200 - 35 = 294$，将已知数据代入式（8-35）及（8-36）：

$$\begin{cases} N = 11.9\times 300\times 365\xi + 300\times 804 - 300\times 628\,\dfrac{\xi - 0.8}{0.55 - 0.8} \\ N\times 294 = 11.9\times 300\times 365^2\xi(1 - 0.5\xi) + 300\times 804\times(365 - 35) \end{cases}$$

解得 $\xi = 0.654$；$N = 982.6\text{kN}$

$N = 982.6\text{kN}$ 小于 $f_c bh = 11.9\times 300\times 400 = 1428\text{kN}$，故不需要再按考虑附加偏心距

e_a 与 e_0 反向全截面受压情况进行验算。

由上例知垂直于弯矩作用平面的承载力 $N=1421\text{kN}>982.6\text{kN}$。故柱的所能承受的最大轴向压力设计值为 982.6kN。

8.3.7 对称配筋矩形截面

在工程设计中，当构件承受变号弯矩作用，或为了构造简单便于施工时，常采用对称配筋截面，即 $A_s=A'_s$，$f'_y=f_y$，且 $a=a'$。对称配筋情况下，对于受拉钢筋 A_s 等于增加了一个约束条件 $A_s=A'_s$，显然这与导出 $(e_{ib})_{min}$的配筋条件已不符合。因此，当 $\eta e_i>(e_{ib})_{min}$时，不能仅根据这个条件就按大偏心受压构件计算，还需要根据 $\xi\lesseqgtr\xi_b$，（或 $N\gtreqless N_b$）来判断属于哪一种偏心受压情况。对称配筋时 $f'_yA'_s=f_yA_s$，$N_b=\alpha_1f_c\xi_bbh_0$。

1. 当 $\boldsymbol{\eta e_i}>(\boldsymbol{e_{ib}})_{\min}$，且 $\boldsymbol{N}\leqslant\boldsymbol{N_b}$ 时，为**大偏心受压**。这时 $x=N/\alpha_1f_cb$，代入式（8-10），可有：

$$A'_s=A_s=\frac{Ne-\alpha_1f_cbx(h_0-x/2)}{f'_y(h_0-a')} \tag{8-39}$$

如 $x<2a'$，近似取 $x=2a'$，则上式转化为：

$$A'_s=A_s=\frac{N(\eta e_i-h/2+a')}{f'_y(h_0-a')} \tag{8-40}$$

2. 当 $\boldsymbol{\eta e_i}\leqslant(\boldsymbol{e_{ib}})_{\min}$；或 $\boldsymbol{\eta e_i}>(\boldsymbol{e_{ib}})_{\min}$，且 $\boldsymbol{N}>\boldsymbol{N_b}$ 时，为**小偏心受压**。将 $f'_yA'_s=f_yA_s$ 代入式（8-35）

$$N=\alpha_1f_c\xi bh_0+f'_yA'_s\frac{\xi_b-\xi}{\xi_b-\beta_1}$$

或
$$f'_yA'_s=(N-\alpha_1f_c\xi bh_0)\frac{\xi_b-\beta_1}{\xi_b-\xi}$$

将上式代入（8-36）可得：

$$Ne\frac{\xi_b-\xi}{\xi_b-\beta_1}=\alpha_1f_cbh_0^2\xi(1-0.5\xi)\frac{\xi_b-\xi}{\xi_b-\beta_1}+(N-\alpha_1f_c\xi bh_0)(h_0-a') \tag{8-41}$$

这是一个 ξ 的三次方程，用于设计是非常不便的。为了简化计算，设式（8-41）等号右侧第一项中

$$Y=\xi(1-0.5\xi)(\xi_b-\xi)/(\xi_b-\beta_1)$$

当钢材强度给定时，ξ_b 为已知的定值。由上式可画出 Y 与 ξ 的关系曲线，如图 8-29 所示。由图可见，当 $\xi>\xi_b$ 时，Y 与 ξ 的关系逼近于直线。对常用的钢材等级，《规范》近似取

$$Y=0.43\frac{\xi_b-\xi}{\xi_b-\beta_1}$$

将上式代入式（8-41），经整理后可得 ξ 的计算公式为：

$$\xi = \frac{N - \xi_b \alpha_1 f_c b h_0}{\dfrac{Ne - 0.43\alpha_1 f_c b h_0^2}{(\beta_1 - \xi_b)(h_0 - a')} + \alpha_1 f_c b h_0} + \xi_b \tag{8-42}$$

将算得的 ξ 代入式（8-36），则矩形截面对称配筋小偏心受压构件的钢筋截面面积，可按下列公式计算

$$A'_s = A_s = \frac{Ne - \xi(1 - 0.5\xi)\alpha_1 f_c b h_0^2}{f'_y(h_0 - a')} \tag{8-43}$$

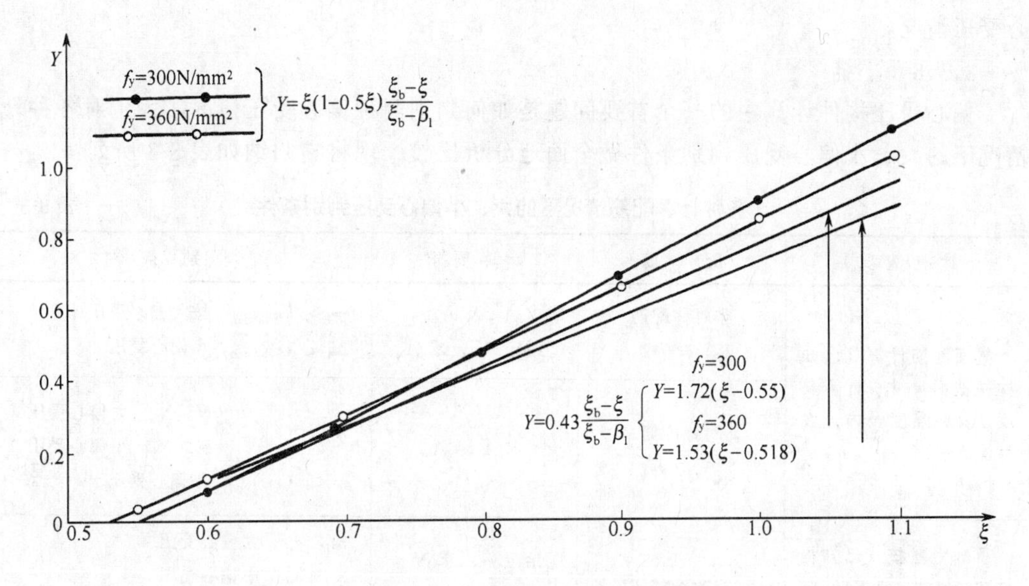

图 8-29　Y-ξ 曲线的简化

【例 8-11】　柱的截面尺寸、材料强度等级、内力设计值以及计算长度均同例 8-3。求对称配筋 $A_s = A'_s$。

【解】

由例 8-3　知 $\eta e_i = 280.8\text{mm} > (e_{ib})_{\min} = 157.2\text{mm}$，但 $N = 1250\text{kN} > N_b = 14.3 \times 0.55 \times 300 \times 465 = 1097\text{kN}$，故应判断为小偏心受压情况。由例 8-3 知 $e = 495.8\text{mm}$，将已知数据代入式（8-42），求 ξ：

$$\xi = \frac{1250 \times 10^3 - 0.55 \times 14.3 \times 300 \times 465}{\dfrac{1250 \times 10^3 \times 495.8 - 0.43 \times 14.3 \times 300 \times 465^2}{(0.8 - 0.55)(465 - 35)} + 14.3 \times 300 \times 465} + 0.55$$

$$= 0.5877$$

代入式（8-43），求 $A_s = A'_s$：

$$A_s = A'_s = \frac{1250 \times 10^3 \times 495.8 - 0.5877(1 - 0.5 \times 0.5877) \times 14.3 \times 300 \times 465^2}{300 \times (465 - 35)}$$

$$= 1820\text{mm}^2$$

$$1820\text{mm}^2 > 0.002bh，可以$$

将【例 8-11】的计算结果与【例 8-3】的计算结果相比较可知，在其他条件相同情况下，采用对称配筋截面的总的钢筋面积（$A'_s + A_s = 2 \times 1820 = 3640\text{mm}^2$），比【例 8-3】中采用非对称配筋的截面总钢筋面积（$A'_s + A_s = 1935 + 1426 = 3361\text{mm}^2$）增大约 8.3%。值得注意的是在非对称配筋情况下构件为受拉钢筋达到 f_y 的大偏心受压情况，由于采用对称配筋，受拉钢筋截面 A_s 增加了 28%，以致使构件转化为受拉钢筋达不到 f_y 的小偏心受压情况。

8.3.8 小结

偏心受压构件计算中的一个首要问题是如何判别两种偏心受压情况。为了对各种计算情况下的大、小偏心受压判别条件做全面地分析比较，现将它归纳如表 8-3 所列：

各种计算配筋情况下的大、小偏心受压判别条件 表 8-3

计算情况	配筋	计算要求	判别条件
截面配筋计算（已知构件截面尺寸、计算长度、材料强度及内力设计值 N、M）	非对称配筋 $A'_s \neq A_s$	①求 A'_s 及 A_s ②给定 A'_s，求 A_s	$\eta e_i > (e_{ib})_{min}$ 按大偏心受压计算 $\eta e_i \leqslant (e_{ib})_{min}$ 小偏心受压
	对称配筋 $A'_s = A_s$	求 $A'_s = A_s$	$\eta e_i > (e_{ib})_{min}$ $\begin{cases} N \leqslant N_b & 大偏心受压 \\ N > N_b & 小偏心受压 \end{cases}$ $\eta e_i \leqslant (e_{ib})_{min}$ 小偏心受压
承载力复核（已知构件截面尺寸、计算长度、材料强度及配筋 A'_s、A_s）	对称配筋或非对称配筋	①给定 e_0，求 N	$\eta e_i \geqslant e_{ib}$ 大偏心受压 $\eta e_i < e_{ib}$ 小偏心受压
		②给定 N，求 M	$N \leqslant N_b$ 大偏心受压 $N > N_b$ 小偏心受压

如前所述，在截面配筋计算情况下根据已知的构件截面尺寸、计算长度、材料强度及 N、M，可求得 ηe_i。在非对称配筋情况下，可借助于 ηe_i 与按最小配筋率推出的最小界限偏心距 $(e_{ib})_{min}$的比较，来判别两种偏心受压情况；但在对称配筋情况下，由于限定了配筋条件 $A_s = A'_s$，当 $\eta e_i > (e_{ib})_{min}$时有可能因 A_s 过大而导致出现小偏心受压破坏情况，所以需进一步用 N 与界限轴力 N_b 的比较来判断。而在对称配筋情况下（$A'_s = A_s$），界限轴力 $N_b = \xi_b \alpha_1 f_c b h_0$ 是很容易计算的。无论对称配筋或非对称配筋，当 $\eta e_i \leqslant (e_{ib})_{min}$时，必属小偏心受压情况，不需要考虑 N 与 N_b 的比较。

在承载力复核情况下，根据已知的构件截面尺寸、计算长度、材料强度及纵向钢筋的配筋面积 A'_s 和 A_s，可求得该截面的界限偏心距 e_{ib}或界限轴力 N_b。当给定轴向力的偏心距 e_0 时（由 e_0 进而可求得 ηe_i），可以利用 ηe_i 与 e_{ib}的比较来判断两种偏心受压情况；

当给定轴力设计值 N，求弯矩设计值 M 时，可根据 N 与 N_b 的比较来判别。

8.4 工形截面偏心受压构件

8.4.1 非对称配筋截面

现浇刚架及拱中常出现T形截面的偏心受压构件，当翼缘位于截面的受压区时，翼缘计算宽度 b'_f 应按附表9的规定确定。在单层工业厂房中，为了节省混凝土和减轻构件自重，对截面高度 h 大于600mm的柱，可采用工字形截面。工形截面柱的翼缘厚度一般不小于120mm，腹板厚度不小于100mm。T形截面，工形截面偏心受压构件的破坏特征，计算方法与矩形截面是相似的，区别只在于增加了受压区翼缘的参与受力，而T形截面可作为工形截面的特殊情况处理。计算时同样可分为 $\xi \leqslant \xi_b$ 的大偏心受压和 $\xi > \xi_b$ 的小偏心受压两种情况进行。

1. 大偏心受压情况（$\xi \leqslant \xi_b$）

与T形截面受弯构件相同，按受压区高度 x 的不同可分为两类（图8-30）。

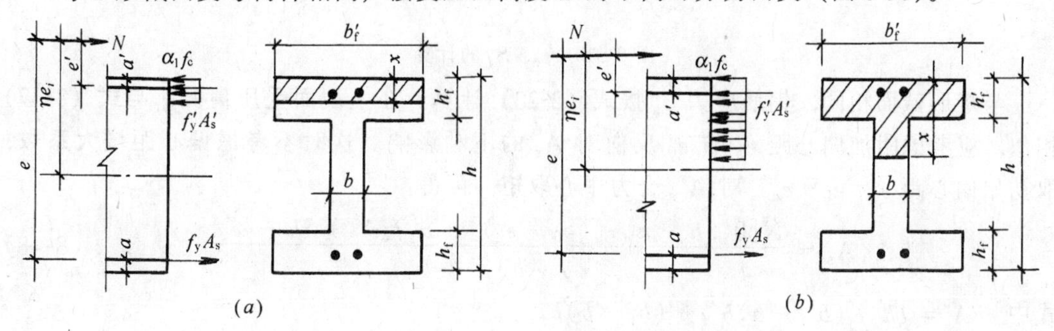

图8-30 工形截面偏心受压构件

(a) $x < h'_f$；(b) $x > h'_f$

(1) 当受压区高度在翼缘内 $x \leqslant h'_f$ 时，按照宽度为 b'_f 的矩形截面计算。在式(8-9)及(8-10)中，将 b 代换为 b'_f。

(2) 当受压区高度进入腹板时，$x > h'_f$，应考虑腹板的受压作用，按下列公式计算：

$$N = \alpha_1 f_c[bx + (b'_f - b)h'_f] + f'_y A'_s - f_y A_s \tag{8-44}$$

$$Ne = \alpha_1 f_c[bx(h_0 - 0.5x) + (b'_f - b)h'_f(h_0 - 0.5h'_f)] + f'_y A'_s(h_0 - a') \tag{8-45}$$

2. 小偏心受压情况（$\xi > \xi_b$）

在这种情况下，通常受压区高度已进入腹板（$x > h'_f$），按下列公式计算：

$$N = \alpha_1 f_c A_c + f'_y A'_s - \sigma_s A_s \tag{8-46}$$

$$Ne = \alpha_1 f_c S_c + f'_y A'_s(h_0 - a') \tag{8-47}$$

式中 A_c、S_c 分别为混凝土受压区面积及其对 A_s 合力中心的面积矩（图 8-31）：

当 $x<h-h_f$ 时，
$$A_c=bx+(b'_f-b)h'_f$$
$$S_c=bx(h_0-0.5x)+(b'_f-b)h'_f(h_0-0.5h'_f)$$

当 $x>h-h_f$ 时，
$$A_c=bx+(b'_f-b)h'_f+(b_f-b)(x-h+h_f)$$
$$S_c=bx(h_0-0.5x)+(b'_f-b)h'_f(h_0-0.5h'_f)+(b_f-b)(x-h+h_f)[h_f-a-0.5(x-h+h_f)]$$

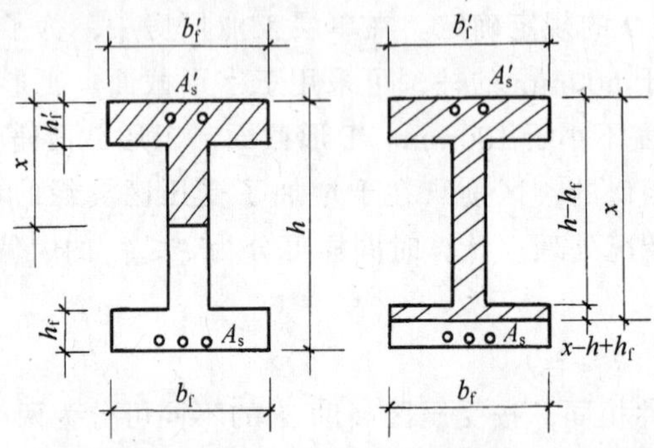

图 8-31 A_c、S_c 的计算

与矩形截面相同，钢筋应力 σ_s 按式（2-23）计算。在全截面受压情况，与式（8-37）相似，应考虑附加偏心距 e_a 与 e_0 反向对 A_s 的不利影响。这时不考虑偏心距增大系数，取初始偏心距 $e_i=e_0-e_a$。对 A'_s 合力中心取矩，可得：

$$A_s=\frac{N[0.5h-a'-(e_0-e_a)]-\alpha_1 f_c A(0.5h-a')}{f'_y(h_0-a')} \tag{8-48}$$

式中 $A=bh+(b'_f-b)h'_f+(b_f-b)h_f$

8.4.2 对称配筋截面

工形截面柱一般为对称配筋（$A'_s=A_s$）的预制柱，可按下列情况进行配筋计算：

1. **当 $N\leqslant\alpha_1 f_c b'_f h'_f$ 时，受压区高度 x 小于翼缘厚度 h'_f**，可按宽度为 b'_f 的矩形截面计算，一般截面尺寸情况下 $\xi\leqslant\xi_b$，属大偏心受压情况，这时

$$x=N/\alpha_1 f_c b'_f \tag{8-49}$$

故
$$A'_s=A_s=\frac{Ne-\alpha_1 f_c b'_f x(h_0-0.5x)}{f'_y(h_0-a')} \tag{8-50}$$

如 $x<2a'$，则近似取 $x=2a'$ 计算。

2. **当 $\alpha_1 f_c\,[\xi_b bh_0+(b'_f-b)h'_f]\geqslant N\geqslant\alpha_1 f_c b'_f h'_f$ 时，受压区已进入腹板 $x>h'_f$**，但 $x\leqslant\xi_b h_0$ 仍属大偏心受压情况。这时在式（8-44）中取 $f'_yA'_s=f_yA_s$ 可求得受压区高度 x，代入式（8-45）中可求解钢筋面积 $A'_s=A_s$。

3. **当 $N>\alpha_1 f_c\,[\xi_b bh_0+(b'_f-b)h'_f]$ 时，为 $\xi>\xi_b$ 的小偏心受压情况**。与矩形截面相似，为了避免求解 ξ 的三次方程，ξ 可按下列近似公式计算：

$$\xi = \frac{N - \alpha_1 f_c[\xi_b bh_0 + (b'_f - b)h'_f]}{\dfrac{Ne - \alpha_1 f_c[0.43bh_0^2 + (b'_f - b)h'_f(h_0 - 0.5h'_f)]}{(\beta_1 - \xi_b)(h_0 - a')} + \alpha_1 f_c bh_0} + \xi_b \quad (8\text{-}51)$$

由上式得出的 ξ，可算得 $x = \xi h_0$ 及 S_c，再代入式（8-47）计算 $A'_s = A_s$

$$A'_s = A_s = \frac{Ne - \alpha_1 f_c S_c}{f'_y(h_0 - a')} \quad (8\text{-}52)$$

【例 8-12】 工形截面柱，截面尺寸如图 8-32所示。柱的计算长度 $l_0 = 12.5\text{m}$，承受的轴向力设计值 $N = 1900\text{kN}$，弯矩设计值 $M = 800\text{kN·m}$。混凝土为 C30 级，采用 HRB 335 级钢筋。求柱的配筋 $A'_s = A_s$。

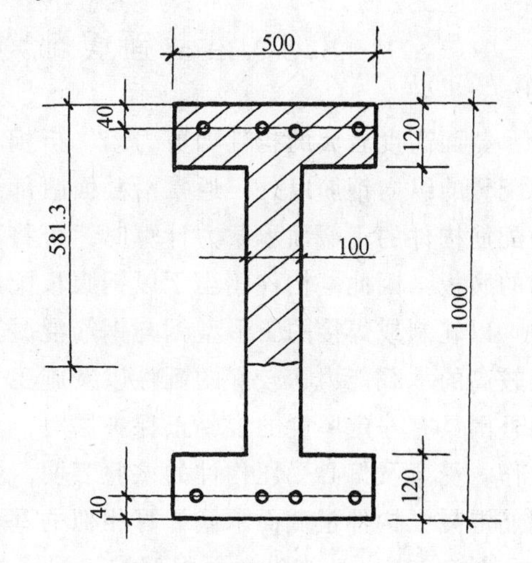

图 8-32 【例 8-12】图

【解】

（1）判别属于哪一种偏心受压情况 $\alpha_1 f_c = 16.7\text{N/mm}^2$，$f_y = f'_y = 300\text{N/mm}^2$，$\xi_b = 0.55$，

$x = N/\alpha_1 f_c b'_f = \dfrac{1900 \times 10^3}{16.7 \times 500} = 227.5\text{mm}$，$x > h'_f$ 受压区进入腹板。

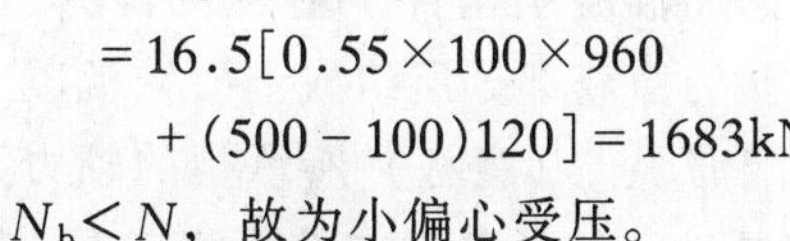

$$N_b = \alpha_1 f_c[\xi_b bh_0 + (b'_f - b)h'_f] = 16.5[0.55 \times 100 \times 960 + (500 - 100)120] = 1683\text{kN}$$

$N_b < N$，故为小偏心受压。

（2）求偏心距增大系数 η

$e_0 = M/N = 800 \times 10^3/1900 = 421\text{mm}$，$e_a = h/30 = 1000/30 = 33.3$

$e_i = e_0 + e_a = 454.3\text{mm}$

$$\zeta_1 = \frac{0.5 f_c A}{N} = \frac{0.5 \times 16.7[1000 \times 10 + 400 \times 120 \times 2]}{1900 \times 10^3} = 0.861$$

$l_0/h = 12.5/1 = 12.5 < 15$，$\zeta_2 = 1.0$

$$\eta = 1 + \frac{(12.5)^2 \times 0.861 \times 960}{1400 \times 454.3} = 1.203$$

（3）求 $A_s = A'_s$

$\eta e_i = 1.203 \times 454.3 = 546.6$，$e = \eta e_i + h/2 - a = 546.6 + 500 - 40 = 1007$

代入式（8-51）计算 ξ：

$$\xi = \frac{1900 \times 10^3 - 16.7[0.55 \times 100 \times 960 + (500 - 100) \times 120]}{\dfrac{1900 \times 10^3 \times 1007 - 16.7[0.43 \times 100 \times 960^2 + 400 \times 120 \times 900]}{(0.8 - 0.55)(960 - 40)} + 16.7 \times 100 \times 960} + 0.55 = 0.6055 \qquad x = \xi h_0 = 0.6055 \times 960 = 581.3$$

$$S_c = 100 \times 581.3(960 - 0.5 \times 581.3) + (500 - 100) \times 120 \times (960 - 60)$$

$$= 80.77 \times 10^6 \text{mm}^3$$

$$A_s = A'_s = \frac{1900 \times 10^3 \times 1007 - 16.7 \times 80.77 \times 10^6}{300(960 - 40)} = 2042.3\text{mm}^2$$

配置 2 ⌽ 25，2 ⌽ 28（$A_s = 2214\text{mm}^2$）

8.5 沿截面腹部均匀配筋的偏心受压构件

截面高度较大的构件如剪力墙、折板、箱形截面梁或筒等，除了靠近截面高度两端集中配置的纵向钢筋以外，通常沿截面腹部还有均匀配置的纵向钢筋（图 8-2*e*）。在进行这种配筋构件的正截面承载力计算时，可将离散的均匀分布的纵筋按面积相等的条件化为连续的腹板，因此，构件相当于以钢腹板配筋的劲性钢筋混凝土构件。

以轧制或焊接的工形型钢与钢筋混凝土组合成的钢骨混凝土构件（图 8-2*d*），由于具有较高的承载能力、较好的延性以及施工上的优点，其应用已日趋增多。试验表明，当型钢外围具有一定厚度的混凝土保护层时，型钢与混凝土的粘结强度将足以保证二者的共同工作。受弯及偏心受压构件的试验表明，钢骨混凝土梁、柱的正截面承载力计算可采用与钢筋混凝土构件正截面承载计算相似的基本假定。

图 8-33（*a*）为沿截面腹部均匀配筋的矩形截面钢筋混凝土构件，图 8-33（*b*）为配置 I 形型钢的钢骨混凝土构件，其截面承担的内力可认为由两部分所组成：（1）混凝土与集中配筋 A_s 及 A'_s 所承担的轴力和力矩；（2）均匀配筋 A_{sw}（腹板）所承担的轴力和力矩。前者的计算方法与一般钢筋混凝土构件相同，需要确定的是腹板在极限状态下的轴向力 N_{sw} 和腹板内力对 A_s 重心的力矩 M_{sw}。设沿截面腹部均匀配置的全部纵向钢筋截面面积为 A_{sw}，h_{sw} 为均匀配筋区段的高度，ω 为 h_{sw} 与截面有效高度 h_0 的比值，即 $\omega = h_{sw}/h_0$。f_{yw} 及 ε_{yw} 各为均匀配筋的强度设计值和屈服应变，则根据截面应变分布的平截面假

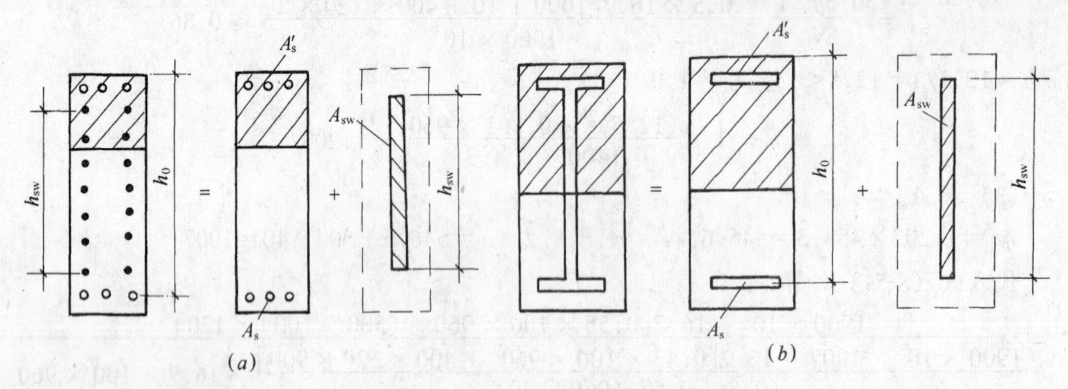

图 8-33

（*a*）均匀配筋截面；（*b*）配置 I 形型钢的截面

定，和等效矩形应力图的受压区高度等于中和轴高度乘以系数 β_1 的关系，可导出腹板承担的轴力 N_{sw} 和弯矩 M_{sw} 的表达式❶。《规范》给出的 N_{sw} 及 M_{sw} 的简化计算公式为：

$$N_{sw}=\left(1+\frac{\xi-\beta_1}{0.5\beta_1\omega}\right)f_{yw}A_{sw} \tag{8-53}$$

$$M_{sw}=\left[0.5-\left(\frac{\xi-\beta_1}{\beta_1\omega}\right)^2\right]f_{yw}A_{sw}h_{sw} \tag{8-54}$$

式中当 $\xi>\beta_1$ 时，取 $\xi=\beta_1$，即 $N_{sw}=f_{sw}A_{sw}$，$M_{sw}=0.5f_{yw}A_{sw}h_{sw}$。

对于T形或I形截面沿腹部有均匀配筋的偏心受压构件，其正截面承载力应符合下列公式要求：

$$N\leqslant\alpha_1f_c[\xi bh_0+(b'_f-b)h'_f]+f'_yA'_s-\sigma'_sA_s+N_{sw} \tag{8-55}$$

$$Ne\leqslant\alpha_1f_c[\xi(1-0.5\xi)bh_0^2+(b'_f-b)h'_f(h_0-h'_f/2)]+f'_yA'_s(h_0-a'_s)+M_{sw} \tag{8-56}$$

式中 σ_s 取值：当 $\xi\leqslant\xi_b$ 时，$\sigma_s=f_y$；当 $\xi>\xi_b$ 时，取 $\sigma_s=f_y(\xi-\beta_1)/(\xi_b-\beta_1)$。

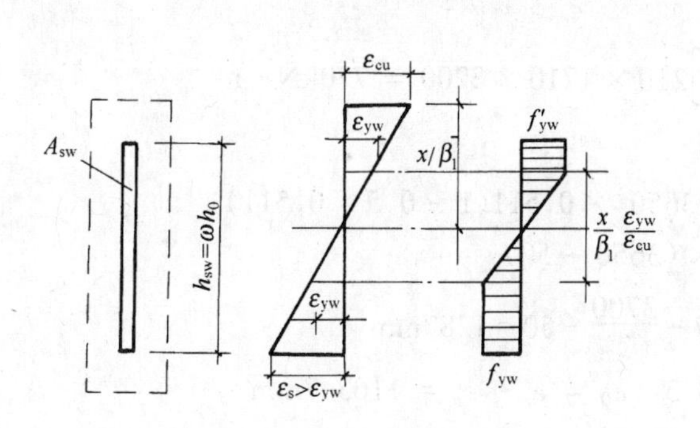

图 8-34 腹板的应力及应变

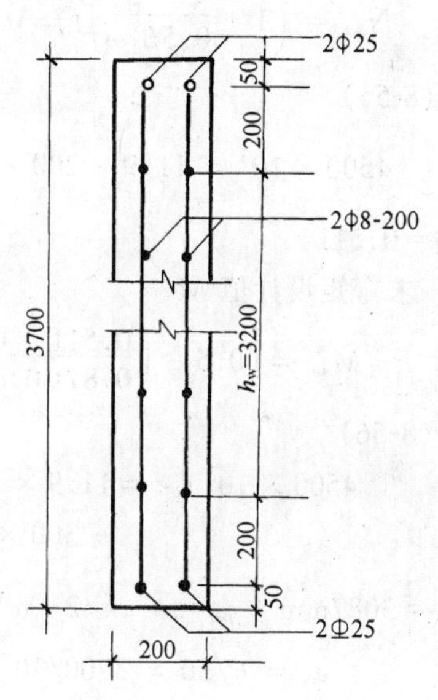

图 8-35 【例 8-13】图

【例 8-13】 已知矩形截面剪力墙 $b=200$mm，$h=3700$mm（图 8-35），集中配筋 2 Φ 25，$A_s=A'_s=982\text{mm}^2$，截面腹部的均匀配筋为 HPB 235 级钢筋 2 φ 8，间距 200mm，混凝土为 C25 级。轴向压力设计值 $N=4500$kN，设 $\eta=1.0$，求此截面所能承受的最大弯

❶ 推导详见滕智明等《钢筋混凝土基本构件》(第二版)，清华大学出版社，1997，4。

矩设计值 M。

【解】

(1) 判别偏心受压情况

全部均匀配筋的截面面积 $A_{sw}=17\times2\times50.3\times=1710\text{mm}^2$，$f_{yw}=210\text{N/mm}^2$，$h_0=3700-50=3650$，$h_{sw}=3200\text{mm}$，$\omega=\frac{3200}{3650}=0.877$

C25 级混凝土 $\alpha_1 f_c=11.9\text{N/mm}^2$，HRB 335 级钢筋 $f_y=f'_y=300\text{N/mm}^2$，$\xi_b=0.55$，$\beta_1=0.8$。

求界限轴力 N_b，取 $\xi=\xi_b$，代入式 (8-53) 及 (8-55)：

$$N_b=11.9\times0.55\times200\times3650+\left[1+\frac{0.55-0.8}{0.5\times0.8\times0.877}\right]210\times1710$$

$$=4881\text{kN}$$

$N=4500\text{kN}<N_b$ 故为大偏心受压情况。

(2) 求相对受压区高度 ξ

$$N_{sw}=\left(1+\frac{\xi-\beta_1}{0.5\beta_1\omega}\right)f_{yw}A_{sw}=\left(1+\frac{\xi-0.8}{0.5\times0.8\times0.877}\right)210\times1710$$

代入式 (8-55)

$$4500\times10^3=11.9\times200\times3650\cdot\xi+\left(1+\frac{\xi-0.8}{0.3508}\right)\times359.1\times10^3$$

解得 $\xi=0.511$

(3) 求弯矩设计值 M

$$M_{sw}=\left[0.5-\left(\frac{0.511-0.8}{0.8\times0.872}\right)^2\right]210\times1710\times3200=770\text{kN}\cdot\text{m}$$

代入式 (8-56)

$$4500\times10^3\cdot e=11.9\times200\times3650^2\times0.511(1-0.5\times0.511)$$
$$+300\times982\times(3650-50)$$

解得 $e=3087\text{mm}$ $\eta e_i=e-h/2+a=3087-\frac{3700}{2}+50=1287\text{mm}$

$$e_a=h/30=3700/30=123.3\quad e_0=e_i-e_a=1163.7\text{mm}$$

$$M=Ne_0=4500\times1.1637=5237\text{kN}\cdot\text{m}$$

8.6 环形截面偏心受压构件

管柱、桩、电杆等是应用较多的钢筋混凝土及预应力混凝土环形截面构件，这类构件一般为采用离心法浇筑成型的预制构件。烟囱、电视塔身、海洋平台支柱等则为现浇的钢筋混凝土环形截面构件。

环形截面偏心受压构件正截面承载力计算的基本假定与矩形截面偏心受压构件是相同的。在实际工程中常用的环形截面壁厚与外径的比值情况下，中和轴一般已进入截面的空心部分，其受压区面积类似于T形截面的翼缘。考虑到当受压区高度很小时，混凝土应力图形强度的取值对截面承载力的影响很小。因此，环形截面压区混凝土等效矩形应力图的应力值与矩形及T形截面相同，仍取为$\alpha_1 f_c$。对于离心成型的环形截面构件应取离心混凝土抗压强度的设计值。

8.6.1 基本公式

环形截面如图8-36（a），r_1、r_2为其内、外半径，r_s为纵向钢筋中心所在圆的半径。当周边均匀配筋的纵向钢筋根数不少于6根时，可将全部纵向钢筋化算为总面积为A_s，半径为r_s的钢环。当$r_2 - r_1 \leqslant 0.5 r_2$时，可将混凝土受压区面积$A_c$近似地取为对应于圆心角为$2\pi\alpha$的扇形面积。设$\alpha = A_c / A$为混凝土受压区面积$A_c$与环形截面面积$A = \pi \times (r_2^2 - r_1^2)$的比值，称为**混凝土相对受压区面积**。

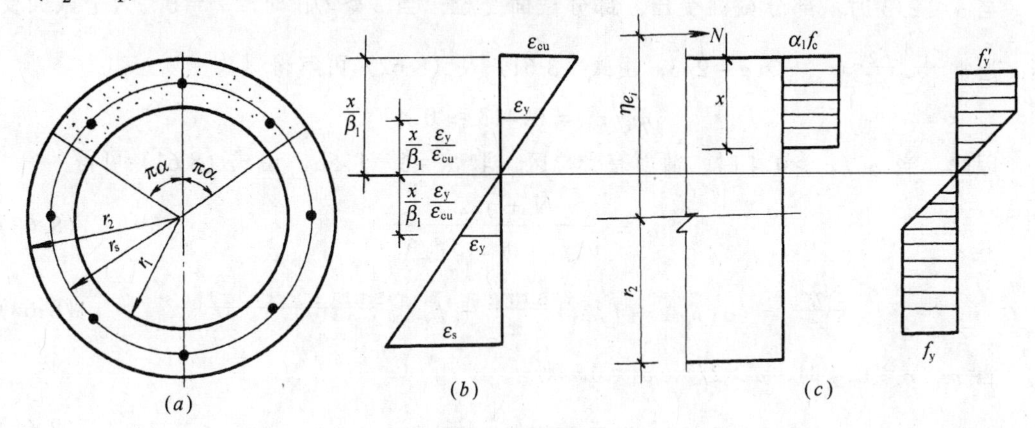

图8-36 环形截面偏心受压构件

受压区混凝土压应力的合力N_c及其对截面中心的力矩M_c为：

$$N_c = \alpha_1 f_c \alpha A \tag{8-57}$$

$$M_c = \alpha_1 f_c \frac{r_1 + r_2}{2} A \frac{\sin\pi\alpha}{\pi} \tag{8-58}$$

钢环中应力一般存在有矩形分布的塑性区及三角形分布的弹性区（图8-36c）。为了简化计算，可将受压区及受拉区钢环的梯形应力分布近似地简化为应力值为f'_y及f_y的等效矩形应力分布。等效矩形应力分布的受压区及受拉区钢环面积分别为αA_s及$\alpha_t A_s$。经简化后，可导出钢环承担的轴力N_s及其对截面中心力矩M_s为[1]：

$$N_s = (\alpha - \alpha_t) f_y A_s \tag{8-59}$$

[1] 推导详见滕智明主编，《钢筋混凝土基本构件》（第二版），清华大学出版社，1997.4。

$$M_s = f_y A_s r_s \frac{\sin\pi\alpha + \sin\pi\alpha_t}{\pi} \tag{8-60}$$

式中　$\alpha_t = 1 - 1.5\alpha$，当 $\alpha > 2/3$ 时，取 $\alpha_t = 0$

根据轴力及对截面中心取矩的平衡关系，可写出环形截面正截面承载力的计算公式为：

$$N \leqslant \alpha\alpha_1 f_c A + (\alpha - \alpha_t) f_y A_s \tag{8-61}$$

$$N\eta e_i \leqslant \alpha_1 f_c A \frac{r_1 + r_2}{2} \frac{\sin\pi\alpha}{\pi} + f_y A_s r_s \frac{(\sin\pi\alpha + \sin\pi\alpha_t)}{\pi} \tag{8-62}$$

式中　e_i——计算初始偏心距，取 $e_i = e_0 + e_a$，此处 $e_0 = M/N$，附加偏心距 e_a 取 20mm 及 $2r_2/30$ 两者中的较大值。

η——偏心距增大系数，按式（8-30）计算，其中取 $h = 2r_2$，$h_0 = r_2 + r_s$。

8.6.2　基本公式的应用

当 $\alpha \leqslant 2/3$ 时，部分截面受压，部分截面受拉；当 $\alpha > 2/3$ 时，$\alpha_t = 0$，为全截面受压。通常 $\frac{r_1 + r_2}{2} \approx r_s$，令 $\alpha = 2/3$，由式（8-61）及（8-62）可解得

$$\eta e_i / r_s = 0.413 \approx 0.4$$

因此，当 $\eta e_i / r_s > 0.4$ 时，截面有受拉区，取 $\alpha_t = 1 - 1.5\alpha$，由式（8-61）可得：

$$\alpha = \frac{N + f_y A_s}{\alpha_1 f_c A + 2.5 f_y A_s} \tag{8-63}$$

$$\frac{N\eta e_i}{r_s} = (\alpha_1 f_c A + f_y A_s) \frac{\sin\pi\alpha}{\pi} + f_y A_s \frac{\sin\pi(1 - 1.5\alpha)}{\pi} \tag{8-64}$$

当 $\eta e_i / r_s \leqslant 0.4$ 时，$\alpha > 2/3$，$\alpha_t = 0$，则

$$\alpha = \frac{N}{\alpha_1 f_c A + f_y A_s} \tag{8-65}$$

$$\frac{N\eta e_i}{r_s} = (\alpha_1 f_c A + f_y A_s) \frac{\sin\pi\alpha}{\pi} \tag{8-66}$$

【例 8-14】　已知环形截面柱，外径 $r_2 = 200$mm，内径 $r_1 = 140$mm，$r_s = 170$mm，配置 10 Φ 12 HRB 335 级钢筋，$A_s = 1131\text{mm}^2$，$f_y = 300\text{N/mm}^2$。混凝土为 C40 级 $\alpha_1 f_c = 19.1\text{N/mm}^2$，$l_0 = 4$m。柱承受的轴向压力设计值 $N = 600$kN；弯矩设计值 $M = 60$kN·m。试验算此柱的承载力。

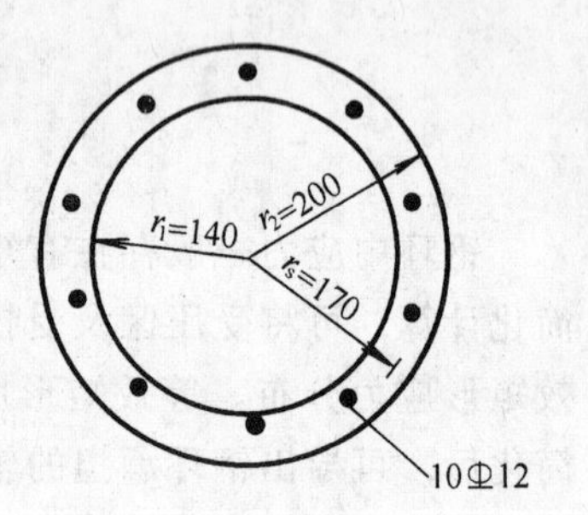

图 8-37　【例 8-14】图

【解】

1. 求偏心距增大系数 η

$$A = \pi(r_2^2 - r_1^2) = \pi(200^2 - 140^2) = 64088\text{mm}^2$$

$$h_0 = r_2 + r_s = 200 + 170 = 370\text{mm}$$

$$\zeta_1 = \frac{0.5f_cA}{N} = \frac{0.5\times19.1\times64088}{600\times10^3} = 1.02 > 1.0, \text{取 } \zeta_1 = 1.0$$

$$l_0/2r_2 = 4000/400 = 10 < 15 \quad \zeta_2 = 1.0$$

$$e_0 = M/N = 60\times10^3/600 = 100\text{mm}, \frac{2r_2}{30} = 13.3 < 20\text{mm}$$

取 $e_a = 20\text{mm}$，$e_i = e_0 + e_a = 120\text{mm}$

$$\eta = 1 + \frac{1}{1400\times e_i/h_0}\left(\frac{l_0}{2r_2}\right)^2\zeta_1\zeta_2 = 1 + \frac{10^2\times370}{1400\times120} = 1.22$$

2. 验算截面承载力

$\eta e_i/r_s = 1.22\times120/170 = 0.86 > 0.4$，属 $\alpha < 2/3$ 情况，由式（8-63），

$\alpha = \dfrac{600\times10^3 + 300\times1131}{19.1\times64088 + 2.5\times300\times1131} = 0.453$，$\alpha_t = 0.32$，代入式（8-64）求 $N\eta e_i/r_s$

$$\frac{N\eta e_i}{r_s} = (19.1\times64088 + 300\times1131)\frac{\sin(0.453\pi)}{\pi} + 300\times1131\times\frac{\sin(0.32\pi)}{\pi}$$

$$= 583.6\text{kN}$$

$$N\eta e_i = 583.6\times0.17 = 99.2\text{kN}\cdot\text{m}, Ne_i = 99.2/1.22 = 81.3\text{kN}\cdot\text{m}$$

$$Ne_0 = 81.3 - Ne_a = 81.3 - 600\times0.02 = 69.3\text{kN}\cdot\text{m}$$

弯矩设计值 $M = 60\text{kN·m} < 69.3\text{kN·m}$，可以。

8.6.3 配筋计算图表

由【例 8-14】可知，基本公式（8-61）及（8-62）可用于进行截面承载力的复核，但用于计算截面的纵向配筋面积 A_s，将出现超越方程，异常复杂，需用迭代方法求解 α，不便于设计应用。为此，可将基本公式写成无量纲形式，设 $r_s = \dfrac{r_1 + r_2}{2}$，

$$\widetilde{N} = \frac{N}{\alpha_1 f_c A}; \quad \widetilde{M} = \frac{N\eta e_i}{\alpha_1 f_c A r_s}, \quad \widetilde{A}_s = \frac{f_y A_s}{\alpha_1 f_c A}$$

图 8-38 为按不同 $\widetilde{A}_s$ 取值画出的 $\widetilde{N}$-$\widetilde{M}$ 相关曲线，由已知的 $\widetilde{N}$ 及 $\widetilde{M}$ 自图中可查得相应的 $\widetilde{A}_s$。则所需配置的全部纵向钢筋截面面积即可按下式计算：

$$A_s = \widetilde{A}_s\alpha_1 f_c A/f_y$$

由于图 8-38 是按无量纲值绘制的，故可适用于不同混凝土强度等级和不同钢筋等级的环形截面偏心受压构件。

【例 8-15】 已知环形截面柱，外径 $r_2 = 250\text{mm}$，内径 $r_1 = 180\text{mm}$，$r_s = 215\text{mm}$。采用 C50 级混凝土（$\alpha_1 f_c = 23.1\text{N/mm}^2$），纵筋为 HRB 400 级钢（$f_y = 360\text{N/mm}^2$）、设内力设计值 $N = 2200\text{kN}$；$M = 132\text{kN·m}$，$\eta = 1.3$，求此柱所需配置的纵向钢筋。

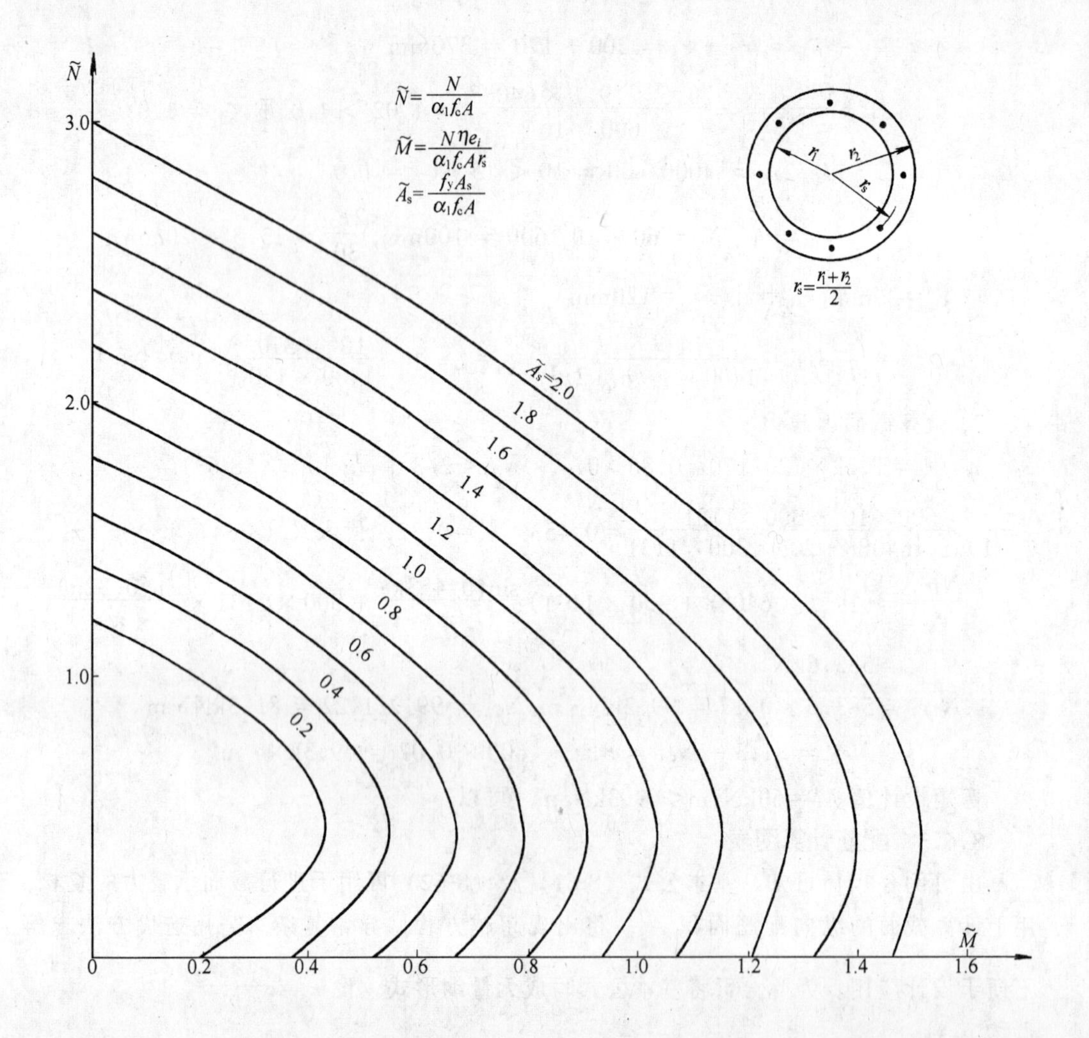

图 8-38　环形截面构件配筋面积计算图表

【解】 $A=\pi\ (r_2^2-r_1^2)\ =\pi\ (250^2-180^2)\ =94562\text{mm}^2$

$$\widetilde{N}=\frac{N}{\alpha_1 f_c A}=\frac{2200\times 10^3}{23.1\times 94562}=1.0$$

$$e_0=\frac{M}{N}=\frac{132\times 10^3}{2200}=60\text{mm},\quad \frac{2r_2}{3}=16.7<20\text{mm},\quad e_a=20\text{mm}$$

$$e_i=e_0+e_a=80\text{mm},\quad \eta e_i=1.3\times 80=104\text{mm}$$

$$\widetilde{M}=\frac{N\eta e_i}{\alpha_1 f_c A r_s}=1.0\times\frac{104}{215}=0.484$$

查图 8-38 得　$\widetilde{A}_s=0.6$

$$A_s = \widetilde{A}_s \frac{\alpha_1 f_c A}{f_y} = 0.6\frac{23.1 \times 94562}{360} = 3640\text{mm}^2$$

采用 12 ⌀ 20，$A_s = 3770\text{mm}^2$（图 8-39）。

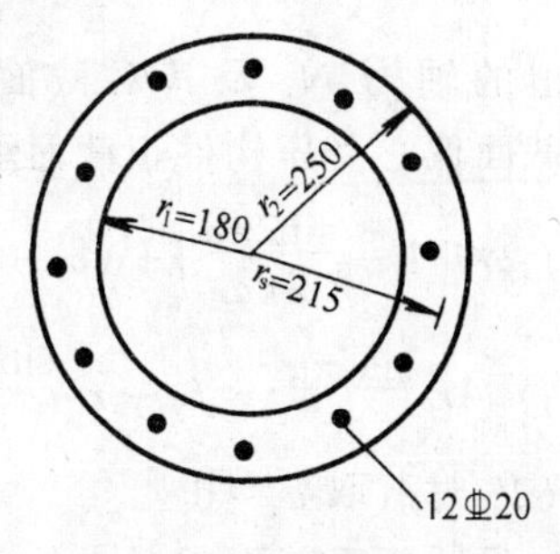

图 8-39 【例 8-15】

8.7 圆形截面偏心受压构件

圆形截面的钢筋混凝土构件一般均采用沿周边均匀配置的纵向受力钢筋，当纵向钢筋的根数不少于 6 根时，可将纵向钢筋化算为总面积为 A_s，半径为 r_s 的钢环。

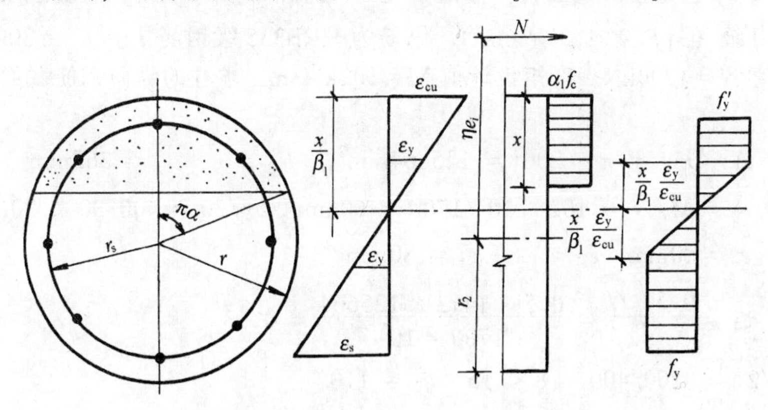

图 8-40 圆形截面偏心受压构件

圆形截面的受压区面积为弓形（图 8-40），理论上其等效矩形应力图的强度将低于截面宽度不变的矩形截面情况。《规范》为了简化计算，取圆形截面等效矩形应力图的强度与矩形截面相同，仍为 $\alpha_1 f_c$。设圆形截面的半径为 r，构件截面面积为 A（$A = \pi r^2$），弓形混凝土受压区面积为 A_c，其对应的圆心角为 $2\pi\alpha$。故

$$A_c = r^2(\pi\alpha - \sin\pi\alpha\cos\pi\alpha) = \alpha\left(1 - \frac{\sin 2\pi\alpha}{2\pi\alpha}\right)A$$

受压区混凝土的压力合力 N_c 及其对截面中心的力矩 M_c 为：

$$N_c = \alpha_1 f_c \alpha \left(1 - \frac{\sin 2\pi\alpha}{2\pi\alpha}\right) A$$

$$M_c = \frac{2}{3}\alpha_1 f_c A r \frac{\sin^3 \pi\alpha}{\pi}$$

与环形截面相似，钢环承担的轴力 N_s 及其对截面中心的力矩 M_s，同样可按式(8-59)及（8-60）计算。则圆形截面偏心受压构件正截面承载力的计算公式为：

$$N \leqslant \alpha_1 f_c \alpha A \left(1 - \frac{\sin 2\pi\alpha}{2\pi\alpha}\right) + (\alpha - \alpha_t) f_y A_s \tag{8-67}$$

$$N\eta e_i \leqslant \frac{2}{3}\alpha_1 f_c A r \frac{\sin^3 \pi\alpha}{\pi} + f_y A_s r_s \frac{\sin\pi\alpha + \sin\pi\alpha_t}{\pi} \tag{8-68}$$

式中　$\alpha_t = 1.25 - 2\alpha$，与 $\alpha > 0.625$ 时，取 $\alpha_t = 0$

同样，式（8-67）及（8-68）只适用于截面承载力的复核，用于截面配筋计算是异常繁琐的。取无量纲参数：

$$\widetilde{N} = \frac{N}{\alpha_1 f_c \pi r^2};\quad \widetilde{M} = \frac{N\eta e_i}{\alpha_1 f_c \pi r^3},\ \widetilde{A}_s = \frac{f_y A_s}{\alpha_1 f_c \pi r^2}$$

可编制成不同 $\widetilde{A}_s$ 值的 $\widetilde{N}$-$\widetilde{M}$ 曲线图。图 8-41 是取 $r_s/r = 0.825$ 绘制的，计算纵向钢筋截面积的图表。

【例 8-16】　已知图形截面柱，截面半径 $r = 200$，钢环半径 $r_s = 165\text{mm}$，$l_0 = 3.2\text{m}$。混凝土为 C30 级（$\alpha_1 f_c = 14.3\text{N/mm}^2$），纵筋为 HRB335 级钢筋 $f_y = f'_y = 300\text{N/mm}^2$。轴向压力设计值 $N = 1700\text{kN}$；弯矩设计值 $M = 102\text{kN·m}$，求柱的纵向钢筋截面面积 A_s。

【解】

$$A = \pi r^2 = \pi \times 200^2 = 125664\text{mm}^2,\quad h_0 = r + r_s = 365\text{mm}$$

$$e_0 = M/N = 102 \times 10^3/1700 = 60\text{mm}\quad 2r/30 = 400/30 < 20\text{mm}$$

$$e_a = 20\text{mm}\quad e_i = e_0 + e_a = 80\text{mm}$$

$$\zeta_1 = \frac{0.5 f_c A}{N} = \frac{0.5 \times 14.3 \times 125664}{1700 \times 10^3} = 0.53$$

$$l_0/2r = 3200/400 = 8 < 15\quad \zeta_2 = 1.0$$

$$\eta = 1 + \frac{(8)^2 \times 0.53 \times 365}{1400 \times 80} = 1.12\quad \eta e_i = 89.6\text{mm}$$

$$\widetilde{N} = \frac{N}{\alpha_1 f_c A} = \frac{1700 \times 10^3}{14.3 \times 125664} = 0.946$$

$$\widetilde{M} = \frac{N\eta e_i}{\alpha_1 f_c A r} = 0.946\,\frac{89.6}{200} = 0.424$$

查图 8-41 得 $\widetilde{A}_s = 0.72$

$$A_s = \widetilde{A}_s \frac{\alpha_1 f_c A}{f_y} = 0.72\,\frac{14.3 \times 125664}{360} = 4313\text{mm}^2$$

配置 12 Φ 22 纵筋　$A_s = 4561\text{mm}^2$

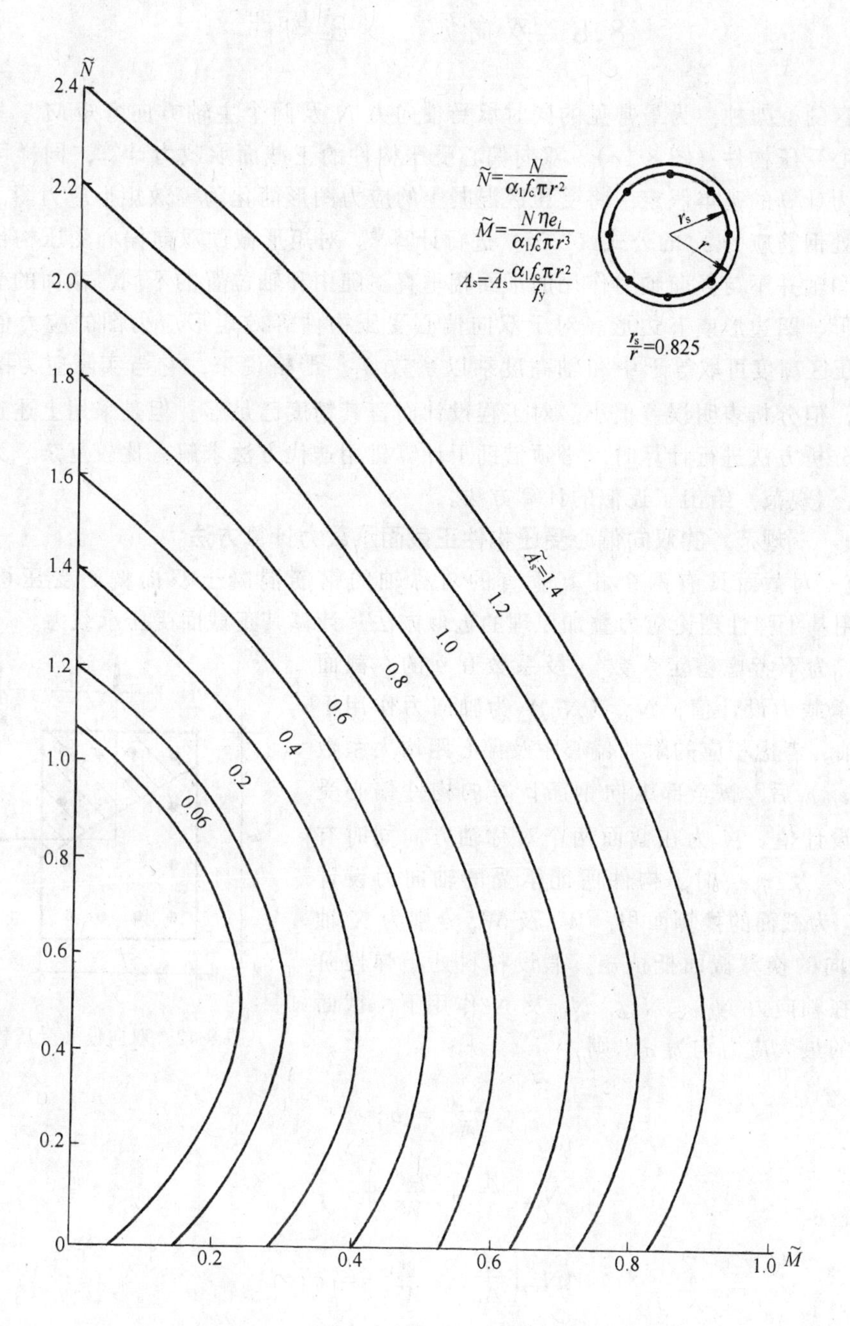

图 8-41　圆形截面柱纵向钢筋截面面积计算图表

8.8 双向偏心受压构件

地震区的框架柱，为最常见的同时承受轴向力 N 及两个主轴方向弯矩 M_x，M_y 作用的双向偏心受压构件（图 8-1c）。双向偏心受压构件的正截面承载力计算，同样可根据正截面承载力计算的基本假定，将受压区混凝土的应力图形简化为等效矩形应力图，并利用任意位置处钢筋应力 σ_s 的公式（2-25）进行计算[1]。对矩形截面双向偏心受压构件，一般情况下中和轴并不与竖向轴力作用的平面相垂直。随中和轴位置的不同，截面的受压区可能为三角形、四边形或五边形。对于双向偏心受压构件等效矩形应力图的应力值仍取为 $\alpha_1 f_c$，受压区高度可取等于中和轴高度乘以系数 β_1。严格说来，它与实际应力图形并不完全等效，但分析表明误差很小，对工程设计而言其精度已足够。但是采用上述正截面承载力一般分析方法进行计算时，必须借助于计算机用迭代方法求解，比较复杂。为了便于工程应用，《规范》给出了近似的计算方法。

8.8.1 《规范》的双向偏心受压构件正截面承载力计算方法

《规范》对截面具有两个相互垂直的对称轴的钢筋混凝土双向偏心受压构件（图 8-42），采用基于弹性理论应力叠加原理的近似方法，计算其正截面受压承载力。

设 N_{u0} 为不考虑稳定系数 φ 及系数 0.9 的、截面轴心受压承载力设计值；N_{ux}（N_{uy}）为轴向力作用于 X（Y）轴、考虑相应的附加偏心距及偏心距增大系数 $\eta_x e_{ix}$（$\eta_y e_{iy}$）后，按全部纵向钢筋计算的构件偏心受受承载力设计值。N 为在截面两个对称轴方向同时有偏心距 $\eta_x e_{ix}$ 及 $\eta_y e_{iy}$ 时，构件所能承受的轴向力设计值。设 A_0 为截面的换算面积，W_x 及 W_y 分别为 X 轴和 Y 轴方向的换算截面抵抗矩。假设材料处于弹性阶段工作，在轴向力 N_{u0}、N_{ux}、N_{uy} 及 N 作用下，截面所能承受的最大应力均为 σ，则：

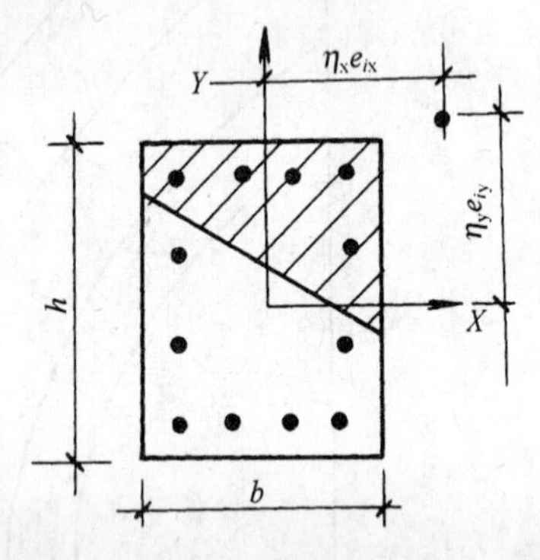

图 8-42　双向偏心受压构件

$$\frac{N_{u0}}{A} = \sigma;$$

$$N_{ux}\left(\frac{1}{A_0} + \frac{\eta_x e_{ix}}{W_x}\right) = \sigma;$$

$$N_{uy}\left(\frac{1}{A_0} + \frac{\eta_y e_{iy}}{W_y}\right) = \sigma;$$

---

[1] 双向偏心受压构件的一般分析方法详见滕智明主编，《钢筋混凝土基本构件》（第二版），清华大学出版社，1997，第 9.9.1 节。

$$N\left(\frac{1}{A_0}+\frac{\eta_y e_{ix}}{W_x}+\frac{\eta_y e_{iy}}{W_y}\right)=\sigma。$$

在以上各式中消去 σ、A_0、W_x 及 W_y 可得

$$\frac{1}{N}=\frac{1}{N_{ux}}+\frac{1}{N_{uy}}-\frac{1}{N_{u0}}$$

或

$$N\leqslant\frac{1}{\dfrac{1}{N_{ux}}+\dfrac{1}{N_{uy}}-\dfrac{1}{N_{u0}}} \tag{8-69}$$

双向偏心受压构件的纵向受力钢筋通常沿截面四边布置（图 8-42）。当计算 N_{ux} 及 N_{uy} 时要考虑全部纵向钢筋，因此需按下一节所述多排配筋截面计算其承载力。

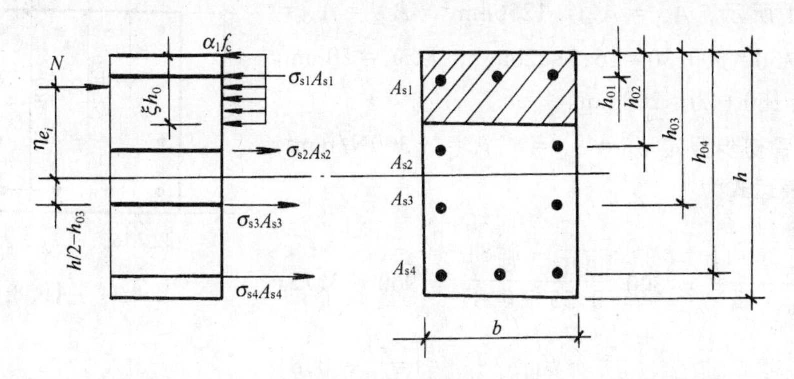

图 8-43　多排配筋截面

8.8.2　多排配筋矩形截面偏心受压构件的承载力计算

多排配筋的矩形截面偏心受压构件，到达承载力极限状态时，其中一部分纵向钢筋的应力将达不到强度设计值，因此需应用第 2 章给出的任意位置处钢筋应力 σ_{si} 的计算公式 (2-25)。如图 8-43 所示多排钢筋截面，对每一排钢筋逐次编号 $i=1$、2、3、4。根据轴向力和对截面中心取矩的平衡条件，可写出：

$$N=\alpha_1 f_c bx-\sum_{i=1}^{4}\sigma_{si}A_{si} \tag{8-70}$$

$$N\eta e_i=\alpha_1 f_c bx(h-x)/2-\sum_{i=1}^{4}\sigma_{si}A_{si}(0.5h-h_{0i}) \tag{8-71}$$

式中　A_{si}——第 i 排钢筋的截面面积；

h_{0i}——第 i 排钢筋中心到受压边缘的距离；

σ_{si}——第 i 排钢筋的应力，按下式计算：

$$\sigma_{si}=E_s\varepsilon_{cc1}\left(\frac{\beta_1 h_0}{x}-1\right)$$

或按下列近似公式计算：

$$\sigma_{si} = \frac{f_y}{\xi_b - \beta_1}\left(\frac{x}{h_{0i}} - \beta_1\right)$$

按上式求得的σ_{si}应符合下列条件

$$-f'_y \leqslant \sigma_s \leqslant f_y$$

【例 8-17】 已知方形截面柱 $b \times h = 500\text{mm} \times 500\text{mm}$ 沿截面四边配置 12 Φ 20 的 HRB 335 级钢筋（$f_y = f'_y = 300\text{N/mm}^2$，$\xi_b = 0.55$），混凝土为 C25 级（$\alpha_1 f_c = 11.9\text{N/mm}^2, \beta_1 = 0.8$）。设轴向压力在截面一个对称轴上的偏心距 $e_0 = 180\text{mm}$，$\eta = 1.0$。求此柱所能承受的最大轴向压力设计值 N。

【解】 各排钢筋的编号 A_{si}及其至受压边缘的距离 h_{0i}如图 8-44 所示。$A_{s1} = A_{s4} = 1256\text{mm}^2$，$A_{s2} = A_{s3} = 628\text{mm}^2$。$h/30 = 500/30 = 16.7 < 20\text{mm}$，取 $e_a = 20\text{mm}$，$e_i = e_0 + e_a = 180 + 20 = 200\text{mm}$。

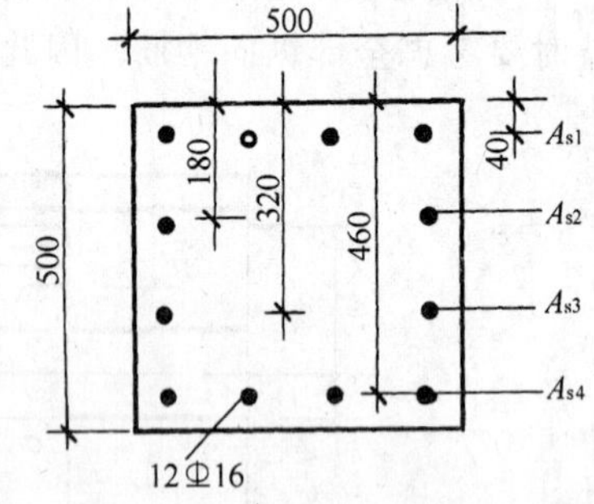

图 8-44 【例 8-17】

经试算后初步假定 $\sigma_{s1} = \sigma_{s2} = -f_y = -300\text{N/mm}^2$，$\sigma_{s3}$及$\sigma_{s4}$的表达式为：

$$\sigma_{s3} = f_y \frac{\left(\frac{x}{h_{03}} - \beta_1\right)}{(\xi_b - \beta_1)} = 300\frac{\left(\frac{x}{320} - 0.8\right)}{(0.55 - 0.8)} = 960 - 3.75x$$

$$\sigma_{s4} = f_y \frac{\left(\frac{x}{h_{04}} - \beta_1\right)}{(\xi_b - \beta_1)} = 300\frac{\left(\frac{x}{460} - 0.8\right)}{(0.55 - 0.8)} = 960 - 2.609x$$

代入式（8-70）及（8-71）：

$$N = 11.9 \times 500x + 300(1256 + 628) - 628(960 - 3.75x) - 1256(960 - 2.609x)$$

$$N \times 200 = 11.9 \times 500x\frac{(500 - x)}{2} + 300 \times 1256 \times (250 - 40) + 300 \times 628(250 - 180) - 628(960 - 3.75x)(250 - 320) - 1256(960 - 2.609x)(250 - 460)$$

由以上式中消去 N，解得 $x = 260\text{mm}$，代入 σ_{s3}及σ_{s4}的表达式中得：

$$\sigma_{s3} = -15\text{N/mm}^2;\quad \sigma_{s4} = +281.7\text{N/mm}^2$$

且 $\sigma_{s1} = \sigma_{s2} = -300\text{N/mm}^2$，与假定相符。将 x 及σ_{si}代入式（8-70），得出 $N = 1768\text{kN}$。

8.8.3 双向偏心受压构件的计算例题

【例 8-18】 已知矩形截面柱 $b \times h = 400\text{mm} \times 600\text{mm}$，配置 6 Φ 20 的 HRB 335 级钢筋（$f_y = f'_y = 300\text{N/mm}^2$）见图 8-45，混凝土为 C30 级（$\alpha_1 f_c = 14.3\text{N/mm}^2$，$\beta_1 = 0.8$）。柱承受的内力设计值为 $N = 680\text{kN}$；$M_x = 258\text{kN·m}$；$M_y = 54.4\text{kN·m}$，试验算此柱的承

载力是否足够（设 $\eta_x=\eta_y=1.0$）。

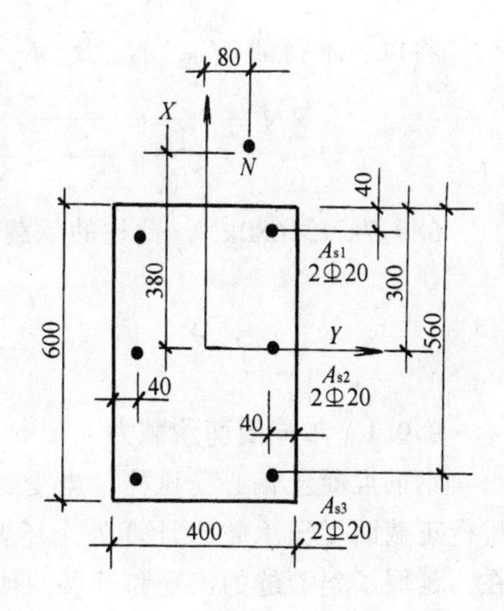

图 8-45 【例 8-18】

【解】

(1) 求 N_{u0} 按轴心受压短柱不考虑 0.9 折减系数计算。

$$N_{u0}=f_c bh+f_y A_s$$
$$=14.3\times400\times600+300\times1884=3997\text{kN}$$

(2) 求 N_{ux}

$$e_{0x}=\frac{M_x}{N}=\frac{258.4\times10^3}{680}=380\text{mm},$$
$$e_a=20\text{mm},$$
$$e_{ix}=380+20=400\text{mm}$$

按多排配筋截面计算，各排钢筋编号 A_{si} 及其 h_{0i} 如图 8-45 中所示。初步假设 $\sigma_{s1}=-f'_y=-300\text{N/mm}^2$；$\sigma_{s3}=f_y=300\text{N/mm}^2$，$\sigma_{s2}$ 的表达式为

$$\sigma_{s2}=f_y\frac{\left(\frac{x}{h_{02}}-\beta_1\right)}{(\xi_b-\beta_1)}=300\frac{\left(\frac{x}{300}-0.8\right)}{(0.55-0.8)}=960-4x$$

代入式（8-70）及（8-71）

$$N_{ux}=14.3\times400\cdot x+300\times628-628(960-4x)-300\times628$$

$$N_{ux}\times400=14.3\times400\times x\left(\frac{600-x}{2}\right)+300\times628(300-40)$$
$$-628(960-4x)(300-300)-628\times300(300-560)$$

由以上二式中消去 N_{ux} 解得 $x=169\text{mm}$，$x<\xi_b h_0=0.55\times560=308\text{mm}$；且 $x>2a'=80\text{mm}$。与初步假设情况符合。将 x 代入轴力公式中得出 $N_{ux}=788\text{kN}$。

(3) 求 N_{uy}

$$e_{0y}=\frac{M_y}{N}=\frac{54.4\times10^3}{680}=80\text{mm},\ e_a=20,\ e_{iy}=80+20=100\text{mm}$$

由表 8-2 查得 $\left(\frac{e_{ib}}{h_0}\right)_{\min}=0.338$，$(e_{ib})_{\min}=0.338\times360=121.7\text{mm}>\eta e_i y$，属小偏心受压情况

$$e=\eta_y e_{iy}+b/2-a=100+400/2-40=260\text{mm}$$

将已知数据代入式（8-35）及（8-36）

$$N_{uy}=14.3\times600\cdot\xi+300\times942\frac{\xi-0.8}{0.55-0.8}$$

$$N_{uy}\times260=14.3\times600\times360^2\xi(1-0.5\xi)+300\times942\times(360-40)$$

解得 $\xi=0.69$（$\xi>\xi_b$），$N_{uy}=2275\text{kN}$。

(4) 求 N

将以上求得的 N_{u0}，N_{ux}及 N_{uy}代入式（8-69）

$$N=\frac{1}{\frac{1}{N_{ux}}+\frac{1}{N_{uy}}-\frac{1}{N_{u0}}}=\frac{1}{\frac{1}{788}+\frac{1}{2275}-\frac{1}{3997}}=689.72\text{kN}$$

689.7kN＞680kN，此柱的承载力足够安全。

8.9 偏心受压柱斜截面受剪承载力计算

8.9.1 单向受剪承载力

钢筋混凝土偏心受压柱，当受到较大的剪力 V 作用时（如受地震作用的框架柱），除进行正截面受压承载力计算外，还要验算其斜截面的受剪承载力。由于轴向压应力的存在，延缓了斜裂缝的出现和开展，使混凝土的剪压区高度增大，构件的受剪承载力得到提高。试验表明，当 $N<0.3f_cbh$ 时，轴力引起的受剪承载力的增量 ΔV_N 与轴力 N 近乎成比例增长；当 $N>0.3f_cbh$ 时，ΔV_N 将不再随 N 的增大而提高。如 $N>0.5f_cbh$ 将发生偏心受压破坏。《规范》对矩形、T形和I形截面偏心受压构件的受剪承载力采用下列公式计算：

$$V=\frac{1.75}{\lambda+1.0}f_tbh_0+f_{yv}\frac{A_{sv}}{s}h_0+0.07N \tag{8-72}$$

式中 λ——偏心受压构件的计算剪跨比。对框架柱，取 $\lambda=M/Vh_0$，当反弯点在柱高以内时，取 $\lambda=H_n/2h_0$；当 $\lambda<1$ 时，取 $\lambda=1$；当 $\lambda>3$ 时，取 $\lambda=3$，此处，H_n 为柱的净高。

N——与剪力设计值 V 相应的轴向压力设计值；当 $N>0.3f_cA$ 时，取 $N=0.3f_cA$；A 为构件的截面面积。

与受弯构件相似，当含箍特征过大时，箍筋强度不能充分利用，式（8-72）中的第二项，箍筋提高的受剪承载力将减弱。《规范》规定，矩形、T形和I形截面偏心受压构件，其受剪截面应符合下列条件：

$$V\leqslant 0.25\beta_cf_cbh_0 \tag{8-73}$$

当符合下列条件时

$$V\leqslant\frac{1.75}{\lambda+1.0}f_tbh_0+0.07N \tag{8-74}$$

可不进行斜截面受剪承载力计算，按5.3节构造要求配置箍筋。

8.9.2 双向受剪承载力

试验表明，矩形截面钢筋混凝土柱在斜向水平荷载作用下，其受剪承载力与斜向剪力作用的方向有关，近似地服从椭圆相关关系：

$$\left(\frac{V_x}{V_{ux}}\right)^2+\left(\frac{V_y}{V_{uy}}\right)^2=1 \tag{8-75}$$

式中　V_x——x 轴方向的剪力设计值，对应的截面有效高度为 h_0，截面宽度为 b；

V_y——y 轴方向的剪力设计值，对应的截面有效高度为 b_0，截面宽度为 h；

V_{ux}、V_{uy}——x 轴、y 轴方向的斜截面受剪承载力，按下列公式计算：

$$V_{ux}=\frac{1.75}{\lambda_x+1}f_t bh_0+f_{yv}\frac{A_{svx}}{s}h_0+0.07N \tag{8-76a}$$

$$V_{uy}=\frac{1.75}{\lambda_y+1}f_t hb_0+f_{yv}\frac{A_{svy}}{s}b_0+0.07N \tag{8-76b}$$

式中　λ_x、λ_y——框架柱的计算剪跨比，与单向受剪情况的取值方法相同；

A_{svx}、A_{svy}——x 轴、y 轴方向的箍筋截面面积（图 8-46）；

N——与斜向剪力设计值 V 相应的轴向压力设计值，当 $N>0.3f_cA$ 时，取 $N=0.3f_cA$，此处，A 为构件截面面积。

为了便于进行截面双向受剪承载力复核，式（8-75）可转化为下列形式：

$$V_x\leqslant\frac{V_{ux}}{\sqrt{1+\left(\frac{V_{ux}\tan\theta}{V_{uy}}\right)^2}} \tag{8-77a}$$

$$V_y\leqslant\frac{V_{uy}}{\sqrt{1+\left(\frac{V_{uy}}{V_{ux}\tan\theta}\right)^2}} \tag{8-77b}$$

式中　θ——斜向剪力设计值 V 作用方向与 x 轴的夹角，$\tan\theta=V_y/V_x$（图 8-46）。

与单向受剪相似，矩形截面双向受剪的钢筋混凝土框架柱，其受剪截面应符合下列条件：

$$V_x\leqslant 0.25\beta_c f_c bh_0\cos\theta \tag{8-78a}$$

$$V_y\leqslant 0.25\beta_c f_c hb_0\sin\theta \tag{8-78b}$$

当符合下列条件时：

$$V_x\leqslant\left(\frac{1.75}{\lambda_x+1}f_t bh_0+0.07N\right)\cos\theta \tag{8-79a}$$

$$V_y\leqslant\left(\frac{1.75}{\lambda_y+1}f_t hb_0+0.07N\right)\sin\theta \tag{8-79b}$$

可不进行斜截面受剪承载力计算，按构造要求配置箍筋。

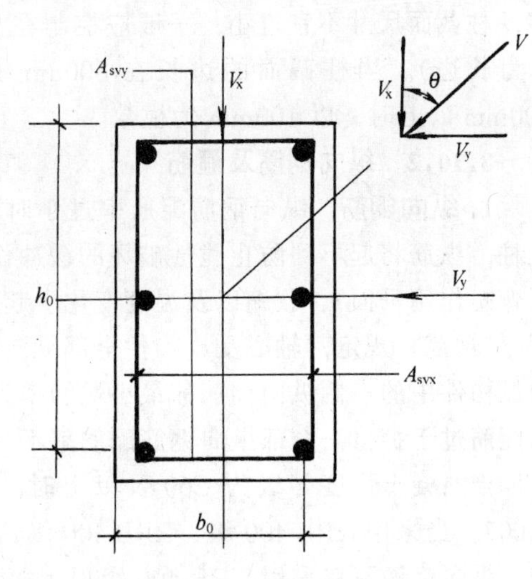

图 8-46　双向受剪

8.10 柱的构造要求

8.10.1 混凝土强度等级、计算长度及截面尺寸

1. **混凝土强度等级** 受压构件的承载力主要取决于混凝土，因此采用较高强度等级的混凝土是经济合理的。一般柱的混凝土强度等级采用 C30～C40，对多层及高层建筑结构的下层柱必要时可采用更高的强度等级，如 C50 级以上的高强混凝土。

2. **计算长度** 对一般有侧移的多层房屋钢筋混凝土框架柱，其计算长度 l_0 按下列规定采用：当楼盖为现浇楼盖时，底层柱 $l_0=1.0H$；其余各层柱 $l_0=1.25H$。当为装配式楼盖时，$l_0=1.25H$；其余各层柱 $l_0=1.5H$。

H 为屋高，对底层柱基础顶面到一层楼盖顶面之间的距离；其余各层柱，取上、下两层楼盖之间距离。

当水平荷载产生的弯矩设计值占总弯矩设计值的 75% 以上时，框架柱的计算长度可按下列公式计算，并取其中的较小值

$$l_0 = [1 + 0.15(\psi_u + \psi_l)]H \tag{8-80a}$$

$$l_0 = (2 + 0.2\psi_{min})H \tag{8-80b}$$

式中 ψ_u、ψ_l——柱的上端、下端节点处交汇的各柱线刚度之和与交汇的各梁线刚度之和的比值；

ψ_{min}——比值 ψ_u、ψ_l 中的较小值。

关于刚性屋盖单层房屋排架柱、吊车柱等的计算长度，详见本书下册第 4 篇。

3. **截面尺寸** 为了充分利用材料强度，使构件的承载力不致因长细比过大而降低过多，柱截面尺寸不宜过小，一般应控制在 $l_0/b \leqslant 30$ 及 $l_0/h \leqslant 25$（b 为矩形截面的短边，h 为长边）。当柱截面的边长在 800mm 以下时，截面尺寸以 50mm 为模数，边长在 800mm 以上时，以 100mm 为模数。

8.10.2 纵向钢筋及箍筋

1. **纵向钢筋** 纵向钢筋配筋率过小时，纵筋对柱的承载力影响很小，接近于素混凝土柱，纵筋将起不到防止脆性破坏的缓冲作用。同时为了承受由于偶然附加偏心距（垂直于弯矩作用平面）、收缩以及温度变化引起的拉应力，对受压构件的最小配筋率应有所限制。《规范》规定，轴心受压构件全部纵向钢筋的配筋率 $\rho=A_s/A$ 不得小于 0.006。偏心受压构件中的一侧纵向钢筋的最小配筋率为 0.002。从经济和施工方面考虑，为了不使截面配筋过于拥挤，全部纵向钢筋配筋率不宜超过 5%。

当混凝土强度等级为 C60 及以上时，受压构件全部纵向钢筋最小配筋率应不小于 0.007。当采用 HRB 400 级、RRB 400 级钢筋时，全部纵向钢筋的最小配筋率应取 0.005。

纵向钢筋不宜采用 HRB 400 级以上等级的钢筋，因其强度不能充分利用。纵向受力钢筋直径 d 不宜小于 12mm。柱中宜选用根数较少、直径较粗的钢筋，但根数不得少于 4

根。纵向钢筋的保护层厚度应不小于 30mm 或纵筋直径 d。当柱为竖向浇筑混凝土时，纵筋的净距不应小于 50mm，对水平浇筑的预制柱，其纵筋净距的要求与梁同。

当偏心受压柱的 $h \geqslant 600$mm 时，在侧面应设置直径为 10～16mm 的纵向构造钢筋，并相应地设置复合箍筋或拉筋。柱中纵向受力钢筋的中距不应大于 300mm。

2. **箍筋** 受压构件中的箍筋应为封闭式的。箍筋一般采用 HPB 235 级钢筋，其直径不应小于 $d/4$，且不应小于 6mm。此处，d 为纵向钢筋的最大直径。

箍筋间距不应大于 400mm 及构件截面的短边尺寸；同时不应大于 $15d$，d 为纵向钢筋的最小直径。

当柱中全部纵向钢筋的配筋率超过 3% 时，箍筋直径不宜小于 8mm，且应焊成封闭式，其间距不应大于 $10d$（d 为纵向钢筋的最小直径），且不应大于 200mm。

当柱截面短边尺寸大于 400mm 且每边纵筋根数超过 3 根时，应设置复合箍筋；当柱的短边尺寸不大于 400mm，且纵向钢筋不多于 4 根时，可不设置复合箍筋（图 8-47）。

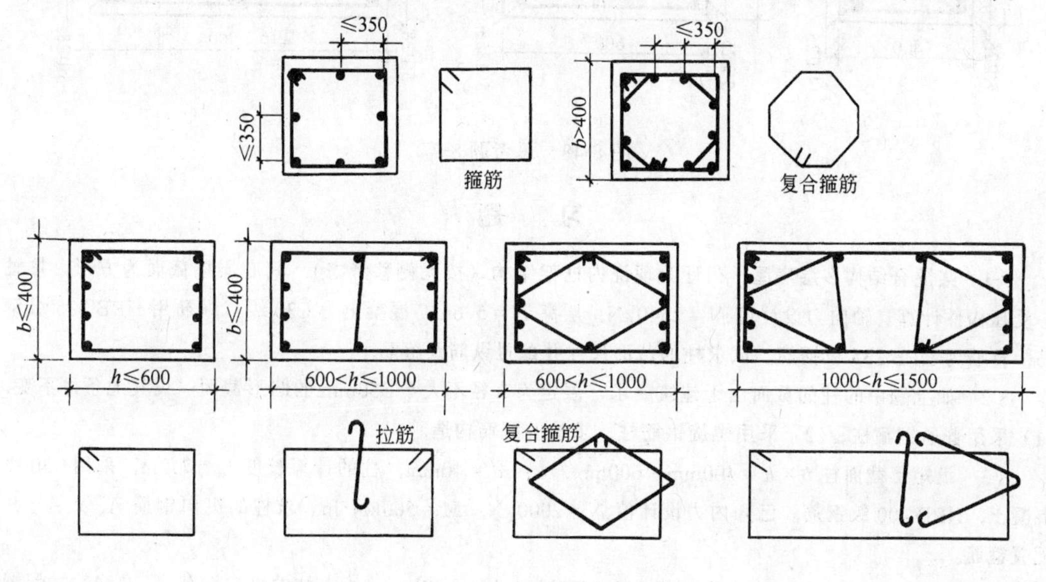

图 8-47

思 考 题

8-1 试从箍筋的作用、承载力、变形性能及应用等方面，说明普通钢箍与螺旋钢箍轴心受压柱的不同。

8-2 判别大小偏心受压的条件 $\eta e_i \lesseqgtr (e_{ib})_{\min}$中，$(e_{ib})_{\min}$是根据什么条件推出的？它的含义是什么？在什么情况下才可以用它来判断是哪一种偏心受压情况？

8-3 非对称配筋的偏心受压构件，如截面尺寸、材料强度及内力设计值 N、M 均为已知，且距轴力较远一侧的纵筋面积 A_s 已给定，试写出求另一侧纵筋面积 A'_s 的步骤或计算流程图。

8-4 对称配筋矩形截面偏心受压构件，当出现下列情况时，应如何判别是哪一种偏心受压情况：

(a) $\eta e_i >$ $(e_{ib})_{min}$，同时 $N > \xi_b \alpha_1 f_c b h_0$；

(b) $\eta e_i >$ $(e_{ib})_{min}$，同时 $N < \xi_b \alpha_1 f_c b h_0$。

出现上述矛盾现象应如何解释？

8-5 试写出工字形截面偏心受压构件在（1）截面配筋计算；（2）截面承载力复核时，判别 $x \gtrless h'_f$ 的条件。

8-6 试写出对称配筋工字形截面偏心受压柱截面配筋计算的流程图。

8-7 图 8-48 为几个工地现浇钢筋混凝土框架柱的截面配筋构造。试指出其中不符合《规范》构造规定的地方：

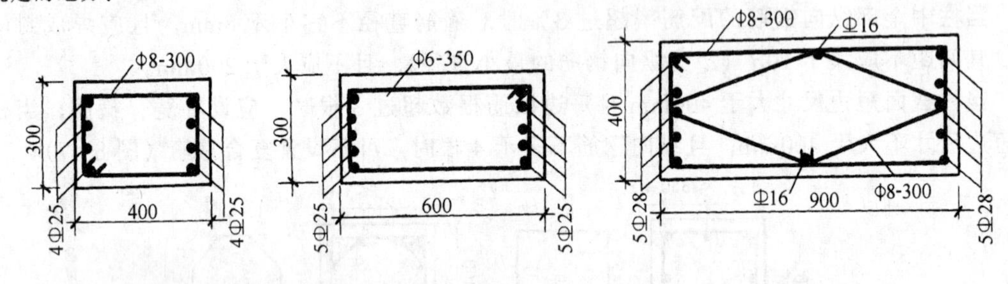

图 8-48 思考题 8-7

习 题

8-1 某混合结构多层房屋，门厅为现浇内框架结构（按无侧移考虑），其底层柱截面为方形，按轴心受压构件计算。轴向力设计值 $N = 2540\text{kN}$，层高 $H = 5.6\text{m}$，混凝土为 C30 级，纵筋用 HRB 335 级钢筋，箍筋为 HPB 235 级钢筋。试求柱的截面尺寸并配置纵筋及箍筋。

8-2 如上题中的柱的截面由于建筑要求，限定为直径不大于 350mm 的圆形截面。设其他条件不变，（1）采用普通钢箍柱；（2）采用螺旋钢筋柱，求柱的配筋构造。

8-3 设矩形截面柱 $b \times h = 400\text{mm} \times 600\text{mm}$，$a = a' = 40\text{mm}$，柱的计算长度 $l_0 = 7.2\text{m}$，采用 C30 级混凝土，HRB 400 级钢筋。已知内力设计值 $N = 2000\text{kN}$，$M = 500\text{kN·m}$。求柱的纵向钢筋 A_s 及 A'_s 并配置箍筋。

8-4 其他条件同上题，内力设计值 $N = 3600\text{kN}$，$M = 400\text{kN·m}$。求柱的纵向钢筋 A_s 及 A'_s 并配置箍筋。

8-5 已知数据同题 8-3，采用对称配筋，求 $A_s = A'_s$。

8-6 已知数据同题 8-4，采用对称配筋，求 $A_s = A'_s$。

8-7 已知矩形截面柱 $b \times h = 400\text{mm} \times 600\text{mm}$，$a = a' = 40\text{mm}$，纵筋为对称配筋（4 Φ 16）$A_s = A'_s = 804\text{mm}^2$。柱的计算长度 $l_0 = 4.8\text{m}$。混凝土为 C25 级，纵筋为 HRB 335 级钢筋。设轴向力的偏心距 $e_0 = 280\text{mm}$，求柱的承载力 $N = ?$

8-8 其他条件同上题，设轴向力的偏心距 $e_0 = 56\text{mm}$，求柱的承载力 $N = ?$

8-9 已知矩形截面柱 $b \times h = 200\text{mm} \times 500\text{mm}$，$a = a' = 40\text{mm}$，$l_0 = 4\text{m}$。内力设计值 $N = 2000\text{kN}$，$M = 80\text{kN·m}$。求纵向钢筋 A'_s 及 A_s。

8-10　已知矩形截面柱 $b \times h = 400\text{mm} \times 600\text{mm}$，$a = a' = 40\text{mm}$，$l_0 = 6\text{m}$，$A'_s$ 为 4 Φ 20，A_s 为 4 Φ 25，轴向力的偏心距 $e_0 = 100\text{mm}$。求柱的承载力 $N = ?$

8-11　某单层工业厂房工字形截面柱，截面尺寸如图 8-49 所示。已知柱的计算长度 $l_0 = 13.5\text{m}$，轴向力设计值 $N = 2000\text{kN}$，弯矩设计值 $M = 560\text{kN·m}$。采用 C40 级混凝土，HRB 400 级钢筋，按对称配筋求柱所需配置的纵向钢筋 $A'_s = A_s$。

8-12　其他条件同上题，按另一组内力设计值 $N = 1250\text{kN}$，$M = 1000\text{kN·m}$。求柱的纵向钢筋 $A'_s = A_s$。

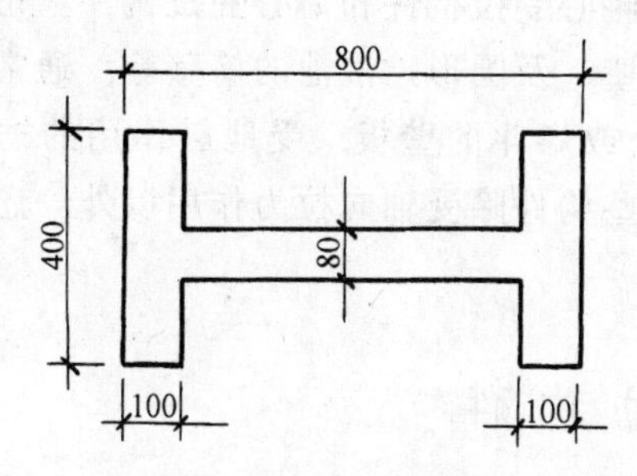

图 8-49　习题 8-11

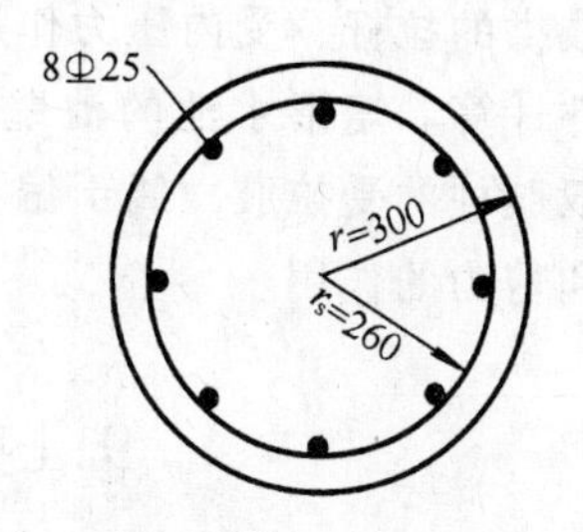

图 8-50　习题 8-13

8-13　已知圆形截面柱 $r = 300\text{mm}$，配置 8 Φ 25 HRB 335 级钢筋，$r_s = 260\text{mm}$（图 8-50），$l_0 = 6\text{m}$。混凝土为 C30 级，设轴向力设计值 $N = 3000\text{kN}$，求此柱所能承受的弯矩设计值 $M = ?$

8-14　圆形截面柱 $r = 250\text{mm}$，$r_s = 210\text{mm}$，$l_0 = 4\text{m}$。采用 C35 级混凝土，HRB 400 级钢筋。柱承受的内力设计值 $N = 3000\text{kN}$，$M = 300\text{kN·m}$，求柱的纵向钢筋 A_s。

8-15　已知矩形截面柱 $b \times h = 400\text{mm} \times 400\text{mm}$，配置 12 Φ 20 的 HRB 335 级纵向钢筋（图 8-51），混凝土为 C30 级。柱为双向偏心受压构件，轴向力在截面两个对称轴方向的偏心距分别为 250 及 80mm，设 $\eta_x = \eta_y = 1.0$，求此柱的承载力 $N = ?$

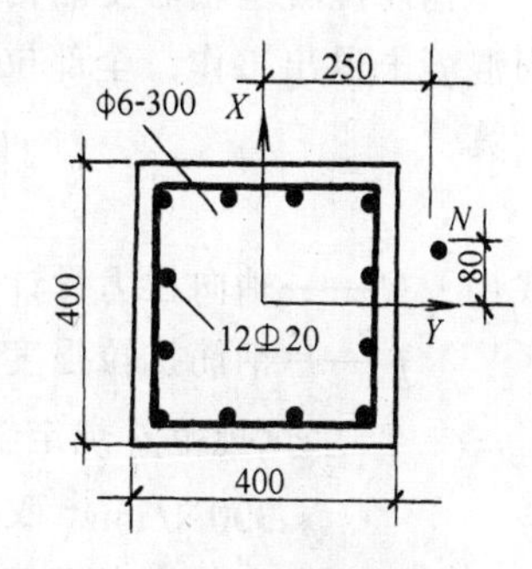

图 8-51　习题 8-15

第9章　受拉构件承载力计算

钢筋混凝土受拉构件，与受压构件相似，分为**轴心受拉构件**和**偏心受拉构件**。钢筋混凝土桁架或拱的拉杆、受内压力作用的环形截面管壁、及圆形贮液池的筒壁等，通常按轴心受拉构件计算。矩形水池的池壁、矩形剖面料仓或煤斗的壁板，受地震作用的框架边柱，以及双肢柱的受拉肢，属于偏心受拉构件。这些构件除受轴向拉力作用以外，还同时承受弯矩和剪力的作用。

9.1　轴心受拉构件

钢筋混凝土轴心受拉构件，开裂以前混凝土与钢筋共同负担拉力；开裂以后，开裂截面混凝土退出工作，全部拉力由钢筋负担。轴心受拉构件的正截面受拉承载力按下列公式计算：

$$N \leqslant f_y A_s \tag{9-1}$$

式中　N——轴向拉力设计值；

f_y——钢筋抗拉强度设计值，为了控制受拉构件在使用荷载下的变形和裂缝开展，《规范》规定轴心受拉和小偏心受拉构件的 f_y 大于 300N/mm^2 时，仍应按 300N/mm^2 取用。

A_s——全部纵向钢筋的截面面积。

9.2　矩形截面偏心受拉构件

9.2.1　两种偏心受拉构件

偏心受拉构件按照轴向力 N 作用在截面上位置（偏心距 e_0）的不同，有两种破坏形态。设矩形截面上距轴向力 N 较近一侧的纵向钢筋为 A_s，较远一侧为 A_s'（图 9-1a）。

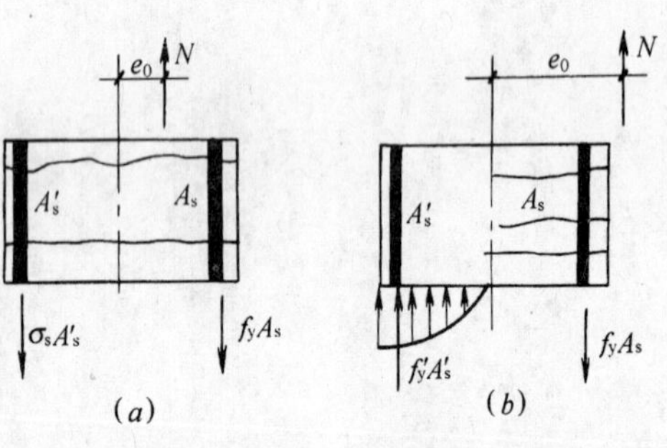

图 9-1　两种偏心受拉构件

（a）小偏心受拉；（b）大偏心受拉

1. 小偏心受拉

当轴力 N 作用于 A_s' 与 A_s 之间时，混凝土开裂后，纵向钢筋 A_s 及 A_s' 均受拉，中和轴在截面以外，这种情况称为小偏心受拉。

2. 大偏心受拉

当轴力 N 的偏心距较大，N 作用于钢筋 A'_s 与 A_s 间距以外时，截面部分受压、部分受拉。拉区混凝土开裂以后，由平衡关系可知，截面必定保留有受压区，不会形成贯通整个截面的通缝，距轴力较远一侧钢筋 A'_s 及混凝土受压（图 9-1b）。这种情况称为大偏心受拉。

9.2.2 小偏心受拉构件

在小偏心受拉情况下，截面开裂，混凝土全部退出工作，拉力完全由钢筋负担。到达承载能力极限状态时，一般总是一侧钢筋到达屈服；另一侧钢筋应力未达屈服，只有当轴力 N 作用于截面钢筋面积的“塑性中心”时，才会是全部钢筋到达屈服。设矩形截面如图 9-2 所示，e 及 e' 分别为轴力 N 至钢筋 A_s 及 A'_s 合力中心的距离。设钢筋 A_s 的应力到达 f_y；钢筋 A'_s 应力为 σ'_s，则由截面的平衡关系可写出：

$$N = \sigma'_s A'_s + f_y A'_s \tag{9-2}$$

$$Ne' = f_y A_s (h'_0 - a) \tag{9-3}$$

将式（9-3）代入（9-2），并考虑到 $e' = \frac{h}{2} - a' + e_0$ 及 $e = h/2 - a - e_0$，则

$$\sigma'_s = f_y \frac{A_s e}{A'_s e'}$$

由上式可知，当 $A_s e / A'_s e' = 1.0$ 时，$\sigma'_s = f_y$，

即
$$\frac{A_s e}{A'_s e'} = \frac{A_s (h/2 - a - e_0)}{A'_s (h/2 - a' + e_0)} = 1.0$$

或
$$e_0 = \frac{A_s (h/2 - a) - A'_s (h/2 - a')}{A'_s + A_s} \tag{9-4}$$

由图 9-2 可知，上式等号右侧即为只考虑钢筋面积的截面塑性中心至截面几何中心的距离 y_0。亦即，当 $e_0 = y_0$ 时，$\sigma'_s = f_y$，钢筋 A_s 及 A'_s 同时到达 f_y。当 $A_s e / A'_s e' < 1.0$ 时，$e_0 > y_0$，$\sigma'_s < f_y$；当 $A'_s e / A'_s e' > 1.0$ 时，$e_0 > y_0$，$\sigma'_s = f_y$，另一侧钢筋 A_s 中应力 $\sigma_s < f_y$。

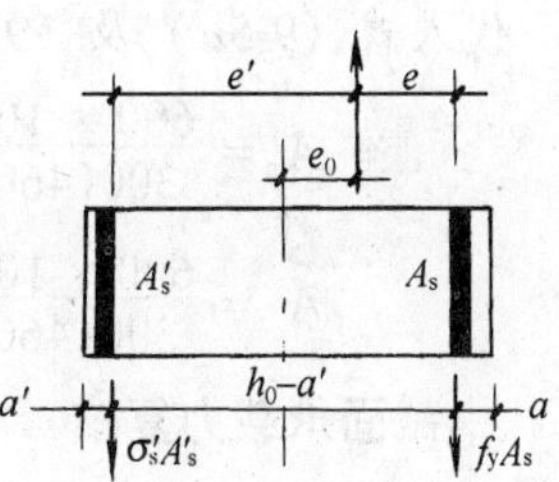

图 9-2 小偏心受拉构件

1. 截面配筋计算

截面尺寸 b、h、a 及 a'，材料强度 f_y 和设计轴力 N 及偏心距 $e_0 = M/N$ 为已知，要求计算所需钢筋截面面积 A_s 及 A'_s。为了充分利用钢材强度，使（$A_s + A'_s$）为最小，应采用使截面塑性中心与轴力 N 相重合的设计方法。设钢筋 A_s 及 A'_s 的应力均到达抗拉强度设计值，分别对 A_s 及 A'_s 取矩：

$$A_s = \frac{Ne'}{f_y (h_0 - a')} \tag{9-5a}$$

$$A'_s = \frac{Ne}{f_y (h_0 - a')} \tag{9-5b}$$

将 e 及 e' 代入上式，并设 $a=a'$，则上式可改写成：

$$A_s=\frac{N}{2f_y}+\frac{M}{f_y(h_1-a')} \tag{9-6}$$

$$A'_s=\frac{N}{2f_y}-\frac{M}{f_y(h_0-a')} \tag{9-7}$$

式中第一项代表轴向拉力 N 所需的配筋，第二项反映了弯矩 M 对配筋的影响，M 的存在使 A_s 增大，A'_s 减小。如果截面配筋计算中有若干组不同的内力设计值（M、N）时，显然，应按最大 N 与最大 M 的内力组合计算 A_s；按最大 N 与最小 M 的内力组合计算 A'_s。

按式（9-5a）及（9-5b）得出的 A_s 及 A'_s 应分别不小于 $\rho_{min}bh$，纵向受力钢筋的最小配筋率 ρ_{min} 取 0.002 和 $0.45f_t/f_y$ 中的较大值。

【例 9-1】 矩形截面（$b\times h=300mm\times500mm$）偏心受拉构件，承受的轴向拉力设计值 $N=600kN$，弯矩设计值 $M=48kN\cdot m$，采用 C30 级混凝土，HRB 335 级钢筋，求构件的配筋 A_s 及 A'_s。

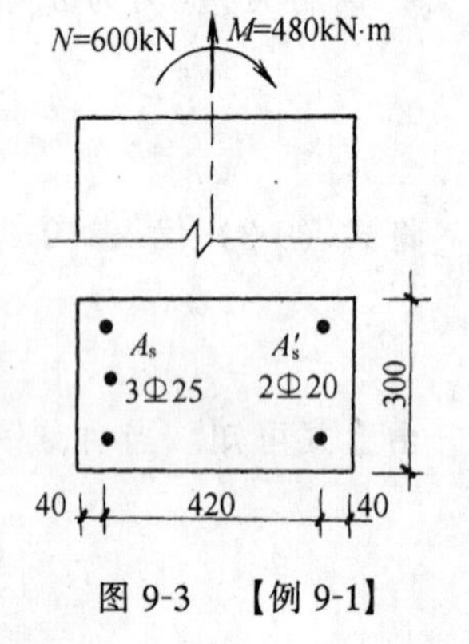

图 9-3 【例 9-1】

【解】 设 $a=a'=40mm$

$$h_0=h-a=500-40=460mm$$

$$e_0=\frac{M}{N}=\frac{48\times10^3}{600}=800mm<\frac{h}{2}-a=210mm$$

故为小偏心受拉构件

$$e'=\frac{500}{2}-40+80=290mm,\ e=\frac{500}{2}-40-80=130mm$$

代入式（9-5a）及（9-5b）

$$A_s=\frac{600\times10^3\times290}{300(460-40)}=1381mm^2,\text{选用 } 3\ \Phi\ 25(A_s=1473mm^2)$$

$$A'_s=\frac{600\times10^3\times130}{300(460-40)}=619mm^2,\text{选用 } 2\ \Phi\ 20(A_s=628mm^2)$$

2. 截面承载力复核

当截面尺寸、材料强度及纵筋面积 A_s、A'_s 均为已知，要求确定截面在给定偏心距 e_0 下的承载力 N 时，截面的受拉承载力应取按下列二式得出的较小值：

$$N=\frac{f_yA_s(h_0-a')}{e'} \tag{9-8}$$

$$N=\frac{f_yA'_s(h_0-a')}{e} \tag{9-9}$$

9.2.3 大偏心受拉构件

大偏心受拉构件的破坏形态与大偏心受压构件基本相似，当受拉钢筋 A_s 的配筋率不高时，开裂后，受拉钢筋应力将首先到达屈服，然后受压区混凝土到达其抗压强度，构件破坏。当受拉钢筋 A_s 的配筋率过高时，受拉钢筋应力未达屈服，受压区混凝土即被压碎，故大偏心受拉构件承载力的计算公式为：

$$N = \sigma_s A_s - f'_y A'_s - \alpha_1 f_c bx \tag{9-10}$$

$$Ne = \alpha_1 f_c bx(h_0 - 0.5x) + f'_y A'_s(h_0 - a') \tag{9-11}$$

式中　$e = e_0 - 0.5h + a$ 为轴力 N 至受拉钢筋 A_s 合力中心的距离（图 9-4）。

当 $x \leqslant \xi_b h_0$ 时，$\sigma_s = f_y$

当 $x > \xi_b h_0$ 时，$\sigma_s = f_y \dfrac{\xi - \beta_1}{\xi_b - \beta_1}$

式（9-10）及（9-11）需符合 $x \geqslant 2a'$ 的条件。

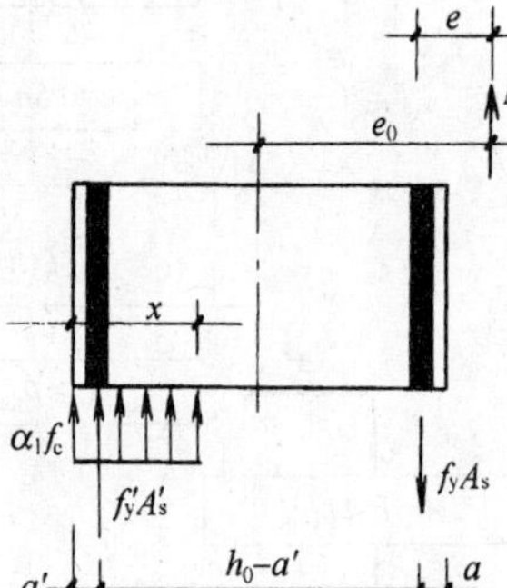

1. 截面配筋计算

当 A_s 及 A'_s 均为未知时，与大偏心受压相似，为了使 $A_s + A'_s$ 为最小，计算中可取 $\xi = \xi_b$，由式（9-10）及（9-11），可得：

$$A'_s = \frac{Ne - \alpha_{s,\max}\alpha_1 f_c bh_0^2}{f'_y(h_0 - a')} \tag{9-12}$$

$$A_s = (N + f'_y A'_s + \alpha_1 f_c \xi bh_0)/f_y \tag{9-13}$$

图 9-4　大偏心受拉构件

按式（9-12）算得的 A'_s 不应小于 $0.002bh$，否则应取 $A'_s = 0.002bh$ 按下述 A'_s 为已知情况计算。

当受压钢筋 A'_s 为已知时，与大偏心受压相似，先按下式计算 α_s

$$\alpha_s = \frac{Ne - f'_y A'_s(h_0 - a')}{\alpha_1 f_c bh_0^2}$$

再计算 $\xi = 1 - \sqrt{1 - 2\alpha_s}$，将 ξ 及 A'_s 代入式（9-13）求 A_s。如 $x < 2a'$，可近似取 $x = 2a'$，按下式计算 A_s：

$$A_s = \frac{Ne'}{f_y(h_0 - a')} \tag{9-14}$$

式中　$e' = e_0 + 0.5h - a'$。

按式（9-14）算得的 A_s 不应小于 $\rho_{\min} bh$，否则应取 $A_s = \rho_{\min} bh$。此处最小配筋率 $\rho_{\min}$ 应取 0.002 和 $0.45 f_t / f_y$ 中较大值。

矩形截面偏心受拉构件截面配筋计算流程见图 9-5。

2. 截面承载力复核

当构件的截面尺寸、材料强度及配筋面积 A_s、A'_s 均为已知，要求确定截面在给定偏心距下的承载力 N 时，可初步假定 $\sigma_s = f_y$，代入式（9-10）及（9-11），求解 x 及 N。如解出的 x 符合条件 $2a' \leqslant x \leqslant \xi_b h_0$，则解出的 N 即为该截面所能承受的轴向拉力。如 $x > \xi_b h_0$，应取 $\sigma_s = f_y(\xi - \beta_1)/(\xi_b - \beta_1)$ 代入式（9-10）重新求解。如 $x < 2a'$，可按

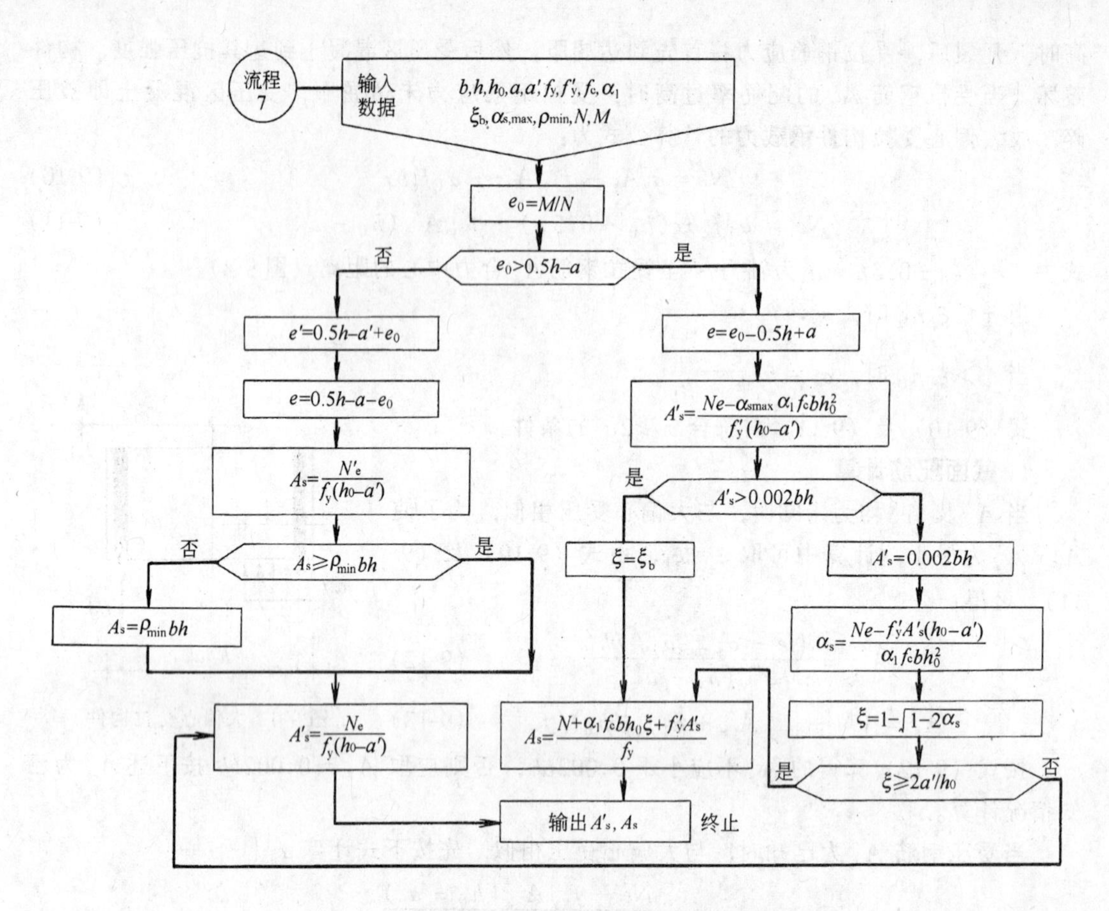

图 9-5 矩形截面偏心受拉构件截面配筋计算流程

近似公式（9-14）计算 N。

【例 9-2】 某涵洞壁厚 $h=900$mm，单位宽度（每 m）截面上承受的轴向拉力设计值 $N=500$kN；弯矩设计值 $M=400$kN·m。采用 C30 级混凝土，HRB 335 级钢筋，求截面配筋。

【解】

$$b=1000\text{mm}，设\ a=a'=60\text{mm}，\ h_0=900-60=840\text{mm}$$

$$e_0=M/N=400\times10^3/500=800\text{mm}，\ e_0>0.5h-a=450-60=390\text{mm}$$

N 作用在 A'_s 及 A_s 间距之外，为大偏心受拉。

$$e=e_0-0.5h+\alpha=800-450+60=410\text{mm}$$

HRB 335 级钢筋 $f_y=300\text{N/mm}^2$，$\xi_b=0.55$，$\alpha_{s,\max}=0.399$。C30 级混凝土 $f_c=14.3\text{N/mm}^2$

由式（9-12）求 A'_s

$$A'_s = \frac{500 \times 10^3 \times 410 - 0.399 \times 14.3 \times 1000 \times 840^2}{300(840 - 60)} < 0$$

取 $A'_s = 0.002bh = 0.002 \times 1000 \times 900 = 1800\text{mm}^2$

选用Φ 16-100mm，实配钢筋面积 $A'_s = 2011\text{mm}^2$

按 A'_s 为已知情况计算

$$\alpha_s = \frac{500 \times 10^3 \times 410 - 2011 \times 300 \times (840 - 60)}{14.3 \times 1000 \times 840^2} < 0$$

说明 $x < 2a'$ 按式（9-14）计算 A_s，$e' = 800 + 450 - 60 = 1190$，

$$A_s = \frac{500 \times 10^3 \times 1190}{300 \times (840 - 60)} = 2542\text{mm}^2，选用\Phi\ 18 - 100$$

9.2.4 偏心受拉构件的 *N-M* 相关关系

与偏心受压构件相似，在实际结构中偏心受拉构件也常采用对称配筋截面。如图 9-6 所示对称配筋（$A_s = A'_s$、$f_y = f'_y$ 及 $a = a'$）矩形截面偏心受拉构件，大小偏心受拉情况的界限条件是：

$$e_0 = (h_0 - a')/2 \qquad (9\text{-}15)$$

将 $e_0 = M/N$ 代入上式，等号两边均除以 f_yA_s，则上式可改写成

$$\frac{M}{f_yA_s(h_0 - a')} = \frac{N}{2f_yA_s}$$

或
$$\frac{M}{M_u} = \frac{N}{N_{u0}} \qquad (9\text{-}16)$$

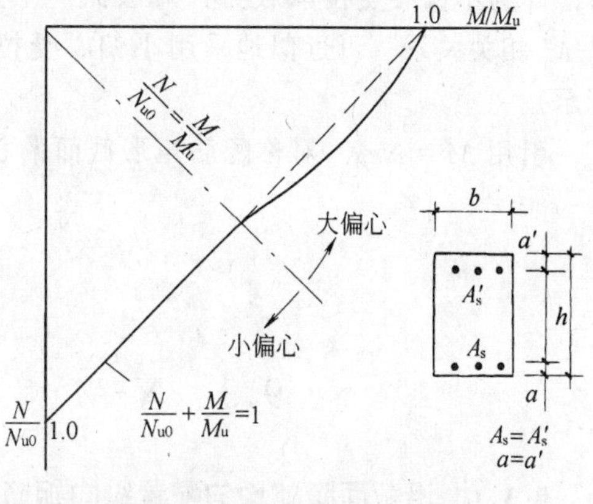

图 9-6 对称配筋矩形截面偏心受拉构件的 *N-M* 相关关系

式中 $N_{u0} = 2f_yA_s$——对称配筋构件轴心受拉承载力设计值；

$M_u = f_yA_s\ (h_0 - a')$——对称配筋矩形截面受弯构件的受弯承载力设计值。

图 9-6 是以无量纲坐标 M/M_u 和 N/N_{u0} 表示的偏心受拉构件 *N-M* 相关曲线。式(9-16)是一条通过原点的直线（图 9-6 中点划线），直线以下为小偏心受拉情况；以上为大偏心受拉情况。

小偏心受拉的承载力计算公式为

$$Ne' = f_yA_s(h_0 - a')$$

将 $e' = 0.5(h_0 - a') + e_0$ 及 $e_0 = M/N$ 代入上式，即

$$\frac{N}{2f_yA_s} + \frac{M}{f_yA_s(h_0 - a')} = 1$$

或
$$\frac{N}{N_{u0}} + \frac{M}{M_u} = 1 \qquad (9\text{-}17)$$

式（9-17）为小偏心受拉时的 N-M 相关关系，这是一条直线，它与竖轴的截矩为 $\frac{N}{N_{u0}}=1.0$，即 $M=0$ 时的轴心受拉情况。

对称配筋情况下的大偏心受拉构件，受压一侧纵向钢筋 A'_s 中的应力 σ'_s 不可能达到其抗压强度设计值 f'_y，否则混凝土受压区高度 $x=\xi h_0$ 将为负值。因此，也不可能出现 $\xi>\xi_b$ 的情况，即受拉一侧纵向钢筋 A_s 中的应力 σ'_s 必等于 f_y。理论上 σ'_s 应按计算钢筋应力的通式（2-24），取其中 $h_{0i}=a'$，代入轴力及力矩平衡方程，消去 x 可得出 N-M 的三次函数关系[1]，如图 9-6 中实线所示。

当采用《规范》给出的 $x<2a'$ 时的近似公式（9-14）

$$Ne'=f_yA_s(h_0-a')$$

时，即为小偏心受拉承载力计算公式。上式表明，对称配筋矩形截面大偏心受拉构件的 N-M 相关关系，可近似地采用小偏心受拉构件的 N-M 相关直线来代替（图 9-6 中虚线所示）。

引用 $M=Ne_0$，对称配筋矩形截面偏心受拉构件正截面受拉承载力的条件可写出为：

$$N\leqslant\frac{1}{\frac{1}{N_{u0}}+\frac{e_0}{M_u}} \tag{9-18}$$

9.3 N-M 相关关系的推广应用

9.3.1 沿截面腹部均匀配置纵向钢筋的偏心受拉构件

《规范》认为沿截面腹部均匀配置纵向钢筋的矩形、T 形或 I 形截面钢筋混凝土偏心受拉构件，与对称配筋的矩形截面具有相似的受力性质，其正截面承载力也基本符合式(9-17）的变化规律。因此，可将式（9-18）推广应用于这类截面。式中正截面受弯承载力设计值 M_u 可按式（8-55）及（8-56）进行计算，这时，应取 $N=0$ 和以 M_u 代替 Ne。

9.3.2 环形和圆形截面偏心受拉构件

沿周边均匀配置纵向钢筋的环形和圆形截面偏心受拉构件，其正截面受拉承载力同样可按式（9-18）确定。式中轴心受拉承载力设计值 $N_{u0}=f_yA_s$，此处 A_s 为全部纵向钢筋截面面积；e_0 为轴向拉力作用点至截面中心的距离；环形和圆形截面的受弯承载力设计值 M_u，可分别按式（8-61）、（8-62）和式（8-67）（8-68）进行计算，这时，应取式(8-61)和（8-67）中 $N=0$，并以 M_u 代替式（8-62）和（8-68）中的 $N\eta e_i$。

【例 9-3】 某双肢管柱的受拉肢杆为环形截面偏心受拉构件，截面外径 $r_1=150$mm、内径 $r_2=90$mm，沿周边均匀配置 12 Φ 12 HRB 335 级钢筋（$f_y=300\text{N/mm}^2$），$r_s=$

---

[1] 推导详见滕智明主编，《钢筋混凝土基本构件》（第二版）清华大学出版社，10.2.4 节。

120mm。管柱采用离心法生产，离心混凝土抗压强度设计值 $f_c=27.5\text{N/mm}^2$　$\alpha_1=1.0$。轴向拉力 N 的偏心距 $e_0=60\text{mm}$，求此环形截面的受拉承载力 N。

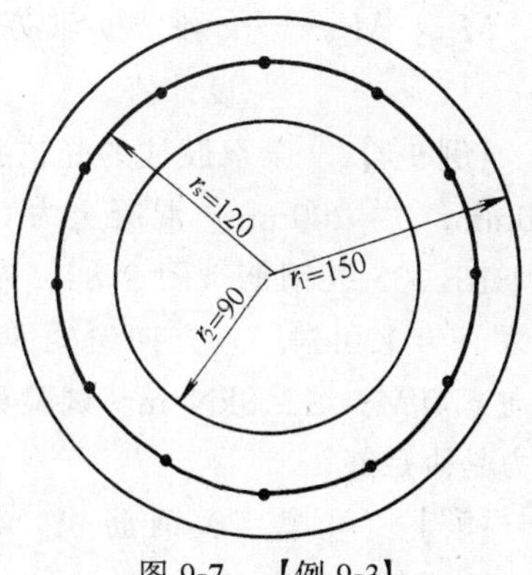

图 9-7　【例 9-3】

【解】

环形截面面积 $A=\pi(r_1^2-r_2^2)=\pi(150^2-90^2)=45240\text{mm}^2$

12 Φ 12 纵向钢筋截面面积 $A_s=1357\text{mm}^2$。

$$N_{u0}=f_yA_s=300\times1357=407.1\text{kN}$$

为了计算受弯承载力 M_{u0}，需由式（8-61）求 α，令 $N=0$，$\alpha_t=1-1.5\alpha$，则式(8-61)即为：

$$\alpha=\frac{f_yA_s}{f_cA+2.5f_yA_s}=\frac{407.1\times10^3}{27.5\times45240+2.5\times407.1\times10^3}=0.18$$

代入式（8-62）求 M_u

$$\begin{aligned}M_u&=f_cA\frac{r_1+r_2}{2}\frac{\sin\pi\alpha}{\pi}+f_yA_sr_s\frac{(\sin\pi\alpha+\sin\alpha_t\pi)}{\pi}\\&=27.5\times45240\times\frac{150+90}{2}\times\frac{\sin(0.18\pi)}{\pi}\\&\quad+300\times1357\times120\frac{(\sin0.18\pi+\sin0.27\pi)}{\pi}\\&=25.46\times10^6+20\times10^6=45.46\text{kN}\cdot\text{m}\end{aligned}$$

将 N_u、e_0 及 M_u 代入式（9-18）：

$$N\leqslant\frac{1}{\frac{1}{N_{u0}}+\frac{e_0}{M_u}}=\frac{1}{\frac{1}{407.1}+\frac{0.06}{45.46}}=264.8\text{kN}$$

9.3.3 对称配筋矩形截面双向偏心受拉构件

试验表明，式（9-18）也适用于对称配筋矩形截面双向偏心受拉构件，即截面的双向受拉承载力应符合下列规定：

$$\text{N}\leqslant\frac{1}{\frac{1}{N_{u0}}+\frac{e_0}{M_u}}$$

式中　e_0——轴向拉力作用点至截面重心的距离；

M_u——按通过 e_0 的弯矩平面计算的正截面双向受弯承载力设计值。

式（9-18）中的 e_0/M_u 也可按下列公式计算

$$\frac{e_0}{M_u}=\sqrt{\left(\frac{e_{0x}}{M_{ux}}\right)^2+\left(\frac{e_{0y}}{M_{uy}}\right)^2}\tag{9-19}$$

式中　e_{0x}、e_{0y}——轴向拉力 N 对通过截面重心的 y 轴、x 轴的偏心距。

M_{ux}、M_{uy}——x 轴、y 轴方向的受弯承载力设计值。

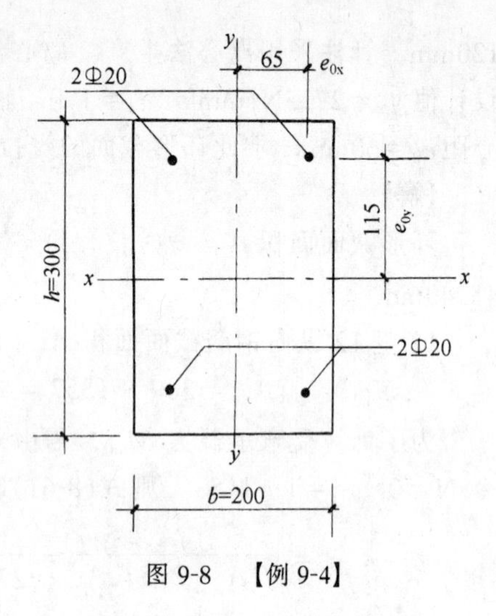

图 9-8 【例 9-4】

【例 9-4】 某双肢柱的受拉肢，截面尺寸 $h=300$mm，$b=200$mm，混凝土为 C30 级，配置 4 Φ 20 HRB 335 级钢筋（图 9-8）。内力设计值：轴向拉力 $N=120$kN，x 方向弯矩 $M_x=7.8$kN·m，y 方向弯矩 $M_y=13.8$kN·m。试验算此截面的受拉承载力是否足够？

【解】 4 Φ 20 钢筋 $A_s=1256\text{mm}^2$，$f_y=300\text{N/mm}^2$

$$N_{u0}=f_yA_s=300\times1256=367.8\text{kN}$$

轴向拉力 N 在 x 轴及 y 轴方向的偏心距分别为：

$$e_{0x}=\frac{M_x}{N}=\frac{7.8}{120}=0.065\text{m}$$

$$e_{0y}=\frac{M_y}{N}=\frac{13.8}{120}=0.115\text{m}$$

x 轴及 y 轴方向的受弯承载力设计值分别为：

$$M_{ux}=f_yA'_s(h_{0x}-a')=300\times628\times(165-35)=24.5\text{kN}\cdot\text{m}$$

$$M_{uy}=f_yA'_s(h_{0y}-a')=300\times628\times(265-35)=43.3\text{kN}\cdot\text{m}$$

代入式（9-19）计算 e_0/M_u

$$\frac{e_0}{M_u}=\sqrt{\left(\frac{e_{0x}}{M_{ux}}\right)^2+\left(\frac{e_{0y}}{M_{uy}}\right)^2}=\sqrt{\left(\frac{0.065}{24.5}\right)^2+\left(\frac{0.115}{43.3}\right)^2}$$

$$=0.003753(1/\text{kN})$$

将 N_{u0}及 e_0/M_u 代入式（9-18）

$$\frac{1}{\dfrac{1}{N_{u0}}+\dfrac{e_0}{M_u}}=\frac{1}{\dfrac{1}{367.8}+0.003753}=154.5\text{kN}$$

$154.5\text{kN}>N=120\text{kN}$ 承载力满足要求。

9.4 偏心受拉构件斜截面受剪承载力计算

偏心受拉构件当同时承受较大的剪力作用时，需验算其斜截面受剪承载力。轴向拉力 N 的存在，使斜裂缝提前出现，甚至形成贯通全截面的斜裂缝（在小偏心受拉情况下），降低了截面的受剪承载力。轴向拉力引起的受剪承载力的降低与轴向拉力 N 近乎成正比。

《规范》对矩形截面偏心受拉构件的受剪承载力，采用下列公式计算：

$$V \leqslant \frac{1.75}{\lambda+1} f_{t} b h_{0}+f_{yv} \frac{A_{sv}}{s} h_{0}-0.2 N \tag{9-20}$$

式中 N——与剪力设计值 V 相应的轴向拉力设计值；

λ——计算截面的剪跨比，按第 8 章 8.9.1 节规定取值。

当式（9-20）右边的计算值小于 $f_{yv}\frac{A_{sv}}{s}h_0$ 时，考虑到箍筋承受的剪力，应取等于 $f_y\frac{A_{sv}}{s}h_0$，且箍筋的配箍率 $\rho_{sv}=A_{sv}/bs$ 不得小于 $0.36f_t/f_{yv}$。

思考题

9-1 试写出对称配筋矩形截面偏心受拉构件（1）大小偏心受拉界限条件下的 N-M 关系式，（2）给定截面尺寸、材料强度及配筋 $A'_s=A_s$ 下的内力设计值 N 与 M 的相关曲线。

9-2 试说明为什么对称配筋矩形截面偏心受拉构件（1）在小偏心受拉情况下，A_s 不可能达到 f_y；（2）在大偏心受拉情况下，A'_s 不可能达到 f'_y；也不可能出现 $\xi>\xi_b$ 的情况。

习 题

9-1 矩形截面偏心受拉构件，$b\times h=250\times400$mm，承受的轴向拉力设计值 $N=500$kN，弯矩设计值 $M=50$kN·m。设 $a=a'=35$mm，采用 C25 级混凝土，HRB 335 级钢筋，求截面配筋。

9-2 已知矩形截面 $b\times h=400\times500$mm，纵向受力钢筋 A'_s 为 2 Φ 16，A_s 为 4 Φ 22（图 9-9）。混凝土为 C25 级，纵筋为 HRB 335 级钢筋。承受的弯矩设计值 $M=200$kN·m。求此截面所能承受的最大轴向拉力设计值 $N=$?

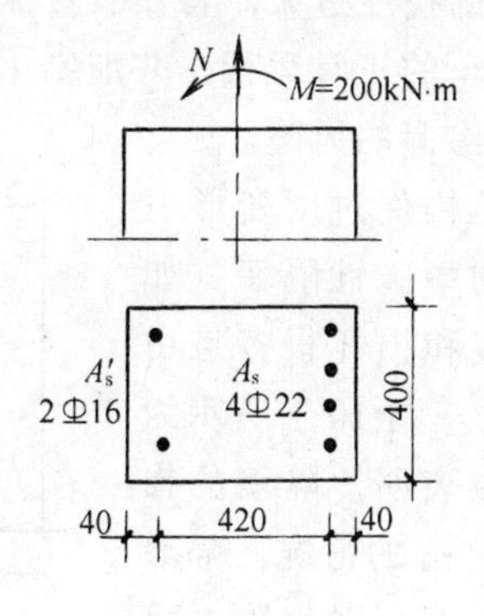

图 9-9 习题 9-2

第 10 章　钢筋混凝土结构的适用性和耐久性

以上各章讨论了钢筋混凝土结构构件的承载力计算——**安全性**，这是对所有构件都必须进行的。根据结构的功能及外观要求，对某些构件还需要进行正常使用极限状态验算，即挠度和裂缝控制验算——**适用性**。《规范》规定最大挠度和最大裂缝宽度应按荷载效应的**标准组合**并考虑**荷载长期作用影响**进行计算。

除了安全性和适用性的要求以外。结构还必须满足的一项重要功能要求是“**耐久性**”。本章将首先讨论受弯构件的挠度计算；其次讨论钢筋混凝土构件的裂缝控制：裂缝的原因和形态、裂缝控制的要求和裂缝宽度计算；最后将阐述耐久性的意义、钢筋腐蚀的机理、裂缝与腐蚀的关系、腐蚀对结构功能的影响以及《规范》关于耐久性的规定。

10.1　受弯构件的挠度控制

10.1.1　挠度控制的目的和要求

对钢筋混凝土受弯构件进行挠度控制的目的是基于以下三方面的考虑：

1. **功能要求**　结构构件产生过大的变形将损害甚至使构件完全丧失其使用功能，如支承精密仪器设备的楼层梁、板的挠度过大，将使装置保持水平发生困难，影响仪器的使用；吊车梁的挠度过大会妨碍吊车的正常运行，并加剧了轨道扣件的磨损；屋面板和挑檐板的过大挠度会造成积水和增加渗漏的风险。

2. **非结构构件的损坏**　这是构件过度变形引起的最普遍的一类问题。建筑物中脆性隔墙（如石膏板、空心砧隔墙等）的开裂和损坏很多是由于支承它的构件的过大挠度所致。图 10-1 所示为隔墙损坏的典型形式。调查研究表明，隔墙的损坏大多发生在构件计算跨度 $l_0>5\text{m}$ 的情况，隔墙一旦开裂，裂缝经常可达数毫米宽，因为脆性墙体的变形主要是裂缝所提供。有些国家为此提出了应控制挠度不大于 $l_0/500$ 的要求。

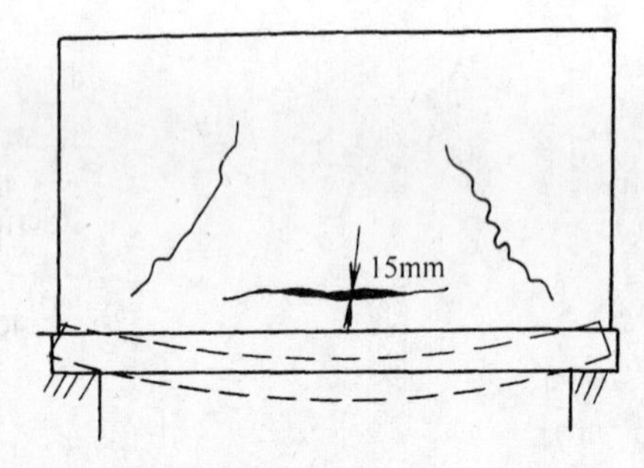

图 10-1　支承梁挠度过大引起隔墙的裂缝

3. **外观要求**　构件出现明显下垂的挠度会使房屋的使用者产生不安全感。因此，应该将构件的变形控制在人的眼睛所能感觉到的，能够容忍的限度以内。调查表明，从外观的要求来看，构件的挠度应控制在 $l/250$ 的限值以内。

我国《规范》根据工程经验，规定受弯构件的最大挠度计算值不应超过表 10-1 的挠度限值。

表中括号中的数值适用于使用上对挠度有较高要求的构件。l_0 为构件的计算跨度。悬臂构件的挠度限值按表中相应数值乘 2 取用。

受弯构件的挠度限值 **表 10-1**

构 件 类 型	挠 阻 限 值
吊车梁：手动吊车 电动吊车	$l_0/500$ $l_0/600$
屋盖、楼盖及楼梯构件： 当 $l_0<7\text{m}$ 时 当 $7\leqslant l_0\leqslant 9\text{m}$ 时 当 $l_0>9\text{m}$ 时	 $l_0/200$（$l_0/250$） $l_0/250$（$l_0/300$） $l_0/300$（$l_0/400$）

10.1.2 受弯构件刚度的试验研究分析

由材料力学可知，弹性匀质材料梁挠度计算公式的一般形式为

$$f = S\frac{Ml^2}{EI} \tag{10-1}$$

式中 f 为梁的跨中最大挠度；S 为与荷载形式、支承条件有关的荷载效应系数；M 为跨中最大弯矩，EI 为截面抗弯刚度。当截面尺寸及材料给定后，EI 为常数，亦即挠度 f 与弯矩 M 为直线关系。

在第二章中我们已经讨论过钢筋混凝土适筋梁从加荷开始直到破坏的 M-f 曲线变化特征（图 10-2）。开裂以前，梁处于弹性阶段工作，M 与 f 的关系，基本上符合取截面刚度为 EI_0，按式（10-1）得出的直线 OA。开裂以后（$M>M_{cr}$），M-f 曲线发生转折，f 增加较快，刚度有明显的降低。钢筋屈服以后，M-f 曲线出现第二个转折点，M 增加很少，而 f 激增，刚度急剧降低。上述变化特征说明钢筋混凝土受弯构件的刚度与裂缝的出现和开展有关。因此，钢筋混凝土构件的变形计算可以归结为拉区存在有裂缝情况下的截面刚度计算问题。为此，需要了解裂缝开展过程对构件应变和应力分布的影响。

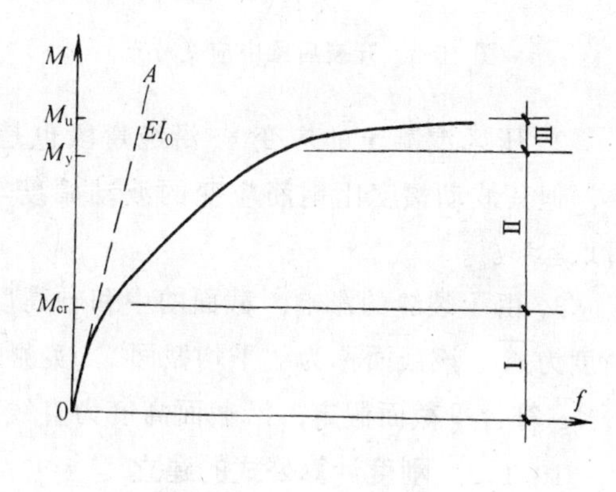

图 10-2 M-f 曲线

钢筋混凝土梁的纯弯段试验表明，开裂以前，压区混凝土应变 ε_c 及受拉钢筋应变 ε_s 沿梁长近乎均匀分布。到达裂缝出现弯矩 M_{cr} 后，随 M 的增大，拉区裂缝将陆续出现，直到裂缝间距趋于稳定以后，裂缝在纯弯段内近乎等间距的分布（图 10-3）

裂缝稳定以后，钢筋及混凝土的应变分布具有以下的特征：

1. 钢筋应变 ε_s 沿梁长呈波浪形变化，ε_s 的峰值在开裂截面处，在裂缝中间截面 ε_s 最小（图 10-3）。这是因为开裂截面拉区混凝土退出工作，绝大部分拉力由钢筋负担，使钢筋应变增大。而在裂缝之间，由于粘结应力 τ 将钢筋应力逐渐向混凝土传递，使混凝土参与受拉，钢筋应变减小。设以 $\overline{\varepsilon}_s$ 代表纯弯段内的**钢筋平均应变**，ψ 代表受拉钢筋平均应变 $\overline{\varepsilon}_s$ 与开裂截面应变 ε_s 的比值。

$$\psi = \overline{\varepsilon}_s / \varepsilon_s \tag{10-2}$$

ψ 可称为**钢筋应变不均匀系数**，它反映了拉区混凝土参与受力的程度。

随 M 增大，开裂截面应变 ε_s 增大，由于裂缝间粘结力的逐渐破坏，混凝土参与受拉程度减小，平均应变 $\overline{\varepsilon}_s$ 与开裂截面应变 ε_s 的比值 ψ 增大。M 越大，$\overline{\varepsilon}_s$ 越接近于 ε_s。当钢筋到达屈服时，裂缝之间混凝土基本退出工作，$\overline{\varepsilon}_s \approx \varepsilon_s$，$\psi \approx 1.0$（图 10-4）。

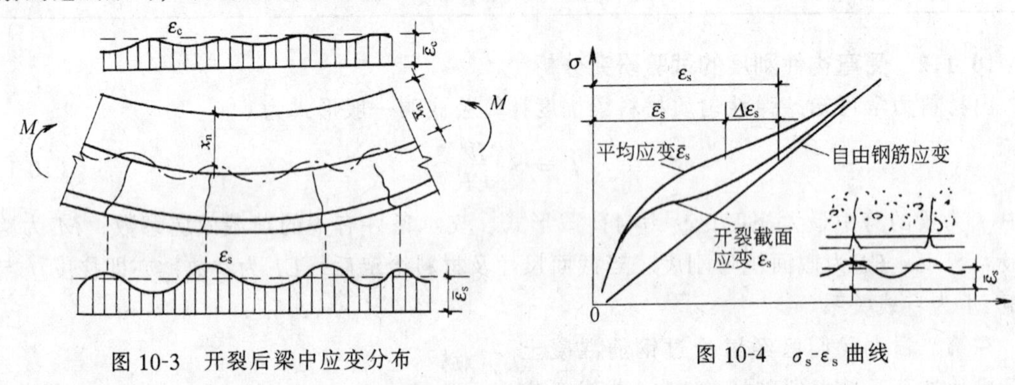

图 10-3　开裂后梁中应变分布

图 10-4　σ_s-ε_s 曲线

2. 压区混凝土的应变 ε_c 沿纯弯段也是非均匀分布的，开裂截面 ε_c 大，裂缝中间 ε_c 小，但其波动幅度比钢筋应变的波动幅度小得多。峰值应变 ε_c 与平均应变 $\overline{\varepsilon}_c$ 差别不大，可取 $\overline{\varepsilon}_c \approx \varepsilon_c$。

3. 由于裂缝的影响，截面的中和轴高度 x_n 也呈波浪形变化（图 10-3），平均中和轴高度为 $\overline{x}_n$，该截面称为"平均截面"。实测的平均应变沿截面高度的分布表明，平均应变 $\overline{\varepsilon}_s$、$\overline{\varepsilon}_c$ 符合平截面假定，沿截面高度为直线分布。

10.1.3　刚度计算公式的建立

上面我们分析了钢筋混凝土受弯构件裂缝出现后的应变分布特点，问题是如何建立起考虑上述特点的刚度计算公式。现在我们来回顾一下弹性匀质材料梁刚度公式的建立途径。在材料力学中，截面刚度 EI 联系着截面内力（M）与变形（曲率 ϕ）的关系：

$$\phi = \frac{M}{EI}$$

上式是通过以下三个环节建立起来的：

（1）几何关系——平截面假定给出的应变与曲率的关系为 $\phi = \varepsilon / y$；

（2）物理关系——虎克定律给出的应力与应变的关系为 $\varepsilon = \sigma / E$；

(3) 平衡关系——应力与内力的关系 $\sigma = My/I$。

将以上三个环节贯串起来便得出：

$$\phi = \frac{\varepsilon}{y} = \frac{\sigma}{Ey} = \frac{M}{EI}$$

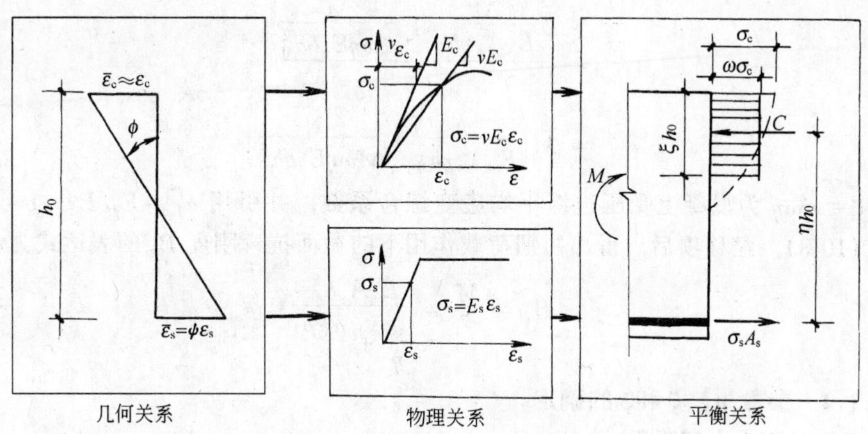

图 10-5 刚度计算公式的建立

显然，上述三个关系的具体内容对于钢筋混凝土构件已不再适用，需要在每个环节中赋予反映钢筋混凝土特点的内容：

(1) **几何关系** 虽然混凝土及钢筋的应变由于裂缝的影响沿梁长是非均匀分布的，但平均应变 $\bar{\varepsilon}_c$、$\bar{\varepsilon}_s$ 及平均中和轴高度在纯弯段内是不变的，且符合平截面假定，即

$$\phi = \frac{\bar{\varepsilon}_c + \bar{\varepsilon}_s}{h_0} \tag{10-3}$$

(2) **物理关系** 考虑到混凝土的塑性变形，引用变形模量 $E'_c = \nu E_c$，则开裂截面应力 $\sigma_c = \varepsilon_c E'_c$。近似取平均应变等于开裂截面应变 ε_c，故

$$\bar{\varepsilon}_c \approx \varepsilon_c = \sigma_c / E'_c = \sigma_c / \nu E_c \tag{10-4}$$

钢筋在屈服以前服从虎克定律 $\varepsilon_s = \sigma_s / E_s$，引用钢筋应变不均匀系数 ψ，则可建立平均应变 $\bar{\varepsilon}_s$ 与开裂截面钢筋应力 σ_s 的关系：

$$\bar{\varepsilon}_s = \psi\varepsilon_s = \psi\sigma_s / E_s \tag{10-5}$$

(3) **平衡关系** 如图 10-5 所示，将开裂截面的混凝土压应力图形用等效矩形应力图来代替，其平均应力为 $\omega\sigma_c$，压区高度为 ξh_0，内力臂为 ηh_0。

则
$$M = C \cdot \eta h_0 = \omega\sigma_c \cdot \xi h_0 b \eta h_0$$

或
$$\sigma_c = \frac{M}{\xi\omega\eta b h_0^2} \tag{10-6}$$

对受拉钢筋 A_s：
$$\sigma_s = \frac{M}{A_s \eta h_0} \tag{10-7}$$

将式（10-4）（10-5）代入式（10-3），再将式（10-6）及（10-7）代入，即得

$$\phi = \frac{\bar{\varepsilon}_s + \bar{\varepsilon}_c}{h_0} = \frac{\psi \dfrac{\sigma_s}{E_s} + \dfrac{\sigma_c}{\nu E_c}}{h_0}$$

$$= \frac{\psi \dfrac{M}{E_s A_s \eta h_0} + \dfrac{M}{\nu \xi \omega \eta E_c b h_0^2}}{h_0}$$

$$= M\left(\frac{\psi}{E_s A_s \eta h_0^2} + \frac{1}{\nu \xi \omega \eta E_c b h_0^3}\right) \tag{10-8}$$

设 $\zeta = \nu\xi\omega\eta$ 为混凝土受压边缘**平均应变综合系数**，并引用 $\alpha_E = E_s/E_c$；$\rho = A_s/bh_0$，代入式（10-8），经移项后，得出短期荷载作用下的截面抗弯刚度 B_s 的表达式为：

$$B_s = \frac{M}{\phi} = \frac{E_s A_s h_0^2}{\dfrac{\psi}{\eta} + \dfrac{\alpha_E \rho}{\zeta}} \tag{10-9}$$

10.1.4 参数 η、ζ 和 ψ 的确定

1. 开裂截面**内力臂系数** η

试验及理论分析表明，在使用荷载下 $M \approx (0.6 \sim 0.8) M_u$，梁处于第Ⅱ阶段工作，截面的相对受压区高度 $\xi = x/h_0$ 变化很小，故内力臂的增长也不大。在常用的混凝土强度及配筋率情况下，η 值约在 0.83～0.93 之间波动。为了简化计算，《规范》取 $\eta = 0.87$，或 $1/\eta = 1.15$。

2. 受压边缘混凝土**平均应变综合系数** ζ 由式（10-6）可知

$$M = \sigma_c \omega \xi \eta b h_0^2 = \nu E_c \varepsilon_c \omega \xi \eta b h_0^2 = \zeta \bar{\varepsilon}_c E_c b h_0^2 \tag{10-10}$$

$\zeta = \nu\xi\omega\eta$，它反映了四个参数 ν、ξ、ω、η 对平均应变 $\bar{\varepsilon}_c$ 的综合影响。当 M 较小时，弹性系数 ν 及相对受压区高度 ξ 较大，而内力臂系数 η 及应力图形系数 ω 较小；反之当 M 较大时，ν 及 ξ 较小，η 及 ω 较大。因此，M 在使用荷载范围内的变化对 ζ 的影响并不明显，故可以认为 ζ 与 M 无关，它取决于混凝土强度、配筋率及受压区截面形状。式（10-10）说明 ζ 值可由试验方法求得，其中 M、$\bar{\varepsilon}_c$ 为试验量测值，E_c、b、h_0 为已知值。《规范》根据矩形截面梁的试验（图 10-6）给出：

$$\frac{\alpha_E \rho}{\zeta} = 0.2 + 6\alpha_E \rho \tag{10-11}$$

上式即为刚度 B_s 计算公式（10-9）中分母的第二项，当混凝土强度及配筋率给定后，它是常值。对于受压区有翼缘加强的T形、工形截面，显然，$\bar{\varepsilon}_c$ 将比矩形截面减小，因而使刚度 B_s 增大。因此，对式（10-11）需加以修正。根据图 10-7 所示 T 形截面的平衡关系可写出：

$$M = \omega \sigma_c [(b'_f - b) h'_f + \xi b h_0] \eta h_0$$

$$= (\gamma'_f + \xi) \nu \eta \omega E_c \bar{\varepsilon}_c b h_0^2$$

式中　$\gamma'_f=(b'_f-b)h'_f/bh_0$ 为**受压区翼缘加强系数**。与式（10-10）对比可知，这时 $\zeta=(\gamma'_f+\xi)\nu\omega\eta$。《规范》根据T形截面梁的试验资料给出：

$$\frac{\alpha_E\rho}{\zeta}=0.2+\frac{6\alpha_E\rho}{1+3.5\gamma'_f} \tag{10-12}$$

将上式及 $1/\eta=1.15$ 代入式（10-9），则短期刚度 B_s 的公式为：

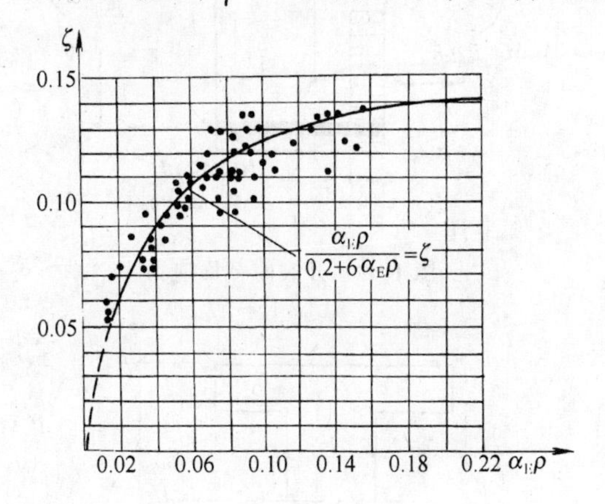

图 10-6　ζ 与 $\alpha_E\rho$ 的试验关系

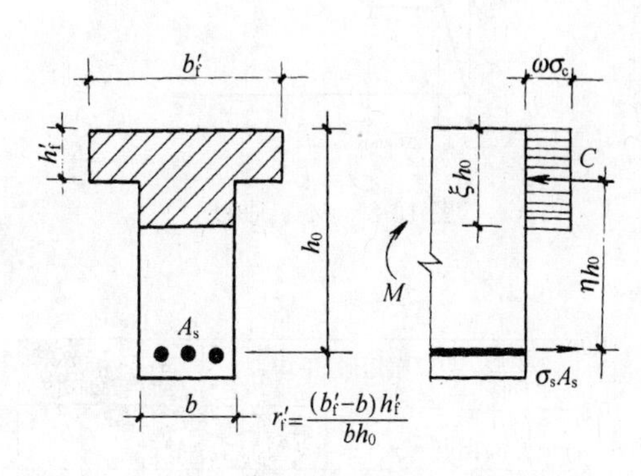

图 10-7　T形截面

$$B_s=\frac{E_sA_sh_0^2}{1.5\psi+0.2+\dfrac{6\alpha_E\rho}{1+3.5\gamma'_f}} \tag{10-13}$$

《规范》规定当 $h'_f>0.2h_0$ 时，取 $h'_f=0.2h_0$ 计算 γ'_f。

3. 受拉钢筋应变不均匀系数 ψ

受拉钢筋应变不均匀系数 ψ 为裂缝间钢筋平均应变 $\overline{\varepsilon}_s$ 与开裂截面钢筋应变 ε_s 的比值，即 $\psi=\overline{\varepsilon}_s/\varepsilon_s=1-\Delta\varepsilon_s/\varepsilon_s$（图 10-8）。

如图 10-8 所示，当 $M=M_{cr}$ 时开裂前瞬间，混凝土应变到达其极限拉应变 ε_{tu}，钢筋与外围混凝土应变相同 $\varepsilon_s=\overline{\varepsilon}_s\approx\varepsilon_{tu}$。当 M 保持为开裂弯矩 $M=M_{cr}$，裂缝出现后，设开裂截面拉区混凝土完全退出工作，全部拉力由钢筋负担（图 10-9），开裂截面 ε_s 在裂缝出现前后将产生突变，其应变增量为 $\Delta\varepsilon_{s\max}$。$\Delta\varepsilon_{s\max}$ 与混凝土截面的开裂弯矩 M_c 及配筋率有关，$\Delta\varepsilon_{s\max}=\Delta\sigma_s/E_s=M_c/E_sA_s\eta h_0$。当 $M>M_{cr}$ 后，开裂截面钢筋应变相当于自由钢筋应变 $\varepsilon_s=M/E_sA_s\eta h_0$，平均应变 $\overline{\varepsilon}_s$ 与开裂截面应变 ε_s 的差值 $\Delta\varepsilon_s$ 减小，$\overline{\varepsilon}_s$ 趋近于 ε_s，当 $M=M_u$ 时，钢筋到达屈服 $\Delta\varepsilon_s=0$，$\overline{\varepsilon}_s=\varepsilon_s$。显然，当 $\Delta\varepsilon_{s\max}$ 越大时，在使用荷载弯矩值 M 下的 $\Delta\varepsilon_s$，也越大，即 $\Delta\varepsilon_s\propto\Delta\varepsilon_{s\max}$。故 $\Delta\varepsilon_s/\varepsilon_s\propto\Delta\varepsilon_{s\max}/\varepsilon_s$，或 $\Delta\varepsilon_s/\varepsilon_s\propto M_c/M$，这个关系表明 $\psi=1-\Delta\varepsilon_s/\varepsilon_s$ 为 M_c/M 的函数。图 10-10 为各种截面型式和不同配筋率情况下，ψ 与变量 M_c/M 的试验关系。图中直线给出 ψ 的经验公式为：

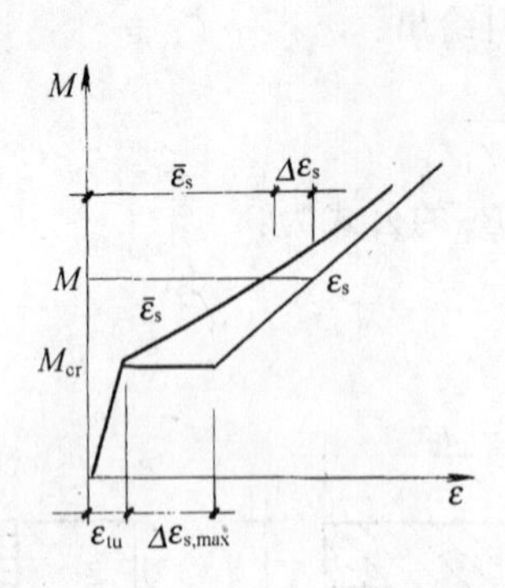

图 10-8　M-ε_s 曲线

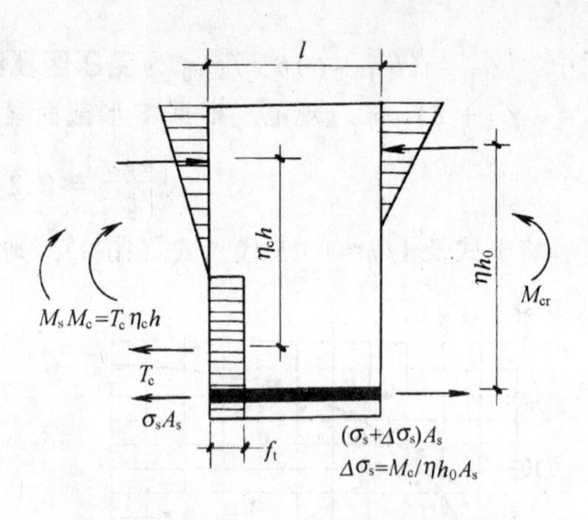

图 10-9　开裂时截面应力

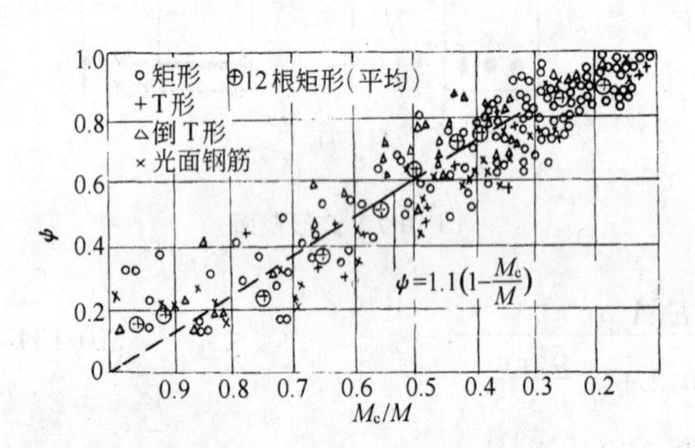

图 10-10　ψ 与 M_c/M 的试验关系

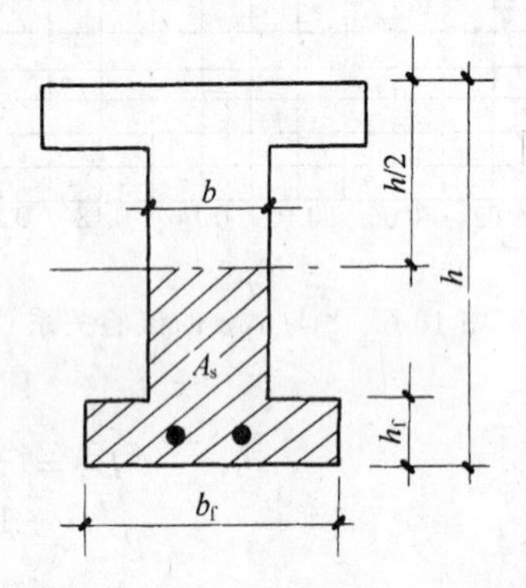

图 10-11　有效受拉混凝土截面

$$\psi = 1.1\left(1 - \frac{M_c}{M}\right) \tag{10-14}$$

式中 M_c 为混凝土截面的开裂弯矩，近似取裂缝出现时中和轴高度等于 $h/2$（图 10-11），设受拉区混凝土应力为矩形分布，强度为混凝土抗拉强度标准值 f_{tk}。考虑到混凝土的收缩对 M_c 的影响，取降低系数为 0.8，则可写出 M_c 的表达式：

$$M_c = 0.8[0.5bh + (b_f - b)h_f]f_{tk}\eta_c h$$

将上式及 $M=\sigma_s A_s \eta h_0$ 代入式（10-14），可得：

$$\psi = 1.1\left\{1 - \frac{0.8[0.5bh + (b_f - b)h_f]f_{tk}\eta_c h}{\sigma_s A_s \eta h_0}\right\}$$

设 $\rho_{te} = \dfrac{A_s}{0.5bh + (b_f - b)h_f}$ 为按**有效受拉混凝土截面面积**计算的纵向受拉钢筋配筋率（图 10-11）。并近似取 $\eta_c/\eta = 0.67$，$h/h_0 = 1.1$，《规范》给出的 ψ 计算公式为：

$$\psi = 1.1 - \frac{0.65 f_{tk}}{\rho_{te}\sigma_{sk}} \tag{10-15}$$

当 $\psi<0.2$ 时，取 $\psi=0.2$；当 $\psi>1$ 时，取 $\psi=1.0$

式中 σ_{sk}定义为按荷载效应的标准组合计算的纵向受拉钢筋应力，按下式计算

$$\sigma_{sk} = \frac{M_k}{0.87h_0A_s} \tag{10-16}$$

此处，M_k 指按荷载效应的标准组合计算的弯矩值，即按全部永久荷载及可变荷载标准值计算的弯矩。

按照 ψ 的定义，$\psi>1$ 是没有物理意义的，故 $\psi\leqslant1.0$；式（10-14）是在一定的 M 范围内得出的，当 σ_{sk}较小时 ψ 值偏小，将过高估计构件刚度。因此需控制式（10-15）的应用范围，《规范》规定 ψ 值的下限为 0.2。

10.1.5 荷载长期作用下受弯构件的刚度

在荷载长期作用下，钢筋混凝土梁的挠度随时间而增长，刚度随时间而降低。试验表明，前 6 个月挠度增长较快，以后逐渐减缓，一年后趋于收敛，但数年以后仍能发现挠度有很小的增长。荷载长期作用下影响变形增长的主要原因为受压区混凝土的徐变，徐变使 $\bar{\varepsilon}_c$增大。此外，钢筋与混凝土间的滑移徐变，混凝土的收缩均使曲率增大，刚度降低，导致变形增长。因此，凡是影响混凝土徐变和收缩的因素如：受压钢筋的配筋率，加荷期龄、使用环境的温湿度等，都对荷载长期作用下的变形增长有影响。

荷载长期作用下受弯构件挠度的增长可用**挠度增大系数** θ 来表示，$\theta=f_l/f_s$ 为长期荷载挠度 f_l 与短期荷载挠度 f_s 的比值，它可由试验确定。受压钢筋对混凝土的徐变有约束作用，可减少荷载长期作用下的挠度增长。《规范》根据试验结果，规定 θ 值按下列公式计算：

$$\theta = 2 - 0.4\rho'/\rho \geqslant 1.0 \tag{10-17}$$

式中 ρ'、ρ 分别为受压钢筋与受拉钢筋的配筋率：$\rho'=A'_s/bh_0$；$\rho=A_s/bh_0$。对翼缘位于受拉区的 T 形截面，θ 应增加 20%。

设 M_q 为按荷载效应的准永久组合计算的弯矩值，即按永久荷载及准永久荷载（等于可变荷载乘以准永久值系数）的标准值计算的弯矩。如在 M_q 作用下梁的短期挠度为 f_1，则在 M_q 的长期作用下梁的挠度将增大为 θf_1（图 10-12）。设在弯矩增量（M_k-M_q）作用下的短期挠度增量为 f_2，则在 M_k 作用下的总挠度 $f=\theta f_1+f_2$。设荷载短期与荷载长期的分布形式相同，则有

$$f = \theta f_1 + f_2 = \theta S\frac{M_q l_0^2}{B_s} + S\frac{(M_k - M_q)l_0^2}{B_s}$$

$$= S\frac{[M_k + (\theta - 1)M_q]l_0^2}{B_s}$$

式中 l_0 为计算跨度，S 为荷载效应系数。

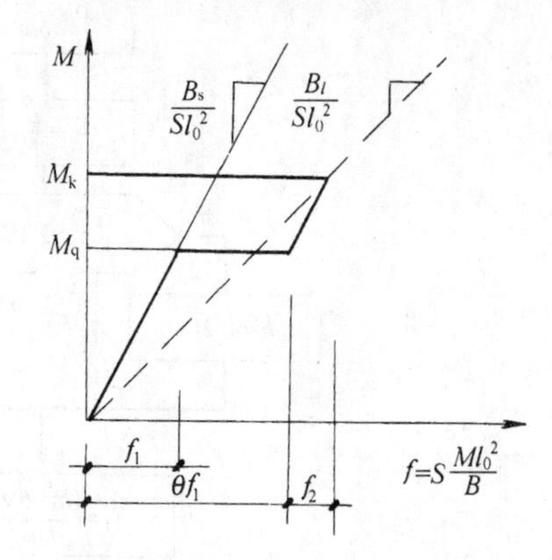

图 10-12 长期刚度 B_l 的计算

为了简化计算，可按荷载效应的标准组合弯矩值 M_k 计算，而将刚度考虑荷载长期作用的影响予以降低，取长期刚度为 B，即 $f = S\dfrac{M_k l_0^2}{B}$，则

$$B = \frac{M_k}{M_k + (\theta - 1)M_q} B_s \tag{10-18}$$

矩形、T 形和工字形截面受弯构件刚度 B 的计算流程图见图 10-13。

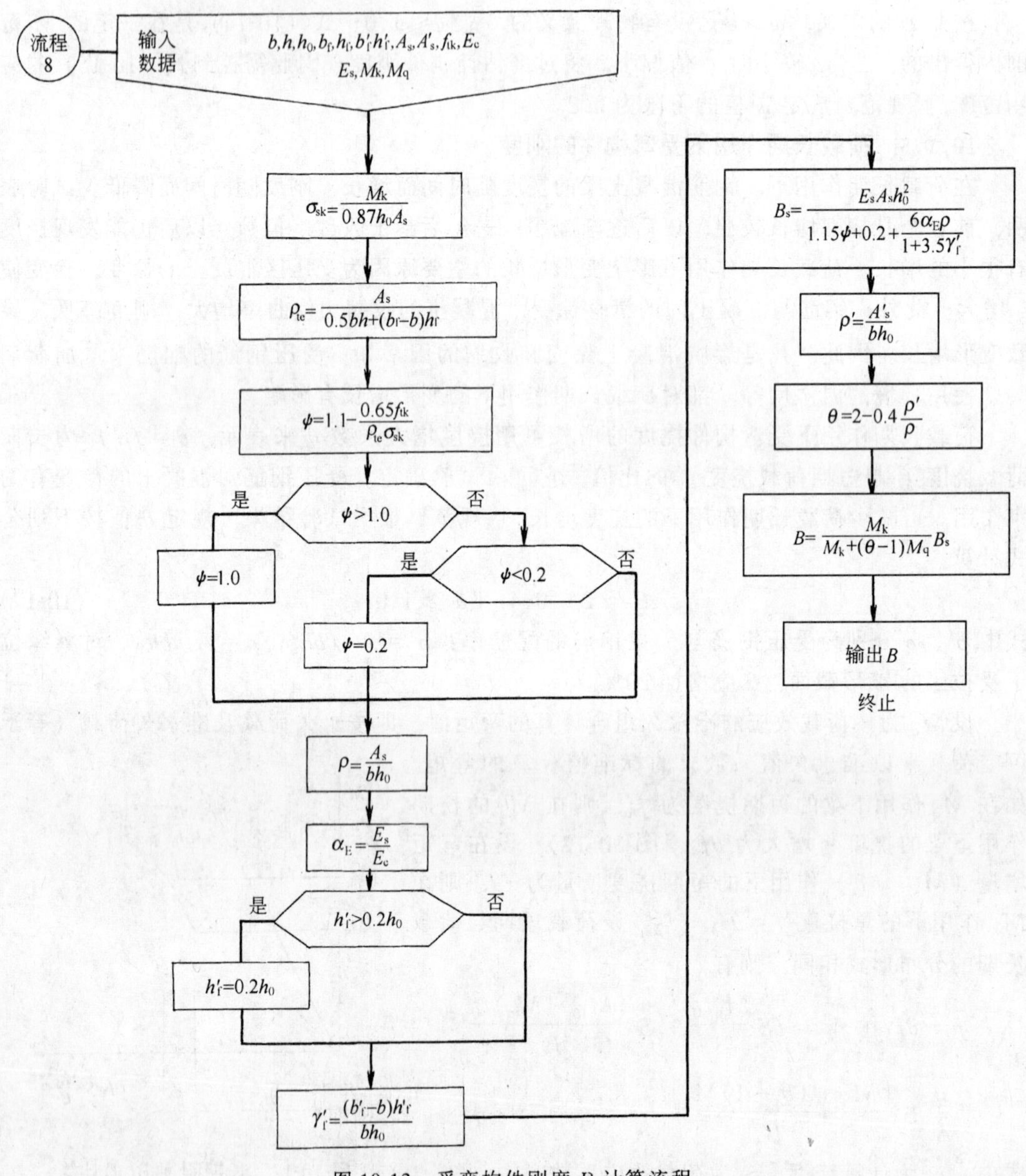

图 10-13　受弯构件刚度 B 计算流程

10.1.6 受弯构件的挠度计算

计算受弯构件刚度的目的是为了计算构件的变形。一般情况下钢筋混凝土梁在使用荷载作用下，截面受拉区已经开裂，当构件的截面尺寸、材料已经给定时，截面的抗弯刚度 B_s 是随钢筋应力 σ_s 的大小和钢筋截面面积 A_s 的多少而变化的。因此，通常钢筋混凝土梁的刚度沿梁长是变化的。以图 10-14 所示均布荷载作用下的简支梁为例，近支座处 $M < M_{cr}$，截面未开裂其刚度较跨中截面（$M > M_{cr}$）的刚度大很多，而最大弯矩截面的刚度为最小 $B_{s,min}$。由于按变刚度梁计算变形比较复杂，实用上为了简化计算可取同一符号弯矩区段内的最大弯矩 M_{max} 截面的最小刚度 $B_{s,min}$ 作为等刚度梁来计算，如图 10-14 中实线所示。这样，近支座处曲率 $\phi = M/B_{s,min}$ 的计算值比实际的要偏大一些（图 10-14 中阴影面积）。但是由材料力学可知，近支座处的曲率对梁最大挠度的影响很小，这样简化计算带来的误差不大，是允许的。

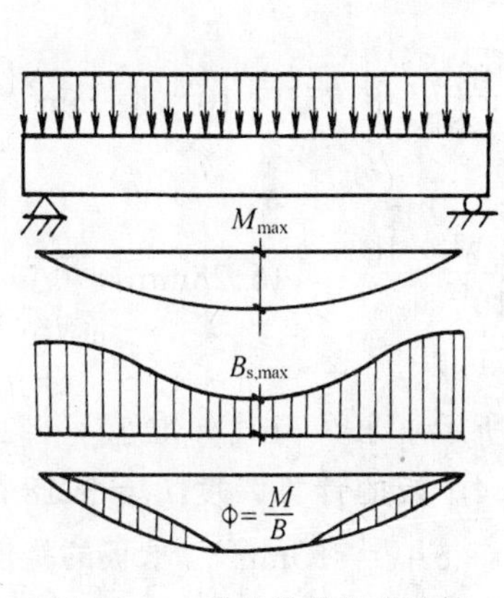

图 10-14 受弯构件挠度计算

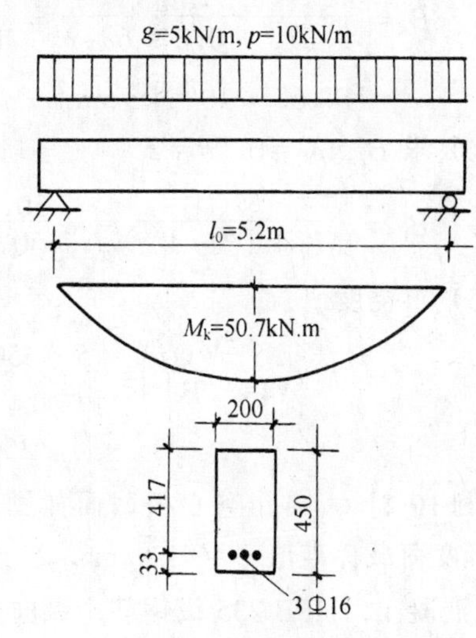

图 10-15 【例 10-1】

【例 10-1】 受均布荷载作用的矩形截面简支梁（图 10-15），计算跨度 $l_0 = 5.2$m。永久荷载标准值 $g = 5$kN/m；可变荷载标准值 $p = 10$kN/m，准永久值系数为 0.5。截面尺寸 $b \times h = 200$mm$\times 450$mm，混凝土为 C20 级，配置 3 Φ 16 HRB 335 级钢筋，试验算梁的跨中最大挠度是否符合挠度限值要求。

【解】 （1）求弯矩标准值

荷载效应的标准组合弯矩值

$$M_k = \frac{1}{8}(g + p)l_0^2 = \frac{1}{8} \times (5 + 10) \times 5.2^2 = 50.7\text{kN} \cdot \text{m}$$

荷载效应的准永久组合弯矩值

$$M_q = \frac{1}{8}(g + 0.5p)l_0^2 = \frac{1}{8} \times (5 + 0.5 \times 10) \times 5.2^2 = 33.8\text{kN} \cdot \text{m}$$

(2) 求 ψ 3 Φ 16 $A_s = 603\text{mm}^2$，$h_0 = 417\text{mm}$

$$\rho_{te} = \frac{A_s}{0.5bh} = \frac{603}{0.5 \times 200 \times 450} = 0.0134$$

$$\sigma_{sk} = \frac{M_s}{0.87h_0A_s} = \frac{50.7 \times 10^6}{0.87 \times 417 \times 603} = 231.8\text{N/mm}^2$$

C20 级混凝土 $f_{tk} = 1.54\text{N/mm}^2$ $E_c = 2.55 \times 10^4\text{N/mm}^2$

$$\psi = 1.1 - \frac{0.65f_{tk}}{\rho_{te}\sigma_{sk}} = 1.1 - \frac{0.65 \times 1.54}{0.0134 \times 231.8} = 0.78$$

(3) 求 B_s，Ⅱ级钢 $E_s = 2 \times 10^5\text{N/mm}^2$

$$\alpha_E = E_s/E_c = \frac{2 \times 10^5}{2.55 \times 10^4} = 7.84, \rho = \frac{A_s}{bh_0} = \frac{603}{200 \times 147} = 0.00723$$

$$B_s = \frac{E_sA_sh_0^2}{1.15\psi + 0.2 + 6\alpha_E\rho} = \frac{2 \times 10^5 \times 603 \times 417^2}{1.15 \times 0.778 + 0.2 + 6 \times 7.84 \times 0.00723}$$
$$= 14.62 \times 10^{12}\text{N} \cdot \text{mm}^2$$

(4) 求 B_l，$\rho' = 0$，$\theta = 2$

$$B_l = \frac{M_kB_s}{M_k + (\theta - 1)M_q} = \frac{50.7 \times 14.62 \times 10^{12}}{50.7 + (2 - 1)33.8} = 8.772 \times 10^{12}\text{N} \cdot \text{mm}^2$$

(5) 求挠度 f

$$f = \frac{5}{48}\frac{M_kl_0^2}{B} = \frac{5}{48} \times \frac{50.7 \times 10^6 \times 5.2^2 \times 10^6}{8.772 \times 10^{12}} = 16.28\text{mm}$$

$$< l_0/250 = 20.8\text{mm}, \text{可以。}$$

【例 10-2】 圆孔空心板截面如图 10-16（a）所示。永久荷载标准值 $g = 2.38\text{kN/m}^2$，可变荷载标准值 $p = 4\text{kN/m}^2$，准永久值系数 0.4。板的计算跨度 $l_0 = 3.18\text{m}$。采用 C25 级混凝土，HPB 235 级钢筋，纵向受拉钢筋为 9 ϕ 8 $A_s = 453\text{mm}^2$，求板的挠度。

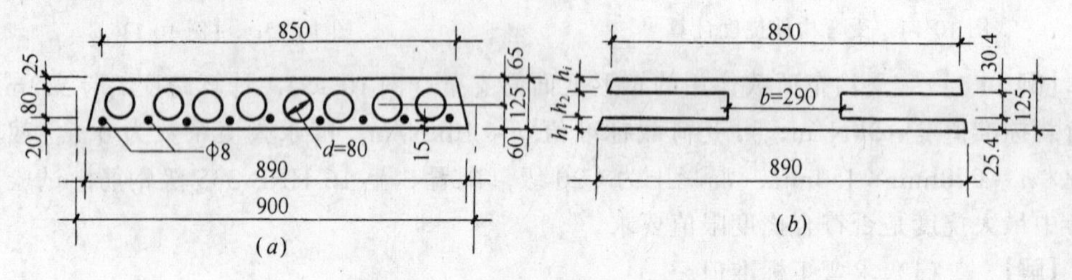

图 10-16 【例 10-2】

【解】 (1) 求弯矩标准值

$$M_k = \frac{1}{8}(2.38 + 4) \times 0.9 \times 3.18^2 = 7.26\text{kN} \cdot \text{m}$$

$$M_q = \frac{1}{8}(2.38 + 0.4 \times 4) \times 0.9 \times 3.18^2 = 4.53\text{kN} \cdot \text{m}$$

(2) 将板的截面换算为工形截面（图 10-16b）按照截面形心位置、面积、惯性矩不变的条件，将圆孔换算成 $b_2 \times h_2$ 的矩形孔。

$$8 \times \frac{\pi \times 80^2}{4} = b_2 \cdot h_2, 8\,\frac{\pi(80)^2}{64} = \frac{1}{12}b_2 h_2^3$$

解得 $b_2 = 580.8\text{mm}$，$h_2 = 69.2\text{mm}$，故换算的工形截面 $b'_f = 850\text{mm}$，$h'_f = 30.4\text{mm}$，$b_f = 890\text{mm}$，$h_f = 25.4\text{mm}$，$h = 125\text{mm}$，$b = \frac{b'_f + b_f}{2} - b_2 \approx 290\text{mm}$

(3) 求 ψ　$A_s = 453\text{mm}^2$，$h_0 = 125 - 20 = 105\text{mm}$

$$\rho_{te} = \frac{A_s}{0.5bh + (b_f - b) \times h_f} = \frac{453}{0.5 \times 125 \times 290 + (890 - 290) \times 25.4} = 0.0136$$

$$\sigma_{sk} = \frac{M_k}{0.87 \cdot h_0 A_s} = \frac{7.26 \times 10^6}{0.87 \times 105 \times 453} = 175.4\text{N/mm}^2$$

$$\psi = 1.1 - \frac{0.65 \times 1.78}{0.0136 \times 175.4} = 0.623$$

(4) 求 B_s　$\rho = \frac{453}{290 \times 105} = 0.01488$，$\alpha_E = \frac{2.1 \times 10^5}{2.8 \times 10^4} = 7.5$

$$\gamma'_f = \frac{(b'_f - b)h'_f}{bh_0} = \frac{(850 - 290) \times 30.4}{290 \times 105} = 0.559$$

$$B_s = \frac{2.1 \times 10^5 \times 453 \times 105^2}{1.15 \times 0.623 + 0.2 + \frac{6 \times 7.5 \times 0.01488}{1 + 3.5 \times 0.559}} = 91.76 \times 10^{10}\text{N} \cdot \text{mm}^2$$

(5) 求 B　$\theta = 2.0 \times 1.2 = 2.4$

$$B = \frac{M_k}{M_k + (\theta - 1)M_q} B_s = \frac{7.26}{7.26 + (2.4 - 1)4.53} \times 91.76 \times 10^{10}$$

$$= 48.98 \times 10^{10}\text{N} \cdot \text{mm}^2$$

(6) 求挠度 f

$$f = \frac{5}{48}\frac{M_k l_0^2}{B} = \frac{5}{48} \cdot \frac{7.26 \times 10^6 \times 3.18^2 \times 10^6}{48.98 \times 10^{10}} = 15.6\text{mm}$$

$$[f] = \frac{l_0}{200} = \frac{3180}{200} = 15.9\text{mm} > 15.6\text{mm},\text{可以。}$$

10.2 裂 缝 控 制

10.2.1 裂缝的原因、形态及其影响因素

混凝土抵抗拉伸的能力比抗压能力小很多，当混凝土结构中的拉应变超过了混凝土的

极限拉应变时将出现裂缝。使混凝土结构产生裂缝的原因很多，如塑性混凝土的收缩及下沉，水化热，荷载的作用，温度收缩，基础不均匀沉降，钢筋锈蚀，减骨料反应以及冻融循环等。

1. **塑性收缩和塑性下沉裂缝**

塑性混凝土的裂缝出现在浇注后的2～16小时内，这种裂缝有两类：一类是塑性收缩裂缝，常出现在楼板、路面等平面结构中，典型的是板角部45°的平行裂缝和无规则的鸡爪状或地图状裂缝（图10-17）；另一类是由于塑性混凝土下沉产生的裂缝，在梁、厚板中都有可能生，如图10-18（*a*）中梁顶面裂缝。塑性混凝土的裂缝都与混凝土的**泌水**现象有关。

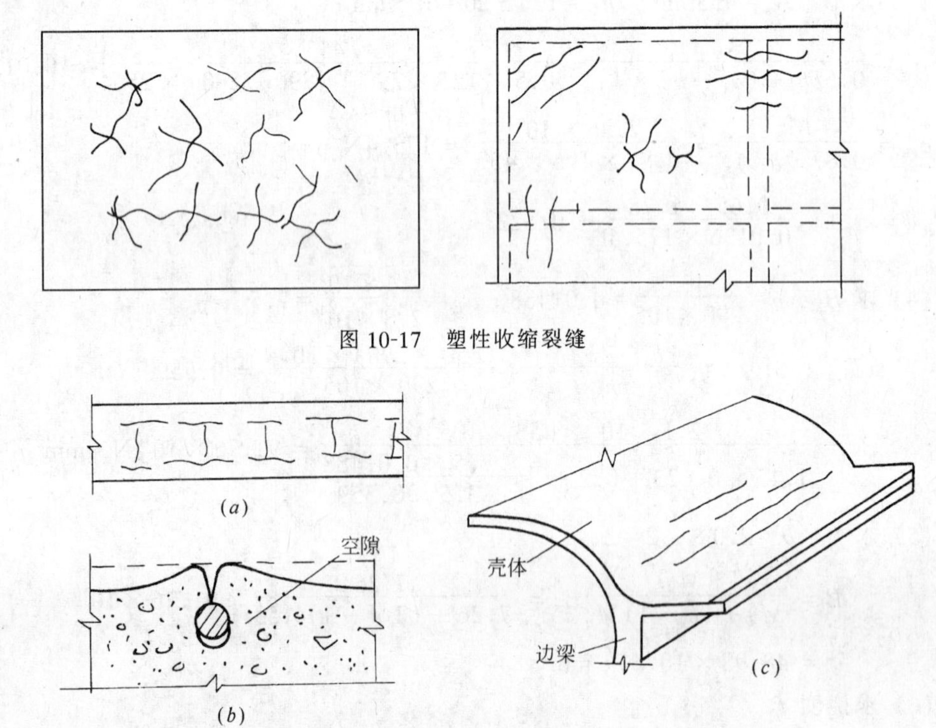

图10-17　塑性收缩裂缝

图10-18　塑性下沉裂缝

（*a*）梁顶面；（*b*）沿钢筋的下沉裂缝；（*c*）壳体顶部裂缝

新浇筑的混凝土经震捣压实后，由于重力作用，重的固体颗粒向下沉，迫使轻的水向上移，即所谓“泌水”。当固体颗粒彼此支撑不再下沉，或水泥结硬阻碍了它的下沉，泌水即停止。如混凝土中固体颗粒能不受阻碍地自由下沉，只是使结硬后的混凝土体积减小，不会产生裂缝。但顶部钢筋的存在，钢筋两侧混凝土的下沉将形成图10-18（*b*）所示沿钢筋的纵向裂缝，如图10-18（*c*）壳体屋盖，由于保护层过小，骨料级配不当引起的塑性下沉裂缝，均位于近边梁壳体顶部纵向钢筋处。这种裂缝的深度一般只到钢筋顶面，虽然不致影响结构的承载力，但对于结构的耐久性是非常不利的，将加速钢筋的腐蚀。钢筋对塑性裂缝的控制是不起作用的。这种裂缝可以通过改善混凝土组成配比，注意选择骨料的级配，减少泌水，加强养护来防止。试验表明，保护层厚度是影响这种裂缝的主要因素。虽然减小坍落度和采用较小直径钢筋可使塑性下沉裂缝出现的机率减少，但不如增加保护层厚度的效果明显。

塑性收缩裂缝不同于结硬后混凝土的干燥收缩裂缝，后者在浇筑后约1～2年以后才会出现（图10-19）。影响塑性收缩裂缝的主要因素是新浇筑混凝土表面的干燥速度，当水分蒸发速度超过了泌水速度时，就会产生这种裂缝。因此，凡是能加快蒸发速度的因素如气温高、风速大、相对湿度低等，都会促使塑性收缩裂缝的发生。塑性收缩裂缝的表面宽度可达1～2mm。这种裂缝在自由支承板的四角处很少出现，因为角部的干缩不受约束；相反，如板边缘的变形受到约束，则将出现与板边呈45°的一系列平行裂缝。加强养护，减少蒸发是防止这种裂缝的有效措施。

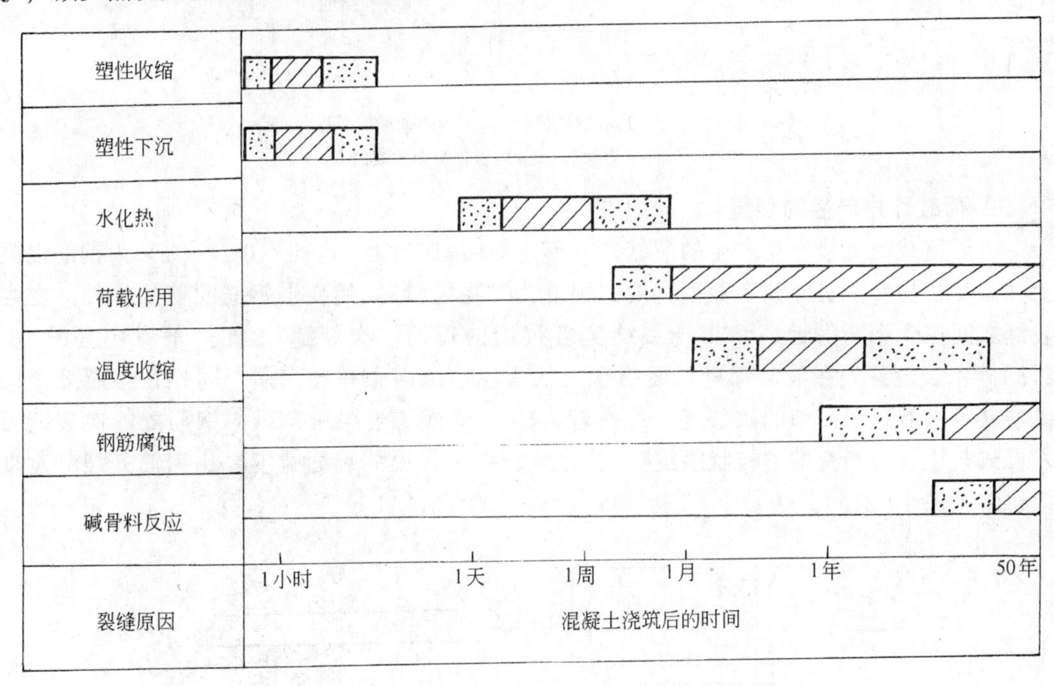

图10-19　裂缝出现距混凝土浇筑的时间

2. 水化热引起的裂缝

混凝土浇筑后，由于水泥的水化反应，在凝结和硬化阶段，温度上升。这种内部蓄热不能很快通过混凝土表面散发到外围空气中去，尤其是大体积混凝土，因此形成从构件核心到混凝土表面的温度梯度（图10-20*a*）。这种温度分布使混凝土产生一种自应力状态，外层受拉，中间受压。当拉应力超过了硬化初期混凝土较低的抗拉强度时，将产生裂缝（图10-20*d*）。这种裂缝通常是不规则的龟裂，深度只有几毫米或几厘米。采用低水化热水泥品种，减少水泥用量，降低搅拌时混凝土温度，以及采取控制硬化过程的施工工艺可减少裂缝出现的机率。

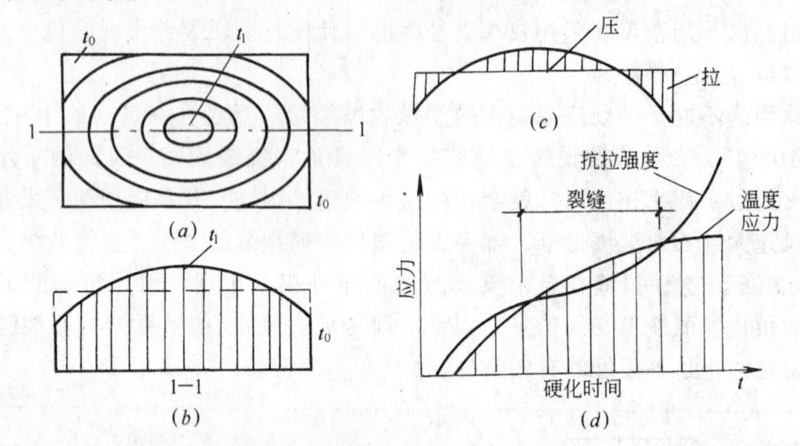

图 10-20

（a）水化热产生的截面等温线；（b）中间截面的温度分布；

（c）自应力状态；（d）硬化初期的裂缝

3. 荷载作用产生的裂缝

由于荷载的直接作用产生的裂缝，其形态如图 10-21 所示。图 10-21（a）为钢筋混凝土轴心受拉构件，贯穿整个截面宽度的裂缝为"**主裂缝**"，用变形钢筋配筋的构件，在主裂缝之间位于钢筋附近还会出现裂缝宽度很细的短的"**次裂缝**"。在一般梁中（图 10-21b），主裂缝首先在最大弯矩截面出现，从受拉边缘向中和轴发展，同样在主裂缝之间纵筋处可以看到短而细的次裂缝。梁高较大的 T 形或工形梁中，纵向钢筋处的次裂缝可发展成与主裂缝相交的"**枝状裂缝**"。枝状裂缝在梁腹处的裂缝宽度要比钢筋处裂缝宽度大得多（图 10-21c）。

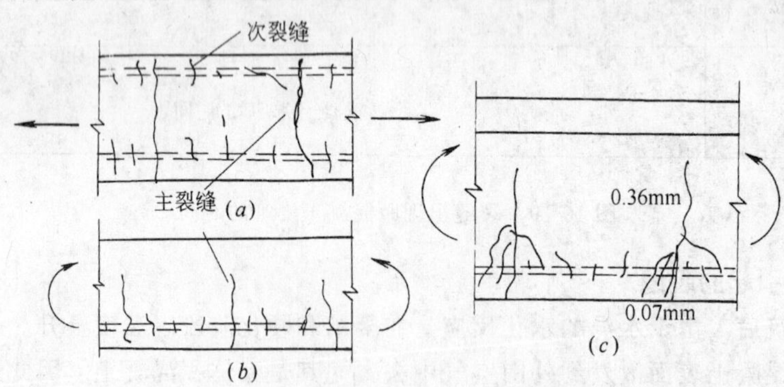

图 10-21

（a）轴心受拉构件；（b）受弯构件；（c）梁高较大的 T 形梁

梁的剪跨区由于弯矩和剪力的共同作用，将出现前面第5章图5-3、5-4所示斜裂缝，以及“销栓”作用产生的“针脚状”裂缝（图6-12)。受扭构件会产生沿截面周边发展的螺旋状斜裂缝。应该指出的是关于剪切裂缝和受扭裂缝研究的还不多。目前，有关钢筋混凝土裂缝宽度计算的研究，大多集中于荷载引起的、与构件轴线垂直的横向裂缝。本章也只限于讨论常用的受弯构件和轴心受拉构件的裂缝宽度计算。

4. **强迫变形引起的裂缝**

钢筋混凝土结构中，很多裂缝是由于温度、干缩以及基础不均匀沉降等强迫变形所引起的。当这种强迫变形受到外部约束（刚度较大的支承构件）或内部约束（较高的配筋率）时，将使混凝土产生拉应力导致开裂。强迫变形越大，构件刚度越大，产生的拉应力越大，裂缝宽度也越大。薄腹梁及暴露在户外的构件（如檐口板等）容易产生干缩裂缝。干缩裂缝一般在前2年内出现，其分布特征是与构件轴线垂直，两头小中间大，裂缝宽度一般不超过0.3mm（图10-22*a*)。值得注意的是梁、桁架的干缩裂缝多发生在箍筋处，这是因为箍筋处混凝土保护层薄，截面削弱形成应力集中。现浇梁、板，由于温度和干缩变形受到刚度较大构件（砖、墙）的约束，会出现贯穿整个房屋进深的宽度达1～2mm的温度干缩裂缝（图10-22*b*)。选择合理的混凝土配合比，减少水和水泥用量，加强养护，尽可能减少混凝土的收缩，以及避免现浇框架、梁板结构在维护墙体施工以前裸露过冬是防止温度收缩裂缝的根本措施。保证一定的最小配筋率，对防止约束变形下出现过大的裂缝是很重要的，因为合理的配筋可使裂缝分散成许多间距较密的细小裂缝（参见10.2.4)。

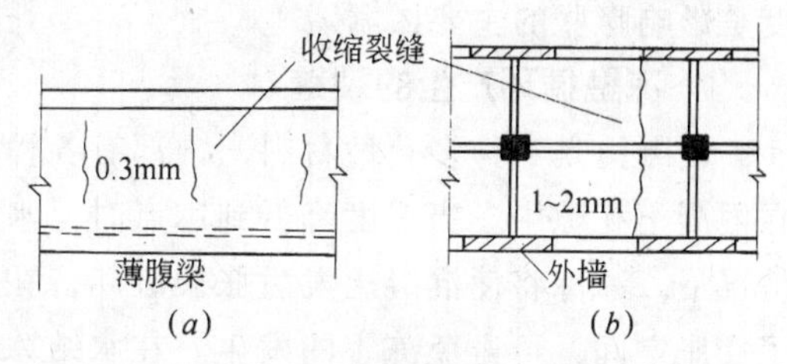

图10-22
(*a*)薄腹梁的干缩裂缝；
(*b*)楼板的温度干缩裂缝（平面图)

5. **钢筋腐蚀产生的裂缝**

由于保护混凝土的碳化和氯离子的侵入会使混凝土中钢筋发生腐蚀（有关钢筋腐蚀机理详见10.3.2)，而锈蚀产物的体积比钢筋被侵蚀的体积大2～3倍。这种效应足以使外围混凝土产生相当大的拉应力，引起保护层混凝土胀裂，导致出现沿钢筋的纵向裂缝。顺筋裂缝对钢筋混凝土结构的耐久性是极其有害的（详见10.3.3)。我国在20世纪60年代初对屋面薄腹梁及桁架的裂缝调查表明，冬季施工中掺氯盐过量的构件，经十几年使用后，产生沿纵向受力钢筋的劈裂裂缝，个别构件的裂缝宽度达4～5mm，长4～5m（图10-23*a*)。

6. **碱骨料反应引起的裂缝**

混凝土孔隙中的碱溶液与含有二氧化硅的骨料产生碱—硅酸盐凝胶，这种化学反应称为**碱骨料反应**。凝胶吸水后使骨料发生破坏性膨胀，体积增大达3～4倍。最初观察到的混凝土损害为表面不规则的鸡爪状裂缝（图10-24)，随着时间的发展，最终将导致表层混凝土的完全碎裂。膨胀通常沿着最小阻力方向发展，形成与表面平行的剥皮裂缝（板)，或与压应力轨迹平行的裂缝(压杆)。活性骨料的数量、粒径的大小及所处环境的相对湿

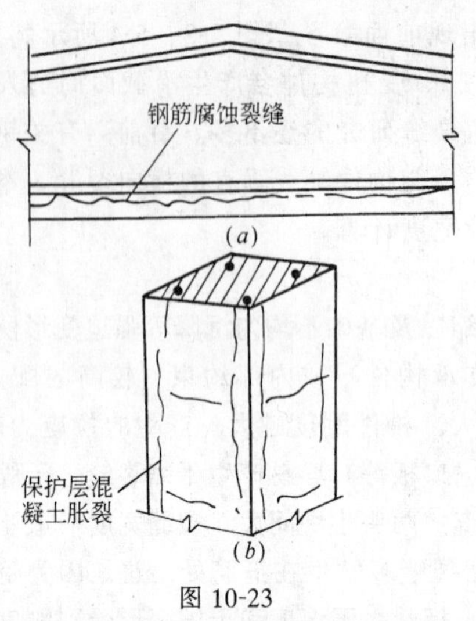

图 10-23
（a）屋面大梁；（b）处于室外环境的柱

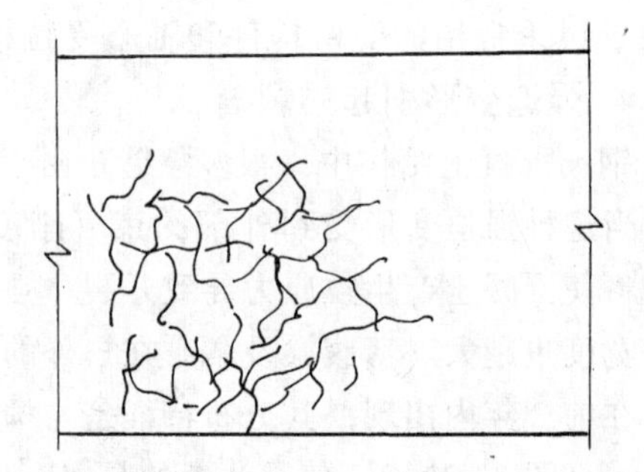
图 10-24 碱骨料反应引起的裂缝

度是影响膨胀的主要因素。

7. 冻融循环产生的裂缝

混凝土是一种多孔性材料，内部有各种不同直径的孔隙，水泥结硬后多余的水分滞留在混凝土孔隙中。当温度降低到冰点时，水转化为冰，体积将增大9%。在孔隙完全充水情况下，冰冻将使混凝土发生胀裂破坏；在不完全充水孔隙中，空气的存在为水结冰留有了膨胀空间，可避免冻害的发生。在水结冰时伴随着有水的渗透过程（水向未充盈的较大孔隙中渗透），而且这个过程是不可逆的。因此，随着冻融循环次数的增加，较大孔隙中水的充盈度逐渐增大，这意味着在一定次数的冻融循环以后将产生冻害（胀裂）。

在结冰的混凝土表面（如桥面、车道等）施撒除冰剂，当冰融化时将使混凝土表面温度骤降。混凝土表面与内部之间的这种温差产生一种内应力状态（表层混凝土受拉），导致外层混凝土开裂。如采用的是除冰盐，则氯的存在将显著增加钢筋腐蚀的危险（详见10.3.3)。

水灰比和水泥用量是影响混凝土抗冻能力的重要因素。随水灰比的减少和水泥用量的增加混凝土抗冻性明显加强。搅拌混凝土时采用引气剂，可提高混凝土的抗冻性，因为人工气孔是准封闭的，即使在饱和混凝土中也是不充水的，但可以为水结冰提供膨胀空间，防止冰冻引起开裂。

冰冻是从表层混凝土开始的，因此，为了保证表层混凝土的质量，振捣密实，加强养护对提高混凝土的抗冻性是非常重要的。

随着混凝土期龄的增长，混凝土强度增长，孔隙结构改变，抗冻能力也显著增大。

10.2.2 裂缝控制的目的和要求

控制裂缝宽度的目的之一是因为过大的裂缝开展会影响结构的观瞻，引起使用者的不安。但长期以来，一直被广泛引用的作为对裂缝宽度进行严格控制的一条主要理由是防止钢筋锈蚀，保证结构的耐久性。近20年来的试验研究表明，与钢筋垂直的横向裂缝处钢筋腐蚀的集度和进展，并不像通常所设想的那样严重，而且腐蚀发展的速度与构件表面的裂缝宽度并没有平行的关系。因此，总的趋势是将裂缝宽度控制的较为严格的规定适当放宽。目前，大多数国家的规范对处于室内正常环境下的构件，取裂缝宽度的限值为0.4mm。应该指出的是，从结构耐久性角度来看，保证混凝土的密实性和保护层的质和量，要比控制构件表面的横向裂缝宽度重要的多。

结构使用期间所处环境的相对湿度和侵蚀性是影响混凝土结构耐久性的重要因素，也是结构耐久性设计的依据。无论是混凝土性能的退化还是钢筋的腐蚀过程都是发生在结构材料与环境之间的相互作用基础上的。因此，需要将结构外围环境的性质按照其对结构耐久性的影响加以分类。我国《规范》将混凝土结构所处环境划分为五类，见表10-2。

混凝土结构的环境类别 **表10-2**

环境类别		条件
一		室内正常环境
二	*a*	室内潮湿环境；非严寒和非寒冷地区的露天环境、与无侵蚀性的水或土壤直接接触的环境
	b	严寒或寒冷地区的露天环境、与无侵蚀性的水或土壤直接接触的环境
三		使用除冰盐的环境；严寒和寒冷地区冬季水位变动的环境；滨海室外环境
四		海水环境
五		受人为或自然的侵蚀性物质影响的环境

《规范》将钢筋混凝土和预应力混凝土结构构件的裂缝控制等级统一划分为三级（详见第11章11.4.2）。钢筋混凝土构件的裂缝控制等级均属于**三级——允许出现裂缝的构件**，要求按荷载效应标准组合并考虑长期作用影响计算的最大裂缝宽度，不超过表10-3中所列根据环境类别规定的**最大裂缝宽度限值** w_{lim}。

钢筋混凝土构件的最大裂缝宽度限值 **表10-3**

环境类别	构件	w_{lim} (mm)
一	年平均相对湿度小于60%地区的受弯构件	0.4
	一般构件	0.3
	屋面梁、托梁	0.3
	屋架、托架及需作疲劳验算的吊车梁	0.2
二	各种构件	0.2
三	各种构件	0.2

表 10-3 中规定的最大裂缝宽度限值适用于采用热轧钢筋的钢筋混凝土构件。

10.2.3 裂缝宽度计算公式

1. 裂缝间距

在钢筋混凝土轴心受拉构件中，裂缝出现前，混凝土及钢筋的应力沿构件长度基本上是均匀分布的。当混凝土的拉应力到达其抗拉强度时，在构件抗拉能力最弱的截面上将出现第一批裂缝。由于混凝土强度的局部变异、温度收缩作用产生的微裂缝以及截面的局部削弱（如钢箍处）等偶然因素的影响，第一批裂缝出现的位置是一种随机现象。裂缝出现后，开裂截面混凝土退出工作，应力为零；钢筋负担全部拉力，产生应力突变。配筋率越低，突变引起的钢筋应力增量 $\Delta\sigma_s$ 就越大（图 10-25）。钢筋应力的变化使钢筋与混凝土间产生粘结应力 τ 和相对滑移。随着距开裂截面距离的增大，通过 τ 将钢筋的拉力部分地向混凝土传递，混凝土拉应力 σ_c 逐渐增大，钢筋拉应力 σ_s 逐渐减小。直到距开裂截面为 l 处，σ_c 增大到 f_t，才有可能出现新的裂缝（图 10-26）。显然，在距第一条裂缝两侧 l 的范围内（或在间距小于 $2l$ 的第一批裂缝之间），将不可能再出现新的裂缝。因为，在这个区间内，通过 τ 传给混凝土的拉应力不足以使混凝土开裂（$\sigma_c < f_t$）。因此，随荷载的增大，裂缝将陆续出现，裂缝间距将逐渐减小，最后趋于稳定。理论上最小裂缝间距为 l，最大裂缝间距为 $2l$，平均裂缝间距 $l_m = 1.5l$。

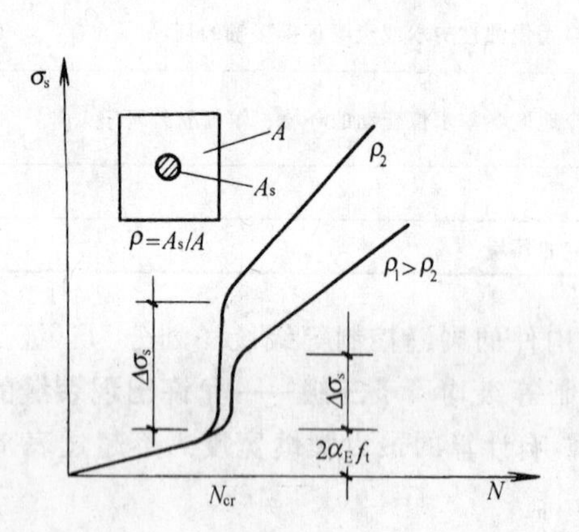

图 10-25 轴心受拉构件的 N-σ_s 关系

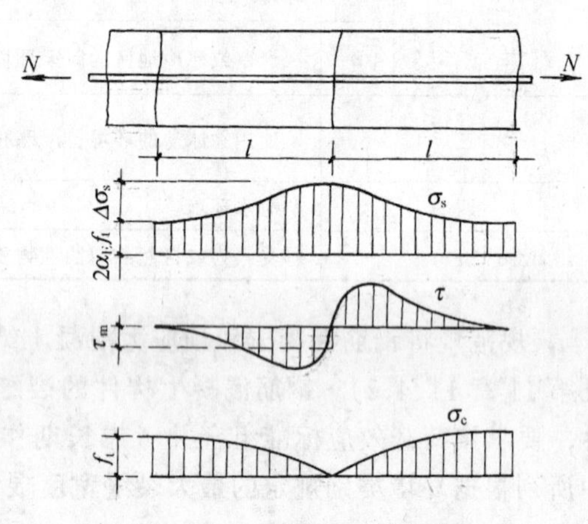

图 10-26 开裂后应力分布

间距 l 可由平衡条件导出。设轴心受拉构件的截面面积为 A，钢筋截面面积为 A_s，钢筋直径为 d，在 l 长度内的平均粘结应力为 τ_m。则由长度为 l 的隔离体的平衡可得：

$$\Delta\sigma_s A_s = \tau_m \cdot \pi d \cdot l = f_t A$$

或 $l = f_t A / \tau_m \cdot \pi d$，设 $\rho_{te} = A_s / A$，并引用 $A_s = \pi d^2 / 4$

则 $l = f_t d / 4\tau_m \rho_{te}$。因此，平均裂缝间距 l_m 的表达式为：

$$l_m = 1.5l = \frac{1.5}{4} \frac{f_t}{\tau_m} \frac{d}{\rho_{te}} = K \frac{d}{\rho_{te}} \tag{10-19}$$

由第6章可知，τ_m 与 f_t 近乎成正比。当钢筋外型特征给定时，式（10-19）中的 K 为常数，亦即 l_m 与混凝土强度无关，这一点已为大量不同混凝土强度的梁和拉杆的试验所证实。

对于受弯构件，同样可导出 l_m 的公式。如图10-9所示，根据 l 长度内钢筋受力的平衡关系，可得

$$\tau_m \cdot \pi \cdot dl = A_s \Delta\sigma_s$$

或

$$l = \frac{d}{4}\frac{\Delta\sigma_s}{\tau_m} = \frac{d}{4\tau_m}\frac{M_c}{A_s \eta h_0}$$

混凝土截面开裂弯矩 $M_c = [0.5bh + (b_f - b)h_f] f_t \eta_c h$，引用按有效受拉混凝土截面面积计算的配筋率

$$\rho_{te} = \frac{A_s}{0.5bh + (b_f - b)h_f} \tag{10-20}$$

则 $l_m = 1.5l = \frac{1.5}{4}\frac{f_l}{\tau_m}\cdot\frac{\eta_c h}{\eta h_0}\cdot\frac{d}{\rho_{te}}$，近似取 $\frac{\eta_c h}{\eta h_0}$ 为常数，可得

$$l_m = K\frac{d}{\rho_{te}} \tag{10-21}$$

式（10-19）及（10-21）说明，影响裂缝间距的主要变量为 d/ρ_{te}，l_m 与 d/ρ_{te} 为通过原点的直线。试验表明，当 d/ρ_{te} 很小时，即钢筋直径很小，配筋率 ρ_{te} 很大时；平均裂缝间距 l_m 并不等于0，而是趋近于某一常值。近20多年的大量试验证实，这个常值与保护层厚度及钢筋间距有关。因此，式（10-21）应加以修正，《规范》参照欧洲混凝土协会规范，在平均裂缝间距公式中增加一项 K_2c，以考虑保护层厚度 c 对 l_m 的影响，即

$$l_m = K_2 c + K_1 d/\rho_{te} \tag{10-22}$$

根据国内配置带肋钢筋构件的试验资料分析，式中常数取 $K_1 = 0.08$；$K_2 = 1.9$。考虑到采用不同直径钢筋时，式中 d 改用等效直径 d_{eq}，则 l_m 的计算公式可写出为：

对受弯构件
$$l_m = \left(1.9c + 0.08\frac{d_{eq}}{\rho_{te}}\right) \tag{10-23a}$$

对轴心受拉构件
$$l_m = 1.1\left(1.9c + 0.08\frac{d_{eq}}{\rho_{te}}\right) \tag{10-23b}$$

式中　c——最外层纵向受拉钢筋外边缘至受拉区底边的距离（mm）；当 $c<20$ 时，取 $c=20$；当 $c>65$ 时，取 $c=65$；

d_{eq}——受拉区纵向钢筋的等效直径（mm）：

$$d_{eq} = \frac{\sum n_i d_i^2}{\sum n_i \nu_i d_i} \tag{10-24}$$

式中　d_i——第 i 种纵向钢筋的公称直径（mm）；

n_i——第 i 种纵向钢筋的根数；

ν_i——第 i 种纵向钢筋的**相对粘结特性系数**，按表 10-4 采用。

钢筋的相对粘结特性系数 **表 10-4**

钢筋类别	非预应力钢筋		先张法预应力钢筋			后张法预应力钢筋		
	光面钢筋	带肋钢筋	带肋钢筋	螺旋肋钢丝	刻痕钢丝钢绞线	带肋钢筋	钢绞线	光面钢丝
ν_i	0.7	1.0	1.0	0.8	0.6	0.8	0.5	0.4

2. **裂缝宽度**

(1) **平均裂缝宽度**

裂缝宽度等于混凝土在开裂截面的回缩量，即裂缝出现后钢筋与外围混凝土在裂缝间距之间的相对滑移总和，或者更直观地说是二者在裂缝间距间的伸长差值。因此，设钢筋的平均应变为$\overline{\varepsilon}_s$、混凝土的平均应变为$\overline{\varepsilon}_c$。则平均裂缝宽度 w_m 等于钢筋在平均裂缝间距 l_m 之间的伸长$\overline{\varepsilon}_s l_m$，减去混凝土在 l_m 间的伸长$\overline{\varepsilon}_c l_m$：

$$w_m = (\overline{\varepsilon}_s - \overline{\varepsilon}_c) l_m = (1 - \overline{\varepsilon}_c / \overline{\varepsilon}_s) \overline{\varepsilon}_s l_m \tag{10-25}$$

引用纵向钢筋应变不均匀系数 ψ，按式 (10-5)，$\overline{\varepsilon}_s = \psi\varepsilon_s = \psi\sigma_s / E_s$。《规范》根据试验实测的 w_m，当 l_m 及 ψ 分别按式 (10-23) 及 (10-15) 计算时，可反推出式 (10-25) 中 $(1 - \overline{\varepsilon}_c / \overline{\varepsilon}_s) \approx 0.85$，故平均裂缝宽度的计算公式为

$$w_m = 0.85\psi \frac{\sigma_{sk}}{E_s} l_m \tag{10-26}$$

式中开裂截面钢筋应力 σ_{sk}定义为按荷载效应的标准组合计算的纵向钢筋应力，按式 (10-16) 计算。

(2) **最大裂缝宽度**

实测表明，裂缝宽度有很大的离散性。问题是计算控制的最大裂缝宽度应如何确定。合理的应该是根据统计分析得出的，在某一超越概率下的相对最大裂缝宽度，即超过这个宽度的裂缝的出现概率不大于某一协议概率，通常取最大裂缝宽度的超越概率为 5%，亦即计算控制的最大裂缝宽度 w_{max}的保证率为 95%。

梁的试验表明，裂缝宽度的频率分布基本为正态。因此，相对最大裂缝宽度可由下式求得

$$w_{max} = w_m(1 + 1.645\delta) \tag{10-27}$$

式中 δ 为裂缝宽度的变异系数，对于梁可取 δ 的平均值为 0.4，故 $w_{max} = 1.66 w_m$。

轴心受拉构件的试验表明，裂缝宽度的频率分布曲线是偏态的，因此，w_{max}与 w_m 的比值比受弯构件要大。《规范》取轴心受拉构件的 $w_{max} = 1.9 w_m$。

在荷载长期作用下，由于混凝土的收缩、徐变及滑移徐变，使裂缝宽度增大。《规范》取长期荷载下裂缝宽度扩大系数为 1.5。则钢筋混凝土受弯构件、轴心受拉构件按荷载效应的标准组合并考虑长期作用影响的最大裂缝宽度 w_{max}计算公式为：

$$w_{max} = \alpha_{cr}\psi \frac{\sigma_{sk}}{E_s}\left(1.9c + 0.08\frac{d_{eq}}{\rho_{te}}\right) \tag{10-28}$$

式中　α_{cr}——构件受力特征系数：

受弯构件 $\alpha_{cr}=1.5\times1.66\times0.85=2.1$；

轴心受拉构件 $\alpha_{cr}=1.5\times1.9\times0.85\times1.1=2.7$；

ψ——裂缝间纵向受拉钢筋应变不均匀系数，按式（10-15）计算；

σ_{sk}——按荷载效应的标准组合计算的纵向受拉钢筋的应力：

受弯构件按式（10-16）计算；

轴心受拉构件 $\sigma_{sk}=N_k/A_s$

ρ_{te}——按有效受拉混凝土截面面积计算的纵向受拉钢筋配筋率：

受弯构件按式（10-20）计算；

轴心受拉构件 $\rho_{te}=A_s/bh$

在式（10-28）中，当 $\rho_{te}<0.01$ 时，取 $\rho_{te}=0.01$

【例 10-3】　计算【例 10-1】中梁的最大裂缝宽度。

【解】　由【例 10-1】知　$M_k=50.7\text{kN}\cdot\text{m}, \sigma_{sk}=231.8\text{N/mm}^2, \psi=0.778, \rho_{te}=0.0134$, $d_{eq}=d=16\text{mm}$, 带肋钢筋 $\nu_i=1.0, c=25\text{mm}, E_s=2\times10^5\text{N/mm}^2$, 受弯构件 $\alpha_{cr}=2.1$。

将以上数据代入式（10-28）

$$w_{max}=\alpha_{cr}\psi\frac{\sigma_{sk}}{E_s}\left(1.9c+0.08\frac{d_{eq}}{\rho_{te}}\right)$$

$$=2.1\times0.778\times\frac{231.8}{2\times10^5}\left(1.9\times25+0.08\frac{16}{0.0134}\right)$$

$$=0.27\text{mm}$$

【例 10-4】　计算【例 10-2】中圆孔板的最大裂缝宽度。

【解】　由【例 10-2】知 $\sigma_{sk}=175.4\text{N/mm}^2$，$E_s=2.1\times10^5\text{N/mm}^2$，$\psi=0.623$，$\rho_{te}=0.0136$。HPB 235 级钢筋为光圆钢筋由表 10-4 查得 $\nu_i=0.7$，$d=8\text{m}$，$d_{eq}=d/\nu_i=8/0.7=11.43\text{mm}$。$c=16\text{mm}<20\text{mm}$，取 $c=20\text{mm}$。将以上数据代入式（10-28）

$$w_{max}=\alpha_{cv}\psi\frac{\sigma_{sk}}{E_s}\left(1.9c+0.08\frac{d_{eq}}{\rho_{te}}\right)$$

$$=2.1\times0.623\times\frac{175.4}{2.1\times10^5}\left(1.9\times20+0.08\frac{11.43}{0.0136}\right)$$

$$=0.115\text{mm}$$

10.2.4　保护层厚度及钢筋间距对裂缝宽度的影响

1. 保护层厚度的影响

试验量测表明，裂缝出现后，裂缝处混凝土并不是均匀地回缩，而是近钢筋处由于受到钢筋的约束变形回缩小，构件表面处回缩大，因此形成了图 10-27 所示的裂缝剖面形状。近钢筋处的裂缝宽度比构件表面的裂缝宽度要小得

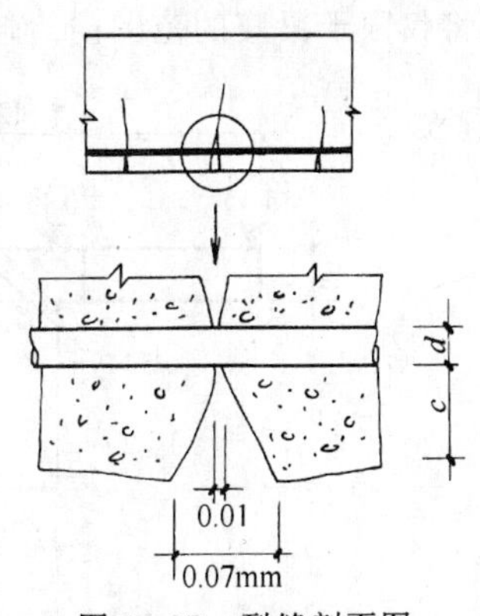

图 10-27　裂缝剖面图

多，约 1/5～1/7。这一变形分布表明，近钢筋处混凝土有远大于其极限拉应变的拉伸变形。这种变形之所以可能，是由于钢筋肋处出现了粘结应力 τ 所引起的内裂缝（图 6-5）。上述裂缝宽度的变化说明，构件表面裂缝宽度主要是由开裂截面的应变梯度所控制。在使用阶段的钢筋应力下，变形钢筋与混凝土在接触面上的相对滑移很小，因此，它对构件表面裂缝的开展不起主要作用。大量的对比试验表明，保护层厚度或更准确地说是构件表面至最近钢筋的距离是影响表面裂缝宽度的主要因素。图 10-28 为 Broms 所进行的四个轴心受拉试件实测的裂缝宽度对比，四个试件的钢筋直径 d 及配筋率 $\rho_{te}=A_s/bh$ 完全相同，区别只在于保护层厚度不同。实测结果表明，平均裂缝宽度 w_m 基本上与裂缝量测点距最近钢筋的距离（图中括号内数字）成正比。

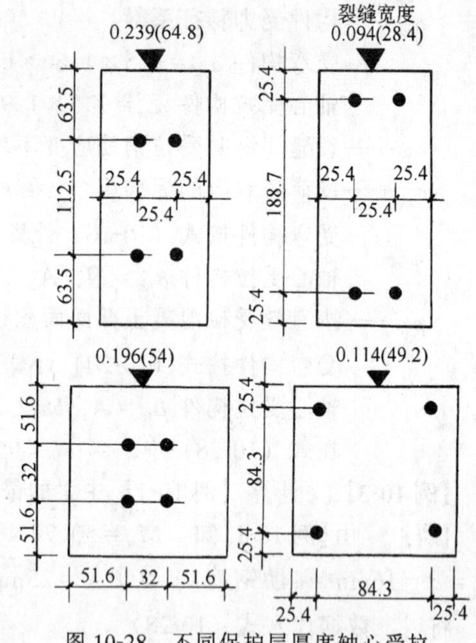

图 10-28　不同保护层厚度轴心受拉构件的裂缝宽度对比

2. 钢筋有效约束区的概念

如上所述，裂缝的开展是由于钢筋外围混凝土的回缩，而每根钢筋对混凝土回缩的约束作用是有一定范围的，即通过粘结力将拉力扩散到混凝土上去，能有效地约束混凝土回缩的区域，或称**钢筋有效约束区**，在这个区域以外钢筋对表面裂缝宽度不起控制作用，如图 10-29 所示承受负弯矩的 T 形梁，将 5 根直径 19mm 的钢筋集中放置在受拉区梁腹的宽度内，测得的受拉翼缘边缘处的裂缝宽度，要比将受拉钢筋改用 14 根 12mm 直径钢筋沿翼缘宽度均匀配置，测得的裂缝宽度大 10 倍。这是因为受拉钢筋集中放置，其有效约束区将仅限于梁腹的范围内，伸出的翼缘部分位于钢筋约束区以外，其裂缝宽度不受控制。

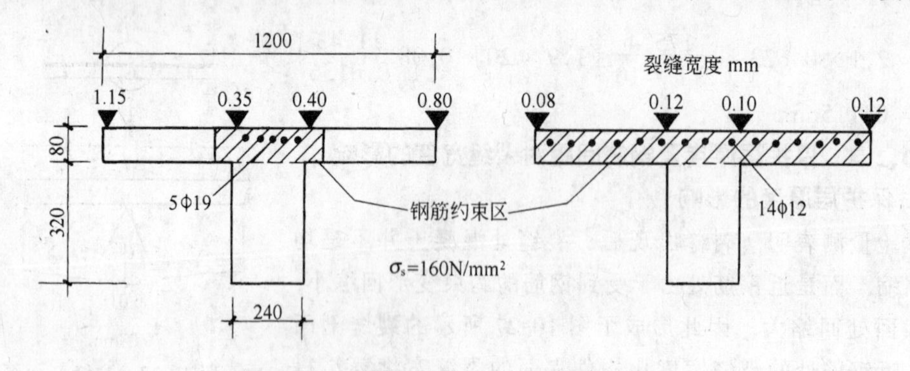

图 10-29　不同配筋构造对裂缝宽度的影响

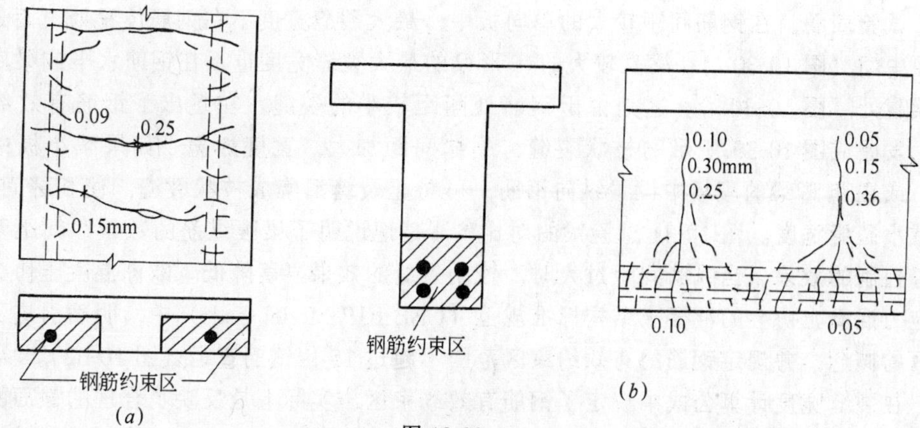

图 10-30
（a）单向板板底裂缝；（b）T 形梁梁腹板裂缝

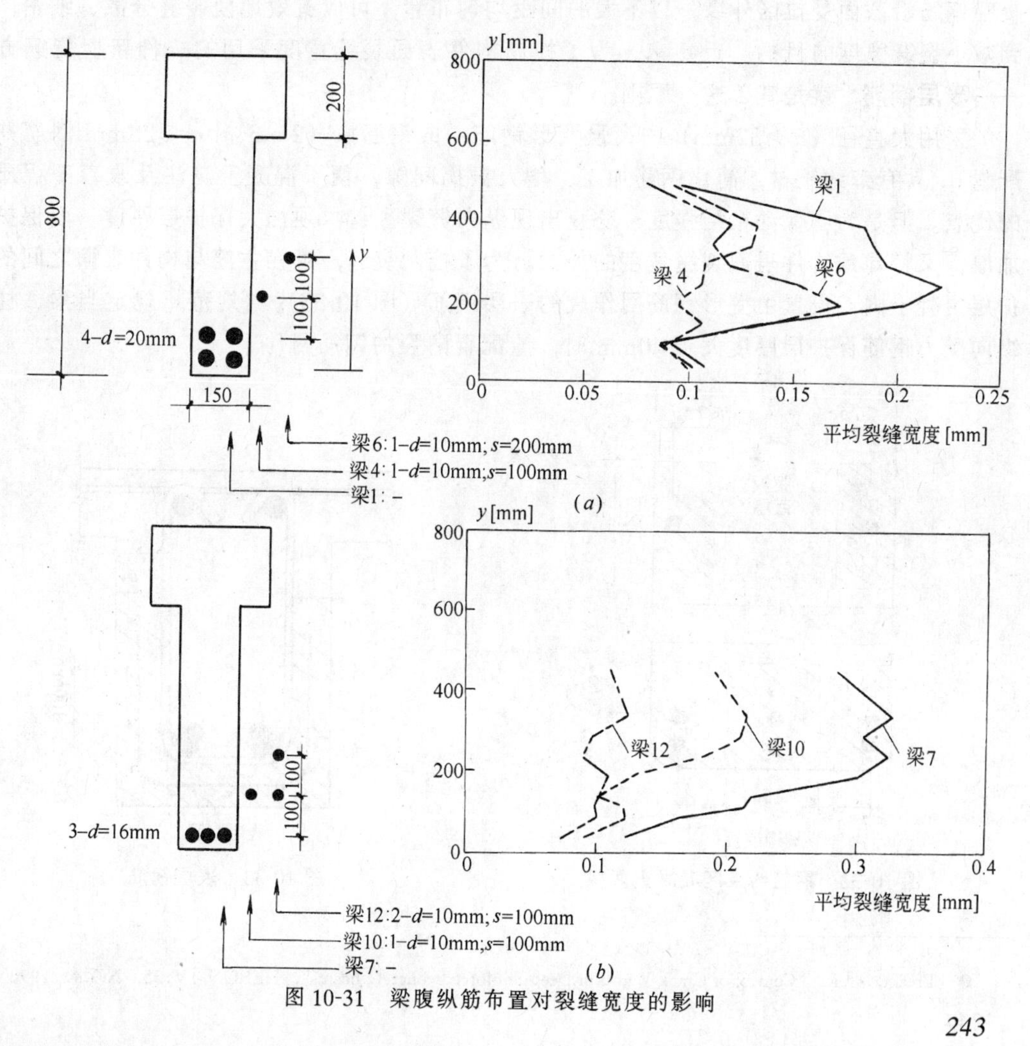

图 10-31　梁腹纵筋布置对裂缝宽度的影响

试验表明，在钢筋间距较大的单向板中，最大裂缝宽度不在钢筋位置处，而是在钢筋间距中间（图 10-30a）；梁高较大的 T 形梁的最大裂缝宽度也不在钢筋水平或梁底，而是在梁腹处（图 10-30b）。这是由于钢筋处间距较小的裂缝，在超出了钢筋有效约束区以后，发展成图 10-30 所示的枝状裂缝，裂缝间距加大，宽度加宽。如果减小板中钢筋间距，或在 T 形梁的腹板中设置纵向钢筋，可防止裂缝汇集成枝状裂缝，使裂缝间距减小，并减小裂缝宽度。图 10-31 试验梁的对比[1]清楚地说明了梁腹纵筋的数量，间距及布置对裂缝控制的效果。当纵筋间距过大时，控制裂缝的效果显著降低。欧洲混凝土协会及国际预应力混凝土协会的混凝土结构标准规范（CEB-FIP Model Code）中，明确引进了钢筋约束区的概念，并规定钢筋的有效约束区范围不超过 15 倍钢筋直径（图 10-32）。

在裂缝宽度计算公式中规定了钢筋有效约束区，实际上是反映了合理的截面配筋方式是控制裂缝宽度的最有效方法，这一早已为大量工程实践所证实了的基本原则。采用较小直径钢筋沿截面受拉区外缘，以不大的间距均匀布置，可以有效地使裂缝分散、细密，达到减小裂缝宽度的目的。近年来，为了控制构件表面裂缝宽度采用的一种新型配筋方式——**表层钢筋**，就是基于这一原则。

采用大直径（$d>32$mm）的高强变形钢筋，或钢筋束（2～3 根 $d\leqslant 28$mm 钢筋并列配置），具有节约钢材，简化钢筋加工，增大振捣间隙，便于混凝土浇注及改善工程质量的优点。但是为了保证粘结强度，防止出现纵向劈裂裂缝，须加大保护层厚度。而保护层加厚，又将导致构件表面裂缝宽度的加大。为了控制裂缝，可在主筋与构件表面之间的保护层混凝土内，设置由变形钢筋网作成的表层钢筋（图 10-33）。《规范》规定当梁、柱中纵向受力钢筋保护层厚度大于 40mm 时，应配置防裂的钢筋网片。

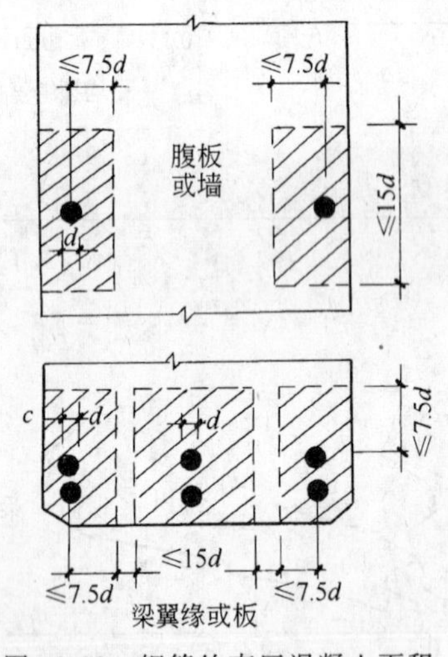

图 10-32　钢筋约束区混凝土面积

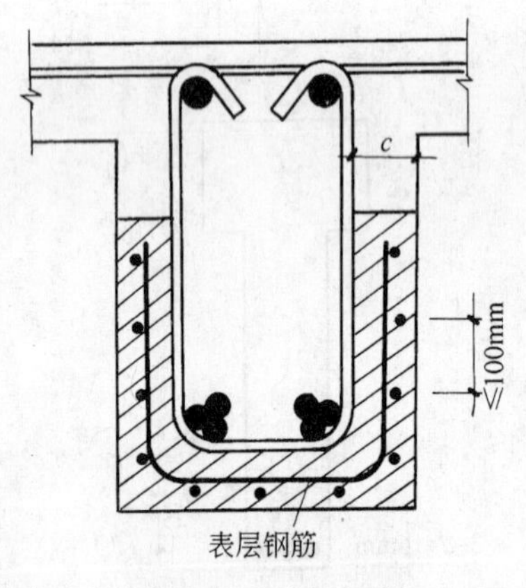

图 10-33　表层钢筋

[1] Braam, C.R. "Control of Crack Width in Deep reinforced concrete beams", HERON, V.35, NO.4, 1990

10.3 混凝土结构的耐久性

10.3.1 混凝土结构耐久性的意义

混凝土结构在自然环境和人为环境的长期作用下，进行着极其复杂的物理化学反应，如前述的裂缝、冰冻、碳化、钢筋腐蚀、碱骨料反应以及可能存在的侵蚀性物质（酸、硫、碱）造成的损伤等等。随着时间的延续，损伤的积累使结构的性能逐渐恶化，以致不再能满足其功能要求（详见10.3.4节）。结构性能的恶化速度取决于所处环境的性质和混凝土的内在质量，尤其是表层混凝土的密实性。所谓结构的**耐久性**是指结构在规定的工作环境中，在预期的使用年限内，在正常维护条件下不需进行大修就能完成预定功能的能力。

世界上一些发达国家的现代化进程表明，工程建设过程大体经历三个阶段：第一阶段为大规模新建，第二阶段为新建与维修改建并重，第三阶段重点转向旧建筑物的维修改造。如美国自20世纪70年代起新建工程已开始萎缩，而维修改造业日益兴旺；前苏联第九、第十个五年计划中维修改造的投资占工业建筑总投资的65%。我国“一五”期间新建投资占基本建设总投资的95.8%，而“六五”、“七五”期间只占45%，20世纪50年代建造的一批厂房已有不同程度的损害，需加固修复，说明我国也已开始进入第三阶段。结构因耐久性不足而失效，需拆毁重建；或为了维持正常使用需支付高昂的维修改造费用，造成巨大经济损失。因此，目前国际上从耐久性角度提出了“宏观经济”的概念，即需要根据新建、维修、改建的总费用及停止运营的损失的总和为最小的原则来处理耐久性和经济性的关系。耐久性对工程建设投资效益的重要影响。越来越引起国际工程界的重视。自1990年以来几乎每年举行一次混凝土结构耐久性学术会议，目的是推动耐久性问题的深入研究，为耐久性混凝土结构的设计和施工提供指南。

混凝土结构耐久性是一个复杂的多因素综合问题，在导致钢筋混凝土结构耐久性损害的诸多原因中，**钢筋腐蚀**引起的结构过早损害占主要地位。1991年第二届混凝土耐久性国际学术会议的主旨报告中指出：“当今世界，混凝土结构破坏原因按重要性递降顺序排列是：钢筋腐蚀、严寒地区的冻融破坏、侵蚀性环境的物理化学作用”。对于后两种特殊环境下的耐久性问题已有相关《规范》专门论述[1]，本书从略。

在一般大气环境下，钢筋腐蚀是钢筋混凝土结构耐久性破坏的主要危险，所造成的经济损失也是非常可观的。如美国标准局1975年的调查表明，美国全年因混凝土中钢筋腐蚀产生的经济损失达280亿美元。又如英国环保部门的报告中报导，在建筑工业中因钢筋

---

[1] 严寒及寒冷地区潮湿环境中结构混凝土应满足的抗冻要求，可参考《水工混凝土结构设计规范》DL/T 5057；处于海水环境（表10-2中四类）和有侵蚀性物质的环境（表10-2中五类）的耐久性设计方法，可参考《港口工程技术规范》及《工业建筑防腐蚀设计规范》GB 50046等标准。

腐蚀破坏，钢筋混凝土结构的年维修费用达5.5亿英镑，已成为英国的一项严重财政负担。我国长期以来对混凝土中钢筋腐蚀问题缺乏足够的重视，没有进行过较全面系统的调查、统计。但近年来也逐渐暴露出严重的钢筋腐蚀破坏，引起了人们的重视。因此在2002年修订的《混凝土结构设计规范》中第一次增加了混凝土结构耐久性设计的基本原则和有关规定。

10.3.2 混凝土中钢筋腐蚀的机理

由于水泥水化作用形成的大量氢氧化钙，混凝土中水分为高碱性（pH＞12.5）的电解质，使混凝土内的钢筋表面形成一层薄的**钝化膜**。即使大气中的氧、水和有害介质可以通过混凝土中孔隙渗入到钢筋，但是钝化膜可以有效地抑制钢筋的腐蚀。只有当钝化膜遭到破坏时，钢筋才会开始腐蚀。通常有两种途径可使钝化膜遭受破坏：一种是混凝土的**碳化**到达钢筋表面；另一种是**氯离子侵人**。

1. 混凝土碳化

混凝土是多孔性材料，大气中二氧化碳能够渗入到混凝土内与氢氧化钙产生化学反应：

$$Ca(OH)_2 + CO_2 \longrightarrow CaCO_3 + H_2O$$

这种反应称为**碳化**，它使表层混凝土的碱性降低（pH＜9）形成碳化层，随着二氧化碳的不断被吸收，碳化层也逐渐向内发展。试验表明碳化深度 d_c 与时间 t 的平方根成正比，即

$$d_c = \alpha\sqrt{t}$$

式中系数 α 是混凝土渗透性、相对湿度及大气中二氧化碳密度的函数。在自然碳化条件下，密实混凝土中50年的平均碳化深度仅为15mm，达不到钢筋表面，因此混凝土对钢筋腐蚀起着防护作用。如混凝土密实性较差，保护层混凝土厚度较薄，在适中的环境相对湿度50%～90%下，碳化速度将显著增大。一旦碳化层发展到钢筋表面，钝化膜即遭到破坏——**脱钝**。

2. 氯离子侵人

除了二氧化碳，氯离子也可通过孔隙侵入到混凝土内，如施用除冰盐的桥面或与海洋大气接触的构件。即使混凝土仍处于高碱性，但由于游离的氯离子被吸附在氧化膜表面，生成金属氯化物，使钝化膜遭到破坏。与碳化过程相似，氯离子的侵入深度同样与时间 t 的平方根成正比，取决于表层混凝土的渗透性、相对湿度及大气中氯离子的密度。

3. 钢筋的腐蚀过程

在未开裂混凝土中钢筋的腐蚀过程可用图10-34中的模型来说明。脱钝处的钢筋表面成为电化学腐蚀的**阳极**，未脱钝的钢筋部分为**阴极**。由于二者间的自然电位差，阳极铁离子 Fe^{2+} 被释放出来进入电解溶液：

$$Fe \longrightarrow Fe^{2+} + 2e^-$$

多余的当量电子 e^- 沿钢筋流向阴极，与该处提供的氧和水生成氢氧离子，即所谓的**阴极过程**。

$$2e^- + \frac{1}{2}O_2 + H_2O \longrightarrow 2(OH)^-$$

阴离子 $(OH)^-$ 在电解液中向阳极流动，与 Fe^{2+} 生成 $Fe(OH)_2$，这种氢氧化物再被氧化成为铁锈 $Fe(OH)_3$。上述反应过程表明产生铁锈只消耗氧，而氧必须透过混凝土保护层才能扩散到钢筋上，水的作用仅在于能够使电解过程得以发生。

无论是由于保护层混凝土碳化，或氯的侵入引起钢筋腐蚀，氧和水是发生腐蚀的必要条件。当混凝土处于干燥环境（相对湿度小于 40%），或处于饱和水中，即使钢筋表面已经脱钝，腐蚀也不会发生。这是因为在干燥环境下电解过程无法进行；而在饱和水中，氧的供给被隔绝了。

钢筋腐蚀速度（反应速度）的快慢取决于阴极区氧的可供度，即腐蚀速度是由阴极过程来控制的。混凝土的渗透性越高，氧向钢筋表面扩散的速度越大，钢筋腐蚀的速度也越快。总之，无论是碳化（CO_2 的扩散）、氯离子侵入（氯离子的扩散）及钢筋的腐蚀速度（氧的扩散）均与表层混凝土的渗透性密切相关。因此，保护层混凝土的质（密实性）和量（厚度）是影响钢筋腐蚀的至关重要因素。

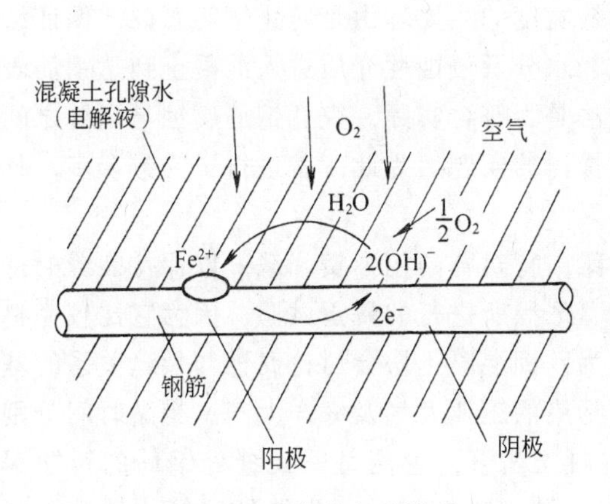

图 10-34　宏观电池模型

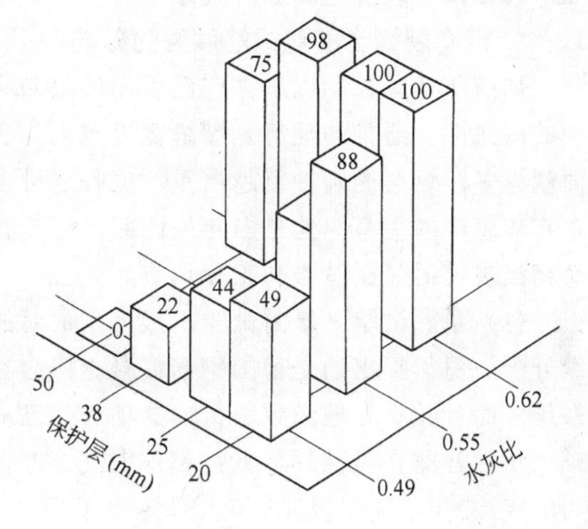

图 10-35　腐蚀量与水灰比和保护层厚度的关系

4. **影响腐蚀的因素**

（1）**保护层厚度**　如前所述，混凝土中碳化深度和氯离子侵入深度都与时间的平方根成正比。如果在正常的保护层厚度情况下，需经 50 年钢筋才开始腐蚀（脱钝）；当环境条件不变时，若保护层的厚度减少一半则只需 12.5 年钢筋即可出现腐蚀。因此，任何局部的保护层厚度减小，都将显著地降低结构的耐久性。

（2）**水灰比**　混凝土的水灰比对混凝土的渗透性有决定性的影响。尤其是当水灰比超过0.6时，由于毛细孔的增加，渗透性将随水灰比的增大而急剧增大。图10-35为相对腐蚀量与水灰比和保护层厚度的试验关系[1]：当保护层厚度 $c=20$mm时，水灰比从0.62降低到0.49，腐蚀量减少了52%；当水灰比为0.49时，保护层厚度 c 从20mm增加到38mm时，腐蚀量减少了55%。

(3) **养护** 如混凝土养护不足（即混凝土表面早期干燥），表层混凝土的渗透性将增加5～10倍，其深度通常等于或大于保护层厚度。英国水泥及混凝土协会的试验表明，养护不良对构件内部混凝土质量的影响不大，但对保护层混凝土的渗透性则有很大影响。保护层厚度越薄，养护就越重要，这是因为养护不足会使表层混凝土迅速干燥，水泥水化作用不充分，渗透性增大。随水灰比增大，水泥用量的减小，混凝土对养护的敏感性也随之增大。

在混凝土第一次干燥以后再采取养护措施是无效的，因为硬化过程一旦中断将很难继续。因此，必须在混凝土浇筑后立即进行养护。

(4) **水泥用量** 水泥含量对混凝土渗透性的影响，不如水灰比、振捣质量及养护的影响大。但对混凝土的和易性及养护敏感性有重要影响。通常，如水灰比不超过0.5～0.6，采用每立方米300kg的水泥用量即足以实现较低渗透性和较高耐久性混凝土的要求。

10.3.3 裂缝与腐蚀的关系

1. 横向裂缝宽度对钢筋腐蚀的影响

如前所述，长期以来被广泛引用的限制裂缝宽度的主要理由是防止钢筋腐蚀，保证结构的耐久性。通常的理解是裂缝宽度越大，氧、水分及侵蚀性介质进入混凝土到达钢筋表面就越多，钢筋的腐蚀就越严重。但是这种看法是否符合实际，究竟钢筋腐蚀与裂缝之间存在着怎样的关系，这是多年来国际上一直在探讨的问题。为此，曾进行了为数众多，具有相当规模的暴露试验和工程调查。

(1) **暴露试验** 暴露试验一般采用成对的梁，背对背的用弹簧加载，以保持裂缝的持续开展。值得提出的是德国钢筋混凝土协会在慕尼黑所进行的暴露试验，因为它比较完整系统，而且数据处理细致，目前这项工作已成为欧洲混凝土协会讨论腐蚀与裂缝关系的基础。试件暴露在三种环境下：都市大气、严重污染的工业大气及海洋大气。暴露时间分别为1年，2年，4年及10年。暴露终了后将混凝土凿开，量测每一裂缝处钢筋的锈蚀深度。Rehm等报导了36根梁暴露2年后的量测结果（图10-36）：裂缝处钢筋的锈蚀深度及频率均随裂缝宽度的增大而增加。短期暴露试验结果说明，裂缝宽度对钢筋腐蚀有明显的影响。

但长期暴露试验的结果则不同了，Schiessl等报导了暴露10年后的试验结果。图10-37为根据实测数据进行统计分析得出的截面锈蚀率与平均裂缝宽度的关系，可见当平均

[1] 滕智明，“钢筋混凝土结构耐久性的若干问题”2000—建筑结构年会论文集，1991，北京

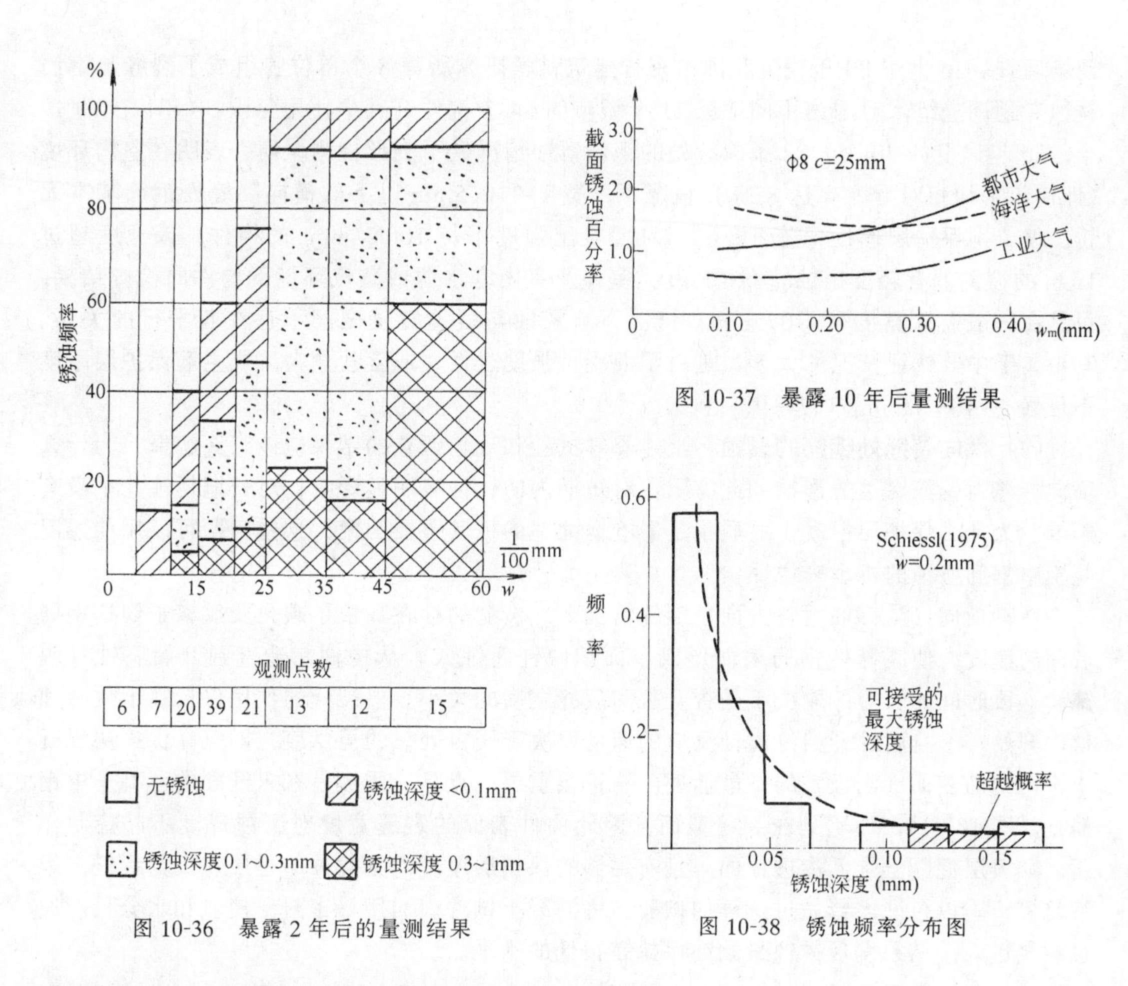

图 10-36　暴露 2 年后的量测结果

图 10-37　暴露 10 年后量测结果

图 10-38　锈蚀频率分布图

裂缝宽度为 0.1～0.4mm 时，裂缝宽度与锈蚀量不存在明显的对应关系。而且不同环境下的锈蚀差别并无实际意义。图 10-38 为裂缝宽度为 0.2mm 的锈蚀频率分布图。不同裂缝宽度下的锈蚀频率分布图是基本相同的，随锈蚀深度的增大其出现的频率成指数减小，可接受的最大锈蚀深度的超越概率是很小的。图 10-39 为美国报导的，76 根梁在缅因州有冻融循环的潮汐区暴露 25 年后的检测结果：梁的锈蚀率并不随钢筋应力的提高（裂缝宽度与钢筋应力近乎成正比）而增大，裂缝宽度对锈蚀率的影响并不明显。

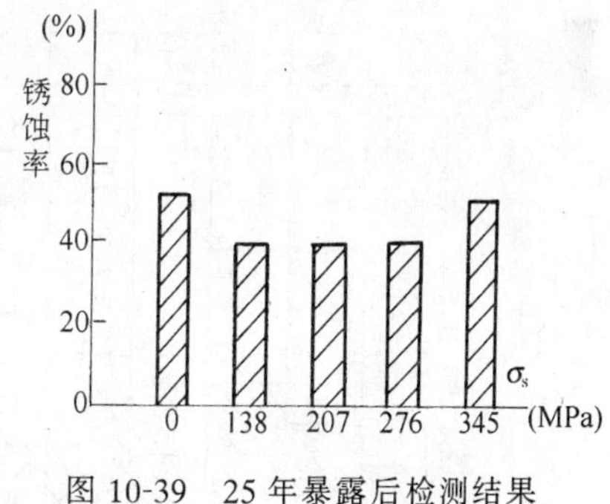

图 10-39　25 年暴露后检测结果

（2）**现场调查**　长期暴露试验能比较真实地反映腐蚀与裂缝的关系，但试验周期很长。快速试验由于试验条件过于理想化，很难模拟实际情况中多种因素的综合影响。而现场调查能在较短时间内直观地反映腐蚀与裂缝的关系。因此，国内外曾进行了相当广泛的现场调查。20 世纪 80 年代，我国山东省建筑科学研究所等 8 个单位曾组成了裂缝与钢筋锈蚀专题调查组，对国内不同地区 11 个城市的 64 个构件（其中使用年限 50 年以上的 17 个，20 年以上的 40 个）82 条裂缝处的钢筋锈蚀情况做了剖形检测。调查表明在室内环境（即使年平均相对湿度高达 85%）情况下，宽度在 0.5mm 以下的横向裂缝处钢筋基本无锈，仅个别保护层厚度只有 10mm，且混凝土强度不足 $100N/mm^2$ 的构件，或宽度超过 1mm 的裂缝处有轻度锈蚀。图 10-40 为室外及室内有水源或蒸汽环境下构件的检查结果，可见在一般裂缝宽度（<0.5mm）情况下，锈蚀与裂缝宽度之间不存在着平行的关系。其中属于中等锈蚀情况的大多数是由于混凝土强度过低、或含盐量大，或主筋保护层厚度不足（$c=10\sim20$mm）的原因。

(3) **横向裂缝处钢筋的腐蚀** 上述暴露试验和现场调查的结果应该怎么解释？为什么横向裂缝对钢筋腐蚀的影响如此有限：对短期内的锈蚀有明显影响；对长期锈蚀几乎没有影响？为什么保护层混凝土的质量是影响锈蚀率的极其重要因素？这些问题可以用前述混凝土中钢筋腐蚀的机理来说明。

在有横向（与钢筋垂直方向）裂缝情况下，裂缝的存在加快了碳化及氯离子到达钢筋表面的速度，使裂缝处钢筋表面形成小面积脱钝腐蚀穴。从构件制造直到开始腐蚀（脱钝）这段时间的长短，取决于是否开裂和裂缝宽度的大小。但裂缝的作用仅仅在于使腐蚀得以开始。一旦腐蚀开始，腐蚀反应的速度取决于阴极处氧的**可供度**，即氧在保护层混凝土中向钢筋表面（阴极）的扩散速度。这里很重要一点是：阴极是在未开裂的混凝土中钢筋处（图 10-41），而不是在裂缝截面，因此构件表面的裂缝宽度对腐蚀速度不起控制作用。如表层混凝土是低渗透性的，且有足够的保护层厚度，则腐蚀的进展将极为缓慢，最终将停止。以色列人曾做过这样的试验，将混凝土试件表面用蜡密封，使氧和水分只能通过裂缝进入，结果发现锈蚀量始终保持在很低的水平。

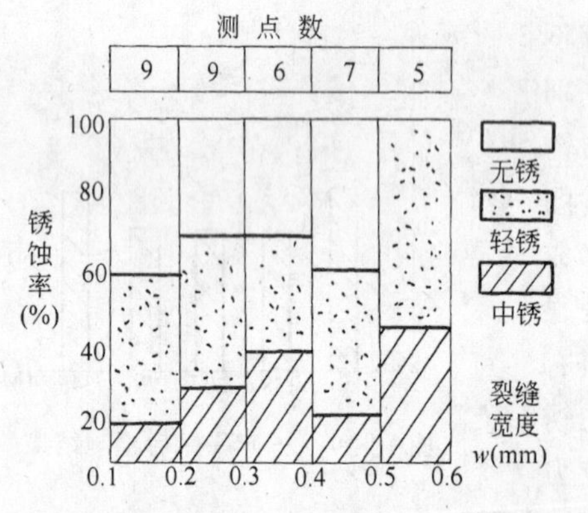

图 10-40　室外及室内潮湿环境下构件

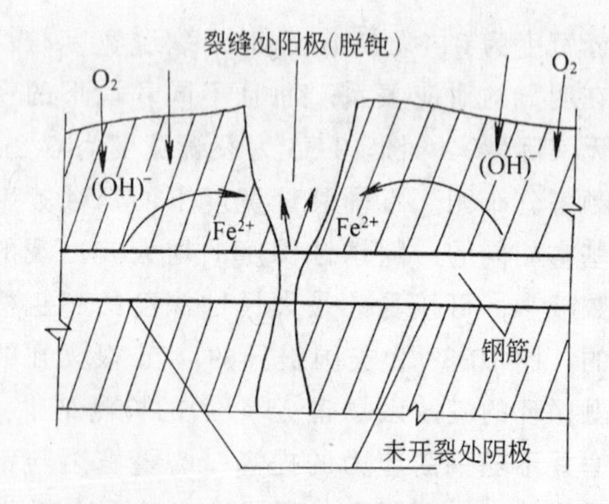

图 10-41　裂缝处的钢筋腐蚀

为什么裂缝宽度对钢筋的早期（1～2 年）锈蚀有明显影响，而对长期锈蚀的影响则无足轻重呢？为了说明这个问题，设有 A、B 两条裂缝，A 的宽度为 0.4mm，B 的宽度为

0.2mm。在同样的环境及相同的表层混凝土质量条件下，如A裂缝处一年后脱钝，B裂缝处二年后脱钝，第3年后检测将发现裂缝宽度对锈蚀量有很大影响。因为A处锈蚀了2年，B处仅锈蚀了1年，设二者的锈蚀率相同，则A的锈蚀量将为B的2倍。如果在22年以后进行检测，A与B的锈蚀量将是21与20之比，相差仅5%。由于锈蚀现象的很大变异性，实际上这种差别是很难察觉的。

因此，从腐蚀的电化学机理来看，横向裂缝的宽度只对从裂缝出现到钢筋开始锈蚀这一段时间（t_0）有影响。设 t_1 代表锈蚀开始到产生不能容许的锈蚀量之间的这段时间，结构的耐久性要求：$t_0+t_1>$结构设计使用年限。钢筋混凝土结构构件是按允许出现裂缝设计的（裂缝控制等级为三级），因此脱钝是不可避免的。裂缝宽度有影响的 t_0 这一段时间在整个结构的使用寿命中相对是很小的，而裂缝宽度对取决于腐蚀速度的时间 t_1 几乎没有影响。但 t_1 是结构使用寿命中的绝大部分，因此从长期暴露试验和现场调查结果来看，一般的裂缝宽度（<0.5mm）对钢筋腐蚀（结构的耐久性）并无明显影响，因为 $t_0 \ll t_1$。

2. 纵向裂缝的危害

国内外的大量工程调查表明，与钢筋垂直的横向裂缝处的锈蚀一般只限于很小的范围内，并不严重，不存在使混凝土保护层胀裂的危险，通常不需要处理。而沿钢筋发展的纵向裂缝（又称顺筋裂缝），则会导致严重的锈蚀危害，必须进行修复。纵向裂缝与腐蚀的关系是比较复杂的，有的是“先锈后裂”；有的是“先裂后锈”。

（1）**先锈后裂**　前述专题组调查中报导的出现纵向劈裂的严重腐蚀情况，其中60%以上为无横向裂缝的构件角部混凝土胀裂破碎。在板中则为大面积保护层混凝土的剥落，钢筋隐约外露。这种情况通常出现在钢筋截面被显著削弱之前。

纵向劈裂裂缝的出现是由于表层混凝土密实性差、保护层厚度不足，且处于潮湿环境，加速了碳化或氯离子的侵入，使钢筋多处脱钝。钢筋腐蚀后，锈蚀产物的体积比钢筋被侵蚀的体积大得多，可达锈蚀量的2～3倍。虽然，截面损失相对还很小（截面锈蚀率只有0.5%～1.9%），但体积的增大已足以使外围混凝土产生相当大的拉应力，导致沿钢筋长度发展的顺筋裂缝。一旦保护层混凝土劈裂，二氧化碳、氯离子、氧及水分等更容易渗入与钢筋接触，从而加剧钢筋的腐蚀，而钢筋腐蚀的发展又促使外围混凝土的顺筋裂缝加宽、延伸，如此恶性循环，最终使保护层剥落，其腐蚀速度将10倍于横向裂缝处的钢筋腐蚀。

影响纵向劈裂的重要因素仍然是表层混凝土的密实性和保护层厚度；一方面它影响着钢筋锈蚀（锈蚀的长度和深度）的发展速度，锈蚀量越大，钢筋直径越大，锈蚀后产生的体积膨胀力就越大；另一方面它决定着外围混凝土的劈裂抗力（混凝土抗拉强度和承受拉力的保护层混凝土面积）。密实性越差，保护层越薄，混凝土的劈裂抗力就越小。

（2）**先裂后锈**　一般荷载作用产生的受拉和受弯构件的横向裂缝一般是垂直于主筋方向的，但由于收缩及施工质量（箍筋的保护层厚度得不到保证）等原因，裂缝会出现在箍筋处，形成沿箍筋发展的顺筋裂缝，导致箍筋的过早锈蚀。如前面介绍的专题组在调研中观察到，有些已建造几十年的室外构件其横向裂缝宽度达0.35～0.45mm，但主筋无锈，而位于横向裂缝处的箍筋已出现锈斑。法国对3000个铁路桥梁的调查表明，不平行于钢筋的裂缝处的腐蚀影响一般可以忽略；而90%需要修复的腐蚀损害是顺筋裂缝造成的混凝土剥裂。如沿箍筋发展的梁腹枝状裂缝（图10-21*c*），板中沿与主筋垂直的横向钢筋发展的裂缝（图10-42）。设置梁腹纵筋，减小钢筋间距（图10-31）可有效地控制裂缝的发展。而塑性混凝土下沉产生的钢筋顶部顺筋裂缝（图10-18*c*），对结构的耐久性是非常有害的，将成为钢筋早期腐蚀的根源，必须加以处理。如前所述，对于塑性混凝土的下沉裂缝。可通过改善混凝土配比，减少泌水，加强养护来防止。试验表明，保护层厚度 c 是影响这种裂缝的主要因素（图10-43），增加保护层厚度可使裂缝出现的机率减少。减小塌落度虽然也有一定效果，但不如保护层厚度的影响明显。塑性混凝土裂缝出现后，立即进行二次振捣可使裂缝闭合，并不会对混凝土造成损害。

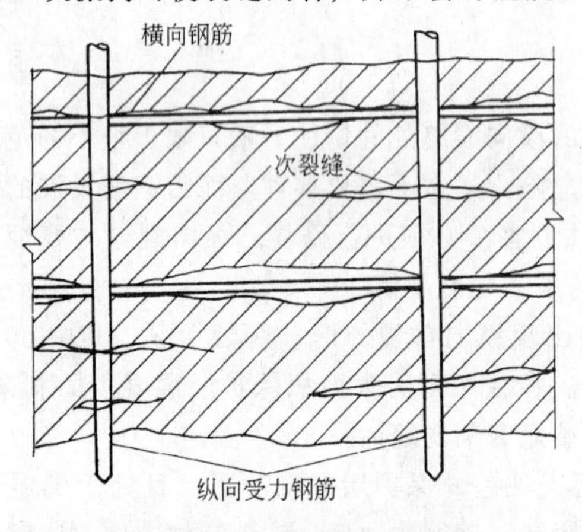

图10-42　板中沿横向钢筋发展的裂缝

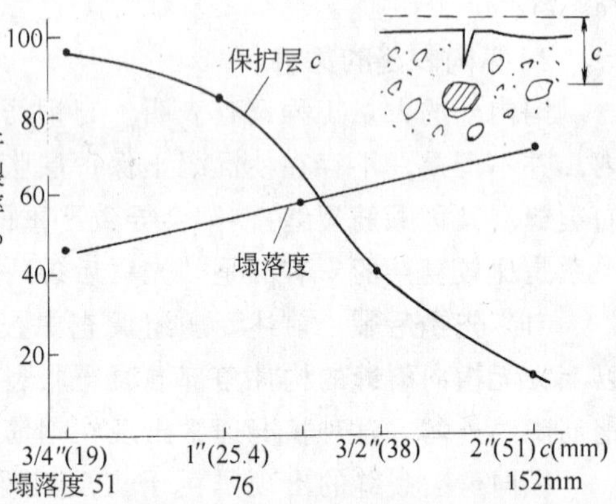

图10-43　塑性混凝土下沉裂缝

10.3.4　腐蚀对结构功能的影响

钢筋腐蚀过程的第一个后果是钢筋截面面积减小、延伸率降低；第二个后果是锈蚀产物体积膨胀，导致混凝土保护层开裂，甚至剥落；第三是锈蚀改变了钢筋与混凝土之间的界面性质，使粘结性能退化。这三种后果都在不同程度上影响到结构构件的承载力，适用性及外观（图10-44）。

（1）**承载力**　当钢筋截面腐蚀率较小时（$<5\%$），钢筋混凝土构件的正截面承载力与钢筋腐蚀率基本呈线性关系[1]。当腐蚀率较大时，由于钢筋表面锈坑处应力集中的影响，钢筋的延伸率、抗拉强度、疲劳强度都将降低，而延性及疲劳对腐蚀更敏感；另外一方面由于混凝土保护层开裂剥落，部分截面退出工作，使构件承载力的下降百分比要大于钢筋

[1] 注：钢筋腐蚀对预应力混凝土构件的影响详见第11章11.4.3节。

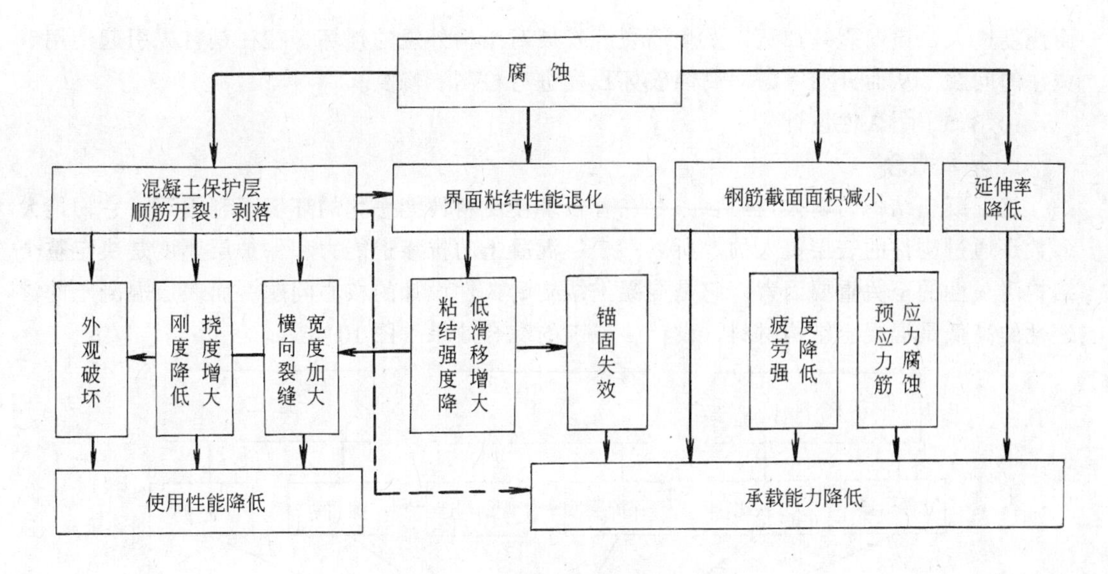

图 10-44　腐蚀对结构性能的影响

截面的腐蚀率。

国内外所进行的钢筋腐蚀量对钢筋与混凝土之间粘结强度影响的试验结果表明：当腐蚀量小于 1% 时，粘结强度有所提高，但随着钢筋腐蚀量的增加，粘结强度近乎直线下降（图 10-45）。

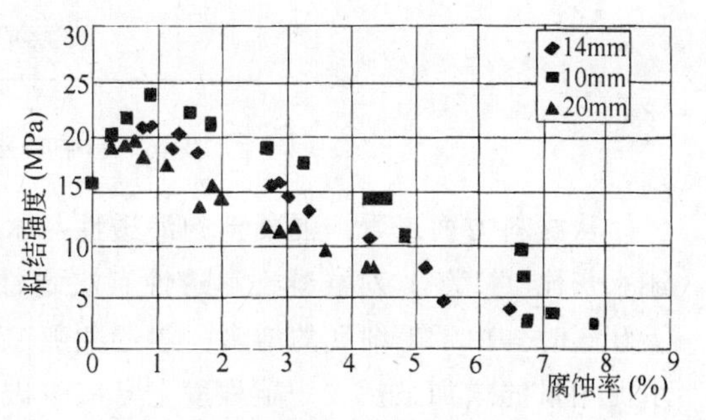

图 10-45　腐蚀量对粘结强度的影响

腐蚀初期，锈斑使钢筋表面变得粗糙，增加了钢筋与混凝土接触面上的摩擦力，使粘结强度得到提高。随着钢筋腐蚀量的进一步增加，变形钢筋的肋高因腐蚀而减小，降低了钢筋与外围混凝土之间的机械咬合作用，且疏松的锈蚀产物在界面上起到了润滑作用；一旦锈蚀物的体积膨胀使混凝土保护层出现纵向劈裂，混凝土对钢筋滑移的约束力得到释放，粘结强度将显著降低，滑移增大。

当腐蚀引起的顺筋裂缝发生在钢筋锚固区时，可能导致构件的突然破坏。日本进行的无腹筋梁抗剪对比试验发现，未经腐蚀的梁为受弯破坏，而支座处有腐蚀顺筋开裂的梁，则为钢筋锚固破坏，承载力下降。

(2) **适用性**　在腐蚀情况下，粘结性能退化、保护层混凝土开裂，使梁受拉区混凝土大部分退出工作，导致梁的刚度降低（挠度增大），横向裂缝宽度加大，影响了梁在正常使用状态下的工作性能。

应该指出的是，导致保护层混凝土顺筋开裂的腐蚀量是很小的（截面损失率＜2%），尚小于规范规定的钢筋截面面积允许误差率 5%，它对构件承载力下降的影响是不大的。

而挠度增大、横向裂缝加宽以及顺筋裂缝发展对结构外观的损坏、往往是首先引起使用者关注的问题，从而开始考虑对腐蚀破坏程度进行检测、修复。

10.3.5 耐久性设计

1. 基本概念

就混凝土结构的耐久性而言，存在着很多使材料性能恶化的环境不利因素，它们绝大多数是通过构件的表层侵入的。所以，表层混凝土的抗渗透能力和保护层厚度是决定整个结构耐久性的至关重要因素，它是混凝土结构耐久性设计的核心问题。而表层混凝土的渗透性的高低是混凝土结构材料、设计、施工的综合效果（图 10-46）。

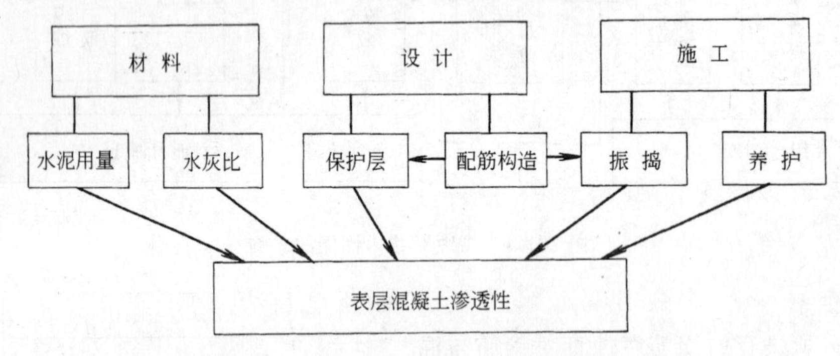

图 10-46　影响表层混凝土渗透性的因素

从材料方面来看，混凝土的渗透性与水灰比、水泥用量及骨料的吸水率有关，如前所述水灰比（W/C）对混凝土渗透性有决定性的影响（图 10-35）特别是当水灰比 W/C 大于 0.6 时，由于毛细孔的增多，渗透性随 W/C 的增加急剧增大，腐蚀的危险也显著增加。水泥用量的增加虽然在一定程度上可减少碳化和氯离子的侵入，但水泥用量超过正常范围以后其效果是有限的。而且会影响到混凝土的和易性。此外，混凝土中掺入塑化剂可改善其和易性，降低水灰比，并有利于充分振捣，增加密实性，从而提高结构的耐久性。

混凝土作为一种建筑材料，其特点是要由工厂或搅拌站提供流动性混凝土，运至工地进行浇筑、振捣、养护。这与在工厂中大规模生产，并有严格质量控制的钢材全然不同。混凝土的质量和耐久性受到施工水平的很大影响。混凝土的密实性与浇筑及振捣条件密切相关，特别是对表层混凝土，而不幸的是表层混凝土往往更容易振捣不足。

从设计方面来看，混凝土的浇筑、振捣条件很大程度上取决于构件截面的外形、尺寸（如 T 形、I 形截面腹板厚度和高度）和钢筋布置（钢筋的排列、净间距及保护层厚度）。钢筋细部构造对结构耐久性有很大影响，过早锈蚀、混凝土出现蜂窝孔洞以及因保护层不足而发生的顺筋裂缝等，均揭示存在不恰当的配筋构造。进行钢筋布置必须考虑耐久性的要求，设计者应力求使混凝土便于浇筑、振捣，避免复杂的配筋构造以致使钢筋骨架难于放置。如图 10-47 所示过于拥挤的配筋将给混凝土灌注造成困难，使混凝土离淅，插入式振捣棒难于达到构件底部。日本曾做过不同钢筋间距对表层混凝土渗透性影响的对比试验

(图 10-48)，试件经烘干后，截面两端用蜡密封放入红墨水中，浸泡三天后取出剖开量测红墨水的浸入深度。实测图中断面 C 的墨水浸透深度要比断面 B 的大 2.7 倍。上述试验说明结构设计的配筋构造是提高混凝土结构耐久性的一个重要环节，它直接影响到表层混凝土的密实性和抗渗透能力。

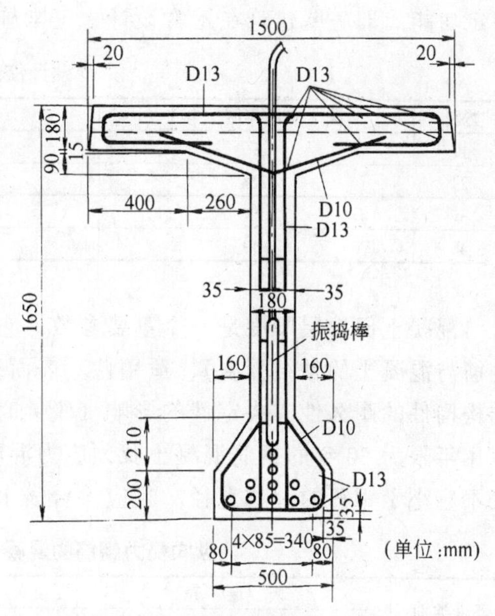

图 10-47　截面配筋拥挤，振捣棒难于到达底面

值得注意的是，养护对于表层混凝土质量的重要性并不亚于上述其他因素。如前所述，养护不良对构件整体混凝土质量而言影响不大，但对于相对较薄的保护层混凝土的密实性有很大影响。保护层越薄，养护就越重要，这是因为养护不良使表层混凝土迅速干燥，水化作用不充分，渗透性增大。因此，养护对耐久性的作用比以前设想的重要得多。

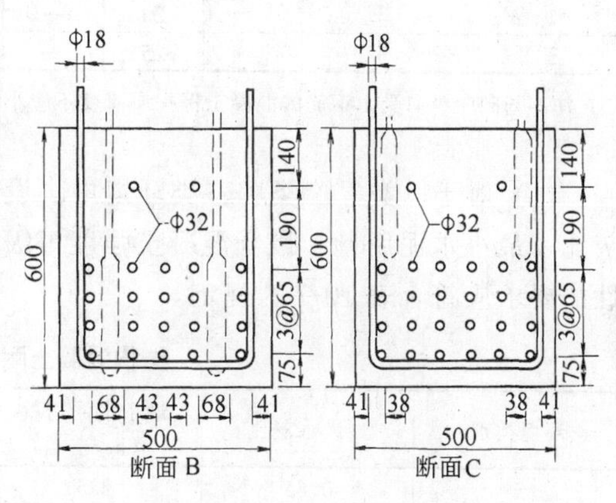

图 10-48　对比试验

总之，钢筋混凝土结构的耐久性是结构的材料组成、设计水准和施工质量的综合效果。提高混凝土结构耐久性的基本出发点是提高表层混凝土的密实性。暴露试验及工程调查都清楚地表明在一般大气环境下裂缝宽度（<0.4mm）对钢筋锈蚀率没有明显影响；而在严酷的环境下，即使裂缝宽度很小，侵蚀性介质也会侵入混凝土有较高的锈蚀率，限制裂缝宽度并不足以防止钢筋受到腐蚀。在这种情况下需采取特殊的防护措施，如混凝土表面涂层，或采用环氧树脂涂层钢筋等。

2.《规范》有关耐久性的规定

《规范》关于混凝土结构耐久性规定的根据是：①结构所处环境类别；②结构的设计使用年限。

如前所述，结构所处环境的温度，湿度和侵蚀性是影响结构耐久性的重要因素，也是耐久性设计的基本前提。我国《规范》采用的**混凝土结构环境类别**划分见第 10.2.2 节表 10-2。

在 2001 年修订的国家标准《建筑结构可靠度设计统一标准》GB 50068 中，首次明确提出了各种建筑结构的“**设计使用年限**”（表 10-5）。设计使用年限是设计规定的一个时期，在这一规定时间内，只需进行正常的维护而不需进行大修就能按预期目的使用，完成预定功能，即房屋建筑在正常设计、正常施工、正常使用和维护下所应达到的使用年限。

设计使用年限分类　　表 10-5

类别	设计使用年限（年）	示　例
1	5	临时性结构
2	25	易于替换的结构构件
3	50	普通房屋和构筑物
4	100	纪念性建筑和特别重要的建筑结构

混凝土保护层厚度是一个重要参数，它不仅关系到构件的承载力（截面有效高度 h_0、钢筋与混凝土的粘结强度）、适用性（表面裂缝宽度、出现塑性下沉裂缝的机率），而且对结构构件的耐久性有决定性的影响（脱钝时间、腐蚀速度及劈裂抗力）。《规范》要求设计使用年限为 50 年的钢筋混凝土及预应力混凝土结构，其纵向受力钢筋的混凝土保护层厚度不应小于钢筋的公称直径，且应符合表 10-6 的规定。

纵向受力钢筋的混凝土保护层最小厚度（mm）　　表 10-6

环境类别		板、墙、壳			梁			柱		
		≤C20	C25～C45	≥C50	≤C20	C25～C45	≥C50	≤C20	C25～C45	≥C50
一		20	15	15	30	25	25	30	30	30
二	*a*	—	20	20	—	30	30	—	30	30
	b	—	25	20	—	35	30	—	35	30
三		—	30	25	—	40	35	—	40	35

注：基础中纵向受力钢筋的混凝土保护层厚度不应小于 40mm；当无垫层时不应小于 70mm。

（1）对于一类、二类和三类环境中，设计使用年限为 50 年的结构混凝土，其最大水灰比、最小水泥用量、最低混凝土强度等级，最大氯离子含量以及最大碱含量，按照耐久性的要求应符合表 10-7 的规定。

结构混凝土耐久性的基本要求　　表 10-7

环境类别		最大水灰比	最小水泥用量（kg/m^3）	最低混凝土强度等级	最大氯离子含量（%）	最大碱含量（kg/m^3）
一		0.65	225	C20	1.0	不限制
二	*a*	0.60	250	C25	0.3	3.0
	b	0.55	275	C30	0.2	3.0
三		0.50	300	C30	0.1	3.0

注：1. 氯离子含量系指其占水泥用量的百分率；
2. 预应力构件混凝土中的最大氯离子含量为 0.06%，最小水泥用量为 300kg/m^3；最低混凝土强度等级应按表中规定提高两个等级；
3. 素混凝土构件的最小水泥用量不应少于表中数值减 25kg/m^3；
4. 当混凝土中加入活性掺合料或能提高耐久性的外加剂时，可适当降低最小水泥用量；
5. 当有可靠工程经验时，处于一类和二类环境中的最低混凝土强度等级可降低一个等级；
6. 当使用非碱活性骨料时，对混凝土中的碱含量可不作限制。

(2) 对于一类环境中，设计使用年限为100年的结构混凝土，与处于一类环境中，设计使用年限为50年的结构混凝土相比，在以下几方面的规定更为严格：

1）钢筋混凝土结构和预应力混凝土结构的最低混凝土强度等级分别为C30和C40；

2）混凝土中的最大氯离子含量为0.06%；

3）应尽可能采用非碱活性骨料；当使用碱活性骨料时，混凝土中的最大碱含量应控制为3.0kg/m^3；

4）混凝土保护层厚度应按表10-6的规定增加40%；当采取有效的表面防护措施时，混凝土保护层可适当减少；

5）在使用过程中，应定期维护。

思 考 题

10-1 试说明建立受弯构件刚度计算公式的基本思路和方法，公式在哪些方面反映了钢筋混凝土的特点。

10-2 说明参数 η、ζ 及 ψ 的物理意义及其影响因素。

10-3 试以［例10-1］为例说明，如拟将短期刚度 B_s 提高50%，比较有效的措施是：(1) 提高混凝土强度等级；(2) 增加纵向钢筋面积 A_s；或 (3) 加大截面高度 h。

10-4 为什么说保护层厚度对构件表面裂缝宽度有很大影响？

10-5 试说明钢筋有效约束区的概念及其实际意义。

10-6 试分析说明为什么控制 w_{max} 等于控制了钢筋混凝土构件中钢筋抗拉强度的设计值？

10-7 试从钢筋腐蚀机理说明“保护层混凝土的质和量和影响钢筋腐蚀的决定性因素。”

10-8 为什么在一般大气环境下横向裂缝宽度（<0.4mm）对钢筋腐蚀的影响很小？

10-9 为什么说“表层混凝土的渗透性是混凝土结构耐久性设计的核心问题”？

习 题

10-1 某公共建筑门厅入口悬挑板 $l_0=3$m（图10-49），板厚 $h=200$mm（$h_0=177$mm），配置Φ16HRB 335级钢筋，间距200mm，混凝土为C25级。板上永久荷载标准值 $g=3$kN/m^2，可变荷载标准值 $p=0.5$kN/m^2，准永久值系数为1.0。试验算板的挠度是否满足《规范》允许挠度限值的要求？

10-2 某多层工业厂房的楼板为 $l_0=6$m 的简支预制槽形板，截面尺寸如图10-50所示，混凝土为C30级，纵筋为HRB 335级钢筋。板上永久荷载标准值 $g=2$kN/m，可变荷载标准值 $p=2$kN/m，准永久值系数为0.6。求板的挠度 f。

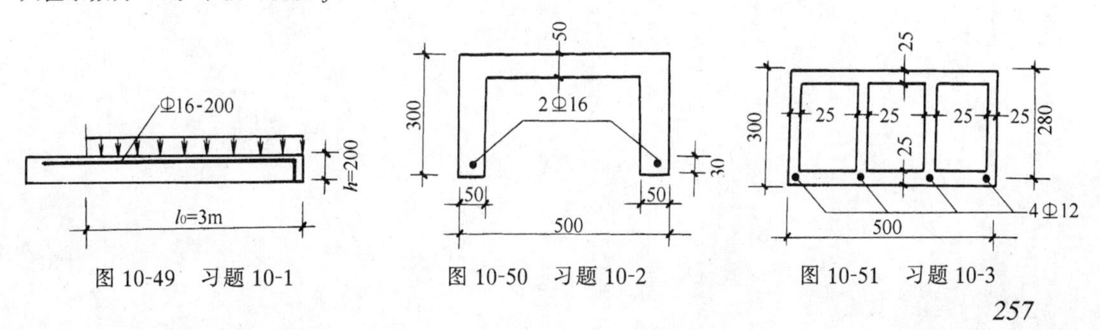

图10-49 习题10-1　　图10-50 习题10-2　　图10-51 习题10-3

10-3　如将上题中槽形板改为图 10-51 所示三孔空心板，截面尺寸及配筋如图所示，其他条件同习题 10-2，求空心板的挠度 f。

10-4　计算题 10-1 中悬挑板的最大裂缝宽度。

10-5　计算题 10-2 中槽形板的最大裂缝宽度。

10-6　计算题 10-3 中空心板的最大裂缝宽度。

10-7　承受均布荷载的矩形截面简支梁，配置 HRB 335 级钢筋，混凝土强度等级为 C25，允许挠度值为 $l_0/200$。设可变荷载标准值 Q_k 与永久荷载标准值 G_k 的比值 $Q_k/G_k=2.0$，可变荷载准永久值系数为 0.4，可变荷载与永久荷载的分项系数分别为 1.4 及 1.2。试画出此梁不需作挠度验算的最大跨高比 l_0/h 与配筋率 $\rho=A_s/bh_0$ 的关系曲线。

10-8　钢筋混凝土板 $b=1000$mm，$h=100$mm，配置 $d=10$mmHPB 235 级钢筋，间距 150mm，保护层厚度 $c=20$mm，混凝土为 C20 级。板允许的最大裂缝宽度 $w_{lim}=0.2$mm，求此板所能承受按荷载短效应组合计算的最大弯矩值 M_k。

第2篇 预应力混凝土结构构件

第11章 预应力混凝土结构原理及计算规定

11.1 预应力混凝土的概念

11.1.1 钢筋混凝土的缺欠

钢筋混凝土构件存在着内的的缺欠。混凝土材料力学性能中的一个基本矛盾是：抗压强度高、抗拉强度很低（$f_t \approx f_c/10$）；极限拉应变很小，只有极限压应变的$\left(\frac{1}{20} \sim \frac{1}{30}\right)$。因此，钢筋混凝土受弯构件、大偏心受压构件及受拉构件的拉区混凝土开裂较早，这时受拉钢筋的应力 σ_s 只有（20～40）N/mm^2。过早的开裂使得这些钢筋混凝土构件一直处于带裂缝状态下工作，使用荷载下钢筋的工作应力（HRB 335 级钢）可达（220～250）N/mm^2，裂缝宽度已有一定的开展约（0.2～0.3）mm，虽然仍在允许值范围以内，但构件的刚度则显著降低。如以第10章中图10-15所示简支梁为例，此梁按受弯承载力计算的纵向钢筋截面面积 A_s、荷载效应标准组合下的钢筋应力 σ_{sk}、跨中最大挠度 f 及最大裂缝宽度 w_{max}（计算见例10-1、例10-3）见表11-1。

表11-1

情 况	钢筋强度 f_y (N/mm^2)	按 $M=67.6kN·m$ 计算的 A_s	$M_k=50.7kN·m$			
			σ_{sk} (N/mm^2)	B ($N·mm^2$)	f (mm)	w_{max} (mm)
(*a*)	300	3 Φ 16，603 (mm^2)	232	8.77×10^{12}	16.3	0.27
(*b*)	580	2 $Φ^l$14，308 (mm^2)	453	4.43×10^{12}	32.0	0.81
(*a*) / (*b*)	1/1.87	1/0.51	1/1.95	1/0.51	1/1.96	1/3

图10-15中梁的开裂弯矩 $M_{cr} \approx 22.4kN·m$，开裂前截面抗弯刚度 $E_cI_0 = 2.55\times10^4 \times$

$1.664 \times 10^9 = 42.43 \times 10^{12}$。由于拉区混凝土的较早开裂，使用荷载下（$M_k = 50.7\text{kN·m}$）的长期抗弯刚度 B 降低为开裂前的 1/5，最大挠度 $f \approx l/300$，$w_{max} = 0.27\text{mm}$ 小于允许值 0.3mm，尚能满足要求，是可以接受的。这是因为采用的是 HRB 335 级钢筋，钢材强度不高，梁的跨度不大，过早开裂导致的刚度降低、裂缝宽度增大的问题反映得并不突出。但是钢筋混凝土结构的这种内在的缺欠，却制约了它自身的发展及其应用范围。

从钢筋混凝土结构的发展来看，显然采用高强度钢筋可以节约钢材、降低造价，取得较好的经济效益。但是，在钢筋混凝土构件中采用高强度钢筋，将使使用荷载下钢筋的工作应力提高很多，挠度和裂缝宽度将远远超过允许的限值。实际上高强度钢筋在钢筋混凝土（受弯、大偏压及受拉）构件中将很难得到合理的利用。如仍以图 10-15 中的梁为例，假如采用 $f_y = 580\text{N/mm}^2$ 的冷拉热轧钢筋，相应的 A_s、σ_{sk}、B、f 及 w_{max} 如表 11-1 所列。钢筋设计强度 f_y 提高了 87%，受拉钢筋截面面积 A_s 减少了 49%，σ_{sk} 提高了 95%，而长期抗弯刚度却降低为 $E_c I_0/9$，挠度 f 增大了约 1 倍，但值得注意的是裂缝宽度 w_{max} 竟大了 3 倍，已远远超过了限值 $w_{lim} = 0.3\text{mm}$。以上两种钢筋算例的对比说明，对变形和裂缝的控制等于控制了钢筋混凝土构件中钢筋的工作应力（σ_{sk}），其根本原因在于拉区混凝土的过早开裂。显然，如把 A_s 增大，构件的变形及裂缝要求是可以得到满足的，但钢筋强度将得不到充分利用。不能采用高强钢筋，采用高强度混凝土也是没有意义的。因为提高混凝土强度对提高构件的抗裂性、刚度和减小裂缝宽度的作用很小。总之，钢筋混凝土构件过早开裂的问题不解决，就不能有效地利用高强材料，这就阻碍了钢筋混凝土结构自身的发展。

另外一方面从钢筋混凝土结构的应用来看，它也受到过早开裂导致的刚度降低、裂缝开展的制约。当将钢筋混凝土用于大跨结构（大跨屋盖、大跨桥梁），或承受动力荷载的结构（铁路桥梁、重吨位吊车梁等）时，为了满足挠度控制的要求，需要靠加大截面尺寸（体量）来增大构件的刚度，以致使构件的承载力中有较大的一部分要用于负担结构的自重。跨度越大，自重在承载力中所占比例就越大，结果使钢筋混凝土用于大跨、动力结构将成为很不经济、很不合理，甚至是不可能的。因此，钢筋混凝土构件过早开裂的缺欠也限制了其应用范围。

11.1.2 预应力混凝土的基本概念

混凝土的抗压强度比抗拉强度高很多，由于过早开裂，使受拉区混凝土原有的抗压强度也得不到利用。因此，人们很自然地提出这样的设想，可否借助于混凝土的抗压强度来补偿其抗拉强度的不足，以推迟受拉区混凝土的开裂？即在构件受外荷以前，使它先存在着一种应力状态（预应力），用以减小或抵消外荷作用时产生的拉应力？

如图 11-1 所示受均布荷载作用的混凝土梁，在受外荷（除自重以外的永久荷载及可变荷载）以前，张拉钢筋并将钢筋锚固在梁上，利用钢筋的回弹对混凝土施加预压力 N。在轴向压力 N 及梁自重的作用下截面产生如图 11-1（a）所示应力分布（预应力），设外荷作用引起的应力增量如图 11-1（b）所示，图 11-1（c）为二者叠加以后截面的应力分布。调整轴力 N 的大小及其作用位置（偏心距 e）可使梁在外荷作用下的截面应力分布：(1) 不出现拉应力 $\sigma \leqslant 0$；(2) 出现不超过混凝土抗拉强度的拉应力 $\sigma \leqslant f_{tk}$；(3) 允许开裂，即 $\sigma > f_{tk}$，但裂缝出现较晚，因为外荷产生的拉应力中有一部分为预压应力所抵消。对拉区混凝土施加预压应力，用以部分抵消荷载引起的拉应力，这是利用了拉区混凝土固有的抗压强度来解决钢筋混凝土构件过早开裂的问题，以提高构件的抗裂性和刚度。

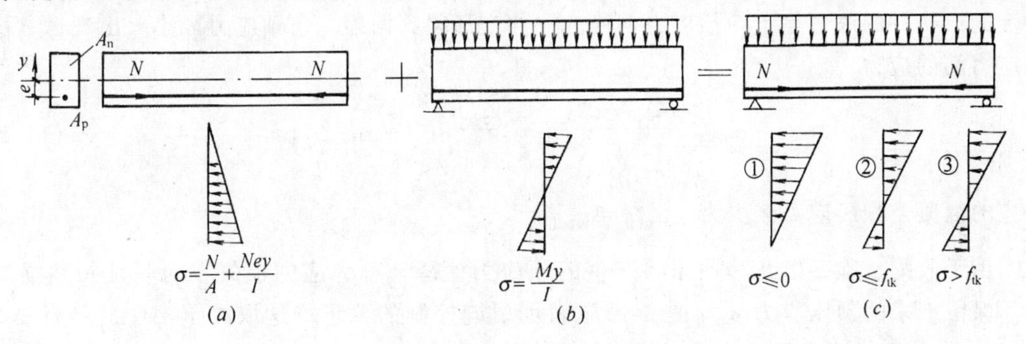

图 11-1　预应力的概念

实际上预加应力的概念在日常生活和生产实践中早已有所运用。如木制水桶盛水以后不漏，是由于制造木桶时用桶箍将木片挤紧，使桶壁中产生了环向预压应力。又如当从书架上把一排书一起拿下时，需先用两手把这排书挤紧（施加预压力）才不会在搬动时发生散落。而预先拉紧自行车轮的轮条以防止受荷后压屈，则是应用预拉应力概念的例子。

11.1.3　预应力混凝土构件的受力特点

1. 现以图 11-2 所示轴心受拉构件为例，说明预应力混凝土构件的受力特点。设拉杆的混凝土净截面面积为 A_n，长度为 l，截面形心处预留孔洞，穿入截面面积为 A_p 的预应力钢筋，钢筋的有效长度为 l_p（其余部分张拉完后将截去）。设以锚具将预应力钢筋固定在构件的 A 端，在 B 端以构件为支座用千斤顶张拉钢筋。在张拉过程中预应力筋受拉伸长，混凝土受压缩短，当张拉终止将预应力筋锚固在构件上时，混凝土构件缩短了 Δ_c，预应力筋的伸长量为 Δ_p（图 11-2b）。预应力筋的拉应变为 $\varepsilon_p = \Delta_p / l_p$，拉应力 $\sigma_{p\text{I}} = \varepsilon_p E_s$。这时，构件上并无外荷作用，构件处于一种预应力筋内力与混凝土内力自相平衡的**自应力状态**，故

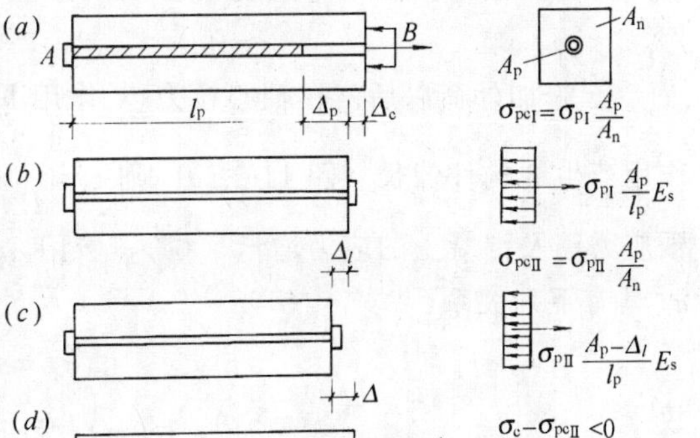

图 11-2　预应力混凝土轴心受拉构件

$$\sigma_{pcI}A_n = \sigma_{p\mathrm{I}}A_p \text{ 或 } \sigma_{pc\mathrm{I}} = \frac{\sigma_{p\mathrm{I}}A_p}{A_n} \tag{11-1}$$

2. 混凝土具有收缩及徐变的性质，收缩为混凝土随时间增长的体积减少，徐变为混凝土在荷载长期作用下随时间而增长的变形，二者均使构件的长度缩短。设经过一定时间以后，构件由于收缩、徐变产生的压缩变形为 Δ_l（图 11-2c），因为预应力筋是锚固在构件上的，构件的缩短等于使预应力钢筋的拉伸变形得到回缩，使预应力减小。出现 Δ_l 后，预应力筋的应力

$$\sigma_{p\mathrm{II}} = \frac{\Delta_p - \Delta_l}{l}E_s = \frac{\Delta_p E_s}{l}(1 - \Delta_l/\Delta_p) \tag{11-2}$$

相应的混凝土预压应力减少为 $\sigma_{pc\mathrm{II}} = \sigma_{p\mathrm{II}}\dfrac{A_p}{A_n}$

由于收缩、徐变以及其他原因产生的预应力值降低称为**应力损失**。问题是扣除损失后，保留下来的预压应力 $\sigma_{pc\mathrm{II}}$ 是否仍能满足裂缝控制的要求，这取决于 Δ_l/Δ_p。当 $\Delta_l/\Delta_p \approx 1.0$ 时，构件中的预应力将全部消失。虽然早在 1886 年就有人采用张拉钢筋对混凝土施加预压力的方法以防止混凝土开裂。但由于那时钢筋的强度很低（Δ_p 很小），且对混凝土的徐变性能未充分认识，施加预应力后不久，收缩、徐变引起的构件缩短（$\Delta_i \approx \Delta_p$），使最初建立的预应力几乎消失殆尽，预加应力的设想未能实现。直到 1928 年，法国的弗芮西奈（E.Freyessinet）首先用高强钢丝及高强混凝土成功地建造了一座水压机架。以后随着钢铁工业的发展，高强度钢材的大量生产，预应力混凝土结构才真正得到发展和应用。

3. 施加外荷以后，在轴心拉力 N 作用下预应力筋与混凝土共同变形。设 Δ 为轴力 N 作用产生的构件伸长（图 11-2d）：则 $\varepsilon = \dfrac{\Delta}{l} = \dfrac{\sigma_p}{E_s} = \dfrac{\sigma_c}{E_c}$。这里 σ_p 及 σ_c 各为轴力 N 引起的预应力筋及混凝土的应力增量（拉）。引用 $\alpha_E = E_s/E_c$，可知荷载作用下的应力增量 σ_p 与 σ_c 具有下列关系：

$$\sigma_p = \alpha_E\sigma_c \tag{11-3}$$

故

$$N = \sigma_c A_n + \sigma_p A_p = \sigma_c(A_n + \alpha_E A_p) = \sigma_c A_0 \tag{11-4}$$

式中 $A_0 = A_n + \alpha_E A_p$ 为换算截面面积。

与加荷前的预应力 $\sigma_{p\mathrm{II}}$、$\sigma_{pc\mathrm{II}}$ 叠加以后，在轴向拉力 N 作用下构件中预应力筋的应力为 $\sigma_{p\mathrm{II}} + \alpha_E\sigma_c$，混凝土的应力为 $\sigma_c - \sigma_{pc\mathrm{II}}$（以拉为正）。

（1）当 $\sigma_c - \sigma_{pc\mathrm{II}} < 0$ 时，构件中未出现拉应力，截面处于受压状态（图 11-2d）。

（2）当 $\sigma_c - \sigma_{pc\mathrm{II}} = 0$ 时，施加的轴力恰好抵消混凝土的预压应力，构件处于**消压状态**。这时的轴力称为**消压轴力**（图 11-2e）：

$$N_{p0} = \sigma_{pc\mathrm{II}} A_0 \tag{11-5}$$

相应的预应力钢筋的应力为

$$\sigma_{p0} = \sigma_{p\text{II}} + \alpha_E \sigma_{pc\text{II}} \tag{11-6}$$

(3) 当 $\sigma_c - \sigma_{pc\text{II}} = f_{tk}$时，构件处于**裂缝出现状态**，裂缝出现时的轴力 N_{cr}及预应力钢筋应力 σ_p 为：

$$N_{cr} = (\sigma_{pc\text{II}} + f_{tk})A_0 = N_{p0} + f_{tk}A_0 \tag{11-7}$$

$$\sigma_p = \sigma_{p0} + \alpha_E f_{tk} \tag{11-8}$$

设想这个构件未施加预应力，则同样截面、同样材料的钢筋混凝土轴心受拉构件的裂缝出现时轴力 N_{cr}及钢筋应力 σ_s 为：

$$N_{cr} = f_{tk}A_0 \tag{11-9}$$

$$\sigma_s = \alpha_E f_{tk} \tag{11-10}$$

式（11-9）及（11-10）与式（11-7）及（11-8）的对比说明，预应力混凝土和钢筋混凝土拉杆的差别就在于，预应力拉杆的裂缝出现时轴力中多了一项 N_{p0}；预应力钢筋应力多了一项 σ_{p0}。N_{p0}反映了预应力构件开裂推迟，抗裂度提高，σ_{p0}表明裂缝出现时预应力钢筋处于高应力状态，需要采用高强度钢筋。

上面以最简单的轴心受拉构件为例，说明了预应力混凝土构件的受力特点，虽然简单，但却包含了预应力混凝土的某些核心概念：①预应力是一种自相平衡的应力状态；②最初张拉的预应力由于种种原因会产生应力损失，扣除应力损失后建立起的预应力是有效预应力；③消压轴力 N_{p0}及混凝土预压应力 $\sigma_{pc}=0$ 时的预应力钢筋应力 σ_{p0}，反映了预应力混凝土与钢筋混凝土的区别，超过消压轴力以后（$N > N_{p0}$），预应力混凝土构件的受力与钢筋混凝土构件相同。上述受力特点不仅对于轴心受拉构件，对受弯构件也是适用的。

11.2 预应力混凝土的材料

11.2.1 预应力钢筋

预应力混凝土构件中，混凝土预压应力的建立是通过张拉钢筋来实现的。但是在制作和使用过程中，由于种种原因会使预应力钢筋的张拉应力产生应力损失。为了在扣除应力损失以后，仍然能使混凝土建立起较高的预应力值，需要采用较高的张拉应力，因此预应力钢筋必须采用高强钢筋（丝）。同时还要求钢筋应具有一定的塑性，为了避免发生脆性破坏，要求钢筋在拉断时具有一定的延伸率。特别是对处于低温环境和受冲击荷载作用的构件，预应力筋的选用更应注意塑性和冲击韧性。此外，钢筋还应具有良好的加工性能，如可焊性及经冷镦或热镦后不影响其原有的物理力学性能。对钢丝类型的钢材还要求具有低松弛和良好的粘结性能（用于先张法）等。

目前我国常用的预应力钢筋分为两类：(1) 无物理屈服点钢筋（丝）；(2) 有物理屈服点的钢筋。

1. **无物理屈服点钢筋（丝）**

（1）**钢绞线**　用3股或7股高强钢丝用绞盘拧成螺旋状（图11-3），再经低温回火制成。3股和7股钢绞线的公称直径分别有8.6、10.8、12.9和9.5、11.1、12.7、15.2几种，其公称截面面积及理论重量见表11-2。按抗拉强度确定的钢筋标准强度 f_{ptk} 为（1860～1570）N/mm^2，详见附表2。应力应变曲线见图11.4，按条件屈服强度（$\sigma_{0.2}=0.85f_{ptk}$）确定的钢筋强度设计值见附表4。钢绞线比单根钢丝直径大，且具有一定的柔性，便于施工。7股钢绞线应用广泛，3股钢绞线仅用于先张法构件，以提高与混凝土的黏结强度。

（2）**消除应力钢丝**　高碳钢轧制成盘条后经过多次冷拔，存在较大的内应力，需采用低温回火处理来消除内应力。经过这样处理的钢丝称为**消除应力钢丝**，其比例极限，条件屈服强度和弹性模量均比消除应力前有所提高，塑性也有所改善。应力应变曲线与图11-4相似。消除应力钢丝在外形上分为**光面**、**刻痕**（图11-3）及**螺旋肋**三种，分别用符号 ϕ^P、ϕ^I 及 ϕ^H 表示，其公称直径及公称截面面积见表11-3。消除应力钢丝的钢筋强度标准值和设计值分别见附表2和附表4。

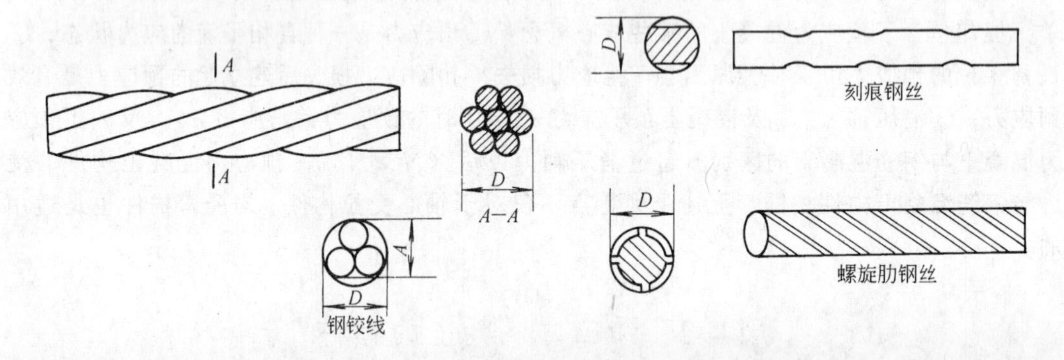

图11-3　预应力钢筋

钢绞线公称直径、公称截面面积及理论重量　表11-2

种　类	公称直径 (mm)	公称截面面积 (mm^2)	理论重量 (kg/m)
1×3	8.6	37.4	0.295
	10.8	59.3	0.465
	12.9	85.4	0.671
1×7标准型	9.5	54.8	0.432
	11.1	74.2	0.580
	12.7	98.7	0.774
	15.2	139	1.101

钢丝公称直径、公称截面面积及理论重量　表11-3

公称直径 (mm)	公称截面面积 (mm^2)	理论重量 (kg/m)
4.0	12.57	0.099
5.0	19.63	0.154
6.0	28.27	0.222
7.0	38.48	0.302
8.0	50.26	0.394
9.0	63.62	0.499

(3) **热处理钢筋** 用热轧中碳低合金钢经过调质热处理后制成的高强度钢筋，直径有6mm、8.2mm及10mm三种，抗拉强度标准值均为$f_{ptk}=1470\mathrm{N/mm^2}$。

2. **有物理屈服点的钢筋**

冷拉低合金钢，是采用热轧钢筋经冷拉后获得的。钢筋经冷拉后屈服强度提高，塑性有所降低。HRB 400级钢筋，冷拉后$f_{pyk}=530\mathrm{N/mm^2}$，并具有较好的延性及焊接性能。硅锰钒系列热轧低合金钢（$f_{pyk}=540\mathrm{N/mm^2}$），经冷拉后其屈服强度标准值可达$700\mathrm{N/mm^2}$，钢筋强度设计值$f_{py}=580\mathrm{N/mm^2}$。可用作预应力钢筋，但焊接质量不易保证，仅在不用焊接情况下，才能用做承受重复荷载构件的预应力钢筋。

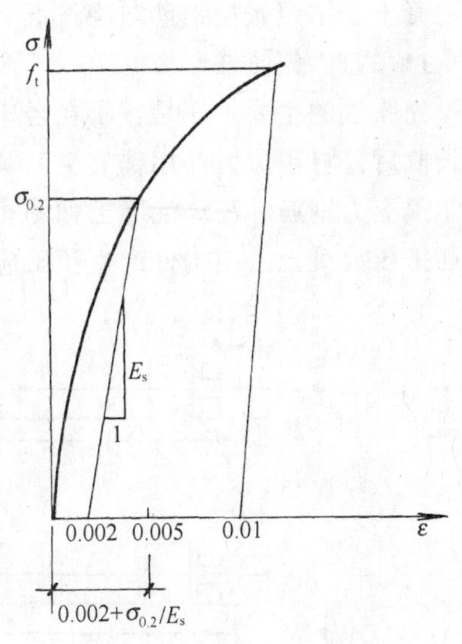

图11-4 应力应变曲线

由于近年来，我国混凝土结构用钢筋、钢丝、钢绞线的品种和性能有了进一步的发展，而且强度高、性能好的预应力钢筋（钢丝、钢绞线）已可充分供应，故规范提倡优先采用钢绞线、钢丝作为预应力混凝土结构的预应力钢筋。当使用冷拉热轧钢筋作为预应力筋时，其钢筋强度采用原规范（GBJ 10—89）的规定。

11.2.2 混凝土

预应力混凝土结构对混凝土性能的要求是：(1) **高强度**。预应力混凝土需要采用较高强度的混凝土，才能建立起较高的预压应力，并可减小构件截面尺寸，减轻结构自重。先张法构件采用较高强度的混凝土，可以提高粘结强度；(2) **收缩**、**徐变小**。可以减少由于收缩、徐变产生的应力损失；(3) **快硬**、**早强**。为了提高台座、模具、夹具的周转率，尽早施加预应力，加快施工进度，降低间接费用，预应力混凝土需采用早期强度高的混凝土。

一般地说大跨度构件、承受动力荷载作用的预应力混凝土构件，要比一般构件采用更高强度的混凝土。在选择混凝土强度等级时，还需要考虑施加预应力的方法及所采用的预应力钢筋种类等因素。先张法构件的混凝土强度一般比后张法构件高，因为先张法比后张法的预应力损失大；采用较高强度混凝土，可尽早放张以提高台座的周转。《规范》规定预应力混凝土结构的混凝土强度不应低于C30，当采用钢丝、钢绞线、热处理钢筋作预应力配筋时，混凝土强度不宜低于C40级。混凝土强度等级还要根据构件所处环境类别和设计使用年限满足10.3.5节关于耐久性的要求。

11.3 施加预应力的方法及锚夹具

目前工程中常用的施加预应力的方法，是通过张拉预应力钢筋，利用钢筋的回弹来挤压混凝土。按照张拉钢筋与浇筑混凝土的先后关系，分为先张法和后张法两大类。

11.3.1 先张法

先张法的主要工序是：①在台座或钢模上张拉预应力筋，待张拉到预定的控制应力或伸长值后，将预应力筋用锚（夹）具固定在台座或钢模上，如图 11-5（*a*）；②支模、绑扎非预应力钢筋、浇筑混凝土如图 11-5（*b*）；③当混凝土到达一定强度后，切断或放松钢筋挤压混凝土，使构件产生预压应力，图 11-5（*c*）。

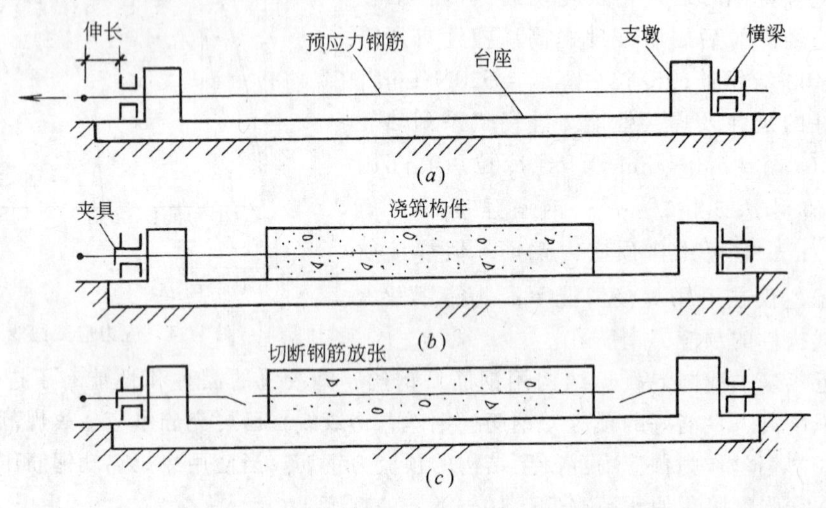

图 11-5　先张法施工工序

先张法中是通过钢筋与混凝土之间的粘结力锚固预应力钢筋，并将预压力传递给混凝土的。预应力筋在张拉时截面缩小；切断钢筋时构件端部预应力筋应力为零，钢筋恢复其原来截面（图 11-6*a*）。进入构件以后，钢筋的回缩受到周围混凝土的阻碍，形成径向压应力及粘结力。通过粘结力将预应力传递给混凝土，需要经过一段传递长度（l_{tr}）上的粘结应力积累才能完成。如图 11-6（*b*）所示，随距构件端部（*a*）距离的增大，预应力筋的拉应力增大，相应混凝土中压应力亦增大。而放张后预应力筋的回缩应变减小。混凝土的压缩应变增大（图 11-6*c*）。在 *b* 处预应力筋的回缩量与混凝土的弹性压缩相等，二者共同变形，相对滑移及粘结应力消失。自 *b* 截面起，预应力筋中的拉应力与混凝土中的压应力才保持不变，建立起稳定的预应力，一般称 *a*-*b* 区段为先张法构件的**自锚区**，*ab* 称为预应力筋的**传递长度 l_{tr}**（或自锚长度）。在传递长度 l_{tr}范围内近似取预应力筋应力按线性规律增大，在构件端部为零，在传递长度的末端（*b* 处）取有效预应力值 σ_{pe}。预应力筋的传递长度 l_{tr}按下列公式计算：

$$l_{tr} = \alpha \frac{\delta_{pe}}{f'_{tk}} d \tag{11-11}$$

式中　σ_{pe}——放张时预应力钢筋的有效预应力；

d——预应力钢筋的公称直径，按表 11-2、表 11-3 采用；

α——预应力钢筋的外形系数，按第 6 章表 6-1 采用；

f'_{tk}——与放张时混凝土立方体抗压强度 f'_{cu}相应的轴心拉抗强度标准值。

当采用骤然放松预应力钢筋的施工方法时，l_{tr}的起点应从距构件末端 $0.25l_{tr}$处开始计算。

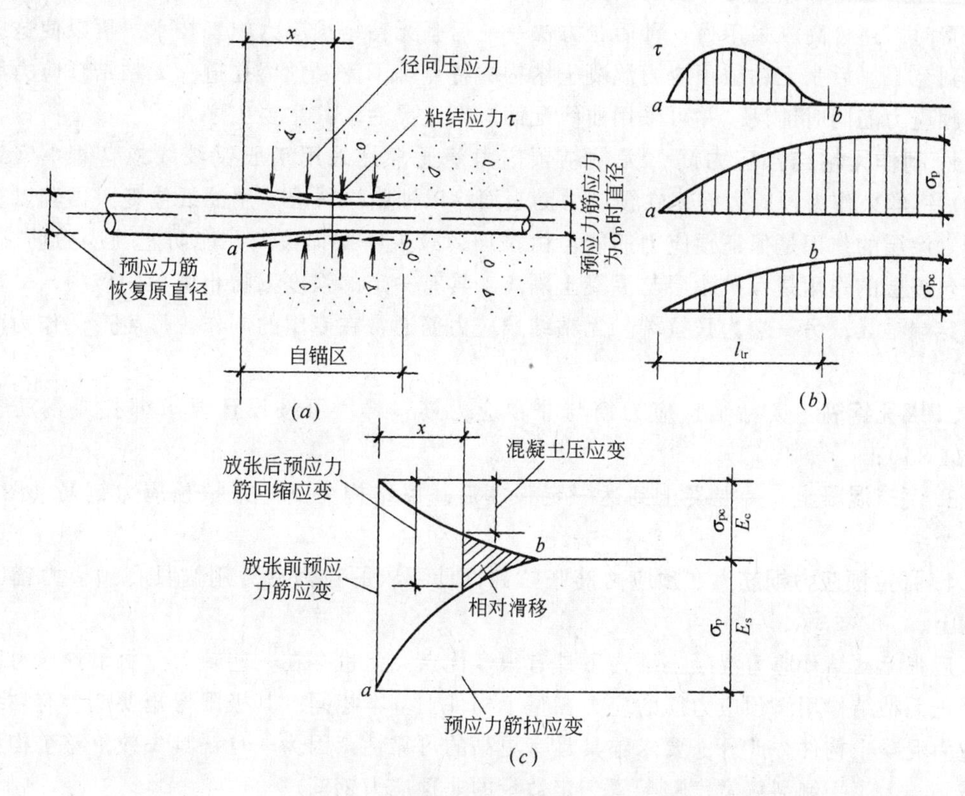

图 11-6　先张法构件自锚区应力分布图

11.3.2　后张法

后张法与先张法不同的是不需要台座或钢模，可直接以构件作为支座张拉预应力钢筋。一般后张法的主要工序为：①浇筑钢筋混凝土构件，同时在构件中预留穿入预应力筋的孔道（图 11-7）。孔道可采用预埋铁皮管、钢管抽芯或用充压橡皮管抽芯成型；②将预应力筋穿入孔道，安装固定端锚具，待混凝土到达一定强度后，在另一端（张拉端）以构件为支座用千斤顶张拉钢筋，同时挤压

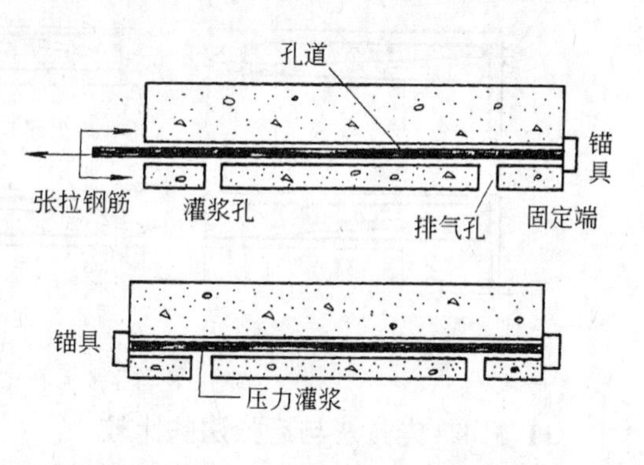

图 11-7　后张法施工工序

混凝土；③在预应力钢筋张拉到设计所要求的拉力后，用锚具将它锚固在构件上，使预应力筋保持张拉状态；④最后在孔道内用压力灌入水泥砂浆，目的是保护钢筋防止腐蚀并使预应力筋与孔道壁之间产生粘结力，与构件混凝土形成整体共同工作。

11.3.3 后张无粘结预应力

上述后张施加预应力方法的缺点是工序多，预留孔道占截面面积大。施工复杂，压力灌浆费时，造价高。采用另一种后张方法——后张无粘结预应力施工技术，可以使这些缺点得到克服。后张无粘结预应力混凝土结构的特点是不需要预留孔道，无粘结预应力筋可与非预应力筋同时铺设，并可采用曲线配筋，布置灵活，其主要工序为：

1. **制作无粘结预应力筋**　无粘结预应力筋通常是采用 7 股钢绞线或 7 根$\phi^{P}4$（或$\phi^{P}5$）钢丝束作为预应力筋，在预应力筋表面涂以油脂涂料层，用油纸包裹，再套以塑料套管。涂层的作用是保证预应力筋能自由拉伸、减少摩擦损失，并能防止预应力筋腐蚀。套管包裹层的作用是保护涂层与混凝土隔离，具有一定的强度以防止施工中破损，一端安装固定端锚具，另一端为张拉端。无粘结预应力筋通常在专门的制作工厂生产，作为商品出售；

2. **绑扎钢筋**　无粘结预应力筋与非预应力筋一样，可按设计要求绑扎成钢筋骨架（图 11-8*a*）；

3. **浇筑混凝土**　待混凝土到达一定强度后，以结构为支座张拉预应力钢筋（图 11-8*b*）；

4. **张拉预应力钢筋**　在预应力筋张拉到设计要求的拉力后，用锚具将预应力锚固在结构上。

后张无粘结预应力混凝土结构虽具有很多优点，但也存在一些缺欠。由于预应力筋与混凝土无粘结作用，预应力筋的应力在整个构件上基本相同，其极限弯矩要低于有粘结的预应力混凝土构件。此外，要求锚具具有更高的可靠性，因为一旦锚具失效，整个构件即告破坏。为了控制裂缝宽度需配置一定数量的非预应力钢筋。

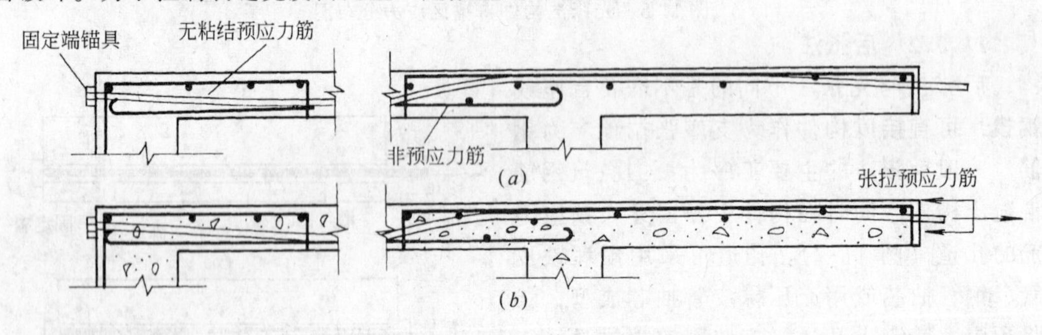

图 11-8　后张无粘结预应力混凝土施工工序

11.3.4 先张法与后张法的比较

先张法工艺比较简单，靠粘结力锚固预应力筋不需要永久性的工作锚具，但需要台座或钢模等设施。适用于在预制构件厂批量制造的，便于运输的中小型构件如空心板、屋面板、吊车梁、进深梁、跨度 18m 以下的屋面梁、V 形折板等。采用长线法生产时（100m 台座），一次张拉可同时生产大量构件，平板类构件还可叠层生产，效率高。

后张法工艺较复杂，需要在构件上安装永久性工作锚具，成本高。后张法适用于在现场浇筑、就地张拉、吊装的大型构件，如屋架、桥梁和电视塔等特殊结构。后张法的另一优点是可以采用曲线预应力配筋。使构件的受力状态更为合理、有利。如前所述。后张无粘结预应力筋不仅可采用曲线配筋，由于不需要预留孔道（孔道占面积较大）可减小截面高度，特别适合于用作板类构件的配筋。

11.3.5 锚具和夹具

锚具和夹具是用于锚固预应力钢筋的工具，它是制造预应力混凝土构件必不可少的部件。先张法中可以被取下而重复使用的称为**夹具**，后张法中需长期固定在构件上锚固预应力筋的称为**锚具**。对于锚具和夹具的一般要求是：锚固性能可靠、滑移小（以减少应力损失）、构造简单、使用方便、节约钢材、造价低廉。

按照预应力筋类型的不同，国内常用的锚具、夹具有以下几种，简述如下：

1.**JM-12 锚具** 构造如图 11-9（*a*）所示，用于后张法锚固 3～6 根 $d=12$mm 的钢筋束，或 5～6 根 7ϕ 4 的钢绞线。这种锚具由锚环和 3～6 个夹片组成，锚环可嵌在构件内，或凸在构件外。夹片为楔形，每一夹片有两个圆弧形槽，槽内有齿纹，靠摩擦力锚固钢筋（图 11-9*b*）。JM-12 锚具需采用双作用千斤顶张拉，双作用千斤顶有两个油缸；一为张拉预应力筋的张拉缸；一为顶紧夹片的顶油缸。张拉时千斤顶以锚环为支点，用工具锚夹住钢筋，在张拉的同时将夹片顶入锚环。张拉到预定拉力后，张拉油缸退油，钢筋回缩，将夹片挤紧。这种锚具的缺点是钢筋内缩值较大，实测表明当预应力筋为钢筋时可达 3mm，钢绞线可达 5mm。

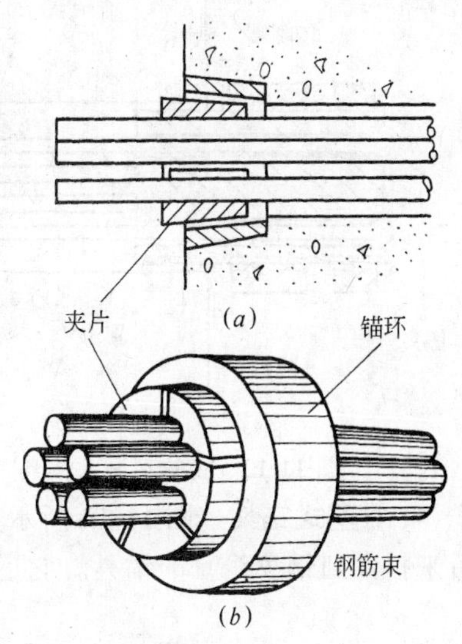

图 11-9 JM-12 锚具

2.**QM 锚具** QM 预应力锚具体系可用于锚固单根或多根钢绞线。夹片式单根钢绞线锚具是应用最普遍的一种锚具（图 11-10）。它由锚环和夹片两部分组成，楔形夹片一般为三片，由空心锥台按三等份切割而成。锚环可采用多孔的，每个锚孔用一副夹具锚固一根钢绞线，形成多孔锚具或称群锚（图 11-11）。这种锚具体系的优点是布置灵活，每次张拉一根钢绞线，可用重量轻的小型千斤顶逐根张拉锚固，施工方便，宜于高空作业。

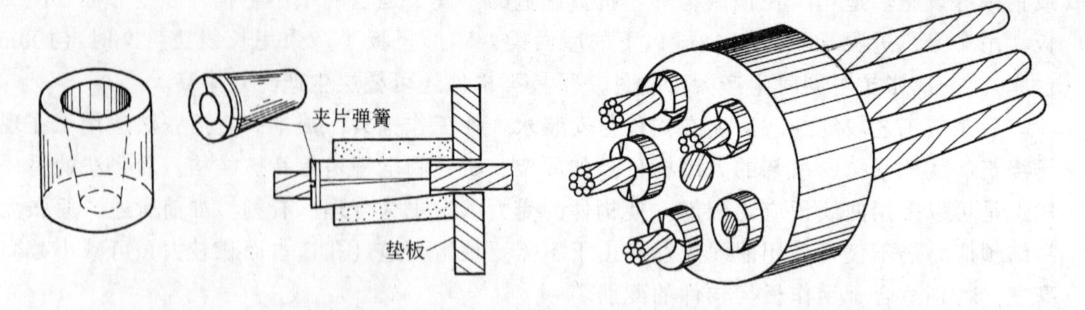

图 11-10　QM 单孔锚具　　　　图 11-11　QM 多孔锚具

3. **镦头锚具**　这种锚具用于锚固钢丝束或钢筋束。张拉端采用锚环（图 11-12），固定端采用锚板（图 11-13）。将钢丝或钢筋的端头镦粗，穿入锚杯内，边张拉边拧紧内螺帽。采用这种锚具时，要求钢丝或钢筋的下料长度精确度较高，否则会使预应力筋受力不均匀。

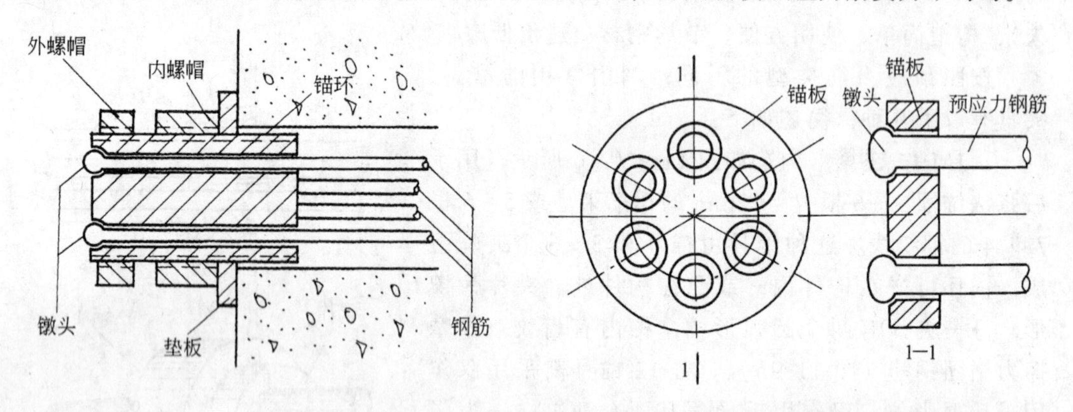

图 11-12　张拉端镦头锚具　　　　图 11-13　固定端镦头锚具

4. **锥塞式锚具**　图 11-14 所示为法国弗芮西奈（Freyessinet）首创的用于锚固钢线束（后来扩大到钢绞线）的锚具。它适用于锚固由 12～24 根直径 5mm 的光面消除应力钢丝

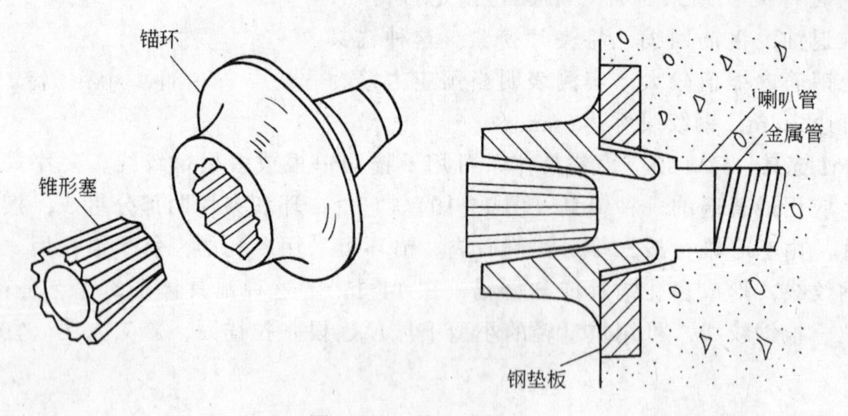

图 11-14　锥塞式锚具

组成的钢丝束，或12根直径为12.7mm、15.2mm的7股钢绞线锚具由带锥孔的锚环和锥形锚塞所组成。张拉时需用专门的双作用千斤顶。千斤顶的一种作用是张拉预应力筋，另一种作用是于张拉完毕后将锥塞顶入锚环，锚固预应力筋。优点是效率高，但内缩值（滑移）较大，而且不易保证每根预应力筋的拉力均匀。

5. **螺丝端杆锚具** 螺丝端杆锚具用于预应力钢筋的张拉端（图11-15）。预应力钢筋通过对焊与螺丝端杆连接，螺丝端杆另一端与张拉设备相连。张拉终止时通过螺帽和垫板将预应力钢筋锚固在构件上。这种锚具的优点是构造简单、滑移小、便于再次张拉，但是需特别注意焊接接头的质量，以防止发生脆断。

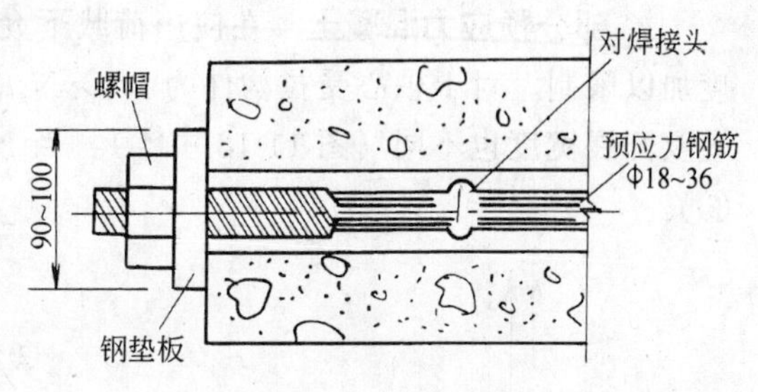

图11-15 螺丝端杆锚具

为了解决粗直径预应力钢筋焊接接头质量不易保证的问题。生产了不带纵肋的精轧螺纹钢筋。这种钢筋沿全长表面热轧成大螺距的螺纹，任何一处都可截断和用套筒进行连接或用螺帽锚固（图11-16），施工非常方便。

6. **锥形夹具、楔形夹具** 这种夹具主要用于先张法锚固单根或双根钢丝（图11-17），锥销（楔块）可用人工锤入。

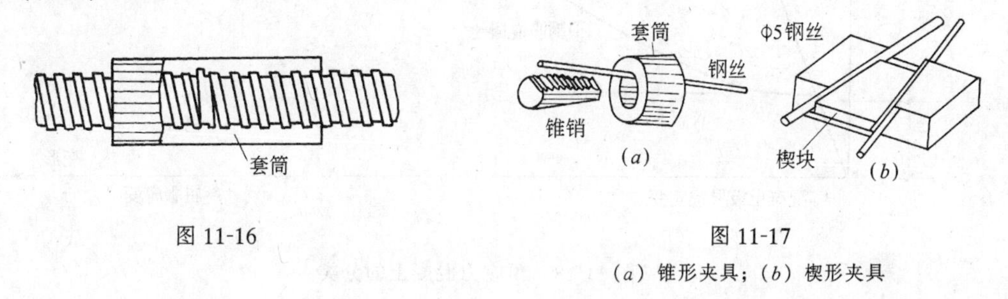

图11-16

图11-17

(*a*) 锥形夹具；(*b*) 楔形夹具

11.4 预应力混凝土的分类及裂缝控制等级

11.4.1 预应力混凝土的分类

预应力混凝土结构按照使用荷载下截面拉应力控制要求的不同，可分为三种：

1. **全预应力混凝土** 在使用荷载下，截面上不允许出现拉应力。如以轴心受拉构件为例，即短期荷载作用下的轴力 $N_s \leqslant N_{p0}$（图11-18中的①），或

$$\sigma_c - \sigma_{pc\text{II}} \leqslant 0$$

2. **有限预应力混凝土** 在使用荷载下截面受拉边缘允许产生有限度的拉应力，但拉应力不得超过 αf_{tk}，即 $\sigma_c - \sigma_{pc\text{II}} \leqslant \alpha f_{tk}$。随系数 α 取值的不同，有限预应力混凝土有一个分布区域（图11-18中②）：

当 $\alpha=0$ 时，即为全预应力混凝土；

当 $\alpha=1$ 时，$\sigma_c-\sigma_{pc\text{II}}=f_{tk}$ 或 $N_s=N_{cr}$（图 11-18 中③），N_{cr}为裂缝出现时轴力；

当 $0<\alpha<1.0$ 时，相当于对混凝土抗拉强度在概率分布上采用不同的分位数，即对裂缝出现状态有不同的保证率。

3. **部分预应力混凝土** 在使用荷载下允许出现裂缝，即 $\sigma_c-\sigma_{pc\text{II}}>f_{tk}$，但对裂缝宽度加以限制。对于轴心受拉构件为 $N_s>N_{cr}$，随 N_{cr} 中 N_{p0}所占比值的不同，裂缝出现早晚及开展宽度也不同（图 11-18 中④）。当 $N_{p0}=0$ 时，即为钢筋混凝土构件（图 11-18 中⑤）。

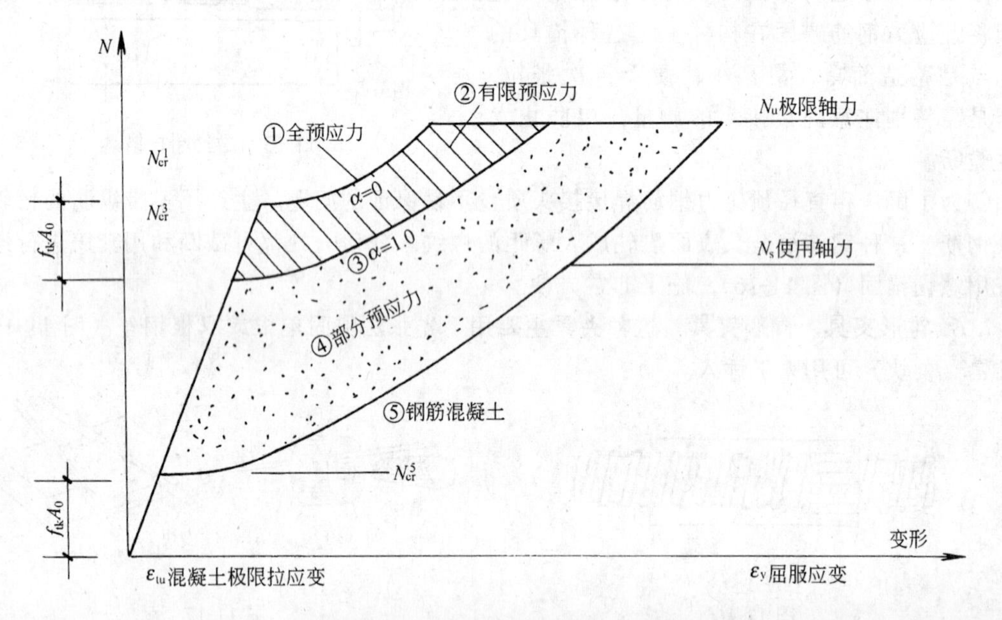

图 11-18 预应力混凝土的分类

早期的预应力混凝土结构大多设计成全预应力混凝土。全预应力混凝土构件具有抗裂性好、刚度大等优点，适用于贮液池、压力容器，核电站安全壳等结构。但也存在着以下缺点：①按无拉应力准则设计，抗裂度要求高，预应力高强钢筋的配筋量，往往取决于抗裂要求，而不是由于承载力的需要；②预应力钢筋配筋量大，张拉应力高，施加预应力工艺复杂，锚具、张拉设备费用高；③施加预压力时，构件产生过大的反拱，而且由于高压应力下的徐变，反拱随时间而增长。对于恒载较小，而活载较大的构件，如桥梁房屋结构等会影响正常使用，导致地面、隔墙开裂，桥面不平等问题。

适当降低预压力，做成有限或部分预应力混凝土构件❶，既克服了全预应力混凝土的

---

❶ 国内外关于部分预应力混凝土结构的定义，尚未完全取得一致。有人认为有限预应力混凝土也属于部分预应力混凝土。

缺点，同时又可以用预应力改善钢筋混凝土构件的受力性能，使开裂推迟，增加刚度、并减轻自重。工程实践证明，只要对裂缝开展加以控制，微细裂缝的存在对结构的耐久性并无影响。而且预应力具有使已开裂的裂缝，在活荷载卸去后闭合的作用。因此，部分预应力混凝土构件可以设计成在短期荷载作用下允许裂缝有一定的开展，而在恒载及准永久值荷载作用下裂缝是闭合的。因为裂缝的开展是短暂的，不会对结构的使用寿命有所影响。部分预应力混凝土在全预应力和钢筋混凝土这两个界限之间，有很大的选择范围，可以根据结构的功能要求，使用环境以及所用钢材不同，设计成不同裂缝控制等级的预应力混凝土构件。大量工程实践表明，采用部分预应力混凝土结构可取得较好的技术经济效果，是预应力混凝土结构的发展方向之一。

11.4.2 裂缝控制等级

《规范》按照结构所处环境类别将预应力混凝土及钢筋混凝土结构构件正截面的裂缝控制等级统一划分为三级：

一级——严格要求不出现裂缝的构件，按荷载效应标准组合计算时，构件受拉边缘混凝土不应产生拉应力，这相当于全预应力混凝土。

二级——一般要求不出现裂缝的构件，按荷载效应标准组合计算时，构件受拉边缘混凝土拉应力不应大于混凝土轴心抗拉强度标准值（f_{tk}）；按荷载效应准永久组合计算时，构件受拉边缘混凝土不宜产生拉应力，当有可靠经验时可适当放松。

三级——允许出现裂缝的构件，按荷载效应标准组合并考虑长期作用影响计算时，构件的最大裂缝宽度不应超过表 11-4 规定的最大裂缝宽度限值。

采用消除应力钢丝、钢绞线及热处理钢筋的预应力混凝土构件，应根据第 10 章表 10-2 规定的环境类别和构件的类别，按表 11-4 的规定选用不同的裂缝控制等级及最大裂缝宽度限值 w_{lim}。

预应力混凝土结构构件的裂缝控制等级及 w_{lim} 　　　**表 11-4**

环境类别	构　　件	裂缝控制等级	w_{lim} (mm)
一	一般构件	三	0.2
	屋面梁、托梁、屋架、托架、屋面板和楼板	二	/
	需作疲劳验算的吊车梁	一	/
二	除需作疲劳验算的吊车梁以外的其他构件	二	/
	需作疲劳验算的吊车梁	一	/
三	各种构件	一	/

注：预应力混凝土构件斜截面裂缝控制验算应符合 13.4 节的要求。

应该指出的是，关于构件裂缝控制等级的划分，目前国际上一般都根据构件所处环境的类别和钢筋对腐蚀的敏感性来考虑，而不区分构件的种类。即在同样环境条件下，不论是一般梁还是屋面梁，屋架均采用同一裂缝控制要求。表 11-4 中关于屋面梁、屋架等构件的专门规定，是考虑到我国长期以来对这些构件采用较为严格的裂缝控制的要求，有其一定的历史背景和工程实践的具体情况，故仍然给予保留。

11.4.3 预应力混凝土结构的耐久性

预应力混凝土结构耐久性设计的基本原则，与普遍钢筋混凝土结构是相同的；如控制水灰比，加强振捣、充分养护和足够的保护层厚度，保证表层混凝土的质和量。但预应力混凝土结构的耐久性也有其独特的方面，如预应力钢筋（丝）对腐蚀的敏感性，持久应力水平比较高，以及后张法构件的孔道灌浆质量和锚具的防护措施等等。

1. 钢筋对腐蚀的敏感性

按照钢筋对腐蚀敏感性程度的不同可区分为两类：对腐蚀敏感的和对腐蚀轻微敏感的钢材。对腐蚀敏感的钢筋（丝）有以下几种：

(1) 消除应力钢丝、钢绞线以及所有直径 $d \leqslant 5$mm 的各种类型钢筋；

(2) 热处理钢筋；

(3) 持久拉应力超过 400N/mm^2 的冷加工钢筋。

其余的热轧钢筋属对腐蚀轻微敏感钢筋。

2. 应力腐蚀和氢脆

除了第 10 章 10.3.2 节所述钢筋腐蚀过程以外，预应力钢筋还可能发生由于腐蚀引起的脆性破坏。国内外都报导过多起高强钢丝和热处理钢筋发生突然脆断事故，例如日本和前南斯拉夫采用高强钢丝的预应力混凝土桥曾发生断裂，国内也出现过热轧 65MnSiV 钢筋由于受到工业大气腐蚀而脆断。

腐蚀敏感的钢材，在较高的持久应力作用下，很小的局部锈蚀坑（阳极过程）就会使钢筋出现裂缝，在裂缝根部形成应力集中，其边缘应力可达到断裂应力，导致裂缝开展，发生断裂。这种脆性裂缝称为**应力腐蚀裂缝**。

另一种脆性破坏是来自于阴极过程。在一定条件下，作为阴极过程中间产物生成的氢原子可侵入钢材。在钢中重新组合成氢分子时将产生很高的局部内压力，因而产生裂纹并使钢筋变脆，最后导致断裂。这种破坏称为**氢脆**。

局部脱钝是这两种脆性破坏的必要条件，如果整个预应力筋完全受到外围密实混凝土和水泥砂浆（孔道灌浆）的保护，将不会发生应力腐蚀和氢脆。而钢材对腐蚀的敏感效应和较高的持久应力则是发生脆断的充分条件。试验表明，张拉控制应力越高，钢筋抗拉强度越高，发生应力腐蚀的风险就越大。

3. 裂缝控制

预应力混凝土构件的设计原理与普通钢筋混凝土是不同的。在一般室内正常环境（一类）下，允许出现细小的裂缝宽度（$w_{\lim} \leqslant 0.2$mm）对结构的耐久性并无影响。因为由于预应力的存在，当活荷载移去后，裂缝仍可以闭合，裂缝的开展是短暂的。

对于处在二类或三类环境的构件，考虑到发生脆性破坏的危险，必须在全部使用寿命期间避免预应力筋表面的脱钝。因此，裂缝对这种预应力混凝土构件的耐久性有更为重要的影响，要求在荷载的准永久组合下处于消压状态。

11.5 张拉控制应力和预应力损失

11.5.1 张拉控制应力 σ_{con}

在制作预应力混凝土构件时，张拉设备（千斤顶油压表）所控制的总张拉力除以预应力筋截面面积得到的应力称为**张拉控制应力** σ_{con}。它是预应力钢筋在构件受荷以前所经受的最大应力。控制应力 σ_{con}取值越高，混凝土的预压应力也越高，可以节约预应力钢筋；但 σ_{con}过高，裂缝出现时的预应力钢筋应力将接近于其抗拉设计强度，使构件破坏前缺乏足够的预兆，延性较差。此外，σ_{con}过高将使预应力筋的应力松弛增大；σ_{con}过高使应力腐蚀的风险增大；当进行超张拉时（为了减小摩擦损失及应力松弛损失），由于 σ_{con}过高可能使个别钢筋（丝）超过屈服（抗拉）强度，产生永久变形。因此，《规范》规定预应力钢筋的张拉控制应力值 σ_{con}不宜超过表 11-5 的数值。

张拉控制应力限值 [σ_{con}] 表 11-5

钢筋种类	张拉方法	
	先张法	后张法
消除应力钢丝、钢绞线	$0.75f_{ptk}$	$075f_{ptk}$
热处理钢筋	$0.70f_{ptk}$	$0.65f_{ptk}$

表中 [σ_{con}] 是以预应力筋的标准强度给出的，因为对预应力筋进行张拉的过程，同时也是对它进行的一次检验，因此 [σ_{con}] 可不受抗拉强度设计值的限制，而直接与标准值相联系。

表中所列 [σ_{con}] 值，在下列情况下可提高 $0.05f_{ptk}$：(1) 为了提高构件在施工阶段的抗裂性能而在使用阶段受压区内设置的预应力筋；(2) 为了部分抵消由于应力松弛、摩擦、分批张拉钢筋以及温差产生的应力损失。

为了避免 σ_{con}的取值过低，《规范》规定对无物理屈服点钢材 σ_{con}不应小于 $0.4f_{ptk}$。

11.5.2 预应力损失

引起预应力损失的因素很多，要精确地计算是十分复杂的。因为：(1) 混凝土的收缩、徐变、钢筋应力松弛都是随时间及环境的温湿度变化在不断变化的，而且有一定的变异范围；(2) 许多因素相互影响，某一因素引起的应力损失往往受到其他因素的影响，同时也影响其他因素产生的应力损失。如钢筋松弛引起的预应力筋应力变化将影响徐变损失（松弛损失使混凝土预压应力减小，使徐变亦减小），徐变损失反回来又影响应力松弛的变化。严格地说很难确切地分离出某项因素的净损失量；（3）除了各项因素引起的应力损失相互制约以外，材料性能如混凝土的弹性模量 E_c 的实际变异也很难精确计算。为了设计简化，《规范》仍采用分项计算各项应力损失，再叠加的方法来求得预应力混凝土构件的总预应力损失。因此，以下将分别论述各种因素引起的应力损失的计算。

1. **锚具变形**和**钢筋内缩**引起的**预应力损失** σ_{l1}

直线预应力筋张拉到 σ_{con}后，当将它锚固在台座或构件上时，由于锚具受力后的变形，垫板缝隙的挤紧。和钢筋在锚具中的内缩（滑移），产生的预应力损失 σ_{l1}按下列公式计算：

$$\sigma_{l1} = \frac{a}{l}E_s \tag{11-12}$$

式中 a——张拉端锚具变形和钢筋内缩值，按表 11-6 取用；

l——张拉端至锚固端之间的距离（mm）；

E_s——预应力钢筋的弹性模量（N/mm^2）。

锚具变形和钢筋内缩值 a（mm） **表 11-6**

锚具类别		a
支承式锚具（钢丝束镦头锚具等）	螺帽缝隙	1
	每块后加垫板的缝隙	1
锥塞式锚具（钢丝束的钢质锥形锚具等）		5
夹片式锚具	有顶压时	5
	无顶压时	6~8

注：1. 表中的锚具变形和钢筋内缩值也可根据实测数据确定；
2. 其他类型的锚具变形和钢筋内缩值应根据实测数据确定。

应该指出的是：（1）式（11-12）中的 a 只考虑张拉端，因为锚固端的锚具在张拉过程中已被挤紧；（2）对先张法生产的构件，当台座长度为 100m 以上时，σ_{l1}可忽略不计，（3）式（11-12）只适用于计算预应力直线钢筋的 σ_{l1}，对于后张法构件预应力曲线钢筋，应考虑孔道壁的反摩擦力影响，详见下面的讨论。

2. 预应力筋与孔道壁之间的**摩擦**引起的**预应力损失** σ_{l2}及后张法构件预应力曲线钢筋的 σ_{l1}。

后张法构件的预应力直线钢筋，由于预留孔道位置偏差、内壁粗糙及预应力筋表面粗糙等原因，使预应力筋在张拉时与孔道壁之间产生摩擦力。摩擦力的积累，使预应力筋的应力随距张拉端距离的增大而减小，称为**摩擦损失**。当采用预应力曲线配筋时，由于曲线孔道的曲率使预应力筋与孔道壁之间产生附加的法向力和摩擦力。显然，曲线孔道的摩擦损失比直线孔道的摩擦损失要大。

摩擦引起的预应力损失 σ_{l2}可按下述方法确定。设摩擦力由两部分组成：一部分是由孔道局部偏差引起的，它与孔道长度成正比。设单位长度的局部偏差摩擦系数为 κ，预应力钢筋的拉力为 σA_p（图 11-19a）。则

$$dF_1 = \kappa\sigma A_p dx$$

另一部分由曲线孔壁对预应力筋的法向力引起，它与法向力 p 及预应力筋与孔道壁之间的摩擦系数 μ 成正比（图 11-19b），即

$$dF_2 = \mu p dx$$

由图 11-19 可知 $p dx = 2\sigma A_p \sin\frac{d\theta}{2} \approx 2\sigma A_p \frac{d\theta}{2}$

$$dF_1 + dF_2 = \kappa\sigma A_p dx + \mu p dx = -d\sigma A_p \cos\frac{d\theta}{2} \approx -d\sigma A_p$$

由于 $d\theta$ 很小，式中近似取 $\sin\frac{d\theta}{2} \approx \frac{d\theta}{2}$；$\cos\frac{d\theta}{2} \approx 1.0$，设曲率半径为 r，$dx = r d\theta$

故
$$\frac{d\sigma}{\sigma} = -(\kappa r + \mu)d\theta$$

任一截面的预应力筋应力 σ 与张拉端 σ_{con} 的关系为

$$\int_{\sigma_{con}}^{\sigma} \frac{d\sigma}{\sigma} = -\int_0^{\theta} (\kappa r + \mu) d\theta$$

$$l_n\sigma - l_n\sigma_{con} = -(\kappa r + \mu)\theta$$

即
$$\frac{\sigma}{\sigma_{con}} = e^{-(\kappa x + \mu\theta)}$$

故摩擦损失
$$\sigma_{l2} = \sigma_{con} - \sigma = \sigma_{con}\left[1 - \frac{1}{e^{(\kappa x + \mu\theta)}}\right] \quad (11\text{-}13)$$

当 $\kappa x + \mu\theta$ 不大于 0.2 时，σ_{l2} 可按下列近似公式计算：

$$\sigma_{l2} = (\kappa x + \mu\theta)\sigma_{con} \quad (11\text{-}14)$$

式中 κ——考虑孔道每米长度局部偏差的摩擦系数，按表 11-7 取用；

x——从张拉端至计算截面的孔道长度（m），也可近似取该孔道在纵轴上的投影长度；

摩擦系数 **表 11-7**

孔道成型方式	κ	μ
预埋金属波纹管	0.0015	0.25
预埋钢管	0.0010	0.30
橡胶管或钢管抽芯成型	0.0014	0.55

μ——预应力筋与孔道壁之间的摩擦系数，按表 11-7 取用。

θ——从张拉端至计算截面曲线孔道部分切线的夹角（rad）（图 11-19）。

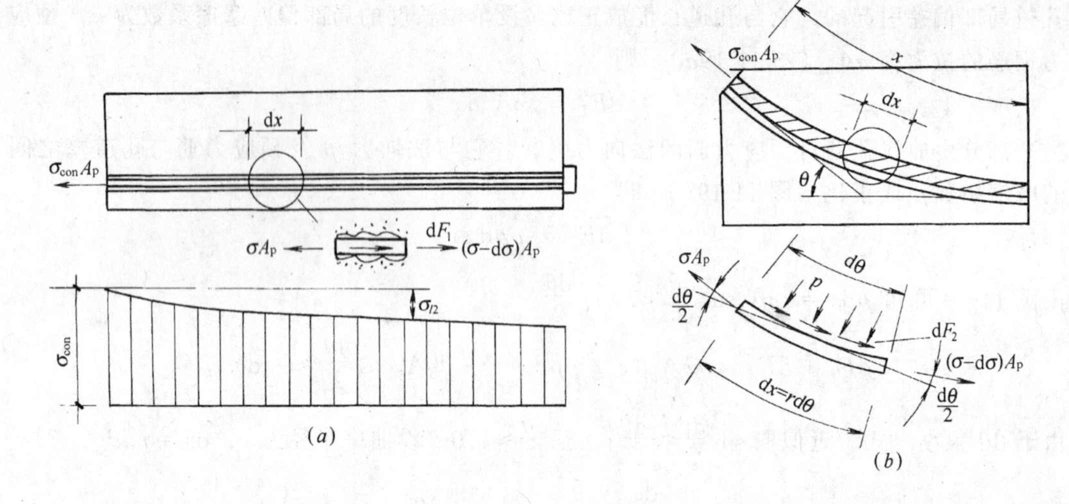

图 11-19 摩擦损失

当预应力筋为曲线配筋时，在锚具受力前摩擦损失 σ_{l2} 使预应力筋应力分布如图 11-20 中 abc 所示。在锚具受力后，产生锚具变形和钢筋内缩 a (mm)，由于反向摩擦力的作用阻止其内缩，因此锚具损失只在一定的影响长度 l_f (m) 内发生（图 11-20 中 $a'bc$）。根据内缩值在 l_f 处的应变 $a/1000l_f$ 与反向摩擦力（假设单位长度上的反向摩擦力与正向摩擦力相同）引起的预应力筋的拉伸应变相等的条件，可求得反向摩擦影响长度 l_f 为:

$$l_f = \sqrt{\frac{aE_s}{1000\sigma_{con}\left(\frac{\mu}{r_c} + \kappa\right)}} \tag{11-15}$$

式中 r_c 为圆弧形曲线预应力筋的曲率半径 (m)。

则距张拉端 x 处的锚具损失 σ_{l1x} 可按下列公式计算（图 11-20）

$$\sigma_{l1} = 2\sigma_{con}l_f\left(\frac{\mu}{r_c} + \kappa\right)\left(1 - \frac{x}{l_f}\right) \tag{11-16}$$

为了减少摩擦损失可采用在构件两端反复张拉，或采用图 11-21 (b) 所示超张拉方法，即第一次张拉至 $1.1\sigma_{con}$，停 2min，再卸载至 $0.85\sigma_{con}$ 停 2min，再张拉至 σ_{con}。它比一次张拉至 σ_{con} 的预应力分布更均匀，并可减小预应力损失 σ_{l2}。

3. 预应力筋与台座间温差引起的预应力损失 σ_{l3}

为了缩短先张法构件的生产周期，浇筑混凝土后常进行蒸汽养护。由于养护棚内构件温度高于锚固张拉应力筋的台座设备的温度。在钢筋与混凝土未建立粘结力前预应力筋受热伸长，相当于使预应力筋的拉伸变形减小，产生预应力损失 σ_{l3}。待混凝土到达一定强度，钢筋与混凝土间已建立起粘结强度使二者相对位置固定，蒸养降温时，两者共同回缩。钢筋和混凝土的温度膨胀系数相近，故建立粘结强度以前由于温差产生的应力损失 σ_{l3} 无法恢复。

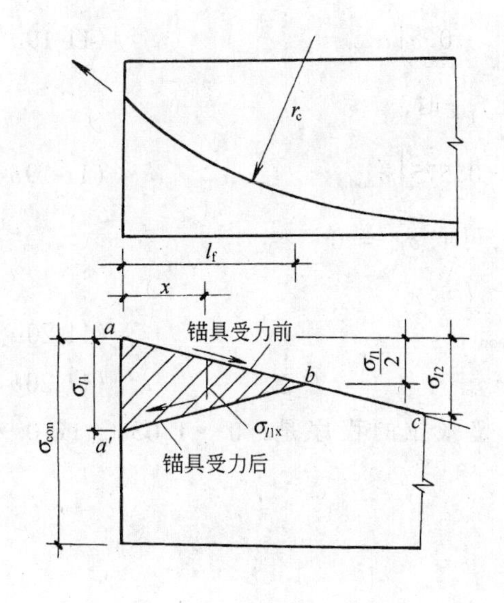

图 11-20　曲线预应力筋的 σ_{l1}

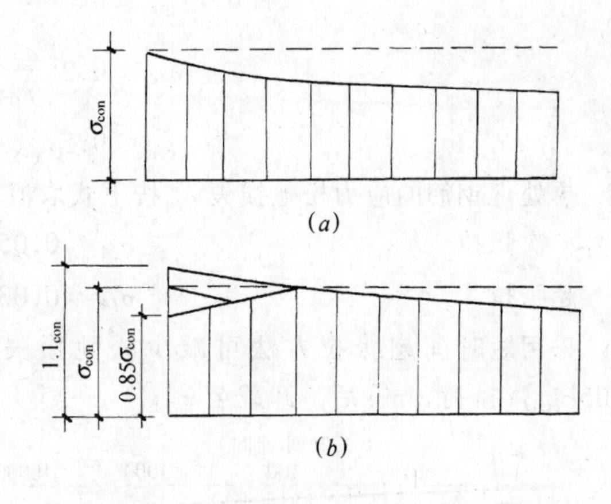

图 11-21

(a) 一次张拉至 σ_{con}的应力分布；(b) 超张拉的应力分布

当台座与预应力筋的温差为 Δt℃时，取钢筋的温度膨胀系数为 0.00001/℃，则

$$\sigma_{l3} = 0.00001E_s\Delta t = 0.00001 \times 2 \times 10^5 \times \Delta t = 2\Delta t(\text{N/mm}^2) \qquad (11\text{-}17)$$

4. 预应力钢筋应力**松弛**引起的**应力损失** σ_{l4}

钢筋在高应力下具有随时间增长塑性变形的性质。当应力保持不变时，表现为随时间而增长的塑性变形，称为徐变；当长度保持不变时，表现为随时间而增长的应力降低，称为**松弛**。预应力钢筋张拉终止后固定在台座或构件上，可认为长度变化相对很小，因此随时间发展的应力松弛，导致张拉应力的降低，称为**应力松弛**引起的**应力损失** σ_{l4}。

应力松弛与时间和初应力有关。图 11-22（a）为不同初应力 $\sigma_i=(0.5\sim0.8)f_{ptk}$下，应力损失率 σ_{l4}/σ_i 与时间的关系。在加荷（张拉）初期发展较快，1000h 后增长缓慢，应力松弛与时间的对数约成线性关系。试验表明 10 年的松弛约为 1000h 的 1.5 倍。图 11-22（b）为松弛与初应力 σ_i 的关系，当初应力 $\sigma_i\leqslant0.7f_{ptk}$时，$\sigma_l/\sigma_i$ 与σ_i 成线性关系；当初应力 $\sigma_i>0.7f_{ptk}$时，松弛明显增大，呈非线性关系。先张法构件与后张法构件的初应力 σ_i 是不同的，因为先张法放张以前的预应力筋应力 $\sigma_i=\sigma_{con}-\sigma_{l1}-\sigma_{l3}$；后张法张拉完了，混凝土已产生弹性压缩，$\sigma_i=\sigma_{con}-\sigma_{l1}-\sigma_{l2}-\alpha_E\sigma_{pc\,\mathrm{I}}$。为了简化，《规范》根据试验资料的统计分析，对预应力钢丝、钢绞线的应力松弛损失 σ_{l4}按下列公式计算：

普通松弛：$\sigma_{l4}=0.4\psi\left(\dfrac{\sigma_{con}}{f_{ptk}}-0.5\right)\sigma_{con}$ (11-18)

式中　一次张拉 $\psi=1.0$

超张拉 $\psi=0.9$

低松弛：　当 $\sigma_{con}\leqslant0.7f_{ptk}$ 时

$$\sigma_{l4} = 0.125\left(\frac{\sigma_{con}}{f_{ptk}} - 0.5\right)\sigma_{con} \tag{11-19a}$$

当 $0.7f_{ptk} < \sigma_{con} \leqslant 0.8f_{ptk}$ 时，

$$\sigma_{l4} = 0.2\left(\frac{\sigma_{con}}{f_{ptk}} - 0.575\right)\sigma_{con} \tag{11-19b}$$

当 $\sigma_{con} \leqslant 0.5f_{ptk}$ 时，可取 $\sigma_{l4} = 0$

热处理钢筋的应力松弛损失 σ_{l4} 按下式取值：

一次张拉 $\sigma_{l4} = 0.05\sigma_{con}$ (11-20a)

超张拉 $\sigma_{l4} = 0.035\sigma_{con}$ (11-20b)

采用短时间超张拉方法可减少松弛损失，超张拉的程序是：$0 \rightarrow 1.03\sigma_{con}$ 或 $0 \rightarrow 1.05\sigma_{con}$，持荷2min后，卸载至 σ_{con}。

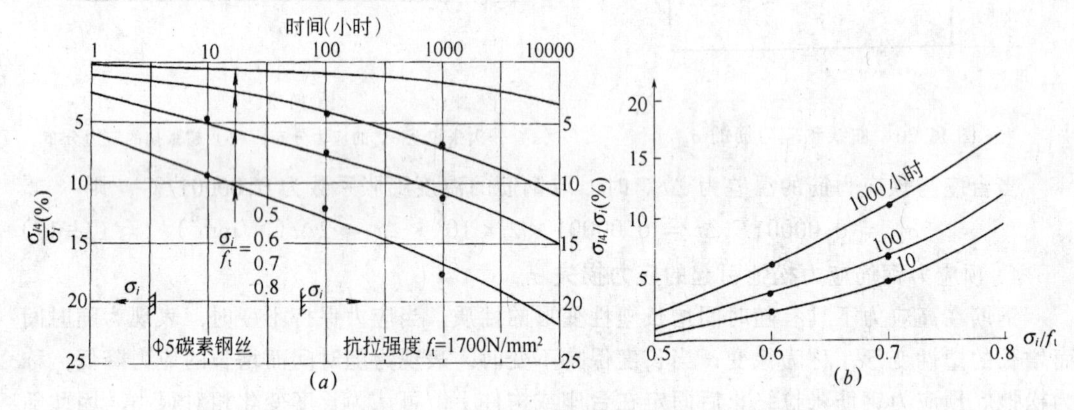

图 11-22

(a) 应力松弛与时间的关系；(b) 应力松弛与初应力的关系

5. 混凝土收缩、徐变引起的预应力损失 σ_{l5}

混凝土的收缩使构件体积减小；在预压应力的长期作用下，混凝土沿受压方向发生徐变。以上二者均使构件长度缩短，使预应力钢筋随之回缩，引起预应力损失 σ_{l5}。当构件中配置有非预应力钢筋时，非预应力钢筋将产生压应力 σ_{l5}。由于收缩和徐变是伴随产生的，且二者的影响因素相似，同时，收缩和徐变引起的钢筋应力的变化规律也是相似的，因此，可将二者产生的预应力损失合并考虑。根据试验及过去的工程经验，《规范》对一般情况的混凝土收缩、徐变引起的受拉区预应力筋 A_p 的预应力损失及非预应力筋 A_s 的压应力 σ_{l5} 和受压区预应力筋 A'_p 的预应力损失及非预应力钢筋的压应力 σ'_{l5}(以 N/mm^2 计)，按下列公式计算：

先张法构件

$$\sigma_{l5} = \frac{45 + 280\dfrac{\sigma_{pcI}}{f'_{cu}}}{1 + 15\rho} \tag{11-21a}$$

$$\sigma'_{l5}=\frac{45+280\frac{\sigma'_{\text{pc I}}}{f'_{\text{cu}}}}{1+15\rho'} \tag{11-21b}$$

后张法构件

$$\sigma_{l5}=\frac{35+280\frac{\sigma_{\text{pc I}}}{f'_{\text{cu}}}}{1+15\rho} \tag{11-22a}$$

$$\sigma'_{l5}=\frac{35+280\frac{\sigma_{\text{pc I}}}{f'_{\text{cu}}}}{1+15\rho} \tag{11-22b}$$

式中 $\sigma_{\text{pc I}}$、$\sigma'_{\text{pc I}}$——放张（先张）或张拉完成（后张）时受拉区、受压区预应力钢筋合力点处的混凝土压应力；

f'_{cu}——施加预应力时的混凝土立方体强度；

ρ、ρ'——受拉区、受压区预应力钢筋和非预应力钢筋的配筋率（图 11-23）：

先张法构件 $\rho=\frac{A_p+A_s}{A_0}$，$\rho'=\frac{A'_p+A'_s}{A_0}$；

后张法构件 $\rho=\frac{A_p+A_s}{A_n}$，$\rho'=\frac{A'_p+A'_s}{A_n}$

当构件为对称配筋时 A_p 及 A_s 为全部钢筋截面面积：

先张法构件 $\rho=\rho'=\frac{A_p+A_s}{2A_0}$；

后张法构件 $\rho=\rho'=\frac{A_p+A_s}{2A_n}$。

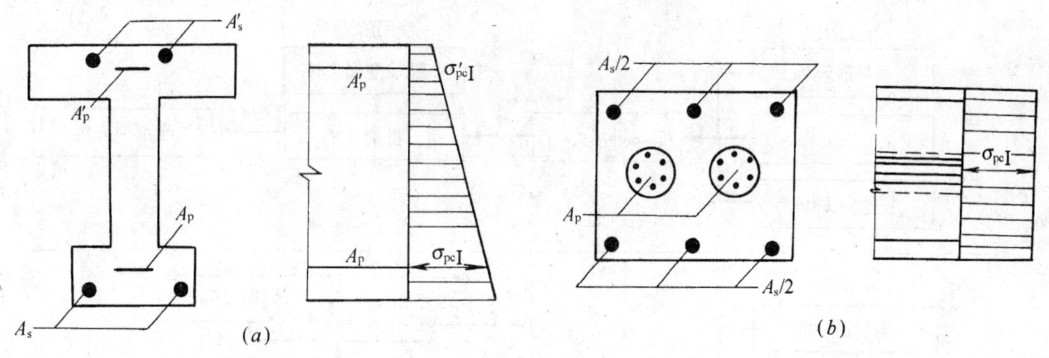

图 11-23

（a）受弯构件；（b）轴心受拉构件

后张法构件在施加预应力时，混凝土的收缩已完成了一部分，因此，后张法构件的 σ_{l5} 及 σ'_{l5} 取值比先张法构件要低。式（11-21）～（11-22）给出的是线性徐变情况下的预应力损失，因此式中 $\sigma_{\text{pc I}}$、$\sigma'_{\text{pc I}}$ 值不应大于 $0.5f'_{\text{cu}}$。当 σ'_{pc} 为拉应力时，式（11-21）及

(11-22) 中的 $\sigma'_{pc\,I}$应取零。

式 (11-21) ~ (11-22) 是在一般相对湿度条件下得出的经验公式。试验表明，在高湿度情况下，混凝土的收缩量将降低为零，徐变将降低 30%～40%；在低湿度情况下，混凝土的收缩量和徐变量将增大 20%～30%。故对处于高湿度环境的结构（如贮水池等），按上列公式计算的 σ_{l5}及 σ'_{l5}值可降低 50%；对处于干燥环境（年平均湿度低于40%）的结构，σ_{l5}及 σ'_{l5}值应增加 30%。

对重要的结构构件，当需要考虑与时间相关的混凝土收缩、徐变及钢筋应力松弛预应力损失时，可按《规范》附录 E 进行计算。

6. 环形预应力筋**挤压混凝土**产生的**应力损失** σ_{l6}。

当环形构件（如水管等）采用缠绕的螺旋式预应力筋时，混凝土在环向预应力的挤压下发生局部压陷，使环形构件的直径减小，造成预应力筋应力的降低。

σ_{l6}的大小与环形构件的直径成反比。当环形构件直径大于 3m 时，此项损失可忽略不计，当直径小于或等于 3m 时，可取 $\sigma_{l6}=30\text{N/mm}^2$。

11.5.3 预应力损失的组合

上述各种因素引起的应力损失，是分批出现的。对预应力混凝土构件除应根据使用条件进行承载力计算及变形、抗裂、裂缝宽度和应力验算以外，还需对构件在制作、运输、吊装等施工阶段进行应力验算。不同的受力阶段应考虑相应的预应力损失的组合。因此，可将预应力损失分为两组：(1) 混凝土施加预压完成以前出现的损失 $\sigma_{l\,I}$，称为**第一批损失**。对先张法构件即为放张挤压混凝土前发生的损失 $\sigma_{l\,I}=\sigma_{l1}+\sigma_{l3}+$（全部或部分）$\sigma_{l4}$；对后张法构件则为张拉预应力工序终止前发生的损失 $\sigma_{l\,I}=\sigma_{l1}+\sigma_{l2}$（图 11-24）；(2) 混凝土施加预压完成以后出现的损失 $\sigma_{l\,II}$，称为**第二批损失**。对先张法构件为放张后发生的

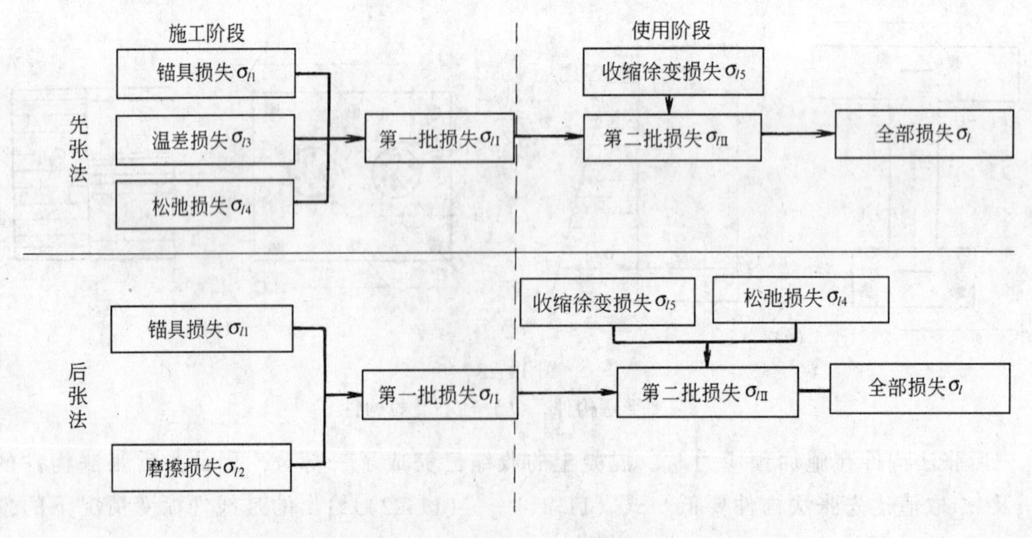

图 11-24 预应力损失的组合

损失 $\sigma_{l\,\mathrm{I}}$ = 部分 $\sigma_{l4}+\sigma_{l5}$；对后张法构件为张拉预应力工序终止后发生的损失 $\sigma_{l\,\mathrm{II}}=\sigma_{l4}+\sigma_{l5}+\sigma_{l6}$。在进行施工阶段验算时，只考虑出现第一批损失 $\sigma_{l\,\mathrm{I}}$，在进行使用阶段计算时，应考虑全部损失 $\sigma_l=\sigma_{l\,\mathrm{I}}+\sigma_{l\,\mathrm{II}}$。

先张法构件的应力松弛损失 σ_{l4}，在第一批和第二批损失中所占的比例，可根据实际情况确定。

《规范》规定，当计算求得的预应力总损失 $\sigma_l=\sigma_{l\,\mathrm{I}}+\sigma_{l\,\mathrm{II}}$ 小于下列数值时，则按下列数值取用：　先张法构件　$100\mathrm{N/mm^2}$；

后张法构件　$80\mathrm{N/mm^2}$。

11.5.4 预应力损失计算例题

【例 11-1】 24m 屋架预应力混凝土下弦拉杆，截面 240mm×200mm（图 11-25）。采用后张法一端张拉施加预应力。孔道直径为 48mm，预埋钢管成型。预应力钢筋选用普通松弛钢绞线，每孔配置 3 根 ϕ^{S}，d = 15.2mm 钢绞线（$A_p=6\times139=834\mathrm{mm^2}$，$f_{ptk}=1720\mathrm{N/mm^2}$。非预应力钢筋采用 HRB 335 级钢筋，4 Φ 12（$A_s=452\mathrm{mm^2}$，f_y = 300 $\mathrm{N/mm^2}$）。采用 QM 型锚具，张拉控制应力 $\sigma_{con}=0.65f_{ptk}$。混凝土为 C40 级，达到设计强度时，施加预应力 $f'_{cu}=40\mathrm{N/mm^2}$。要求计算预应力损失。

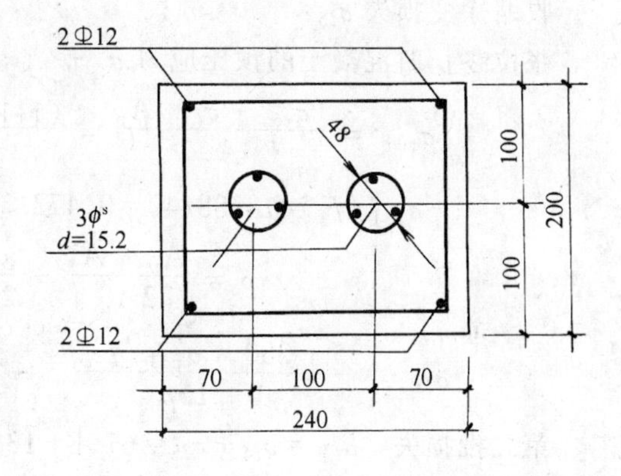

图 11-25 【例 11-1】

【解】

（1）截面几何特征

钢绞线弹性模量 $E_s=1.95\times10^5\mathrm{N/mm^2}$，HRB 335 级钢筋弹性模量 $E_s=2\times10^5$ $\mathrm{N/mm^2}$，C40 级混凝土 $E_c=3.25\times10^4\mathrm{N/mm^2}$。

$$\alpha_E=\frac{E_s}{E_c}=\frac{20}{3.25}=6.15$$

净换算截面面积 A_n

$$A_n=240\times200-2\times\frac{\pi}{4}\times50^2+(6.15-1)\times452=46401\mathrm{mm^2}$$

（2）预应力损失计算

$$\sigma_{con}=0.65f_{ptk}=0.65\times1720=1118\mathrm{N/mm^2}$$

锚具损失 σ_{l1}：

QM 型锚具为夹片式锚具，有顶压查表 11-6，$a=5\mathrm{mm}$

$$\sigma_{l1}=\frac{a}{l}E_s=\frac{5}{24000}\times 1.95\times 10^5=40.6\text{N/mm}^2$$

孔道摩擦损失 σ_{l2}

预埋钢管 $\kappa=0.001$；直线配筋 $\mu\theta=0$

$$\sigma_{l2}=\sigma_{con}(\kappa x+\mu\theta)=1118(0.001\times 24)=26.8\text{N/mm}^2$$

第一批损失　$\sigma_{l\,\mathrm{I}}=\sigma_{l1}+\sigma_{l2}=40.6+26.8=67.4\text{N/mm}^2$

松弛损失　σ_{l4}一次张拉 $\psi=1.0$ 普通松弛钢绞线

$$\sigma_{l4}=0.4\psi\left(\frac{\sigma_{con}}{f_{ptk}}-0.5\right)\sigma_{con}=0.4\times 1.0(0.65-0.5)\times 1118=67.1\text{N/mm}^2$$

收缩徐变损失 σ_{l5}:

张拉终止时混凝土的预压应力 $\sigma_{pc\,\mathrm{I}}$

$$\sigma_{pc\,\mathrm{I}}=\frac{(\sigma_{con}-\sigma_{l\,\mathrm{I}})A_p}{A_n}=\frac{(1118-67.4)\times 834}{46401}=18.88\text{N/mm}^2$$

$$\sigma_{pc\,\mathrm{I}}/f'_{cu}=18.88/40=0.472<0.5\text{，可以}$$

$$\rho=\frac{A_p+A_s}{2A_n}=\frac{834+452}{2\times 46401}=0.01386$$

$$\sigma_{l5}=\frac{35+280\times\sigma_{pc\,\mathrm{I}}/f'_{cu}}{1+15\rho}=\frac{35+280\times 0.472}{1+15\times 0.01386}=138.4\text{N/mm}^2$$

第二批损失　$\sigma_{l\,\mathrm{II}}=\sigma_{l4}+\sigma_{l5}=67.1+138.4=205.5\text{N/mm}^2$

全部应力损失　$\sigma_l=\sigma_{l\,\mathrm{I}}+\sigma_{l\,\mathrm{II}}=67.4+205.5=272.9\text{N/mm}^2$。

【例 11-2】　3.6m 先张法圆孔板截面如图 11-26（a）所示。预应力筋采用 8 根 ϕ^H5 的低松弛螺旋肋钢丝（$A_p=8\times 19.63=157\text{mm}^2$，$f_{ptk}=1670\text{N/mm}^2$，在 4m 长钢模上采用螺杆成组张拉。混凝土为 C40 级，达到 75%强度放张。$\sigma_{con}=0.75f_{ptk}$。要求计算预应力损失。

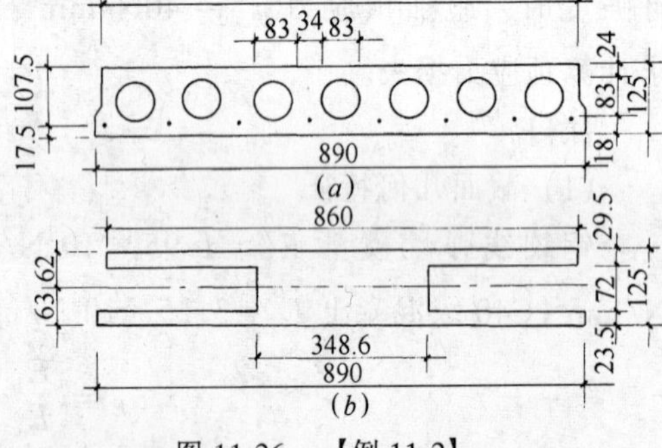

图 11-26　【例 11-2】

【解】

(1) 截面几何特征

将圆孔板截面按截面面积及惯性矩相等的条件换算为图 11-26（b）的 I 字形截面（方法同第 10 章【例 10-2】）。

螺旋肋钢丝 $E_s=2.05\times 10^5\text{N/mm}^2$，C40 级混凝土 $E_c=3.25\times 10^4\text{N/mm}^2$。

$$\alpha_E=E_s/E_c=20.5/3.25=6.31(\alpha_E-1)A_p=833.7\text{mm}^2$$

换算截面面积 A_0

$$A_0=860\times 29.5+348.6\times 72+890\times 23.5+833.7=72217.9\text{mm}^2$$

求换算截面形心至截面下边缘的距离 y_0

$$S_0 = 860 \times 29.5 \times 110.2 + 348.6 \times 72 \times 59.5 + 890 \times 23.5 \times 11.15$$
$$+ 833.7 \times 17.5 = 4536.97 \times 10^3 \text{mm}^3$$

$$y_0 = \frac{S_0}{A_0} = \frac{4536.97 \times 10^3}{72217.9} = 63\text{mm}$$

预应力筋偏心距　$e_{p0\,\mathrm{I}} = 63 - 17.5 = 45.5\text{mm}$

换算截面惯性矩

$$I_0 = \frac{1}{12} \times 860 \times 29.5^3 + 860 \times 29.3 \times \left(62 - \frac{29.5}{2}\right)^2 + \frac{1}{12} \times 348.6 \times 72^3$$
$$+ 348.6 \times 72 \times \left(\frac{72}{2} \times 23.5 - 62\right)^2 + \frac{1}{12} \times 890 \times 23.5^3$$
$$+ 890 \times 23.5 \times (63 - 11.75)^2 + 833.7 \times 45.5^2 = 1272.52 \times 10^5 \text{mm}^4$$

(2) 预应力损失计算

$$\sigma_{con} = 0.75 f_{ptk} = 0.75 \times 1670 = 1252.5\text{N/mm}^2$$

锚具损失 σ_{l1}：

螺杆锚具 $a = 1\text{mm}$，$l = 4\text{m}$

$$\sigma_{l1} = \frac{a}{l} E_s = \frac{1}{4 \times 10^3} \times 2.05 \times 10^5 = 51.3\text{N/mm}^2$$

钢模与构件一齐入窑蒸汽养护，温差损失 $\sigma_{l3} = 0$

松弛损失 σ_{l4}：

低松弛预应力钢丝，$0.7 f_{ptk} < \sigma_{con} \leqslant 0.8 f_{ptk}$，按式（11-19$b$）计算 σ_{l4}

$$\sigma_{l4} = 0.2\left(\frac{\sigma_{con}}{f_{ptk}} - 0.575\right)\sigma_{con}$$
$$= 0.2(0.75 - 0.575)1252.5 = 43.8\text{N/mm}^2$$

第一批损失　$\sigma_{l\,\mathrm{I}} = \sigma_{l1} + \sigma_{l3} + \sigma_{l4} = 95.1\text{N/mm}^2$

放张时已出现第一批损失，预应力钢丝应力为（$\sigma_{con} - \sigma_{l\,\mathrm{I}}$）。放张后预应力筋与构件共同变形，故应按换算截面面积 A_0 及惯性矩 I_0 计算混凝土预压应力 $\sigma_{pc\,\mathrm{I}}$。

收缩徐变损失 σ_{l5}

$$N_{p0\,\mathrm{I}} = (\sigma_{com} - \sigma_{l\,\mathrm{I}}) A_p = (1252.5 - 95.1) \times 157 = 181.7\text{kN}$$
$$e_{p0\,\mathrm{I}} = 63 - 17.5 = 45.5\text{mm}$$

预应力筋合力点处混凝土预压应力

$$\sigma_{pc\,\mathrm{I}} = \frac{N_{p0\,\mathrm{I}}}{A_0} + \frac{N_{p0\,\mathrm{I}} \cdot e_{p0\,\mathrm{I}}^2}{I_0} = \frac{181.7 \times 10^3}{72117.9} + \frac{181.7 \times 10^3 \times 45.5^2}{1272.5 \times 10^5}$$
$$= 5.48\text{N/mm}^2$$

$$\sigma_{pc\,\mathrm{I}}/f'_{cu} = 5.48/30 = 0.183$$

$$\rho = \frac{A_p}{A_0} = \frac{157}{72117.9} = 0.0022$$

$$\sigma_{l5} = \frac{45 + 280\sigma_{pc\,\mathrm{I}}/f'_{cu}}{1 + 15\rho} = \frac{45 + 280 \times 0.183}{1 + 15 \times 0.0022} = 93.2\mathrm{N/mm^2}$$

第二批损失　$\sigma_{l\,\mathrm{II}} = \sigma_{l5} = 93.2\mathrm{N/mm^2}$

全部预应力损失　$\sigma_l = \sigma_{l\,\mathrm{I}} + \sigma_{l\,\mathrm{II}} = 95.1 + 93.2 = 188.3\mathrm{N/mm^2}$。

思　考　题

11-1　为什么在钢筋混凝土受弯构件中不能有效地利用高强度钢筋和高强度混凝土？而在预应力混凝土构件中必须采用高强度钢筋和高强度混凝土？

11-2　为什么说 N_{p0}及 σ_{p0}反映了预应力混凝土轴心受拉构件与钢筋混凝土轴心受拉构件的本质区别？N_{p0}，σ_{p0}是什么概念？

11-3　有人说“部分预应力混凝土构件与钢筋混凝土构件一样，在使用阶段允许开裂，因此在受力性能上体现不出什么优点，反而在施工上增加了张拉预应力的工序”。你认为这种看法是否正确？试分析之。

11-4　试说明先张法构件预应力筋的传递长度的概念，哪些因素影响 l_{tr}？

11-5　张拉控制应力 σ_{con}为什么不能过高：为什么 σ_{con}是按钢筋抗拉强度标准值确定的？甚至 σ_{con}可以高于抗拉强度设计值？

11-6　后张法曲线配筋的锚具变形及钢筋内缩损失 σ_{l1}是根据什么原理确定的？

11-7　既然钢筋与混凝土的线膨胀系数相近，为什么还会产生温差损失？计算 σ_{l3}时 Δt 具体地指的是什么温差？

11-8　为什么计算收缩徐变引起的预应力损失 σ_{l5}时，要控制 $\sigma_{pc\,\mathrm{I}}/f_{cu} \leqslant 0.5$？为什么在计算 $\sigma_{pc\,\mathrm{I}}$时，先张法用 A_0？后张法用 A_n？

11-9　为什么预应力损失要分组？什么情况下应只考虑第一批损失 $\sigma_{l\,\mathrm{I}}$？什么情况下需考虑出现全部预应力损失 σ_l？

习　题

11-1　18m 屋架下弦预应力混凝土拉杆，截面尺寸 150mm×200mm（图 11-27），采用后张法一端张拉（超张拉）。孔道为直径 52mm 橡皮管充压成型，采用 JM12 锚具。预应力钢筋为 6 根 $\phi^{HT}10$ 热处理钢筋，非预应力钢筋为 4 根 Φ 12HRB 335 级钢筋，混凝土为 C40 级，到达 100％设计强度时施加预应力 $\sigma_{con} = 0.65f_{ptk}$。要求计算各项预应力损失。

11-2　预应力混凝土轴心受拉构件，截面尺寸 240mm×200mm（图 11-28），构件长 24m。采用先张法在 50m 台座上张拉（超张拉），混凝土为 C40 级，75％强度放张，蒸汽养护时构件与台座间温差 Δt = 20℃。预应力钢筋为 11 根 $\phi^{H}9$ 螺旋肋普通松弛钢丝（$A_p = 699.8\mathrm{mm^2}$），非预应力钢筋为 4 Φ 10HRB 335 级钢筋（$A_s = 314\mathrm{mm^2}$），张拉控制应力 $\sigma_{con} = 0.75f_{ptk}$，要求计算各项应力损失。

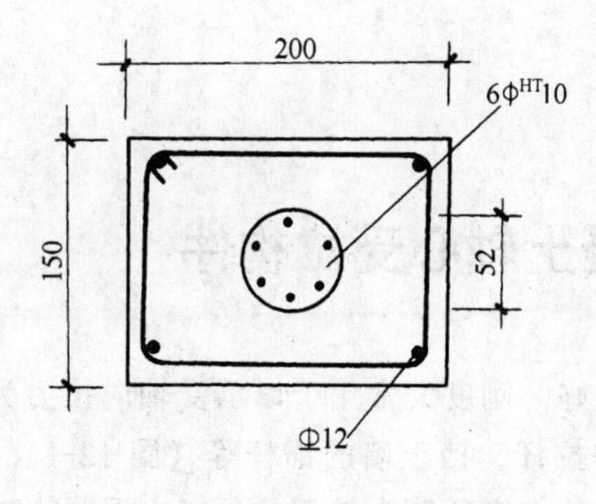

图 11-27　习题 11-1

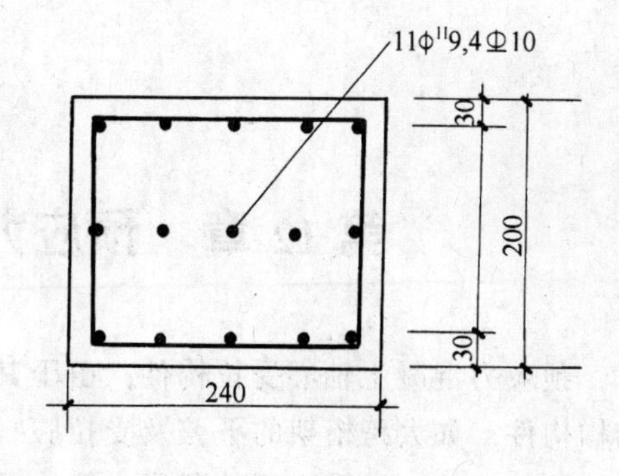

图 11-28　习题 11-2

第12章　预应力混凝土轴心受拉构件

预应力混凝土轴心受拉构件，由于其抗裂性好，刚度大常用于以承受轴向拉力为主的结构构件，如大跨桁架的下弦及受拉腹杆，拱的拉杆、挡土墙的锚杆等（图12-1），圆形贮液池的池壁、承受内压的圆形水管以及旋转壳的支座环等为常用的预应力混凝土轴心受拉圆形构件。

预应力混凝土轴心受拉直线构件的截面多为矩形，预应力钢筋及非预应力钢筋在截面上为对称布置。

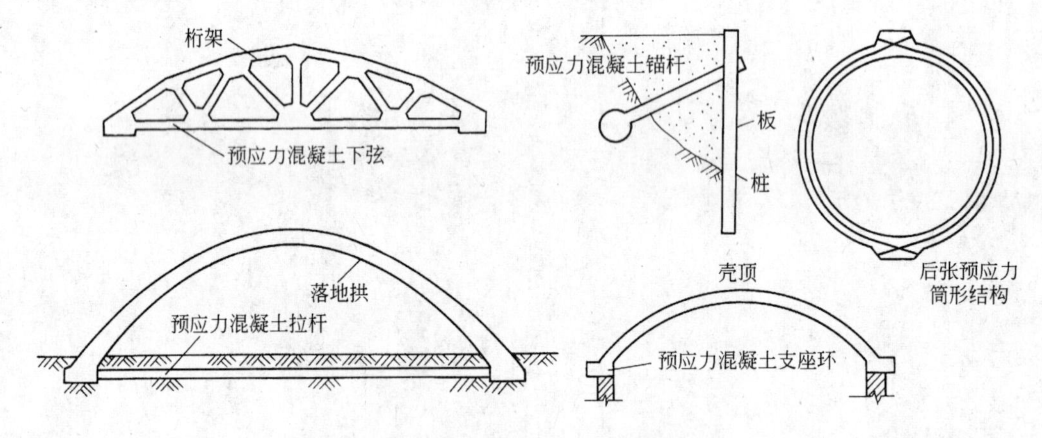

图12-1　预应力混凝土轴心受拉构件

12.1　预应力混凝土轴心受拉构件的应力分析

12.1.1　先张法构件

图12-2为先张法预应力混凝土轴心受拉构件，从张拉预应力钢筋开始直到破坏的各个阶段的截面应力状态和应力分析。构件截面（位于自锚区以外）的预应力钢筋（A_p）应力、混凝土（A_c）应力及非预应力钢筋（A_s）应力分别用σ_p、σ_c及σ_s表示。

1. **张拉阶段**　在台座上张拉预应力钢筋，预应力钢筋应力σ_p到达其张拉控制应力σ_{con}。

2. **放张前**　当将预应力筋锚固在台座上时，已出现锚具变形和钢筋回缩引起的应力损失σ_{l1}。在绑扎非预应力筋，浇筑混凝土并进行蒸养后，在放张挤压混凝土以前，又将出现温差损失σ_{l3}及应力松弛损失σ_{l4}。这时预应力钢筋应力已降低为控制应力σ_{con}减去第

一批预应力损失 σ_{l1}。我们把混凝土预压应力为零（准确地说是预应力钢筋合力点处混凝土法向应力等于零）时的预应力钢筋应力用特定的符号 σ_{p0} 来表示，因为在这个阶段只出现第一批损失 σ_{l1}，故这阶段预应力钢筋的应力为 $\sigma_{p0\,\text{I}}$

$$\sigma_{p0\,\text{I}} = \sigma_{con} - \sigma_{l\,\text{I}} \tag{12-1}$$

阶段	截面应力状态	预应力钢筋 σ_p	混凝土 σ_c	非预应力钢筋 σ_s	平衡关系
张　拉	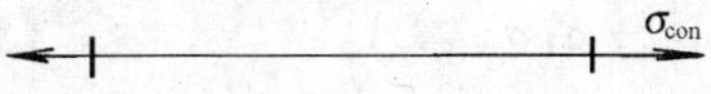 σ_{con}	σ_{con}	—	—	
放张前出现 $\sigma_{l\,\text{I}}$	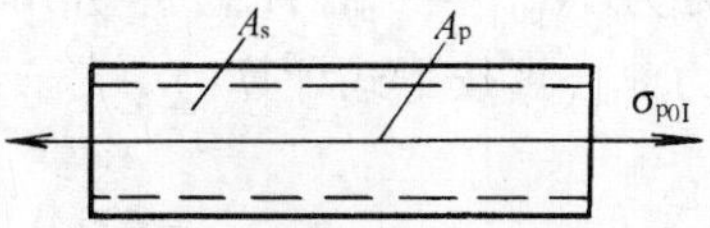 A_s　A_p　$\sigma_{p0\text{I}}$	$\sigma_{p0\,\text{I}} = \sigma_{con} - \sigma_{l\,\text{I}}$	0	0	
放张后瞬　间	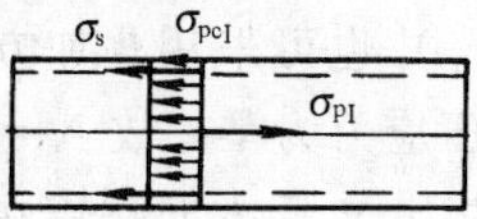 σ_s　$\sigma_{pc\text{I}}$　$\sigma_{p\text{I}}$	$\sigma_{p\,\text{I}} = \sigma_{p0\,\text{I}} - \alpha_E\sigma_{pc\,\text{I}}$	$\sigma_{pc\,\text{I}}$	$\alpha_E\sigma_{pc\,\text{I}}$	$N_{p0\,\text{I}} = \sigma_{p0\,\text{I}} A_0$ $\sigma_{p0\,\text{I}} = \dfrac{N_{p0\,\text{I}}}{A_0}$
出现第二批损失 $\sigma_{l\,\text{II}}$	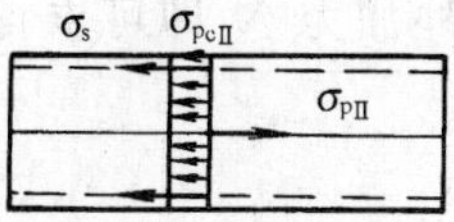 σ_s　$\sigma_{pc\text{II}}$　$\sigma_{p\text{II}}$	$\sigma_{p\,\text{II}} = \sigma_{p0\,\text{II}} - \alpha_E\sigma_{pc\,\text{II}}$	$\sigma_{pc\,\text{II}}$	$\sigma_{l5} + \alpha_E\sigma_{pc\,\text{II}}$	$N_{p0\,\text{II}} = \sigma_{p0\,\text{II}} A_p - \sigma_{l5} A_s$ $\sigma_{pc\,\text{II}} = \dfrac{N_{p0\,\text{II}}}{A_0}$
消压状态	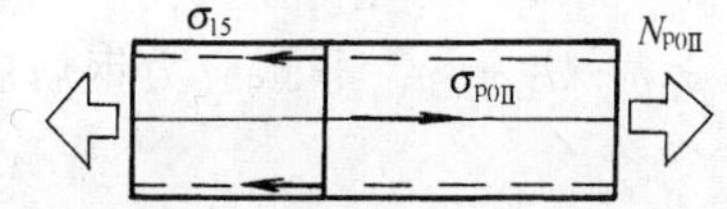 σ_{l5}　$N_{p0\text{II}}$　$\sigma_{p0\text{II}}$	$\sigma_{p0\,\text{II}} = \sigma_{con} - \sigma_l$	0	σ_{l5}	$N_{p0\,\text{II}} = \sigma_{p0\,\text{II}} A_p - \sigma_{l5} A_s$
开裂前瞬间	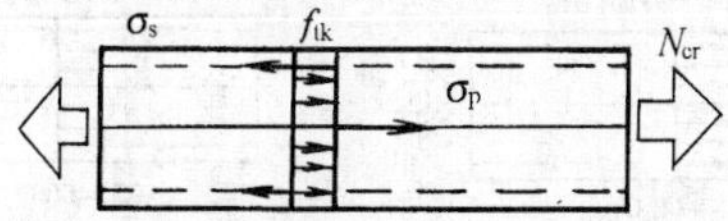 σ_s　f_{tk}　N_{cr}　σ_p	$\sigma_{p0\,\text{II}} + \alpha_E f_{tk}$	f_{tk}	$\sigma_{l5} - \alpha_E f_{tk}$	$N_{cr} = N_{po\,\text{II}} + f_{tk} A_0 = (\sigma_{p0\,\text{II}} + f_{tk})\ A_0$
开裂后瞬间	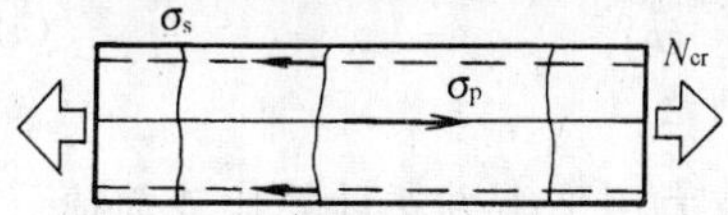 σ_s　N_{cr}　σ_p	$\sigma_{p0\,\text{II}} + \dfrac{f_{tk} A_0}{A_p + A_s}$	0	$\sigma_{l5} - \dfrac{f_{tk} A_0}{A_p + A_s}$	$N_{cr} = \sigma_p A_p - \sigma_s A_s = N_{p0\,\text{II}} + f_{tk} A_0$
$N > N_{cr}$	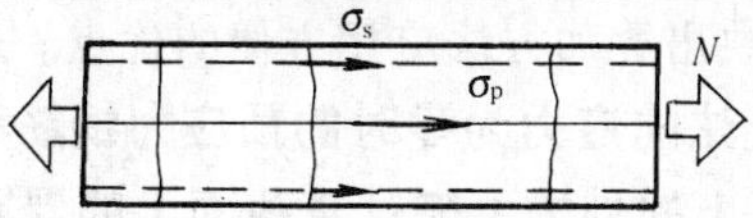 σ_s　N　σ_p	$\sigma_{p0\,\text{II}} + \dfrac{N - N_{p0\,\text{II}}}{A_p + A_s}$	0	$\sigma_{l5} - \dfrac{N - N_{p0\,\text{II}}}{A_p + A_s}$	$N = \sigma_p A_p - \sigma_s A_s$
破坏阶段	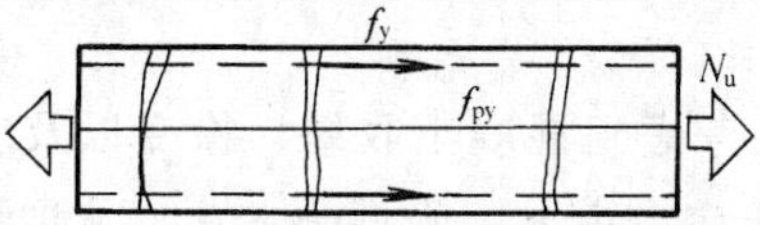 f_y　N_u　f_{py}	f_{py}	0	f_y	$N_u = f_{py} A_p + f_y A_s$

图 12-2　先张法预应力混凝土轴心受拉构件的截面应力分析

（图中 σ_p 以拉为正，σ_c，σ_s 以压为正）

3. **放张后瞬间** 放张后预应力筋回缩挤压混凝土。这时混凝土的预压应力为 $\sigma_{pc\,\mathrm{I}}$，并产生相应的弹性压缩应变 $\varepsilon_c = \sigma_{pc\,\mathrm{I}}/E_c$，预应力筋与混凝土共同变形，故这时预应力钢筋的应力为 $\sigma_{p\,\mathrm{I}}$：

$$\sigma_{p\,\mathrm{I}} = \sigma_{p0\,\mathrm{I}} - \alpha_E \sigma_{pc\,\mathrm{I}} \tag{12-2}$$

相应地非预应力钢筋 A_s 中产生压应力 $\sigma_s = \alpha_E \sigma_{pc\,\mathrm{I}}$。

根据构件截面上的内力平衡关系，可有：

$$\sigma_{pc\,\mathrm{I}} A_c + \alpha_E \sigma_{pc\,\mathrm{I}} A_s = (\sigma_{p0\,\mathrm{I}} - \alpha_E \sigma_{pc\,\mathrm{I}}) A_p$$

定义混凝土法向应力为零时的预应力钢筋的合力为 $N_{p0\,\mathrm{I}} = \sigma_{p0\,\mathrm{I}} A_p$，并引用换算截面 $A_0 = A_c + \alpha_E A_s + \alpha_E A_p$，则放张时的混凝土预压应力 $\sigma_{pc\,\mathrm{I}}$ 可按下式计算：

$$\sigma_{pc\,\mathrm{I}} = \frac{N_{p0\,\mathrm{I}}}{A_0} \tag{12-3}$$

上式是用平衡方法求得的，混凝土的预压应力（σ_{pc}）也可采用叠加方法计算。设想先在预应力筋上施加轴向拉力 N，此 N 恰好使混凝土压应力为零，故 $N = N_{p0\,\mathrm{I}}$。恢复其原长度，处于无应力状态（图 12-3a）；然后将所施加的力 N 反方向作用在换算截面（包括 A_p 及 A_s）上（图 12-3b）；最后将两者叠加，消去外加力 N 即可求得截面上的应力(图 12-3c)。

$$\sigma_{pc\,\mathrm{I}} = \frac{N_{p0\,\mathrm{I}}}{A_0}$$

叠加后预应力钢筋应力 $\sigma_{p\,\mathrm{I}} = \sigma_{p0\,\mathrm{I}} - \alpha_E \sigma_{pc\,\mathrm{I}} = \sigma_{con} - \sigma_{l\,\mathrm{I}} - \alpha_E \sigma_{pc\,\mathrm{I}}$，非预应力钢筋应力 $\sigma_s = \alpha_E \sigma_{pc\,\mathrm{I}}$（压）。结果完全相同。

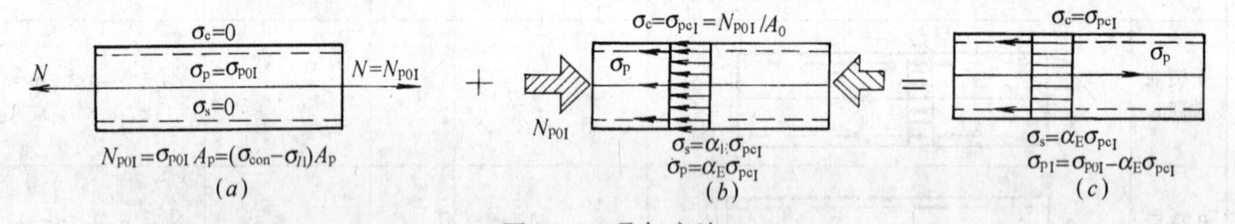

图 12-3 叠加方法

对于轴心受拉构件，钢筋为对称布置，预压应力用平衡方法计算比较简捷、直观，但对于受弯构件或钢筋为不对称配置的构件，将反映出叠加方法应用方便的优点。一般情况下求预应力值的叠加方法可以概括为：“将**混凝土法向应力为零时的预应力钢筋和非预应力钢筋的内力合力**，作为**反方向作用在换算截面上的外力，来计算截面上的混凝土预应力**。”

4. **出现全部损失** 使用阶段构件受荷以前，考虑到混凝土收缩、徐变以及应力松弛已经产生，又将出现第二批损失 $\sigma_{l\,\mathrm{II}}$。混凝土预压应力由 $\sigma_{pc\,\mathrm{I}}$ 降低为 $\sigma_{pc\,\mathrm{II}}$，从增量关系来看这时的预应力钢筋应力 $\sigma_{p\,\mathrm{II}}$，等于 $\sigma_{p\,\mathrm{I}}$ 扣除第二批损失 $\sigma_{l\,\mathrm{II}}$，再加上由于混凝土应力变化（$\sigma_{pc\,\mathrm{I}} - \sigma_{pc\,\mathrm{II}}$）引起的应力差值 σ_E（$\sigma_{pc\,\mathrm{I}} - \sigma_{pc\,\mathrm{II}}$），即

$$\begin{aligned}\sigma_{p\text{II}} &= \sigma_{p\text{I}} - \sigma_{l\text{II}} + \alpha_E(\sigma_{pc\text{I}} - \sigma_{pc\text{II}}) \\ &= \sigma_{p0\text{I}} - \alpha_E\sigma_{pc\text{I}} - \sigma_{l\text{II}} + \alpha_E(\sigma_{pc\text{I}} - \sigma_{pc\text{II}}) \\ &= \sigma_{con} - \sigma_l - \alpha_E\sigma_{pc\text{II}}\end{aligned}$$

按照 σ_{p0}符号的定义，上式中 $\sigma_{con}-\sigma_l=\sigma_{p0\text{II}}$ 为全部损失出现后，混凝土法向应力为零时的预应力钢筋的应力。故

$$\sigma_{p\text{II}} = \sigma_{p0\text{II}} - \alpha_E\sigma_{pc\text{II}} \tag{12-4}$$

混凝土的收缩、徐变同时使非预应力钢筋中产生压应力增量 σ_{l5}，故 $\sigma_s=\sigma_{l5}+\alpha_E\sigma_{pc\text{II}}$。

按照叠加方法，混凝土法向应力为零时的 A_p 及 A_s 中的内力合力为

$$N_{p0\text{II}} = \sigma_{p0\text{II}}A_p - \sigma_{l5}A_s \tag{12-5}$$

作为反方向作用在截面上的外力，求得 $\sigma_{pc\text{II}}$：

$$\sigma_{pc\text{II}} = \frac{N_{p0\text{II}}}{A_0} \tag{12-6}$$

5. **消压状态**　加荷以后，荷载（轴向拉力 N）的效应首先是减小混凝土中的预压应力，当轴力 N 恰好抵消掉混凝土的预压应力$\sigma_{pc\text{II}}$，混凝土应力 $\sigma_c=0$ 时，$N=N_{p0\text{II}}=\sigma_{pc\text{II}}A_0$，这时 A_p 中应力为 $\sigma_{p0\text{II}}$；A_s 中应力为压应力 σ_{l5}。由内外力的平衡，可知

$$N_{p0\text{II}} = \sigma_{p0\text{II}}A_p - \sigma_{l5}A_s$$

与式（12-5）完全相同。

6. **开裂前**　继续加荷，混凝土将受拉，当 σ_c 等于混凝土的抗拉强度 f_{tk}时，为裂缝出现状态，裂缝出现轴力 N_{cr}相当于在 $N_{p0\text{II}}$ 基础上增加了 $f_{tk}A_0$。

$$N_{cr} = N_{p0\text{II}} + f_{tk}A_0 = (\sigma_{pc\text{II}} + f_{tk})A_0 \tag{12-7}$$

这时，A_p 及 A_s 中均增加数值上等于 $\alpha_E f_{tk}$的拉应力（如考虑混凝土的塑性变形，此应力增量应为 $2\alpha_E f_{tk}$，为了不必重新计算 A_0，仍取为 $\alpha_E f_{tk}$）。故 $\sigma_p=\sigma_{p0\text{II}}+\alpha_E f_{tk}$，$\sigma_s=\sigma_{l5}-\alpha_E f_{tk}$。

7. **开裂后瞬间**　混凝土开裂后退出工作，它所负担的拉力将由 A_p 及 A_s 承受，开裂前后 A_p 及 A_s 中的拉应力增量均为 $f_{tk}A_c/(A_p+A_s)$。

$$\sigma_p = \sigma_{p0\text{II}} + \alpha_E f_{tk} + \frac{f_{tk}A_c}{A_p+A_s} = \sigma_{p0\text{II}} + \frac{f_{tk}A_0}{A_p+A_s} \tag{12-8a}$$

同理

$$\sigma_s = \sigma_{l5} - \alpha_E f_{tk} - \frac{f_{tk}A_c}{A_p+A_s} = \sigma_{l5} - \frac{f_{tk}A_0}{A_p+A_s} \tag{12-8b}$$

8. 荷载的**轴力 $N>N_{cr}$**　开裂后再进一步加载，所增加的轴力将全部由 A_p 及 A_s 承受，在轴力增量 $N-N_{cr}$的作用下，A_p 及 A_s 中的应力增量为（$N-N_{cr}$）/（A_p+A_s）。因此，这时构件中预应力钢筋的应力 σ_p 为：

$$\sigma_p = \sigma_{p0\text{II}} + \alpha_E f_{tk} + \frac{f_{tk}A_c}{A_p+A_s} + \frac{N-N_{cr}}{A_p+A_s}$$

$$=\sigma_{p0\,II}+\frac{N-N_{p0\,II}}{A_p+A_s} \tag{12-9a}$$

同理

$$\sigma_s=\sigma_{l5}-\frac{N-N_{p0\,II}}{A_p+A_s} \tag{12-9b}$$

9. **破坏阶段** 当预应力钢筋应力及非预应力钢筋应力到达其抗拉强度时，构件到达其极限承载力

$$N_u=f_{py}A_p+f_yA_s \tag{12-10}$$

图 12-4（a）为先张法预应力混凝土轴心受拉构件受荷以前，σ_p、σ_s 及 σ_{pc} 随时间增长的变化图形；图 12-4（b）为构件受荷后的轴力 N 与 σ_p、σ_s 及 σ_c 的关系示意图，图中虚线为该构件未施加预应力相当于钢筋混凝土轴心受拉构件的应力变化图。

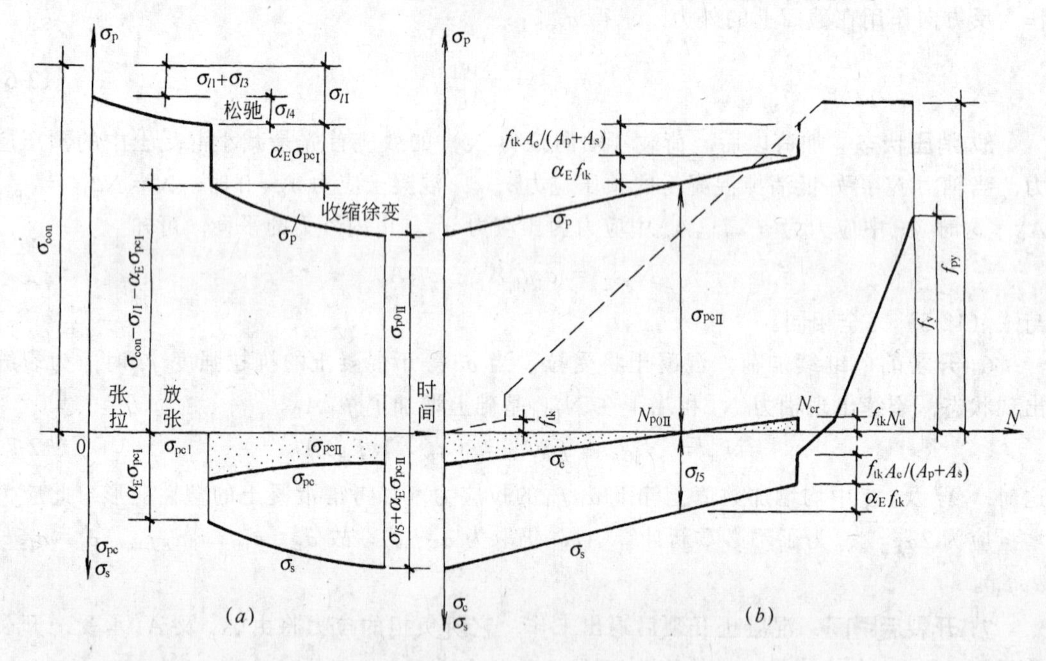

图 12-4

（a）施工阶段应力随时间增长的变化图形；（b）受荷后轴力 N 与应力的关系

12.1.2 后张法构件

图 12-5 为后张法预应力混凝土轴心受拉构件，从制作到破坏的各个阶段的应力状态、应力分析。

1. **张拉阶段** 张拉预应力钢筋的同时，混凝土及非预应力筋受压，但同时也产生摩擦损失 σ_{l2}，故预应力钢筋的拉应力为 $\sigma_{con}-\sigma_{l2}$。

2. **张拉终止** 当张拉终止将预应力钢筋锚固在构件上时，随即产生锚具损失 σ_{l1}。这时预应力钢筋中应力

阶段	截面应力状态	预应力钢筋 σ_p	混凝土 σ_c	非预应力钢筋 σ_s	平衡关系
张拉阶段	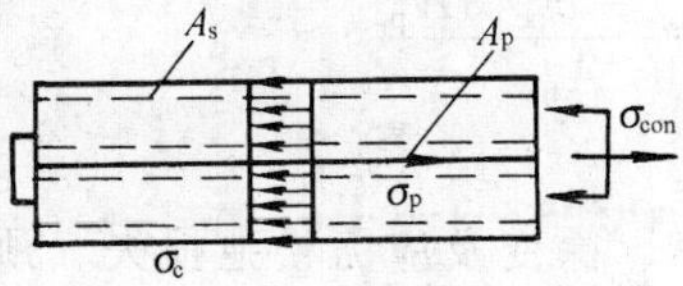 A_s　A_p　σ_{con}　σ_p　σ_c	$\sigma_{con}-\sigma_{l2}$	σ_{pc}	$\alpha_E\sigma_{pc}$	$\sigma_{pc}A_c+\alpha_E\sigma_{pc}A_s=(\sigma_{con}-\sigma_{l2})A_p$
张拉终止	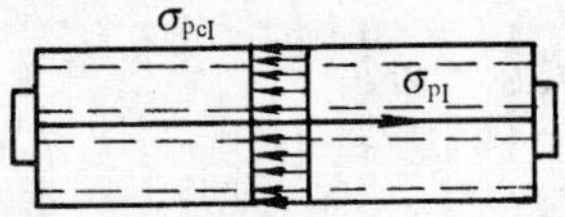 σ_{pcI}　σ_{pI}	$\sigma_{pI}=\sigma_{con}-\sigma_{lI}$	σ_{pcI}	$\alpha_E\sigma_{pcI}$	$\sigma_{pcI}=\dfrac{(\sigma_{con}-\sigma_{lI})A_p}{A_n}$
出现第二批损失 σ_{lII}	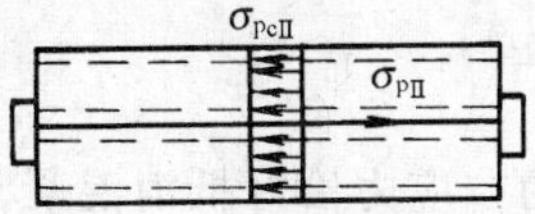 σ_{pcII}　σ_{pII}	$\sigma_{pII}=\sigma_{con}-\sigma_l$	σ_{p0II}	$\sigma_{l5}+\alpha_E\sigma_{pcII}$	$\sigma_{pcII}=\dfrac{(\sigma_{con}-\sigma_l)A_p-\sigma_{l5}A_s}{A_n}$
消压状态	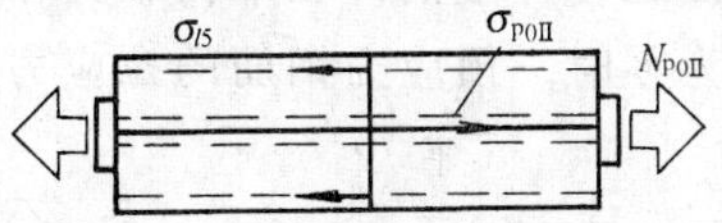 σ_{l5}　σ_{p0II}　N_{p0II}	$\sigma_{p0II}=\sigma_{con}-\sigma_l+\alpha_E\sigma_{p0II}$	0	σ_{l5}	$N_{p0II}=\sigma_{p0II}A_p-\sigma_{l5}A_s$
开裂前瞬间	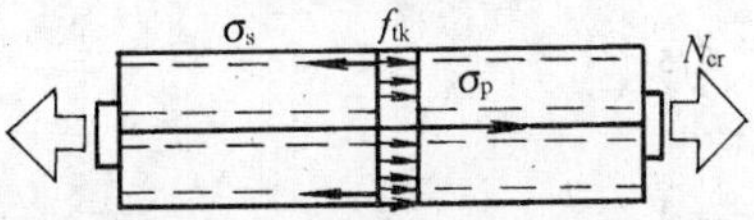 σ_s　f_{tk}　N_{cr}　σ_p	$\sigma_{p0II}+\alpha_E f_{tk}$	f_{tk}	$\sigma_{l5}-\alpha_E f_{tk}$	$N_{cr}=N_{p0II}+f_{tk}A_0=(\sigma_{p0II}+f_{tk})A_0$
开裂后瞬间	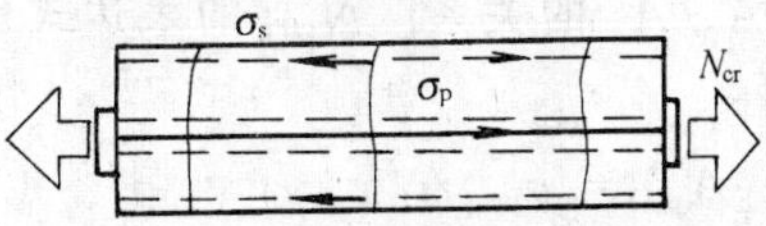 σ_s　σ_p　N_{cr}	$\sigma_{p0II}+\dfrac{f_{tk}A_0}{A_p+A_s}$	0	$\sigma_{l5}-\dfrac{f_{tk}A_0}{A_p+A_s}$	$N_{cr}=\sigma_pA_p-\sigma_sA_s=N_{p0II}+f_{tk}A_0$
$N>N_{cr}$	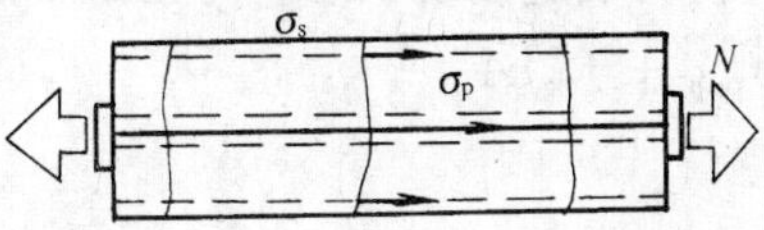 σ_s　σ_p　N	$\sigma_{p0II}+\dfrac{N-N_{p0II}}{A_p+A_s}$	0	$\sigma_{l5}-\dfrac{N-N_{p0II}}{A_p+A_s}$	$N=\sigma_pA_p-\sigma_sA_s$
破坏阶段	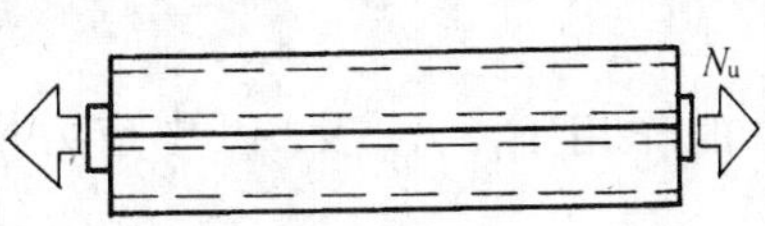 N_u	f_{py}	0	f_y	$N_u=f_{py}A_p+f_yA_s$

图 12-5　后张法预应力混凝土轴心受拉构件的截面应力分析

$$\sigma_{pI}=\sigma_{con}-\sigma_{lI}$$

混凝土中预压应力为 σ_{pcI}，非预应筋中的压应力 $\sigma_s=\alpha_E\sigma_{pcI}$。设扣除孔道后混凝土净截面

面积为 A_c，根据平衡关系可得

$$\sigma_{pc\,I} A_c + \alpha_E \sigma_{pc\,I} A_s = (\sigma_{con} - \sigma_{l1}) A_p$$

或
$$\sigma_{pc\,I} = \frac{(\sigma_{con} - \sigma_{l\,I}) A_p}{A_c + \alpha_E A_s} = \frac{(\sigma_{con} - \sigma_{pc\,I}) A_p}{A_n} \tag{12-11}$$

式中 A_n 为仅包括 A_s 在内的换算截面面积。

3. **出现第二批损失** 设构件受荷以前已产生收缩、徐变及应力松弛损失。预应力钢筋应力将降低为 $\sigma_{p\,II}$

$$\sigma_{p\,II} = \sigma_{con} - (\sigma_{l\,I} + \sigma_{l\,II}) = \sigma_{con} - \sigma_l \tag{12-12}$$

同理，非预应力钢筋应力 $\sigma_s = \sigma_{l5} + \alpha_E \sigma_{pc\,II}$。

全部损失出现后，混凝土预压应力

$$\sigma_{pc\,II} = \frac{(\sigma_{con} - \sigma_l) A_p - \sigma_{l5} A_s}{A_n} \tag{12-13}$$

4. **消压状态** 施加外荷轴向拉力，当轴力 N 产生的拉应力恰好抵消混凝土的预压应力 $\sigma_{pc\,II}$ 时，这时的轴力为 $N_{p0\,II}$，因为预应力筋是锚固在构件上的，在外荷轴力作用下预应力筋与混凝土共同变形。当混凝土应力由 $\sigma_{pc\,II}$ 变为零时，预应力钢筋的拉应力增量为 $\alpha_E \sigma_{pc\,II}$。这时的预应力钢筋应力为 $\sigma_{p0\,II}$：

$$\sigma_{p0\,II} = \sigma_{con} - \sigma_l + \alpha_E \sigma_{pc\,II} \tag{12-14}$$

同理，非预应力钢筋应力 $\sigma_s = \sigma_{l5} + \alpha_E \sigma_{pc\,II} - \alpha_E \sigma_{pc\,II} = \sigma_{l5}$。

根据构件截面内力与外荷轴力 $N_{p0\,II}$ 的平衡可得：

$$N_{p0\,II} = \sigma_{p0\,II} A_p - \sigma_{l5} A_s \tag{12-15}$$

引用 $\sigma_{p0\,II} = \sigma_{con} - \sigma_l + \alpha_E \sigma_{pc\,II}$ 及 $\sigma_{pc\,II} = (\sigma_{con} - \sigma_l) A_p / A_n$ 的关系，$N_{p0\,II}$ 的表达式也可写成与先张法相同的形式：

$$N_{p0\,II} = \sigma_{pc\,II}(A_c + \alpha_E A_s + \alpha_E A_p) = \sigma_{pc\,II} A_0 \tag{12-16}$$

5. **开裂前瞬间** 加荷至混凝土拉应力到达 f_{tk} 时，为裂缝出现状态。与先张法相同，

$$N_{cr} = N_{p0\,II} + f_{tk} A_0 = (\sigma_{pc\,II} + f_{tk}) A_0 \tag{12-17}$$

这时，$\sigma_p = \sigma_{pc\,II} + \alpha_E f_{tk}$；$\sigma_s = \sigma_{l5} - \alpha_E f_{tk}$。

6. **开裂后瞬间** 混凝土退出工作。与先张法同：$\sigma_p = \sigma_{p0\,II} + f_{tk} A_0 / (A_p + A_s)$；$\sigma_s = \sigma_{l5} - f_{tk} A_0 / (A_p + A_s)$。

7. **轴力 $N > N_{cr}$** 在增加的轴力 $(N - N_{cr})$ 的作用下，A_p 及 A_s 中应力增大了 $(N - N_{cr}) / (A_p + A_s)$。与先张法同。

$$\sigma_p = \sigma_{p0\,II} + \frac{N - N_{p0\,II}}{A_p + A_s} \tag{12-18}$$

$$\sigma_s = \sigma_{l5} - \frac{N - N_{p0\,II}}{A_p + A_s} \tag{12-19}$$

8. **破坏阶段**

$$N_u = f_{py}A_p + f_yA_s \tag{12-20}$$

图 12-6（a）为后张法预应力混凝土轴心受拉构件受荷以前，σ_p、σ_s 及 σ_{pc} 随时间增长的变化图形；图 12-6（b）为构件受荷后的轴力 N 与 σ_p、σ_s 及 σ_c 的关系示意图。

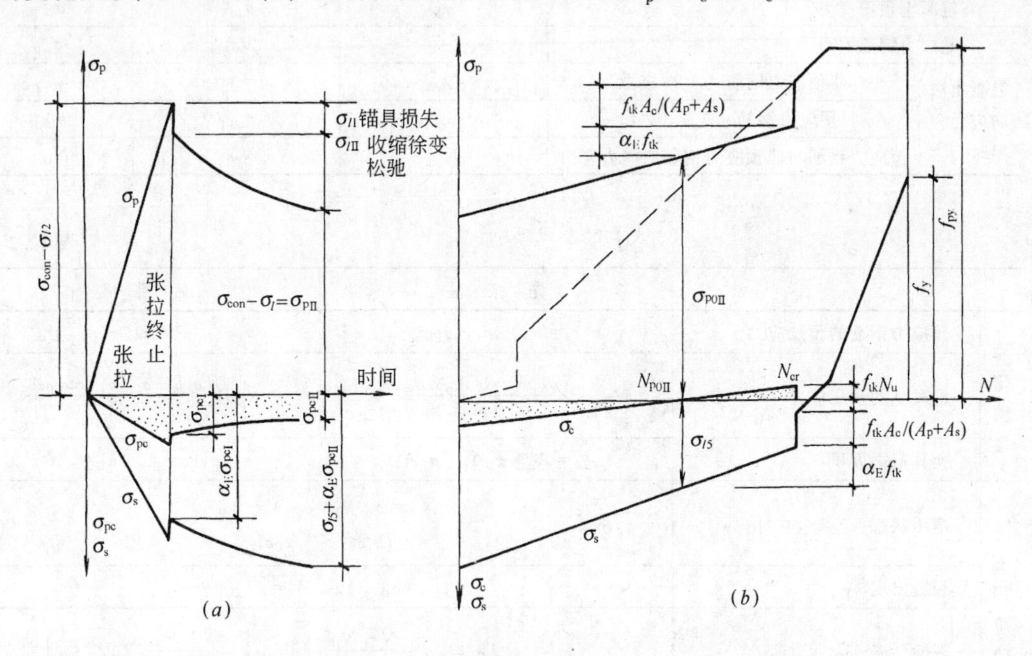

图 12-6

（a）施工阶段应力随时间增长的变化图形；（b）受荷后轴力 N 与应力的关系

12.1.3 应力分析小结

1. **概括符号**

为了公式表达形式的简练，预应力损失、混凝土预压应力、预应力钢筋应力等均可用表 12-1 所列概括符号表示。对于不同的阶段概括符号应理解为代表相应阶段的应力损失、应力及内力。

采用概括符号以后，不同阶段的 σ_{p0}、N_{p0}及 σ_{pc}均可用下列概括公式表示：

$$\sigma_{p0} = \sigma_p + \alpha_E\sigma_{pc} \tag{12-21}$$

$$N_{p0} = \sigma_{p0}A_p - \sigma_{s0}A_s \tag{12-22}$$

$$\sigma_{pc} = N_{p0}/A_0 \tag{12-23}$$

2. **先张法与后张法轴拉构件计算公式对比**

表 12-2 用概括公式列出了先张法与后张法构件各阶段应力计算公式的对比。由表 12-2可见：

概 括 符 号 **表 12-1**

符 号 定 义		概括符号	施工阶段出现第一批损失	使用阶段出现全部损失
预应力损失		σ_l	$\sigma_{l\,\mathrm{I}}$	$\sigma_{l\,\mathrm{I}}+\sigma_{l\,\mathrm{II}}$
混凝土预压应力		σ_{pc}	$\sigma_{pc\,\mathrm{I}}$	$\sigma_{pc\,\mathrm{II}}$
预应力钢筋应力		σ_p	$\sigma_{p\,\mathrm{I}}$	$\sigma_{p\,\mathrm{II}}$
混凝土法向应力为零时	非预应力钢筋（A_s）应力	σ_{s0}	0	σ_{l5}
	预应力钢筋（A_p）应力	σ_{p0}	$\sigma_{p0\,\mathrm{I}}$	$\sigma_{p0\,\mathrm{II}}$
	预应力钢筋与非预应力钢筋的内力合力	N_{p0}	$N_{p0\,\mathrm{I}}$	$N_{p0\,\mathrm{II}}$

表 12-2

		先 张 法	后 张 法
施工阶段	预应力钢筋的预拉应力	$\sigma_p=\sigma_{con}-\sigma_l-\alpha_E\sigma_{pc}$	$\sigma_p=\sigma_{con}-\sigma_l$
	混凝土的预压应力	$\sigma_{pc}=\dfrac{(\sigma_{con}-\sigma_l)\ A_p-\sigma_{s0}A_s}{A_0}$	$\sigma_{pc}=\dfrac{(\sigma_{con}-\sigma_l)\ A_p-\sigma_{s0}A_s}{A_n}$
	换算截面面积	$A_0=A_c+\alpha_EA_p+\alpha_EA_s$	$A_n=A_c+\alpha_EA_s$
使用阶段	消压状态	$N_{p0}=\sigma_{pc}A_0=\sigma_{p0}A_p-\sigma_{s0}A_s$ $\sigma_{p0}=\sigma_p+\alpha_E\sigma_{pc}$	
	裂缝出现	$N_{cr}=(\sigma_{pc}+f_{tk})\ A_0=N_{p0}+f_{tk}A_0$	
	裂缝开展 $N\geqslant N_{cr}$	$\sigma_p=\sigma_{p0}+\dfrac{N-N_{p0}}{A_p+A_s}$；$\sigma_s=\sigma_{s0}-\dfrac{N-N_{p0}}{A_p+A_s}$	
	极限荷载 N_u	$N_u=f_{py}A_p+f_yA_s$	

（1）施工阶段，先张与后张的应力计算公式是不同的：先张预应力钢筋应力（σ_p）比后张法减少 $\alpha_E\sigma_{pc}$；在计算混凝土预压应力公式中，先张法采用 A_0，后张法用 A_n，A_0 为包括预应力筋截面面积 A_p 在内的换算截面面积；A_n 为只包括非预应力筋截面面积 A_s 的净换算截面面积。

（2）使用阶段，施加外荷以后，引用 σ_{p0} 及 N_{p0} 表达的不同状态下的轴力、钢筋应力的计算公式是完全相同的，但 σ_{p0} 公式中的 σ_p 对于先张和后张是不同的。

3. 引用 σ_{p0} 及 N_{p0} 的概念的意义就在于（1）把先张与后张公式统一了起来；（2）把预应力混凝土与钢筋混凝土轴心受拉构件的计算公式贯穿了起来。若在 N_{cr} 和开裂后 $N>N_{cr}$ 的 σ_p 公式中取 $N_{p0}=\sigma_{p0}=0$，即为钢筋混凝土轴心受拉构件的相应公式。并由此可引伸出 $\sigma_p-\sigma_{p0}$ 即相当于钢筋混凝土拉杆开裂后的钢筋应力 σ_s，亦即在验算预应力混凝土的裂缝宽度时，式（10-28）中的 σ_s 应取为 $\sigma_p-\sigma_{p0}=\dfrac{N-N_{p0}}{A_p+A_s}$。

12.2　预应力混凝土轴心受拉构件的设计

12.2.1　使用阶段的承载力计算及抗裂验算

1. 承载力计算

预应力混凝土轴心受拉构件的正截面受拉承载力按下列公式计算：

$$N \leqslant f_{py}A_p + f_yA_s \tag{12-24}$$

2. 裂缝控制验算

预应力混凝土轴心受拉构件应根据所处环境类别和构件类型按表 11-4 选用裂缝控制等级，按下列规定进行截面拉应力或正截面裂缝宽度验算：

(1) 一级——严格要求不出现裂缝的构件

在荷载效应的标准组合下，截面混凝土法向应力 σ_{ck}应符合下列规定：

$$\sigma_{ck} - \sigma_{pc} \leqslant 0 \tag{12-25}$$

式中　$\sigma_{ck} = N_k/A_0$，N_k 为按荷载效应的标准组合计算的轴向拉力。

(2) 二级——一般要求不出现裂缝的构件

在荷载效应的标准组合下，截面混凝土法向应力 σ_{ck}应符合下列规定：

$$\sigma_{ck} - \sigma_{pc} \leqslant f_{tk} \tag{12-26}$$

在荷载效应的准永久组合下，截面混凝土法向应力 σ_{cq}应符合下列规定：

$$\sigma_{cq} - \sigma_{pc} \leqslant 0 \tag{12-27}$$

式中　$\sigma_{cq} = N_q/A_0$，N_q 为按荷载效应的准永久组合计算的轴向拉力。

(3) 三级——允许出现裂缝的构件

按荷载效应的标准组合并考虑长期作用影响计算的最大裂缝宽度，不应超过表 11-4 规定的限值 $w_{lim} = 0.2$mm。

预应力混凝土轴心受拉构件最大裂缝宽度 w_{max}的计算公式，与第 10 章中钢筋混凝土轴心受拉构件的裂缝宽度计算公式（10-28）相同，即

$$w_{max} = \alpha_{cr}\psi\frac{\sigma_{sk}}{E_s}\left(1.9c + 0.08\frac{d_{eq}}{\rho_{te}}\right) \tag{10-28}$$

式中　d_{eq}按式（10-24），ψ 按式（10-15）计算，预应力混凝土轴心受拉构件 $\alpha_{cr} = 2.2$。仅其中 ρ_{te}应考虑预应力钢筋截面面积 A_P

$$\rho_{te} = \frac{A_P + A_s}{A_{te}} \tag{12-28}$$

σ_{sk}应取为预应力钢筋及非预应力钢筋，从消压状态到使用荷载下的应力增量，即

$$\sigma_{sk} = \frac{N_k - N_{p0}}{A_P + A_s} \tag{12-29}$$

式（12-28）中有效受拉区混凝土截面面积 A_{te}，对先张法构件取构件截面面积；对后

张结构体取扣除孔道后的构件截面面积。

12.2.2 施工阶段的验算

预应力混凝土轴心受拉构件，在放张（先张）或张拉预应力筋终止（后张）时，截面混凝土受到的预压应力达最大值，而这时混凝土的强度一般尚达不到设计强度，通常为设计强度的75%。以后由于各种损失的出现，混凝土的预压应力将逐渐降低。因此，需要进行制作阶段的承载力计算；对屋架结构的下弦拉杆，根据实际情况有时还需要考虑自重及施工荷载的作用（必要时应考虑动力系数），进行运输及安装阶段的计算。

1. 混凝土**法向应力验算**

施工阶段截面的混凝土法向压应力应符合下列公式的要求：

$$\sigma_{cc} \leqslant 0.8 f'_{ck} \tag{12-30}$$

截面混凝土的法向压应力 σ_{cc}按下式计算：

$$\sigma_{cc} = \sigma_{pc\,\mathrm{I}} + \frac{M_k}{W_0} \tag{12-31}$$

式中 f'_{ck}——与施工阶段混凝土立方体抗压强度 f_{cu}相应的抗压强度标准值；

$\sigma_{pc\,\mathrm{I}}$——放张（先张）或张拉终止（后张）时，混凝土的预压应力；

先张法构件 $\sigma_{pc\mathrm{I}} = \dfrac{\sigma_{p0\mathrm{I}} A_p}{A_0} = \dfrac{(\sigma_{con} - \sigma_{l\mathrm{I}})\ A_p}{A_0}$

后张法构件 $\sigma_{pc\,\mathrm{I}} = \dfrac{\sigma_{con} A_p}{A_n}$，即按张拉端计算，不考虑摩擦损失及锚具损失。

M_k——构件自重及施工荷载的标准组合在计算截面上产生的弯矩值；

W_0——换算截面弹性抵抗矩。

2. 后张法构件锚具垫板下**局部受压承载力计算**

后张法构件锚具垫板的面积很小，因此在构件端部锚具下将出现很大的局部压应力，这种压应力要经过一段距离（$\approx h$）才能扩散到整个截面上（图12-7）。局部受压区混凝土实际上处于三向应力状态，与纵向法向应

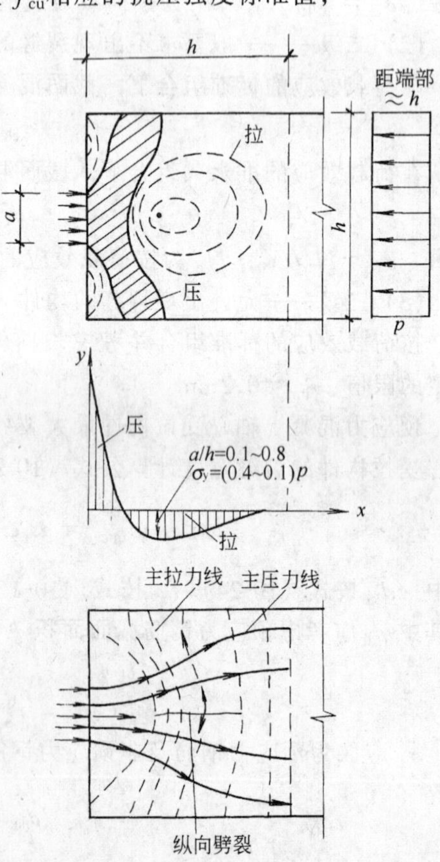

图12-7 局部受压应力状态

力 σ_x 垂直的还有横向法向应力 σ_y 及 σ_z。近垫板处 σ_y（σ_z）为压应力，距构件端部超过一定距离以后为拉应力。当横向法向拉应力超过混凝土抗拉强度时，构件端部将出现纵向裂缝，导致局部受压破坏。为此需在局部受压区内配置方格网式或螺旋式间接钢筋。

配置间接钢筋不能防止混凝土开裂，但可提高局部受压承载力并控制裂缝宽度。间接配筋过多，虽承载力可有较大提高，但会产生过大的局部变形，使垫板下陷。为此，《规范》规定局部受压面积应符合下列要求：

$$F_l \leqslant 1.35\beta_c\beta_l f'_c A_{ln} \tag{12-32}$$

式中 F_l——局部受压面上作用的局部荷载设计值；在计算后张法构件的锚头局部受压时，取 $F_l = 1.2\sigma_{con}A_p$；

β_c——混凝土强度影响系数，见前面 5.3.3 节；

β_l——混凝土局部受压时的强度提高系数

$$\beta_l = \sqrt{\frac{A_b}{A_l}} \tag{12-33}$$

这里 A_l 为混凝土局部受压面积；A_b 为局部受压的计算底面积，可根据局部受压面积与计算底面积同心、对称的原则按图 12-8 取用。对后张法构件，为了避免出现孔道愈大 β 值愈高的不合理现象，故在计算开孔构件的 β 值时，在 A_b 及 A_l 中均不扣除孔道面积；

A_{ln}——扣除孔道面积的混凝土局部受压净面积，可按照压力沿锚具边缘在垫板中以 45°角扩散后传到混凝土的受压面积计算（图 12-9）。

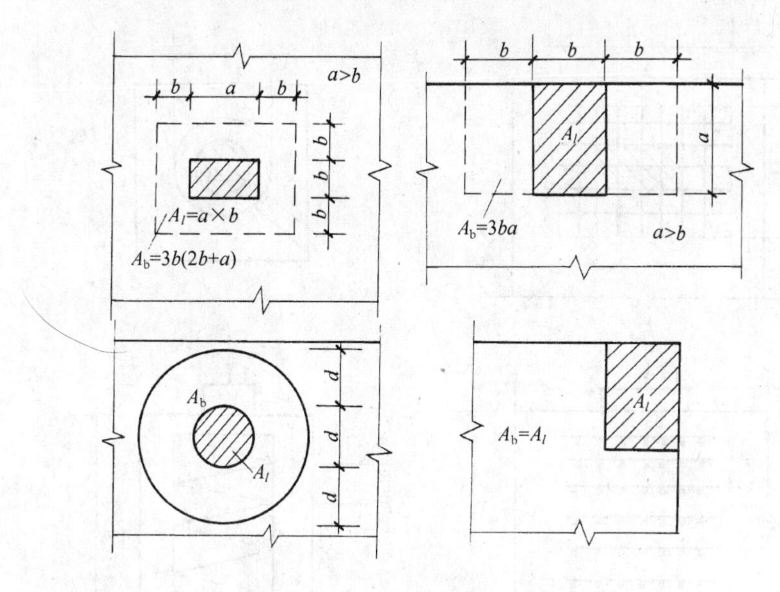

图 12-8 局部受压计算底面积 A_b

当配置间接钢筋的局部受压面积满足式(12-32)的要求时，其承载力按下列公式计算：

$$F_l \leqslant 0.9(\beta_c \beta_l f_c + 2\alpha \rho_v \beta_{cor} f_y) \quad (12\text{-}34)$$

式中 ρ_v——间接钢筋的体积配筋率，当采用方格网配筋时（图 12-10a）：

$$\rho_v = \frac{n_1 A_{s1} l_1 + n_2 A_{s2} l_2}{A_{cor} s} \quad (12\text{-}35)$$

当采用螺旋配筋时（图 12-10b）：

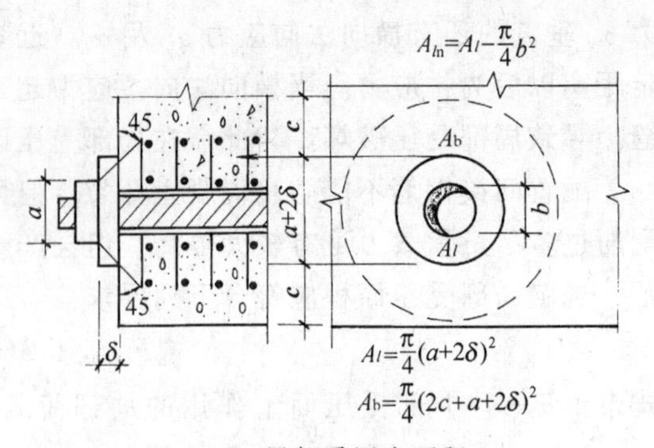

图 12-9 局部受压净面积 A_{ln}

$$\rho_v = \frac{4A_{ss1}}{d_{cor} s} \quad (12\text{-}36)$$

α——间接配筋对混凝土约束的折减系数，按 8.2.2 节规定采用；

β_{cor}——配置间接钢筋的局部受压承载力提高系数，$\beta_{cor}=\sqrt{\dfrac{A_{cor}}{A_l}}$；

A_{cor}——间接钢筋范围以内的混凝土核心面积（不扣除孔道面积），但不应大于 A_b，且其重心应与 A_l 的重心相重合，并符合 $A_{cor} \geqslant A_l$ 的条件。

n_1、A_{s1}（n_2、A_{s2}）——方格网沿 l_1（l_2）方向的钢筋根数，单根钢筋截面面积；

A_{ss1}、d_{cor}——螺旋钢筋的截面面积，螺旋筋范围以内的混凝土直径；

s——方格网或螺旋式间接钢筋的间距。

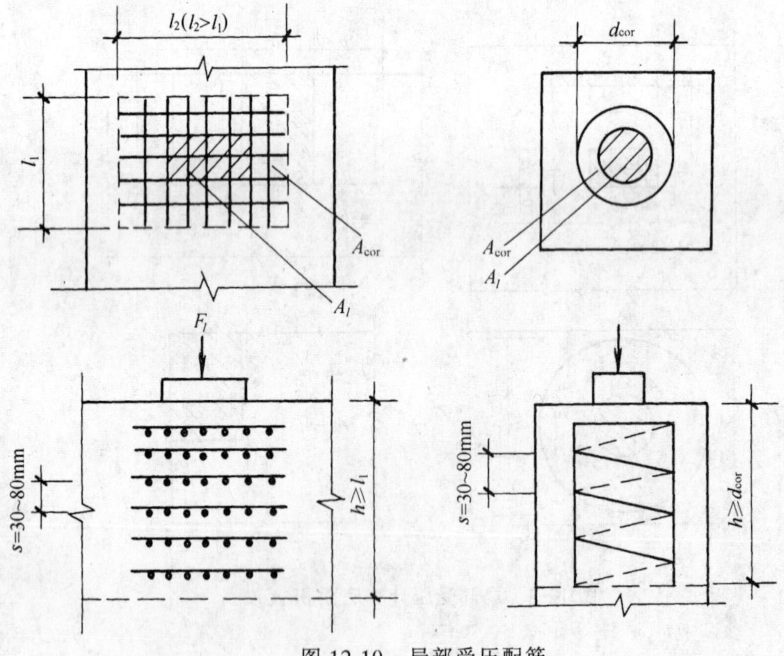

图 12-10 局部受压配筋

间接钢筋应配置在图 12-10 所规定的 h 范围内。配置方格网钢筋时，其两个方向的单位长度内的钢筋截面面积相差不应大于 1.5 倍，且网片不应少于 4 片。配置螺旋钢筋时，不应少于 4 圈。《规范》规定间接钢筋的体积配筋率 ρ_v 不应小于 0.5%。

12.2.3 设计例题

【例 12-1】 24m 屋架预应力混凝土下弦拉杆，截面尺寸、预应力及非预应力钢筋、混凝土强度等级、张拉工艺及有关参数均同【例 11-1】（图 11-25）。内力组合给出：永久荷载作用下的轴力标准值 $N_{Gk}=680\text{kN}$，可变荷载作用下的轴力标准值 $N_{Qk}=150\text{kN}$，准永久值系数为零，所处环境类别为一类。构件的端部构造见图 12-11。

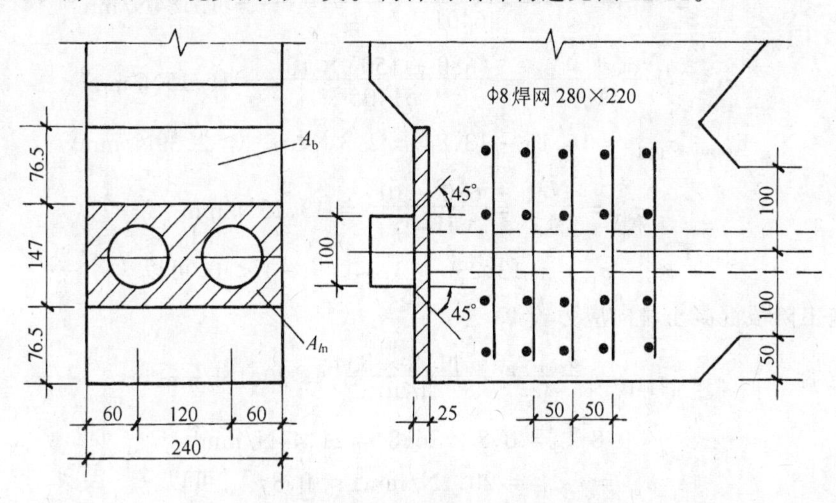

图 12-11　【例 2-1】屋架下弦端部构造

材料强度和截面几何特征　　表 12-3

材　　料	混　凝　土	预 应 力 筋	非预应力筋
等级	C40，$f'_{cu}=40$	$f_{ptk}=1720$	HRB 335
强度（N/mm²）	$f_{tk}=2.39$ $f'_{ck}=26.8$ $f_c=19.1$	$f_{py}=1220$	$f_y=300$
弹性模量（N/mm²）	$E_c=3.25\times10^4$	$E_s=1.95\times10^5$	$E_s=2\times10^5$
截面面积（mm²）	截面 240×200 $A_n=46401$ $A_0=51405$	2 束 3 ϕ^s15.2 $A_p=834$	4 Φ 12 $A_s=452$

【解】

1. 使用阶段承载力计算

$$f_{py}A_p+f_yA_s=1220\times834+300\times452=1153\text{kN}$$

永久荷载效应起控制作用，取 $\gamma_G = 1.35$

$$1.35N_{Gk} + 1.4N_{Qk} = 1.35 \times 680 + 1.4 \times 150 = 1128\text{kN} < 1153\text{kN},\text{可以}$$

2. 使用阶段裂缝控制验算

按表 11-4，屋架的裂缝控制等级为二级。

由【例 11-1】知 $\sigma_{con} = 1118\text{N/mm}^2$，$\sigma_l = 272.9\text{N/mm}^2$，$\sigma_{l5} = 138.4\text{N/mm}^2$。

$$\sigma_{pc\text{II}} = \frac{(\sigma_{con} - \sigma_l)A_p - \sigma_{l5}A_s}{A_n}$$

$$= \frac{(1118 - 272.9)834 - 138.4 \times 452}{46401} = 13.84\text{N/mm}^2$$

$$\sigma_{ck} = \frac{N_{Gk} + N_{Qk}}{A_0} = \frac{(680 + 150) \times 10^3}{51405} = 16.15\text{N/mm}^2$$

$$\sigma_{ck} - \sigma_{pc\text{II}} = 16.15 - 13.84 = 2.31 < f_{tk} = 2.39\text{N/mm}^2$$

$$\sigma_{cq} = \frac{N_{Gk}}{A_0} = \frac{680 \times 10^3}{51405} = 13.23\text{N/mm}^2$$

$$\sigma_{cq} - \sigma_{pc\text{II}} = 13.23 - 13.84 = (-) < 0,\text{可以}$$

3. 施工阶段混凝土法向应力验算

张拉端
$$\sigma_{pc\text{I}} = \frac{\sigma_{con}A_p}{A_n} = \frac{1118 \times 834}{46401} = 20.1\text{N/mm}^2$$

$$0.8f'_{ck} = 0.8 \times 26.8 = 21.44\text{N/mm}^2$$

$$\sigma_{cc} = \sigma_{pc\text{I}} = 20.1\text{N/mm}^2 < 0.8f'_{ck},\text{可以}$$

4. 锚具下局部受压承载力计算

QM 型锚具直径 100mm，垫板厚 25mm。按 45°角扩散计算 A_l（未扣除孔道）等于 $2 \times \frac{\pi(100 + 2 \times 25)^2}{4} = 35343\text{mm}^2$，简化为矩形面积计算，取 $A_l = 240 \times 147 = 35280\text{mm}^2$（图 12-11）。

$$A_{ln} = 240 \times 147 - 2\frac{\pi 48^2}{4} = 31661\text{mm}^2$$

$$A_b = 240(147 + 2 \times 76.5) = 72000\text{mm}^2$$

$$\beta_l = \sqrt{\frac{A_b}{A_l}} = \sqrt{\frac{72000}{35280}} = 1.43, \beta_c = 1.0$$

$$F_l = 1.2\sigma_{con}A_p = 1.2 \times 1118 \times 834 = 1118.9\text{kN}$$

$$1.35\beta_c\beta_l f_c A_{ln} = 1.35 \times 1 \times 1.43 \times 19.1 \times 31661 = 1167\text{kN}$$

$$1167\text{kN} > F_l = 1118.9\text{kN},\text{可以}$$

间接钢筋采用 5 片焊接网片，Φ 8HPB 235 级钢筋（$A_s = 50.3\text{mm}^2$），$f_y = 210\text{N/mm}^2$。网片 $l_1 = 220\text{mm}$，$l_2 = 280\text{mm}$，间距 $s = 50\text{mm}$。

$$A_{cor} = 220 \times 280 = 61600\text{mm}^2 \begin{matrix} < A_b = 72000\text{mm}^2 \\ > A_l = 35280\text{mm}^2 \end{matrix}$$

$$\beta_{cor} = \sqrt{\frac{A_{cor}}{A_l}} = \sqrt{\frac{61600}{35280}} = 1.32$$

$$\rho_v = \frac{n_1 A_{s1} l_1 + n_2 A_{s2} l_2}{A_{cor} \cdot s} = \frac{4 \times 50.3 \times 220 + 4 \times 50.3 \times 280}{61600 \times 50}$$

$$= 3.27\% > 0.5\%,\text{可以}$$

C40 级混凝土 $\beta_c = 1.0$，$\alpha = 1.0$

$$0.9(\beta_0 \beta_l f_c + 2\alpha\rho_v\beta_{cor} f_y) A_{ln} = 0.9(1.0 \times 1.43 \times 19.1 + 2 \times 1.0 \times 0.0327 \times 1.32 \times 210) \times 31661 = 1295\text{kN}$$

$$1295\text{kN} > F_l = 1118.9\text{kN},\text{可以}$$

【例 12-2】 24m 屋架预应力混凝土下弦拉杆、截面尺寸、配筋及材料强度均同【例 12-1】。当对该屋架进行结构检验时，要求计算：(1) 消压轴力 N_{p0}；(2) 裂缝出现轴力 N_{cr}；(3) 当 $N = 900\text{kN}$ 时的最大裂缝宽度 w_{max}；(4) 预应力钢筋应力 $\sigma_p = f_{py}$ 时的轴力。

【解】

(1) 消压轴力　由【例 12-1】知 $\sigma_{pc\text{II}} = 13.84\text{N/mm}^2$

$$N_{p0} = \sigma_{pc\text{II}} A_0 = 13.84 \times 51405 = 711.4\text{kN}$$

(2) 裂缝出现轴力 N_{cr}

$$N_{cr} = N_{p0} + f_{tk} A_0 = 711.4 + 2.39 \times 51405 = 834.3\text{kN}$$

(3) 当 $N = 900\text{kN}$ 时的最大裂缝宽度 w_{max}

轴力由 N_{p0} 增加到 $N = 900\text{kN}$ 时，钢筋应力的增量

$$\sigma_s = \frac{N - N_{p0}}{A_p + A_s} = \frac{(900 - 711.4) \times 10^3}{834 + 452} = 146.7\text{N/mm}^2$$

$$\rho_{te} = \frac{A_p + A_s}{A_c} = \frac{834 + 452}{44381} = 0.029 > 0.1\%$$

$$\psi = 1.1 - \frac{0.65 f_{tk}}{\sigma_s \rho_{te}} = 1.1 - \frac{0.65 \times 2.39}{146.7 \times 0.29} = 0.735$$

非预应力筋保护层厚度 $c = 25\text{mm}$，直径 $d_{eq} = d = 12\text{mm}$

$$w_{max} = \alpha_{cr} \psi \frac{\sigma_s}{E_s} \left(1.9c + 0.08 \frac{d}{\rho_{te}} \right)$$

$$= 2.2 \times 0.735 \frac{146.7}{1.95 \times 10^5} \left(1.9 \times 25 + 0.08 \frac{12}{0.029} \right) = 0.0956\text{mm}$$

(4) $\sigma_p = f_{py}$ 时的轴力

$$\sigma_{p0} = \sigma_{con} - \sigma_l + \alpha_E \sigma_{pc} = 1118 - 272.9 + 6 \times 13.84$$

$$=928.1\text{N/mm}^2$$

令开裂后预应力筋应力 $\sigma_p=f_{py}$

$$\sigma_p = f_{py} = \sigma_{p0} + \frac{N-N_{p0}}{A_p+A_s}$$

或
$$N=(f_{py}-\sigma_{p0})(A_p+A_s)+N_{p0}$$
$$=(1220-928.1)(834+452)+711.4\times10^3=1086.8\text{kN}$$

思 考 题

12-1 两个预应力混凝土轴心受拉构件，一个采用先张法，另一个采用后张法。设二者的预应力钢筋面积（A_p）、材料、控制应力 σ_{con}，预应力损失 σ_l 及混凝土截面面积（后张者已扣除孔道面积）在数值上均相同，试判断下列说法是否正确：

(1) 二者的混凝土预应力值 σ_{pc}相同 ……………………………………………………（ ）

(2) 二者的消压轴力均可表达为 $N_{p0}=\sigma_{pc}A_0$ …………………………………………（ ）

(3) 施加外荷以前，二者的预应力钢筋中应力 σ_p 相同 ………………………………（ ）

(4) 二者的 σ_{p0}在数值上相同 ………………………………………………………………（ ）

(5) 二者的 σ_{p0}均可表达为 $\sigma_{p0}=\sigma_p+\alpha_E\sigma_c$ ……………………………………………（ ）

(6) 二者的裂缝出现轴力 N_{cr}相同 ……………………………………………………………（ ）

(7) 裂缝出现后瞬间预应力筋的应力增量相同 ………………………………………（ ）

(8) 在同样的轴力 N（$N>N_{cr}$）作用下，预应力钢筋中应力 σ_p 相同 ………………（ ）

(9) 预应力钢筋应力到达 f_{py}时的轴力 N 相同 ………………………………………（ ）

12-2 两个轴心受拉构件，设二者的截面尺寸、配筋及材料完全相同。一个施加了预应力；另一个没有施加预应力。有人认为前者在施加外荷以前钢筋中已存在有很大的拉应力，因此在承受轴心拉力以后，必然其钢筋的应力先到达抗拉强度。这种看法显然是不对的，试用公式来表达，但不能简单地用 $N_u=f_{py}A_p$ 来说明。

12-3 在预应力混凝土轴心受拉构件上施加轴向拉力，并同时开始量测构件的应变。设混凝土的极限拉应变为 ε_{tu}，试问当裂缝出现时，测得的应变是多少？试用公式表达之。

12-4 矩形截面预应力混凝土构件，预应力钢筋在截面上为对称配置。设在全部应力损失出现后，构件受到轴心压力的作用，试问当混凝土到达极限压应变 ε_{cu}时，预应力钢筋中应力是多少？试写出其表达式。

12-5 在预应力混凝土轴心受拉构件中，配置非预应力钢筋 A_s，对构件的抗裂验算是有利因素还是不利因素？

12-6 在预应力混凝土轴心受拉构件的裂缝宽度计算公式中为什么取 $\sigma_{ss}=(N_s-N_{p0})/(A_p+A_s)$？

12-7 在进行锚具下的局部受压计算时，为什么要控制 $F_l\leqslant1.35\beta_c\beta_l f_c A_{ln}$？在确定 β_l 时为什么 A_b 及 A_l 均不扣除孔道面积？

12-8 将式（12-34）与螺旋钢箍柱的计算公式（8-6）进行对比，说明 β_{cor}的意义。

习　题

12-1　预应力混凝土轴心受拉构件的截面尺寸、配筋、材料强度及预应力损失等均同习题 11-1。试计算：(1) 消压轴力 N_{p0}，及相应的预应力钢筋和非预应力钢筋中应力；(2) 裂缝出现轴力 N_{cr}，和裂缝出现后（$N=N_{cr}$）预应力钢筋和非预应力钢筋中应力；(3) 预应力钢筋应力到达 f_{py}时的轴力 N；(4) 画出 σ_p、σ_s 及 σ_c 随 N 增长的变化图形。

12-2　18m 屋架下弦预应力混凝土拉杆，设计数据同习题 11-1。设屋架所处环境为一类，荷载标准值产生的轴力 $N_G=300$kN（永久荷载）；$N_Q=100$kN（可变荷载），准永久值系数为 0。要求进行：

(1) 使用阶段的承载力计算；

(2) 使用阶段的抗裂验算；

(3) 施工阶段的截面应力验算；

(4) 按图 12-12 所示构件端部尺寸，锚具下局部受压承载力计算。

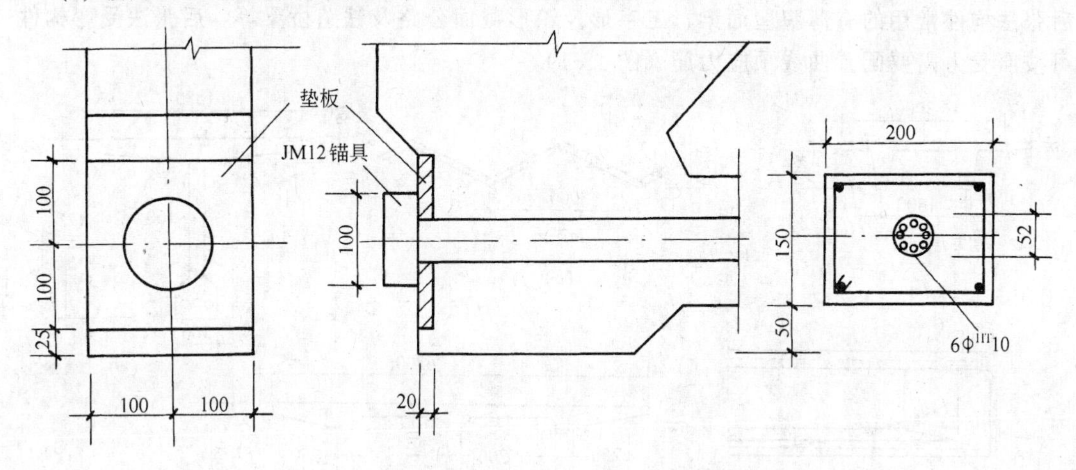

图 12-12　习题 12-2 构件端部构造

12-3　预应力混凝土轴心受拉构件截面尺寸、配筋、材料强度及预应力损失等均同习题 11-2。要求计算：(1) 消压轴力 N_{p0}；(2) 裂缝出现轴力 N_{cr}；(3) 轴力 $N=800$kN 时的 σ_p、σ_s 及最大裂缝宽度 w_{max}；(4) 画出 σ_p、σ_s 及 σ_c 随 N 增长的变化图形。

12-4　24m 预应力混凝土屋架下弦拉杆，设计数据同习题 11-2。设屋架处于一类环境，荷载标准值产生的轴力 $N_G=500$kN（永久荷载）；$N_Q=160$kN（可变荷载），准永久值系数为 0.4。要求进行：

(1) 使用阶段的承载力计算；

(2) 使用阶段的抗裂验算；

(3) 施工阶段的截面应力验算。

第13章 预应力混凝土受弯构件

13.1 概 说

预应力混凝土受弯构件在建筑结构和桥梁工程中应用较多，且类型广泛。先张法构件常用的有圆孔板、大型屋面板、T形截面吊车梁、工字形截面梁、双T板及V形折板等。后张法构件常用的有薄腹屋面梁、工字形及箱形截面公路及铁路桥梁等。后张法受弯构件可按照受力需要配置曲线预应力筋（图13-1)。

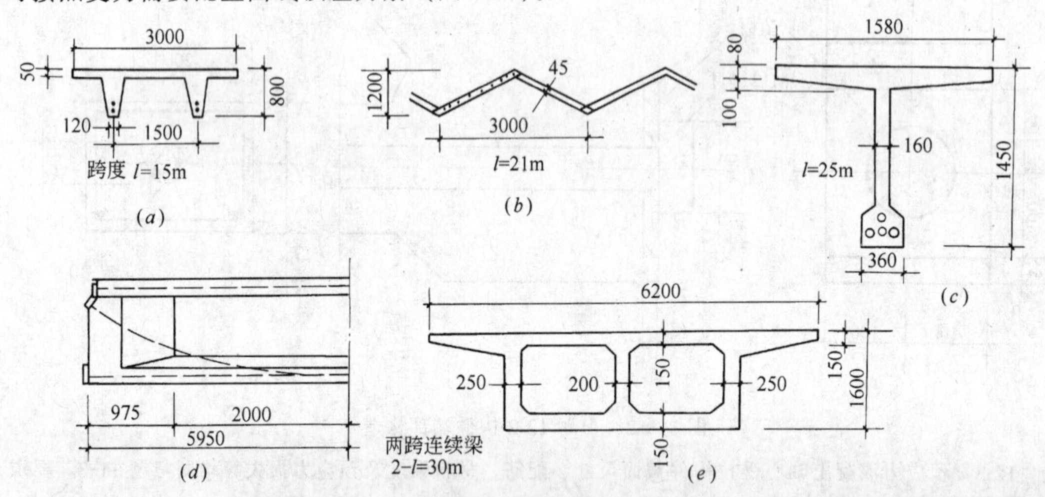

图13-1

(a) 双T板；(b) V形折板；(c) 工字形截面公路桥；(d) 6m吊车梁；(e) 箱形截面桥梁

大型构件荷载较大，拉区需配置较多的预应力钢筋，而自重往往不足以抵消偏心预压力在梁顶面产生的预拉应力，因此梁的顶部也需配置受压区预应力钢筋（A'_p)。截面的核心区范围越大，预应力筋 A_p 及 A'_p 的预压力合力位置就可以越低，亦即在同样的预压力下，梁底产生的预压应力就越大；梁顶面产生的预拉应力就越小，故可减少压区的预应力筋配筋量。因此，重吨位吊车梁、大跨屋面梁以及大跨度预应力桥梁的截面多采用薄腹非对称工字形截面或箱形截面，因为这种截面具有较大的截面核心区。

对预拉区允许出现裂缝的构件，为了控制在预压力作用下梁顶面（预拉区）的裂缝宽度，在预拉区需设置非预应力钢筋（A'_s)。同时为了构件运输和吊装阶段的需要，在梁底部预压区有时也要配置非预应力钢筋（A_s）。此外，部分预应力混凝土构件，为了控制裂缝的开展和使裂缝合理分布，并保证构件具有足够的延性，常在不同的部位及梁的受拉区配置适量的非预应力钢筋作为受力钢筋，以减少预应力钢筋的配置，并满足承载力的要求。

13.2 预应力混凝土受弯构件的应力分析

预应力混凝土受弯构件的应力分析，原则上与预应力混凝土轴心受拉构件并无不同。现以图 13-2（*a*），（*b*）所示配置有预应力钢筋 A_p 及 A'_p，非预应力钢筋 A_s 及 A'_s 的非对称工字形截面为例，说明预应力混凝土受弯构件各阶段的截面应力分布和应力分析方法。

13.2.1 施工阶段的应力分析

1. **先张法构件** 对于受弯构件，预压应力的计算比较简捷的是采用 12.1.1 所述的叠加方法。将混凝土法向应力为零时的预应力钢筋和非预应力钢筋的内力合力 N_{p0}（图 13-2*a*），作为反方向作用在换算截面（包括全部预应力钢筋和非预应力钢筋截面）上的外力，来计算截面上的混凝土预压应力。采用概括符号，混凝土法向应力为零时 A_p 中应力为 $\sigma_{p0}=\sigma_{con}-\sigma_l$；$A'_p$ 中应力为 $\sigma'_{p0}=\sigma'_{con}-\sigma'_l$；$A_s$ 中应力为 σ_{s0}，A'_s 中应力为 σ'_{s0}。

故
$$N_{p0}=\sigma_{p0}A_p+\sigma'_{p0}A'_p-\sigma_{s0}A_s-\sigma'_{s0}A'_s \tag{13-1}$$

N_{p0}至换算截面形心轴的偏心距为

$$e_{p0}=\frac{\sigma_{p0}A_py_p-\sigma'_{p0}A'_p\ y'_p-\sigma_{s0}A_sy_s+\sigma'_{s0}A'_s\ y'_y}{N_{p0}} \tag{13-2}$$

在 N_{p0}作用下截面上任一点的混凝土预压应力为

$$\sigma_{pc}=\frac{A_{p0}}{A_0}\pm\frac{N_{p0}e_{p0}}{I_0}y_0 \tag{13-3}$$

式中 A_0、I_0、y_0——换算截面面积、惯性矩及截面形心轴至所计算点的距离；

y_p、y'_p、y_s、y'_s ——换算截面形心轴至 A_p、A'_p、A_s 及 A'_s 各自合力点的距离。

按式（13-3）计算的 σ_{pc}值，正号为压应力，负号为拉应力。混凝土受到预压力后，预应力筋和非预应力筋中应力分别为：

$$\left.\begin{aligned}\sigma_p&=\sigma_{p0}-\alpha_E\sigma_{pc}\\ \sigma'_p&=\sigma'_{p0}-\alpha_E\sigma'_{pc}\\ \sigma_s&=\sigma_{s0}+\alpha_E\sigma_{pc}\\ \sigma'_s&=\sigma'_{s0}+\alpha_E\sigma'_{pc}\end{aligned}\right\} \tag{13-4}$$

式中 σ_{pc}或 σ'_{pc}分别为按式（13-3）算得的相应钢筋合力处的混凝土预压应力值。式（13-1）～（13-4）为概括公式。当仅考虑出现第一批预应力损失（计算收缩、徐变损失）时，σ_l

应为$\sigma_{l\,\mathrm{I}}$（这时$\sigma_{s0}=\sigma'_{s0}=0$），相应的$N_{p0}$及$e_{p0}$应分别理解为$N_{p0\,\mathrm{I}}$及$e_{p0\,\mathrm{I}}$，即$N_{p0\,\mathrm{I}}=(\sigma_{con}-\sigma_{l\,\mathrm{I}})A_p+(\sigma'_{con}-\sigma_l')_{\mathrm{I}}\ A'_p$。当完成第二批预应力损失后，$\sigma_l$应取为$\sigma_{l\,\mathrm{I}}+\sigma_{l\,\mathrm{II}}$，$\sigma_{s0}$及$\sigma'_{s0}$应取为$\sigma_{l5}$及$\sigma'_{l5}$，$N_{p0}$及$e_{p0}$应取为$N_{p0\,\mathrm{II}}$，$e_{p0\,\mathrm{II}}$，这时$N_{p0\,\mathrm{II}}=(\sigma_{con}-\sigma_l)A_p+(\sigma'_{con}-\sigma'_l)A'_p-\sigma_{l5}A_s-\sigma'_{l5}A'_s$。

2. **后张法构件** 张拉预应力筋的同时截面上混凝土及非预应力筋受压，这时预应力筋A_p中应力为$\sigma_p=\sigma_{con}-\sigma_l$，$A'_p$中应力为$\sigma'_p=\sigma'_{con}-\sigma'_l$。如考虑收缩、徐变引起的非预应力钢筋$A_s$及$A'_s$中应力$\sigma_{l5}$及$\sigma'_{l5}$，则根据截面的平衡关系（图13-2$b$）可得：

$$N_p=\sigma_pA_p+\sigma'_pA'_p-\sigma_{s0}A_s-\sigma'_{s0}A'_s \tag{13-5}$$

$$e_{pn}=\frac{\sigma_pA_py_{pn}-\sigma'_pA'_py''_{sn}-\sigma_{s0}A_sy_{sn}+\sigma'_{s0}A'_sy_{sn}}{N_p} \tag{13-6}$$

$$\sigma_{pc}=\frac{N_p}{A_n}\pm\frac{N_pe_{pn}}{I_n}y_n \tag{13-7}$$

因为与混凝土同时受压的只有非预应力钢筋，故式中 A_n、I_n、y_n——净换算截面面积(不包括A_p及A'_p的扣除孔道截面的换算截面面积)、净截面惯性矩及净截面形心轴至所计算点的距离；

y_{pn}、y'_{pn}、y_{sn}、y'_{sn}——净换算截面形心轴至A_p、A'_p、A_s、A'_s各自合力点的距离。

同样，按式（13-7）算得的σ_{pc}值，正号为压应力，负号为拉应力。故相应的非预应力钢筋应力为

$$\left.\begin{aligned}\sigma_s&=\sigma_{s0}+\alpha_E\sigma_{pc}\\ \sigma'_s&=\sigma'_{s0}+\alpha_E\sigma'_{pc}\end{aligned}\right\} \tag{13-8}$$

式中σ_{pc}及σ'_{pc}分别为按式（13-7）算得的对应于A_s及A'_s合力点处的混凝土预压应力。同样，式（13-5）～（13-8）为概括公式。在计算收缩、徐变损失时，只考虑出现第一批损失，则$\sigma_l=\sigma_{\mathrm{I}}$，$\sigma_{s0}=\sigma'_{s0}=0$，$N_p$及$e_{pn}$应理解为$N_{p\,\mathrm{I}}$及$e_{pn\,\mathrm{I}}$，这时$N_{p\,\mathrm{I}}=(\sigma_{con}-\sigma_{l\,\mathrm{I}})A_p+(\sigma'_{con}-\sigma'_{l\,\mathrm{I}})A'_p$。全部损失出现后，$N_p$及$e_{pn}$应理解为$N_{p\,\mathrm{II}}$及$e_{pn\,\mathrm{II}}$，相应的$\sigma_l=\sigma_{l\,\mathrm{II}}+\sigma_{l\,\mathrm{I}}$，$\sigma_{s0}=\sigma_{l5}$，$\sigma'_{s0}=\sigma'_{l5}$。

13.2.2 使用阶段的应力分析

施加外荷载以后，在荷载产生的弯矩M作用下，拉区混凝土开裂以前，无论先张法或后张法构件，在M作用下预应力钢筋均与混凝土共同变形。因此可采用包括预应力筋和非预应力筋在内的换算截面（扣除孔道）惯性矩I_0，按下列公式计算荷载作用下产生的混凝土法向应力增量（图13-2c）：

$$\sigma_c=\frac{M}{I_0}y_0 \tag{13-9}$$

相应的预应力钢筋和非预应力钢筋的应力增量为$\alpha_E\sigma_c$，这时y_0应取为换算截面形心轴至

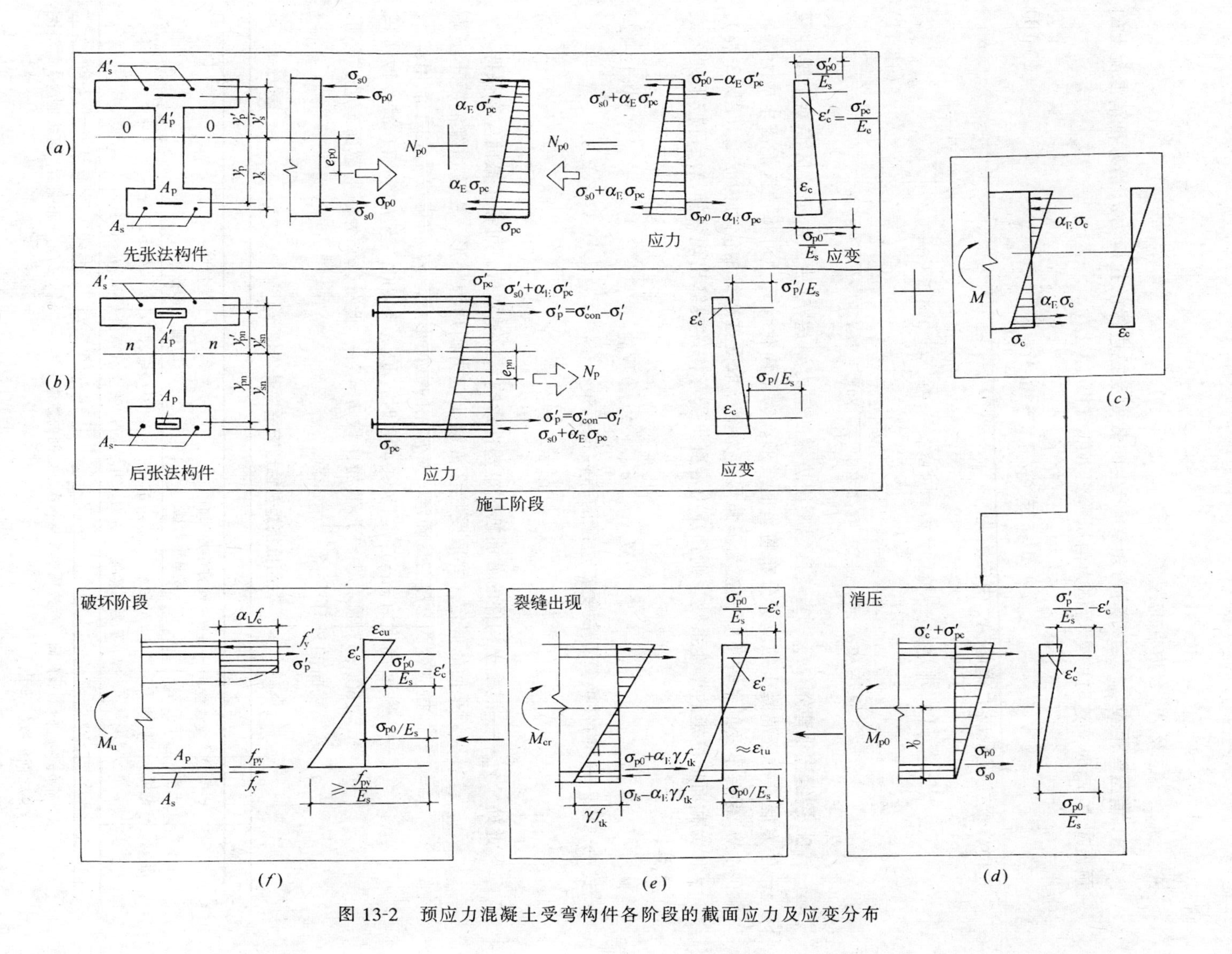

图 13-2 预应力混凝土受弯构件各阶段的截面应力及应变分布

A_p、A'_p、A_s及A'_s合力点的距离。

1. **消压弯矩 M_{p0}** 当外荷弯矩 M 产生的截面受拉边缘的拉应力σ_c恰好抵消混凝土的预压应力 σ_{pc}时，这时的弯矩称为消压弯矩 M_{p0}（图 13-2d）。

$$M_{p0} = \sigma_{pc} \frac{I_0}{y} = \sigma_{pc} W_0 \tag{13-10}$$

这时，受拉区预应力钢筋 A_p 中应力为

$$\left.\begin{aligned} (\text{先张})\sigma_{p0} &= \sigma_{con} - \sigma_l - \alpha_E \sigma_{pc} + \alpha_E \frac{M_{p0}}{I_0} y_0 \approx \sigma_{con} - \sigma_l \\ (\text{后张})\sigma_{p0} &= \sigma_{con} - \sigma_l + \alpha_E \frac{M_{p0}}{I_0} y_0 \approx \sigma_{con} - \sigma_l + \alpha_E \sigma_{pc} \end{aligned}\right\} \tag{13-11}$$

2. **裂缝出现弯矩 M_{cr}** 当拉区混凝土边缘的应力到达 f_{tk}后，由于拉区混凝土塑性变形的发展，拉区混凝土的应力分布将呈曲线形。为了简化计算，可将拉区混凝土应力分布（在 M_{cr}保持不变的条件下）代换为三角形应力图，取受拉边缘的应力为 γf_{tk}（图 13-2e）。γ 称为截面抵抗矩的塑性系数。则预应力混凝土受弯构件裂缝出现弯矩 M_{cr}可按下列公式计算：

$$M_{cr} = (\sigma_{pc} + \gamma f_{tk}) W_0 \tag{13-12}$$

式中 W_0——构件换算截面受拉边缘的弹性抵抗矩；

$$\gamma = \left(0.7 + \frac{120}{h}\right)\gamma_m \tag{13-13}$$

此处 γ_m——混凝土构件的截面抵抗矩塑性影响系数基本值，可按正截面应变保持平面的假定，并取受拉区混凝土应力图形为梯形、受拉边缘混凝土极限拉应变为 $2f_{tk}/E_c$ 确定；对常用的截面形状，γ_m 值可按表 13-1 取用；

h——截面高度（mm）：当 $h<400$ 时，取 $h=400$；当 $h>1600$ 时，取 $h=1600$；对圆形、环形截面，取 $h=2r$，此处，r 为圆形截面半径或环形截面的外环半径。

截面抵抗矩塑性影响系数基本值 γ_m **表 13-1**

项次	1	2	3		4		5
截面形状	矩形截面	翼缘位于受压区的T形截面	对称Ⅰ形截面或箱形截面		翼缘位于受拉区的倒T形截面		圆形和环形截面
			$b_f/b\leq2$、h_f/h 为任意值	$b_f/b>2$、$h_f/h<0.2$	$b_f/b\leq2$、h_f/h 为任意值	$b_f/b>2$、$h_f/h<0.2$	
γ_m	1.55	1.50	1.45	1.35	1.50	1.40	$1.6-0.24r_1/r$

注：1. 对 $b'_f>b_f$ 的Ⅰ形截面，可按项次 2 与项次 3 之间的数值采用；对 $b'_f>b_f$ 的Ⅰ形截面，可按项次 3 与项次 4 之间的数值采用；

2. 对于箱形截面，b 系指各肋宽度的总和；

3. r_1 为环形截面的内环半径，对圆形截面取 r_1 为零。

13.2.3 破坏阶段应力分析

预应力混凝土受弯构件加荷至破坏阶段，其截面应力状态与钢筋混凝土受弯构件是相似的。当 $\xi \leqslant \xi_b$ 时，破坏时截面受拉区预应力筋 A_p 及非预应力筋 A_s 先到达屈服，然后压区混凝土到达极限压应变而压碎，构件到达极限承载能力。如截面上还配置有受压区预应力钢筋 A'_p，这时 A'_p 中应力可按平截面假定确定，与钢筋混凝土不同的是：

1. 界限相对受压区高度 ξ_b

随荷载增大，预应力钢筋的拉应变增大。当 $M = M_{p0}$ 时，预应力钢筋应力为 σ_{p0}。相应的应变为 σ_{p0}/E_s；这时 A_p 合力点处混凝土的压应变为零。在界限破坏情况下，预应力钢筋应力到达 f_{py} 时，压区边缘混凝土应变也同时到达其极限压应变 ε_{cu} 由图 13-3 可知，与混凝土应变保持直线分布的预应力钢筋的应变增量为（$f_{py} - \sigma_{p0}$）/E_s，等效矩形应力图形受压区高度与中和轴高度的比值为 β_1。故界限破坏时相对受压区高度。

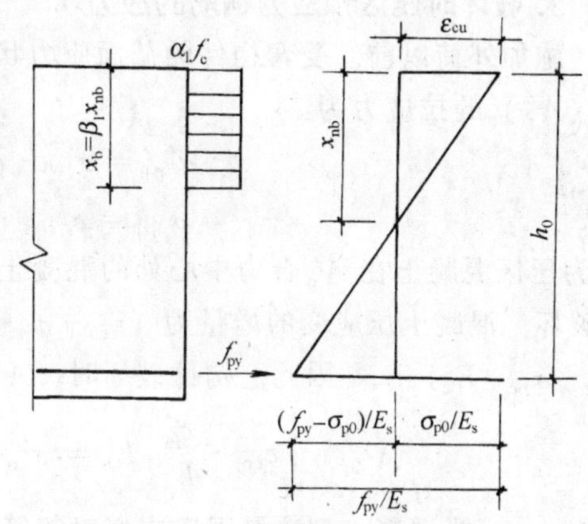

图 13-3 界限受压区高度

$$\xi_b = \frac{x_b}{h_0} = \frac{\beta_1 x_{nb}}{h_0} = \frac{\beta_1 \varepsilon_{cu}}{\varepsilon_{cu} + (f_{py} - \sigma_{p0})/E_s} = \frac{\beta_1}{1 + \dfrac{f_{py} - \sigma_{p0}}{\varepsilon_{cu} E_s}} \tag{13-14a}$$

当 $\sigma_{p0} = 0$ 时，上式即为钢筋混凝土构件的界限相对受压区高度。

对无物理屈服点的钢筋，根据图 11-4 所示条件屈服点的定义，钢筋达到 f_{py} 时的应变为：

$$\varepsilon_{py} = 0.002 + f_{py}/E_s$$

故式（13-14a）应改为

$$\xi_b = \frac{\beta_1}{1 + \dfrac{0.002}{\varepsilon_{cu}} + \dfrac{f_{py} - \sigma_{p0}}{E_s \varepsilon_{cu}}} \tag{13-14b}$$

由式（13-14）可知，预应力混凝土构件的界限相对受压区高度 ξ_b 不仅与钢材品种有关，而且与预应力值 σ_{p0} 的大小有关。

2. 预应力钢筋和非预应力钢筋的应力计算公式

设距受压区边缘为 h_{0i} 处的第 i 排预应力钢筋，在压区混凝土应变到达极限压应变 ε_{cu} 时的应力为 σ_{pi}，则根据平截面假定可写出：

$$\sigma_{pi} = \varepsilon_{cu} E_s \left(\frac{\beta_1 h_{0i}}{x} - 1 \right) + \sigma_{p0i} \tag{13-15}$$

如为非预应力钢筋，则

$$\sigma_{si} = \varepsilon_{cu} E_s \left(\frac{\beta_1 h_{0i}}{x} - 1 \right) - \sigma_{s0i} \tag{13-16}$$

若按式（13-15）及（13-16）求得的 σ_{pi}、σ_{si} 为负值，说明该钢筋应力为压应力。显然 σ_{pi}、σ_{si} 必须符合下列条件：

$$\sigma_{p0i} - f'_{py} \leqslant \sigma_{pi} \leqslant f_{py} \tag{13-17}$$

$$-f'_y \leqslant \sigma_{si} \leqslant f_y \tag{13-18}$$

3．**破坏时压区预应力钢筋的应力**

施加外荷以前，受弯构件的截面应力状态如图 13-2（a）、（b）所示。压区预应力钢筋（A'_p）的拉应力为：

$$\sigma'_{p\text{II}} = \sigma'_{p0} - \alpha_E \sigma'_{pc} \quad（先张）$$

$$\sigma'_{p\text{II}} = \sigma'_{con} - \sigma'_l \quad（后张）$$

σ'_{pc}为压区混凝土在 A'_p 合力中心处的混凝土预压应力，相应的应变 $\varepsilon'_c = \sigma'_{pc}/E_c$。自加载至破坏，混凝土压应变的增量为（$\varepsilon_{cu} - \sigma'_{pc}/E_c$），相应的压区预应力钢筋的压应变增量为（$\varepsilon_u - \sigma'_{pc}/E_c$）$E_s$。因此，构件破坏时，$A'_p$ 中应力为

$$\sigma'_p - \left(\varepsilon_{cu} - \frac{\sigma'_{pc}}{E_c} \right) E_s = \sigma'_p + \alpha_E \sigma'_{pc} - \varepsilon_{cu} E_s = \sigma'_{p0} - f'_{py} \tag{13-19}$$

式中 $\varepsilon_{cu} E_s$ 为混凝土到达极限压应变时钢筋发挥的压应力，即钢筋的抗压强度设计值 f'_{py}。

13.3 预应力混凝土受弯构件的承载力计算

13.3.1 正截面受弯承载力计算

预应力混凝土受弯构件到达破坏阶段时，与钢筋混凝土受弯构件相同，压区混凝土应力分布可采用等效矩形应力图，其强度为 $\alpha_1 f_c$、压区预应力钢筋应力为 $\sigma'_{p0} - f'_{py}$，对于图13-4所示工字形截面，当进行正截面受弯承载力计算时，需先按下列条件判别属于那一类 T 形截面。

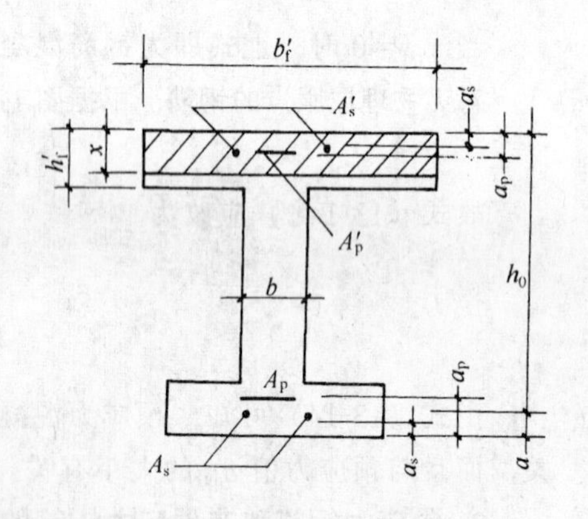

图 13-4　工字形截面受弯构件

$$f_{py} A_p + f_y A_s \leqslant \alpha_1 f_c b'_f h'_f + f'_y A'_a - (\sigma'_{p0} - f'_{py}) A'_p \tag{13-20}$$

或

$$M \leqslant \alpha_1 f_c b'_f h'_f (h_0 - h'_f/2) + f'_y A'_s (h_0 - a'_s) - (\sigma'_{p0} - f'_{py}) A'_p (h_0 - a'_p) \tag{13-21}$$

式（13-20）用于截面复核情况；式（13-21）用于截面设计情况。如符合上列条件，即 $x \leqslant h'_f$，为第一类 T 形截面，可按宽度为 b'_f 的矩形截面计算。其基本公式为：

$$\alpha_1 f_c b'_f x + f'_y A'_s - (\sigma'_{p0} - f'_{py}) A'_p = f_{py} A_p + f_y A_s \tag{13-22}$$

$$M \leqslant \alpha_1 f_c b'_f x(h_0 - x/2) + f'_y A'_s(h_0 - a'_s) - (\sigma'_{p0} - f'_{py})A'_p(h_0 - a'_p) \quad (13\text{-}23)$$

混凝土受压区高度 x 应符合下列条件:

$$x \leqslant \xi_b h_0 \quad (13\text{-}24)$$

$$x \geqslant 2a' \quad (13\text{-}25)$$

式中　M——弯矩设计值;

a'_s、a'_p——各为受压区非预应力钢筋、预应力钢筋合力点至受压边缘的距离(图 13-4);

a'——纵向受压钢筋合力点至受压区边缘的距离。当 $(\sigma'_{p0}-f'_{py})$ 为正值(拉应力)时,式(13-25)中的 a' 应用 a'_s 代替。

当 $x<2a'$,且 $(\sigma'_{p0}-f'_{py})$ 为拉应力时,受弯承载力可按下式计算

$$M \leqslant f_{py}A_p(h - a_p - a'_s) + f_y A_s(h - a_s - a'_s) + (\sigma'_{p0} - f'_{py})A'_p(a'_p - a'_s) \quad (13\text{-}26)$$

如不符合式(13-20)或(13-21)的条件,说明 $x>h'_f$,混凝土受压区高度位于肋部,属第二类T形截面。其基本公式为:

$$\alpha_1 f_c[bx + (b'_f - b)h'_f] + f'_y A'_s - (\sigma'_{p0} - f'_{py})A_p = f_y A_s + f_{py}A_p \quad (13\text{-}27)$$

$$\begin{aligned} M \leqslant\ & \alpha_1 f_c bx(h_0 - x/2) + \alpha_1 f_c(b'_f - b)h'_f(h_0 - h'_f/2) \\ & + f'_y A'_s(h_0 - a'_s) - (\sigma'_{p0} - f'_{py})A'_p(h_0 - a'_p) \end{aligned} \quad (13\text{-}28)$$

同样,混凝土受压区高度应符合式(13-24)、(13-25)的要求。

此外,纵向受力钢筋 (A_p+A_s) 的配筋率应符合下列要求:

$$M_u \geqslant M_{cr} \quad (13\text{-}29)$$

式中 M_u 按式(13-23)、(13-26)或(13-28)取等号计算。

13.3.2　斜截面受剪承载力计算

试验表明,预应力混凝土受弯构件的斜截面受剪承载力,高于钢筋混凝土受弯构件的受剪承载力。这是因为预压应力的存在延缓了斜裂缝的出现和发展,增加了混凝土剪压区的高度及骨料咬合作用,使斜截面的抗剪强度得到提高。

矩形、T形和工字形截面的一般受弯构件,当仅配有箍筋时,其斜截面的受剪承载力按下列公式计算:

$$V \leqslant V_{cs} + V_P \quad (13\text{-}30)$$

$$V_p = 0.05N_{p0} \quad (13\text{-}31)$$

式中　V——斜截面的剪力设计值;

V_{cs}——混凝土和箍筋的受剪承载力,与钢筋混凝土构件相同按式(5-4)计算;

V_p——预应力所提高的构件受剪承载力。

试验表明,预应力对受弯构件受剪承载力的提高与预压应力的大小有关。当换算截面形心处的预压应力 σ_{pc} 小于 $0.3f_c$ 时,预应力提高的承载力 V_p 与 σ_{pc} 成正比;当 σ_{pc} 超过

(0.3～0.4) f_c 以后，预压应力的有利作用即不再增加，甚至有所下降（参见 8.7 节）。故《规范》规定当 $N_{p0}>0.3f_cA_0$ 时，取 $N_{p0}=0.3f_cA_0$。

式（13-31）是根据使用阶段不出现裂缝的简支构件的试验结果给出的。因此《规范》对于 $N_{p0}e_{p0}$ 与外弯矩方向相同的情况，以及预应力混凝土连续梁和允许出现裂缝（裂缝控制等级为三级的）预应力混凝土简支梁，均取 $V_p=0$。

对于需考虑预应力传递长度 l_{tr} 的先张法构件，如支座边缘处截面位于 l_{tr} 范围内，计算 V_p 时应考虑传递长度内 σ_{pc} 降低的影响。如图 13-5 所示，设 l_a 为支座边缘截面至构件端部的距离，当 $l_a<l_{tr}$ 时，可近似取 $V_p=0.05N_{p0}\dfrac{l_a}{l_{tr}}$。

当预应力混凝土受弯构件同时配有预应力弯起钢筋 A_{pb} 和非预应力弯起钢筋 A_{sb} 时（图 13-6），斜截面受剪承载力按下列公式计算。

$$V \leqslant V_{cs} + V_p + 0.8f_yA_{sb}\sin\alpha_s + 0.8f_{py}A_{pb}\sin\alpha_p \tag{13-32}$$

式中 V——配置弯起钢筋处的剪力设计值，其计算方法同第 5 章钢筋混凝土构件；

V_p——按式（13-31）计算的预应力提高的受剪承载力。在计算 N_{p0} 时不考虑预应力弯起钢筋的作用；

A_{sb}、A_{pb}——同一弯起平面内非预应力、预应力弯起钢筋的截面面积；

α_s、α_b——斜截面上非预应力弯起钢筋、预应力弯起钢筋与构件纵向轴线的夹角。

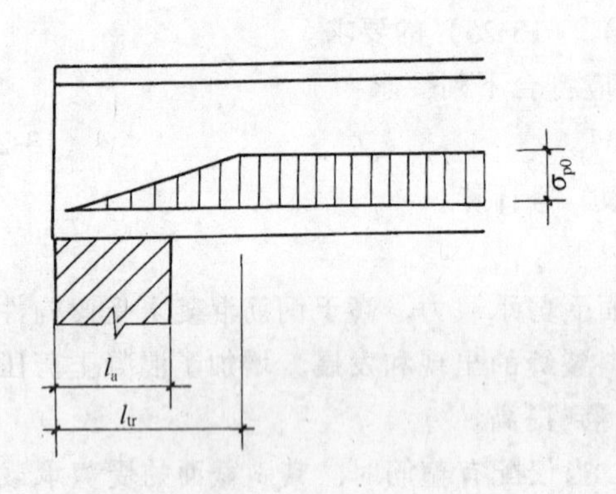

图 13-5 传递长度 l_{tr} 内 σ_{p0} 折减

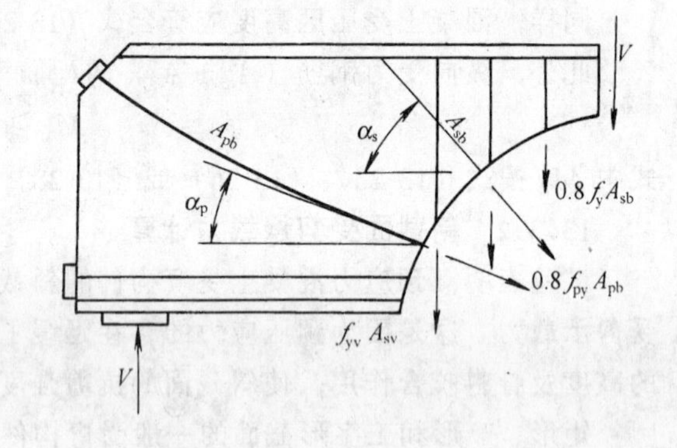

图 13-6 预应力弯起钢筋 A_{pb}

对集中荷载作用下的矩形截面独立梁（包括集中荷载产生的支座截面边缘处剪力值占总剪力值的 75%以上的情况），与钢筋混凝土受弯构件相同，式（13-30）中的 V_{cs} 应按式（5-5）计算。

为了防止斜压破坏，与钢筋混凝土受弯构件相同，预应力混凝土构件的受剪截面同样应符合第 5 章式（5-6a）及（5-6b）的条件。

《规范》规定对一般受弯构件，当符合下列条件时：

$$V \leqslant 0.7 f_t b h_0 + 0.05 N_{p0} \tag{13-33}$$

以及对集中荷载作用下的矩形截面独立梁，当符合下列条件时：

$$V \leqslant \frac{1.75}{\lambda + 1} f_t b h_0 + 0.05 N_{p0} \tag{13-34}$$

则不需进行斜截面受剪承载力计算，而仅需按表 5-1 及表 5-2 的构造要求配置箍筋。

当 $V > 0.7 f_t b h_0 + 0.05 N_{p0}$时，箍筋的配筋率 ρ_{sv}（$\rho_{sv} = A_{sv}/sb$）尚不应小于 $0.24 f_t / f_{yv}$。

13.4 预应力混凝土受弯构件的裂缝控制验算

13.4.1 正截面裂缝控制验算

预应力混凝土受弯构件，按照其裂缝控制等级（表 11-4），应分别按下列规定进行正截面抗裂验算：

1. 裂缝控制等级为一级，即严格要求不允许出现裂缝的受弯构件，在荷载效应标准组合弯矩 M_k 作用下应符合下列规定：

$$\sigma_{ck} - \sigma_{pc} \leqslant 0 \tag{13-35}$$

式中 σ_{ck}为 M_k 产生的验算截面边缘混凝土的法向应力：

$$\sigma_{ck} = M_k / W_0 \tag{13-36}$$

2. 裂缝控制等级为二级，即一般要求不出现裂缝的构件，在荷载效应标准组合弯矩 M_k 及荷载效应准永久组合弯矩 M_q 作用下，应分别符合下列规定：

$$\sigma_{ck} - \sigma_{pc} \leqslant f_{tk} \tag{13-37}$$

$$\sigma_{cq} - \sigma_{pc} \leqslant 0 \tag{13-38}$$

式中 σ_{cq}为 M_q产生的验算截面边缘混凝土法向应力：

$$\sigma_{cq} = M_q / W_0 \tag{13-39}$$

13.4.2 斜截面抗裂验算

斜截面抗裂验算实际上是对截面各点的主拉应力 σ_{tp}和主压应力 σ_{cp}进行验算。斜裂缝出现以前，构件基本上处于弹性阶段工作，荷载效应标准组合弯矩 M_k 产生的截面法向应力为 $M_k y_0 / I_0$，荷载效应标准组合剪力 V_k 产生的截面剪应力为 $V_k S_0 / b I_0$。这里 y_0、S_0 分别为换算截面形心至所计算纤维处的距离及计算纤维以上（或以下）部分对构件换算截面形心的面积矩。

由预应力和 M_k 所产生的截面混凝土法向应力：

$$\sigma_x = \sigma_{pc} + \frac{M_k y_0}{I_0} \tag{13-40}$$

由 V_k 和预应力弯起钢筋所产生的截面混凝土剪应力，按下列公式计算：

$$\tau=\frac{(V_{\rm k}-\Sigma\sigma_{\rm p}A_{\rm pb}\sin\alpha_{\rm p})S_0}{bI_0} \tag{13-41}$$

将 σ_x 及 τ 代入主应力计算公式[1]：

$$\left.\begin{matrix}\sigma_{\rm tp}\\ \sigma_{\rm cp}\end{matrix}\right\}=\frac{\sigma_x}{2}\pm\sqrt{\left(\frac{\sigma_x}{2}\right)^2+\tau^2} \tag{13-42}$$

式中的 σ_x、σ_{pc} 和 $M_k y_0/I_0$，当为拉应力时，以正号代入，当为压应力时，以负号代入。

算得主应力后，可按下列规定进行斜截面抗裂验算：

$$\left.\begin{matrix}\text{对一级严格要求不出现裂缝的构件} & \sigma_{\rm tp}\leqslant 0.85f_{\rm tk}\\ \text{对二级一般要求不出现裂缝的构件} & \sigma_{\rm tp}\leqslant 0.95f_{\rm tk}\end{matrix}\right\} \tag{13-43}$$

$$\text{对以上二类构件}\qquad \sigma_{\rm cp}\leqslant 0.6f_{\rm ck} \tag{13-44}$$

计算混凝土主应力时，应选择弯矩和剪力均较大的截面，或截面外形尺寸有突变的截面；沿截面高度上，应选择换算截面形心及截面宽度改变处（如工形截面上、下翼缘与腹板交界处）。对于先张法构件，尚应考虑预应力筋传递长度 l_{tr} 范围内预应力值减小的影响。

13.4.3 裂缝宽度计算

裂缝控制等级为三级的，允许出现裂缝的预应力混凝土受弯构件，其最大裂缝宽度 w_{max} 的计算公式与钢筋混凝土构件相同，按式（10-28）计算：

$$w_{\max}=\alpha_{\rm cr}\psi\frac{\sigma_{\rm sk}}{E_{\rm s}}\left(1.9c+0.08\frac{d_{\rm eq}}{\rho_{\rm te}}\right)$$

式中　α_{cr} 为构件受力特征系数，对预应力受弯构件取 $\alpha_{cr}=1.7$。除 σ_{sk} 的计算公式与钢筋混凝土构件不同以外，其他变量的计算公式均同第 11 章。

预应力混凝土受弯构件中预应力钢筋，从消压弯矩 M_{p0} 到使用荷载 M_k（作用）下拉区混凝土开裂后的应力增量 σ_{sk}，可按下列公式计算：

$$\sigma_{\rm sk}=\frac{M_{\rm k}-N_{\rm p0}(z-e_{\rm p})}{(A_{\rm p}+A_{\rm s})z} \tag{13-45}$$

$$z=\left[0.87-0.12(1-\gamma'_{\rm f})\left(\frac{h_0}{e}\right)^2\right]h_0 \tag{13-46}$$

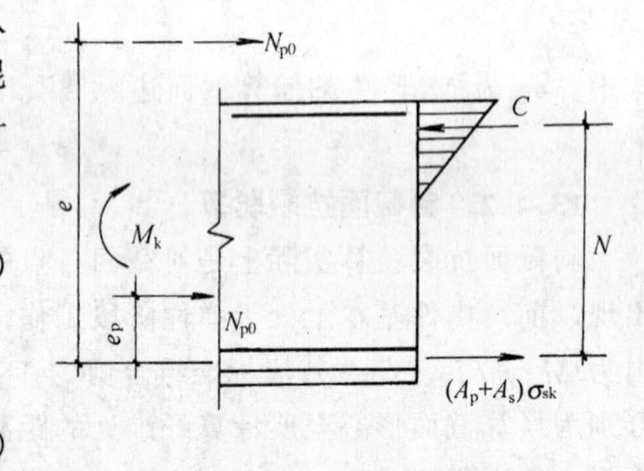

图 13-7　σ_{sk} 的计算

式中　e_p——N_{p0} 作用点至受拉区钢筋 A_p 及 A_s 合力点的距离（图 13-7）；

[1] 对预应力混凝土吊车梁，尚应考虑集中力作用产生的竖向压应力 σ_y 及剪应力，详见《规范》第 8.1.6 条。

z——A_p 及 A_s 合力点至受压区合力点的距离；式（13-46）中 $e=\frac{M_k}{N_{p0}}+e_p$。（图13-7），$\gamma'_f=\frac{(b_f-b)\ h'_f}{bh_0}$，当 $h'_f>0.2h_0$ 时，取 $h'_f=0.2h_0$。

按式（10-28）计算出的预应力混凝土受弯构件的最大裂缝宽度 w_{max} 不应大于表 11-4 中的 $w_{lim}=0.2$mm。

13.5 预应力混凝土受弯构件的挠度计算

预应力混凝土受弯构件的挠度由两部分所组成：一部分是由荷载产生的挠度 f_1；另一部分是预应力所产生的反拱 f_2。

1. 预应力产生的反拱 f_2

预应力构件在放张（先张）或张拉终止（后张）时，在偏心压力作用下即产生反拱。由于混凝土的徐变反拱随时间的增长而增大。构件在预压力作用下的反拱，可用结构力学方法按刚度 E_cI_0 计算。考虑到预压应力的长期作用影响，应将计算求得的施加预压力时的反拱值乘以增大系数 2.0。当构件两端为简支，跨长为 l 时，使用荷载下的反拱可按下列公式计算：

$$f_2=2\frac{N_pe_pl^2}{8E_cI_0} \tag{13-47}$$

式中 N_p 及 e_p 应按扣除全部损失后的情况计算，对先张法构件为 $N_{p0\,II}$ 及 $e_{p0\,II}$；后张法构件为 $N_{p\,II}$ 及 $e_{p\,II}$。

2. 使用荷载作用下产生的挠度 f_1

在使用荷载作用下，预应力混凝土受弯构件的矩期刚度 B_s 可写成下列形式：

$$B_s=\beta E_cI_0$$

式中　β——刚度折减系数。

对于使用阶段要求不出现裂缝的构件，考虑到在使用阶段已存在有一定的塑性变形，取 $\beta=0.85$，则：

$$B_s=0.85E_cI_0 \tag{13-48}$$

对于使用阶段已出现裂缝的构件，分析表明，β 与 κ_{cr}（M_{cr}与 M_k 的比值）有关，β 随 $\kappa_{cr}=M_{cr}/M_k$ 的减小而增大。试验资料分析给出：

当 $\kappa_{cr}=1.0$ 时，$\beta_1=0.85$

当 $\kappa_{cr}=0.4$ 时，$\beta_{0.4}=\frac{1}{\left(0.8+\frac{0.15}{\alpha_E\rho}\right)\ (1+0.5\gamma_f)}$

此处　$\alpha_E=E_s/E_c$；$\rho=$（A_s+A_p）$/bh_0$。

$$\gamma_{\mathrm{f}} = \frac{(b_{\mathrm{f}} - b)h_{\mathrm{f}}}{bh_0}$$

当0.4<κ_{cr}<1.0时，近似假定弯矩—曲率曲线为线性变化，并进行适当简化后可得：

$$\beta = \frac{0.85}{\kappa_{\mathrm{cr}} + (1 - \kappa_{\mathrm{cr}})\omega} \tag{13-49a}$$

式中 $$\omega = \left(1 + \frac{0.21}{\alpha_{\mathrm{E}}\rho}\right)(1 + 0.45\gamma_{\mathrm{f}}) - 0.7 \tag{13-49b}$$

即允许出现裂缝构件的短期刚度为：

$$B_{\mathrm{s}} = \frac{0.85E_{\mathrm{c}}I_0}{\kappa_{\mathrm{cr}} + (1 - \kappa_{\mathrm{cr}})\omega} \tag{13-49c}$$

显然式（13-49c）仅适用于0.4≤κ≤1.0的情况。

对预压时预拉区出现裂缝的构件，B_{s}应降低10%。

考虑荷载长期作用影响的刚度B的计算公式同式（10-18），对预应力混凝土受弯构件取$\theta=2.0$，即

$$B = \frac{M_{\mathrm{k}}}{M_{\mathrm{q}} + M_{\mathrm{k}}}B_{\mathrm{s}}$$

3. 挠度计算

按荷载效应标准组合（M_{k}）并考虑荷载长期作用影响的刚度（B_1）计算求得的挠度f_1，减去考虑预加应力长期作用影响求得的反拱值f_2，即为预应力混凝土受弯构件在使用阶段的挠度f。

$$f = f_1 - f_2 \tag{13-50}$$

按上式求得的挠度计算值不应超过表10-1规定的挠度限值。

13.6 施工阶段的验算

预应力混凝土受弯构件在制作、运输及安装等施工阶段的受力状态与使用阶段是不同的。在制作阶段，构件受到偏心压力及自重的作用，截面下边缘受压，上边缘可能受压或受拉（图13-8a）；在运输、安装阶段，支点或吊点往往距梁端有一定距离，梁端伸臂部分在自重及施工荷载作用下（必要时应考虑动力系数1.5）产生负弯矩，它与预压力作用产生的负弯矩是叠加的，因此更为不利（图13-8b）。当截面上边缘（预拉区）的拉应力超过了混凝土抗拉强度时，预拉区将出现裂缝。由于预压力是长期作用在构件上的，因此这种裂缝也将随时间的增长而不断开展。预拉区裂缝虽然在使用阶段将闭合，对构件承载力影响不大，但是对构件在使用阶段的刚度将产生不利影响。此外，截面下边缘混凝土压应力过大，也将导致出现纵向裂缝。因此，需要对施工阶段的截面边缘应力加以控制。

施工阶段截面边缘的混凝土拉应力σ_{ct}、压应力σ_{cc}，可按下列公式计算：

$$\sigma_{\mathrm{cc}}(\text{或 } \sigma_{\mathrm{ct}}) = \sigma_{\mathrm{pc\,I}} \pm M_{\mathrm{k}}/W_0 \tag{13-51}$$

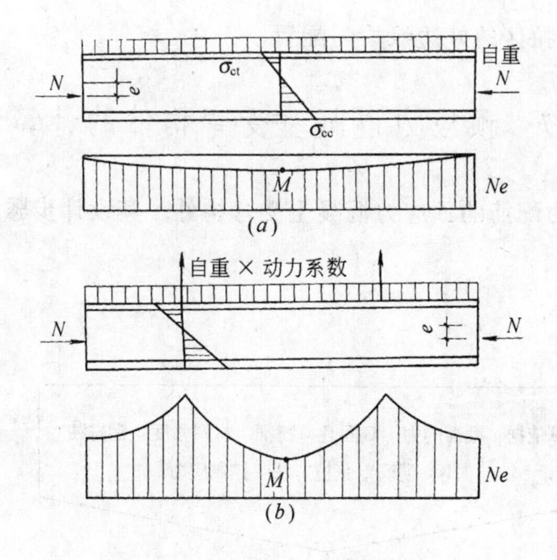

图 13-8

(a) 制作阶段；(b) 安装阶段

式中 M_k——构件自重及施工荷载的标准组合的弯矩值；

W_0——验算边缘的换算截面弹性抵抗矩。

对施工阶段预拉区不允许出现裂缝的构件，截面边缘混凝土法向应力应符合下列规定

$$\sigma_{ct} \leqslant f'_{tk} \tag{13-52}$$

$$\sigma_{cc} \leqslant 0.8f'_{ck} \tag{13-53}$$

式中 f'_{tk}、f'_{ck}——与各施工阶段混凝土立方体抗压强度 f'_{cu}相应的抗拉强度标准值、抗压强度标准值。

对施工阶段预拉区不允许出现裂缝的构件，除了应满足式（13-52）的条件外，为了防止构件由于混凝土收缩和温度应力引起的预拉区裂缝，要求预拉区纵向钢筋的配筋率 $\frac{A'_s + A'_p}{A}$不应小于0.2%，其中 A 为构件截面面积。对于后张法构件，考虑到预应力钢筋与混凝土之间无粘结力或粘结强度尚未充分建立，在配筋率中不应考虑 A'_p。

对施工阶段预拉区允许出现裂缝，而仅配置非预应力筋（$A'_p = 0$）的构件，需控制裂缝的开展。根据实测资料的分析，为了简化计算，可采用验算截面边缘纤维应力的方法(按预拉区未开裂的截面弹性抵抗矩计算)，作为控制裂缝开展的手段。要求

$$\sigma_{ct} \leqslant 2f'_{tk} \tag{13-54}$$

$$\sigma_{cc} \leqslant 0.8f'_{ck} \tag{13-55}$$

当 $\sigma_{ct} = 2f'_{tk}$时，预拉区纵向钢筋的配筋率 A'_s/A 不应小于0.4%；当 $f'_{tk} < \sigma_{ct} < 2f'_{tk}$时，则在0.2%和0.4%之间按直线内插法取用。预拉区的非预应力钢筋的直径不宜大于

14mm，并应沿构件预拉区的外边缘均匀配置。

13.7　预应力混凝土受弯构件的计算流程

简支的直线预应力配筋的预应力混凝土受弯构件，其设计步骤及计算内容可用下列框图来表示：

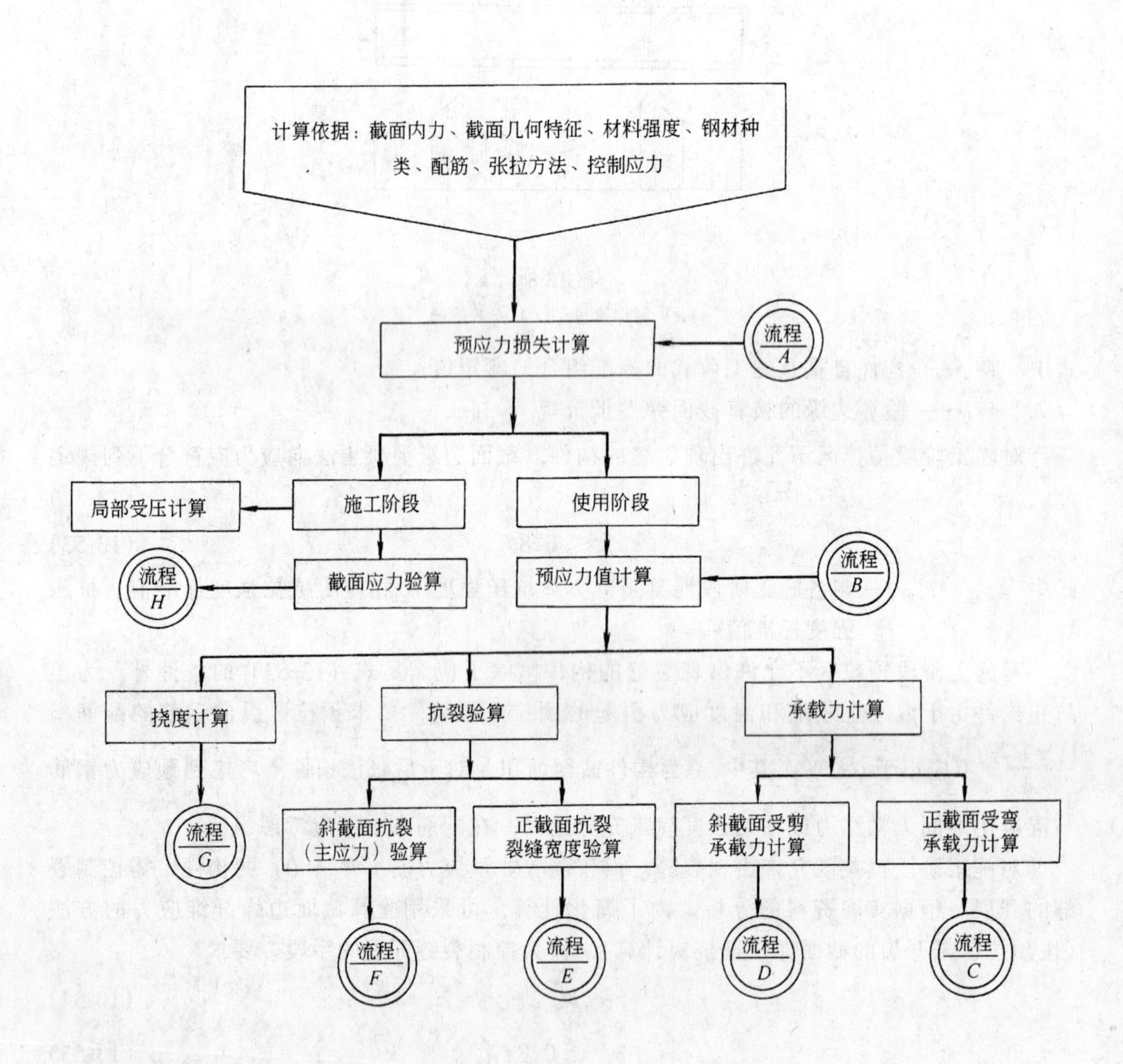

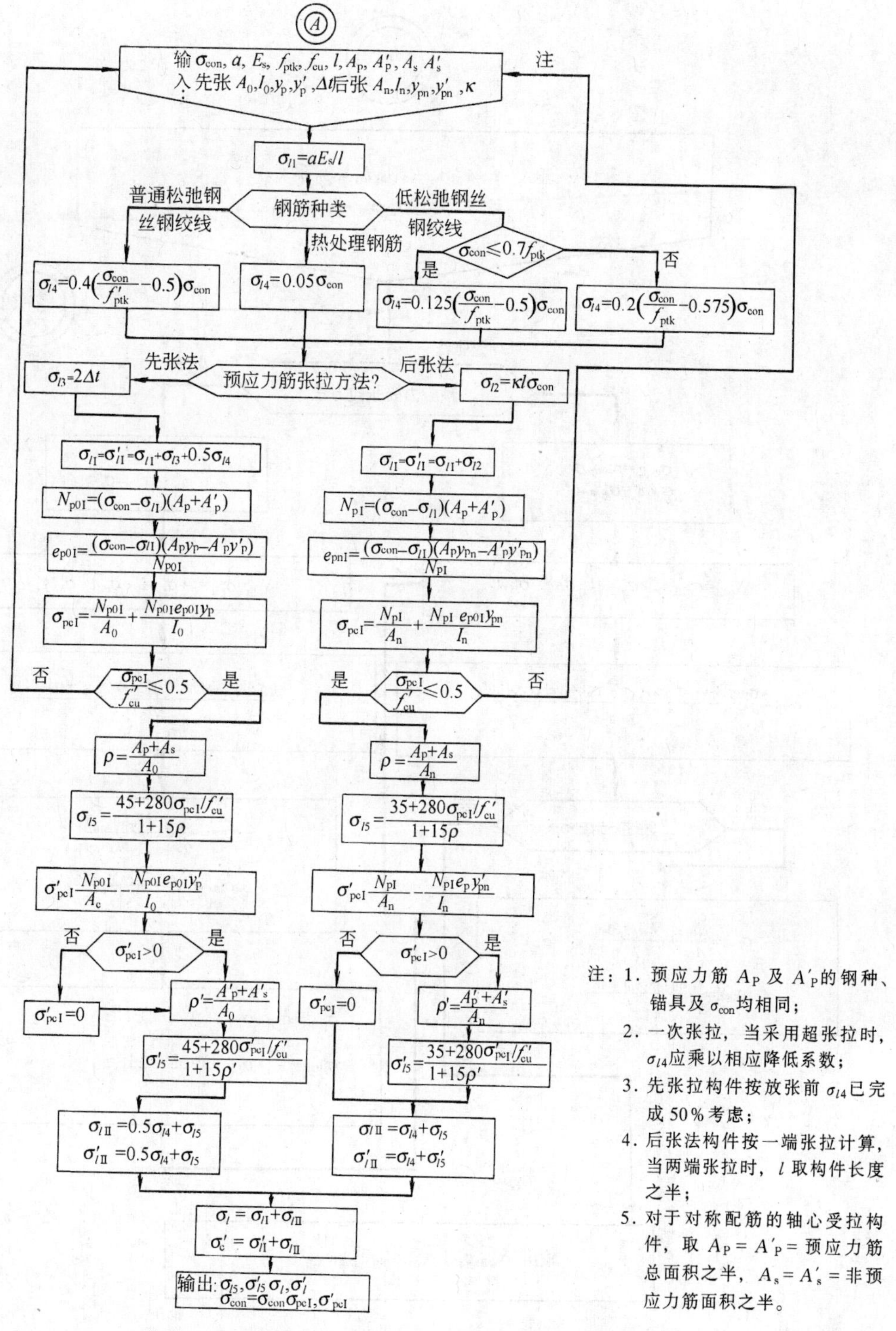

注：1. 预应力筋 A_P 及 A'_P 的钢种、锚具及 σ_{con} 均相同；

2. 一次张拉，当采用超张拉时，σ_{l4} 应乘以相应降低系数；

3. 先张拉构件按放张前 σ_{l4} 已完成 50％考虑；

4. 后张法构件按一端张拉计算，当两端张拉时，l 取构件长度之半；

5. 对于对称配筋的轴心受拉构件，取 $A_P = A'_P$ = 预应力筋总面积之半，$A_s = A'_s$ = 非预应力筋面积之半。

流程 A——直线预应力配筋构件预应力损失计算流程

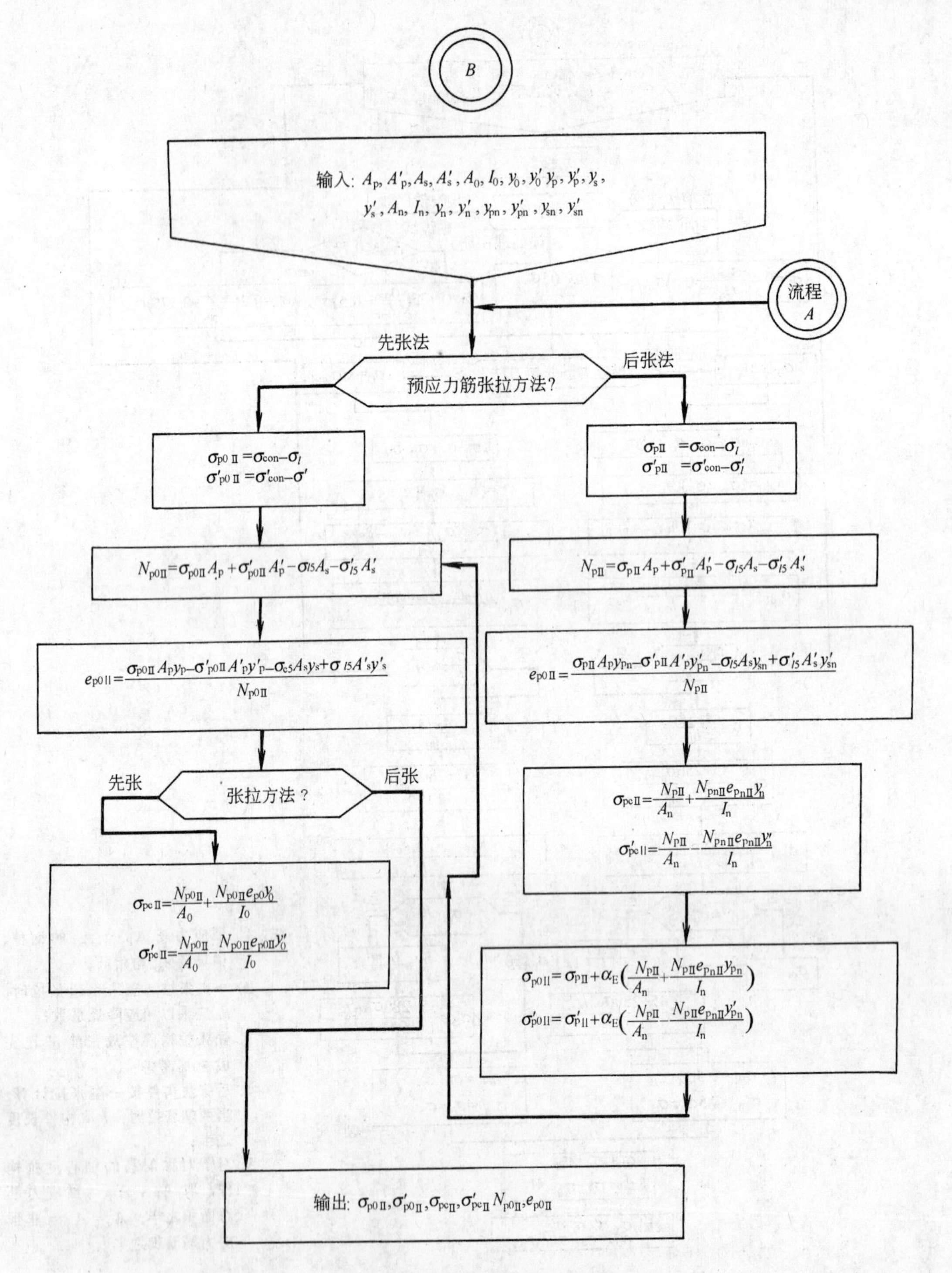

流程 B——预应力值的计算流程

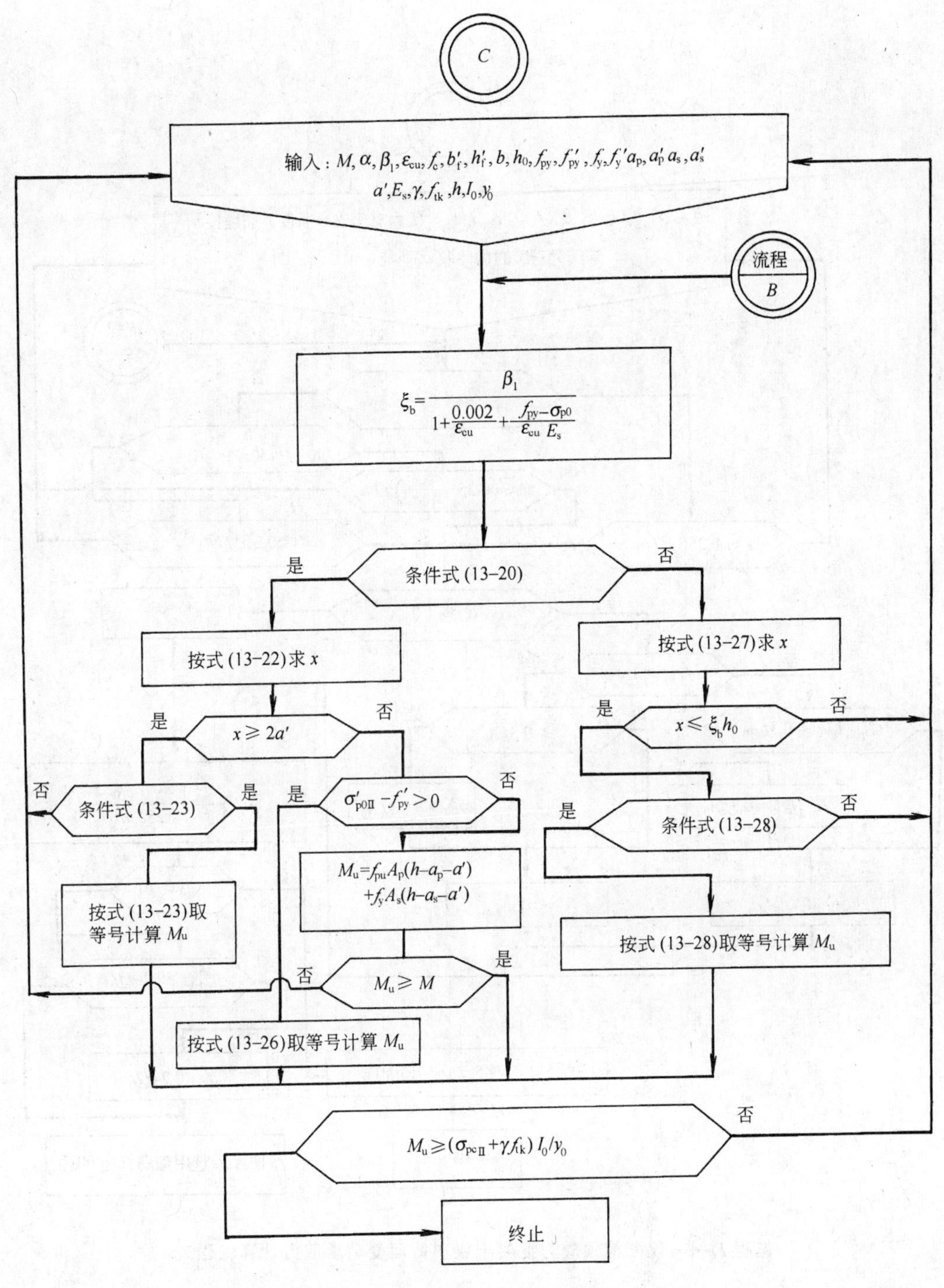

流程 C——受弯构件正截面承载力计算流程

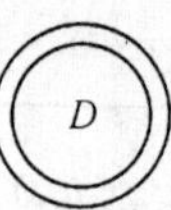

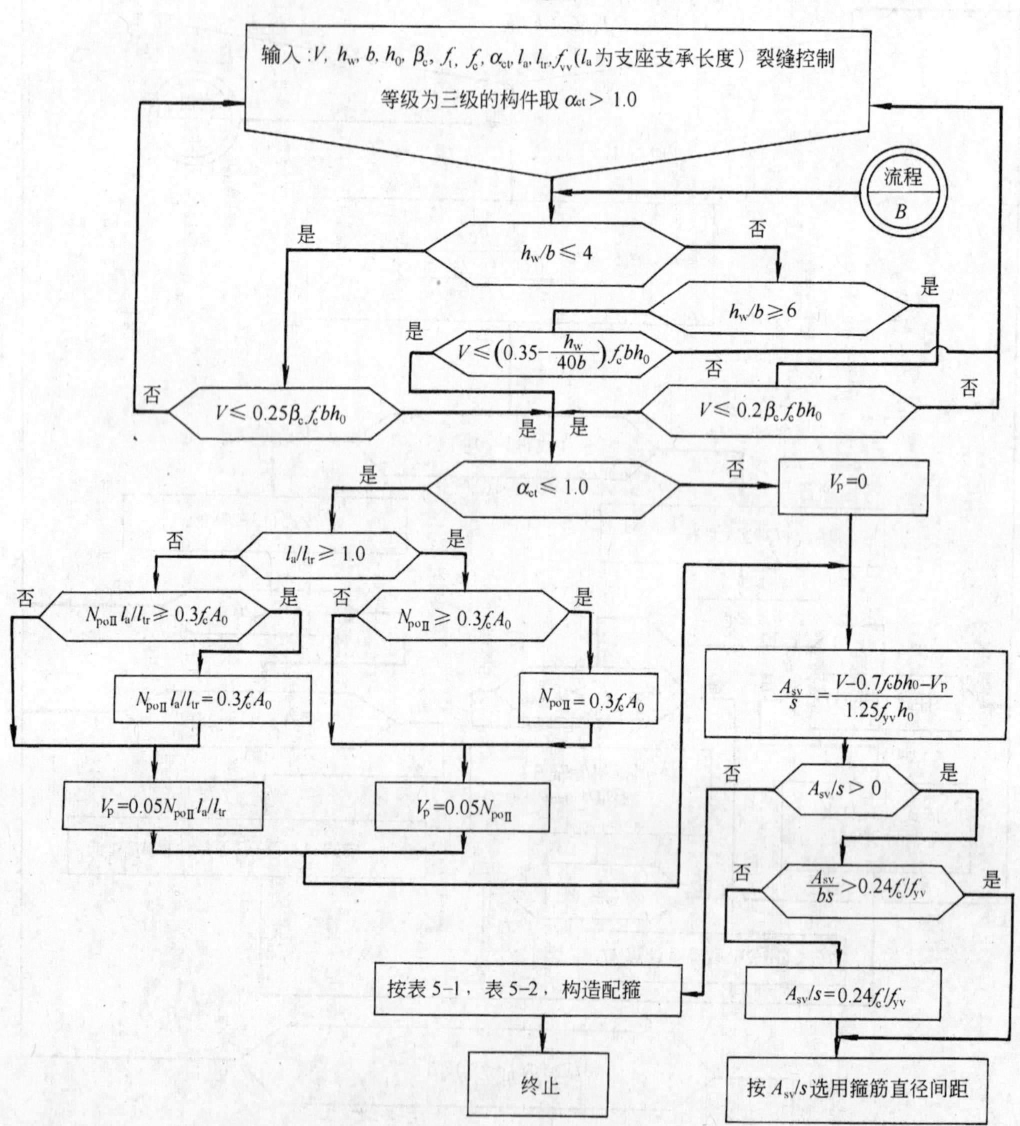

流程 D——仅配箍预应力混凝土梁斜截面受剪承载力计算流程

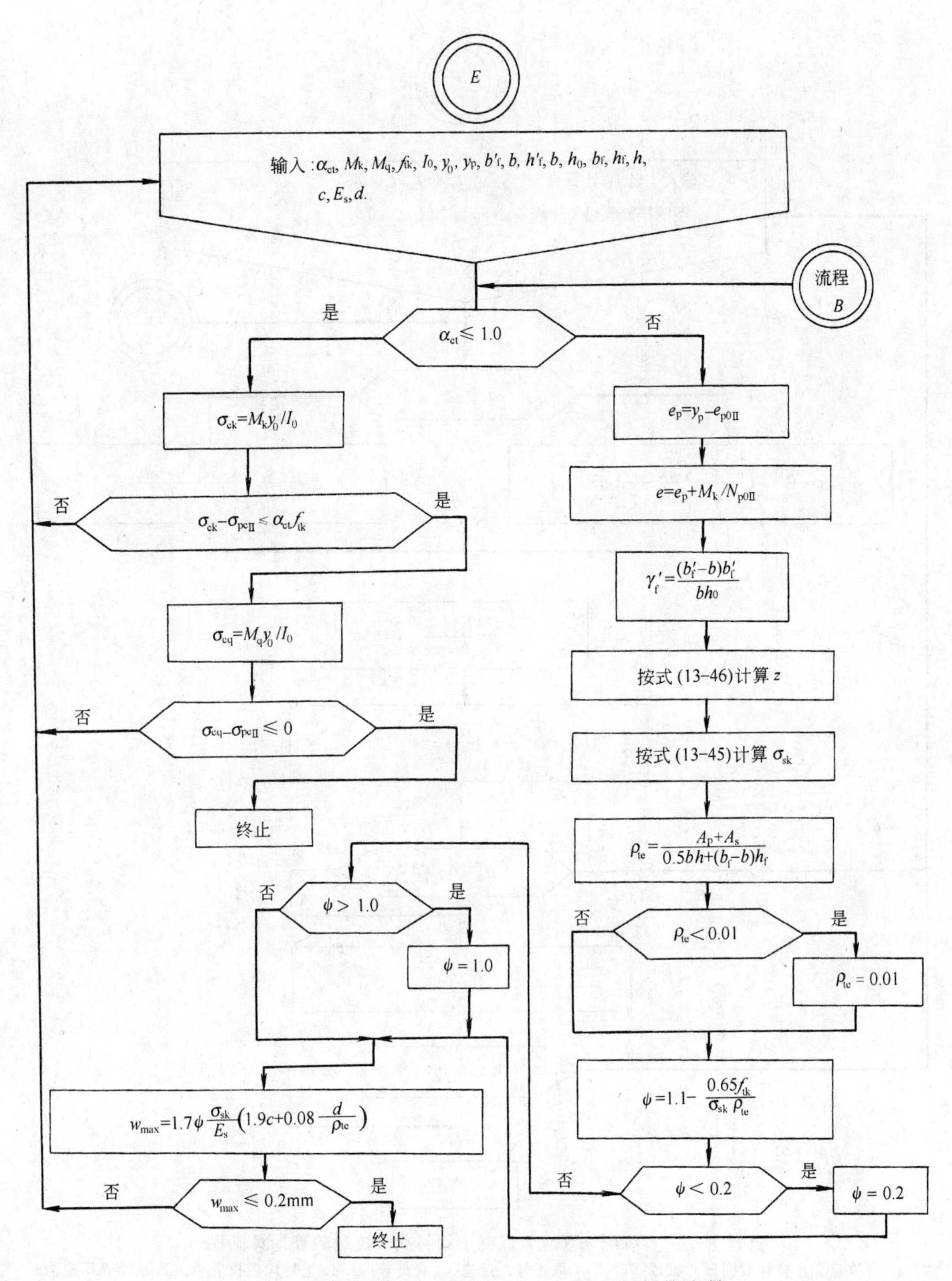

流程 E——预应力混凝土梁正截面裂缝控制计算流程

注：裂缝控制等级为三级的构件取 $\alpha_{ct}>1.0$；一般构件取 $\alpha_{ct}=0$；二级构件 $\alpha_{ct}=1.0$

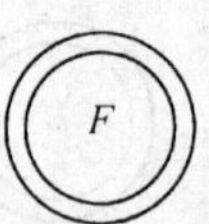

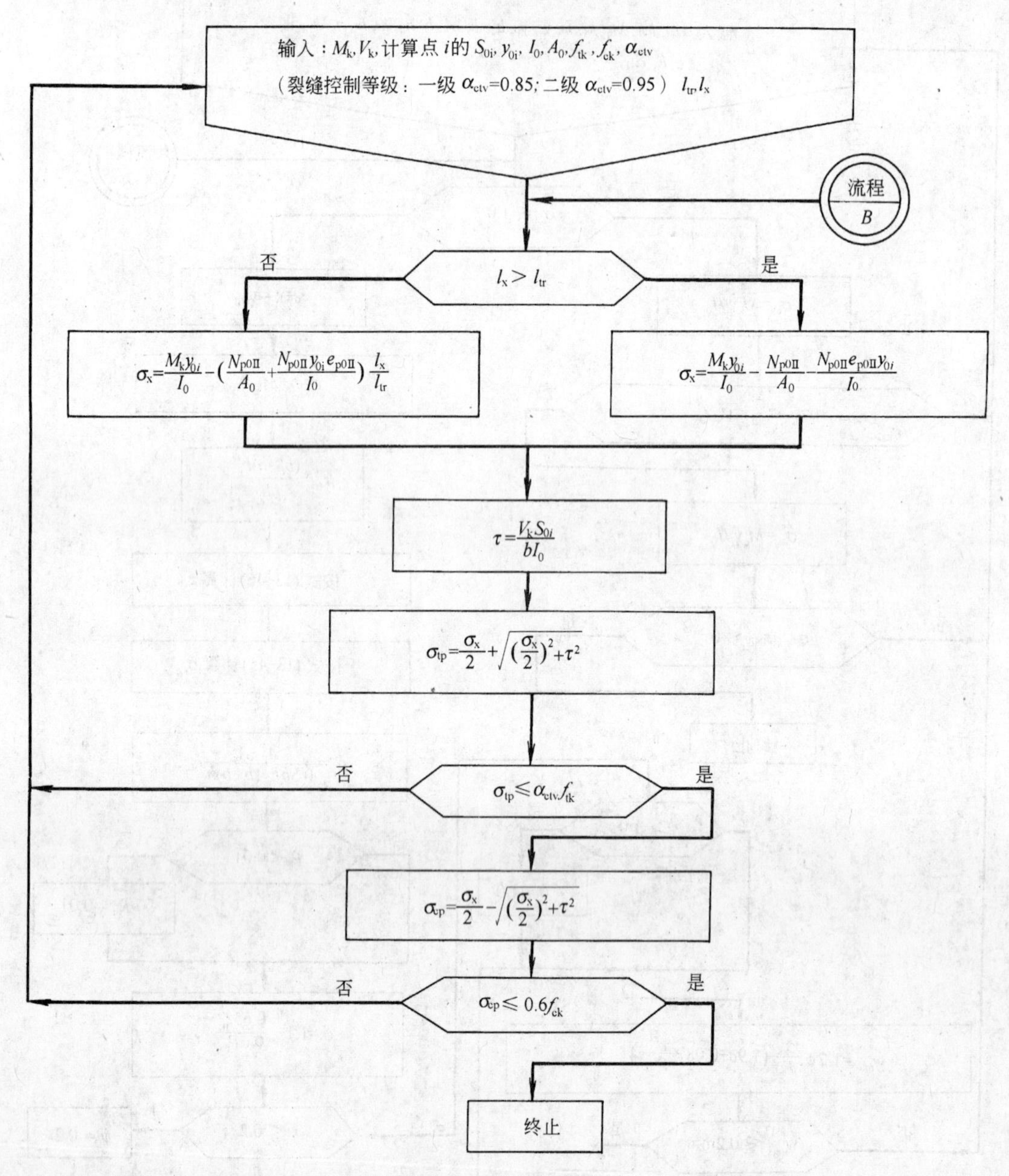

流程 F——直线配筋预应力混凝土梁斜截面抗裂验算计算流程

注：1. 计算点 i 在换算截面形心轴以下时，y_{0i}取正号，反之 y_{0i}取负号；2. σ_x 正号代表拉应力，负号代表压应力；3. l_x 为计算截面至构件端部的距离。

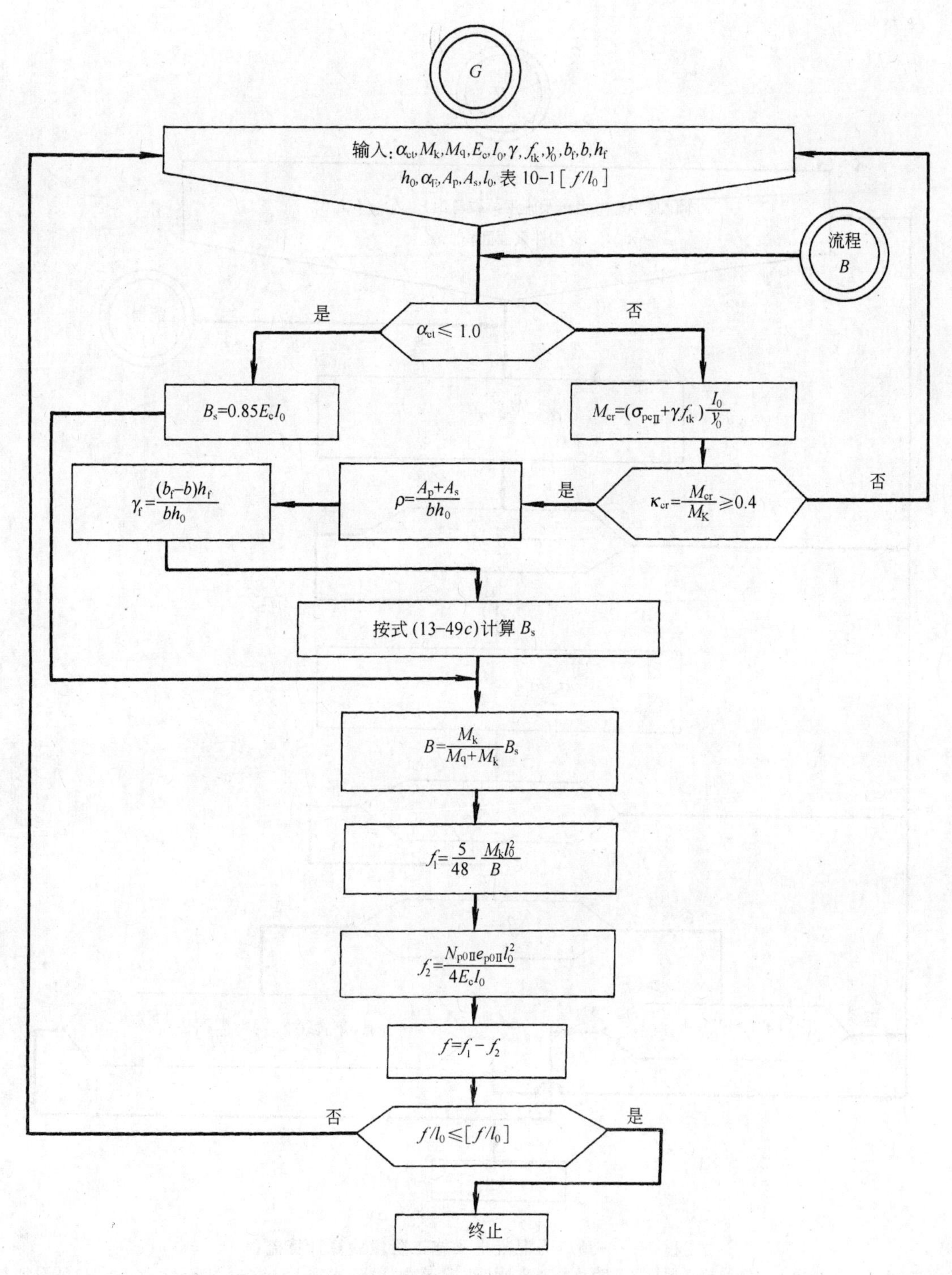

流程 G——预应力混凝土梁使用阶段挠度计算流程

注：使用阶段允许出现裂缝的三级构件 $\alpha_{ct} > 1.0$。

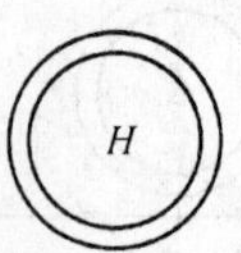

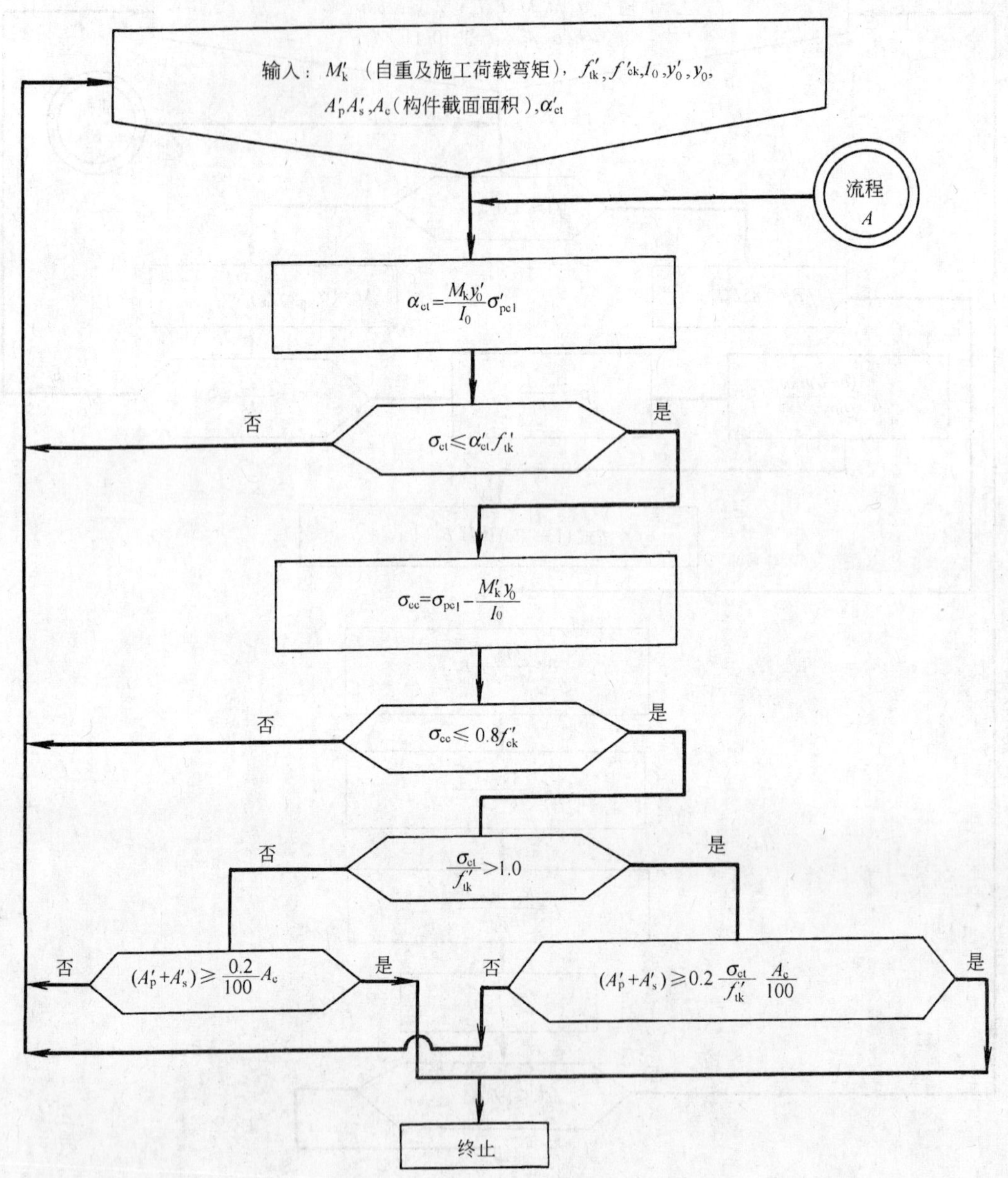

流程 H——预应力混凝土梁施工阶段验算计算流程

注：1. M'_k以截面上边缘受拉（预拉区）为负号，截面上边缘 y'_0为负号，截面下边缘 y_0 为正号；2. 对预拉区不允许出现裂缝的构件 $\alpha'_{ct}=1.0$，对预拉区允许出现裂缝的构件 $\alpha'_{ct}=2.0$；3. 对后张法构件，取 $A'_p=0$。

13.8 设 计 例 题

【例 13-1】 3.6m 先张法圆孔板截面尺寸、材料强度等级及制作工艺均同 [例 11-2]。设板的计算跨度 $L_0 = 3.5\text{m}$，永久荷载标准值 6.5kN/m^2（其中自重 2kN/m^2），可变荷载标准值 3kN/m^2，准永久值系数为 0.3。要求进行使用阶段的承载力、抗裂及挠度计算，以及施工阶段的截面验算。

有关截面几何特征、材料强度及预应力损失（详见 [例 11-2]）列于表 13-2。

表 13-2

材　　料	混　凝　土		预应力钢筋
强度 (N/mm^2)	C40 $f_c = 19.1$ $f_{ck} = 26.8$ $f_{tk} = 2.39$，$f_t = 1.71$	$f'_{cu} = 30$ $f'_{ck} = 20.1$ $f'_{tk} = 2.01$	$f_{ptk} = 1670$ $f_{py} = 1180$ $\sigma_{con} = 1252.5$
弹性模量 (N/mm^2)	$E_c = 3.25 \times 10^4$		$E_s = 2.05 \times 10^5$ $\alpha_E = 6.31$
截面几何特征	$b'_f = 860$，$h'_f = 29.5$，$b = 348.6$ $b_f = 890$，$h_f = 23.5$，$h_0 = 107.5$ $A_0 = 72218$，$I_0 = 12725 \times 10^4$ $y_0 = 63$　$A_0 = 71384$		8 ϕ^H5 螺旋肋钢丝 $A_p = 157$ (mm^2) $e_{p0} = 45.5$ (mm)

【解】

（1）内力计算

$$M = \frac{1}{8}(1.35 \times 6.5 + 1.4 \times 3) \times 0.9 \times 3.5^2 = 17.88\text{kN·m}$$

$$M_k = \frac{1}{8}(6.5 + 3) \times 0.9 \times 3.5^2 = 13.09\text{kN·m}$$

$$M_q = \frac{1}{8}(6.5 + 0.3 \times 3) \times 0.9 \times 3.5^2 = 10.2\text{kN·m}$$

$$V = \frac{1}{2}(1.35 \times 6.5 + 1.4 \times 3) \times 0.9 \times 3.5 = 20.4\text{kN}$$

（2）正截面承载力计算

判断属哪一类 T 形截面

$$f_{py} A_p = 1180 \times 157 = 185.26\text{kN}$$

$$\alpha f_c b'_f h'_f = 1 \times 19.1 \times 860 \times 29.5 = 484.6\text{kN} > 185.26\text{kN}$$

按宽度为 b'_f 的矩形截面计算

由［例 11-2］知 $\sigma_{con}=1252.5\text{N/mm}^2$，$\sigma_l=182.3\text{N/mm}^2$，故 $\sigma_{p0\,Ⅱ}=\sigma_{con}-\sigma_l=1252.5-182.3=1064.2\text{N/mm}^2$。

C40 级混凝土 $\alpha=1.0$，$\beta_1=0.8$，$\varepsilon_{cu}=0.0033$

$$\xi_b=\frac{\beta_1}{1+\dfrac{0.002}{\varepsilon_{cu}}+\dfrac{f_{py}-\sigma_{p0}}{\varepsilon_{cu}E_s}}=\frac{0.8}{1+\dfrac{0.002}{0.0033}+\dfrac{1180-1064.2}{0.0033\times2.05\times10^5}}=0.451$$

$$x_b=\xi_b h_0=0.451\times107.5=48.4\text{mm}$$

求受压区高度

$$x=\frac{f_{py}A_p}{\alpha f_c b'_f}=\frac{1180\times157}{1.0\times19.1\times860}=11.28\text{mm}<x_b$$

$$M_u=f_{py}A_p(h_0-x/2)=1180\times157\times(107.5-11.28/2)=18.87\text{kN}\cdot\text{m}$$

$M_u>M$，可以。验算 $M_u>M_{cr}$的条件：

$$N_{p0\,Ⅱ}=\sigma_{p0\,Ⅱ}\times A_p=1064.2\times157=167079\text{N}$$

$$\sigma_{pc\,Ⅱ}=\frac{N_{p0\,Ⅱ}}{A_0}+\frac{N_{p0\,Ⅱ}e_{p0\,Ⅱ}y_0}{I_0}$$

$$=\frac{167079}{72218}+\frac{167079\times45.5\times63}{12725\times10^4}=6.08\text{N/mm}^2$$

$$M_{cr}=(\sigma_{pc\,Ⅱ}+\gamma f_{tk})\frac{I_0}{y_0}=(6.08+1.35\times2.39)\frac{12725\times10^4}{63}$$

$$=18.79\text{kN}\cdot\text{m}<M_u,\text{可以。}$$

(由表 13-1 查得 $\gamma=1.35$)。

(3) 正截面抗裂验算

楼板的裂缝控制等级为二级

$$\sigma_{ck}=\frac{M_k y_0}{I_0}=\frac{13.09\times10^6\times63}{12725\times10^4}=6.481\text{N/mm}^2$$

$$\sigma_{ck}-\sigma_{pc\,Ⅱ}=6.481-6.08=0.401<f_{tk}=2.39\text{N/mm}^2$$

$$\sigma_{cq}=\frac{M_q y_0}{I_0}=\frac{10.2\times10^6\times63}{12725\times10^4}=5.05\text{N/mm}^2$$

$$\sigma_{cq}-\sigma_{pc\,Ⅱ}=5.05-6.08=(-)<0,\text{可以}$$

(4) 斜截面承载力计算

$$V_c=0.7f_c bh_0=0.7\times1.71\times348.6\times107.5=44.86\text{kN}$$

$V_c>V=20.4\text{kN}$，不考虑 V_p 已足够，按构造配箍取Φ 6－200，在板端 100mm 范围内箍筋间距为 50mm。

(5) 挠度计算

反拱 $f_2=2\dfrac{N_{p0Ⅱ}e_{p0Ⅱ}l_0^2}{8E_cI_0}=\dfrac{2\times167079\times45.5\times3.5^2\times10^6}{8\times3.25\times10^4\times12725\times10^4}=5.63\text{mm}$

使用阶段不出现裂缝 $B_s=0.85E_cI_0=3.514\times10^{12}\text{N}\cdot\text{mm}^2$

$$B=\frac{M_k}{M_q+M_k}B_s=\frac{13.09}{10.2\times13.09}\times3.514\times10^{12}=1.975\times10^{12}\text{N}\cdot\text{mm}^2$$

$$f_1=\frac{5}{48}=\frac{M_kl_0^2}{B}=\frac{5}{48}\times\frac{13.09\times10^6\times3.5^2\times10^6}{1.975\times10^{12}}=8.46\text{mm}$$

$$f=f_1-f_2=8.46-5.63=2.83\text{mm}$$

$$f/l_0=2.83/3.5\times10^3=1/1237<[f/l_0=1/200]\text{，可以}$$

(6) 施工阶段应力验算

由［例 11-2］知，$N_{p0Ⅰ}=181700\text{N}$，$e_{p0Ⅰ}=45.5\text{mm}$

截面上边缘（预拉区）应力

$$\sigma_{pcⅠ}=\frac{N_{p0Ⅰ}}{A_0}-\frac{N_{p0Ⅰ}-e_{p0Ⅰ}y'_0}{I_0}$$

$$=\frac{181700}{72218}-\frac{181700\times45.5\times62}{12725\times10^4}=-1.512(\text{拉})$$

截面下边缘（预压区）应力

$$\sigma_{pcⅠ}=\frac{181700}{72218}+\frac{181700\times45.5\times63}{12725\times10^4}=6.544(\text{压})$$

设板的吊点位于距板端 0.3m 处（图 13-9a），考虑动力系数 1.2，构件自重标准组合弯矩：

$$-M_k=\frac{1}{2}\times2\times0.9\times(0.3^2)\times1.2=0.097\text{kN}\cdot\text{m}$$

$$+M_k=\frac{1}{8}\times2\times0.9\times3^2\times1.2-0.097=2.33\text{kN}\cdot\text{m}$$

$$\sigma_{ct}=\sigma_{pcⅠ}+\frac{M_ky_0}{I_0}$$

$$=1.512+\frac{0.097\times10^6\times62}{12725\times10^4}=1.559(\text{拉})<f'_{tk}=2.01\text{N/mm}^2$$

$$\sigma_{ce}=\sigma_{pcⅠ}+\frac{M_ky_0}{I_0}$$

$$=6.544+\frac{2.33\times10^6\times63}{12725\times10^4}=7.698(\text{压})<0.8f'_{ck}=0.8\times20.1\text{，可以。}$$

预拉区需配置的非预应力钢筋面积 A'_s

$$A'_s\geqslant0.2A_c/100=0.002\times71384=107\text{mm}^2$$

选用4 Φ 6，$A'_s = 113mm^2$（图 13-9b）。

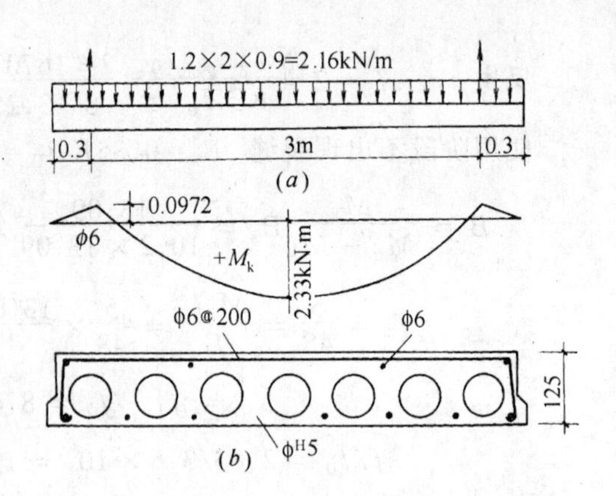

图 13-9 ［例 13-1］

（a）圆孔板吊装弯矩；（b）截面配筋

【例 13-2】 9m 预应力混凝土工作平台梁，处于室内正常环境，梁的截面尺寸及配筋如图 13-10 所示。采用先张法 50m 台座一次张拉 $\Delta t = 20$℃。梁承受的均布荷载标准值：永久荷载 $g = 15.3kN/m$；可变荷载 $p = 15.5kN/m$，准永久值系数 0.8。要求计算此梁在使用阶段的承载力。裂缝控制、挠度及施工阶段的应力。

有关材料强度及截面尺寸，面积见表 13-3。

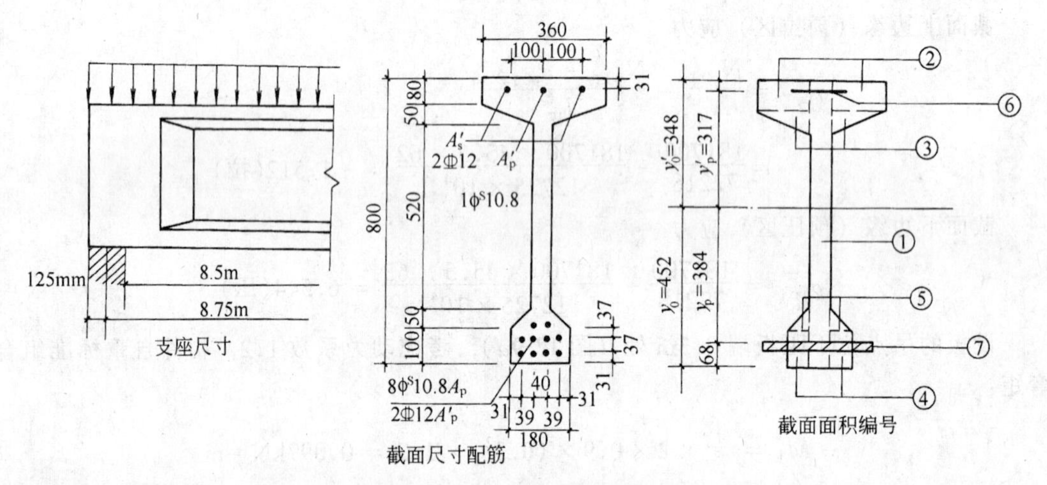

图 13-10 ［例 13-2］

表 13-3

材　料	混凝土	预应力钢筋（钢绞线）	非预应力钢筋（HRB 400）
强　度 (N/mm^2)	C40　$f'_{cu} = 35$ $f_c = 1.91$　$f'_{ck} = 23.4$ $f_t = 1.71$　$f'_{tk} = 2.2$ $f_{ck} = 26.8$ $f_{tk} = 2.39$	$f_{ptk} = 1720$ $f_{py} = 1220$ $f'_{py} = 390$	$f_y = 360$ $f'_y = 360$
弹性模量 (N/mm^2)	$E_c = 3.25 \times 10^4$	$E_s = 1.95 \times 10^5$ $\alpha_E = 6.0$	$E_s = 2 \times 10^5$
截面尺寸（mm）及截面面积	$b'_f = 360$，$b = 60$，$b_f = 180$ $h'_f = 105$，$h_f = 125$ $h = 800$，$h_0 = 745.4$ $a = 54.6$，$a' = 31$	8 ϕ ^{S}10.8 $A_p = 474.4mm^2$ 1 ϕ ^{S}10.8 $A'_p = 59.3mm^2$	2 Φ 12 $A_s = 226mm^2$ 2 Φ 12 $A'_s = 226mm^2$

【解】

(1) 内力计算　可变荷载效应起控制作用

弯矩设计值　$M=\frac{1}{8}(1.2\times15.3+1.4\times15.5)\ 8.75^2=383.4\text{kN·m}$

剪力设计值　$V=\frac{1}{2}(1.2\times15.3+1.4\times15.5)\times8.5=170.3\text{kN}$

荷载效应标准组合弯矩值

$$M_k=\frac{1}{8}(15.3+15.5)\times8.75^2=294.8\text{kN}\cdot\text{m}$$

荷载效应准永久组合弯矩值

$$M_q=\frac{1}{8}(15.3+0.8\times15.5)\times8.75^2=265.1\text{kN}\cdot\text{m}$$

(2) 换算截面几何特征

将截面划分为 7 个部分按表 13-4 计算(图 13-10)。

表 13-4

编　号	$A_i(\text{mm}^2)$	y_i (mm)	$S_i=A_iy_i$ (mm^3)	y_0-y_i (mm)	$A_i(y_0-y_i)^2$ (mm^4)	I_i (mm^4)
①	$60\times80=48000$	400	1920×10^4	52	129.79×10^6	2500×10^6
②	$(360-60)\times80=24000$	760	1824×10^4	308	2276.74×10^6	12.8×10^6
③	$\frac{360-60}{2}\times50=7500$	703	527×10^4	251	472.51×10^6	1.04×10^6
④	$(180-60)\times100=12000$	50	60×10^4	402	1939.25×10^6	10×10^6
⑤	$\frac{180-60}{2}\times50=3000$	117	35×10^4	335	336.68×10^6	0.42×10^6
⑥	$(6-1)(59.3+226)=1427$	769	109.7×10^4	317	143.4×10^6	—
⑦	$(6-1)(474.4+226)=3502$	54.6	19.1×10^4	397.4	553.06×10^6	—
Σ'	$A_0=99429$		4494.8×10^4		5851.43×10^6	2584.26×10^6

$$y_0=\frac{4494.8\times10^4}{99429}=452,\ y'_0=800-452=348$$

$$I_0=\Sigma A_i(y_0-y_i)^2+\Sigma I_i=5851.43\times10^6+2584.26\times10^6=8435.69\times10^6\text{mm}^4$$

(3) 预应力损失计算

$$\sigma_{con}=\sigma'_{con}=0.75f_{ptk}=0.75\times1720=1290\text{N/mm}^2$$

50m 台座,取 $\sigma_{l1}\approx0$,

$$\Delta t=20℃,\sigma_{l3}=2\Delta t=40\text{N/mm}^2$$

松弛损失:普通松弛钢绞线,一次张拉

$$\sigma_{l4}=0.4\left(\frac{\sigma_{con}}{f_{ptk}}-0.5\right)\sigma_{con}=0.4(0.75-0.5)\times1290$$
$$=129\text{N/mm}^2$$

第一批损失：$\sigma_{l\,\mathrm{I}}=\sigma'_{l\,\mathrm{I}}=\sigma_{l3}+0.5\sigma_{l4}=40+0.5\times129=104.5\mathrm{N/mm^2}$

收缩、徐变损失：$y_\mathrm{p}=384\mathrm{mm}$，$y'_\mathrm{p}=y'_\mathrm{s}=317\mathrm{mm}$

$$y_\mathrm{s}=421\mathrm{mm}$$

$$\begin{aligned}N_{\mathrm{p0\,I}}&=(\sigma_{\mathrm{con}}-\sigma_{l\,\mathrm{I}})A_\mathrm{p}+(\sigma'_{\mathrm{con}}-\sigma'_{l\,\mathrm{I}})A'_\mathrm{p}\\&=(1290-104.5)(474.4+59.3)=632700\mathrm{N}\end{aligned}$$

$$\begin{aligned}e_{\mathrm{p0\,I}}&=\frac{(\sigma_{\mathrm{con}}-\sigma_{l\,\mathrm{I}})A_\mathrm{p}y_\mathrm{p}-(\sigma'_{\mathrm{con}}-\sigma'_{l\,\mathrm{I}})A'_\mathrm{p}y'_\mathrm{p}}{N_{\mathrm{p0\,I}}}\\&=\frac{(1290-104.5)(474.4\times384-59.3\times317)}{632700}=306.1\mathrm{mm}\end{aligned}$$

$$\begin{aligned}\sigma_{\mathrm{pc\,I}}&=\frac{N_{\mathrm{p0\,I}}}{A_0}+\frac{N_{\mathrm{p0\,I}}e_{\mathrm{p0\,I}}\cdot y_\mathrm{p}}{I_0}\\&=\frac{632700}{99429}+\frac{632700\times306.1\times384}{8435.69\times10^6}=6.36+8.816=15.18\end{aligned}$$

$$\begin{aligned}\sigma'_{\mathrm{pc\,I}}&=\frac{N_{\mathrm{p0\,I}}}{A_0}-\frac{N_{\mathrm{p0\,I}}e_{\mathrm{p0\,I}}y'_\mathrm{p}}{I_0}\\&=\frac{632700}{99429}-\frac{632700\times306.1\times317}{8435.69\times10^6}=6.36-7.28=-0.92(拉)\end{aligned}$$

$$\rho=\frac{A_\mathrm{p}+A_\mathrm{s}}{A_0}=\frac{474.4+226}{99429}=0.007$$

$$\sigma_{l5}=\frac{45+280\dfrac{\sigma_{\mathrm{pc\,I}}}{f'_{\mathrm{cu}}}}{1+15\rho}=\frac{45+280\dfrac{15.18}{35}}{1+15\times0.007}=150.6\mathrm{N/mm^2}$$

$$\rho'=\frac{A'_\mathrm{p}+A'_\mathrm{s}}{A_0}=\frac{59.3+226}{99429}=0.00287$$

$\sigma'_{\mathrm{pc\,I}}$为拉应力，计算 σ'_{l5}时，应取 $\sigma'_{\mathrm{pc\,I}}=0$

$$\sigma'_{l5}=\frac{45}{1+15\rho'}=\frac{45}{1+15\times0.00287}=44.9\mathrm{N/mm^2}$$

第二批损失：

$$\sigma_{l\,\mathrm{II}}=\sigma_{l5}+0.5\sigma_{l4}=150.6+0.5\times129=215.1\mathrm{N/mm^2}$$

$$\sigma'_{l\,\mathrm{II}}=\sigma'_{l5}+0.5\sigma_{l4}=44.9+0.5\times129=109.4\mathrm{N/mm^2}$$

总应力损失：

$$\sigma_l=\sigma_{l\,\mathrm{I}}+\sigma_{l\,\mathrm{II}}=104.5+215.1=319.6\mathrm{N/mm^2}$$

$$\sigma'_l=\sigma'_{l\,\mathrm{I}}+\sigma'_{l\,\mathrm{II}}=104.5+109.4=213.9\mathrm{N/mm^2}$$

(4) 使用阶段正截面受弯承载力计算

$$\sigma'_{\mathrm{p0}}=\sigma'_{\mathrm{con}}-\sigma'_l=1290-213.9=1076.1\mathrm{N/mm^2}$$

$$\sigma'_{\mathrm{p0}}-f'_{\mathrm{py}}=1076.1-390=686.1\mathrm{N/mm^2}(拉)$$

$$x=\frac{f_{py}A_p+f_yA_s+(\sigma'_{p0}-f'_{py})A'_p-f'_yA'_s}{f_cb'_f}$$

$$=\frac{1220\times474.4+360\times226+686.1\times59.3-360\times226}{19.1\times360}=90\text{mm}$$

$x<h'_f$ 属第一类 T 形截面，且 $x>2a'=62\text{mm}$

C40 级混凝土　$\alpha=1.0$，$\beta_1=0.8$，$\varepsilon_{cu}=0.0033$

$$\sigma_{p0\,\text{II}}=\sigma_{con}-\sigma_l=1290-319.6=970.4\text{N/mm}^2$$

$$\xi_b=\frac{\beta_1}{1+\dfrac{0.002}{\varepsilon_{cu}}+\dfrac{f_{py}-\sigma_{p0}}{\varepsilon_{cu}E_s}}=\frac{0.8}{1+\dfrac{0.002}{0.0033}+\dfrac{1220-970.4}{0.0033\times1.95\times10^5}}$$

$$=0.401$$

$$\xi_bh_0=0.401\times745.4=299\text{mm}>x,\text{可以}$$

$$M_u=f_cb'_fx\left(h_0-\frac{x}{2}\right)+f'_yA'_s(h_0-a'_s)-(\sigma'_{p0}-f'_{py})A'_p(h_0-a'_p)$$

$$=19.1\times360\times90(745.4-45)+360\times226(745.4-31)$$
$$-686.1\times59.3(745.4-31)=462.5\text{kN}\cdot\text{m}$$

$$M=383.4<M_u=462.5\text{kN}\cdot\text{m},\text{可以}$$

(5) 使用阶段裂缝宽度计算

$$N_{p0\,\text{II}}=\sigma_{p0\,\text{II}}A_p+\sigma'_{p0\,\text{II}}A'_p-\sigma_{l5}A_s-\sigma'_{l5}A'_s$$
$$=970.4\times474.4+1076.1\times59.3-150.6\times226-44.9\times226$$
$$=480\text{kN}$$

$$e_{p0\,\text{II}}=\frac{\sigma_{p0\,\text{II}}A_py_p-\sigma'_{p0\,\text{II}}A'_py'_p-\sigma_{l5}A_sy_s+\sigma'_{l5}A'_sy'_s}{N_{p0\,\text{II}}}$$

$$=\frac{970.4\times474.4\times384-1076.1\times59.3\times317-150.6\times226\times421+44.9\times226\times317}{480\times10^3}$$

$$=303\text{mm}$$

$$e_p=y_p-e_{p0\,\text{II}}=384-303=81\text{mm}$$

$$e=\frac{M_k}{N_{p0\,\text{II}}}+e_p=\frac{301.5\times10^6}{480\times10^3}+81=709.1\text{mm}$$

$$\gamma'_f=\frac{(b'_f-b)h'_f}{bh_0}=\frac{300\times10^5}{60\times745.4}=0.0335$$

$$z=\left[0.87-0.12(1-\gamma'_f)\left(\frac{h_0}{e}\right)^2\right]h_0$$

$$=\left[0.87-0.12(1-0.335)\left(\frac{745.4}{709.1}\right)^2\right]745.4=553\text{mm}$$

$$\rho_{te}=\frac{A_p+A_s}{0.5bh+(b_f-b)h_f}=\frac{474.4+226}{0.5\times60\times800+(180-60)\times125}=0.018$$

$$\sigma_{sk} = \frac{M_k - N_{p0\,\mathrm{II}}(z - e_p)}{(A_p + A_s)z} = \frac{294.8 \times 10^6 - 480 \times 10^3(553 - 81)}{(474.4 + 226) \times 553} = 176.2\mathrm{N/mm^2}$$

$$\psi = 1.1 - \frac{0.65 f_{tk}}{\sigma_{sk}\rho_{te}} = 1.1 - \frac{0.65 \times 2.39}{176.2 \times 0.018} = 0.61$$

$$\omega_{max} = \alpha_{cr}\psi\frac{\sigma_{sk}}{E_s}\left(1.9c + 0.08\frac{d_{eq}}{\rho_{te}}\right)$$

$$= 1.7 \times 0.61 \times \frac{176.2}{1.95 \times 10^5}\left(1.9 \times 25 + 0.08\frac{12}{0.018}\right)$$

$= 0.095\mathrm{mm} < 0.2\mathrm{mm}$，可以

（6）使用阶段斜截面受剪承载力计算

$$h_w = 520\mathrm{mm}, \frac{h_w}{b} = \frac{520}{60} = 8.67 > 6.0$$

$$0.2\beta_c f_c b h_0 = 0.2 \times 1.0 \times 19.1 \times 60 \times 745.4 = 170.8\mathrm{kN}$$

$V = 170.3\mathrm{kN} < 0.2\beta_c f_c b h_0$，截面可用。

此梁为使用阶段允许出现裂缝构件，故 $V_p = 0$。箍筋采用 HRB 335 级钢筋 $f_{yv} = 300\mathrm{N/mm^2}$

$$\frac{A_{sv}}{s} = \frac{V - 0.7 f_t b h_0}{1.25 f_{yv} h_0} = \frac{170.3 \times 10^3 - 0.7 \times 1.71 \times 60 \times 745.4}{1.25 \times 300 \times 745.4}$$

$= 0.418$

选用 $d = 6\mathrm{mm}$ 双肢箍筋，$A_{sv} = 2 \times 28.3 = 56.6\mathrm{mm^2}$

$$s = \frac{56.6}{0.418} = 135.4\mathrm{mm} \quad 取\ s = 125\mathrm{mm}$$

（7）使用阶段挠度验算

截面下边缘预压应力

$$\sigma_{pc\,\mathrm{II}} = \frac{N_{p0\,\mathrm{II}}}{A_0} + \frac{N_{p0\,\mathrm{II}} e_{p0\,\mathrm{II}} y_0}{I_0}$$

$$= \frac{480 \times 10^3}{99429} + \frac{480 \times 10^3 \times 303 \times 452}{8435.69 \times 10^6} = 12.62\mathrm{N/mm^2}$$

由表 13-1 查得 $\gamma_m = 1.35$，由式（13-13）

$$\gamma = \left(0.7 + \frac{120}{h}\right)\gamma_m = \left(0.7 + \frac{120}{800}\right) \times 1.35 = 1.15$$

$$M_{cr} = (\sigma_{pc\,\mathrm{II}} + \gamma f_{tk}) I_0 / y_0$$

$$= (12.62 + 1.15 \times 2.39)\frac{8435.69 \times 10^6}{452} = 286.8\mathrm{kN \cdot m}$$

$$\kappa_{cr} = M_{cr}/M_k = 286.8/294.8 = 0.97 \quad < 1.0$$

$$\rho = (A_p + A_s)/b h_0 = (474.4 + 226)/60 \times 745.4 = 0.0157$$

$$\gamma_f = \frac{(b_f - b)h_f}{bh_0} = \frac{(180 - 60) \times 125}{60 \times 745.4} = 0.335$$

$$\omega = \left(1 + \frac{0.21}{\alpha_E \rho}\right)(1 + 0.45\gamma_f) - 0.7$$

$$= \left(1 + \frac{0.21}{6 \times 0.0157}\right)(1 + 0.45 \times 0.335) - 0.7 = 3.02$$

$$B_s = \frac{0.85E_c I_0}{\kappa_{cr} + (1 - \kappa_{cr})\omega} = \frac{0.85 \times 3.25 \times 10^4 \times 8435.69 \times 10^6}{0.97 + (1 - 0.97) \times 3.02}$$

$$= 219.75 \times 10^{12}\text{N} \cdot \text{mm}^2$$

$$B = \frac{M_k}{M_q + M_k} B_s = \frac{294.8}{265.1 + 294.8} \times 219.75 \times 10^2 = 115.7 \times 10^{12}\text{N} \cdot \text{mm}^2$$

荷载作用下的挠度

$$f_1 = \frac{5}{48} \frac{M_k l^2}{B} = \frac{5}{48} \times \frac{294.8 \times 10^6 \times 8.75^2 \times 10^6}{115.7 \times 10^{12}} = 20.3\text{mm}$$

预应力产生的反拱

$$f_2 = 2\frac{N_{p0\,II} e_{p0\,II} l^2}{8E_c I_0} = 2 \times \frac{480 \times 10^3 \times 303 \times 8.75^2 \times 10^6}{8 \times 3.25 \times 10^4 \times 8435.69 \times 10^6}$$

$$= 10.15\text{mm}$$

$$f = f_1 - f_2 = 20.3 - 10.15 = 10.15\text{mm}$$

$$\frac{f}{l} = \frac{10.15}{8.75 \times 10^3} = \frac{1}{862} < \frac{1}{250}$$，可以。

(8) 施工阶段截面应力验算

放张后截面应力计算：

截面上边缘（预拉区）

$$\sigma_{pc\,I} = \frac{N_{p0\,I}}{A_0} - \frac{N_{p0\,I} e_{p0\,I} y'_0}{I_0}$$

$$= \frac{632700}{99429} - \frac{632700 \times 306.1 \times 348}{8435.69 \times 10^6} = -1.627\text{N/mm}^2(\text{拉})$$

截面下边缘（预压区）

$$\sigma_{pc\,I} = \frac{N_{p0\,I}}{A_0} + \frac{N_{p0\,I} e_{p0\,I} y_0}{I_0}$$

$$= \frac{632700}{99429} + \frac{632700 \times 306.1 \times 452}{8435.69 \times 10^6} = 16.74\text{N/mm}^2(\text{压})$$

计算吊装荷载产生的截面应力，设吊点距构件端部 0.7m，梁自重为 2.36kN/m，考虑动力系数 1.5，则吊装荷载的负弯矩 M_k

$$M_k = \frac{1}{2} \times 2.36 \times 1.5 \times (0.7)^2 = 0.87\text{kN} \cdot \text{m}$$

截面上边缘拉应力 σ_{ct}

$$\sigma_{ct} = \sigma_{pc\,\mathrm{I}} + \frac{M_k y'_0}{I_0} = 1.627 + \frac{0.87 \times 10^6 \times 348}{8435.69 \times 10^6}$$

$$= 1.663\mathrm{N/mm^2} < f'_{tk} = 2.2\mathrm{N/mm^2}，可以$$

截面下边缘压应力 σ_{cc}

$$\sigma_{cc} = \sigma_{pc\,\mathrm{I}} + \frac{M_k y_0}{I_0} = 16.74 + \frac{0.86 \times 10^6 \times 452}{8435.69 \times 10^6}$$

$$= 16.79\mathrm{N/mm^2}, < 0.8 f'_{ck} = 0.8 \times 23.4 = 18.72\mathrm{N/mm^2}，可以。$$

验算预拉区纵向钢筋配筋率：

$$A'_s + A'_p = 59.3 + 226 = 285.3\mathrm{mm^2}$$

$$0.2A_c/100 = 0.2 \times 94500/100 = 189\mathrm{mm^2} < 285.3\mathrm{mm^2}，可以。$$

13.9 预应力混凝土构件的构造规定

预应力混凝土构件的构造是关系到构件设计能否实现的重要问题，必须认真地加以处理。预应力混凝土构件的构造要求与张拉工艺、锚固措施、预应力筋的种类等因素密切相关，其中张拉工艺起着决定作用。不同的张拉工艺，相应的构造要求也不同。

13.9.1 先张法构件

1. 预应力钢筋（丝）的净间距

预应力钢筋、钢丝的净间距应根据便于浇灌混凝土、保证钢筋（丝）与混凝土的粘结锚固，以及施加预应力（夹具及张拉设备的尺寸要求）等要求来确定。当预应力筋为钢筋时，其净距不应小于钢筋直径及25mm；当预应力筋为热处理钢筋或钢丝时，其净距不应小于15mm。三股或七股钢绞线其净距分别不应小于20及25mm。若采用钢丝排列有困难时，可采用两根或三根并筋，其净距不小于 $1.5d_{eq}$。

2. 混凝土保护层厚度

为了保证钢筋与混凝土的粘结强度，防止放松预应力筋时出现纵向劈裂裂缝，必须有一定的混凝土保护层厚度。当预应力筋为钢筋时，其保护层厚度要求同钢筋混凝土构件，详见表10-6；当预应力筋为钢丝时，其保护层厚度不应小于15mm（图13-11a）。

3. 钢筋、钢丝的锚固

先张法预应力混凝土构件应保证钢筋（丝）与混凝土之间有可靠的粘结力，宜采用螺旋肋钢丝、刻痕钢丝、热处理钢筋、钢绞线等。光圆钢丝与混凝土的粘结强度较低，当采用光圆钢丝时应根据钢丝强度、直径及构件受力特点采用适当措施，保证钢丝在混凝土中可靠地锚固，防止钢丝滑动。

4. 端部附加钢筋

为防止放松预应力筋时构件端部出现纵向裂缝，对预应力筋端部周围的混凝土应设置附加钢筋：

(1) 当采用单根预应力钢筋（如板肋的配筋），其端部宜设置长度不小于 150mm 且不少于 4 圈的螺旋筋（图 13-12*a*）。当钢筋直径 $d \leqslant 16$mm 时，也可利用支座垫板上的插筋，但插筋数量不应少于 4 根，其长度不宜小于 120mm（图 13-12*b*）。

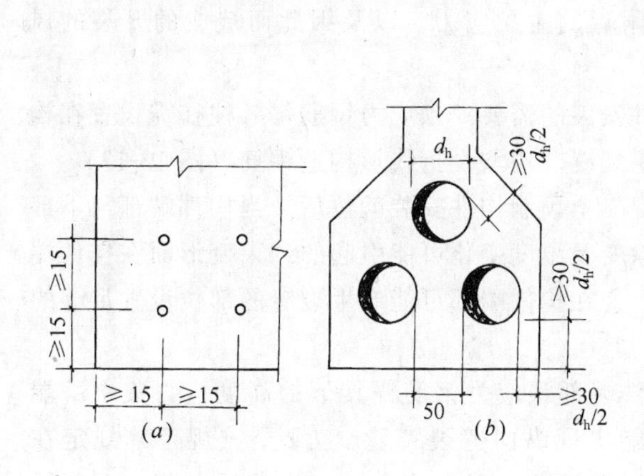

图 13-11　净距及保护层

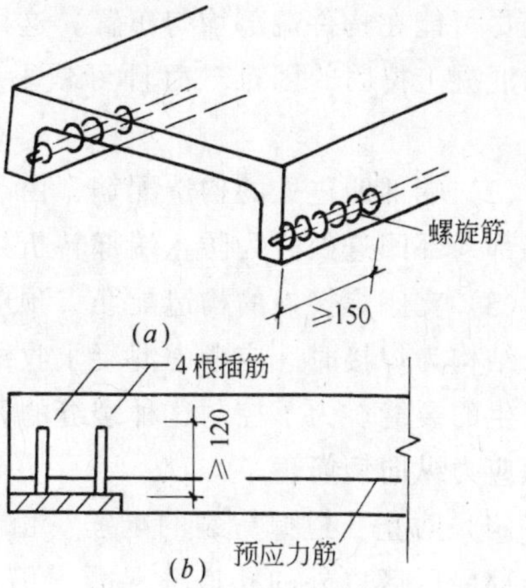

螺旋筋
≥150
(a)
4 根插筋
≥120
预应力筋
(b)

图 13-12　端部附加钢筋

(2) 当采用多根预应力钢筋时，在构件端部 $10d$（d 为预应力钢筋的公称直径）范围内，应设置 3-5 片与预应力筋垂直的钢筋网。

(3) 采用钢丝配筋的预应力薄板（如 V 形折板），在端部 100mm 范围内，应适当加密横向钢筋。

13.9.2　后张法构件

1. 预留孔道的构造要求

后张法构件要在预留孔道中穿入预应力筋。截面中孔道的布置应考虑到张拉设备的尺寸、锚具尺寸及构件端部混凝土局部受压的强度要求等因素。

(1) 孔道的内径应比预应力钢筋束或钢绞线束外径、连接器外径及锥形螺杆锚具的套筒等的外径大 10～15mm，以便穿入预应力筋并保证孔道灌浆的质量。

(2) 孔道之间的水平净距不应小于 50mm；孔道至构件边缘的净距不应小于 30mm，且不宜小于孔道的半径（图 13-11*b*）。

(3) 在构件两端及跨中应设置灌浆孔或排气孔，其孔距不宜大于 12m。孔道灌浆所用的水泥砂浆强度等级不应低于 M20，其水灰比宜为 0.4～0.45，为减少收缩，宜掺入 0.01%水泥用量的铝粉。

(4) 凡需要起拱的构件，预留孔道宜随构件同时起拱。

2. 曲线预应力筋的曲率半径

钢丝束、钢绞线束的曲率半径不宜小于 4m。

3. 端部构造及配筋措施

为防止预应力钢筋在构件端部过分集中，而产生局部受压破坏及裂缝，可采取以下构造及配筋措施：

（1）弯起部分预应力钢筋　将一部分预应力钢筋在靠近支座区域内弯起，并使预应力钢筋尽可能在构件端部均匀布置。这样不仅减少了梁端底部预应力钢筋密集带来的应力集中和混凝土捣固的困难，而且可减小支座附近的主拉应力，以及因此而造成的开裂的风险。

（2）端部凹进处的构造配筋　由于构件安装的需要，预应力钢筋锚具往往需设置在构件端部局部凹进处，为防止端部转折处产生裂缝，应增设折线形构造钢筋（图 13-13）。

（3）支座焊接处的构造配筋　预应力混凝土预制构件安装就位后，当构件端部与下部支承结构为焊接时，应考虑混凝土收缩、徐变及温度变化可能引起的约束变形而在构件端部产生的裂缝。为了控制这种裂缝的开展，宜在构件端部可能产生裂缝的部位设置足够的非预应力纵向钢筋。

（4）防止孔道壁劈裂的配筋　由于构件端部预应力钢筋锚具下的高度应力集中，端部局部受压区以外的孔道壁混凝土仍有可能出现纵向劈裂裂缝。为此，《规范》规定在局部受压间接钢筋配置范围以外，距构件端部长度 l 不小于 $3e$（e 为截面上部或下部预应力钢筋的合力点至邻近边缘的距离），且不大于 $1.2h$（h 为构件端部截面高度），高度为 $2e$ 的区段内，应均匀配置附加配筋（箍筋或网片），其体积配筋率不应小于 0.5%（图 13-14）。

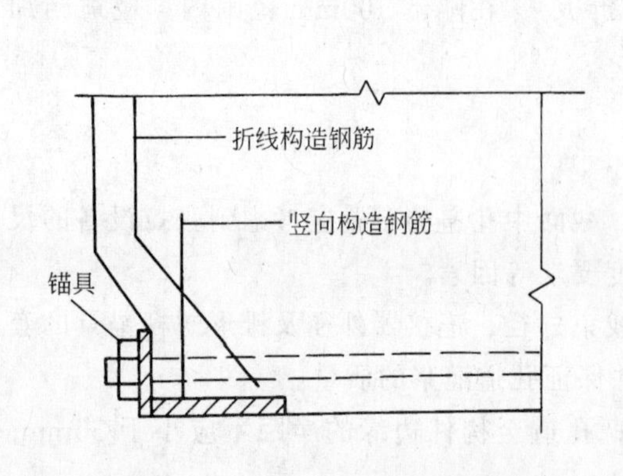

图 13-13　端部凹进处构造钢筋

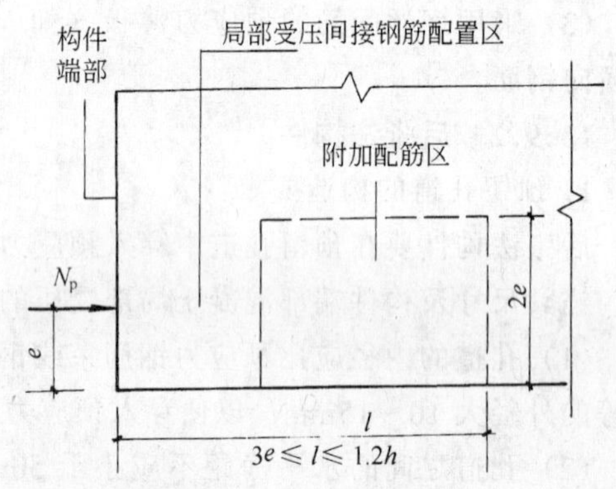

图 13-14　防止孔道劈裂的配筋区段

（5）端部附加竖向钢筋　如预应力钢筋在构件端部不能均匀布置而需集中布置在端部截面下部（或分别集中在截面上部和下部）时，由于预压应力集中在截面一侧（或两侧），在端部截面附近可能出现拉应力而导致开裂。为了控制这种裂缝的开展，应在距构件端部 $0.2h$（h 为构件端部截面高度）范围内设置附加竖向钢筋，其形式可为封闭式箍筋、焊接网片或其他形式构造钢筋（图 13-15）。附加竖向钢筋截面面积应符合下列要求：

当 $e \leqslant 0.1h$ 时，

$$A_{sv} \geqslant 0.3 \frac{N_p}{f_y} \tag{13-56a}$$

当 $0.1h < e \leqslant 0.2h$ 时，

$$A_{sv} \geqslant 0.15 \frac{N_p}{f_y} \tag{13-56b}$$

当 $e > 0.2h$ 时，可根据实际情况适当配置构造钢筋

式中 N_p——作用在构件端部截面的预应力钢筋（A_p 及 A'_p）的合力，此时，仅考虑出现混凝土预压前的第一批预应力损失值，但应乘以预应力分项系数 1.2；

e——截面上部或下部预应力钢筋合力至截面邻近边缘的距离（图 13-14）；

f_y——附加竖向钢筋的抗拉强度设计值。

当端部截面上部和下部均有预应力钢筋时，附加竖向钢筋的总面积应取上部和下部预应力合力分别按式（13-56）计算值的总和。

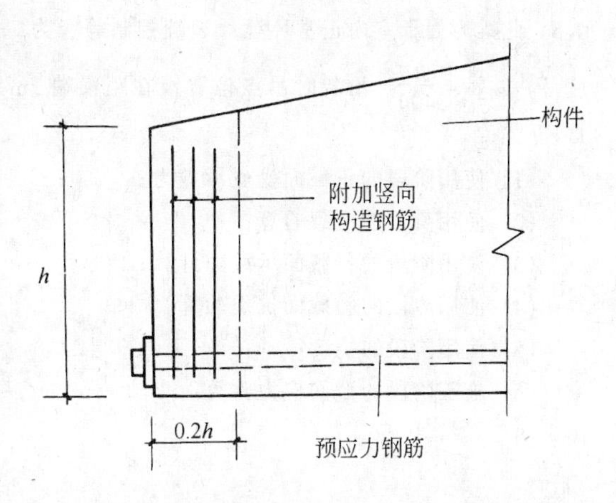

图 13-15 附加竖向钢筋

（6）锚具的选择与处理 后张法预应力混凝土构件是通过锚具将预压力传给混凝土构件的。因此，锚具的质量和可靠性对整个结构的安全性是至关重要的。一旦锚具失效，后果将极其严重。故应选择可靠的锚具，其形式和质量要求应符合国家标准《预应力筋用锚具、夹具和连接器》GB/T 14370 的规定。

为了保证结构的耐久性要求，对外露的金属锚具应采取可靠的防腐蚀措施，或用后浇混凝土加以封闭。

思 考 题

13-1 在计算预应力混凝土受弯构件的混凝土预压应力 σ_{pc}时，（1）为什么先张结构件用 N_{p0}、e_{p0}、A_0、I_0、y_0？（2）为什么后张法构件用 N_p、e_{pn}、A_n、I_n、y_n？而在计算外荷产生的混凝土法向应力时，无论先张或后张均采用 A_0、I_0 及 y_0？

13-2 在计算裂缝出现弯矩 M'_{cr}时为什么要引用截面抵抗矩的塑性系数 γ？

13-3 为什么在界限相对受压区高度 ξ_b 的公式中，对钢筋混凝土构件为 f_y；对预应力混凝土构件为 $(f_{py}-\sigma_{p0})$？

13-4 为什么在先张法构件中可直接由控制应力及应力损失计算 N_{p0}、e_{p0}，而在后张法构件中要先计算 N_p、e_{pn}及 σ_{p0}，其次计算 σ_{p0}，然后再由 σ_{p0}求 N_{p0}及 e_{p0}？为什么后张法构件也需要计算 N_{p0}及 e_{p0}？

13-5 在正截面受弯承载力计算中，受压区预应力钢筋（A'_p）的应力为什么取 $\sigma'_{p0}-f'_{py}$？

13-6 是否对所有预应力混凝土构件均可以考虑预应力对斜截面受剪承载力的提高？

13-7 对施工阶段预拉区允许出现裂缝的构件为什么要控制非预应力钢筋的配筋率及钢筋直径？

习　题

13-1　12m 预应力混凝土工字形薄腹梁，截面尺寸及配筋如图 13-16 所示。采用先张法台座生产，不考虑锚具损失，养护温差 $\Delta t = 20℃$，采用超张拉，设松弛损失在放张前已完成 50%。预应力钢筋采用普通松弛$\phi^{H}5$螺旋肋钢丝，$f_{ptk} = 1570 N/mm^2$，$f_{py} = 1110 N/mm^2$，张拉控制应力 $\sigma_{con} = 0.75 f_{ptk}$。混凝土为 C40 级，放张时 $f'_{cu} = 30 N/mm^2$。试计算梁的各项预应力损失。

13-2　12m 预应力混凝土工字形截面梁，截面尺寸及有关数据同习题 13-1。设梁的计算跨度 $l_0 = 11.65m$，净跨 11.35m。均布荷载标准值 $g_k = 15kN/m$（永久荷载，荷载系数 1.2），$p_k = 54kN/m$（可变荷载，荷载系数 1.4），准永久值系数为 0.5。此梁为处于室内正常环境，裂缝控制等级为二级，允许挠度 $[f/l_0] = \frac{1}{400}$。吊装时吊点位置设在距梁端 2m 处。要求计算：

(1) 使用阶段的正截面受弯承载力；

(2) 使用阶段的抗裂验算；

(3) 使用阶段的斜截面承载力计算；

(4) 使用阶段的斜截面抗裂验算；

(5) 使用阶段的挠度；

(6) 施工阶段的截面应力验算。

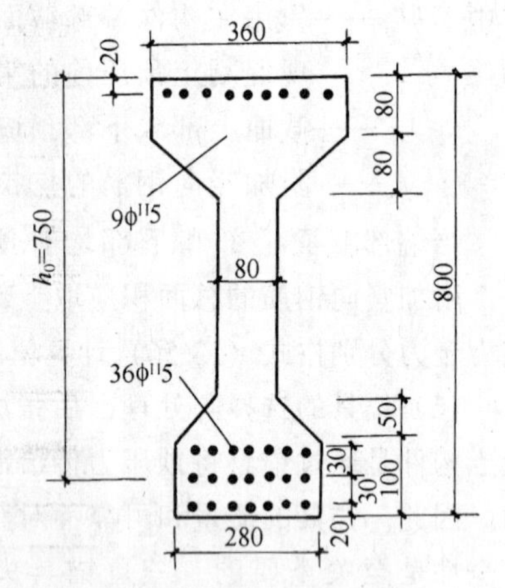

图 13-16　习题 13-1

第3篇　钢筋混凝土楼盖结构

第14章　单向板肋形楼盖

14.1　概　　说

第一篇讨论了钢筋混凝土静定梁、板等构件的设计计算和配筋构造。本章将着重讨论由**连续梁板**组成的结构部件——平面梁板结构的设计计算和构造处理。

梁板结构是土木与建筑工程中应用最广泛的一种结构型式。图14-1所示为现浇钢筋混凝土**肋形楼盖**，楼盖由**板**、**次梁**及**主梁**组成，楼盖主要用于承受楼面竖向荷载。

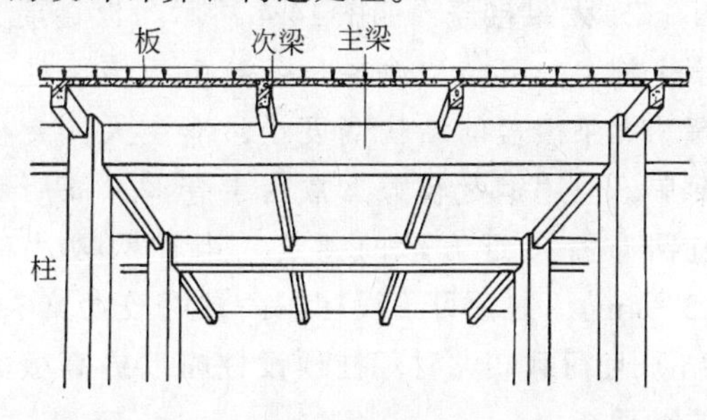

图14-1　肋形楼盖

除楼盖外，其他采用梁板体系的结构还很多，如图14-2所示的**地下室底板结构**，与楼盖不同的是地下室底板的荷载为向上的土反力。

图14-3所示带扶壁的**挡土墙**也是梁板结构，扶壁为变截面梁，荷载为作用于板面的土侧压力。此外桥梁的桥面结构也经常采用梁板结构。

上述各种类型的梁板结构在设计方法上基本相同，我们将以肋形楼盖作为典型来说明梁板结构的设计方法。

14.2　楼盖结构的型式

14.2.1　现浇楼盖

其优点是整体刚性好，结构布置灵活。按梁板的布置又可分为：

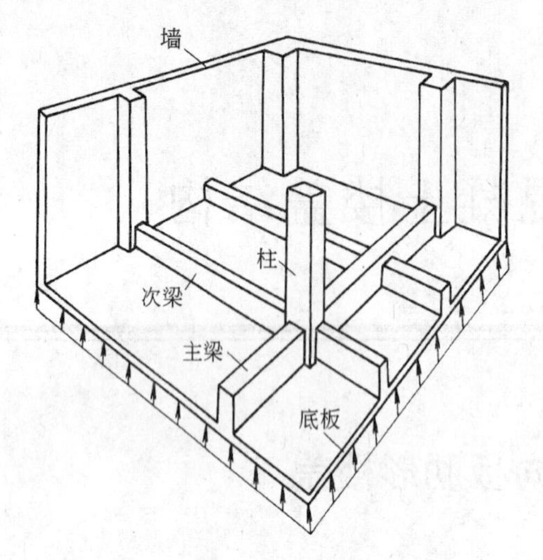

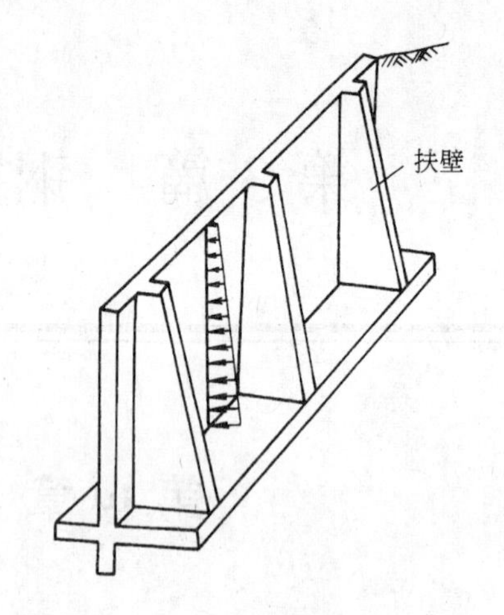

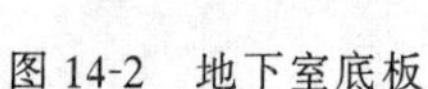
图 14-2　地下室底板

图 14-3　带扶壁挡土墙

1. **肋形楼盖**　由板和梁的肋部组成。其主要传力途径为板→次梁→主梁→柱或墙→基础→地基。肋形楼盖的特点是用钢量较低，楼板上留洞方便，但支模较复杂。肋形楼盖是现浇楼盖中使用最普遍的一种。

2. **无梁楼盖**　如图 14-4 所示。板直接支承于柱上，其传力途径是荷载由板传至柱或墙。无梁楼盖的结构高度小，净空大，支模简单，但用钢量较大，常用于仓库、商店等柱网布置接近方形的建筑。当柱网较小时（3～4m），柱顶可不设柱帽，柱网较大（6～8m）且荷载较大时，柱顶设柱帽以提高板的抗冲切能力。

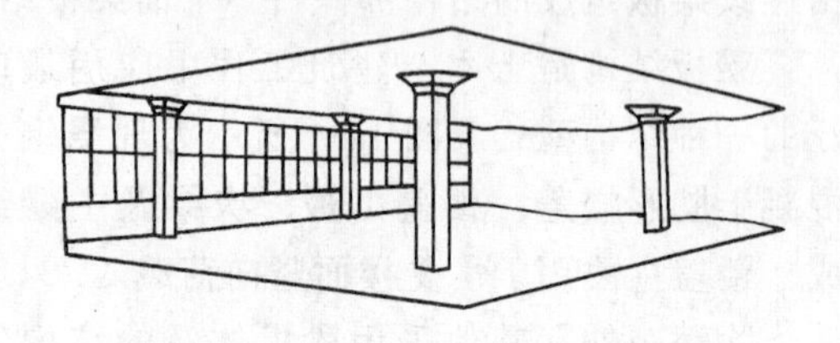
图 14-4　无梁楼盖

3. **井式楼盖**　如图 14-5 所示。两个方向的柱网及梁的截面相同，由于是两个方向受力，梁的高度以肋形楼盖小，故宜用于跨度较大且柱网呈方形的结构。

4. **密助楼盖**　如图 14-6 所示。由于肋的间距小，板厚很小，梁高也较肋形楼盖小，结构自重较轻。双向密肋楼盖近年来采用预制塑料模壳克服了支模复杂的缺点而应用增多。

14.2.2　装配式楼盖

1. 预制板　常用的有预应力混凝土或钢筋混凝土圆孔板、槽形板，近年也有采用双向预应力混凝土大板的。

2. 预制梁　图 14-8 为几种常用的预制梁截面型式。

装配式楼盖的布置将于第 6 篇中讨论。

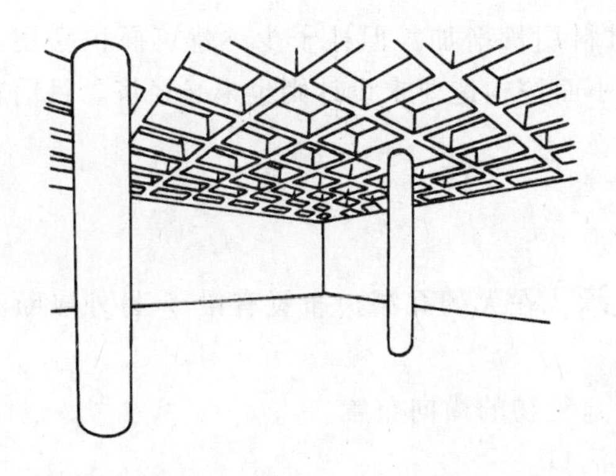

图 14-5　井式楼盖

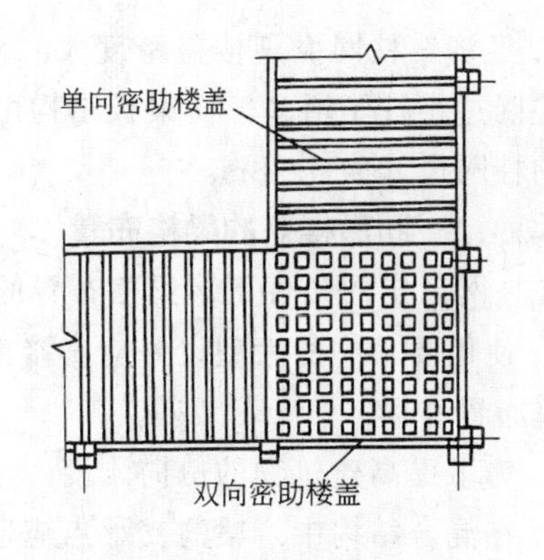

图 14-6　密肋楼盖

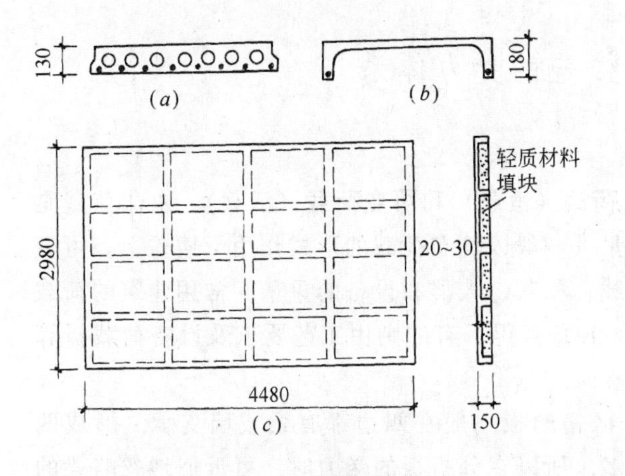

图 14-7　预制楼板

(a) 圆孔板；(b) 槽形板；(c) 双向预应力大板

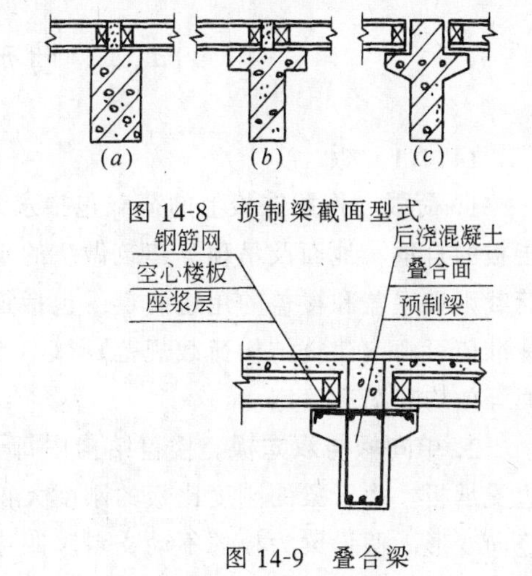

图 14-8　预制梁截面型式

图 14-9　叠合梁

14.2.3　装配整体式楼盖

预制板（梁）上现浇一叠合层而成为一个整体，如图 14-9 所示。这种楼盖兼有预制及现浇楼盖的优点，抗震性能较好，因此近年来在抗震结构中应用较多。其设计方法将在第 5 篇中讨论。

14.3　楼盖结构布置

14.3.1　柱网布置

柱网布置对于房屋的适用性及造价等影响较大，是个综合性的问题。其布置的原则是：

1. 使用要求　如公共建筑的大厅一般要求较大的柱网尺寸，居住建筑则主要取决于居室标准，工业厂房视设备尺寸和设备布置等工艺要求而定。

2. 经济 柱网大则楼盖跨度大，楼盖的材料用量增加，但柱子少，建筑面积利用率高；柱网过小柱子增多，而梁板结构由于跨度小而按构造要求设计则也未必经济。目前较经济的柱网尺寸为5～8m。

14.3.2 肋形楼盖的梁格布置

在柱网已定的条件下，梁格布置的原则是：

1. 使用要求中的大型设备应直接由梁来支承，在大的孔洞边布置有梁，另外隔断墙下也宜布置有梁。

2. 为了提高建筑物的侧向刚度，主梁宜沿建筑物的横向布置。

3. 在混合结构中，梁的支承点应避开门窗洞口。

4. 板的经济跨度单向板为1.5～3m，双向板为4～6m，次梁的经济跨度为4～6m。

14.4 肋形楼盖的受力体系

14.4.1 板

1. **荷载**。作用在板上的荷载包括**永久荷载**（恒载）和**可变荷载**（活载）。永久荷载是指板的自重、地面及吊顶等建筑做法的重量，一般以均布荷载的形式作用于楼盖上。可变荷载则视屋盖和楼盖的用途而定，包括雪载、积灰、人群和设备的重量。常用建筑的荷载标准值可由《建筑结构荷载规范》（GB 50009）查得，有的则由工艺要求及设备荷载折算面等效均布荷载确定。

2. **单向板**与**双向板**。楼盖结构中每一区格的板一般在四边都有梁或墙支承，形成四边支承板。由于梁的刚度比板的刚度大得多，所以在分析板的受力时，可近似地忽略梁的竖向变形，假设梁为板的不动支点。四边支承板在两个方向受力，荷载通过板在两个方向的受弯传给四边的梁或墙。图14-10（a）为均布荷载作用下的四边简支板的变形图，板在板的两个方向的跨度分别为l_1（短跨）和l_2（长跨），由于板是一个整体，弯曲时板任意点两个方向的挠度相同，因此短跨方向曲率大，弯矩也大。图14-10（b）中M_1和M_2分别代表沿l_1和l_2方向作用的单位截面宽度上的弯矩，随跨长比$n=l_2/l_1$的不同，两个方向的弯矩分布图形的变化如图所示。可见，随比值n的增大，长向弯矩M_2减小，短向弯矩M_1增大，当n超过一定数值时，可近似认为全部荷载通过短跨方向受弯传至长边支座，计算上可忽略长向弯矩，配筋上按构造处理，这种板在受力上称为单向板。计算上必须考虑两个方向受弯作用的板，称为双向板。设计上通常取$\frac{l_2}{l_1}\geqslant 3$的板为单向板；当$\frac{l_2}{l_1}\leqslant 2$时应按双向板计算；当$2<\frac{l_2}{l_1}<3$，宜按双向板计算；为了简化计算，按单向板计算时，在长跨方向应配置足够数量的构造钢筋。

3. 板的厚度。当板面荷载标准值$p\leqslant 4\text{kN/m}^2$时，板的厚度可参见表14-1。

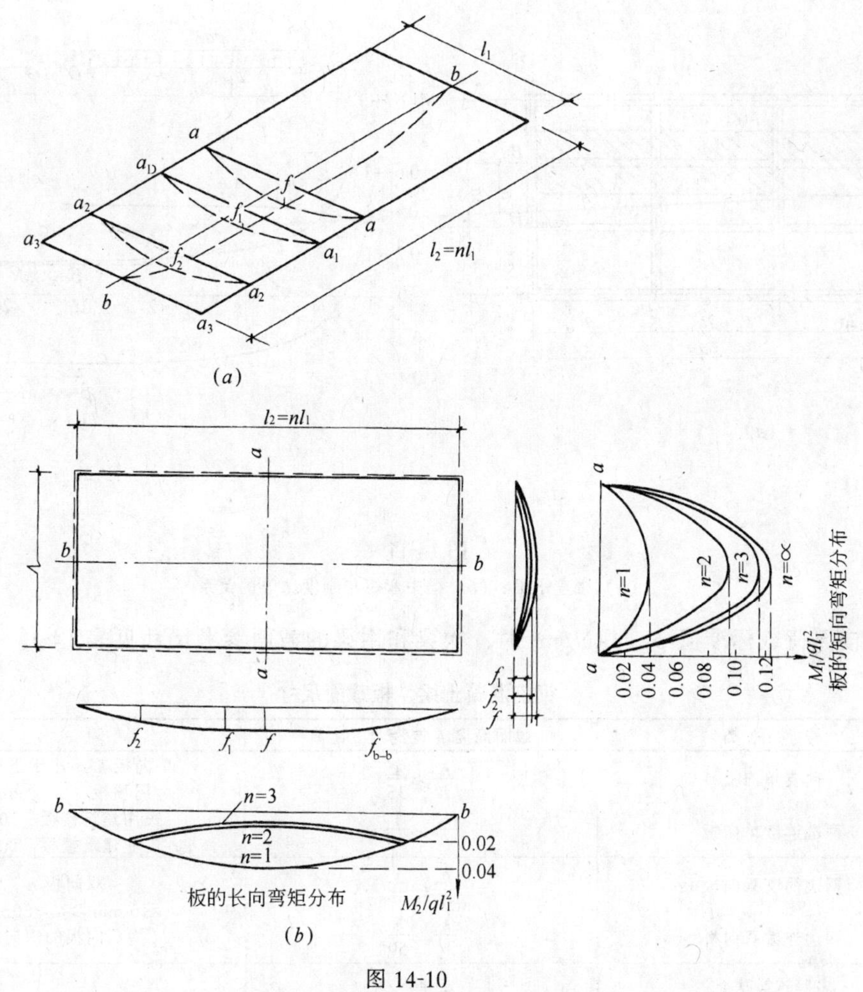

图 14-10

(*a*) 板的变形；(*b*) 板的弯矩分布

14.4.2 次梁与主梁

图 14-11（*a*）为一钢筋混凝土肋形楼盖，梁 *AB*、*CD* 和梁*EF*、*GH* 形成一正交叉梁系，梁 *AB*、*CD* 上作用有板传来的均布线荷载 *pa*。

用结构力学方法对此交叉梁系进行分析，设 *EF*（*GH*）和 *AB*（*CD*）梁的线刚度分别为 i_{EF}和 i_{AB}，二者的线刚度比为 $\beta=i_{EF}/i_{AB}$。图 14-11（*b*）为随线刚度比 β 的增大，*AB* 梁中弯矩 M_2、M_3 及 *EF* 梁中弯矩 M_4 的变化图形，图中虚线为 $\beta \doteq \infty$时的弯矩值，$\beta=i_{EF}/i_{AB} \doteq \infty$，即梁 *EF* 可作为梁*AB* 的不动铰支座。由图可见，当 $\beta=i_{EF}/i_{AB} \geqslant 12$ 时，分析结果与 $\beta \doteq \infty$时较接近，当 $\beta=i_{EF}/i_{AB}<8$ 时两者相差很远，故设计中当 $i_{EF}/i_{AB} \geqslant 8$ 时可近似地将 *EF* 梁看作是 AB 梁的不动铰支座，即作为主、次梁体系计算。*AB* 为以主梁*EF*、*GH* 为支座的三跨连续次梁，荷载由次梁 *AB*（*CD*）传给主梁 *EF*（*GH*）。

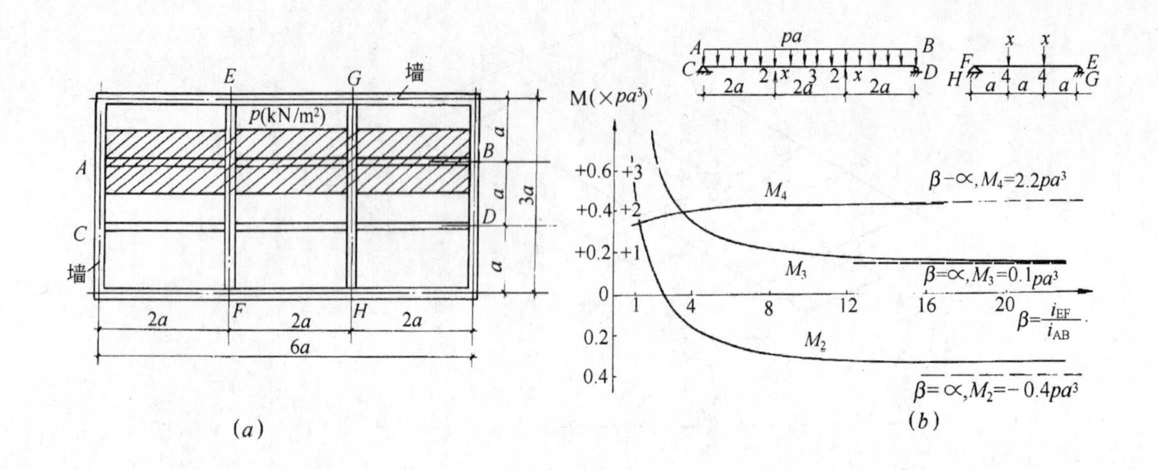

图 14-11

(a) 楼盖平面；(b) 梁中弯矩与刚度比 β 的关系

当楼面荷载标准值 $p \leqslant 4\text{kN/m}^2$ 时，次梁和主梁的截面参考尺寸见表 14-1。

钢筋混凝土梁、板截面尺寸 **表 14-1**

构件种类	截面高度 h 与跨度 l 比值	附注
简支单向板	$\frac{h}{l} \geqslant \frac{1}{35}$	单向板 h 不小于下列值： 屋顶板 60mm 民用建筑楼板 70mm 工业建筑楼板 80mm
两端连续单向板	$\frac{h}{l} \geqslant \frac{1}{40}$	
四边简支双向板	$\frac{h}{l_1} \geqslant \frac{1}{45}$	双向板 h $160\text{mm} \geqslant h \geqslant 80\text{mm}$ l_1 为双向板的短向跨度
四边连续双向板	$\frac{h}{l_1} \geqslant \frac{1}{50}$	
多跨连续次梁	$\frac{h}{l} = \frac{1}{18} \sim \frac{1}{12}$	梁的高宽比（h/b） 一般取 1.5～3.0 并以 50mm 为模数
多跨连续主梁	$\frac{h}{l} = \frac{1}{14} \sim \frac{1}{8}$	
单跨简支梁	$\frac{h}{l} = \frac{1}{14} \sim \frac{1}{8}$	

14.5 钢筋混凝土连续梁的内力计算

现浇肋形楼盖中的板、次梁、主梁一般为多跨连续梁。设计连续梁时内力计算是主要内容，而截面配筋计算与简支梁、伸臂梁基本相同。钢筋混凝土连续梁内力计算有两种方法：(1) 按弹性理论计算；(2) 考虑塑性内力重分布的计算方法。

14.5.1 按弹性理论计算

1. 计算简图

按弹性理论计算钢筋混凝土连续梁，就是将梁看成是弹性匀质材料构件，其内力计算可按结构力学中所述的方法进行。这里首先遇到的问题是如何确定结构的计算简图。

（1）支承于砖墙

边支座为砖墙时，通常梁、板在砖墙内的支承长度不长，墙对板或梁转角的约束作用很小，设计上为了简化，计算时假定为铰支座。考虑到可能出现的负弯矩，应配置一定数量的承受负弯矩的构造钢筋。

中间支座为砖墙时，同样也假设为不动铰支座。

铰支点的位置如图14-12所示。

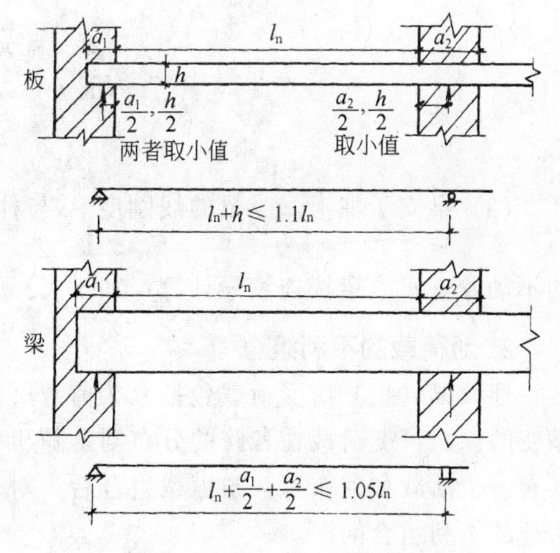

图14-12　边跨的计算跨度

（2）支承于梁上

当边支座为梁时，计算上也可近似假设为铰支座，至于梁的抗扭刚度影响，则可采用在边支座设置承受负弯矩的构造钢筋处理。

中间支座为梁时，内力计算中也看作不动铰支座（图14-13a）。如前所述，如果支承梁的线刚度较大，其垂直位移可忽略不计，但支承梁的抗扭刚度对内力的影响有时是不可忽略的。当次梁两侧等跨板上荷载相等(如只有恒载)，板在支座处转角很小（$\theta\approx 0$）时，次梁的抗扭刚度对板的内力影响很小。而计算活载下板跨中最大弯矩时，次梁仅一侧板上有活荷载，计算时不考虑次梁的抗扭刚度将使板的支座转角 θ 比实际转角 θ' 为大，从而使板支座的负弯矩计算值偏小，跨中正弯矩计算值偏大。为了修正这一误差，设计计算中采用折算荷载代替实际荷载的方法，即人为地将活载 q 值降低为 q'，恒载 g 值提高为 g'，而荷载总值保持不变。这样，由于次梁仅一侧板上有活荷载而产生的板的支座转角 θ 减小到 θ'，相当于考虑次梁抗扭刚度的影响。

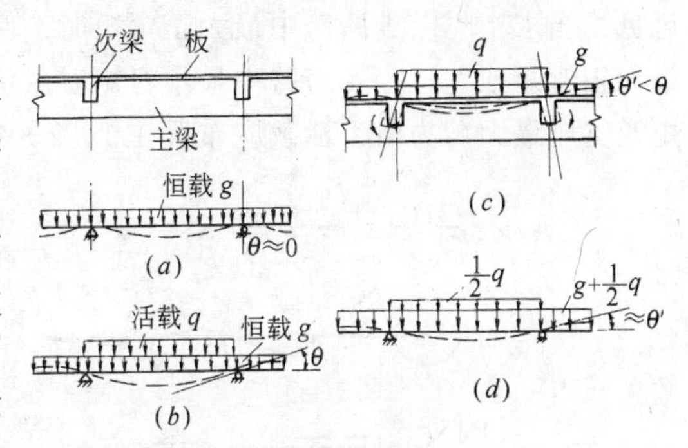

图14-13　梁抗扭刚度的影响

$$\left.\begin{aligned}\text{对于板，折算恒载}\ g' &= g+\frac{1}{2}q\\ \text{活载}\ q' &= \frac{1}{2}q\end{aligned}\right\}\tag{14-1}$$

对于次梁，由于主梁的抗扭刚度对次梁的内力同样有影响，但影响较板小，故对于次梁折算荷载为

$$\left.\begin{aligned} g' &= g + \frac{1}{4}q \\ q' &= \frac{3}{4}q \end{aligned}\right\} \tag{14-2}$$

(3) 梁支于柱上，当梁的线刚度 i_b 与柱的线刚度 i_c 之比 $\frac{i_b}{i_c} \geqslant 5$ 时，柱可近似作为梁的不动铰支座，梁按连续梁计算；如 $\frac{i_b}{i_c} < 5$ 则梁和柱应按框架计算。

2. 活荷载的不利组合

连续梁（板）所受荷载包括永久荷载（恒载）与可变荷载（活载）。永久荷载是保持不变的，而可变荷载在各跨的分布则是随机的。为了确定各个截面可能产生的最大内力，就有一个活载如何布置，与恒载组合后，对某一指定截面的内力为最不利的问题，也就是荷载的不利组合问题。

图 14-14 所示为一五跨连续梁，当活载布置在不同跨间时梁的弯矩图及剪力图。由图可见，当求 1、3、5 跨跨中最大正弯矩时，活载应布置在 1、3、5 跨；当求 2、4 跨跨中最大正弯矩或 1、3、5 跨跨中最小弯矩时，活载应布置在 2、4 跨；当求 B 支座最大负弯矩及支座最大剪力时，活载应布置在 1、2、4 跨，如图 14-15 所示。

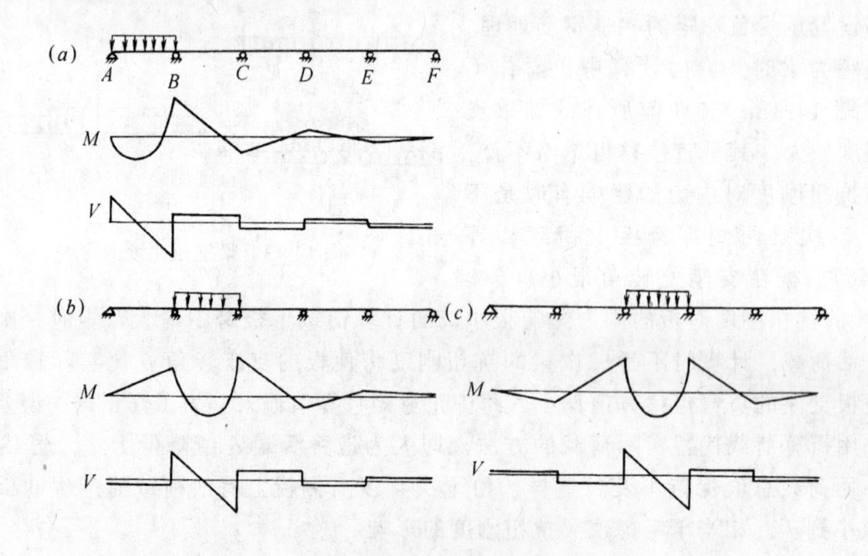

图 14-14 活载作用下的内力图

从上述分析可以得出确定截面内力时最不利活载布置的原则如下

(1) 求某跨跨中最大正弯矩时，除将活载布置在该跨以外，两边应每隔一跨布置活载。

(2) 求某支座截面最大负弯矩时，除该支座两侧应布置活载外，同时两侧每隔一跨还应布置活载。

(3) 求梁支座截面（左侧或右侧）最大剪力时，活载布置与求该截面最大负弯矩时的布置相同。

(4) 求每跨跨中最小弯矩时，该跨应不布置活载，而在两相邻跨布置活载，然后再每隔一跨布置活载。

3. **内力计算**

活载布置确定后即可用结构力学的方法计算连续梁的内力。对于 2～5 跨等跨（或跨差＜10%）的连续梁，在不同的荷载布置作用下的内力已制成表格可供查用，见附表 12。五跨以上时可简化为五跨计算，即所有中间跨的内力均取与第三跨一样。

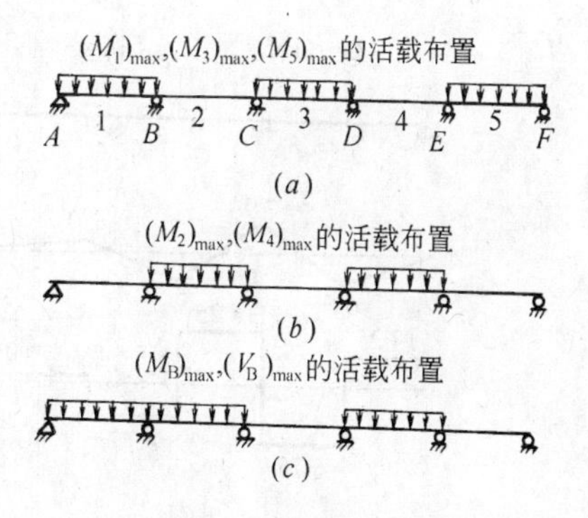

图 14-15　活载不利位置

4. **内力包络图**

在恒载的内力图上叠加以按最不利活载布置得出的各截面的最不利内力的外包线即内力包络图。

图 14-16 为一三跨连续梁，跨度 $l=4$m，恒载 $G=10$kN，活载 $Q=10$kN，均作用于各跨跨中。其中（a）为恒载 G 作用下的弯矩 M 及剪力 V 图，（b）、（c）、（d）分别为活载 Q 按边跨跨中最大 M、中跨跨中最大 M 及支座最大负弯矩布置时的内力图，（e）为内力的叠合图，其外包线代表各截面可能出现的最不利内力的上限和下限，即内力包络图。

弯矩包络图是计算和布置纵筋的依据，要求抵抗弯矩 M_R 图包住包络图。剪力包络图是计算横向钢筋的依据。

14.5.2　考虑塑性内力重分布的计算方法

1. 钢筋混凝土受弯构件的**塑性铰**

图 14-17 所示为一受弯构件跨中截面曲率 ϕ 与弯矩 M 的关系曲线。由图可见，钢筋屈服以前，$M-\phi$ 的关系已略呈曲线，这反映了第Ⅱ阶段压区混凝土的弹塑性性质。纵筋屈服时的弯矩为 M_y，曲率为 ϕ_y，其后在弯矩增加不多的情况下，曲率 ϕ 急剧增大，表明该截面已进入“屈服”阶段，在“屈服”截面附近形成了一个集中的转动区域，相当于一个铰，称之为“塑性铰”。塑性铰的形成主要是由于纵筋屈服后的塑性变形，而塑性铰的转动能力则取决于混凝土的变形能力。当 ϕ 增加到使混凝土受压边缘的应变 ε 到达其极限压应变 ε_u，混凝土压坏，截面到达其极限弯矩 M_u，这时的曲率为 ϕ_u。

图 14-18 为不同配筋率情况下，弯矩 M 与转角 ϕh_0 的关系。配筋率 ρ 愈大，则 $\phi_u-\phi_y$ 值愈小，即塑性转动能力减小，延性降低。当配筋率 ρ 达最大配筋率 ρ_{max} 时，钢筋屈服的同时压区混凝土压坏，即 $\phi_y=\phi_u$，这时塑性转动能力很小。

钢筋混凝土受弯构件的塑性铰与理想的铰不同，理想的铰不能传递任何弯矩而能不受

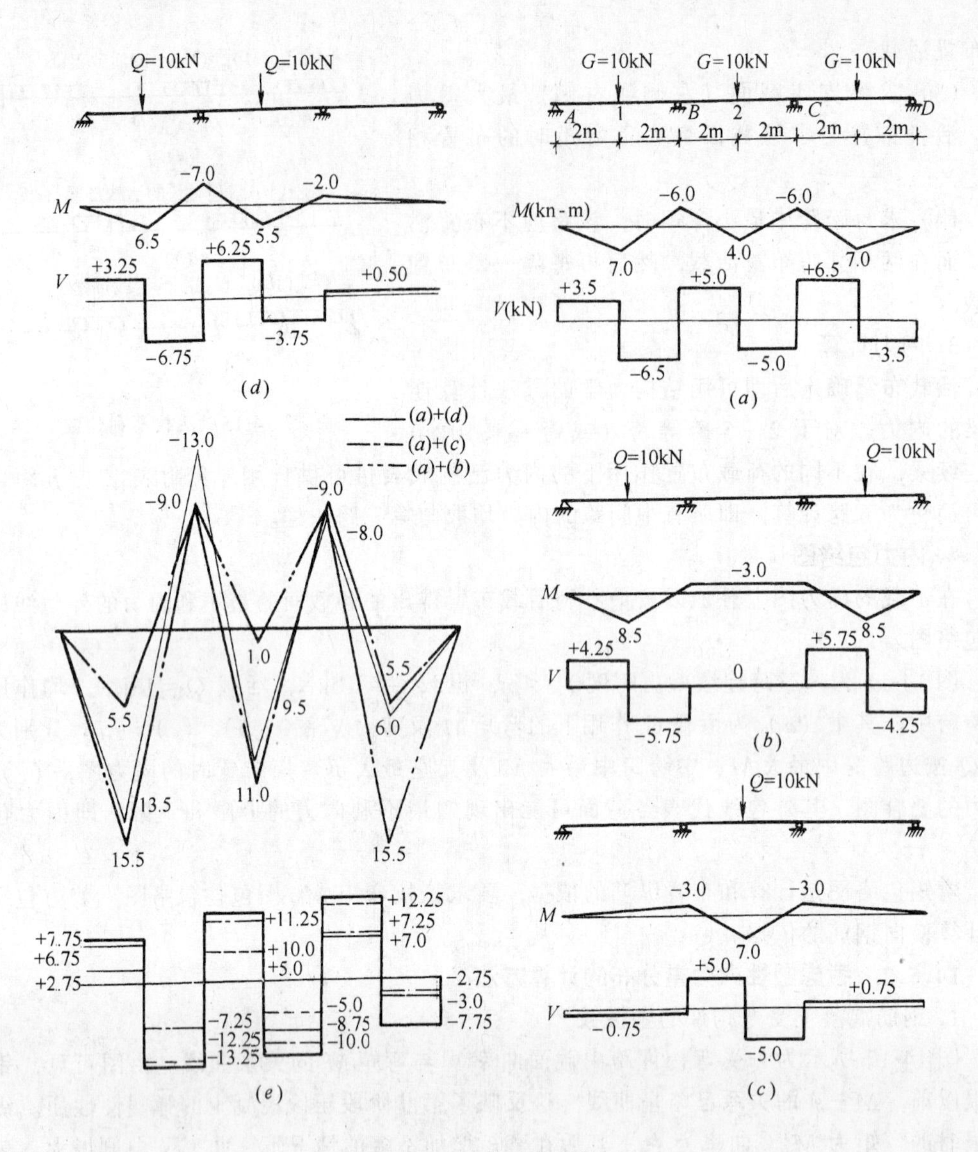

图 14-16 内力包络图

限制地自由转动，而塑性铰能传递相应于截面“屈服”的极限弯矩 $M_u \approx M_y$，但只能在 M_u 作用下使截面沿 M_u 方向作有限的转动，其转动能力与配筋率 ρ 及混凝土极限压应变 ε_u 有关。

2. 超静定结构的**塑性内力重分布**

按照弹性理论计算的连续梁内力包络图来选择构件的截面和配筋，无疑可以保证结构的安全可靠，因为这种设计方法的出发点是认为当连续梁的任意一截面上的弯矩 M 到碉其极限强度 M_u 时，整个结构即达到破坏状态。这个概念对于脆性材料结构来说是基本符

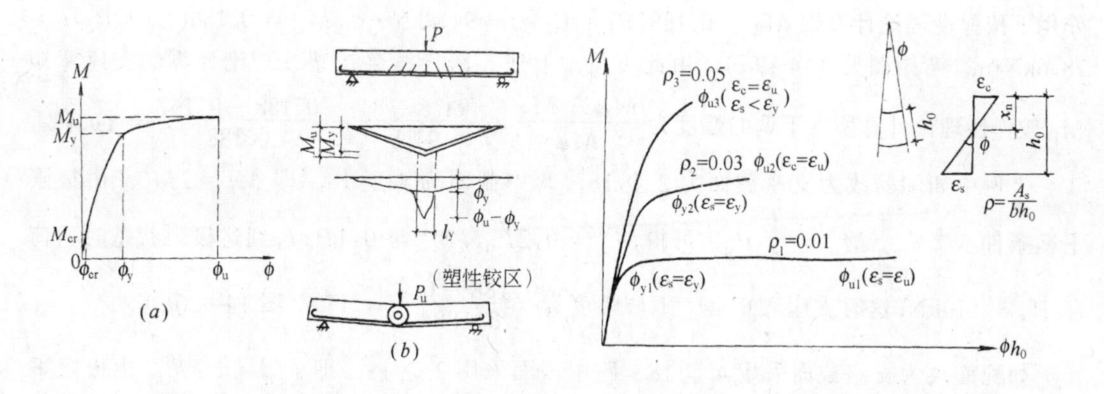

图 14-17
(a) M-ϕ 曲线；(b) 塑性铰区

图 14-18 不同配筋率梁的 M-ϕh_0 曲线

合的，对于塑性材料的静定结构，当某一截面出现塑性铰，结构形成机构，结构即到达其承载能力的极限状态。但对于超静定结构，当某一截面出现塑性铰，即 M 达 M_u 后，这时该截面处 M 不再增加，但转角可继续增大，这就相当于使超静定结构减少一个约束，结构可以继续增加荷载而不破坏，当出现足够数量的塑性铰而使结构成为几何可变体系时结构才达到破坏状态。

下面以两跨连续梁为例说明连续梁的塑性内力重分布。

设在跨中作用有集中荷载 P 的两跨连续梁，如图 14-19 所示，梁截面 $b \times h =$ 200mm×450mm，混凝土 C25 级（$f_c = 11.9\text{N/mm}^2$），中间支座及跨中均配置受拉钢筋 3 Φ 18（$f_y = 300\text{N/mm}^2$），按受弯构件计算，跨中截面和中间支座截面的极限弯矩 $+M_u^D$ 和 $-M_u^B$ 均为 84kN·m。

按弹性理论计算，由附表 12 查得跨中弯矩 $M_D = 0.156Pl$，支座弯矩 $M_B = -0.188Pl$。当 $P_1 = 111.7$kN 时，$M_B = -84$kN·m，即支座截面已达 M_u^B。按照弹性理论，P_1 就是这个连续梁所能承受的最大荷载，但此时跨中截面的弯矩 $M_D = 69.7$kN·m，尚小于其极限弯矩（图 14-19a）。

由于二跨连续梁为一次超静定结构，P_1 作用下 $M_B = M_u^B$，结构并未丧失承载能力，只是在支座附近形成塑性铰，在继续加载下梁的受力相当于二跨简支梁，跨中还能承受的弯矩增量为 $M_u^D - M_D = 84 - 69.7 = 14.3$kN·m。进一步加载过程中，塑性铰截面 B 在屈服状态下工作，转角可继续增大，但截面所承受的弯矩不变，仍为 -84kN·m。当荷载增量 $P_2 = \dfrac{4(M_u^D - M_D)}{l} = 14.3$ kN 时（图 14-19b），则跨中的总弯矩 $M_D = 69.7 + \dfrac{1}{4}P_2 l =$ 84kN·m，这时 $M_D = M_u^D$，在截面 D 处也形成塑性铰，整个结构成为机构，到达其极限承载能力。因此考虑塑性内力重分布时，该连续梁的极限承载力 $P = P_1 + P_2 = 126$kN，梁的最后弯矩图如图（14-19c）所示，$M_B = M_D = 84\text{kN} = 0.167(P_1 + P_2)l$。。而在 $P_1 + P_2$

作用下按弹性理论计算则 $M_B = 0.188(P_1 + P_2)l = 94.8\text{kN}\cdot\text{m}$, $M_D = 0.156(P_1 + P_2)l = 78.6\text{kN}\cdot\text{m}$，弯矩图见（14-19$d$）。由此可见，上述二跨连续梁按塑性理论计算的支座弯矩 M_B 较弹性理论计算所得下调的幅度为 $\frac{M_{弹} - M_{塑}}{M_{弹}} = \frac{94.8 - 84}{94.8} = \frac{0.188 - 0.167}{0.188} = 11.4\%$。

上例中如配筋改为支座截面为 2 Φ 18，跨中截面为 4 Φ 18，即 $M_u^D = 2M_u^B$，由极限平衡条件 $M_u^D + \frac{1}{2}M_u^B = \frac{1}{4}P_u l$ 可得 $M_u^D = 0.2P_u l$, $M_u^B = 0.1P_u l$，到达极限状态时的荷载 $P_u = 140\text{kN}$，这时支座弯矩 M_B 下调幅度为 $\frac{0.188 - 0.1}{0.188} = 47\%$（图 14-20$a$）。

如配筋改为支座截面采用 4 Φ 18，跨中截面采用 2 Φ 18，即 $M_u^D = \frac{1}{2}M_u^B$，由极限平衡条件 $M_u^D + \frac{1}{2}M_u^B = \frac{1}{4}P_u l$ 可得 $M_u^D = 0.125P_u l$，$M_u^B = 0.25P_u l$，$P_u = 112\text{kN}$。这时跨中弯矩 M 下调幅度为 $\frac{0.156 - 0.125}{0.156} = 20\%$（图 14-20$b$）。

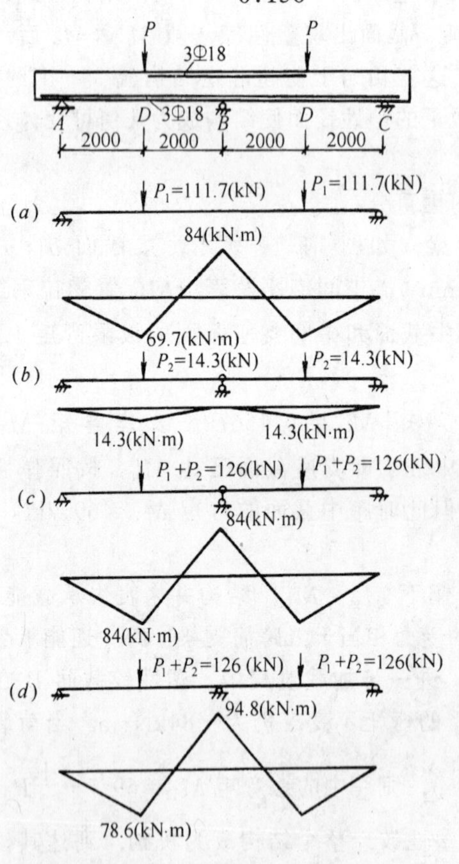

图 14-19　两跨梁的塑性内力重分布

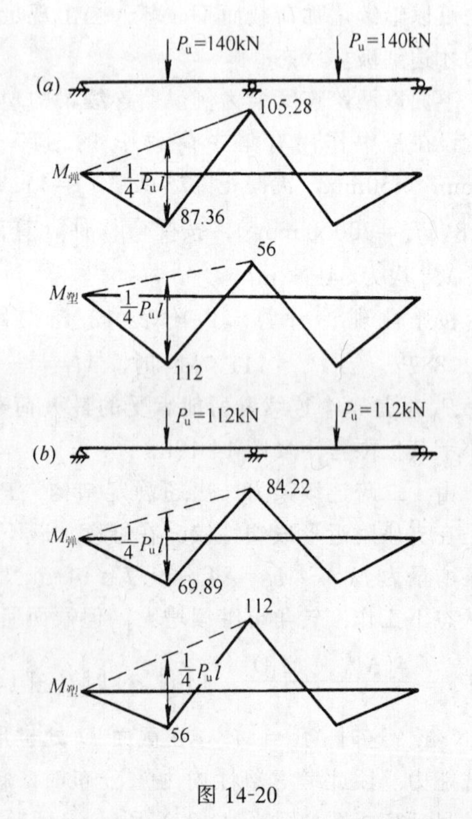

图 14-20

上例按弹性理论和按塑性内力重分布理论计算结果的对比如表 14-2 所列。

图 14-21 为上述二跨连续梁在三种不同配筋条件下 M_B、M_D 随 P 增长的过程。

从上述例子中，可得出一些具有普遍意义的结论：

(1) 钢筋混凝土超静定结构到达承载能力极限状态的标志不是某一个截面的屈服，而是结构形成**破坏机构**。其破坏过程是，首先在一个或几个截面处出现塑性铰，随着荷载的增加，塑性铰在其他截面上陆续出现，直到结构的整体或局部形成破坏机构为止。

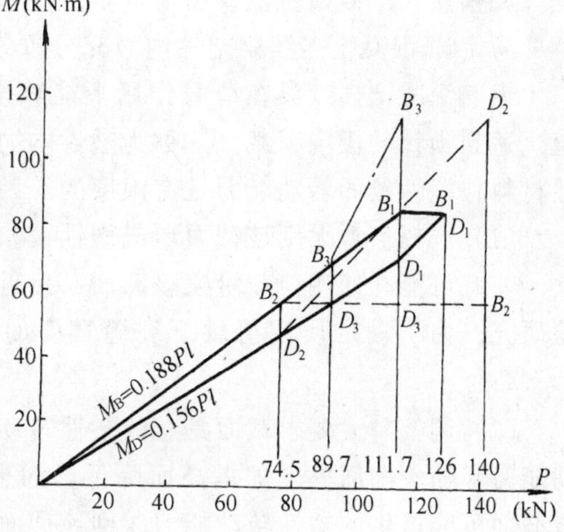

图 14-21　M-P 关系

(2) 在形成破坏机构时，结构的内力分布规律和塑性铰出现前按弹性理论计算的内力分布规律不同。也就是在塑性铰出现后的加载过程中，结构的内力经历了一个重新分布的过程，这个过程叫做“**塑性内力重分布**”。

(3) 按弹性理论计算，荷载与跨度确定后，内力解是确定的，即惟一的，这时内力和外力平衡且变形协调。而按塑性内力重分布理论计算，解答不是惟一的，内力可随配筋比的不同而变化，这时只满足平衡条件，而转角相等的变形协调条件不再适用了，即塑性铰截面处，梁的变形曲线不再有共同切线。所以超静定结构内力的塑性重分布在一定程度上可以由设计者通过改变构件各截面的极限弯矩 M_u 来控制。不仅调幅的大小可以改变，而且调幅的方向也可以改变，表 14-2 中 1）2）为支座 $-M$ 下调，而 3）为跨中 $+M$ 下调。在设计中，跨中首先出现塑性铰时对裂缝控制是非常不利的，故一般不宜采用。

表 14-2

配筋情况		极限弯矩 M_u (kN·m)	弯矩系数				弯矩调幅值	极限荷载 P_u (kN)	
			按弹性理论		塑性内力重分布理论			按弹性理论	按塑性内力重分布理论
			M_B	M_D	M_B	M_D			
1）	支座 3 Φ 18 跨中 3 Φ 18	$M_u^B=M_u^D=84$	$0.188Pl$	$0.156Pl$	$0.167Pl$	$0.167Pl$	支座下调 11.4%	111.7	126
2）	支座 2 Φ 18 跨中 4 Φ 18	$M_u^B=56$ $M_u^D=112$	$0.188Pl$	$0.156Pl$	$0.1Pl$	$0.2Pl$	支座下调 47%	74.5	140
3）	支座 4 Φ 18 跨中 2 Φ 18	$M_u^B=112$ $M_u^D=56$	$0.188Pl$	$0.156Pl$	$0.25Pl$	$0.125Pl$	跨中下调 20%	89.7	112

(4) 在钢筋混凝土连续梁中可以通过控制截面的配筋来控制塑性铰出现的早晚和位

置。调幅愈大，截面塑性铰出现愈早，要求截面具有的塑性转动能力也愈大。

3. 钢筋混凝土连续梁塑性内力充分重分布的条件

钢筋混凝土连续梁在荷载作用下能够按预期的顺序出现塑性铰，并按照选定的调幅值，达到预计的极限荷载，这称为**塑性内力充分重分布**。由于钢筋混凝土不是理想的弹塑性材料，塑性铰的转动能力是有限度的，因此实现内力的充分重分布是有条件的。

（1）调幅值愈大则该截面形成塑性铰相对也越早，内力重分布的过程越长。调幅值过大，就有可能在使用荷载阶段该截面已接近屈服，裂缝有过大的开展，影响使用。通过试验研究，为了满足使用荷载下裂缝宽度的要求，下调的幅度应不大于30%，即 $M_{塑} \geqslant 0.7M_{弹}$。

（2）调幅越大要求截面具有的塑性转动能力也越大。而钢筋混凝土受弯构件的塑性转动能力却随着配筋率 ρ 的提高而降低。如果所要求的该截面产生的塑性转动能力超过了该截面可能提供的塑性转动能力，则该截面压区混凝土将过早压坏从而不能实现塑性内力的充分重分布。为保证设计允许的最大调幅值30%，要相应地限制配筋率 ρ，或含钢特征 ξ。试验表明，当 $\xi=\frac{x}{h_0}\leqslant 0.35$ 时，截面的塑性转动能力一般能满足调幅30%的要求。

（3）构件在塑性内力重分布的过程中不发生其他**脆性破坏**，如斜截面受剪破坏，锚固坏等，这是保证塑性内力充分重分布的必要条件。

4. 连续梁塑性内力重分布的计算方法——**调幅法**

（1）图14-16所示三跨连续梁，跨度 $l=4$m，恒载 $G=10$kN，活载 $Q=10$kN，图中（e）为按弹性理论计算的内力包络图。

图14-22（a）所示为该梁支座弯矩 M_B 最大时的弯矩图，这时支座弯矩 $M_B=-13$kN·m，边跨跨中 $M=13.5$kN·m，中跨跨中 $M=9.5$kN·m。设支座弯矩下调至10kN·m，调幅为 $\frac{13-10}{13}=23\%<30\%$，则相应的跨中弯矩增加（13－10）/2＝1.5kN·m。这相当于在弹性弯矩图上叠加一个图14-22（b）所示的三角形弯矩图，叠加后的弯矩图即为考虑塑性内力重分布后的弯矩图（图14-22c），其跨中弯矩均不超过按弹性理论计算的最大弯矩。

（2）调幅的原则

调幅法如上所述，问题是应该根据什么原则来应用这个方法，即考虑塑性内力重分布后应取得的效果是：（1）为了节约钢筋，应使弯矩包络图的面积为最小，图14-22（d）中的阴影面积即为考虑塑性内力重分布后包络图所减少的面积；（2）为了便于浇筑混凝土应减少支座上部承受负弯矩的钢筋；（3）为了便于钢筋布置，应力求使各跨的跨中最大正弯矩与支座弯矩值接近相等。

5. 均布荷载作用下等跨连续板，梁的计算

根据上述调幅法的原则，对均布荷载作用下的等跨连续板、梁，考虑塑性内力重分布后的弯矩和剪力的计算公式给出如下：

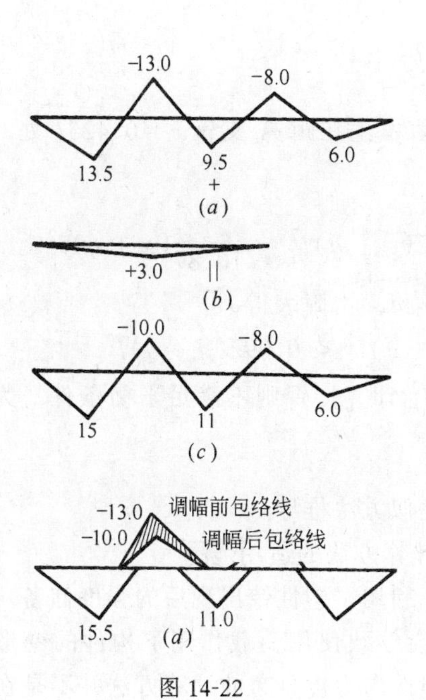

图 14-22

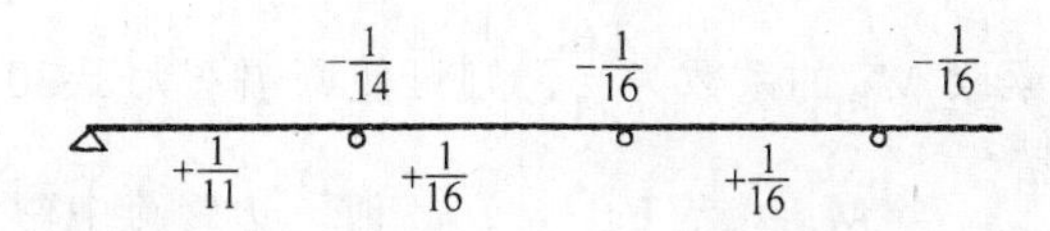

图 14-23　板的弯矩系数 α

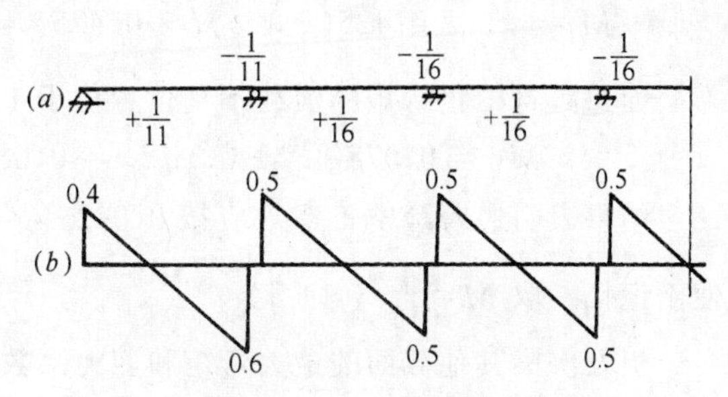

图 14-24　次梁的弯矩及剪力系数

(a) 弯矩系数 α；(b) 剪力系数 β

$$\left.\begin{aligned} M &= \alpha(g+q)l_0^2 \\ V &= \beta(g+q)l_{\rm n} \end{aligned}\right\} \tag{14-3}$$

式中　α、β——弯矩和剪力系数，板按图 14-23 采用，次梁按图 14-24 采用；

l_0、$l_{\rm a}$——计算跨度和净跨；

g、q——均布恒载和活载。

公式（14-3）也适用于跨度差别小于 10% 的不等跨连续梁板。此时，跨中截面弯矩各自的跨度计算，支座截面弯矩可取相邻两跨跨度的较大值计算。

现以均布荷载作用下的五跨等跨连续板为例，说明弯矩系数$\frac{1}{11}$及$\frac{1}{14}$是怎样确定的。

设活载与恒载之比$\frac{q}{g}=1$，则 $g+q=2q=2g$；折算恒载 $g'=g+\frac{1}{2}q=0.75$（$g+q$），折算活载 $q'=\frac{1}{2}q=0.25$（$g+q$）。

按弹性理论计算的内力，支座 B 截面最大负弯矩的活载不利位置是在 1、2、4 跨布置活载，由附表 12 查得：

$$M_{\rm B}=-0.105g'l^2-0.119q'l^2=-0.109(g+q)l^2$$

将 $M_{\rm B}$ 下调 30%，即

$$M_{\rm B}=0.7[-0.109(g+q)l^2]=-0.076(g+q)l^2=-\frac{1}{13.2}(g+q)l^2$$

实际取 $M_{\rm B}=\frac{1}{14}$（$g+q$）l^2，调幅约为 35%，因板的配筋率较小，调幅可大些。对于次

梁取 M_B 的系数为$\frac{1}{11}$，则可使调幅不大于 30%。

当 $M_B=\frac{1}{14}(g+q)l^2$ 时，边跨跨中弯矩最大值发生在距 A 支座 $x=0.425l$ 处，相应的弯矩为

$$M_1=\frac{1}{2}\times0.425(g+q)l\times0.425l=0.092(g+q)l^2=\frac{1}{10.87}(g+q)l^2$$

而边跨跨中正弯矩的活载不利位置位于 1、3、5 跨，由附表得：

$$M_1=0.078g'l^2+0.1q'l^2=0.0835(g+q)l^2<0.092(g+q)l^2$$

结果表明边跨跨中正弯矩应按 $0.092(g+q)l^2$ 计算，否则不满足平衡条件，为了便于记忆，取 $M=\frac{1}{11}(g+q)l^2$。

板及次梁其他截面的最大弯矩和剪力系数可用类似方法推导。

6. 钢筋混凝土连续梁、板考虑塑性内力重分布计算方法的**适用范围**

在设计中考虑塑性内力重分布的方法，虽然由于利用了塑性铰出现后的强度储备，较按弹性理论计算方法设计节省材料，但不可避免地会导致使用荷载作用下构件的变形较大，应力较高、裂缝宽度较宽的结果。因此，考虑塑性内力重分布的计算方法并不是在任何情况下都适用的。通常在下列情况，设计应按弹性理论的方法进行。

(1) 直接承受动荷载作用的结构构件；

(2) 裂缝控制等级为一级或二级的结构构件。

此外，对于处于重要部位而又要求有较大强度储备的结构构件，也不宜按塑性内力重分布的方法进行设计。

14.6 单向板的计算和配筋

14.6.1 设计要点

由于板的混凝土用量约占整个楼盖的 50%以上，因此在满足刚度要求、经济和施工条件的前提下，应尽可能将板设计得薄一些，板厚可参见表 14-1。板的经济配筋率约为 0.4%～0.8%。

单向板取单位板宽为计算单元，按连续板计算内力。当考虑塑性内力重分布时，板带在破坏时的变形示意如图 14-25 (*b*)，板的计算跨度取法如图 14-25 (*c*)。

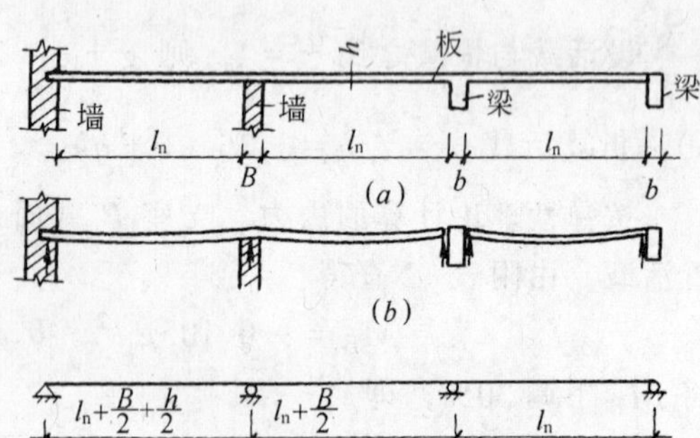

图 14-25　板的计算跨度

(*a*) 实际结构；(*b*) 破坏时的变形示意；(*c*) 计算图形

板的支座截面，由于负弯矩的作用，上

皮开裂；而跨中截面则由于正弯矩的作用，下皮开裂。这就使板的实际轴线变成拱形（图14-26），因此在荷载作用下板将有如拱的作用产生推力。四周有梁围住的板在梁中将产生与推力平衡的拉力。推力对板的承载能力来说是有利因素，在计算时采用将计算得出的弯矩值乘以折减系数来考虑这一有利因素。对于四周与梁整体连接的板的中间跨的跨中截面及中间支座，折减系数为0.8，其他情况均不予折减（图14-27）。

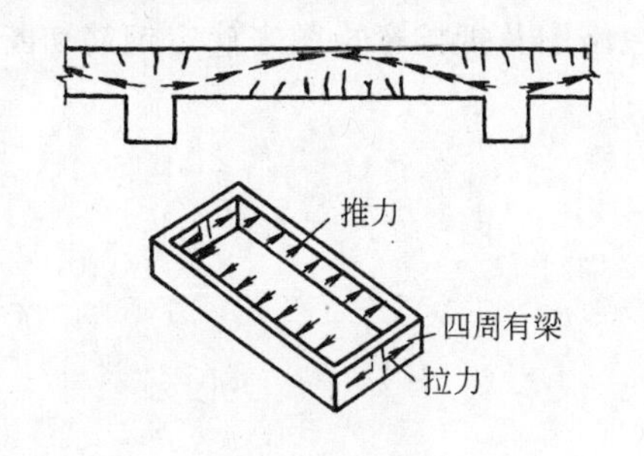

图 14-26　板的推力

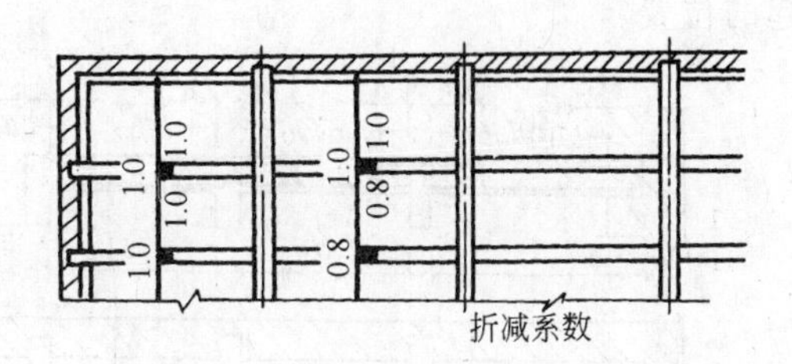

图 14-27　板的弯矩折减系数

设计板时，一般不需进行受剪计算。

14.6.2　配筋构造

板的一般构造要求，如混凝土强度等级、保护层厚度等已在第四章中叙述。有关单向板的配筋构造要求如下：

1. 受力钢筋

(1) 受力钢筋的直径通常采用6、8或10mm。为了便于施工架立，支座承受负弯矩的上部钢筋直径不宜小于8mm。

(2) 受力钢筋的间距不应小于70mm；当板厚 $h \leqslant 150$mm时，不应大于200mm；当板厚 $h > 150$mm时，不应大于 $1.5h$，且不应大于250mm。

(3) 当多跨单向板采用弯起式配筋时，跨中正弯矩钢筋可在距支座边 $l_0/6$ 处部分弯起（图14-28a），但至少要有1/2跨中正弯矩钢筋伸入支座，其间距不应大于400mm。弯起角度一般为30°，当板厚大于120mm时，可为45°。

(4) 当采用分离式配筋时（图14-28c），跨中正弯矩钢筋通常全部伸入支座。必要时为了节约钢筋，可将正弯矩钢筋在距支座边 $l_0/10$ 处截断1/2，因为板中钢筋锚固一般不成问题。

(5) 支座附近承受负弯矩的钢筋，可在距支座边不小于 a 的距离处切断（图14-28），a 的取值如下：

$$\text{当}\frac{q}{g} \leqslant 3\text{时}, a = \frac{1}{4}l_{\mathrm{n}}$$

$$\frac{q}{g} > 3\text{时}, a = \frac{1}{3}l_{\mathrm{n}}$$

其中　g，q——板上作用的恒载及活载；

l_n——板的净跨。

板的支座处承受负弯矩的上部钢筋，为了保证施工时不至于改变其有效高度，多做成直钩以便撑在模板上。

图 14-28 所示为符合上述规定的单向板受力钢筋布置的三种方式。对于等跨或相邻跨相差不大于 20％的多跨连续板，按照这种钢筋布置可以满足板的弯矩包络图的要求。如连续板的相邻跨度或荷载相差过大，则须画弯矩包络图及抵抗弯矩图来确定钢筋切断或弯起的位置。

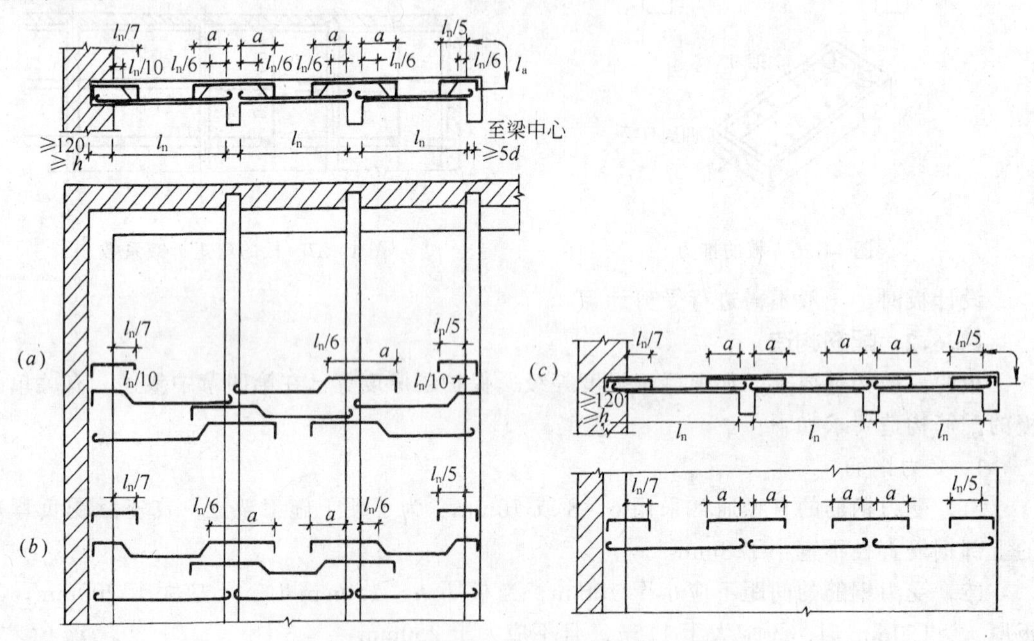

图 14-28 等跨连续板的典型钢筋布置图[1]

(a) 一端弯起；(b) 两端弯起；(c) 分离式

2. 长向支座处的负弯矩钢筋

在单向板的长向支座处，为了承担实际存在的负弯矩，要配置一定数量的能承受负弯矩的构造钢筋。按每米宽计，其数量不得少于短向正弯矩钢筋的 1/3，且不少于每米 5ϕ8。这些钢筋可在距支座边线 $l_n/4$ 处切断（弯直钩）。此处 l_n 为板的短向净跨。（图14-29）。

对嵌固在承重墙内的单向板，由于墙的约束作用，板在墙边也会产生一定的负弯矩，因此在每米板宽内也应配置不少于 5ϕ8 的钢筋，伸出墙边的长度不少于 $l_n/7$。

对两边嵌固在墙内的板角处，应在 $l_n/4$ 范围内双向布置上述构造钢筋，该筋伸出墙边的长度不小于 $l_n/4$。这是因为板受荷后，简支的角部会翘离支座，当这种翘离受到墙

[1] 板中钢筋在平面图上用折倒投影表示，折倒的方向为向上、向左。为便于加工成型和绑扎，钢筋需编号，原则是钢筋直径形状及细部尺寸完全相同的钢筋采用相同编号。

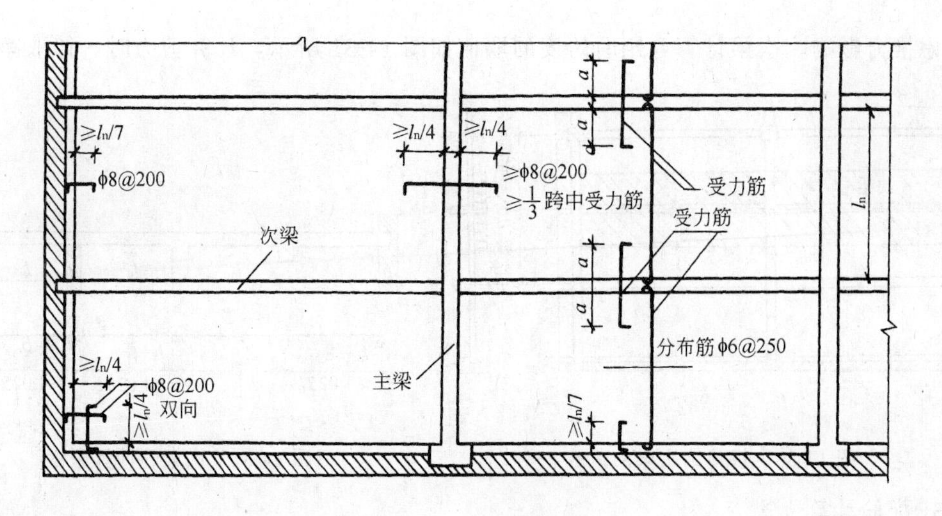

图 14-29　板中构造钢筋

体的约束时，板角上部就会产生与墙边成 45°的裂缝，配置角部构造钢筋，可以阻止这种裂缝的扩展。

3. 分布钢筋

单向板除在受力方向布置受力筋以外，还要在垂直于受力筋方向布置分布筋。它的作用是：

(1) 承担由于温度变化或收缩引起的内力；

(2) 对四边支承的单向板，可以承担长边方向实际存在的一些弯矩；

(3) 有助于将板上作用的集中荷载分散在较大的面积上，以使更多的受力筋参与工作；

(4) 与受力筋组成钢筋网，便于在施工中固定受力筋的位置。

分布筋应放在受力筋及长向支座处负弯矩钢筋的内侧，单位长度上的分布筋，其截面面积不应小于单位长度上受力钢筋截面面积的 15%，且不宜小于板截面面积的 0.15%；其间距不应大于 250mm，直径不宜小于 6mm。

14.7　次梁的计算和配筋

14.7.1　设计要点

1. 荷载

计算由板传来的次梁荷载时，可忽略板的连续性，即次梁两侧板跨上的荷载各有一半传给次梁，作为次梁的荷载（图 14-30）。

2. 内力计算

次梁通常按塑性内力重分布方法计算内力，等跨连续次梁内力系数按图 14-24 采用，不考虑推力影响。次梁计算弯矩时跨度的取值如图 14-31 所示。计算剪力时一律取净跨。

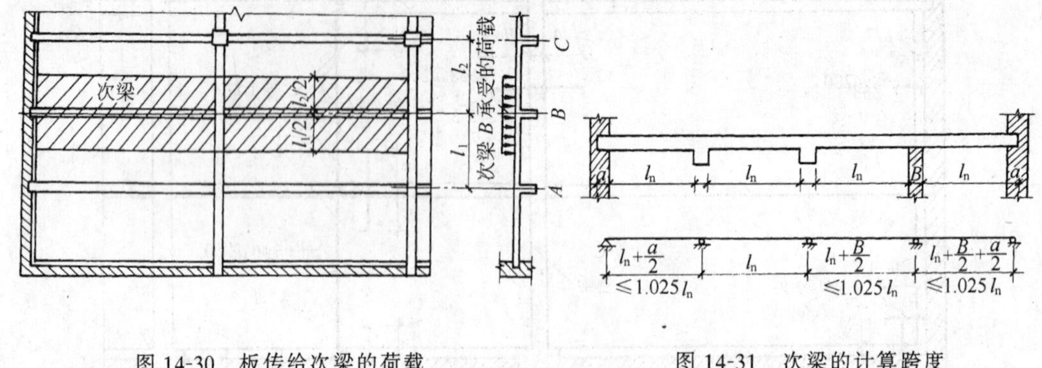

图 14-30　板传给次梁的荷载　　　图 14-31　次梁的计算跨度

3. 配筋计算

当次梁与板整体连接时，板可作为次梁的翼缘。因此跨中截面在正弯矩作用下，按 T 形截面计算。而支座附近的负弯矩区段，按矩形截面计算。

14.7.2　配筋构造

次梁的一般构造要求见第 4、5、6 章所述。

次梁跨中及支座截面分别按计算的最大弯矩确定配筋数量后，沿梁长的钢筋布置，应按弯矩及剪力包络图确定。但对于相邻跨跨度相差不大于 20%，活载和恒载的比$\frac{q}{g}\leqslant 3$的次梁，可按图 14-32 所示配筋布置。

14.8　主梁的计算和配筋

14.8.1　计算要点

1. 荷载

主梁除承受自重和直接作用在主梁上的荷载外，主要是承受由次梁传来的集中荷载。对多跨次梁，计算时可不考虑次梁的连续性，即按简支梁的反力作用在主梁上。当次梁仅两跨时应考虑次梁的连续性，即按连续梁的反力作用在主梁上。为了简化计算，可将主梁自重折算为集中荷载。

如主梁与柱整体浇筑形成框架，在计算内力时，主梁作为框架的一个杆件，不仅承受楼盖传来的竖向荷载，还应考虑风力、地震力等水平荷载。

2. 内力计算

(1) 计算简图

当梁支承在墙上时，通常将主梁与墙的连接视为简支。当柱的线刚度小于主梁线刚度的 1/5 时，在计算竖向荷载作用下的内力时可将主梁简化为铰接支承在柱顶的连续梁。计

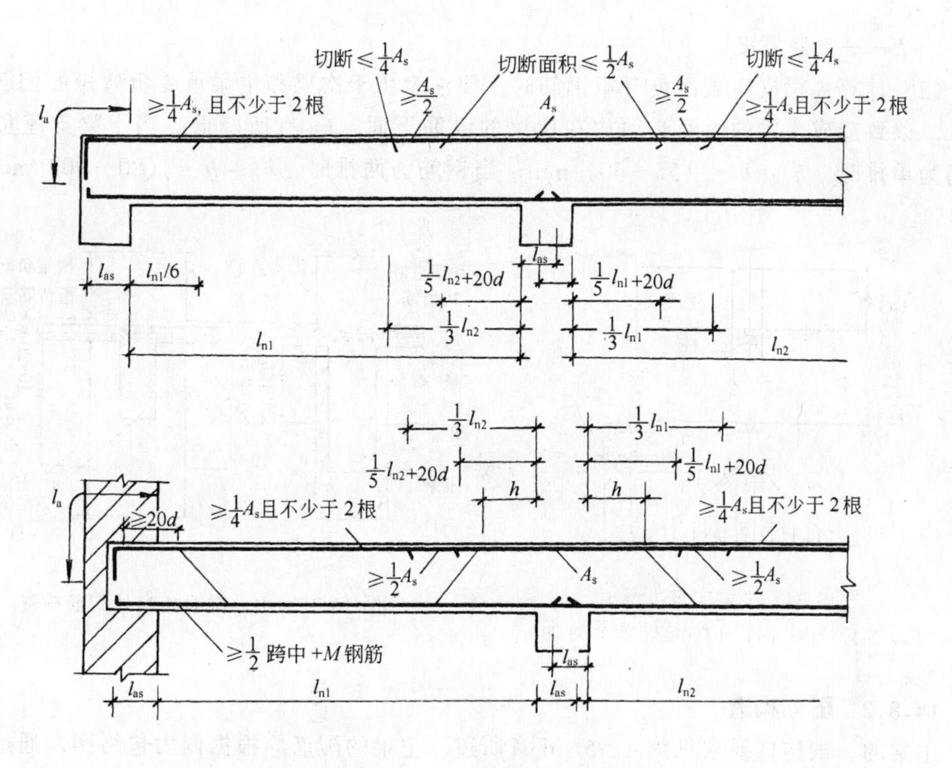

图 14-32　等跨次梁典型钢筋布置图

算跨度的取值见图 14-33。

（2）主梁的内力计算通常按弹性理论方法进行，不考虑塑性内力重分布。这是因为主梁是比较重要的构件，需要有较大的强度储备，并希望在使用荷载下的挠度及裂缝控制较严。如果主梁作为框架结构的横梁，它除受弯外，还承受轴向压力，而轴向压力会降低截面塑性转动能力。因此，主梁在计算内力时一般不宜考虑塑性内力重分布。

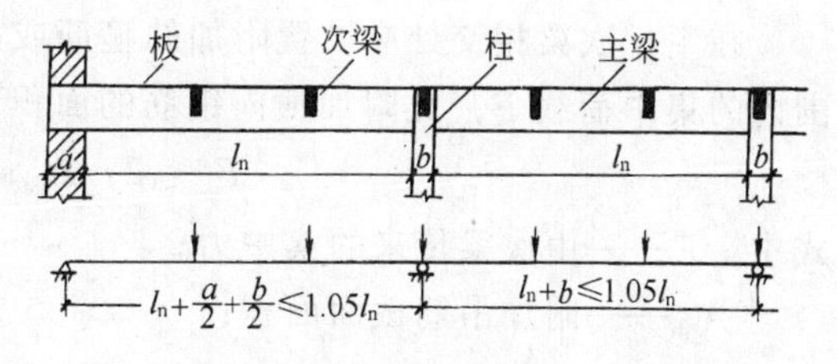

图 14-33　主梁的计算跨度

3．截面配筋计算

（1）由于主梁按弹性理论方法计算内力，计算跨度取至支承面的中心，支座简化为点支座时忽略了支座的宽度，这样求得的支座截面负弯矩值大于实际的负弯矩值，故计算配筋时，应取支座边缘的弯矩值，此值可从支座截面负弯矩的计算值中减去$\frac{1}{2}Vb$来求得，如图 14-34 所示。

$$M_{边} = M_{中} - \frac{1}{2}Vb$$

式中　V——与弯矩相应的荷载下支座边截面的剪力；

b——支座宽度。

(2) 计算主梁支座截面负弯矩钢筋时，要注意由于次梁和主梁承受负弯矩的钢筋相互交叉，以致造成主梁的纵筋必须放在次梁的纵筋下面，h_0 有所降低。当主梁支座负弯矩钢筋为单排时，$h_0 = h -$ (55～60) mm；当钢筋为两排时，$h_0 = h -$ (80～90) mm (图 14-35)。

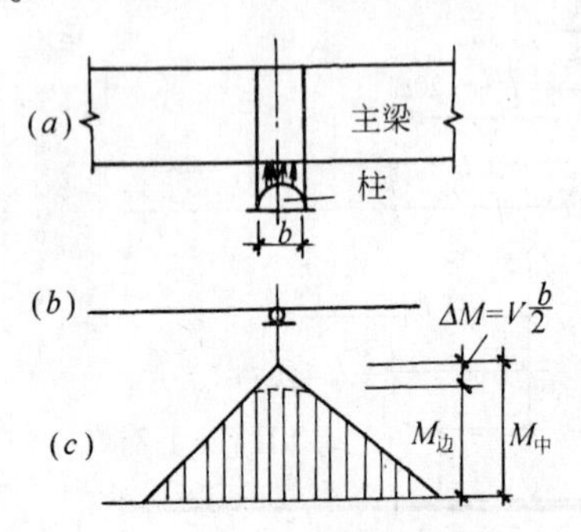

图 14-34 主梁支座边弯矩

(a) 实际结构；(b) 计算图形；(c) M 图

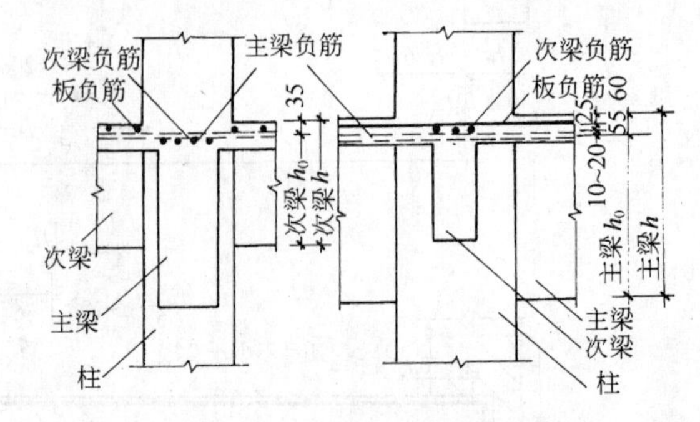

图 14-35 主、次梁相交处配筋构造

14.8.2 配筋构造

主梁的一般构造要求见第 4、5、6 章所述。主梁的配筋应根据内力包络图，通过作抵抗弯矩图来布置。

在主、次梁相交处应设置附加的箍筋或吊筋，用来承受由次梁作用于主梁截面高度范围内的集中荷载 F，此附加横向钢筋的面积可按下式计算

$$F \leqslant 2 f_y A_{sb} \sin\alpha + m f_{yv} A_{sv} \tag{14-4}$$

式中 F——由次梁传来的集中力；

A_{sb}——附加吊筋截面面积；

f_y——附加吊筋的强度设计值；

α——吊筋与梁轴线的夹角；

m——附加箍筋的个数；

A_{sv}——附加箍筋截面面积，$A_{sv} = nA_{sv\text{I}}$

$A_{sv\text{I}}$——单肢箍筋截面面积；

n——箍筋肢数；

f_{yv}——附加箍筋的强度设计值。

附加横向钢筋应布置在集中荷载 F 附近，长度为 s 的范围内，$s = 3b + 2h_1$ (图 14-36)。

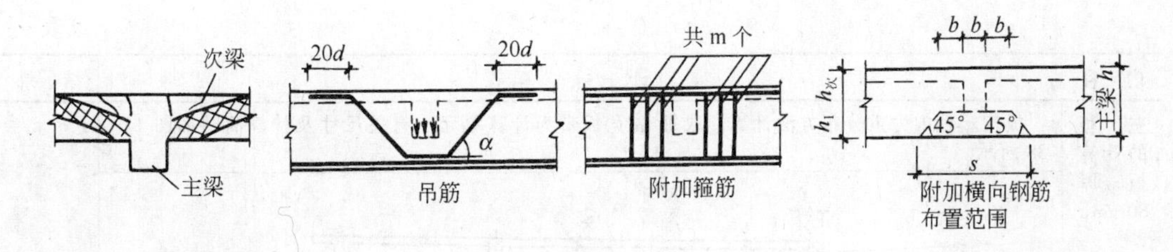

图 14-36

14.9 单向板肋形楼盖设计例题

单向板肋形楼盖设计计算书

内 容	计 算	结 果
一、设计资料	某建筑现浇钢筋混凝土楼盖，建筑轴线及柱网平面见图 14-37。层高 4.5m。楼面可变荷载标准值 $5kN/m^2$，其分项系数 1.3。楼面面层为 30mm 厚现制水磨石，下铺 70mm 厚水泥石灰焦渣，梁板下面用 20mm 厚石灰砂浆抹灰 梁、板混凝土均采用 C25 级；钢筋直径≥12mm 时，采用 HRB335 钢，直径＜12mm 时，采用 HPB235 钢	
二、结构布置	楼盖采用单向板肋形楼盖方案，梁板结构布置及构件尺寸见图 14-37	

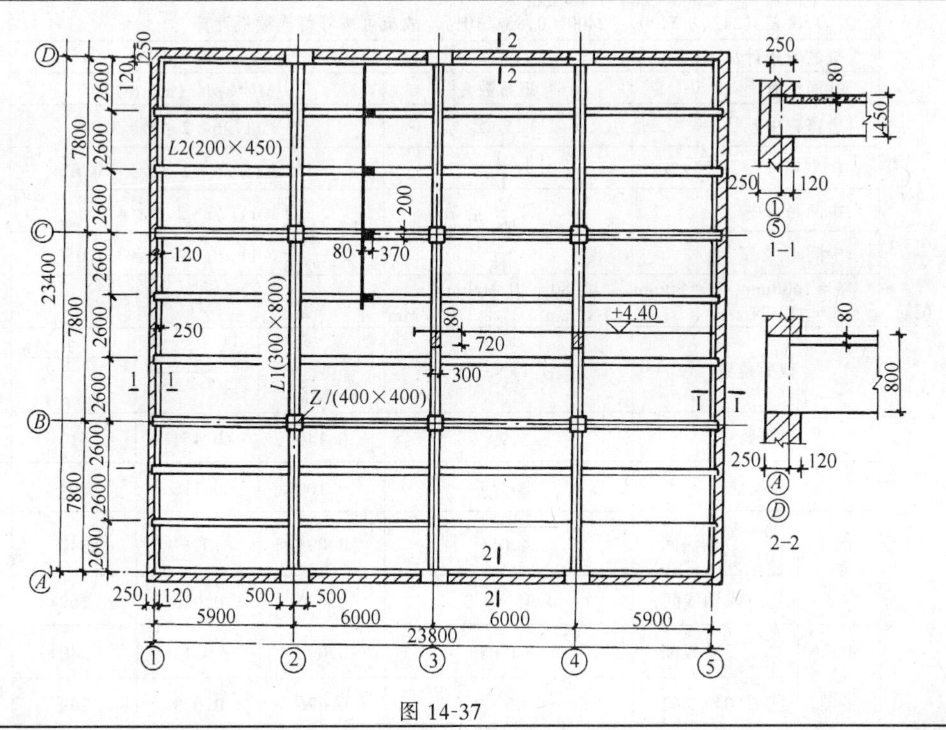

图 14-37

续表

内容	计算	结果
三、板的计算 板厚80mm	板按塑性内力重分布方法计算，取每 m 宽板带为计算单元，有关尺寸及计算简图如图 14-38 所示。	
	图 14-38	可变荷载效应起控制作用 $p=11.26\text{kN/m}$
1. 荷载	30mm 现制水磨石 0.65kN/m^2 70mm 水泥焦渣 $14\text{kN/m}^3\times0.07\text{m}=0.98\text{kN/m}^2$ 80mm 钢筋混凝土板 $25\text{kN/m}^3\times0.08\text{m}=2\text{kN/m}^2$ 20mm 石灰砂浆 $17\text{kN/m}^3\times0.02\text{m}=0.34\text{kN/m}^2$	
	恒载标准值 $g_k=3.97\text{kN/m}^2$ 活载标准值 $q_k=5.0\text{kN/m}^2$ 荷载设计值 $p=1.2\times3.97+1.3\times5.0=11.26\text{kN/m}^2$ 每米板宽 $p=11.26\text{kN/m}$	
2. 内力	计算跨度 板厚 $h=80\text{mm}$，次梁 $b\times h=200\text{mm}\times450\text{mm}$ 边跨 $l_{01}=2600-100-120+\frac{80}{2}=2420\text{mm}$ 中间跨 $l_{02}=2600-200=2400\text{mm}$ 跨度差（2420－2400）/2400＝0.83＜10%，故板可按等跨连续板计算。	

板的弯矩计算

截面位置	弯矩系数 α	$M=\alpha p l_0^2$（kN·m）
边跨跨中	$\frac{1}{11}$	$\frac{1}{11}\times11.26\times2.42^2=5.99$
B 支座	$-\frac{1}{14}$	$-\frac{1}{14}\times11.26\times2.42^2=-4.67$
中间跨跨中	$\frac{1}{16}$	$\frac{1}{16}\times11.26\times2.4^2=4.05$
中间 C 支座	$-\frac{1}{16}$	$-\frac{1}{16}\times11.26\times2.4^2=-4.05$

3. 配筋

$b=1000\text{mm}$，$h=80\text{mm}$，$h_0=80-20=60\text{mm}$，
$f_c=11.9\text{N/mm}^2$，$f_t=1.27\text{N/mm}^2$，$f_y=210\text{N/mm}^2$

截面位置		M（kN·m）	$\alpha_s=\frac{M}{f_c b h_0^2}$	$\xi=1-\sqrt{1-2\alpha_s}$	$A_s=\frac{\xi f_c b h_0}{f_y}$（mm²）	实配钢筋
边跨跨中		5.99	0.140	0.151	513	ϕ10-140, 561mm²
B 支座		−4.67	0.109	0.116	394	ϕ8/10-140, 460mm²
中间跨跨中	①－② ④－⑤ 轴线间	4.05	0.095	0.1	340	ϕ8-140, 359mm²
	②－④轴线间	4.05×0.8	0.076	0.079	269	ϕ6/8-140, 281mm²
中间 C 支座	①－② ④－⑤ 轴线间	−4.05	0.095	0.1	340	ϕ8-140, 359mm²
	②－④轴线间	−4.05×0.8	0.076	0.079	269	ϕ6/8-140, 281mm²

续表

内 容	计 算	结 果
3. 配筋	其中 ξ 均小于 0.35,符合塑性内力重分布的条件 $\rho\frac{281}{1000\times80}=0.35\%>\rho_{\min}=0.2\%$ 及 $45\frac{f_t}{f_y}=45\frac{1.27}{210}=0.27\%$ 板的模板图、配筋图及钢筋表见图 14-39	

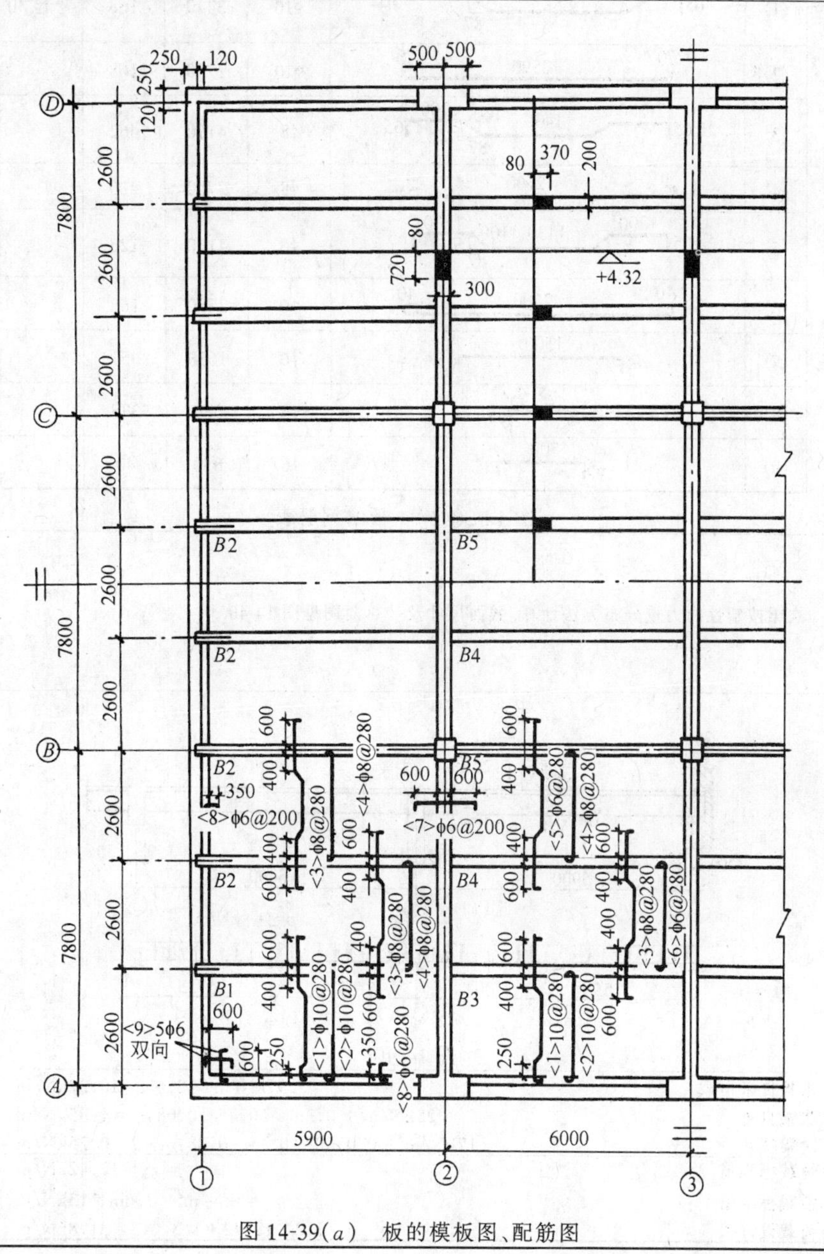

图 14-39(a) 板的模板图、配筋图

续表

内 容	计 算	结 果

钢筋表

编号	形状尺寸	直径(mm)	长度(mm)	数量	备注
〈1〉	65 350 1560 100 87 50 1200 65	ϕ10	3440	168	弯起 30
〈2〉	70 2590 70	ϕ10	2730	168	
〈3〉	65 1200 1430 100 87 50 1200 65	ϕ8	4160	462	
〈4〉	50 2600 50	ϕ8	2700	420	
〈5〉	65 1200 1430 100 87 50 1200 65	ϕ6	4160	126	
〈6〉	40 2600 40	ϕ6	2680	168	
〈7〉	65 1500 65	ϕ6	1630	351	
〈8〉	65 450 65	ϕ6	580	378	
〈9〉	65 700 65	ϕ6	830	40	

图 14-39(b) 板的钢筋表

内 容	计 算	结 果
四、次梁计算 $b=200\text{mm}$ $h=450\text{mm}$	次梁按塑性内力重分布方法计算,截面尺寸及计算简图见图 14-40	

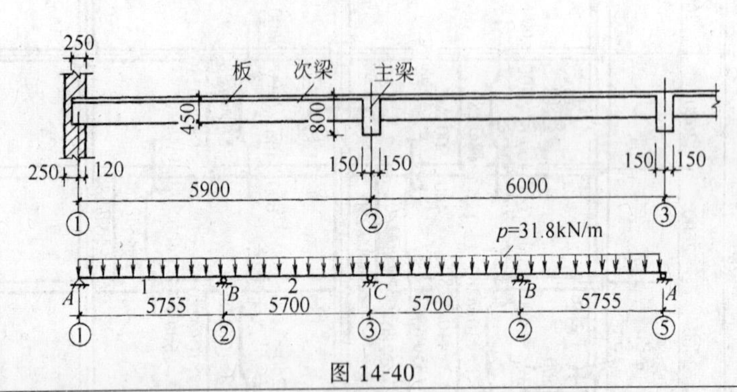

图 14-40

内 容	计 算	结 果
1. 荷载	由板传来恒载 $3.97\text{kN/m}^2\times2.6\text{m}=10.32\text{kN/m}$ 次梁自重 $25\text{kN/m}^3\times0.2\text{m}\times(0.45-0.08)\text{m}=1.85\text{kN/m}$ 次梁抹灰 $17\text{kN/m}^3\times0.02\text{m}\times(0.45-0.08)\text{m}\times2=0.25\text{kN/m}$ 恒载标准值 $g_k=12.42\text{kN/m}$ 活载标准值 $q_k=5\text{kN/m}^2\times2.6\text{m}=13\text{kN/m}$ 荷载设计值 $p=1.2\times12.42+1.3\times13=31.8\text{kN/m}$	$p=31.8$ kN/m

续表

内容	计算	结果
2. 内力		

计算跨度

主梁 $b \times h = 300\text{mm} \times 800\text{mm}$

边跨 净跨 $l_{n1} = 5900 - 120 - 150 = 5630\text{mm}$

计算跨度 $l_{01} = 5630 + \dfrac{250}{2} = 5755\text{mm}$

中间跨 净跨 $l_{n2} = 6000 - 300 = 5700\text{mm}$

计算跨度 $l_{02} = l_{n2} = 5700\text{mm}$

跨度差 $(5755 - 5700)/5700 = 0.96\% < 10\%$

故次梁可按等跨连续梁计算

次梁的弯矩计算

截面位置	弯矩系数 α	$M = \alpha p l_0^2 (\text{kN·m})$
边跨跨中	$\dfrac{1}{11}$	$\dfrac{1}{11} \times 31.8 \times 5.755^2 = 95.75$
B 支座	$-\dfrac{1}{11}$	$-\dfrac{1}{11} \times 31.8 \times 5.755^2 = -95.75$
中间跨跨中	$\dfrac{1}{16}$	$\dfrac{1}{16} \times 31.8 \times 5.7^2 = 64.57$
中间 C 支座	$-\dfrac{1}{16}$	$-\dfrac{1}{16} \times 31.8 \times 5.7^2 = -64.57$

次梁的剪力计算

截面位置	剪力系数 β	$V = \beta p l_n (\text{kN})$
边支座 A	0.4	$0.4 \times 31.8 \times 5.63 = 71.6$
B 支座(左)	0.6	$0.6 \times 31.8 \times 5.63 = 107.4$
B 支座(右)	0.5	$0.5 \times 31.8 \times 5.7 = 90.63$
中间 C 支座	0.5	$0.5 \times 31.8 \times 5.7 = 90.63$

3. 配筋

正截面承载力计算

次梁跨中截面按 T 形截面计算，其翼缘宽度为

边跨 $b'_f = \dfrac{1}{3} \times 5755 = 1918\text{mm} < b + s_n = 2600\text{mm}$

中跨 $b'_f = \dfrac{1}{3} \times 5700 = 1900\text{mm} < b + s_n = 2600\text{mm}$

$h = 450\text{mm}$, $h_0 = 450 - 35 = 415\text{mm}$

$b'_f = 80\text{mm}$

$$f_c b'_f h'_f \left(h_0 - \frac{h'_f}{2}\right) = 11.9 \times 1900 \times 80 \left(415 - \frac{80}{2}\right) = 678\text{kN·m} > 95.75\text{kN·m}$$

故次梁跨中截面均按第一类 T 形截面计算。

次梁支座截面按矩形截面计算 $b = 200\text{mm}$

$f_c = 11.9\text{N/mm}^2$, $f_y = 300\text{N/mm}^2$

续表

内 容	截面位置	M(kN·m)	b'_f (mm) (或 b)	$\alpha_s=\frac{M①}{f_c bh_0^2}$	$\xi=1-\sqrt{1-2\alpha_s}$	$As=①\frac{\xi f_c bh_0}{f_y}$(mm)^2	结果 实配钢筋
3. 配筋	边跨中	95.75	1918	0.025	0.025	782	4 Φ 16, 804mm^2
	B 支座	−95.75	200	0.234	0.271	892	2 Φ 16 + 2 Φ 18, 911mm^2
	中间跨中	64.57	1900	0.017	0.017	532	3 Φ, 603mm^2
	C 支座	−64.57	200	0.158	0.173	570	2 Φ 16 + 2 Φ 12, 628mm^2

其中 ξ 均小于 0.35，符合塑性内力重分布的条件

$$\rho=\frac{603}{200\times450}=0.67\%>\rho_{min}=0.2\%\text{及}45\frac{f_t}{f_y}=45\frac{1.27}{300}=0.19\%$$

斜截面受剪承载力计算

$$b=200\text{mm},h_0=415\text{mm},f_c=11.9\text{N/mm}^2,f_t=1.27\text{N/mm}^2,f_{yv}=210\text{N/mm}^2$$

$$h_w/b=2.075<4,0.25\beta_c f_c bh_0=0.25\times11.9\times200\times415=247\text{kN}>V\text{ 截面合适}$$

$$0.7f_t bh_0=0.7\times1.27\times200\times415=73.6\text{kN}$$

截面位置	V(kN)	$V_{cs}=0.7f_t bh_0+1.25f_{yv}\frac{nA_{sv1}}{s}h_0$	实配钢箍
边支座 A	71.6	ϕ6－150, 73.8＋41.1＝114.9	ϕ6－150
B 支座(左)	107.4	ϕ6－150, 73.8＋41.1＝114.9	ϕ6－150
B 支座(右)	90.63	ϕ6－190, 73.8＋32.5＝106.3	ϕ6－190
C 支座	90.63	ϕ6－190, 73.8＋32.5＝106.3	ϕ6－190

$$\rho_{sv}=\frac{nA_{sv1}}{b_s}=\frac{2\times28.3}{200\times190}=0.149\%>(\rho_{sv})_{min}=0.24\frac{f_t}{f_{yv}}=0.24\times\frac{1.27}{210}=0.145\%$$

s_{max}为 200mm，d_{min}为 6mm。

满足构造要求。

次梁钢筋布置图见图 14-41

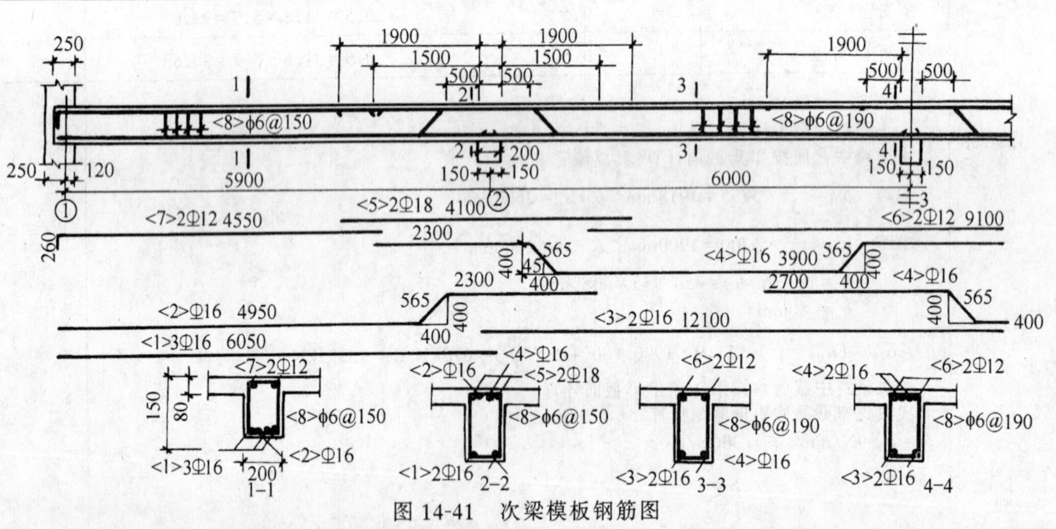

图 14-41　次梁模板钢筋图

① 跨中截面式中 b 应以 b'_f 代换。

续表

内 容	计 算	结 果
五、主梁计算 $b=$ 300mm $h=$ 800mm	主梁按弹性理论计算 主梁线刚度 $i_b=\frac{bh^3}{12}/l_b=\frac{30\times80^3}{12}/7800=1614\text{cm}^3$ 柱线刚度 $i_0=\frac{bh^3}{12}/l_0=\frac{40\times40^3}{12}/450=474\text{cm}^3$ 考虑现浇楼板的作用，主梁的实际刚度为单独梁的刚度的2倍 $\therefore \frac{i_b}{i_0}=\frac{2\times1641}{474}=6.9275$ 故主梁视为铰支在柱顶上的连续梁，截面尺寸及计算简图见图14-42	

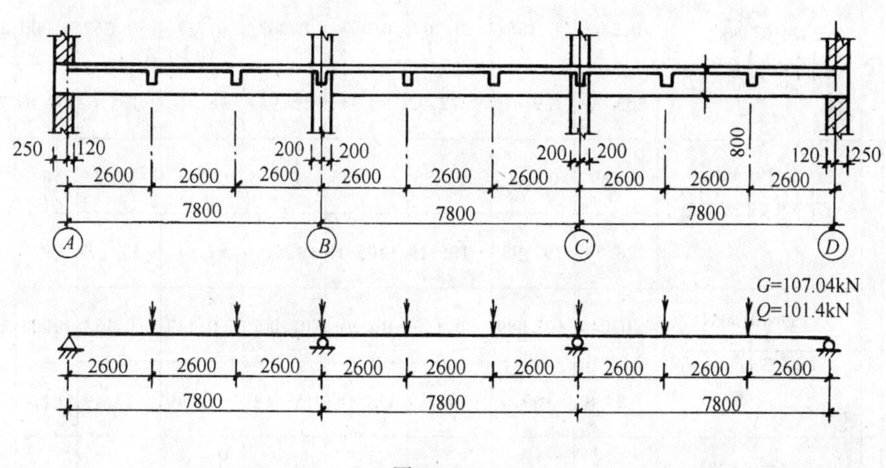

图14-42

1. 荷载	由次梁传来恒载 12.42kN/m×6m=74.52kN 主梁自重 25kN/m^3×0.3m(0.8－0.08)m×2.6m=14.04kN 主梁侧抹灰 17kN/m^3×0.02m(0.8－0.08)m×2.6m×2=0.64kN	
	恒载标准值 $G_k=89.2\text{kN}$ 活载标准值 $Q_k=13\text{kN/m}\times6\text{m}=78\text{kN}$ 恒载设计值 $G=1.2\times89.2\text{kN}=107.04\text{kN}$ 活载设计值 $Q=1.3\times78\text{kN}=101.4\text{kN}$	$G=107.04$ kN $Q=101.4$ kN

续表

内容	计算	结果
2．内力	计算跨度 边跨净跨 $l_{n1}=7800-250-200=7350\text{mm}$ 计算跨度 $l_{01}=7350+200+\frac{370}{2}=7735\text{mm}$ 中间跨净跨 $l_{n2}=7800-400=7400\text{mm}$ 计算跨度 $l_{02}=7400+400=7800\text{mm}$ $l_{01}\approx l_{02}$，故按等跨连续梁计算，由附表 12-2 查得内力系数 k 见下表	

项次	荷载简图	弯矩（kN·m）					剪力(kN)			
		边跨跨中		B 支座	中间跨跨中		A 支座	B 支座		
		$\frac{k}{M_1}$	$\frac{k}{M_2}$	$\frac{k}{M_B}$	$\frac{k}{M_3}$	$\frac{k}{M_4}$	$\frac{k}{V_A}$	$\frac{k}{V_{B左}}$	$\frac{k}{V_{B右}}$	
①	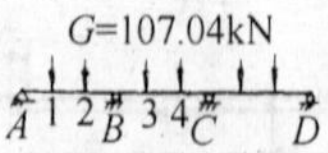 G=107.04kN A 1 2 B 3 4 C D	0.244	0.155	−0.267	0.067	0.067	0.733	−1.267	1.000	←内力系数
		203.72	129.41	−222.92	55.94	55.94	78.46	−135.62	107.04	←内力
②	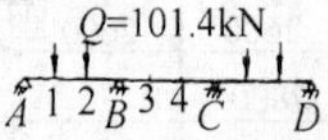 Q=101.4kN A 1 2 B 3 4 C D	0.289	0.244	−0.133	−0.133	−0.133	0.866	−1.134	0	
		228.58	192.98	−105.19	−105.19	−105.19	87.81	−114.99	9	
③	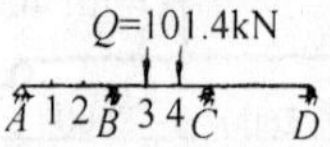 Q=101.4kN A 1 2 B 3 4 C D	−0.044	−0.089	−0.133	0.200	0.200	−0.133	−0.133	1.000	
		−34.8	−69.6	−105.19	158.18	158.18	−13.49	−13.49	101.4	
④	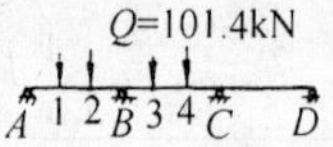 Q=101.4kN A 1 2 B 3 4 C D	0.229	0.125	−0.311	0.096	0.170	0.689	−1.311	1.222	
		181.12	98.87	−245.98	75.93	134.46	69.86	−132.93	123.91	
⑤	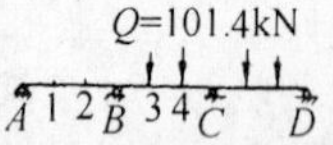 Q=101.4kN A 1 2 B 3 4 C D	−0.030	−0.059	−0.089	0.170	0.096	−0.089	−0.089	0.778	
		−23.73	−46.66	−70.39	134.46	75.93	−9.02	−9.02	78.89	
内力不利组合	①+②	432.3	322.4	−328.1	−49.25	−49.25	166.3	−250.6	107.04	
	①+③	168.9	59.81	−328.1	214.1	214.1	64.97	−149.1	208.4	
	①+④	384.8	228.3	−468.9	131.9	190.4	148.3	−268.6	230.95	
	①+⑤	179.99	82.75	−293.3	190.4	131.9	69.44	−144.6	185.9	

续表

内容	计　　算	结　果
3. 内力包络图		

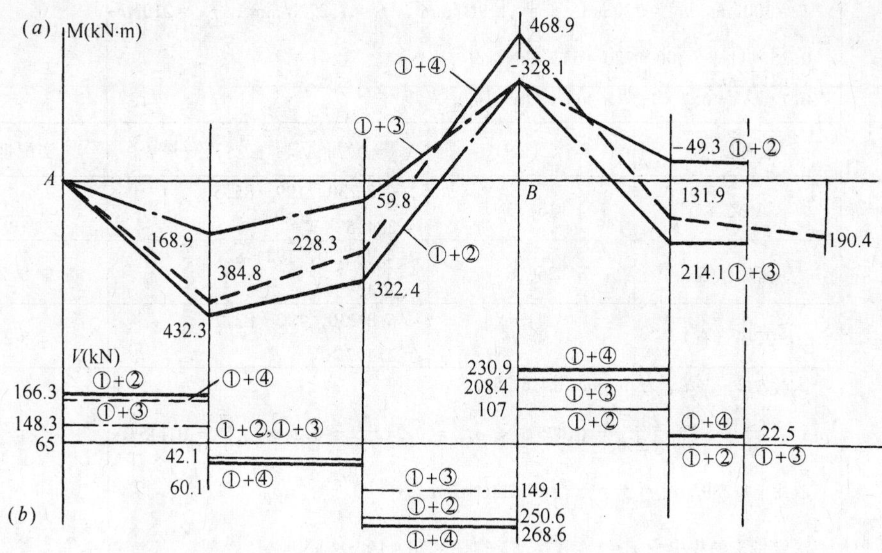

图 14-43　主梁内力包络图

4. 配筋

正截面承载力计算

主梁跨中截面按 T 形截面计算，其翼缘宽度为

$$b'_f=\frac{1}{3}\times 7800=2600\text{mm}<b+S_n=6000\text{mm}$$

$h'_f=80\text{mm}$, $h=800\text{mm}$, $h_0=760\text{mm}$,

$$f_c b'_f h'_f\left(h_0-\frac{h'_f}{2}\right)=11.9\times 2600\times 80\left(760-\frac{80}{2}\right)=1782\text{kN·m}>432.3\text{kN·m}$$

∴主梁跨中截面均按第一类 T 形截面计算。

主梁支座截面按矩形截面计算 $b=300\text{mm}$, $h_0=800-80=720\text{mm}$

B 支座边 $M=468.9-0.2\times 230.95=422.71\text{kN·m}$。

$f_c=11.9\text{N/mm}^2$, $f_y=300\text{N/mm}^2$

截面位置	M(kN·m)	b'_f(mm)(或 b)	h_0 (mm)	$\alpha_s=\frac{M}{f_c b'_f(\text{或 } b)h_0^2}$	$\xi=1-\sqrt{1-2\alpha_s}$	$A_s=\frac{\xi f_c b'_f(\text{或 } b)h_0}{f_y}$	实配钢筋
边跨中	432.3	2600	760	0.024	0.024	1881	5 Φ 22，1900mm²
B 支座	−422.71	300	720	0.228	0.262	2245	3 Φ 22 + 2 Φ 18 + 2 Φ 20　2277mm²
中间跨中	214.1	2600	760	0.012	0.012	941	4 Φ 18 +，1017mm²
	−49.25	300	745	0.025	0.025	221	2 Φ 20，628mm²

ξ 均小于 ξ_b

$$\rho=\frac{628}{300\times 800}=0.262\%>\rho_{\min}=0.2\%$$

续表

内容	计　　算	结　果
4. 配筋	斜截面受剪承载力计算 $b=300$mm，$h_0=720$mm，$f_c=11.9$N/mm²，$f_t=1.27$N/mm²，$f_{yv}=210$N/mm² $0.25\times 11.9\times 300\times 720=642.6kN>V$ ∴截面合适 $0.7f_tbh_0=0.7\times 1.27\times 300\times 720=192$kN	

截面位置	V（kN）	$V_{cs}=0.7f_tbh_0+1.25f_{yv}\frac{nA_{sv1}}{s}h_0$	实配钢筋
A 支座	166.3	Φ8-230，199+85.5 $=284.5>V$	Φ8-230
B 支座（左）	268.6	Φ8-230，192+82.7 $=274.7>V$	Φ8-230
B 支座（右）	230.96	Φ8-230，192+82.7 $=274.7>V$	Φ8-230

S_{max}为 250，d_{min}为 6mm，用Φ6-250，

$$\rho_{sv}=\frac{nA_{sv1}}{bs}=\frac{2\times 28.3}{300\times 250}=0.075\%<\rho_{min}=0.24\frac{f_t}{f_{yv}}=0.24\times\frac{1.27}{210}=0.145\%$$

改用Φ8-230，$\rho_{sv}=\frac{2\times 50.3}{300\times 230}=0.146\%>\rho_{min}$

5. 附加箍筋计算

次梁传来的集中力 $F=1.2\times 74.52+1.3\times 78=190.82$kN

用箍筋，双肢Φ8，$A_{sv}=2\times 50.3=100.6$mm²，$f_{yv}=210$N/mm²

$m=\frac{F}{f_{yv}A_{sv}}=\frac{190820}{210\times 100.6}=9.03$，取 10 个

如用吊筋，$f_y=300$N/mm²

$A_{sb}=\frac{F}{2f_y\sin\alpha}=\frac{190820}{2\times 300\times 0.707}=450$mm²，2$\underline{\Phi}$18，（509mm²）

结果：附加箍，次梁两侧各 5 个Φ8 箍筋或吊筋，2$\underline{\Phi}$18

6. 抵抗弯矩图及钢筋布置

抵抗弯矩图及钢筋布置图见图 14-44

①弯起钢筋的弯起点距该钢筋强度的充分利用点最近的为 $450>h_0/2$，前一排的弯起点至后一排的弯终点的距离$<S_{max}$

②钢筋切断位置（B 支座负弯矩钢筋）

由于切断处 V 全部大于 $0.7f_tbh_0$，故应从该钢筋强度的充分利用点外伸 $1.2l_a+h_0$，及以该钢筋的理论断点外伸不小于 h_0 且不小于 $20d$。

$l_a=0.14\frac{f_y}{f_t}d=0.14\frac{300}{1.27}d=33d$

对$\underline{\Phi}$22　$1.2l_a+h_0=1.2\times 33\times 22+720=1591$　取 1600

对$\underline{\Phi}$20　$1.2l_a+h_0=1.2\times 33\times 22+720=1572$　取 1550

对$\underline{\Phi}$18　$1.2l_a+h_0=1.2\times 33\times 18+720=1433$　取 1450

③跨中正弯矩钢筋伸入支座长度 l_{as}应$\geqslant 12d$

对$\underline{\Phi}$22　$12\times 22=264$　取 270

对$\underline{\Phi}$16　$12\times 16=192$　取 200

④支座 A，构造要求负弯矩钢筋面积$\geqslant\frac{1}{4}$跨中钢筋，2$\underline{\Phi}$12+1$\underline{\Phi}$22，$A_s=614$mm²$>\frac{1}{4}\times 1900=475$mm²，要求伸入支座边 $l_a=33d$，$\underline{\Phi}$12，$l_a=33\times 12=396$，伸至梁端 340 再下弯 100 $\underline{\Phi}$22，$l_a=33\times 22=726$，伸至梁端 340 再下弯 400

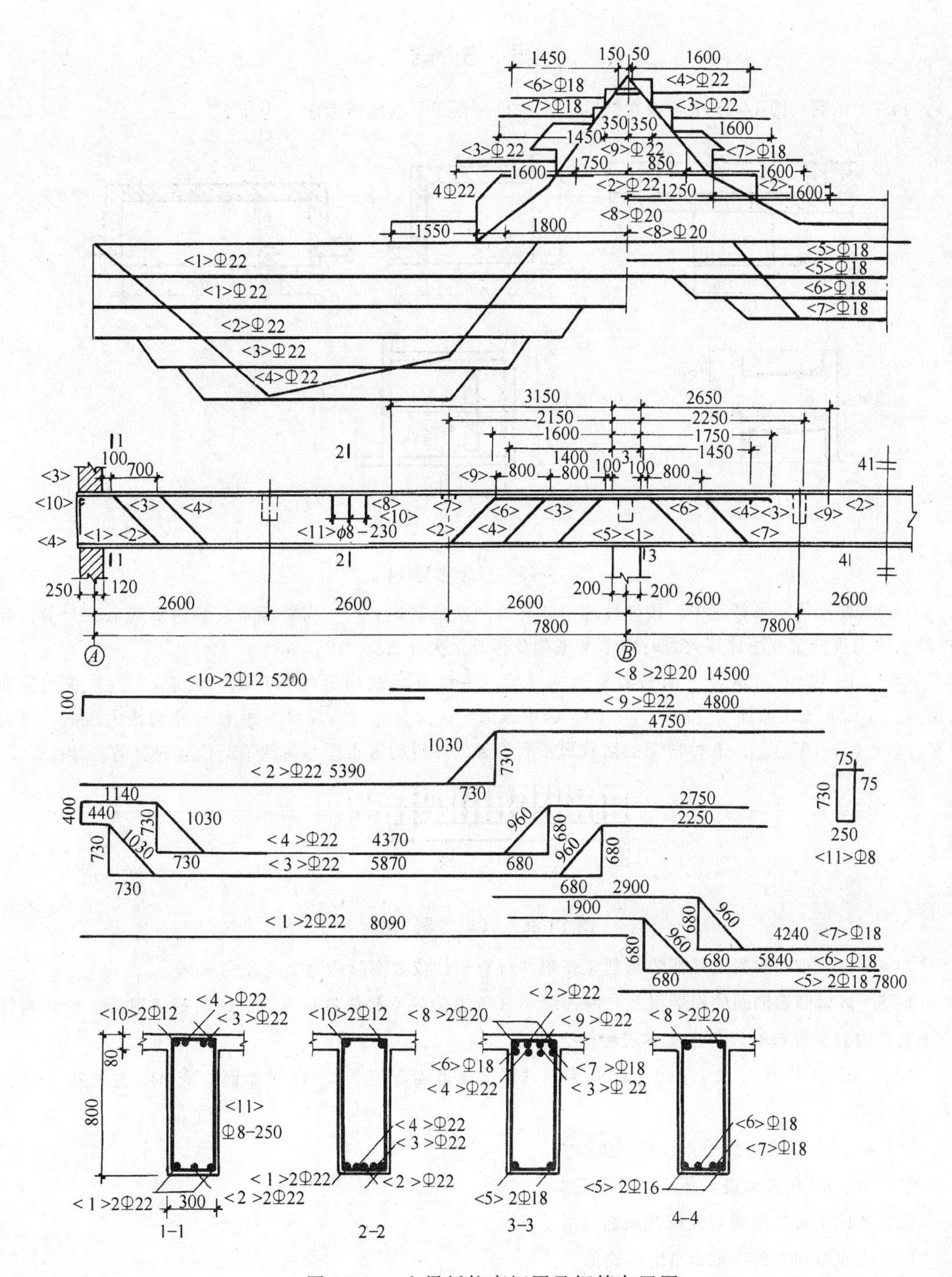

图 14-44　主梁抵抗弯矩图及钢筋布置图

思 考 题

14-1　试判别图 14-45 中各板在计算上应按单向板还是双向板考虑，为什么？

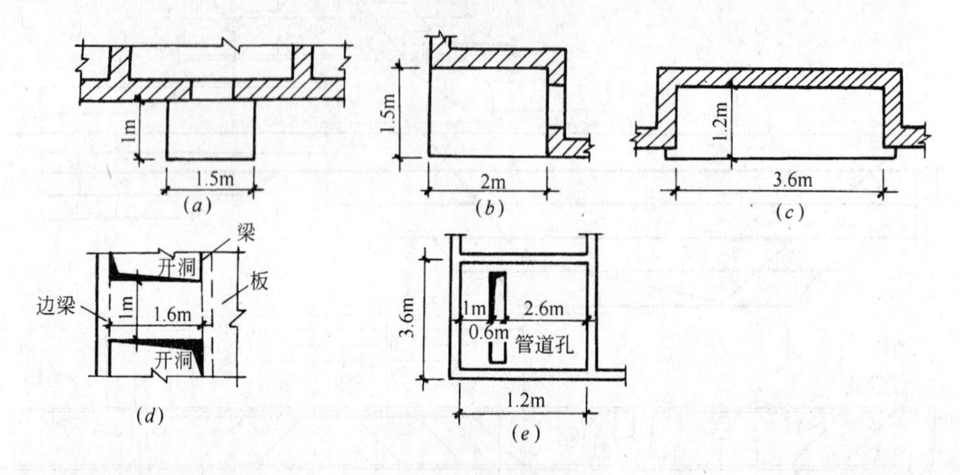

图 14-45　(思考题 14-1)

14-2　在现浇肋形楼盖中，按弹性理论计算板和次梁的内力时，需将荷载化为折算荷载来计算，而按塑性内力重分布方法计算内力时则不考虑荷载折算，为什么？

14-3　图 14-46 所示为一钢筋混凝土伸臂梁，恒载及活载均为均布荷载，试求：(1) 跨中截面 $(M_C)_{max}$；(2) 支座截面 $-(M_B)_{max}$；(3) 跨中截面 $-(M_C)_{max}$（或反弯点距 B 支座的最大距离）；(4) $(V_A)_{max}$；(5) $(V_B)_{max}$，五种情况的活载最不利位置，并说明考虑这些荷载不利位置的目的是什么？

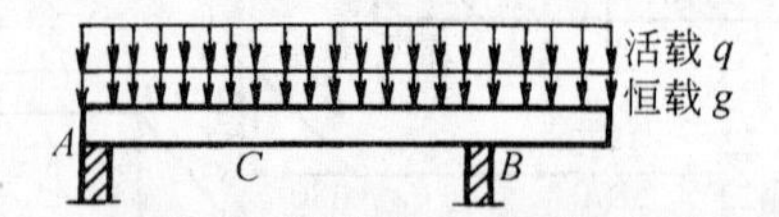

图 14-46　(思考题 14-3)

14-4　比较钢筋混凝土塑性铰与理想弹塑性材料塑性铰和实际构造上的铰的异同。

14-5　试以两端嵌固的固端梁及二跨连续梁（考虑荷载不利位置）为例，说明钢筋混凝土受弯构件考虑塑性内力重分布的经济意义体现在什么地方。

14-6　图 14-47 中 (*a*)、(*b*)、(*c*) 为固端梁支座截面弯矩 M_B，跨中截面弯矩 M_A 与荷载 p 的关系，试说明：

(1) *oa*、*ob* 代表梁处于什么受力阶段？

(2) *ac*、*bd* 代表梁进入什么受力阶段？

(3) 各图中首先出现塑性铰截面的位置。

(4) 支座截面与跨中截面 M_u 的比值。

14-7　什么是钢筋混凝土结构塑性内力充分重分布？有哪些情况会使内力不能达到充分重分布？

14-8　简述按弹性理论和按塑性内力重分布方法计算超静定结构的异同。

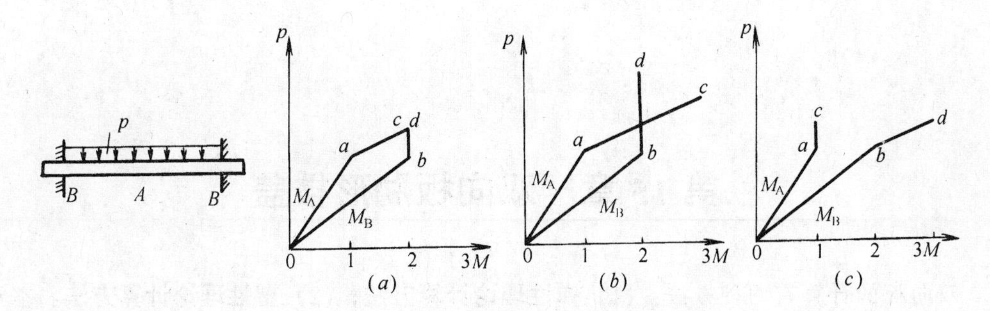

图 14-47 （思考题 14-6）

习　题

14-1　某两跨等跨连续梁如图 14-48 所示，跨度 $l=4.5\text{m}$，集中荷载作用于 $l/3$ 处，由恒载产生的集中力 $G=20\text{kN}$，由活载产生的集中力 $Q=40\text{kN}$，试绘出该梁的 M 包络图及 V 包络图。

设该梁截面为 $b=200\text{mm}$，$h=450\text{mm}$，混凝土强度等级 C25，纵筋 HRB 335 $f_y=300\text{N/mm}^2$，计算支座及跨中截面所需的钢筋面积。

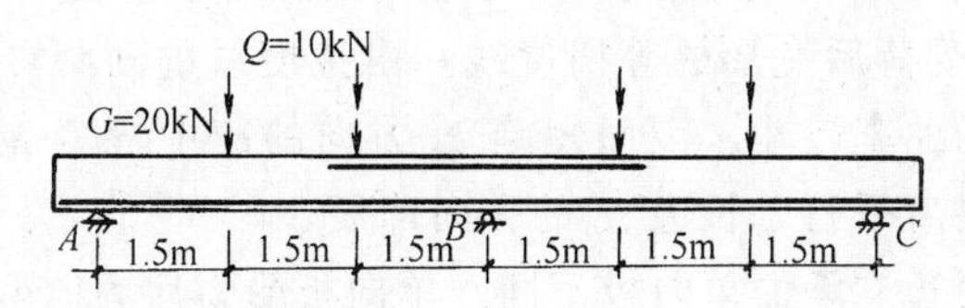

图 14-48 （习题 14-1）

14-2　上题中支座截面 B 上部配 3 ⌽ 16，跨中截面 1 配 4 ⌽ 16 钢筋，求此梁按弹性计算所能承受的 G 和 Q（$Q/G=2$）。

如按考虑塑性内力重分布，计算此梁能承受的 G 和 Q。其调整幅度是多少？

14-3　受均布荷载的 5 跨等跨连续次梁，如图 14-49 所示。活载 q 与恒载 g 的比值 $q/g=1$，考虑主梁对次梁支座转角的约束作用，按弹性理论计算下列各截面的最大弯矩系数 α [$M=\alpha\ (q+g)\ l^2$]。

(1) B 支座；(2) C 支座；(3) 第二跨跨中截面

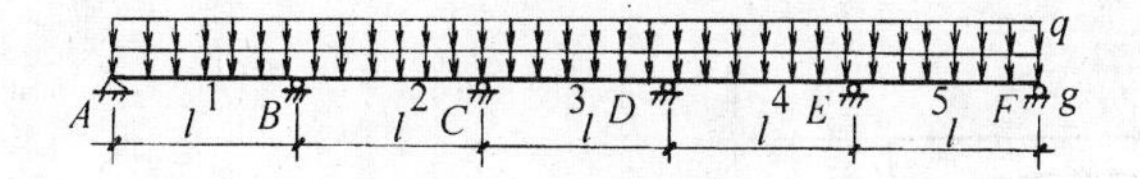

图 14-49 （习题 14-3）

14-4　上题中次梁如考虑塑性内力重分布，(1) 当取支座 B 弯矩系数为 $-\dfrac{1}{11}$ 及 $-\dfrac{1}{14}$ 时，调幅各为多少？

(2) 当取支座 C 弯矩系数为 $-\dfrac{1}{16}$ 时，调幅为多少？

(3) 当按 (1)、(2) 调整支座弯矩时，相应的第 2 跨跨中截面弯矩 M_2 的弯矩系数是多少，是否超过了弹性计算的 $(M_2)_{max}$？

第15章　双向板肋形楼盖

双向板的计算有两种方法：(1) **弹性理论计算方法**；(2) **塑性理论计算方法**。本章将着重讨论目前楼盖设计中最常用的双向板按塑性理论的计算方法，最后将扼要说明，对常用的荷载及支承情况的双向板，利用手册中弯矩系数表格按弹性理论计算其内力的方法。

15.1　双向板的破坏机构

15.1.1　四边铰支双向板

承受均布荷载的四边铰支矩形板，在裂缝出现前处于弹性工作阶段，板的变形呈盘状，图15-1所示为板受荷后变形的等挠度线。由挠度线的间距可知板中间部分短跨方向的曲率大，长跨方向的曲率较小，因而短跨 l_x 方向的跨中弯矩 M_x 较大，故裂缝首先出现在短跨的板底，并沿着平行于长边 l_y 的方向伸展。

四边支承板与两对边支承的单向板不同，单向板受力后为筒形弯曲，垂直于跨度方向的条带不发生相对扭转（图15-2*a*）；双向板受力后为盘状弯曲，两个方向的条带均产生扭转角（图15-2*b*），因此双向板不仅两个方向有弯矩、剪力，而且还有扭矩。取单元体，其内力如图15-3（*b*）所示。越靠近支座，弯矩越小，扭矩越大。与材料力学中正应力、剪应力和主应力的关系相似，弯矩和扭矩组合成为作用在斜向截面上的主弯矩，由于主弯矩的作用，板的四角形成斜向发展的裂缝。随荷载的增大，短跨跨中钢筋先达到屈服，板底裂缝宽度扩大，与裂缝相交的钢筋依次屈服，形成图15-3（*a*）所示的板底**塑性铰线**。塑性铰线将板分成四个板块，形成破坏机构，当顶部混凝土受压破坏时，板达到其**极限承载能力**。

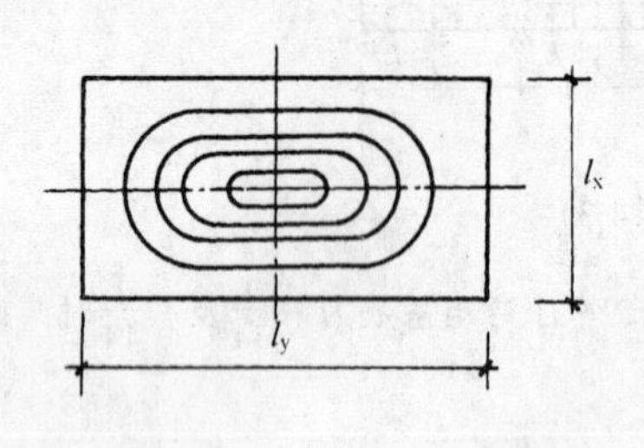

图15-1　双向板的等挠度线

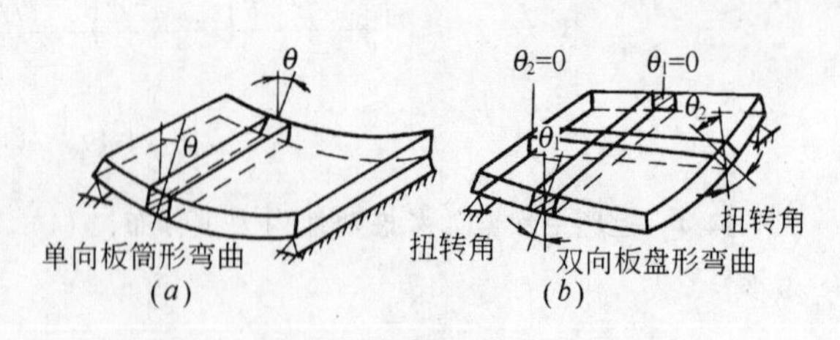

图15-2

（*a*）单向板筒形弯曲；（*b*）双向板盘形弯曲

15.1.2　四边连续板

与四边铰支板一样，出现裂缝前，内力可由弹性理论求得，这时短跨方向的支座截面弯矩最大，其次是长跨方向的支座截面弯矩或短跨方向的跨中弯矩。

随荷载增加，板顶面沿长边的支座处出现第一批裂缝，第二批裂缝出现在板顶面沿短边支座处及板底短跨跨中与长边平行方向（图 15-4）。

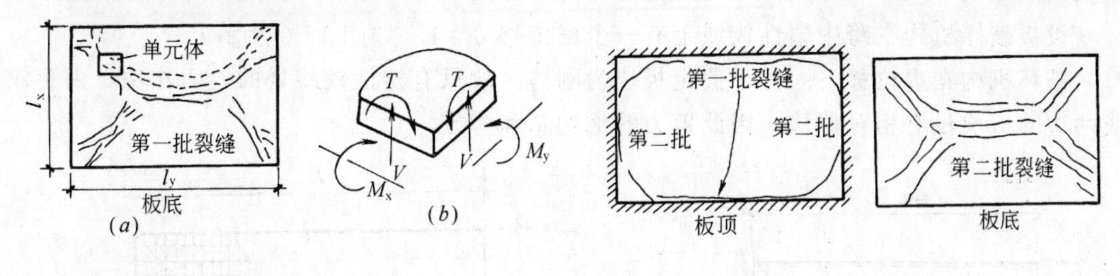

图 15-3
（a）板底裂缝；（b）单元体

图 15-4　四边连续板

继续加载，板顶裂缝沿支座边向四角延伸。板底裂缝沿平行于长边的方向延伸，接近短边时，裂缝分叉向四角延伸。

继续加载，短跨支座截面负弯矩钢筋首先达到屈服，这时支座弯矩不再增加，短跨跨中弯矩急剧增加，在短跨支座及跨中钢筋相继屈服形成塑性铰，短跨的刚度降低。荷载的增加将主要由长跨方向负担，直到长跨支座和跨中钢筋相继屈服，最终的板周边塑性铰线及跨中塑性铰线如图 15-5 所示，板形成机构，到达极限承载力。

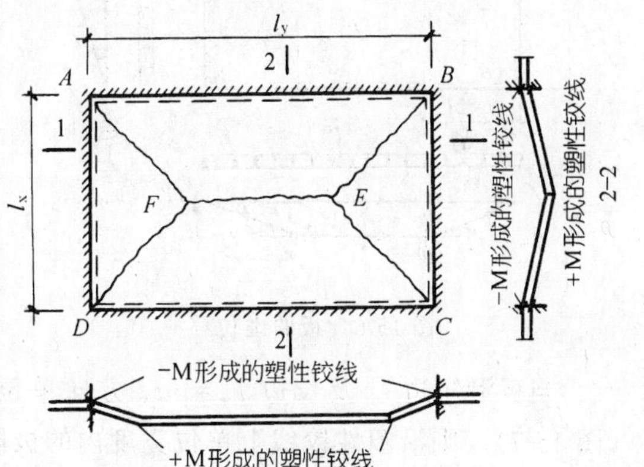

图 15-5　塑性铰线

15.2　双向板的极限荷载

15.2.1　基本假定

双向板极限荷载的计算采用下列基本假定：

1. 塑性铰线将板分成若干以铰轴相连接的板块，形成**可变体系**；

2. 塑性铰线上截面均已屈服，弯矩不再增加，但转角可继续增大；

3. 塑性铰之间的板块处于弹性阶段，变形很小，相对于塑性铰线处的变形来说可忽略不计。因此在均布荷载作用下，可视各板块为**平面刚体**，变形集中于塑性铰线处，因而两相邻板块之间的塑性铰线必定为直线；

4. 当板发生竖向位移时，各平面板块必然绕一旋转轴发生转动，两个相邻板块之间的塑性铰线必定经过该两板块各自旋转轴的交点。如平板支于柱上，则转动轴经过柱顶；

5. 只要两个方向的配筋合理，则所有通过塑性铰线上的钢筋都能达到屈服。

15.2.2 均布荷载作用下的四边连续板

四边连续板，沿板的支座边由于负弯矩所形成的塑性铰线及跨中正弯矩所形成的塑性铰线如图 15-5 所示。根据虚功原理及极限荷载的上限定理可求得双向板的极限荷载。

设板破坏机构在跨中塑性铰线上有一个虚位移 $\delta=1$，如图 15-6 所示。

破坏机构在虚位移下，由于假定板块为刚体，故只有塑性铰线处的内力作功。由于铰线两边的板块没有相对位移，因此剪力的虚功总和为零。

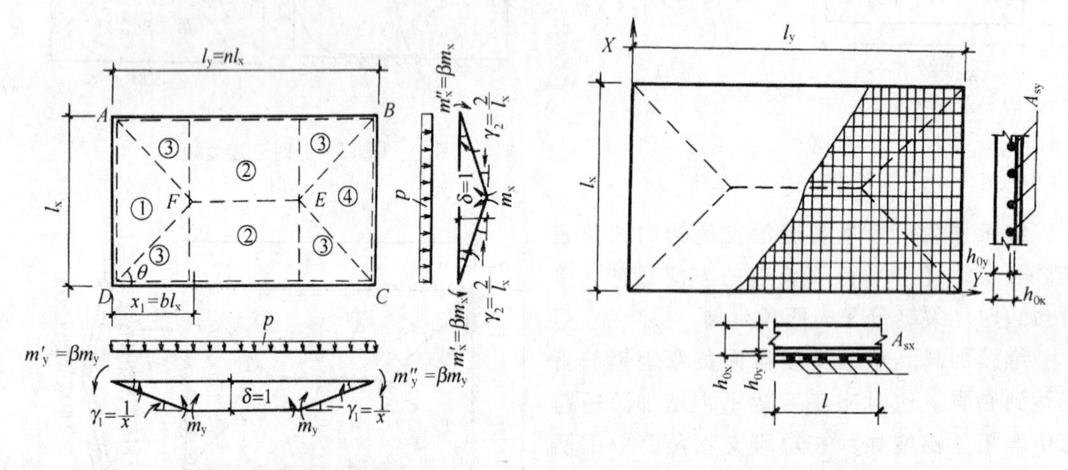

图 15-6 板的虚位移　　　　图 15-7 板中配筋

当板沿短边 l_x 及长边 $l_y=nl_x$ 方向单位截面宽度内的纵向受力钢筋各为 A_{sx} 及 A_{sy}（图 15-7），则沿塑性铰线上单位宽度内的极限弯矩各为：

$$\left.\begin{aligned} m_x &= A_{sx}f_y\gamma_s h_{0x} \\ m_y &= A_{sy}f_y\gamma_s h_{0y} \end{aligned}\right\} \tag{15-1}$$

式中 $\gamma_s h_{0x}$，$\gamma_s h_{0y}$ 各为板在 x 及 y 方向受拉钢筋的内力臂。跨中两个方向的钢筋交叉，由于短跨受力大，应将短跨方向的受力钢筋放在长跨方向受力钢筋的外侧，一般 h_{0x} 比 h_{0y} 大 10mm，γ_s 近似取 0.9～0.95。

设板内两方向的跨中配筋为等间距布置并全部伸入支座有足够的锚固长度，按（15-1）式计算短跨方向单位板宽跨中截面的极限弯矩为 m_x，长跨方向单位板宽跨中截面的极限弯矩 $m_y=\alpha m_x$。设支座的负弯矩钢筋也是均匀布置，短跨及长跨方向单位板宽的极限弯矩分别为 $m'_x=m''_x=\beta m_x$ 及 $m'_y=m''_y=\beta m_y$，且有足够的外伸长度。

设跨中塑性铰线 EF 有一虚位移 $\delta=1$，则各板块间的相对转角 $\gamma_1=1/x_1$ 及 $\gamma_2=2/l_x$，此处 $x_1=bl_x$（图 15-6）。

各塑性铰线上的极限弯矩在相对转角上所作的功为

$$W_i = -\left[l_y m_x \frac{2}{l_x} \times 2 + l_y(m'_x + m''_x)\frac{2}{l_x} + l_x m_y \frac{1}{x_1} \times 2 + l_x(m'_y + m''_y)\frac{1}{x_1}\right]$$

$$= -\left[4nm_x + 4n\beta m_x + 2\frac{\alpha}{b}m_x + 2\frac{\alpha\beta}{b}m_x\right]$$

$$= -2\left(2n + \frac{\alpha}{b}\right)(1+\beta)m_x \tag{15-2}$$

荷载 P 所作的功为 $ABCDEF$ 锥体的体积，

$$W = px_1\frac{l_x}{2} \times \frac{1}{3} \times 2 + p\frac{l_x}{2}(l_y - 2x_1)\frac{1}{2} \times 2 + p\frac{l_x}{2}\frac{x_1}{2} \times \frac{1}{3} \times 4$$

$$= \frac{pl_x^2}{6}(3n - 2b) \tag{15-3}$$

根据虚功原理，二者之和为零，则

$$p\frac{l_x^2}{6}(3n - 2b) - 2\left(2n + \frac{\alpha}{b}\right)(1+\beta)m_x = 0$$

故
$$p = \frac{2n + \frac{\alpha}{b}}{3n - 2b}(1+\beta)\frac{12m_x}{l_x^2} = c(1+\beta)\frac{12m_x}{l_x^2} \tag{15-4}$$

式中
$$c = \frac{2n + \frac{\alpha}{b}}{3n - 2b} \tag{15-5}$$

c 为与角部塑性铰线位置有关的系数。上式 p 为一组可接受的极限荷载，应找出一个使 p 为最小值时的 c 值，它取决于 $x_1 = bl_x$，为此取

$$\frac{dp}{db} = 0 \quad 解出 \quad b = \frac{\alpha}{2n}\left(\sqrt{1 + \frac{3n^2}{\alpha}} - 1\right) \tag{15-6}$$

通常取 $\alpha = \frac{m_y}{m_x} = \left(\frac{l_x}{l_y}\right)^2 = \frac{1}{n^2}$，代入式（15-6）及（15-5）：

$$b = \frac{1}{2n^3}(\sqrt{1 + 3n^4} - 1) \tag{15-7}$$

$$c = \frac{2n - \frac{1}{n^2 b}}{3n - 2b} \tag{15-8}$$

由式（15-7）及（15-8）计算所得的 b 值及 c 值见表 15-1

表 15-1

n	1	1.1	1.2	1.3	1.4	1.5	1.6	1.7	1.8	1.9	2.0
b	0.5	0.497	0.488	0.476	0.463	0.448	0.433	0.418	0.403	0.389	0.375
c	2.0	1.675	1.457	1.304	1.192	1.108	1.043	0.992	0.950	0.917	0.889
$C_{0=45°}$	2.0	1.675	1.457	1.305	1.194	1.111	1.048	0.998	1.958	0.926	0.9

$C_{\theta=45°}$是根据取 $b=0.5$（$\theta=45°$）的计算结果，可见与按式（15-7）计算所得 c 值差别很小，即计算极限荷载 p 时，可取 b 为常数0.5。

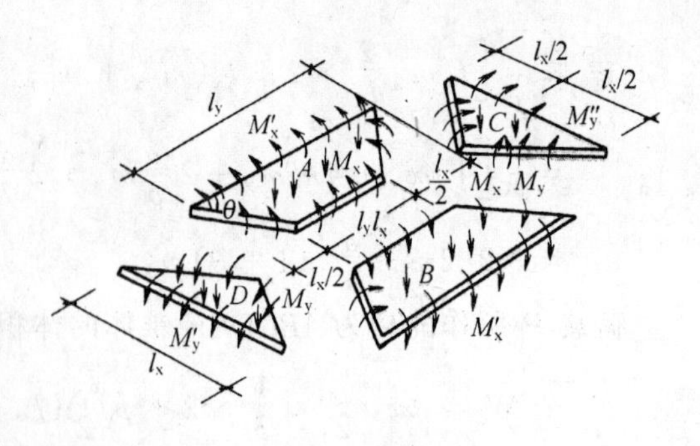

图 15-8　双向板的极限平衡

则式（15-4）可改写为

$$p=\frac{n+\alpha}{3n-1}(1+\beta)\frac{24m_x}{l_x^2}\qquad(15\text{-}9)$$

双向板极限荷载的基本公式也可由各塑性铰线上两个方向的极限弯矩总和与外荷载的极限平衡得到。如图 15-8 所示，沿跨中塑性铰线上两个方向的总极限弯矩为

$$M_x=l_y m_x=nl_x m_x$$
$$M_y=l_x m_y=\alpha l_x m_x$$

沿支座塑性铰线上的总极限弯矩各为

$$M'_x=l_y m'_x=n\beta l_x m_x;\ M''_x=l_y m''_x=n\beta l m_x$$
$$M'_y=l_x m'_y=\alpha\beta l_x m_x;\ M''_y=l_x m''_y=\alpha\beta l_x m_x$$

并近似取 $x_1=0.5l_x$，则由四个板块的平衡方程叠加得

$$\frac{pl_x^2}{12}(3l_y-l_x)=2M_x+M'_x+M''_x+2M_y+M'_y+M''_y\qquad(15\text{-}10)$$

$$p=\frac{2n+2n\beta+2\alpha+2\alpha\beta}{3n-1}\frac{12m_x}{l_x^2}\qquad(15\text{-}11)$$

15.2.3　均布荷载作用下的四边简支板

四边简支板的支座弯矩为零，令式（15-9）中 $\beta=0$，则得

$$p=\frac{n+\alpha}{3n-1}\frac{24m_x}{l_x^2}\qquad(15\text{-}12)$$

或令式（15-10）中 $M'_x=M''_x=M'_y=M''_y=0$，则得

$$\frac{pl_x^2}{24}(3l_y-l_x)=M_x+M_y\qquad(15\text{-}13)$$

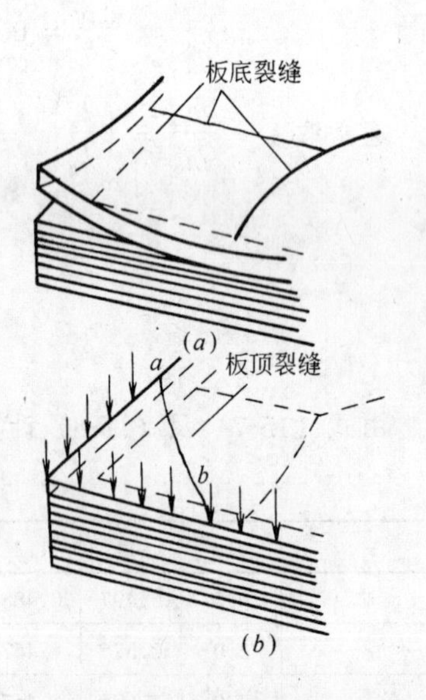

图 15-9　简支板角部塑性铰线

简支板受荷后角部有翘起的趋势，以致在角部板底形成 Y 形塑性铰线（图 15-19a），使板的极限荷载有所降低（约 8%）。如支座为可承受拉力的铰支座或被砖墙压住，限制了板的竖向翘曲，角部板的顶部将出现斜裂缝 ab（图 15-9b），为了限制这种裂缝的发展，并补偿由于形成 Y 形塑性铰线引起的极限荷载的降低，需在简

支板的角区顶部配置构造钢筋，其数量与单向板角部钢筋相同。

15.3 双向板的设计

15.3.1 基本公式

设计双向板时，通常已知板的荷载设计值 p 和净跨 l_x、l_y，要求确定内力和配筋，这时内力未知量有四个，即 m_x、m_y、$m'_x=m''_x$、$m'_y=m''_y$，而方程式只有一个，因此要根据弹性分析结果及控制弯矩调幅不宜过大的原则，先选定内力之间的比值，设：

$$\frac{m_y}{m_x}=\alpha\approx\frac{1}{n^2}$$

$$\frac{m'_x}{m_x}=\frac{m''_x}{m_x}=\frac{m'_y}{m_y}=\frac{m''_y}{m_y}=\beta=1.5\sim2.5$$

如跨中钢筋全部伸入支座，则由式（15-9）得

$$m_x=\frac{3n-1}{(n+\alpha)(1+\beta)}\frac{pl_x^2}{24}=\frac{pl_x^2}{12}\frac{3n-1}{2n+2n\beta+2\alpha+2\alpha\beta} \tag{15-14}$$

然后由 α，β 可依次求出 m_y，m'_x、m''_x、m'_y、m''_y，再根据这些弯矩求出跨中及支座配筋。

15.3.2 钢筋的截断及弯起

1. 板中由于剪力很小，截断钢筋的锚固一般不成问题，为了节约钢筋可将连续板的跨中正弯矩钢筋 A_{sx}，A_{sy}，在距支座边 $l_x/4$ 处，分别截断或弯起一半（图 15-10），则近支座 $l_x/4$ 以内的跨中塑性铰线上的单位宽度极限弯矩分别为 $m_x/2$ 及 $m_y/2$，因此，各塑性铰线上的总弯矩为：

$$M_x=\left(l_y-\frac{l_x}{2}\right)m_x+2\,\frac{l_x}{4}\,\frac{m_x}{2}=\left(n-\frac{1}{4}\right)l_xm_x$$

$$M_y=\frac{l_y}{2}m_y+2\,\frac{l_x}{4}\,\frac{m_y}{2}=\frac{3}{4}l_x\alpha m_x$$

$$M'_x=M''_x=n\beta l_xm_x$$

$$M'_y=M''_y=\alpha\beta l_xm_x$$

代入式（15-10）得

$$m_x=\frac{pl_x^2}{12}\frac{3n-1}{2\left(n-\frac{1}{4}\right)+2n\beta+\frac{3}{2}\alpha+2\alpha\beta} \tag{15-15}$$

这里值得注意的是如果截断（或弯起）钢筋过早或过多，则截断处的钢筋有可能比跨中先屈服，形成图 15-11 所示的破坏机构。为了防止出现这种破坏机构导致极限荷载的降低，要求按图 15-11 所示破坏机构求得的极限荷载 p' 不小于按式（15-15）求得的极限荷载 p。

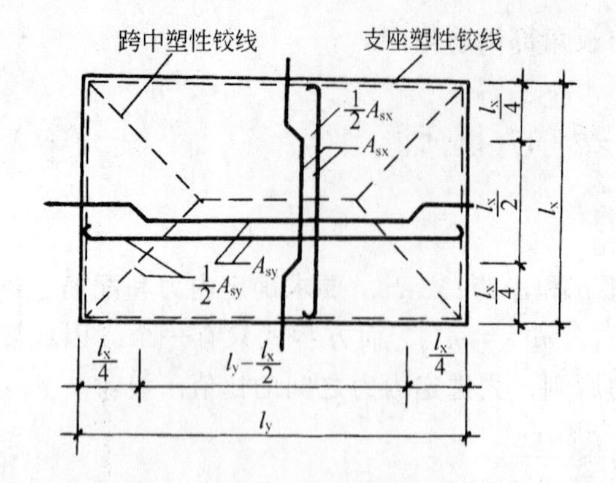

图 15-10 跨中钢筋弯起

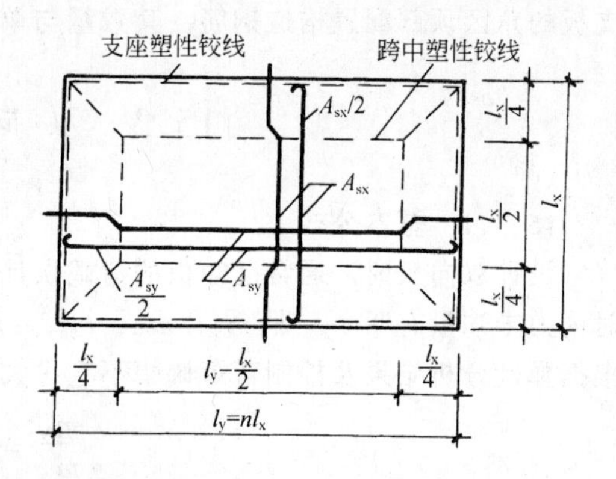

图 15-11

跨中钢筋在距支座 $l_x/4$ 处减少一半，根据虚功原理导出其极限荷载 p' 的计算公式为：

$$p' = \frac{48(1+2\beta)(n+\alpha)}{9n-2}\frac{m_x}{l_x^2} \tag{15-16}$$

计算表明，当 $\alpha=\frac{1}{n^2}$，$\beta=1.5\sim2.5$ 时，在不同的 n 值情况下，按式（15-16）算得的 p' 值均大于按式（15-15）算得的 p 值，亦即在四边连续板的情况下，采用图 15-10 所示钢筋的截断位置和数量，将不会形成图 15-11 中的破坏机构。

2. 对于四边简支板，即 $\beta=0$，按式（15-16）算得的 p' 值均小于按式（15-15）算得的 p 值，故简支板的跨中钢筋按图 15-10 切断或弯起是不安全的。

3. 四边连续板支座上承受负弯矩的钢筋，在伸入板内一定长度后，由于受力上已不再需要，可考虑截断，如图 15-12 所示。截断处 $abcd$ 没有负弯矩钢筋，$M=0$，故 $abcd$ 相当于一个四边简支板，极限荷载 p 可按式（15-12）求得。设计上通常将支座负弯矩钢筋在距支座边 $l_x/4$ 处截断，故简支板 $abcd$ 的边长各为 $l'_y=l_y-\frac{l_x}{2}$，$l'_x=\frac{l_x}{2}$，则 $n'=\frac{l'_y}{l'_x}$，$\alpha=\frac{m_y}{m_x}$，故

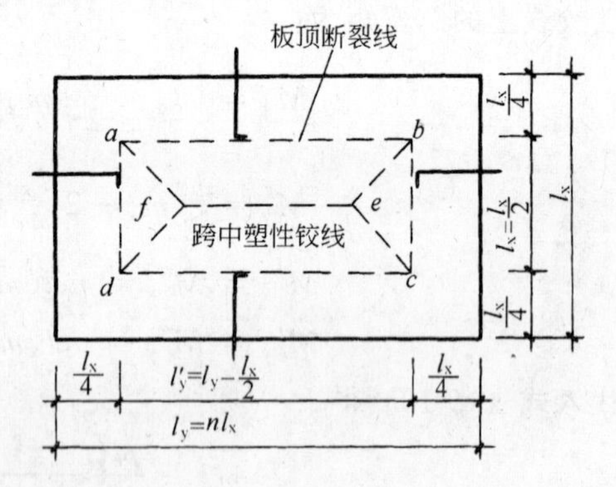

图 15-12 支座钢筋截断

$$p' = \frac{n'+2}{3n'-1}\frac{24m_x}{l'^2_x}$$

为了防止局部破坏使极限荷载降低，要求 $p'\geqslant p$，即

$$\frac{n'+\alpha}{3n'-1}\frac{24m_x}{l'^2_x} \geqslant \frac{n+\alpha}{3n-1}\frac{24m_x}{l_x^2}(1+\beta)$$

将 $n'=2n-1$ 及 $l'_{x}=\frac{l_{x}}{2}$ 代入得

$$\beta \leqslant \frac{2(2n-1+\alpha)(3n-1)}{(3n-2)(n+\alpha)}-1$$

如取 $\alpha=\frac{1}{n^{2}}$，则在 $n=1\sim3$ 的情况下，按上式解出的 β 最小值约为 2.5，故 β 值最大不宜超过 2.5。如果 β 值超过 2.5，则支座负弯矩钢筋不应在距支座边 $l_{x}/4$ 处截断。

15.3.3 计算步骤

图 15-13 为一钢筋混凝土双向板楼盖平面图，$\frac{l_{y}}{l_{x}}<2$，其设计步骤宜先从中间 B_1 板算起，然后再计算边区格板 B_2 或 B_3，最后计算角区格板 B_4。

B_1 板为**四边连续板**，已知荷载设计值 p 和净跨 l_{x}、l_{y}，$\frac{l_{y}}{l_{x}}=n$，取 $\alpha\approx\frac{1}{n^{2}}$，中间区格 β 宜在 2.0～2.5 之间选取，如考虑跨中钢筋在距支座边 $\frac{l_{y}}{4}$ 处切断一半，则按式（15-15）

$$m_{x}=\frac{pl_{x}^{2}}{12}\frac{3n-1}{2\left(n-\frac{1}{4}\right)+2n\beta+\frac{3}{2}\alpha+2n\beta} \tag{15-17}$$

根据选定的 α、β 值可依次计算出 m_{y}、m'_{x}、m''_{x}、m'_{y}、m''_{y}。跨中钢筋截面面积按下式计算：

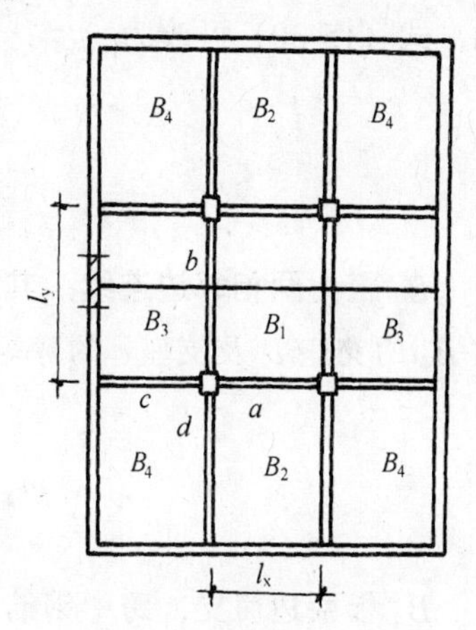

图 15-13 双向板结构平面图

$$A_{sx}=\frac{m_{x}}{f_{y}\gamma_{s}h_{0x}}$$

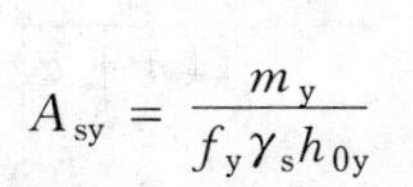

$$A_{sy}=\frac{m_{y}}{f_{y}\gamma_{s}h_{0y}}$$

式中 γ_{s} 可取 0.9～0.95；

短跨 $h_{0x}=h-20\text{mm}$；

长跨 $h_{0y}=h-30\text{mm}$。

同样，可计算支座钢筋截面面积。

B_2 板为**三边连续，一短边简支板**。由于有一短边简支，计算时需将式（15-15）中的对应于短边支座弯矩 M'_{y} 的 $2\alpha\beta$ 代换为 $\alpha\beta$ 即可

$$m_{x}=\frac{pl_{x}^{2}}{12}\frac{3n-1}{2\left(n-\frac{1}{4}\right)+2n\beta+\frac{3}{2}\alpha+\alpha\beta} \tag{15-18}$$

由于 B_2 板的另一短边支座 a 是 B_2 与 B_1 板的公共支座，其配筋在 B_1 板计算中已确定，故支座弯矩 m'_{y} 为已知，这时可将该弯矩代入式（15-10）中，并移至等式左侧与荷

载项归并，则上式（15-18）可改为

$$m_x = \frac{\frac{pl_x^2}{12}(3n-1) - m'_y}{2\left(n-\frac{1}{4}\right) + 2n\beta + \frac{3}{2}\alpha} \tag{15-19}$$

B_3 板为**三边连续，一长边简支板**，计算时可将式（15-15）中对应于 M'_x 的 $2n\beta$ 代替为 $n\beta$，即

$$m_x = \frac{pl_x^2}{12}\frac{3n-1}{2\left(n-\frac{1}{4}\right) + n\beta + \frac{3}{2}\alpha + 2\alpha\beta} \tag{15-20}$$

与 B_2 板相似，B_3 板的长边支座 b 配筋在 B_1 板计算中已确定，故 B_3 板的 m'_x 为已知，式（15-20）可改为

$$m_x = \frac{\frac{pl_x^2}{12}(3n-1) - nm'_x}{2\left(n-\frac{1}{4}\right) + \frac{3}{2}\alpha + 2\alpha\beta} \tag{15-21}$$

B_4 板为**两相邻边连续，其余两边简支板**，其连续边支座配筋分别与 B_2、B_3 板相同，故 B_4 的支座 d 及支座 c 的弯矩 m'_x、m'_y 均为已知，即

$$m_x = \frac{\frac{pl_x^2}{12}(3n-1) - m'_y - nm'_x}{2\left(n-\frac{1}{4}\right) + \frac{3}{2}\alpha} \tag{15-22}$$

B_4 板两边简支，跨中钢筋宜全部伸入支座，则式（15-22）改为：

$$m_x = \frac{\frac{pl_x^2}{12}(3n-1) - m'_y - nm'_x}{2(n+\alpha)} \tag{15-23}$$

15.3.4 配筋构造

双向板的板厚 h 应满足表 14-1 的要求。

在设计周边与梁整体连接的双向板时，与单向板一样，可考虑周边支承梁对板的推力的有利作用，截面的计算弯矩值可予以折减。对于连续板的中间区格的跨中截面及中间支座截面折减系数为 0.8。边区格的跨中截面及从楼板边缘算起的第二支座上，当 $l_b/l<1.5$ 时，折减系数为 0.8；当 $1.5\leqslant l_b/l\leqslant 2$ 时，折减系数为 0.9（图 15-14）。角区格不应折减。

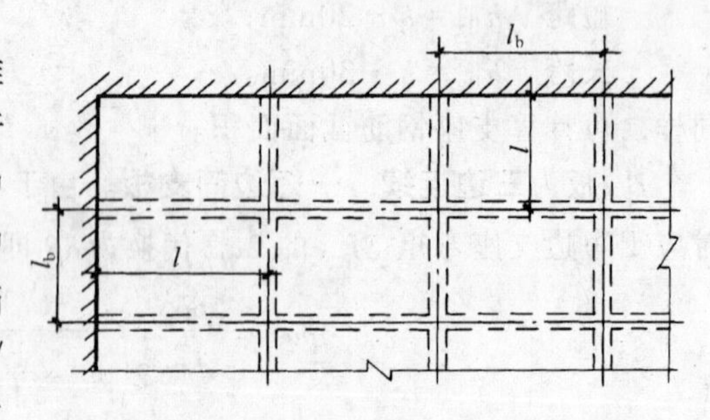

图 15-14

简支支座处计算弯矩 $M=0$，但实际上由于砖墙的约束作用，仍有一定的负弯矩，故在简支支座的顶部及角区格的板角顶部应配置构造钢筋，其数量与单向板相同。

15.4 双向板支承梁的计算

双向板传给支承梁的荷载，可采用下述近似方法计算。从板的四角作45°线将每一区格分为四块，如图15-15所示。每块面积内的荷载传给与其相邻的支承梁，因此对于长边梁来说，板传来的荷载为梯形分布，对于短边梁来说为三角形分布荷载。

承受三角形或梯形分布荷载的连续梁，其内力计算可利用固端弯矩相等的条件把它们换算成等效均布荷载，换算公式见图15-16。多跨连续梁可利用附表12计算等效均布荷载下的支座弯矩。再根据求得的支座弯矩和每跨的实际荷载分布，按平衡条件计算跨中弯矩。

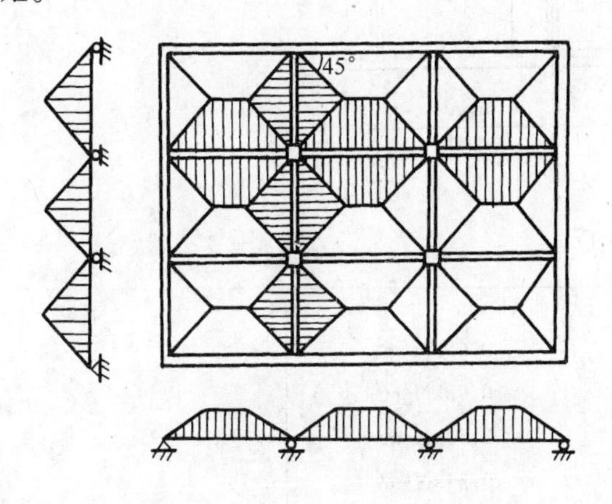

图15-15 双向板支承梁的荷载面积

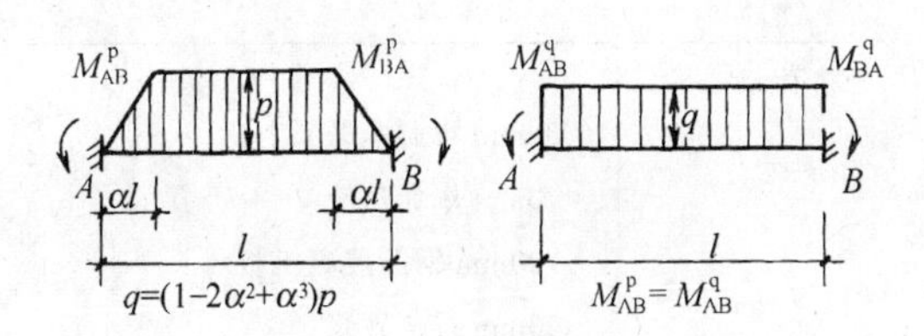

图15-16 等效均布荷载

当考虑塑性内力重分布时，可在弹性分析求得的支座弯矩基础上，应用调幅法确定支座弯矩，再按实际荷载分布计算跨中弯矩。

15.5 双向板楼盖设计例题

内容	计算	结果
一、设计资料 二、结构布置	建筑轴线，柱网平面，楼面可变荷载，建筑做法，材料等级同14章例题 梁板结构布置及构件尺寸见图15-17	

续表

<table>
<tr><th>内 容</th><th>计 算</th><th>结 果</th></tr>
</table>

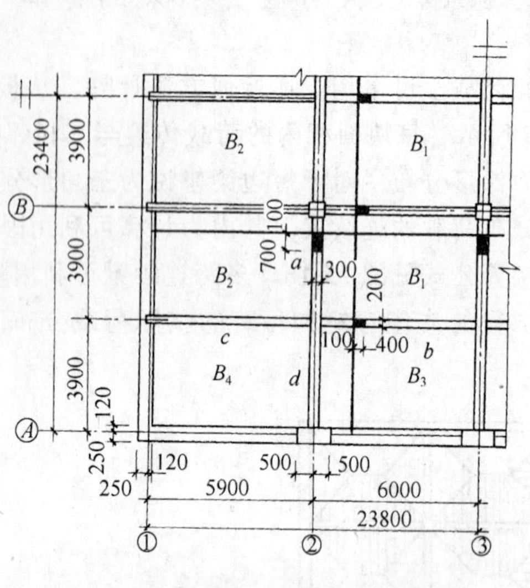

图 15-17

<table>
<tr><td>三、荷载</td><td>30mm 现制水磨石　0.65kN/m²
70mm 水泥焦渣　0.98kN/m²
100mm 钢筋混凝土板　2.50kN/m²
20mm 石灰砂浆　0.34kN/m²</td><td></td></tr>
<tr><td></td><td>恒载标准值　$g_k=4.47\text{kN/m}^2$
活载标准值　$q_k=5.0\text{kN/m}^2$
荷载设计值　$p=1.2\times4.47+1.3\times5.0=11.86\text{kN/m}^2$</td><td>可变荷载效应起控制作用
$p=11.86\text{kN/m}^2$</td></tr>
<tr><td>四、B_1 区格</td><td>$l_x=3900-200=3700$
$l_y=6000-300=5700$
$n=l_y/l_x=1.54$，取 $\alpha=0.45$，$\beta=2.2$
B_1 区格为四边连续板，四周有梁，内力折减系数为 0.8 钢筋采用分离式布置，跨中钢筋在距支座边 $l_x/4$ 处截断一半</td><td>Φ8—180　Φ8—110　Φ6—100　Φ8—180
Φ8—110　Φ6—100
B_1</td></tr>
</table>

续表

内 容	计 算	结 果
四、B_1 区格	见下	

$$m_x=\frac{0.8pl_x^2}{12}\times\frac{3n-1}{2\left(n-\frac{1}{4}\right)+2n\beta+\frac{3}{2}\alpha+2\alpha\beta}=\frac{0.8\times11.86\times3.7^2}{12}$$

$$\times\frac{3\times1.54-1}{2\left(1.54-\frac{1}{4}\right)+2\times1.54\times2.2+\frac{3}{2}\times0.45+2\times0.45\times2.2}$$

$$=3.24\text{kN}\cdot\text{m/m}$$

取 $\gamma=0.95$，$h_{0x}=80$mm，$h_{0y}=70$mm，$f_y=210\text{N/mm}^2$

$\rho_{min}=0.45f_t/f_y=0.45\times1.27/210=0.272\%>0.2\%$

$A_{s,min}=\rho_{min}\times bh=0.272\%\times1000\times100=272\text{mm}^2$

截面位置	弯矩设计值（kN·m/m）	h_0（mm）	$A_s=\frac{m}{f_y\gamma h_0}$（mm²/m）	实配钢筋
短跨跨中	$m_x=3.24$	80	203<272	Φ 6-100，283mm²
长跨跨中	$m_y=\alpha m_x=0.45\times3.24=1.46$	70	105<272	Φ 6-100，283mm²
短跨支座	$m'_x=m''_x=\beta m_x=2.2\times3.24=7.13$	80	447	Φ 8-110，457mm²
长跨支座	$m'_y=m''_y=\beta m_y=2.2\times1.46=3.21$	70	230<272	Φ 8-180，279mm²

五、B_2 区格

$l_x=3900-200=3700$

$l_y=5900-150-120+\frac{100}{2}=5680$

$n=l_y/l_x=1.54$，取 $\alpha=0.45$，$\beta=2.0$

B_2 区格一短边简支，无圈梁，内力折减系数为 1.0。短边支座 a 为 B_1 及 B_2 区格的共同支座，B_2 区格 a 支座配筋在 B_1 区格计算中已选定，为 $\phi8-180$，$A_s=279\text{mm}^2$

故 $m'_y=A_sf_y\gamma h_0=279\times210\times0.95\times70=3.9\text{kN}\cdot\text{m/m}$

$$m_x=\frac{p\frac{l_x^2}{12}(3n-1)-m'_y}{2\left(n-\frac{1}{4}\right)+2n\beta+\frac{3}{2}\alpha}$$

$$=\frac{\frac{11.86\times3.7^2}{12}(3\times1.54-1)-3.9}{2\left(1.54-\frac{1}{4}\right)+2\times1.54\times2+\frac{3}{2}\times0.45}=4.79\text{ kN}\cdot\text{m/m}$$

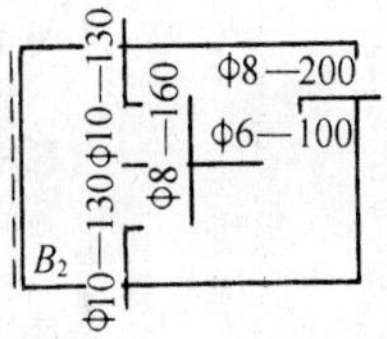

截面位置	弯矩设计值（kN·m/m）	h_0（mm）	$A_s=\frac{m}{f_y\gamma h_0}$（mm²/m）	实配钢筋
短跨跨中	$m_x=4.79$	80	300	Φ 8-160，314mm²
长跨跨中	$m_y=\alpha m_x=0.45\times4.79=2.17$	70	155<272	Φ 6-100，283mm²
短跨支座	$m'_x=m'_x=\beta m_x=2\times4.79=9.66$	80	605	Φ 10-130，604mm²

六、B_3 区格

$l_x=3900-100-120+\frac{100}{2}=3730$

$l_y=6000-300=5700$

$n=l_y/l_x=1.53$，取 $\alpha=0.45$，$\beta=2.0$

B_3 区格一长边简支，无圈梁内力折减系数为 1.0。长边支座 b 为 B_1 及 B_3 区格的共同支座。B_3 区格 b 支座配筋在 B_1 区格计算中已选定，为Φ 8-110，$A_s=457\text{mm}^2$

$\therefore m'_x=A_sf_y\gamma h_0=457\times210\times0.95\times80=7.29\text{kN}\cdot\text{m/m}$

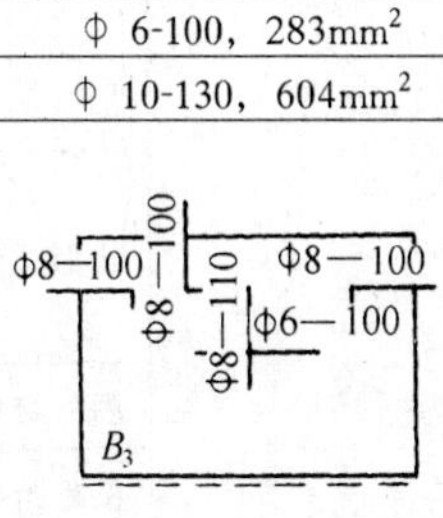

续表

内 容	计 算	结 果
六、B_3 区格	$m_x=\dfrac{\dfrac{pl_x^2}{12}(3n-1)-nm'_x}{2\left(n-\dfrac{1}{4}\right)+\dfrac{3}{2}\alpha+2\alpha\beta}$ $=\dfrac{\dfrac{11.86\times3.73^2}{12}(3\times1.53-1)-1.53\times7.29}{2(1.53-0.25)+\dfrac{3}{2}\times0.45+2\times0.45\times2}=7.59\text{kN}\cdot\text{m/m}$	

截面位置	弯矩设计值（kN·m/m）	h_0 (mm)	$A_s=\dfrac{m}{f_y\gamma h_0}$ (mm^2/m)	实配钢筋
短跨跨中	$m_x=7.59$	80	476	Φ 8-100，503mm²
长跨跨中	$m_y=\alpha m_x=0.45\times7.59=3.42$	70	245＜272	Φ 6-100，283mm²
长跨支座	$m'_y=m''_y=\beta m_y=2\times3.42=6.84$	70	490	Φ 8-100，503mm²

内 容	计 算	结 果
七、B_4 区格	$l_x=3730$，$l_y=5680$ $n=l_y/l_x=1.52$，取 $\alpha=0.45$ B_4 区格为角区格（两邻边简支，另两邻边连续），内力折减系数为 1.0 短边支座 d 为 B_3 及 B_4 区格共同支座，B_4 区格 d 支座配筋在 B_3 区格计算中已选定，为Φ 8-100，$A_s=503\text{mm}^2$ 故 $m'_y=A_sf_y\gamma h_0=503\times210\times0.95\times70=7.02\text{kN}\cdot\text{m/m}$ 长边支座 c 为 B_2 及 B_4 区格共同支座，B_4 区格 c 支座配筋在 B_2 区格计算中已选定，为Φ 10-130，$A_s=604\text{mm}^2$ 故 $m'_x=A_sf_y\gamma h_0=604\times210\times0.95\times80=9.64\text{kN}\cdot\text{m/m}$ 按跨中钢筋全部伸入支座 $m_x=\dfrac{\dfrac{pl_x^2}{12}(3n-1)-m'_y-nm'_x}{2n+2\alpha}$ $\dfrac{\dfrac{11.86\times3.73^2}{12}(3\times1.52-1)-7.02-1.52\times9.64}{2\times1.52+2\times0.45}$ $=6.93\text{kN}\cdot\text{m/m}$	Φ10—130 Φ8—110 Φ8—100 Φ6—100 B_4

截面位置	弯矩设计值（kN·m/m）	h_0 (mm)	$A_s=\dfrac{m}{f_y\gamma h_0}$ (mm^2/m)	实配钢筋
短跨跨中	$m_x=6.93$	80	434	Φ 8-110，457mm²
长跨跨中	$m_y=\alpha m_x=0.45\times6.93=3.12$	70	223＜272	Φ 6-110，283mm²

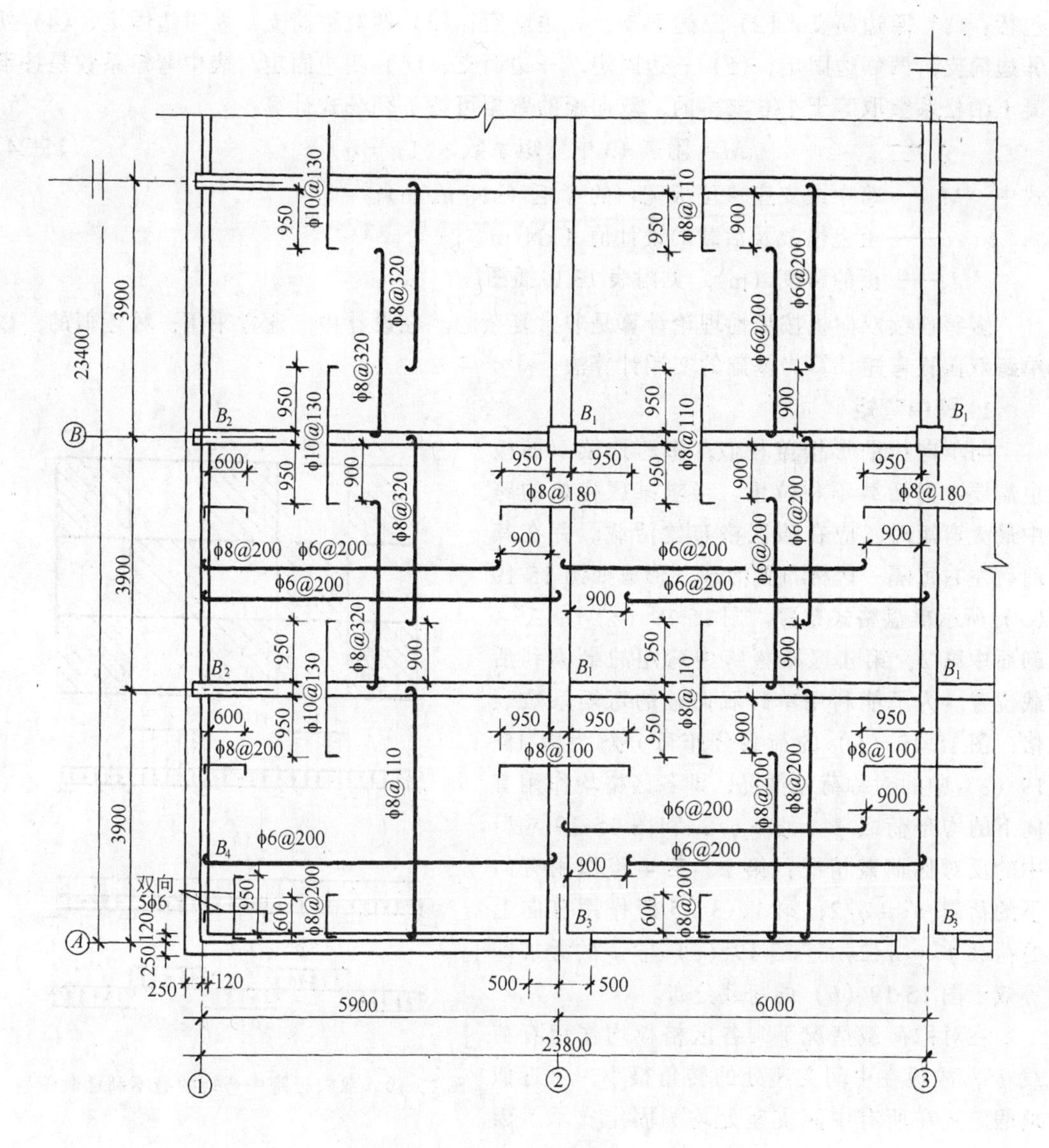

图 15-18 板的配筋图

15.6 双向板按弹性理论的计算方法

15.6.1 利用弯矩系数表计算双向板

双向板按弹性理论计算属于弹性力学中的薄板弯曲问题。对于常用的荷载分布及支承情况的双向板，可利用已有的图表手册中的弯矩系数计算其内力。

在附表 13 中，列出了均布荷载作用下单跨双向板的弯矩系数表，表的四边支承情况包括：(1) 四边简支；(2) 三边简支，一边固定；(3) 两对边简支，两对边固定；(4) 两邻边简支，两邻边固定；(5) 三边固定，一边简支；(6) 四边固定。表中弯矩系数是按混凝土泊松系数取等于 1/6 求得的，双向板的弯矩可按下列公式计算：

$$M = 附表 13 中弯矩系数 \times (g+q)\ l_x^2 \qquad (15\text{-}24)$$

式中 M——跨中或支座单位板宽内的弯矩（kN·m/m）；

g，q——板上恒载及活载的设计值（kN/m^2）；

l_x——板的跨度（m），见附表 13 中插图。

多跨连续双向板按弹性理论计算是非常复杂的。在设计中，通常采用一种近似的，以单跨双向板弯矩计算为基础的实用计算法。

1. 跨中弯矩

与单向板肋形楼盖相似，多跨连续双面板也需要考虑活载不利位置。当求某区格板的跨中最大弯矩时，应在该区格布置活载，并在其前后左右每隔一区格布置活载，形成如图 15-19 (*a*) 所示棋盘格式布置。图 15-19 (*b*) 为 *A*-*A* 剖面中第 2、第 4 区格板跨中弯矩的最不利活载位置。为了能利用单跨双向板的弯矩系数表格，图 15-19 (*b*) 的荷载分布可分解为图 15-19 (*c*) 中的对称荷载情况；即各区格均作用有向下的均布荷载 $p' = g + q/2$，和图 15-19 (*d*) 中的反对称荷载情况：第 2、第 4 跨作用有向下的荷载 $p'' = q/2$；第 1、3、5 跨作用有向上的荷载 $p'' = q/2$。图 15-19 (*c*) 与 *d* 的叠加即等效于图 15-19 (*b*) 的荷载分布。

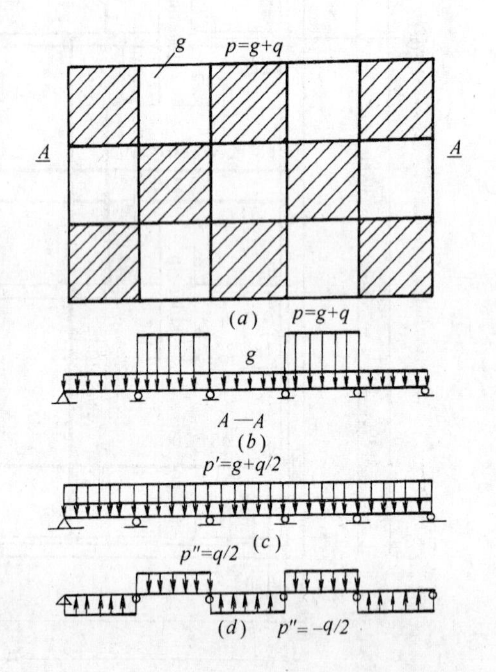

图 15-19 双向板跨中弯矩的最不利活载位置

在对称荷载情况下，各区格板均作用有荷载 p'，故板在中间支座处的转角很小，可近似地假定板在所有中间支座处均为固定支承。因此，中间区格板可视为四边固定支承情况；如边支座为简支，则边区格板为三边固定、一边简支支承情况；角区格为两邻边固定，两邻边简支支承情况。

在反对称荷载 p'' 作用下，板在中间支座处的转角方向一致、大小相等，接近于简支板的转角，可近似地假定板在中间支座处为简支。因此，每个区格均可按四边简支板情况计算。

将上述两种荷载作用下求得的弯矩叠加，即为在棋盘式活载不利位置下板的跨中最大弯矩。

2. 支座弯矩

支座弯矩的活载不利位置，与单向板相似应在该支座两侧区格内布置活载，然后再隔跨布置。考虑到隔跨活载的影响很小，为了简化计算，可近似假定楼盖上所有区格均满布活载（$p=g+q$）时得出的支座弯矩，即为支座的最大弯矩。这样，所有中间支座均可视为固定支承，边支座则按实际情况考虑（简支或固定支承）。因此，考虑活载不利位置的双向板的支座弯矩，可直接由附表13查得的弯矩系数计算。当相邻两区格板的支承条件不同，或跨度不等（相差小于20%）时，则公共支座的支座弯矩可偏安全地取相邻两区格板得出的支座弯矩较大值。

3. **钢筋布置**

当按弹性理论计算（附表13）求得的跨中最大弯矩配筋时，考虑到近支座处的弯矩值比计算的跨中最大弯矩小很多。为了节约钢材，可将两个方向的跨中正弯矩配筋在距支座 $l_x/4$ 宽度内减少一半（图15-20）。但支座处的负弯矩配筋应按计算所需的钢筋截面面积均匀配置，不予减少。支座负弯矩钢筋可以在距支座不小于 $l_x/6$ 处截断一半，其余的一半可在距支座不小于 $l_x/4$ 处截断或弯下作为跨中正弯矩配筋。

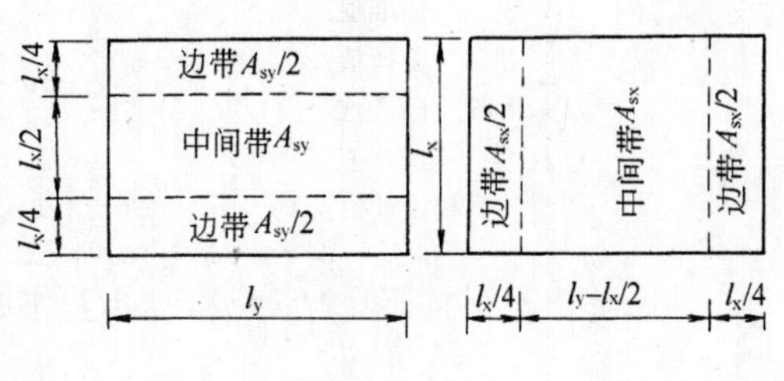

图 15-20

15.6.2 设计例题

内 容	计 算	结 果
一、设计资料	双向板肋形楼盖梁板结构布置见图15-21。钢筋混凝土板厚 $h=120$mm，地面顶棚构造做法等自重 2.16kN/m^2（标准值），活载标准值 1.5kN/m^2 混凝土为C25级，钢筋 $d\leqslant10$mm 用HPB235钢；$d\geqslant12$mm 用HRB335钢。 楼盖边支座为砖墙，板的弯矩折减系数；B_1 为0.8；B_2、B_3、B_4 均为1.0	

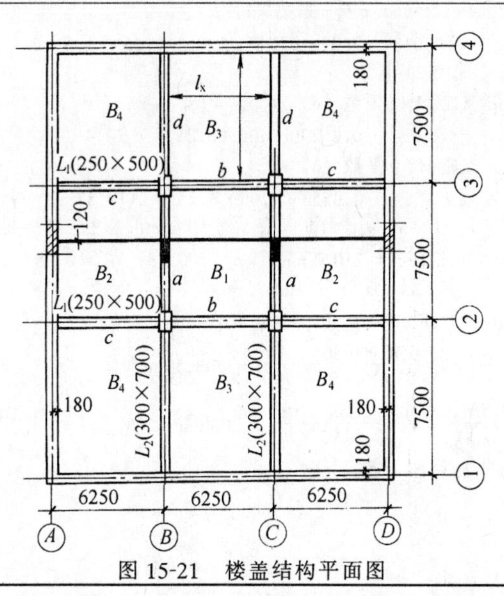

图 15-21 楼盖结构平面图

续表

内　容	计　　算	结　果
二、荷载	恒载　120mm 钢筋混凝土板　$3kN/m^2$ 地面、顶棚等构造做法　$2.16kN/m^2$ 标准值　$g_k=5.16kN/m^2$ 设计值　$g=1.35\times5.16=6.96kN/m^2$ 活载　标准值　$g_k=1.5kN/m^2$ 设计值　$q=1.4\times1.5=2.1kN/m^2$ 活载设计值 $p=g+q=6.96+2.1=9.06kN/m^2$ $p'=g+q/2=6.96+2.1/2=7.01kN/m^2$ $\pm p''=q/2=2.1/2=1.05kN/m^2$	永久荷载效应起控制作用 $\gamma_G=1.35$ $\gamma_Q=1.4$ $p=9.06kN/m^2$ $p'=7.01kN/m^2$ $\pm p''=1.05kN/m^2$
三、中间区格板 B_1	计算跨度： $l_x=6.25m\approx l_0\times1.05=(6.25-0.3)\times1.05=6.248m$ $l_y=7.5m<l_0\times1.05=(7.5-0.3)\times1.05=7.61m$ $l_x/l_y=6.25/7.5=0.83$ 单位板宽弯矩（kN·m/m）计算： 跨中弯矩 $M_x=$系数（6）$p'l_x^2+$系数（1）$p''l_x^2$ $=(0.028\times7.01+0.0584\times1.05)\ 6.25^2=10.06$ $M_y=$系数（6）$p'l_x^2+$系数（1）$p''l_x^2$ $=(0.0184\times7.01+0.043\times1.05)\ 6.25^2=6.8$ 支座弯矩（图 15-21 中 a、b） a 支座 $M_x^a=$系数（6）pl_x^2 $=-0.0633\times9.06\times6.25^2=-22.4$ b 支座 $M_y^b=$系数（6）pl_x^2 $=-0.0553\times9.06\times6.25^2=-19.57$ 配筋计算　$r_s=0.95$，$h_{0x}=100mm$；$h_{0y}=90mm$，跨中正弯矩配筋 选用 HPB 235 钢，$f_y=210N/mm^2$　$\rho_{min}=0.45f_t/f_y=0.45\times1.27/210=0.00272$ $A_{s,min}=\rho_{min}bh=0.00272\times1000\times120=326.4mm^2$ $A_{sx}=\frac{0.8M_x}{f_yr_sh_{0r}}=\frac{0.8\times10.06\times10^6}{210\times0.95\times100}=403.5\ mm^2$ $A_{sy}=\frac{0.8M_y}{f_y\gamma_sh_{0y}}=\frac{0.8\times6.8\times10^6}{210\times0.95\times90}=303mm^2<A_{smin}$ 支座配筋见 B_2、B_3 计算	（ ）中数字代表附表 13 中支承情况 实配钢筋 Φ 8-120, $419mm^2$ Φ 8-150, $335mm^2$

续表

<table>
<tr><th>内 容</th><th>计 算</th><th>结 果</th></tr>
<tr><td>四、边区格板 B_2</td><td>计算跨度：
$l_x=6.25-0.18+\frac{0.12}{2}=6.13\text{m}<l_0\times1.025=6.22\text{m}$
$l_y=7.5\text{m}<l_0\times1.05=7.61\text{m}$
$l_x/l_y=6.13/7.5=0.817$
跨中弯矩（kN·m/m）
$M_x=$系数（5）$p'l_x^2+$系数（1）$p''l_x^2$
$=(0.0334\times7.01+0.0599\times1.05)\ 6.13^2=11.16$
$M_y=$系数（5）$p'l_x^2+$系数（1）$p''l_x^2$
$=(0.0276\times7.01+0.0429\times1.05)\ 6.13^2=8.96$
支座弯矩（kN·m/m）
a 支座 $M_x^a=$系数（5）pl_x^2
$=-0.0751\times9.06\times6.13^2=-25.57$
c 支座 $M_y^c=$系数（5）pl_x^2
$=-0.0698\times9.06\times6.13^2=-23.76$
配筋计算：
跨中截面
$A_{sx}=\frac{M_x}{f_y\gamma_s h_{0x}}=\frac{11.16\times10^6}{210\times0.95\times100}=559\text{mm}^2$
$A_{sy}=\frac{M_y}{f_y\gamma_s h_{0y}}=\frac{8.96\times10^6}{210\times0.95\times90}=500\text{mm}^2$
支座截面，选用 HRB 335 级钢，$f_y=300\text{N/mm}^2$
a 支座　支座弯矩取板 B_2 与板 B_1 计算中的较大值 25.57kN·m/m
$A_{sx}^a=\frac{25.57\times10^6}{300\times0.95\times100}=897\text{mm}^2$
c 支座配筋计算见 B_4</td><td>实配钢筋
Φ 10－140，
561mm²
Φ 10－160，
491mm²

Φ 12－120，
942mm²</td></tr>
<tr><td>五、边区格板 B_3</td><td>计算跨度：
$l_x=6.25\text{m}$
$l_y=7.5-0.18+\frac{0.12}{2}=7.38\text{m}\approx l_0\times1.025$
$l_x/l_y=6.25/7.38=0.85$
跨中弯矩（kN·m/m）
$M_x=$系数（5）$p'l_x^2+$系数（1）$p''l_x^2$
$=(0.0319\times7.01+0.0564\times1.05)\times6.25^2=11.05$
$M_y=$系数（5）$p'l_x^2+$系数（1）$p''l_x^2$
$=(0.0204\times7.01+0.0432\times1.05)\times6.25^2=7.36$
支座弯矩（kN·m/m）
d 支座　$M_x^d=$系数（5）pl_x^2
$=-0.0693\times9.06\times6.25^2=-24.5$
b 支座　$M_y^b=$系数（5）pl_x^2
$=-0.0567\times9.06\times6.25^2=-20.1$
数值大于 B_1 板计算的 $M_y^b=-19.57$</td><td></td></tr>
</table>

续表

内容	计算	结果
五、边区格板 B_3	配筋计算： 跨中截面 $A_{sx}=\frac{M_x}{f_y\gamma_s h_{0x}}=\frac{11.05\times10^6}{210\times0.95\times100}=554\text{mm}^2$ $A_{sy}=\frac{M_y}{f_y\gamma_s h_{0y}}=\frac{7.36\times10^6}{210\times0.95\times90}=410\text{mm}^2$ 支座截面 b 支座 $A_{sy}^b=\frac{M_y^b}{f_y\gamma_s h_{0y}}=\frac{20.1\times10^6}{300\times0.95\times90}=784\text{mm}^2$ d 支座配筋计算见 B_4	实配钢筋 Φ 10－140， 561mm^2 Φ 10－160， 491mm^2 $\underline{\Phi}$ 12－140， 807mm^2
六、角区格板 B_4	计算跨度 $l_x=6.13$（同 B_2） $l_y=7.38$（同 B_3） $l_x/l_y=6.13/7.38=0.83$ 跨中弯矩（kN·m/m） $M_x=$ 系数（4）$p'l_x^2+$ 系数（1）$p''l_x^2$ $=(0.0378\times7.01+0.0585\times1.05)\ 6.13^2=12.27$ $M_y=$ 系数（4）$p'l_x^2+$ 系数（1）$p''l_x^2$ $=(0.0286\times7.01+0.043\times1.05)\ 6.13^2=9.23$ 支座弯矩（kN·m/m） d 支座 $M_x^d=$ 系数（4）pl_x^2 $=-829\times9.06\times6.13^2=-28.22$ c 支座 $M_y^c=$ 系数（4）pl_x^2 $=-0.0733\times9.06\times6.13^2=-24.95$ 配筋计算： 跨中截面 $A_{sx}=\frac{M_x}{f_y\gamma_s h_{0x}}=\frac{12.27\times10^6}{210\times0.95\times100}=614\text{mm}^2$ $A_{sy}=\frac{M_y}{f_y\gamma_s h_{0y}}=\frac{9.23\times10^6}{210\times0.95\times90}=515\text{mm}^2$ 支座截面 d 支座 $M_x^d=-28.22$ $A_{sx}^d=\frac{M_x^d}{f_y\gamma_s h_{0x}}=\frac{28.22\times10^6}{300\times0.95\times100}=990\text{mm}^2$ c 支座 $M_x^c=-24.95$ $A_{sy}^c=\frac{M_x^c}{f_y\gamma_s h_{0y}}=\frac{24.95\times10^6}{300\times0.95\times90}=972\text{mm}^2$	实配钢筋 Φ 10－120， 614mm^2 Φ 10－160， 491mm^2 $\underline{\Phi}$ 12－110， 1028mm^2 $\underline{\Phi}$ 12－110， 1028mm^2

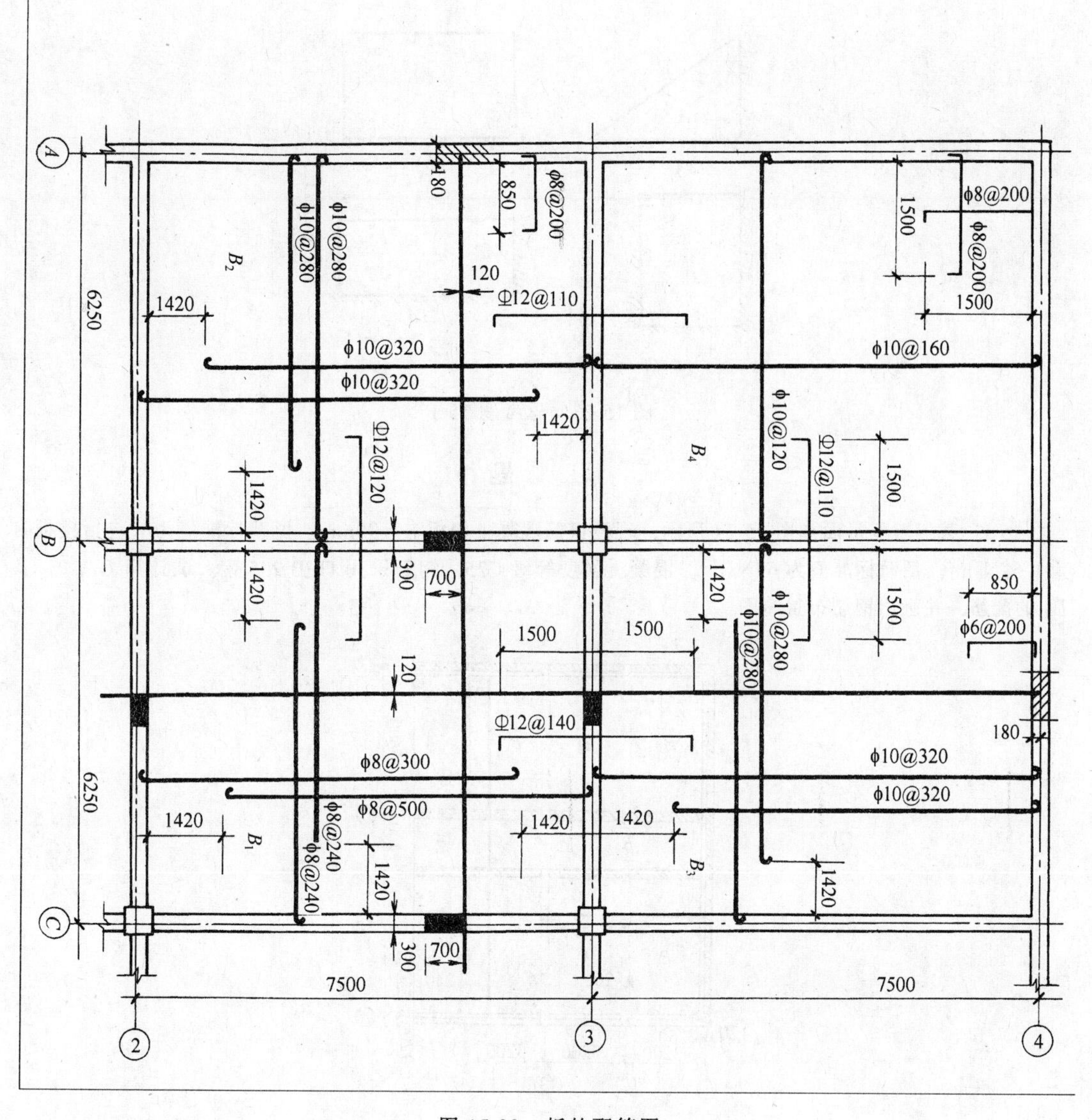

图 15-22　板的配筋图

思　考　题

15-1　试画出图 15-23 所示各板在均布荷载作用下的支座及跨中塑性铰线的位置。

15-2　双向板计算公式

$$m_{x}=\frac{pl_{x}^{2}}{12}\frac{3n-1}{\left[2\left(n-\frac{1}{4}\right)+2n\beta+\frac{3}{2}\alpha+2\alpha\beta\right]}$$

是根据怎样的钢筋布置方式给出的？分母［　］中每项各代表什么？

15-3　双向板在什么情况下需设置板角附加钢筋？作用是什么？

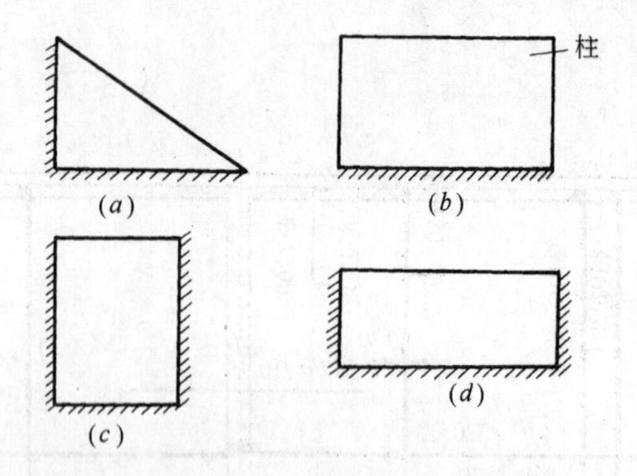

图 15-23　思考题 15-1

习　　题

15-1　某实验实平面如图 15-24 所示，现浇钢筋混凝土楼板 $h=90\text{mm}$。恒载标准值为（包括楼板自重）5kN/m^2，活载标准值为 6kN/m^2。混凝土强度等级 C25，钢筋采用 HPB 235 钢。试计算 B_1、B_2 及 B_3 的配筋，并画出钢筋布置简图。

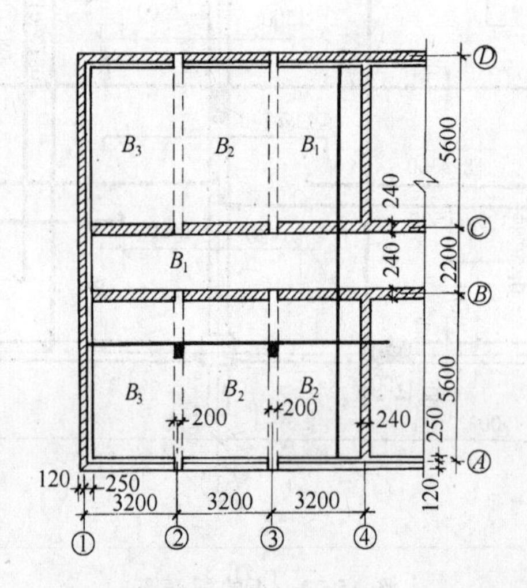

图 15-24　习题 15-1

15-2　某三跨连续梁，承受由双向板传来的三角形分布荷载，如图 15-25 所示。求支座调幅 25% 后的支座弯矩和跨中弯矩。

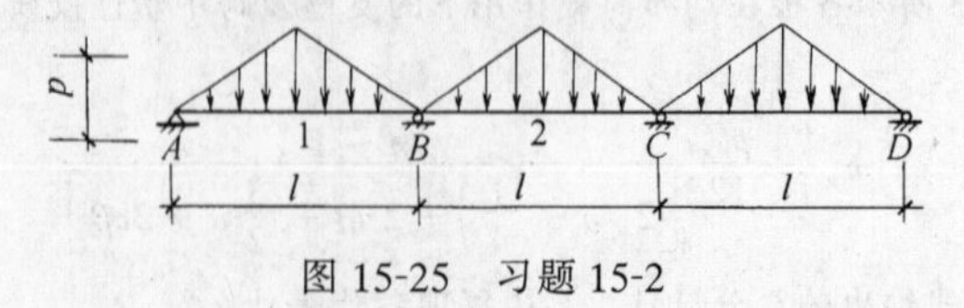

图 15-25　习题 15-2

附　表

普通钢筋强度标准值（N/mm^2）　　**附表1**

种类		符号	d（mm）	f_{yk}
热轧钢筋	HPB 235（Q235）	Φ	8～20	235
	HRB 335（20MnSi）	$\underline{\Phi}$	6～50	335
	HRB 400（20MnSiV、20MnSiNb、20MnTi）	$\underline{\Phi}$	6～50	400
	RRB 400（K20MnSi）	$\underline{\Phi}^{R}$	8～40	400

注：1. 热轧钢筋直径 d 系指公称直径；

2. 当采用直径大于 40mm 的钢筋时，应有可靠的工程经验。

预应力钢筋强度标准值（N/mm^2）　　**附表2**

种类		符号	d（mm）	f_{ptk}
钢绞线	1×3	Φ^{S}	8.6、10.8	1860、1720、1570
			12.9	1720、1570
	1×7		9.5、11.1、12.7	1860
			15.2	1860、1720
消除应力钢丝	光面 螺旋肋	Φ^{P} Φ^{H}	4、5	1770、1670、1570
			6	1670、1570
			7、8、9	1570
	刻痕	Φ^{I}	5、7	1570
热处理钢筋	40Si2Mn	Φ^{HT}	6	1470
	48Si2Mn		8.2	
	45Si2Cr		10	

注：1. 钢绞线直径 d 系指钢绞线外接圆直径，即现行国家标准《预应力混凝土用钢绞线》GB/T 5224 中的公称直径 D_g，钢丝和热处理钢筋的直径 d 均指公称直径；

2. 消除应力光面钢丝直径 d 为 4～9mm，消除应力螺旋肋钢丝直径 d 为 4～8mm。

普通钢筋强度设计值（N/mm²） 附表 3

种　　类		符号	f_y	f'_y
热轧钢筋	HPB 235（Q235）	φ	210	210
	HRB 335（20MnSi）	Φ	300	300
	HRB 400（20MnSiV、20MnSiNb、20MnTi）	Φ	360	360
	RRB 400（K20MnSi）	$Φ^R$	360	360

注：在钢筋混凝土结构中，轴心受拉和小偏心受拉构件的钢筋抗拉强度设计值大于 300N/mm² 时，仍应按 300N/mm² 取用。

预应力钢筋强度设计值（N/mm²） 附表 4

种　　类		符　号	f_{ptk}	f_{py}	f'_{py}
钢绞线	1×3	$φ^S$	1860	1320	390
			1720	1220	
			1570	1110	
	1×7		1860	1320	390
			1720	1220	
消除应力钢丝	光面 螺旋肋	$φ^P$ $φ^H$	1770	1250	410
			1670	1180	
			1570	1110	
	刻痕	$φ^I$	1570	1110	410
热处理钢筋	40Si2Mn	$φ^{HT}$	1470	1040	400
	48Si2Mn				
	45Si2Cr				

注：当预应力钢绞线、钢丝的强度标准值不符合附表 4 的规定时，其强度设计值应进行换算。

钢筋弹性模量（×10⁵N/mm²） 附表 5

种　　类	E_s
HPB 235 级钢筋	2.1
HRB 335 级钢筋、HRB 400 级钢筋、RRB 400 级钢筋、热处理钢筋	2.0
消除应力钢丝（光面钢丝、螺旋肋钢丝、刻痕钢丝）	2.05
钢绞线	1.95

注：必要时钢绞线可采用实测的弹性模量。

混凝土强度标准值（N/mm^2） **附表 6**

强度种类	混凝土强度等级													
	C15	C20	C25	C30	C35	C40	C45	C50	C55	C60	C65	C70	C75	C80
f_{ck}	10.0	13.4	16.7	20.1	23.4	26.8	29.6	32.4	35.5	38.5	41.5	44.5	47.4	50.2
f_{tk}	1.27	1.54	1.78	2.01	2.20	2.39	2.51	2.64	2.74	2.85	2.93	2.99	3.05	3.11

混凝土强度设计值（N/mm^2） **附表 7**

强度种类	混凝土强度等级													
	C15	C20	C25	C30	C35	C40	C45	C50	C55	C60	C65	C70	C75	C80
f_c	7.2	9.6	11.9	14.3	16.7	19.1	21.1	23.1	25.3	27.5	29.7	31.8	33.8	35.9
f_t	0.91	1.10	1.27	1.43	1.57	1.71	1.80	1.89	1.96	2.04	2.09	2.14	2.18	2.22

注：1. 计算现浇钢筋混凝土轴心受压及偏心受压构件时，如截面的长边或直径小于 300mm，则表中混凝土的强度设计值应乘以系数 0.8；当构件质量（如混凝土成型、截面和轴线尺寸等）确有保证时，可不受此限制；

2. 离心混凝土的强度设计值应按专门标准取用。

混凝土弹性模量（$\times 10^4 N/mm^2$） **附表 8**

混凝土强度等级	C15	C20	C25	C30	C35	C40	C45	C50	C55	C60	C65	C70	C75	C80
E_c	2.20	2.55	2.80	3.00	3.15	3.25	3.35	3.45	3.55	3.60	3.65	3.70	3.75	3.80

T 形、工形、及倒 L 形截面受弯构件翼缘计算宽度 b'_f **附表 9**

情况			T 形、工形截面		倒 L 形截面
			肋形梁（板）	独立梁	肋形梁（板）
1	按计算跨度 l_0 考虑		$\frac{1}{3}l_0$	$\frac{1}{3}l_0$	$\frac{1}{6}l_0$
2	按梁（纵肋）净距 S_n 考虑		$b+S_n$	—	$b+\frac{S_n}{2}$
3	按翼缘高度 h'_t 考虑	当 $h'_f/h_0 \geqslant 0.1$	—	$b+12h'_f$	—
		当 $0.1 > h'_f/h_0 \geqslant 0.05$	$b+12h'_f$	$b+6h'_f$	$b+5h'_f$
		当 $h'_f/h_0 < 0.05$	$b+12h'_f$	b	$b+5h'_f$

注：1. 表中 b 为梁的腹板宽度；

2. 如肋形梁在梁跨内设有间距小于纵肋间距的横肋时，则可不遵守表列第 3 种情况的规定；

3. 对有加腋的 T 形和倒 L 形截面，当受压区加腋的高度 $h \geqslant h'_f$ 且加腋的宽度 $b_h \leqslant 3h_h$ 时，则其翼缘计算宽度可按表列第 3 种情况规定分别增加 $2b_b$（T 形截面）和 b_h（倒 L 形截面）；

4. 独立梁受压区的翼缘板在荷载作用下经验算沿纵肋方向可能产生裂缝时，其计算宽度应取用腹板宽度 b。

钢筋混凝土结构构件中纵向受力钢筋的最小配筋百分率（%）　　附表 10

受力类型		最小配筋百分率
受压构件	全部纵向钢筋	0.6
	一侧纵向钢筋	0.2
受弯构件、偏心受拉、轴心受拉构件一侧的受拉钢筋		0.2 和 $45f_t/f_y$ 中的较大值

注：1. 受压构件全部纵向钢筋最小配筋百分率，当采用 HRB 400 级、RRB 400 级钢筋时，应按表中规定减小 0.1；当混凝土强度等级为 C60 及以上时，应按表中规定增大 0.1；

2. 偏心受拉构件中的受压钢筋，应按受压构件一侧纵向钢筋考虑；

3. 受压构件的全部纵向钢筋和一侧纵向钢筋的配筋率以及轴心受拉构件和小偏心受拉构件一侧受拉钢筋的配筋率应按构件的全截面面积计算；受弯构件、大偏心受拉构件一侧受拉钢筋的配筋率应按全截面面积扣除受压翼缘面积 $(b'_f-b)\ h'_f$ 后的截面面积计算；

4. 当钢筋沿构件截面周边布置时，“一侧纵向钢筋”系指沿受力方向两个对边中的一边布置的纵向钢筋。

钢筋混凝土矩形截面受弯构件正截面受弯承载力计算系数表　　附表 11

ξ	γ_s	α_s	ξ	γ_s	α_s
0.01	0.995	0.010	0.21	0.895	0.188
0.02	0.990	0.020	0.22	0.890	0.196
0.03	0.985	0.030	0.23	0.885	0.203
0.04	0.980	0.039	0.24	0.880	0.211
0.05	0.975	0.048	0.25	0.875	0.219
0.06	0.970	0.058	0.26	0.870	0.226
0.07	0.965	0.067	0.27	0.865	0.234
0.08	0.960	0.077	0.28	0.860	0.241
0.09	0.955	0.085	0.29	0.855	0.248
0.10	0.950	0.095	0.30	0.850	0.255
0.11	0.945	0.104	0.31	0.845	0.262
0.12	0.940	0.113	0.32	0.840	0.269
0.13	0.935	0.121	0.33	0.835	0.275
0.14	0.930	0.130	0.34	0.830	0.282
0.15	0.925	0.139	0.35	0.825	0.289
0.16	0.920	0.147	0.36	0.820	0.295
0.17	0.915	0.155	0.37	0.815	0.301
0.18	0.910	0.164	0.38	0.810	0.309
0.19	0.905	0.172	0.39	0.805	0.314
0.20	0.900	0.180	0.40	0.800	0.320

续表

ξ	γ_s	α_s	ξ	γ_s	α_s
0.41	0.795	0.326	0.51	0.745	0.380
0.42	0.790	0.332	0.52	0.740	0.385
0.43	0.785	0.337	0.53	0.735	0.390
0.44	0.780	0.343	0.54	0.730	0.394
0.45	0.775	0.349	0.55	0.725	0.400
0.46	0.770	0.354	0.56	0.720	0.403
0.47	0.765	0.359	0.57	0.715	0.408
0.48	0.760	0.365	0.58	0.710	0.412
0.49	0.755	0.370	0.59	0.705	0.416
0.50	0.750	0.375	0.60	0.700	0.420

等截面等跨连续梁在常用荷载作用下的内力系数表　　附表 12

1. 在均布及三角形荷载作用下：$M=$表中系数$\times Pl^2$；
$V=$表中系数$\times Pl$；
2. 在集中荷载作用下：$M=$表中系数$\times Pl$；
$V=$表中系数$\times P$；
3. 内力正负号规定：M——使截面上部受压、下部受拉为正；
V——对邻近截面所产生的力矩沿顺时针方向者为正。

两跨梁　　附表 12-1

荷载图	跨内最大弯矩		支座弯矩	剪力		
	M_1	M_2	M_B	V_A	V_{Bz} V_{By}	V_C
(均布荷载满布两跨，A、B、C，跨长 l)	0.070	0.0703	−0.125	0.375	−0.625 0.625	−0.375
(均布荷载作用于第一跨，M_1、M_2)	0.096	—	−0.063	0.437	−0.563 0.063	0.063
(三角形荷载满布两跨)	0.048	0.048	−0.078	0.172	−0.328 0.328	−0.172
(三角形荷载作用于第一跨)	0.064	—	−0.039	0.211	−0.289 0.039	0.039

续表

荷载图	跨内最大弯矩		支座弯矩	剪力		
	M_1	M_2	M_B	V_A	V_{Bz} V_{By}	V_C
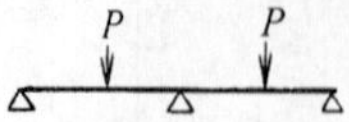 P P	0.156	0.156	−0.188	0.312	−0.688 0.688	−0.312
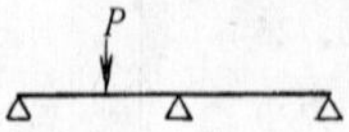 P	0.203	—	−0.094	0.406	−0.594 0.094	0.094
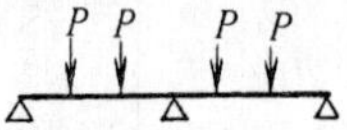 P P P P	0.222	0.222	−0.333	0.667	−0.1333 1.333	−0.667
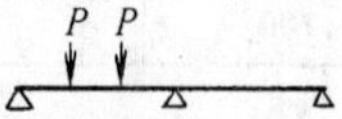 P P	0.278	—	−0.167	0.833	−1.167 0.167	0.167

三 跨 梁

附表 12-2

荷载图	跨内最大弯矩		支座弯矩		剪力			
	M_1	M_2	M_B	M_C	V_A	V_{Bz} V_{By}	V_{Cx} V_{Cy}	V_D
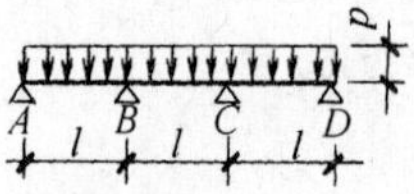 p; A B C D; l l l	0.080	0.025	−0.100	−0.100	0.400	−0.600 0.500	−0.500 0.600	−0.400
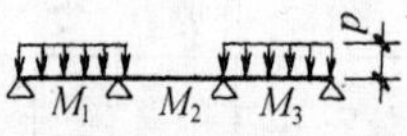 p; M_1 M_2 M_3	0.101	—	−0.050	−0.050	0.450	−0.550 0	0 0.550	−0.450
 p	—	0.075	−0.050	−0.050	0.050	−0.050 0.500	−0.500 0.050	0.050
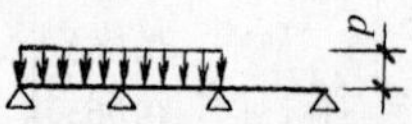 p	0.073	0.054	−0.117	−0.033	0.383	−0.617 0.583	−0.417 0.033	0.033
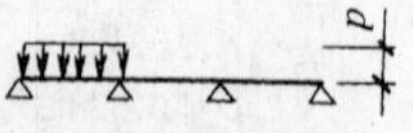 p	0.094	—	−0.067	0.017	0.433	−0.567 0.083	0.083 −0.017	−0.017
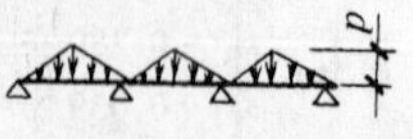 p	0.054	0.021	−0.063	−0.063	0.183	−0.313 0.250	−0.250 0.313	−0.188

续表

荷 载 图	跨内最大弯矩		支座弯矩		剪 力			
	M_1	M_2	M_B	M_C	V_A	V_{Bz} V_{By}	V_{Cx} V_{Cy}	V_D
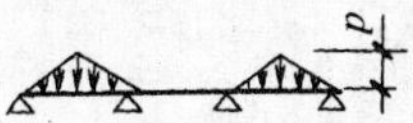	0.068	—	-0.031	-0.031	0.219	-0.281 0	0 0.281	-0.219
	—	0.052	-0.031	-0.031	0.031	-0.031 0.250	-0.250 0.031	0.031
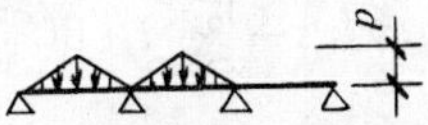	0.050	0.038	-0.073	-0.021	0.177	-0.323 0.302	-0.198 0.021	0.021
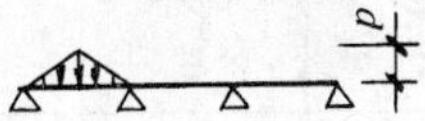	0.063	—	-0.042	0.010	0.208	-0.292 0.052	0.052 -0.010	-0.010
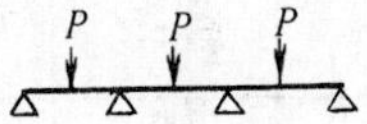	0.175	0.100	-0.150	-0.150	0.350	-0.650 0.500	-0.500 0.650	-0.350
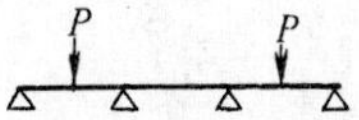	0.213	—	-0.075	-0.075	0.425	-0.575 0	0 0.575	0.425
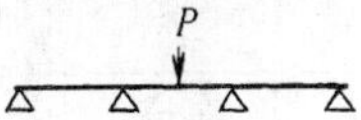	—	0.175	-0.075	-0.075	-0.075	-0.075 0.500	-0.500 0.075	0.075
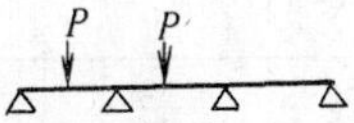	0.162	0.137	-0.175	0.050	0.325	-0.675 0.625	-0.375 0.050	0.050
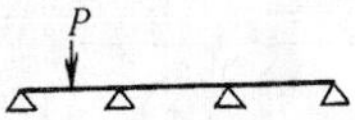	0.200	—	0.010	0.025	0.400	-0.600 0.125	0.125 -0.025	-0.025
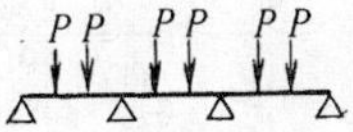	0.244	0.067	-0.267	0.267	0.733	-1.267 1.000	-1.000 1.267	-0.733
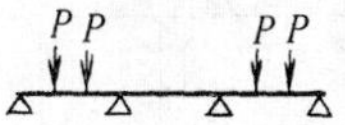	0.289	—	0.133	-0.133	0.866	-1.134 0	0 1.134	-0.866
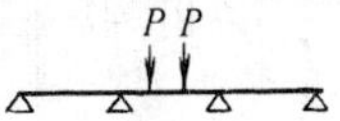	—	0.200	-0.133	0.133	-0.133	-0.133 1.000	-1.000 0.133	0.133
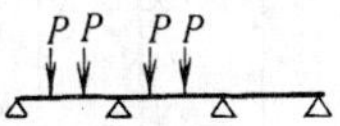	0.229	0.170	-0.311	-0.089	0.689	-1.311 1.222	-0.778 0.089	0.089
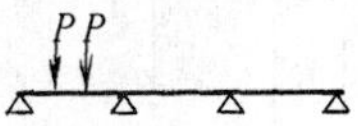	0.274	—	0.178	0.044	0.822	-1.178 0.222	0.222 -0.044	-0.044

四　跨　梁

附表 12-3

荷　载　图	跨内最大弯距			支座弯矩		剪　　力						
	M_1	M_2	M_3	M_4	M_B	M_C	M_D	V_A	V_{Bz} V_{By}	V_{Cx} V_{Cy}	V_{Dx} V_{Dy}	V_E
A B C D E; l l l l; p	0.077	0.036	0.036	0.077	−0.107	−0.071	−0.107	0.393	−0.607 0.536	0.464 0.464	−0.536 −0.607	−0.393
M_1 M_2 M_3 M_4; p	0.100	—	0.081	—	−0.054	−0.036	−0.054	0.446	−0.554 0.018	0.018 0.482	0.518 0.054	0.054
p	0.072	0.061	—	0.098	−0.121	−0.018	−0.058	0.380	−0.620 0.603	−0.397 −0.040	0.040 0.558	−0.442
p	—	0.056	0.056	—	−0.036	−0.107	−0.036	−0.036	−0.036 0.429	−0.571 0.571	0.429 0.036	0.036
p	0.094	—	—	—	−0.067	−0.018	−0.004	0.433	−0.567 0.085	0.085 −0.022	0.022 0.004	0.004
p	—	0.071	—	—	−0.049	−0.054	−0.013	−0.049	0.049 0.496	−0.504 0.067	0.067 0.013	0.013
p	0.052	0.028	0.028	0.052	−0.067	−0.045	−0.067	0.183	−0.317 0.272	−0.228 −0.228	−0.272 0.317	−0.183
p	0.067	—	0.055	—	0.034	−0.022	−0.034	0.217	−0.284 0.011	0.011 0.239	−0.261 0.034	0.034

续表

荷载图	跨内最大弯矩			支座弯矩				剪力				
	M_1	M_2	M_3	M_4	M_B	M_C	M_D	V_A	V_{Bz} V_{By}	V_{Cx} V_{Cy}	V_{Dx} V_{Dy}	V_E
	0.049	0.042	—	0.066	−0.075	−0.011	−0.036	0.175	−0.325 0.314	−0.186 −0.025	−0.025 0.286	−0.214
	—	0.040	0.040	—	−0.022	−0.067	−0.022	−0.022	−0.022 0.205	−0.295 0.295	0.205 −0.022	0.022
	0.063	—	—	—	−0.042	0.011	−0.003	0.208	−0.292 0.053	0.053 −0.014	0.014 0.003	0.003
	—	0.051	—	—	−0.031	−0.034	0.008	−0.031	−0.031 0.247	−0.253 0.042	0.042 −0.008	−0.008
	0.169	0.116	0.116	0.169	−0.161	−0.107	−0.161	0.339	−0.661 0.554	−0.446 0.446	0.554 0.661	0.339
	0.210	—	0.183	—	0.080	−0.054	−0.080	0.420	−0.580 0.027	0.027 0.473	−0.527 0.080	0.080
	0.159	0.146	—	0.206	−0.181	−0.027	−0.087	0.319	−0.681 0.654	−0.346 −0.060	0.060 0.587	−0.143
	—	0.142	0.142	—	0.054	−0.161	−0.054	0.054	−0.054 0.393	−0.607 0.607	−0.393 0.054	0.054

续表

荷载图	跨内最大弯矩				支座弯矩			剪力				
	M_1	M_2	M_3	M_4	M_B	M_C	M_D	V_A	V_{Bz} V_{By}	V_{Cx} V_{Cy}	V_{Dx} V_{Dy}	V_E
	0.200	—	—	—	−0.100	0.027	−0.007	0.400	−0.600 0.127	0.127 −0.033	−0.033 0.007	0.007
	—	0.173	—	—	−0.074	−0.080	0.020	0.074	−0.074 0.493	−0.507 0.100	0.100 −0.020	−0.020
	0.238	0.111	0.111	0.238	−0.286	−0.191	−0.286	0.714	1.286 1.095	−0.905 0.905	−1.095 1.286	−0.714
	0.286	—	0.222	—	−0.143	−0.095	−0.143	0.857	−1.143 0.048	0.048 0.952	−1.048 0.143	0.143
	0.226	0.194	—	0.282	−0.331	−0.048	−0.155	0.679	−1.321 1.274	−0.726 −0.107	−0.107 1.155	−0.845
	—	0.175	0.175	—	−0.095	−0.286	−0.095	−0.095	0.095 0.810	−1.190 1.190	−0.810 0.095	−0.095
	0.274	—	—	—	−0.178	0.048	−0.012	0.822	−1.178 0.226	0.226 −0.060	−0.060 0.012	0.012
	—	0.198	—	—	−0.131	−0.143	0.036	−0.131	−0.131 0.988	−1.012 0.178	0.178 −0.036	−0.036

五跨梁

附表 12-4

荷载图	跨内最大弯矩			支座弯矩				剪力					
	M_1	M_2	M_3	M_B	M_C	M_D	M_B	V_A	V_{Bz} V_{By}	V_{Cx} V_{Cy}	V_{Dz} V_{Dy}	V_{Ez} V_{Ey}	V_F
	0.078	0.033	0.046	−0.105	−0.079	−0.079	−0.105	0.394	−0.606 0.526	−0.474 0.500	−0.500 0.474	−0.526 0.606	−0.394
	0.100	—	0.085	−0.053	−0.040	−0.040	−0.053	0.447	−0.553 0.013	0.013 0.500	−0.500 −0.013	−0.013 0.553	0.447
	—	0.079	—	−0.053	−0.040	−0.040	−0.053	−0.053	−0.053 0.513	−0.487 0	0 0.487	−0.513 0.053	0.053
	0.073	②0.059 0.078	—	−0.119	−0.022	−0.044	−0.051	0.380	−0.620 0.598	−0.402 −0.023	−0.023 0.493	−0.507 0.052	0.052
	①— 0.098	0.055	0.064	−0.035	−0.111	−0.020	−0.057	0.035	0.035 0.424	0.576 0.591	−0.409 −0.037	−0.037 0.557	0.443
	0.094	—	—	−0.067	0.018	−0.005	−0.001	0.433	0.567 0.085	0.085 0.023	0.023 0.006	0.006 −0.001	0.001
	—	0.074	—	−0.049	−0.054	−0.014	−0.004	0.019	−0.049 0.495	−0.505 0.068	0.068 −0.018	−0.018 0.004	0.004
	—	—	0.072	−0.013	0.053	−0.053	−0.013	0.013	0.013 −0.066	−0.066 0.500	−0.500 0.066	0.066 −0.013	0.013

续表

荷载图	跨内最大弯矩			支座弯矩				剪力					
	M_1	M_2	M_3	M_B	M_C	M_D	M_B	V_A	V_{Bz} V_{By}	V_{Cx} V_{Cy}	V_{Dz} V_{Dy}	V_{Ez} V_{Ey}	V_F
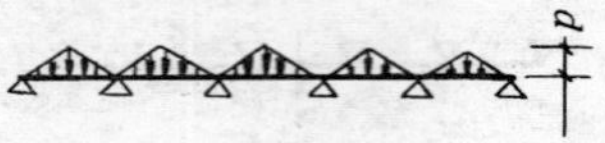	0.053	0.026	0.034	−0.066	−0.049	0.049	−0.066	0.184	−0.316 0.266	−0.234 0.250	−0.250 0.234	−0.266 0.316	0.184
	0.067	—	0.059	−0.033	−0.025	−0.025	0.033	0.217	0.283 0.008	0.008 0.250	−0.250 −0.008	−0.008 0.283	0.217
	—	0.055	—	−0.033	−0.025	−0.025	−0.033	0.033	−0.033 0.258	−0.242 0	0 0.242	−0.258 0.033	0.033
	0.049	②0.041 0.053	—	−0.075	−0.014	−0.028	−0.032	0.175	0.325 0.311	−0.189 −0.014	−0.014 0.246	−0.255 0.032	0.032
	①— 0.066	0.039	0.044	−0.022	−0.070	−0.013	−0.036	−0.022	−0.022 0.202	−0.298 0.307	−0.193 −0.023	−0.023 0.286	−0.214
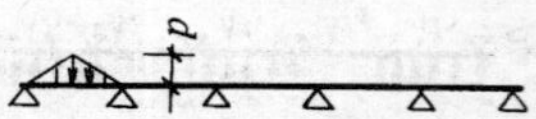	0.063	—	—	−0.042	0.011	−0.003	0.001	0.208	−0.292 0.053	0.053 −0.014	−0.014 0.004	0.004 −0.001	−0.001
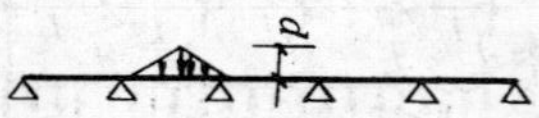	—	0.051	—	−0.031	−0.034	0.009	−0.002	−0.031	−0.031 0.247	−0.253 0.043	0.043 −0.011	−0.011 0.002	0.002
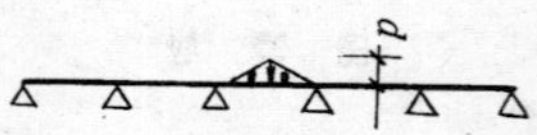	—	—	0.050	0.008	−0.033	−0.033	0.008	0.008	0.008 −0.041	−0.041 0.250	−0.250 0.041	0.041 −0.008	−0.008

续表

荷载图	跨内最大弯矩			支座弯矩				剪力					
	M_1	M_2	M_3	M_B	M_C	M_D	M_B	V_A	V_{Bz} V_{By}	V_{Cx} V_{Cy}	V_{Dz} V_{Dy}	V_{Ez} V_{Ey}	V_F
P P P P P	0.171	0.112	0.132	−0.158	−0.118	0.118	−0.158	0.342	−0.658 0.540	−0.460 0.500	−0.500 0.460	−0.540 0.658	−0.342
P P P	0.211	—	0.191	−0.079	−0.059	−0.059	−0.079	−0.421	−0.579 0.020	0.020 0.500	−0.500 −0.020	−0.020 0.579	−0.421
P P	—	0.181	—	−0.079	−0.059	−0.059	−0.079	−0.079	−0.079 0.520	0.480 0	0 0.480	−0.520 0.079	0.079
P P P	0.160	②0.144 0.178	—	−0.179	−0.032	−0.066	−0.077	0.321	−0.679 0.647	−0.353 −0.034	−0.034 0.489	−0.511 0.077	0.077
P P P	①— 0.207	0.140	0.151	−0.052	−0.167	−0.031	−0.086	−0.052	−0.052 0.385	−0.615 0.637	−0.363 −0.056	−0.056 0.586	−0.414
P	0.200	—	—	−0.100	0.027	−0.007	0.002	0.400	−0.600 0.127	0.127 −0.031	−0.034 0.009	0.009 −0.002	−0.002
P	—	0.173	—	−0.073	−0.081	0.022	−0.005	−0.073	−0.073 0.493	−0.507 0.102	0.102 −0.027	0.027 −0.005	0.005
P	—	—	0.171	0.020	−0.079	−0.079	0.020	0.020	0.020 −0.099	−0.099 0.500	−0.500 0.099	0.099 −0.020	−0.020

续表

荷载图	跨内最大弯矩			支座弯矩				剪力					
	M_1	M_2	M_3	M_B	M_C	M_D	M_B	V_A	V_{Bz} V_{By}	V_{Cx} V_{Cy}	V_{Dz} V_{Dy}	V_{Ez} V_{Ey}	V_F
	0.240	0.100	0.122	−0.281	−0.211	0.211	−0.281	0.719	−1.281 1.070	−0.930 1.000	−1.000 0.930	1.070 1.281	−0.719
	0.287	—	0.228	−0.140	−0.105	−0.105	−0.140	0.860	−0.140 0.035	0.035 1.000	1.000 −0.035	−0.035 1.140	−0.860
	—	0.216	—	−0.140	−0.105	−0.105	−0.140	−0.140	−0.140 1.035	−0.965 0	0.000 0.965	−1.035 0.140	0.140
	0.227	②0.189/0.209	—	−0.319	−0.057	−0.118	−0.137	0.681	−1.319 1.262	−0.738 −0.061	−0.061 0.981	−1.019 0.137	0.137
	①—/0.282	0.172	0.198	−0.093	−0.297	−0.054	−0.153	−0.093	−0.093 0.796	−1.204 1.243	−0.757 −0.099	−0.099 −1.153	−0.847
	0.247	—	—	−0.179	0.048	−0.013	0.003	0.821	−0.179 0.227	0.227 −0.061	−0.061 0.016	0.016 −0.003	−0.003
	—	0.198	—	−0.131	−0.144	−0.038	−0.010	−0.131	−0.131 0.987	−1.013 0.182	−0.182 0.048	−0.048 0.010	0.010
	—	—	0.193	0.035	−0.140	−0.140	0.035	−0.035	0.035 −0.175	−0.175 1.000	−1.000 0.175	0.175 −0.035	−0.035

注：表中，①分子及分母分别为 M_1 及 M_5 的弯矩系数；②分子及分母分别为 M_2 及 M_4 的弯矩系数。

按弹性理论计算矩形双向板在均布荷戴作用下的弯矩系数表　　附表 13

一、符号说明

M_x，$M_{x,max}$——分别为平行于 l_x 方向板中心点弯矩和板跨内的最大弯矩；

M_y，$M_{y,max}$——分别为平行于 l_y 方向板中心点弯矩和板跨内的最大弯矩；

M_x^0——固定边中点沿 l_x 方向的弯矩；

M_y^0——固定边中点沿 l_y 方向的弯矩；

M_{0x}——平行于 l_x 方向自由边的中点弯矩；

M_{0x}^0——平行于 l_x 方向自由边上固定端的支座弯矩。

二、计算公式

$$弯矩 = 表中弯矩系数 \times p l_x^2 \ (kN \cdot m/m)$$

式中　p——作用在双向板上的均布荷载（kN/m^2）；

l_x——板的短边跨度（m），见表中插图所示。

表中弯矩系数是取泊松系数等于 1/6 求得的单位板宽的弯矩系数。

支承情况	(1) 四边简支		(2) 三边简支、一边固定									
			a）短边固定					b）长边固定				
l_x/l_y	M_x	M_y	M_x	$M_{x,max}$	M_y	$M_{y,max}$	M_y^0	M_x	$M_{x,max}$	M_y	$M_{y,max}$	M_x^0
0.50	0.0994	0.0335	0.0914	0.0930	0.0352	0.0397	-0.1215	0.0593	0.0657	0.0157	0.0171	-0.1212
0.55	0.0927	0.0359	0.0832	0.0846	0.0371	0.0405	-0.1193	0.0577	0.0633	0.0175	0.0190	-0.1187
0.60	0.0860	0.0379	0.0752	0.0765	0.0386	0.0409	-0.1166	0.0556	0.0608	0.0194	0.0209	-0.1158
0.65	0.0795	0.0396	0.0676	0.0688	0.0396	0.0412	-0.1133	0.0534	0.0581	0.0212	0.0226	-0.1124
0.70	0.0732	0.0410	0.0604	0.0616	0.0400	0.0417	-0.1096	0.0510	0.0555	0.0229	0.0242	-0.1087
0.75	0.0673	0.0420	0.0538	0.0549	0.0400	0.0417	-0.1056	0.0485	0.0525	0.0244	0.0257	-0.1048
0.80	0.0617	0.0428	0.0478	0.0490	0.0397	0.0415	-0.1014	0.0459	0.0495	0.0258	0.0270	-0.1007
0.85	0.0564	0.0432	0.0425	0.0436	0.0391	0.0410	-0.0970	0.0234	0.0466	0.0271	0.0283	-0.0965
0.90	0.0516	0.0434	0.0377	0.0388	0.0382	0.0402	-0.0926	0.0409	0.0438	0.0281	0.0293	-0.0922
0.95	0.0471	0.0432	0.0334	0.0345	0.0381	0.0393	-0.0882	0.0384	0.0409	0.0290	0.0301	-0.0880
1.00	0.0429	0.0429	0.0296	0.0306	0.0360	0.0288	-0.0839	0.0360	0.0388	0.0296	0.0306	-0.0839

续表

支承情况	(3) 两对边简支、两对边固定						(4) 两邻边简支、两邻边固定					
	a) 短边固定			b) 长边固定								
l_x/l_y	M_x	M_y	M_y^0	M_x	M_y	M_x^0	M_x	$M_{x,max}$	M_y	$M_{y,max}$	M_x^0	M_y^0
0.50	0.0837	0.0367	−0.1191	0.0419	0.0086	−0.0843	0.0572	0.0584	0.0172	0.0229	−0.1179	−0.0786
0.55	0.0743	0.0383	−0.1156	0.0415	0.0096	−0.0840	0.0546	0.0556	0.0192	0.0241	−0.1140	−0.0785
0.60	0.0653	0.0393	−0.1114	0.0409	0.0109	−0.0834	0.0518	0.0526	0.0212	0.0252	−0.1095	−0.0782
0.65	0.0569	0.0394	−0.1066	0.0402	0.0122	−0.0826	0.0486	0.0496	0.0228	0.0261	−0.1045	−0.0777
0.70	0.0494	0.0392	−0.1031	0.0391	0.0135	−0.0814	0.0455	0.0465	0.0243	0.0267	−0.0992	−0.0770
0.75	0.0428	0.0383	−0.0959	0.0381	0.0149	−0.0799	0.0422	0.0430	0.0254	0.0272	−0.0938	−0.0760
0.80	0.0369	0.0372	−0.0904	0.0368	0.0162	−0.0782	0.0390	0.0397	0.0263	0.0278	−0.0883	−0.0748
0.85	0.0318	0.0358	−0.0850	0.0355	0.0174	−0.0763	0.0358	0.0366	0.0269	0.0284	−0.0829	−0.0733
0.90	0.0275	0.0343	−0.0767	0.0341	0.0186	−0.0743	0.0328	0.0337	0.0273	0.0288	−0.0776	−0.0716
0.95	0.0238	0.0328	−0.0746	0.0326	0.0196	−0.0721	0.0299	0.0308	0.0273	0.0289	−0.0726	−0.0698
1.00	0.0206	0.0311	−0.0698	0.0311	0.0206	−0.0698	0.0273	0.0281	0.0273	0.0289	−0.0677	−0.0677

支承情况	(5) 一边简支、三边固定					
	a) 短边简支					
l_x/l_y	M_x	$M_{x,max}$	M_y	$M_{y,max}$	M_y^0	M_y^0
0.50	0.0413	0.0424	0.0096	0.0157	−0.0836	−0.0569
0.55	0.0405	0.0415	0.0108	0.0160	−0.0827	−0.0570
0.60	0.0394	0.0404	0.0123	0.0169	−0.0814	−0.0571
0.65	0.0381	0.0390	0.0137	0.0178	−0.0796	−0.0572
0.70	0.0366	0.0375	0.0151	0.0186	−0.0774	−0.0572
0.75	0.0349	0.0358	0.0164	0.0193	−0.0750	−0.0572
0.80	0.0331	0.0339	0.0176	0.0199	−0.0722	−0.0570
0.85	0.0312	0.0319	0.0186	0.0204	−0.0693	−0.0567
0.90	0.0295	0.0300	0.0201	0.0209	−0.0663	−0.0563
0.95	0.0274	0.0281	0.0204	0.0214	−0.0631	−0.0558
1.00	0.0255	0.0261	0.0206	0.0219	−0.0600	−0.0500

续表

支承情况	(5) 一边简支、三边固定						(6) 四边固定			
	b）长边简支 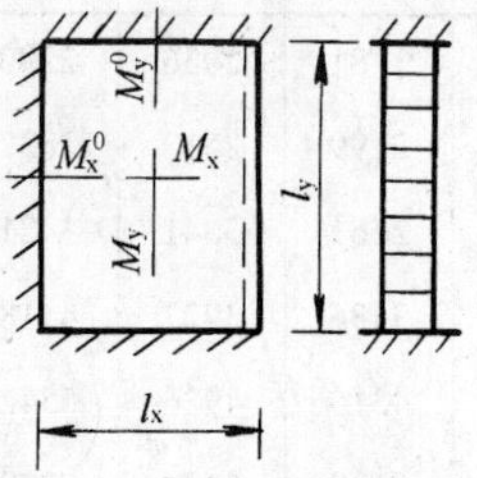						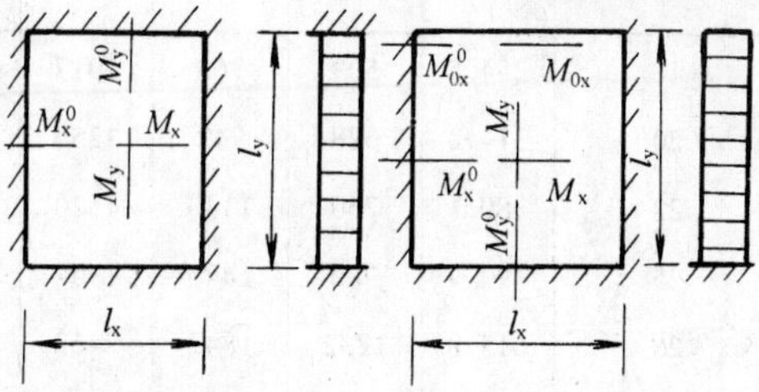			
l_x/l_y	M_x	$M_{x,max}$	M_y	$M_{y,max}$	M_x^0	M_x^0	M_x	M_y	M_x^0	M_y^0
0.50	0.0551	0.0605	0.0188	0.0201	−0.0784	−0.1146	0.0406	0.0105	−0.0829	−0.0570
0.55	0.0517	0.0563	0.0210	0.0223	−0.0780	−0.1093	0.0394	0.0120	−0.0814	−0.0571
0.60	0.0480	0.0520	0.0229	0.0242	−0.0773	−0.1033	0.0380	0.0137	−0.0793	−0.0571
0.65	0.0441	0.0476	0.0244	0.0256	−0.0762	−0.0970	0.0361	0.0152	−0.0766	−0.0571
0.70	0.0402	0.0433	0.0256	0.0267	−0.0748	−0.0903	0.0340	0.0167	−0.0735	−0.0569
0.75	0.0364	0.0390	0.0263	0.0273	−0.0729	−0.0837	0.0318	0.0179	−0.0701	−0.0565
0.80	0.0327	0.0348	0.0267	0.0276	−0.0707	−0.0772	0.0295	0.0189	−0.0664	−0.0559
0.85	0.0293	0.0312	0.0268	0.0277	−0.0683	−0.0711	0.0272	0.0197	−0.0626	−0.0551
0.90	0.0261	0.0277	0.0265	0.0273	−0.0656	−0.0653	0.0249	0.0202	−0.0588	−0.0541
0.95	0.0232	0.0246	0.0261	0.0269	−0.0629	−0.0599	0.0227	0.0205	−0.0550	−0.0528
1.00	0.0206	0.0219	0.0255	0.0261	−0.0600	−0.0550	0.0205	0.0205	−0.0513	−0.0513

钢筋的计算截面面积及理论重量

附表 14

公称直径（mm）	不同根数钢筋的计算截面面积（mm^2）									单根钢筋理论重量（kg/m）
	1	2	3	4	5	6	7	8	9	
6	28.3	57	85	113	142	170	198	226	255	0.222
6.5	33.2	66	100	133	166	199	232	265	299	0.260
8	50.3	101	151	201	252	302	352	402	453	0.395
8.2	52.8	106	158	211	264	317	370	423	475	0.432
10	78.5	157	236	314	393	471	550	628	707	0.617
12	113.1	226	339	452	565	678	791	904	1017	0.888
14	153.9	308	461	615	769	923	1077	1231	1385	1.21
16	201.1	402	603	804	1005	1206	1407	1608	1890	1.58

续表

公称直径 (mm)	不同根数钢筋的计算截面面积 (mm^2)									单根钢筋理论重量 (kg/m)
	1	2	3	4	5	6	7	8	9	
18	254.5	509	763	1017	1272	1527	1781	2036	2290	2.00
20	314.2	628	942	1256	1570	1884	2199	2513	2827	2.47
22	380.1	760	1140	1520	1900	2281	2661	3041	3421	2.98
25	490.9	982	1473	1964	2454	2945	3436	3927	4418	3.85
28	615.8	1232	1847	2463	3079	3695	4310	4926	5542	4.83
32	804.2	1609	2413	3217	4021	4826	5630	6434	7238	6.31
36	1017.9	2036	3054	4072	5089	6107	7125	8143	9161	7.99
40	1256.6	2513	3770	5027	6283	7540	8796	10053	11310	9.87
50	1964	3928	5892	7856	9820	11784	13748	15712	17676	15.42

注：表中直径 $d=8.2$mm 的计算截面面积及理论重量仅适用于有纵肋的热处理钢筋。

各种钢筋间距时每米板宽内的钢筋截面面积　附表 15

钢筋间距 (mm)	当钢筋直径 (mm) 为下列数值时的钢筋截面面积 (mm^2)													
	3	4	5	6	6/8	8	8/10	10	10/12	12	12/14	14	14/16	16
70	101	179	281	404	561	719	920	1121	1369	1616	1908	2199	2536	2872
75	94.3	167	262	377	524	671	859	1047	1277	1508	1780	2053	2367	2681
80	88.4	157	245	354	491	629	805	981	1198	1414	1669	1924	2218	2513
85	83.2	148	231	333	462	592	758	924	1127	1331	1571	1811	2088	2365
90	78.5	140	218	314	437	559	716	872	1064	1257	1484	1710	1972	2234
95	74.5	132	207	298	414	529	678	826	1008	1190	1405	1620	1868	2116
100	70.6	126	196	283	393	503	644	785	958	1131	1335	1539	1775	2011
110	64.2	114	178	257	357	457	585	714	871	1028	1214	1399	1614	1828
120	58.9	105	163	236	327	419	537	654	798	942	1112	1283	1480	1676
125	56.5	100	157	226	314	402	515	628	766	905	1068	1232	1420	1608
130	54.4	96.6	151	218	302	387	495	604	737	870	1027	1184	1366	1547
140	50.5	89.7	140	202	281	359	460	561	684	808	954	1100	1268	1436
150	47.1	83.8	131	189	262	335	429	523	639	754	890	1026	1188	1340
160	44.1	78.5	123	177	246	314	403	491	599	707	834	962	1110	1257
170	41.5	73.9	115	166	231	296	379	462	564	665	786	906	1044	1183

续表

钢筋间距 (mm)	当钢筋直径（mm）为下列数值时的钢筋截面面积（mm^2）													
	3	4	5	6	6/8	8	8/10	10	10/12	12	12/14	14	14/16	16
180	39.2	69.8	109	157	218	279	358	436	532	628	742	855	985	1117
190	37.2	66.1	103	149	207	265	339	413	504	595	702	810	934	1058
200	35.3	62.8	98.2	141	196	251	322	393	479	565	668	770	888	1005
220	32.1	57.1	89.3	129	178	228	292	357	436	514	607	700	807	914
240	29.4	52.4	81.9	118	164	209	268	327	399	471	556	641	740	838
250	28.3	50.2	78.5	113	157	201	258	314	383	452	534	616	710	804
260	27.2	48.3	75.5	109	151	193	248	302	368	435	514	592	682	773
280	25.2	44.9	70.1	101	140	180	230	281	342	404	477	550	634	718
300	23.6	41.9	65.5	94	131	168	215	262	320	377	445	513	592	670
320	22.1	39.2	61.4	88	123	157	201	245	299	353	417	481	554	628

注：钢筋直径中的6/8，8/10…等系指两种直径的钢筋间隔放置。

参 考 文 献

[1] 中华人民共和国国家标准．建筑结构可靠度设计统一标准（GB 50068—2001）．北京：中国建筑工业出版社，2001

[2] 中华人民共和国国家标准．建筑结构荷载规范（GB 50009—2001）．北京：中国建筑工业出版社，2002

[3] 中华人民共和国国家标准．混凝土结构设计规范（GB 50010—2002）．北京：中国建筑工业出版社，2002

[4] 中华人民共和国国家标准．建筑抗震设计规范（GB 50011—2001）．北京：中国建筑工业出版社，2001

[5] 中华人民共和国国家标准．砌体结构设计规范（GB 50003—2001）．北京：中国建筑工业出版社，2002

[6] 滕智明主编．钢筋混凝土基本构件（第二版）．北京：清华大学出版社，1987

[7] 滕智明等编著．钢筋混凝土结构理论．北京：中国建筑工业出版社，1985

[8] 滕智明主编．混凝土结构及砌体结构学习指导．北京：清华大学出版社，1994

[9] A.H.Nilson and G.Winter, Design of Concrete Structures , Eleventh Edition, McGrawHill. Co.1991, New York（中译本《混凝土结构设计》（第十一版）．北京：中国建筑工业出版社，1994

[10] S.U.Pillai and D.W.Krick, Reinforced Concrete Design, Second Edition, McGraw Hill Co.1988, Canada

[11] E.G.Nawy, Reinforced Concrete, A Foundamental Approach, 1985, Trentice Hall, Co.New Jersey.

[12] 岡村甫，前田詔一，铁筋エンクリト工学．森北出版株式会社，1986，东京．

[13] P.M.Ferguson, Reinforced Concrete Foundamentals, 5th Edition. Wiley & Sons Co. 1987

[14] 叶列平编著．混凝土结构（上册）．北京：清华大学出版社，2002

[15] 江见鲸主编．混凝土结构工程学．北京：中国建筑工业出版社，1998

高校土木工程专业指导委员会规划推荐教材（经典精品系列教材）

征订号	书 名	定价	作 者	备 注
V16537	土木工程施工（上册）（第二版）	46.00	重庆大学、同济大学、哈尔滨工业大学	21世纪课程教材、“十二五”国家规划教材、教育部2009年度普通高等教育精品教材
V16538	土木工程施工（下册）（第二版）	47.00	重庆大学、同济大学、哈尔滨工业大学	21世纪课程教材、“十二五”国家规划教材、教育部2009年度普通高等教育精品教材
V16543	岩土工程测试与监测技术	29.00	宰金珉	“十二五”国家规划教材
V18218	建筑结构抗震设计（第三版）（附精品课程网址）	32.00	李国强 等	“十二五”国家规划教材、土建学科“十二五”规划教材
V22301	土木工程制图（第四版）（含教学资源光盘）	58.00	卢传贤 等	21世纪课程教材、“十二五”国家规划教材、土建学科“十二五”规划教材
V22302	土木工程制图习题集（第四版）	20.00	卢传贤 等	21世纪课程教材、“十二五”国家规划教材、土建学科“十二五”规划教材
V21718	岩石力学（第二版）	29.00	张永兴	“十二五”国家规划教材、土建学科“十二五”规划教材
V20960	钢结构基本原理（第二版）	39.00	沈祖炎 等	21世纪课程教材、“十二五”国家规划教材、土建学科“十二五”规划教材
V16338	房屋钢结构设计	55.00	沈祖炎、陈以一、陈扬骥	“十二五”国家规划教材、土建学科“十二五”规划教材、教育部2008年度普通高等教育精品教材
V15233	路基工程	27.00	刘建坤、曾巧玲 等	“十二五”国家规划教材
V20313	建筑工程事故分析与处理（第三版）	44.00	江见鲸 等	“十二五”国家规划教材、土建学科“十二五”规划教材、教育部2007年度普通高等教育精品教材
V13522	特种基础工程	19.00	谢新宇、俞建霖	“十二五”国家规划教材
V20935	工程结构荷载与可靠度设计原理（第三版）	27.00	李国强 等	面向21世纪课程教材、“十二五”国家规划教材
V19939	地下建筑结构（第二版）（赠送课件）	45.00	朱合华 等	“十二五”国家规划教材、土建学科“十二五”规划教材、教育部2011年度普通高等教育精品教材
V13494	房屋建筑学（第四版）（含光盘）	49.00	同济大学、西安建筑科技大学、东南大学、重庆大学	“十二五”国家规划教材、教育部2007年度普通高等教育精品教材

续表

征订号	书名	定价	作者	备注
V20319	流体力学（第二版）	30.00	刘鹤年	21世纪课程教材、“十二五”国家规划教材、土建学科“十二五”规划教材
V12972	桥梁施工（含光盘）	37.00	许克宾	“十二五”国家规划教材
V19477	工程结构抗震设计（第二版）	28.00	李爱群 等	“十二五”国家规划教材、土建学科“十二五”规划教材
V20317	建筑结构试验	27.00	易伟建、张望喜	“十二五”国家规划教材、土建学科“十二五”规划教材
V21003	地基处理	22.00	龚晓南	“十二五”国家规划教材
V20915	轨道工程	36.00	陈秀方	“十二五”国家规划教材
V21757	爆破工程	26.00	东兆星 等	“十二五”国家规划教材
V20961	岩土工程勘察	34.00	王奎华	“十二五”国家规划教材
V20764	钢-混凝土组合结构	33.00	聂建国 等	“十二五”国家规划教材
V19566	土力学（第三版）	36.00	东南大学、浙江大学、湖南大学 苏州科技学院	21世纪课程教材、“十二五”国家规划教材、土建学科“十二五”规划教材
V20984	基础工程（第二版）（附课件）	43.00	华南理工大学	21世纪课程教材、“十二五”国家规划教材、土建学科“十二五”规划教材
V21506	混凝土结构（上册）——混凝土结构设计原理（第五版）（含光盘）	48.00	东南大学、天津大学、同济大学	21世纪课程教材、“十二五”国家规划教材、土建学科“十二五”规划教材、教育部2009年度普通高等教育精品教材
V22466	混凝土结构（中册）——混凝土结构与砌体结构设计（第五版）	56.00	东南大学 同济大学 天津大学	21世纪课程教材、“十二五”国家规划教材、土建学科“十二五”规划教材、教育部2009年度普通高等教育精品教材
V22023	混凝土结构（下册）——混凝土桥梁设计（第五版）	49.00	东南大学 同济大学 天津大学	21世纪课程教材、“十二五”国家规划教材、土建学科“十二五”规划教材、教育部2009年度普通高等教育精品教材
V11404	混凝土结构及砌体结构（上）	42.00	滕智明 等	“十二五”国家规划教材
V11439	混凝土结构及砌体结构（下）	39.00	罗福午 等	“十二五”国家规划教材

续表

征订号	书　名	定价	作　者	备　注
V21630	钢结构(上册)——钢结构基础（第二版）	38.00	陈绍蕃	“十二五”国家规划教材、土建学科“十二五”规划教材
V21004	钢结构(下册)——房屋建筑钢结构设计(第二版)	27.00	陈绍蕃	“十二五”国家规划教材、土建学科“十二五”规划教材
V22020	混凝土结构基本原理（第二版）	48.00	张誉等	21世纪课程教材、“十二五”国家规划教材
V21673	混凝土及砌体结构（上册）	37.00	哈尔滨工业大学、大连理工大学等	“十二五”国家规划教材
V10132	混凝土及砌体结构（下册）	19.00	哈尔滨工业大学、大连理工大学等	“十二五”国家规划教材
V20495	土木工程材料（第二版）	38.00	湖南大学、天津大学、同济大学、东南大学	21世纪课程教材、“十二五”国家规划教材、土建学科“十二五”规划教材
V18285	土木工程概论	18.00	沈祖炎	“十二五”国家规划教材
V19590	土木工程概论（第二版）	42.00	丁大钧 等	21世纪课程教材、“十二五”国家规划教材、教育部2011年度普通高等教育精品教材
V20095	工程地质学（第二版）	33.00	石振明 等	21世纪课程教材、“十二五”国家规划教材、土建学科“十二五”规划教材
V20916	水文学	25.00	雒文生	21世纪课程教材、“十二五”国家规划教材
V22601	高层建筑结构设计（第二版）	45.00	钱稼茹	“十二五”国家规划教材、土建学科“十二五”规划教材
V19359	桥梁工程（第二版）	39.00	房贞政	“十二五”国家规划教材
V19938	砌体结构（第二版）	28.00	丁大钧 等	21世纪课程教材、“十二五”国家规划教材、教育部2011年度普通高等教育精品教材